Leitfäden und Monographien der Informatik

Brauer: **Automatentheorie**
493 Seiten. Geb. DM 62,–

Dal Cin: **Grundlagen der systemnahen Programmierung**
221 Seiten. Kart. DM 36,–

Ehrich/Gogolla/Lipeck: **Algebraische Spezifikation abstrakter Datentypen**
In Vorbereitung

Engeler/Läuchli: **Berechnungstheorie für Informatiker**
120 Seiten. Kart. DM 26,–

Hentschke: **Grundzüge der Digitaltechnik**
247 Seiten. Kart. DM 36,–

Kiyek/Schwarz: **Mathematik für Informatiker 1**
307 Seiten. Kart. DM 39,80

Loeckx/Mehlhorn/Wilhelm: **Grundlagen der Programmiersprachen**
448 Seiten. Kart. DM 48,–

Mehlhorn: **Datenstrukturen und effiziente Algorithmen**
Band 1: Sortieren und Suchen
2. Aufl. 317 Seiten. Geb. DM 49,80

Messerschmidt: **Linguistische Datenverarbeitung mit Comskee**
207 Seiten. Kart. DM 36,–

Niemann/Bunke: **Künstliche Intelligenz in Bild- und Sprachanalyse**
256 Seiten. Kart. DM 38,–

Pflug: **Stochastische Modelle in der Informatik**
272 Seiten. Kart. DM 39,80

Post: **Entwurf und Technologie hochintegrierter Schaltungen**
247 Seiten. Kart. DM 38,–

Rammig: **Systematischer Entwurf digitaler Systeme**
353 Seiten. Kart. DM 46,–

Richter: **Betriebssysteme**
2. Aufl. 303 Seiten. Kart. DM 39,80

Richter: **Prinzipien der Künstlichen Intelligenz**
359 Seiten. Kart. DM 46,–

Weck: **Prinzipien und Realisierung von Betriebssystemen**
3. Aufl. 306 Seiten. Kart. DM 42,–

Wegener: **Effiziente Algorithmen für grundlegende Funktionen**
270 Seiten. Kart. DM 39,80

Wirth: **Algorithmen und Datenstrukturen**
Pascal-Version
3. Aufl. 320 Seiten. Kart. DM 42,–

Wirth: **Algorithmen und Datenstrukturen mit Modula - 2**
4. Aufl. 299 Seiten. Kart. DM 42,–

Wojtkowiak: **Test und Testbarkeit digitaler schaltungen**
226 Seiten. Kart. DM 36,–

Preisänderungen vorbehalten

B. G. Teubner Stuttgart

Leitfäden und Monographien der Informatik

K. Kiyek/F. Schwarz
Mathematik für Informatiker 1

Leitfäden und Monographien der Informatik

Herausgegeben von

Prof. Dr. Hans-Jürgen Appelrath, Oldenburg
Prof. Dr. Volker Claus, Oldenburg
Prof. Dr. Günter Hotz, Saarbrücken
Prof. Dr. Klaus Waldschmidt, Frankfurt

Die Leitfäden und Monographien behandeln Themen aus der Theoretischen, Praktischen und Technischen Informatik entsprechend dem aktuellen Stand der Wissenschaft. Besonderer Wert wird auf eine systematische und fundierte Darstellung des jeweiligen Gebietes gelegt. Die Bücher dieser Reihe sind einerseits als Grundlage und Ergänzung zu Vorlesungen der Informatik und andererseits als Standardwerke für die selbständige Einarbeitung in umfassende Themenbereiche der Informatik konzipiert. Sie sprechen vorwiegend Studierende und Lehrende in Informatik-Studiengängen an Hochschulen an, dienen aber auch in Wirtschaft, Industrie und Verwaltung tätigen Informatikern zur Fortbildung im Zuge der fortschreitenden Wissenschaft.

Mathematik für Informatiker 1

Von Prof. Dr. rer. nat. Karl-Heinz Kiyek
und Dr. rer. nat. Friedrich Schwarz
Universität-Gesamthochschule Paderborn

B. G. Teubner Stuttgart 1989

Prof. Dr. rer. nat. Karl-Heinz Kiyek

Geboren 1936 in Berlin. Studium der Mathematik, Physik und Astronomie in Würzburg. Promotion in Mathematik 1963 (Würzburg), Habilitation in Mathematik 1969 (Saarbrücken), 1971 Professor an der Universität des Saarlandes. Seit 1973 Professor an der Universität-Gesamthochschule Paderborn.

Dr. rer. nat. Friedrich Schwarz

Geboren 1937 in Hartmanitz. Studium der Mathematik, Physik und Astronomie in Würzburg. Promotion in Mathematik 1966 (Würzburg), von 1965 bis 1974 Assistent und Akademischer Rat (Universität Saarbrücken). Seit 1974 Akademischer Oberrat an der Universität-Gesamthochschule Paderborn.

CIP-Titelaufnahme der Deutschen Bibliothek

Kiyek, Karl-Heinz:
Mathematik für Informatiker / von Karl-Heinz Kiyek u.
Friedrich Schwarz. - Stuttgart : Teubner.
(Leitfäden und Monographien der Informatik)
NE: Schwarz, Friedrich:
1 (1989)
ISBN 978-3-519-02277-0 ISBN 978-3-322-93079-8 (eBook)
DOI 10.1007/978-3-322-93079-8

Gesamtherstellung: Zechnersche Buchdruckerei GmbH, Speyer
Umschlaggestaltung: M. Koch, Reutlingen

Vorwort

Die beiden Bände "Mathematik für Informatiker", deren ersten wir hiermit vorlegen, beruhen auf einem viersemestrigen Vorlesungskurs, den die beiden Verfasser in den letzten Jahren an der Universität Paderborn gehalten haben. Die Schwierigkeiten einer solchen Vorlesung liegen auf der Hand: Einerseits kann und darf auf mathematische Exaktheit nicht verzichtet werden, andererseits passen - auch wegen der Kürze der zur Verfügung stehenden Zeit - zu komplexe mathematische Begriffe und langwierige Beweise nicht in eine solche Vorlesung. Bei der Planung dieser Vorlesung versuchten wir, soweit dies möglich war, den algorithmischen Standpunkt in den Vordergrund zu stellen. Bei den Beweisen wurde, wann immer dies möglich war, einer konstruktiven Version der Vorzug gegeben. So enthält dieses Buch manche Details, die üblicherweise in den Rahmen einer Numerikvorlesung fallen.

Nach dem einleitenden Kapitel 1 behandelt Kapitel 2 die Grundlagen der Matrizenrechnung; die Kapitel 3 - 6 stellen Hilfsmittel aus der Analysis bereit. Kapitel 2 und Kapitel 3 - 6 sind voneinander unabhängig und können auch in umgekehrter Reihenfolge studiert werden.

Zur Zitierweise: Innerhalb eines Kapitels werden die einzelnen Abschnitte in der Form (1.1) zitiert, Formelnummern in der Form (1.1.1). Verweise auf andere Kapitel geschehen in der Form I(1.1).

Am Schluß werden die Lehrbücher aufgeführt, auf die im Text hingewiesen wird. Außerdem werden einige Lehrbücher angegeben, die den Stoff dieses Bandes vertiefen.

Die beiden ersten Kapitel beruhen im wesentlichen auf einer von Dr. W. Trinks angefertigten Vorlesungsausarbeitung. Er erstellte auch die Programme für den Gaußalgorithmus und die LR-Zerlegung; viele Details gehen auf seine Anregungen zurück. Große Hilfe erfuhren wir während der Vorlesungen von Dr. M. Micus und Dr. W. Micus; sie unterstützten uns auch beim Lesen der Korrekturen. Die Zeichnungen wurden von W. Kemper erstellt; bei der TEXnischen Durchführung stand uns O. Kluge mit Rat und Tat zur Seite. Ihnen danken wir. Unser besonderer Dank gebührt Frau W. Böhmer, die das Manuskript in TROFF und LATEX erstellt hat.

Paderborn, im Mai 1989

K.Kiyek F.Schwarz

Inhaltsverzeichnis

Inhalt des zweiten Bandes

Kapitel I: Grundbegriffe

§1 Mengen

(1.0) In den ersten beiden Paragraphen werden vom Standpunkt der naiven Mengenlehre aus die Begriffe Menge und Abbildung und damit zusammenhängende weitere Begriffe erläutert. Die Sprechweise der naiven Mengenlehre wird im ganzen Buch benutzt werden.

(1.1) Unter einer Menge M versteht man eine Zusammenfassung von Objekten. Gehört ein Objekt x zur Menge M, so schreibt man $x \in M$ und sagt: "x ist ein Element von M", "x liegt in M", usw.; gehört ein Objekt y nicht zur Menge M, so schreibt man $y \notin M$ und sagt: "y ist nicht Element von M" oder "y liegt nicht in M".

(1.2) (1) Man kann eine Menge dadurch beschreiben, daß man alle ihre Elemente angibt. Dabei kommt es nicht auf die Reihenfolge des Anschreibens an; man darf auch ein Element mehrmals anschreiben.

Beispiel: Die Menge, deren Elemente die Zahlen 1, 4, 8 und 9 sind, schreibt man so auf:

$$M = \{1,4,8,9\} = \{1,9,8,4\} = \{1,1,9,4,1,8,9\}.$$

(2) Man kann eine Menge dadurch beschreiben, daß man charakterisierende Eigenschaften ihrer Elemente angibt, zum Beispiel

$$\begin{array}{lcl} \mathbb{N} & = & \{1,2,3,4,\ldots\} = \{x \mid x \text{ ist eine natürliche Zahl}\}, \\ \mathbb{Z} & = & \{\ldots,-3,-2,-1,0,1,2,3,\ldots\} = \{x \mid x \text{ ist eine ganze Zahl}\}, \\ \mathbb{Q} & = & \{x \mid x \text{ ist eine rationale Zahl}\}, \\ \mathbb{R} & = & \{x \mid x \text{ ist eine reelle Zahl}\}, \\ \mathbb{N}_0 & = & \{0,1,2,3,\ldots\} \\ & = & \{x \mid x \text{ ist Null oder eine natürliche Zahl}\} \\ & = & \{x \mid x \in \mathbb{Z} \text{ und } x \geq 0\} \\ & = & \{x \in \mathbb{Z} \mid x \geq 0\}, \end{array}$$

$$\{1,3,5,7,9,11\} = \{x \in \mathbb{N} \mid x \leq 12,\ x \text{ ungerade}\}.$$

(3) Die Menge, die kein Element enthält, wird die leere Menge genannt; sie wird mit $\emptyset$ bezeichnet.

(1.3) DEFINITION: Es seien M und N Mengen.
(1) Ist jedes Element von M auch Element von N, so schreibt man $M \subset N$ oder $N \supset M$ und sagt: "M ist eine Teilmenge von N". [Dabei darf auch $M = N$ sein.]
(2) Wenn M keine Teilmenge von N ist [d.h. wenn es (mindestens) ein $x \in M$ gibt mit $x \notin N$], so schreibt man $M \not\subset N$.
(3) Wenn M eine Teilmenge von N ist und wenn $M \neq N$ ist, so schreibt man $M \subsetneqq N$ und sagt: "M ist eine echte Teilmenge von N".

(1.4) BEISPIELE: (1) Für jede Menge M gilt $\emptyset \subset M$ und $M \subset M$.
(2) Sind M und N Mengen und gilt $M \subset N$ und $N \subset M$, so ist $M = N$.
(3) Die Menge $\{x \in \mathbb{Z} \mid 2 \text{ teilt } x\}$ aller geraden ganzen Zahlen ist eine echte Teilmenge von $\mathbb{Z}$.
(4) Es gilt $\mathbb{N} \subsetneqq \mathbb{N}_0$ und $\mathbb{N}_0 \subsetneqq \mathbb{Z}$ und $\mathbb{Z} \subsetneqq \mathbb{Q}$. Man schreibt kurz:

$$\mathbb{N} \subsetneqq \mathbb{N}_0 \subsetneqq \mathbb{Z} \subsetneqq \mathbb{Q}.$$

(5) Es gilt $\mathbb{Q} = \{x \in \mathbb{R} \mid \text{ es existieren } a \in \mathbb{Z}, b \in \mathbb{N} \text{ mit } x = a/b\} \subset \mathbb{R}$. Es gilt sogar $\mathbb{Q} \subsetneqq \mathbb{R}$.
Beweis: Zuerst wird gezeigt, daß die reelle Zahl $\sqrt{2}$ irrational ist, d.h. daß $\sqrt{2} \notin \mathbb{Q}$ gilt. [$\sqrt{2}$ ist die positive reelle Zahl, deren Quadrat 2 ist. Zu jeder reellen Zahl $x \geq 0$ gibt es eine eindeutig bestimmte Quadratwurzel $\sqrt{x} \in \mathbb{R}$, d.h. eine eindeutig bestimmte reelle Zahl ≥ 0, deren Quadrat gleich x ist. Dies wird später mit Mitteln der Analysis in aller Strenge bewiesen werden, vgl. III(1.18).]

Annahme: Es gilt $\sqrt{2} \in \mathbb{Q}$. Dann gibt es $a \in \mathbb{Z}$ und $b \in \mathbb{N}$ mit $\sqrt{2} = a/b$. Sind a und b beide gerade, so kann man im Bruch a/b mit 2 kürzen. Dies kann man solange tun, bis man im Zähler oder im Nenner bei einer ungeraden Zahl angekommen ist. Man erhält also Zahlen $a_0 \in \mathbb{Z}$ und $b_0 \in \mathbb{N}$, von denen mindestens eine ungerade ist, mit $\sqrt{2} = a_0/b_0$. Dann gilt $2 = (\sqrt{2})^2 = a_0^2/b_0^2$, also $a_0^2 = 2b_0^2$, und daher ist a_0^2 gerade. Weil das Quadrat einer ungeraden ganzen Zahl stets ungerade ist, ist daher a_0 gerade, d.h. es existiert ein $a_1 \in \mathbb{Z}$ mit $a_0 = 2a_1$. Dann gilt $2b_0^2 = (2a_1)^2 = 4a_1^2$ und daher $b_0^2 = 2a_1^2$. Also ist b_0^2 gerade, und wie eben folgt: b_0 ist gerade. Damit ist gezeigt, daß a_0 und b_0 beide gerade sind. Dies steht aber im Widerspruch zu der Tatsache, daß nach Voraussetzung (mindestens) eine der Zahlen a_0 und b_0 ungerade ist. Daher muß die Annahme $\sqrt{2} \in \mathbb{Q}$ falsch sein, und es ist gezeigt, daß $\sqrt{2} \notin \mathbb{Q}$ ist. Es gilt also $\mathbb{Q} \subset \mathbb{R}$ und $\sqrt{2} \in \mathbb{R}$, $\sqrt{2} \notin \mathbb{Q}$, d.h. es ist $\mathbb{Q} \subsetneqq \mathbb{R}$.

(1.5) BEMERKUNG: Der Beweis in (1.4)(5) ist ein "indirekter Beweis". Ein solcher Beweis verläuft so: Man nimmt an, daß das logische Gegenteil der Behauptung richtig ist. [Die Behauptung in (1.4)(5) heißt $\sqrt{2} \notin \mathbb{Q}$; das logische Gegenteil davon ist die Aussage $\sqrt{2} \in \mathbb{Q}$.] Dann folgert man aus dieser Annahme einen Widerspruch gegen eine Aussage, deren Richtigkeit bekannt ist [in (1.4)(5) gegen die Tatsache, daß a_0 oder b_0 ungerade ist].

(1.6) BEZEICHNUNG: Es sei M eine Menge. Die Menge

$$\mathcal{P}(M) := \{A \mid A \subset M\}$$

aller Teilmengen von M heißt die Potenzmenge von M.

(1.7) BEISPIELE: (1) Es ist $\mathcal{P}(\emptyset) = \{\emptyset\}$; $\mathcal{P}(\emptyset)$ besteht also aus einem Element.
(2) Für $M = \{1\}$ gilt $\mathcal{P}(M) = \{\emptyset, \{1\}\} = \{\emptyset, M\}$.
(3) Für $M = \{1, 2, 3\}$ gilt

$$\mathcal{P}(M) = \{\emptyset, \{1\}, \{2\}, \{3\}, \{1,2\}, \{1,3\}, \{2,3\}, \{1,2,3\}\}.$$

(1.8) DEFINITION: Es seien M und N Mengen.
(1) Die Menge
$$M \cup N := \{x \mid x \in M \text{ oder } x \in N\}$$
heißt die Vereinigung von M und N.
(2) Die Menge
$$M \cap N := \{x \mid x \in M \text{ und } x \in N\}$$
heißt der Durchschnitt von M und N.
(3) Die Menge
$$M \setminus N := \{x \mid x \in M \text{ und } x \notin N\}$$
heißt die Differenzmenge von M und N. Ist dabei $N \subset M$, so heißt $M \setminus N$ auch das Komplement von N in M.

(1.9) BEMERKUNG: Es seien L, M und N Mengen. Es gilt

$$M \cup N = N \cup M \text{ und } M \cap N = N \cap M, \tag{a}$$

$$(L \cup M) \cup N = L \cup (M \cup N) \quad [=: L \cup M \cup N], \tag{b}$$

$$(L \cap M) \cap N = L \cap (M \cap N) \quad [=: L \cap M \cap N], \tag{c}$$

$$L \cap (M \cup N) = (L \cap M) \cup (L \cap N), \tag{d}$$

$$L \cup (M \cap N) = (L \cup M) \cap (L \cup N), \tag{e}$$

$$M \cup \emptyset = M,\ M \cap \emptyset = \emptyset \text{ und } M \setminus \emptyset = M, \tag{f}$$

$$M \setminus (M \setminus N) = N, \text{ falls } N \subset M \text{ gilt}, \tag{g}$$

$$N \cap (M \setminus N) = \emptyset. \tag{h}$$

Beweis: (a)–(c) und (f)–(h) folgen direkt aus den Definitionen in (1.8).
(d) Für jedes $x \in L \cap (M \cup N)$ gilt $x \in L$ und $x \in M \cup N$, also $x \in L$ und ($x \in M$ oder $x \in N$), also $x \in L \cap M$ oder $x \in L \cap N$, also $x \in (L \cap M) \cup (L \cap N)$, d.h. es gilt
$$L \cap (M \cup N) \subset (L \cap M) \cup (L \cap N). \tag{*}$$
Für jedes $y \in (L \cap M) \cup (L \cap N)$ gilt $y \in L \cap M$ oder $y \in L \cap N$, also ($y \in L$ und $y \in M$) oder ($y \in L$ und $y \in N$), also $y \in L$ und ($y \in M$ oder $y \in N$), also $y \in L$ und $y \in M \cup N$, also $y \in L \cap (M \cup N)$, d.h. es gilt

$$(L \cap M) \cup (L \cap N) \subset L \cap (M \cup N). \tag{**}$$

Aus (*) und (**) folgt nach (1.4)(2)

$$L \cap (M \cup N) = (L \cap M) \cup (L \cap N).$$

(e) Daß auch $L \cup (M \cap N) = (L \cup M) \cap (L \cup N)$ gilt, folgt analog.

(1.10) DEFINITION: Es seien M und N Mengen. Die Menge

$$M \times N = \{(x, y) \mid x \in M,\ y \in N\}$$

aller (geordneten) Paare (x, y) aus Elementen $x \in M$ und $y \in N$ heißt das cartesische Produkt von M und N [nach R. Descartes (Cartesius), 1596–1650].

(1.11) BEISPIELE: (1) Für $M = \{1, 2\}$ und $N = \{1, 2, 3\}$ gilt

$$M \times N = \{(1,1), (1,2), (1,3), (2,1), (2,2), (2,3)\}$$

und

$$N \times M = \{(1,1), (1,2), (2,1), (2,2), (3,1), (3,2)\}.$$

[Hier gilt also $M \times N \neq N \times M$.]
(2) Für jede Menge M gilt

$$M \times \emptyset = \emptyset \text{ und } \emptyset \times M = \emptyset.$$

(3) In der analytischen Geometrie [begründet von Descartes (1637) und P. Fermat, 1601–1665] identifiziert man mit Hilfe eines rechtwinkligen Koordinatensystems die Punkte der Ebene mit den Elementen von $\mathbb{R} \times \mathbb{R}$.

(1.12) DEFINITION: (1) Es seien M und N Mengen; es sei $K \subset M \times N$. Dann heißt K eine Korrespondenz zwischen M und N.
(2) Es sei M eine Menge, es sei $R \subset M \times M$ eine Korrespondenz. Dann heißt R eine Relation auf M. Man schreibt statt $(x, y) \in R$ auch $x\,R\,y$ [oder verwendet dabei statt R ein anderes Zeichen]; statt $(x, y) \notin R$ schreibt man auch $x \not R\, y$.

(1.13) BEISPIELE: (1) Es sei M eine Menge. Die Relation

$$\Delta(M) = \{(x, x) \mid x \in M\} \subset M \times M$$

heißt die Diagonale von $M \times M$. Für $x, y \in M$ gilt $x\,\Delta(M)\,y$ genau dann, wenn $x = y$ ist. $\Delta(M)$ liefert also die Gleichheit $=$ auf M.
(2) Im folgenden werden Relationen R_1, R_2, R_3 auf $\mathbb{N}$ betrachtet:
(a) $x\,R_1\,y$ bedeute: Es ist $x \leq y$. Hier ist

$$\begin{aligned} R_1 &= \{(x, y) \in \mathbb{N} \times \mathbb{N} \mid x \leq y\} \\ &= \{(1,1), (1,2), (1,3), \ldots, (6,6), (6,7), (6,8), \ldots\}. \end{aligned}$$

(b) $x\,R_2\,y$ bedeute: x teilt y. Hier ist

$$\begin{aligned} R_2 &= \{(x, y) \in \mathbb{N} \times \mathbb{N} \mid x \text{ teilt } y\} \\ &= \{(1,1), (1,2), (1,3), \ldots, (6,6), (6,12), (6,18), \ldots\}. \end{aligned}$$

(c) $x\,R_3\,y$ bedeute: 4 teilt $y - x$. Hier ist

$$\begin{aligned} R_3 &= \{(x, y) \in \mathbb{N} \times \mathbb{N} \mid 4 \text{ teilt } y - x\} \\ &= \{(1,1), (1,5), (1,9), \ldots, (6,2), (6,6), (6,10), \ldots\}. \end{aligned}$$

(1.14) DEFINITION: Es sei M eine Menge, es sei R eine Relation auf M.
(1) R heißt reflexiv, wenn für jedes $x \in M$ gilt: Es ist $x R x$.
(2) R heißt symmetrisch, wenn für alle x, $y \in M$ mit $x R y$ gilt: Es ist $y R x$.
(3) R heißt antisymmetrisch, wenn für alle x, $y \in M$ mit $x R y$ und mit $y R x$ gilt: Es ist $x = y$.
(4) R heißt transitiv, wenn für alle x, y, $z \in M$ mit $x R y$ und mit $y R z$ gilt: Es ist $x R z$.
(5) R heißt alternativ, wenn für alle x, $y \in M$ gilt: Es ist $x R y$ oder $y R x$.

(1.15) DEFINITION: Es sei M eine Menge, es sei R eine Relation auf M.
(1) R heißt Äquivalenzrelation, wenn R reflexiv, symmetrisch und transitiv ist.
(2) R heißt (teilweise) Ordnung, wenn R reflexiv, antisymmetrisch und transitiv ist.
(3) R heißt lineare Ordnung, wenn R alternativ und eine Ordnung ist.

(1.16) BEISPIELE: (1) Es sei M eine Menge. Die Relation "=" auf M [vgl. (1.13)(1)] ist reflexiv, symmetrisch, antisymmetrisch und transitiv [und nicht alternativ, falls M mindestens zwei Elemente enthält].
(2) Für die Relationen R_1, R_2, R_3 auf $\mathbb{N}$ aus (1.13)(2) gilt: R_1 ist eine lineare Ordnung und nicht symmetrisch [denn es gilt $1 \leq 2$, aber nicht $2 \leq 1$]. - R_2 ist eine Ordnung, aber keine lineare Ordnung [denn es gilt weder "2 teilt 3" noch "3 teilt 2"]. - R_3 ist eine Äquivalenzrelation. [Sind x, y, $z \in \mathbb{N}$ mit $x R_3 y$ und $y R_3 z$, so sind $y - x$ und $z - y$ durch 4 teilbar, also ist auch $z - x = (z - y) + (y - x)$ durch 4 teilbar, d.h. es gilt $x R_3 z$. Der Rest ist klar.] R_3 ist nicht antisymmetrisch und nicht alternativ.
(3) Es sei M eine Menge. Dann ist

$$R = \{(A, B) \in \mathcal{P}(M) \times \mathcal{P}(M) \mid A \subset B\}$$

eine Relation auf $\mathcal{P}(M)$, die Inklusionsrelation $\subset$ [d.h. für jedes A, $B \in \mathcal{P}(M)$ bedeutet $A R B$, daß $A \subset B$ ist]. Für jedes $A \in \mathcal{P}(M)$ gilt $A \subset A$; sind A, $B \in \mathcal{P}(M)$ mit $A \subset B$ und $B \subset A$, so gilt $A = B$; sind A, B, $C \in \mathcal{P}(M)$ mit $A \subset B$ und mit $B \subset C$, so gilt $A \subset C$. Also ist $\subset$ eine Ordnung auf $\mathcal{P}(M)$. Im allgemeinen ist $\subset$ keine lineare Ordnung. [So gilt etwa in $\mathcal{P}(\{1, 2, 3\})$: Es ist $\{1, 2\} \not\subset \{1, 3\}$ und $\{1, 3\} \not\subset \{1, 2\}$.]

(1.17) BEZEICHNUNG: Es sei R eine Äquivalenzrelation auf der Menge M. Für jedes $x \in M$ heißt dann

$$(x)_R := \{y \in M \mid y R x\}$$

die Äquivalenzklasse von x bezüglich R.

(1.18) Satz: *Es sei M eine Menge, es sei R eine Äquivalenzrelation auf M, und es seien x, $y \in M$. Dann gilt entweder $(x)_R = (y)_R$ oder $(x)_R \cap (y)_R = \emptyset$, und zwar gilt*

$$(x)_R = (y)_R \quad \Leftrightarrow \quad \text{es gilt } x R y;$$
$$(x)_R \cap (y)_R = \emptyset \quad \Leftrightarrow \quad \text{es gilt } x \not R\, y.$$

[Das hier verwendete Symbol $\Leftrightarrow$ zwischen zwei Aussagen bedeutet, daß diese Aussagen äquivalent sind, d.h. daß die eine dann und nur dann richtig ist, wenn die andere richtig ist.]
Beweis: (1) Es gelte $(x)_R = (y)_R$. Weil R reflexiv ist, gilt $x\,R\,x$, also $x \in (x)_R = (y)_R = \{z \in M \mid z\,R\,y\}$ und daher $x\,R\,y$.
(2) Es gelte $x\,R\,y$. Für jedes $z \in (x)_R$ gilt $z\,R\,x$ und daher $z\,R\,y$ [denn R ist transitiv], also $z \in (y)_R$, und es folgt $(x)_R \subset (y)_R$. Wegen $x\,R\,y$ gilt $y\,R\,x$ [denn R ist symmetrisch], und wie eben folgt $(y)_R \subset (x)_R$. Also ist $(x)_R = (y)_R$.
(3) Aus (1) und (2) folgt:

$$(x)_R = (y)_R \Leftrightarrow x\,R\,y.$$

(4) Es gelte $(x)_R \cap (y)_R \neq \emptyset$. Dann gibt es ein $z \in M$ mit $z \in (x)_R$ und $z \in (y)_R$, also mit $z\,R\,x$ und $z\,R\,y$. Es folgt $x\,R\,z$ [denn R ist symmetrisch] und daher $x\,R\,y$ [denn R ist transitiv]. Also gilt $(x)_R = (y)_R$ [vgl. (2)].
(5) Aus (4) folgt: Gilt $x \not R\, y$, so gilt $(x)_R \cap (y)_R = \emptyset$. – Gilt $(x)_R \cap (y)_R = \emptyset$, so folgt $x \not R\, y$. [Denn wegen (2) wäre sonst $(x)_R = (y)_R$, und wegen $x \in (x)_R$ wäre daher $(x)_R \cap (y)_R = (x)_R \neq \emptyset$.]

(1.19) BEMERKUNG: Es sei R eine Äquivalenzrelation auf der nichtleeren Menge M. Die verschiedenen Äquivalenzklassen $(x)_R$ mit $x \in M$ bilden ein System von Teilmengen von M mit der folgenden Eigenschaft: Sie sind nichtleer [denn für jedes $x \in M$ ist $x \in (x)_R$], und jedes $y \in M$ liegt in genau einer dieser Mengen [nämlich in $(y)_R$]. – Ein solches System von Teilmengen von M heißt eine *Partition* der Menge M.

(1.20) BEISPIEL: Die in (1.13)(2) erklärte Relation R_3 auf $\mathbb{N}$ ist eine Äquivalenzrelation [vgl. (1.16)(2)]. Für jedes $x \in \mathbb{N}$ ist

$$(x)_{R_3} = \{y \in \mathbb{N} \mid y\,R_3\,x\} = \{y \in \mathbb{N} \mid 4 \text{ teilt } x - y\},$$

und man erhält in diesem Fall genau vier verschiedene [paarweise elementfremde] Äquivalenzklassen, nämlich

$$\begin{aligned}
(1)_{R_3} &= \{x \in \mathbb{N} \mid 4 \text{ teilt } x-1\} &&= \{1,5,9,13,\ldots\},\\
(2)_{R_3} &= \{x \in \mathbb{N} \mid 4 \text{ teilt } x-2\} &&= \{2,6,10,14,\ldots\},\\
(3)_{R_3} &= \{x \in \mathbb{N} \mid 4 \text{ teilt } x-3\} &&= \{3,7,11,15,\ldots\},\\
(4)_{R_3} &= \{x \in \mathbb{N} \mid 4 \text{ teilt } x-4\} &&= \{4,8,12,16,\ldots\}.
\end{aligned}$$

(1.21) BEZEICHNUNG: Es sei M eine Menge mit einer linearen Ordnung $\leq$, und es sei A eine Teilmenge von M.
(1) Gibt es ein $x \in A$ mit $x \leq y$ für jedes $y \in A$, so heißt x das kleinste Element oder Minimum der Menge A, und man schreibt $x = \min(A)$.
(2) Gibt es ein $x \in A$ mit $y \leq x$ für jedes $y \in A$, so heißt x das größte Element oder Maximum der Menge A, und man schreibt $x = \max(A)$.
[Es ist klar, daß es in (1) bzw. (2) jeweils höchstens ein solches $x \in A$ geben kann.]

(1.22) BEMERKUNG: (1) Es gilt $\min(\mathbb{N}) = 1$ und $\min(\mathbb{N}_0) = 0$. Die Menge $\mathbb{Z}$ hat kein kleinstes Element.
(2) Keine der Mengen $\mathbb{N}$, $\mathbb{N}_0$, $\mathbb{Z}$ hat ein größtes Element.

§2 Abbildungen

(2.1) DEFINITION: Es seien M und N Mengen, es sei $f \subset M \times N$ eine Korrespondenz.
(1) f heißt eine partielle Abbildung von M in N, wenn es zu jedem $x \in M$ höchstens ein $y \in N$ gibt mit $(x, y) \in f$ [d.h. wenn gilt: Sind $x \in M$ und y_1, $y_2 \in N$ mit $(x, y_1) \in f$ und $(x, y_2) \in f$, so gilt $y_1 = y_2$].
(2) f heißt eine Abbildung von M in N, wenn es zu jedem $x \in M$ ein und nur ein $y \in N$ gibt mit $(x, y) \in f$.

(2.2) BEMERKUNG: Es seien M und N Mengen.
(1) Es sei $f \subset M \times N$ eine partielle Abbildung, es seien $x \in M$ und $y \in N$ mit $(x, y) \in f$. Man sagt: "y ist das Bild von x bei f" und schreibt "$y = f(x)$".
(2) Es sei $f \subset M \times N$ eine Abbildung. Dann besitzt jedes $x \in M$ ein eindeutig bestimmtes Bild $f(x) \in N$. Man sagt: "f ordnet jedem $x \in M$ genau ein $y \in N$ zu, nämlich $y = f(x)$", und schreibt: "$f: M \to N$ ist eine Abbildung".
(3) Es seien $f: M \to N$ und $g: M \to N$ Abbildungen. Es gilt $f = g$ dann und nur dann, wenn $f(x) = g(x)$ für jedes $x \in M$ gilt.
(4) Die Menge aller Abbildungen $f: M \to N$ wird mit $\mathrm{Abb}(M, N)$ bezeichnet. [Ist dabei $M = \emptyset$, so gibt es nur ein Element in $\mathrm{Abb}(M, N)$, nämlich die Korrespondenz $\emptyset \subset M \times N = \emptyset \times N$, d.h. es ist $\mathrm{Abb}(M, N) = \{\emptyset\}$. Ist $M \neq \emptyset$ und $N = \emptyset$, so ist $\mathrm{Abb}(M, N) = \emptyset$.]
(5) Die Abbildungen $f: M \to \mathbb{R}$ einer Teilmenge M von $\mathbb{R}$ in $\mathbb{R}$ werden auch Funktionen genannt.

(2.3) BEMERKUNG: Es seien M und N Mengen.
(1) Man kann eine Abbildung $f: M \to N$ dadurch definieren, daß man ihre Wertetafel angibt, d.h. dadurch, daß man für jedes $x \in M$ das Bild $f(x) \in N$ explizit angibt.

Beispiel: Es seien $M = \{1, 2, 3\}$ und $N = \{1, 2\}$, und es sei $f: M \to N$ definiert durch $f(1) = 2$, $f(2) = 1$ und $f(3) = 2$. [Man schreibt dann auch: $f: M \to N$ ist definiert durch $1 \mapsto 2$, $2 \mapsto 1$, $3 \mapsto 2$.]
(2) Man kann eine Abbildung $f: M \to N$ dadurch definieren, daß man ein "Verfahren" angibt, mit dessen Hilfe man $f(x)$ für jedes $x \in M$ aus x berechnen kann.

Beispiel: Die Abbildung

$$f: \mathbb{N} \to \mathbb{N} \quad \text{mit } f(x) = x^2 \quad \text{für jedes } x \in \mathbb{N}$$

ordnet jedem $x \in \mathbb{N}$ das Quadrat von x zu.

(2.4) BEISPIELE: (1) Es sei $f: \mathbb{R} \to \mathbb{R}$ die Funktion mit

$$f(x) = \begin{cases} x, & \text{falls } x \geq 0 \text{ ist,} \\ -x, & \text{falls } x < 0 \text{ ist.} \end{cases}$$

Man schreibt für jedes $x \in \mathbb{R}$ $f(x) = |x|$ ("Betrag von x", "x absolut").
(2) Ordnet man jedem $x \in \mathbb{R}_{\geq 0} := \{t \in \mathbb{R} \mid t \geq 0\}$ die Zahl $\sqrt{x}$ zu, so erhält man die "Quadratwurzelfunktion"

$$x \mapsto \sqrt{x} : \mathbb{R}_{\geq 0} \to \mathbb{R}.$$

(3) Es sei M eine Menge. Die Abbildung

$$\mathrm{id}_M: M \to M \quad \text{mit } \mathrm{id}_M(x) = x \text{ für jedes } x \in M$$

heißt die identische Abbildung auf M.

(2.5) DEFINITION: Es seien $f: M \to N$ und $g: M' \to N'$ Abbildungen mit $f(x) \in M'$ für jedes $x \in M$. [Dies ist sicher dann erfüllt, wenn $N \subset M'$ ist.] Dann ist $g(f(x)) \in N'$ für jedes $x \in M$ erklärt. Die Abbildung

$$g \circ f: M \to N' \quad \text{mit } g \circ f(x) = g(f(x)) \text{ für jedes } x \in M$$

heißt die *Hintereinanderausführung* oder Komposition von g nach f. [Man liest $g \circ f$ als "g nach f".]

(2.6) BEISPIELE: (1) Es seien M und N Mengen, es sei $f: M \to N$ eine Abbildung. Es ist $f \circ \mathrm{id}_M: M \to N$ definiert, und für jedes $x \in M$ gilt $f \circ \mathrm{id}_M(x) = f(\mathrm{id}_M(x)) = f(x)$, d.h. es ist $f \circ \mathrm{id}_M = f$. Es ist $\mathrm{id}_N \circ f: M \to N$ definiert, und für jedes $x \in M$ gilt $\mathrm{id}_N \circ f(x) = \mathrm{id}_N(f(x)) = f(x)$, d.h. es ist $\mathrm{id}_N \circ f = f$.
(2) Es sei $f: \mathbb{R} \to \mathbb{R}$ die Funktion mit $f(x) = |x|$ für jedes $x \in \mathbb{R}$; es sei $g: \mathbb{R}_{\geq 0} \to \mathbb{R}$ die Funktion mit $g(x) = \sqrt{x}$ für jedes $x \in \mathbb{R}_{\geq 0}$. Für jedes $x \in \mathbb{R}$ ist $f(x) = |x| \in \mathbb{R}_{\geq 0}$, und daher ist die Funktion $g \circ f: \mathbb{R} \to \mathbb{R}$ erklärt: Für jedes $x \in \mathbb{R}$ ist $g \circ f(x) = g(|x|) = \sqrt{|x|}$.

(2.7) Satz: *Es seien $f: M \to N$, $g: M' \to N'$, $h: M'' \to N''$ Abbildungen mit $f(x) \in M'$ für jedes $x \in M$ und mit $g(y) \in M''$ für jedes $y \in M'$. Dann sind die Hintereinanderausführungen $(h \circ g) \circ f: M \to N''$ und $h \circ (g \circ f): M \to N''$ erklärt, und es gilt*

$$(h \circ g) \circ f = h \circ (g \circ f).$$

Beweis: Für jedes $y \in M'$ ist $g(y) \in M''$, und daher ist $h \circ g: M' \to N''$ erklärt; für jedes $x \in M$ ist $f(x) \in M'$, und daher ist $(h \circ g) \circ f: M \to N''$ erklärt. Es ist $g \circ f: M \to N'$ erklärt, und für jedes $x \in M$ ist $(g \circ f)(x) = g(f(x)) \in M''$, und daher ist auch $h \circ (g \circ f): M \to N''$ erklärt. Für jedes $x \in M$ gilt

$$\begin{aligned} ((h \circ g) \circ f)(x) &= (h \circ g)(f(x)) &= h(g(f(x))), \\ (h \circ (g \circ f))(x) &= h(g \circ f(x)) &= h(g(f(x))), \end{aligned}$$

und daher ist $(h \circ g) \circ f = h \circ (g \circ f)$.

(2.8) DEFINITION: Es seien M und N Mengen, es sei $f: M \to N$ eine Abbildung.
(1) f heißt injektiv, wenn für alle $x_1, x_2 \in M$ mit $x_1 \neq x_2$ gilt: Es ist $f(x_1) \neq f(x_2)$ [wenn es also zu jedem $y \in N$ höchstens ein $x \in M$ mit $y = f(x)$ gibt].
(2) f heißt surjektiv, wenn es zu jedem $y \in N$ (mindestens) ein $x \in M$ mit $y = f(x)$ gibt.
(3) f heißt bijektiv, wenn f injektiv und surjektiv ist [wenn es also zu jedem $y \in N$ ein und nur ein $x \in M$ mit $f(x) = y$ gibt].

(2.9) BEISPIELE: (1) Für jede Menge M ist die Abbildung $\mathrm{id}_M: M \to M$ bijektiv.
(2) Die Funktion $x \mapsto |x| : \mathbb{R} \to \mathbb{R}$ ist nicht injektiv [denn es gilt $-2 \neq 2$ und $|-2| = |2|$] und nicht surjektiv [denn es gilt $|x| \neq -5$ für jedes $x \in \mathbb{R}$].
(3) Die Funktion $x \mapsto \sqrt{x} : \mathbb{R}_{\geq 0} \to \mathbb{R}$ ist injektiv [denn sind $x_1, x_2 \in \mathbb{R}_{\geq 0}$ mit $\sqrt{x}_1 = \sqrt{x}_2$, so folgt $x_1 = (\sqrt{x}_1)^2 = (\sqrt{x}_2)^2 = x_2$] und nicht surjektiv [denn es gilt $\sqrt{x} \neq -5$ für jedes $x \in \mathbb{R}_{\geq 0}$].
(4) Die Abbildung $f: \{1,2,3\} \to \{1,2\}$ mit $f(1) = 2$, $f(2) = 1$ und $f(3) = 2$ ist surjektiv und nicht injektiv.

(2.10) Satz: *Es seien $f: M \to N$ und $g: N \to P$ Abbildungen. Es gilt:*
(1) *Sind f und g injektiv, so ist $g \circ f$ injektiv.*
(2) *Sind f und g surjektiv, so ist $g \circ f$ surjektiv.*
(3) *Sind f und g bijektiv, so ist $g \circ f$ bijektiv.*
(4) *Ist $g \circ f$ injektiv, so ist f injektiv.*
(5) *Ist $g \circ f$ surjektiv, so ist g surjektiv.*
(6) *Ist $g \circ f$ bijektiv, so sind f injektiv und g surjektiv.*
Beweis: (1) Es gelte: f und g sind injektiv. Es seien $x_1, x_2 \in M$ mit $x_1 \neq x_2$. Weil f injektiv ist, gilt $f(x_1) \neq f(x_2)$, und weil g injektiv ist, folgt $g \circ f(x_1) = g(f(x_1)) \neq g(f(x_2)) = g \circ f(x_2)$. – Es folgt: $g \circ f$ ist injektiv.
(2) Es gelte: f und g sind surjektiv. Es sei $z \in P$. Weil g surjektiv ist, existiert ein $y \in N$ mit $z = g(y)$, und weil f surjektiv ist, existiert ein $x \in M$ mit $y = f(x)$, also mit $z = g(y) = g(f(x)) = g \circ f(x)$. – Es folgt: $g \circ f$ ist surjektiv.
(3) folgt aus (1) und (2).
(4) Es gelte: $g \circ f$ ist injektiv. Es seien $x_1, x_2 \in M$ mit $f(x_1) = f(x_2)$. Dann ist $g \circ f(x_1) = g(f(x_1)) = g(f(x_2)) = g \circ f(x_2)$, und weil $g \circ f$ injektiv ist, folgt $x_1 = x_2$. – Es folgt: f ist injektiv.
(5) Es gelte: $g \circ f$ ist surjektiv. Für jedes $z \in P$ gilt: Es gibt ein $x \in M$ mit $z = g \circ f(x) = g(f(x))$, und daher gibt es ein $y \in N$ mit $z = g(y)$, nämlich $y = f(x)$. Also ist g surjektiv.
(6) folgt aus (4) und (5).

(2.11) Satz: *Es seien $M \neq \emptyset$ und N Mengen, es sei $f: M \to N$ eine bijektive Abbildung. Dann gibt es eine eindeutig bestimmte Abbildung $g: N \to M$ mit $g \circ f = \mathrm{id}_M$ und mit $f \circ g = \mathrm{id}_N$, und hierfür gilt: g ist bijektiv.*
Bezeichnung: g heißt die *Umkehrabbildung* von f und wird mit f^{-1} bezeichnet.
Beweis: (1) Zu jedem $y \in N$ gibt es ein eindeutig bestimmtes $x \in M$ mit $y = f(x)$ [denn f ist bijektiv]. Ordnet man jedem $y \in N$ dieses $x \in M$ mit $y = f(x)$ zu,

so erhält man eine Abbildung $g: N \to M$ mit $y = f(g(y)) = f \circ g(y)$ für jedes $y \in N$ und mit $x = g(f(x)) = g \circ f(x)$ für jedes $x \in M$, also mit $f \circ g = \mathrm{id}_N$ und mit $g \circ f = \mathrm{id}_M$. Weil $\mathrm{id}_N = f \circ g$ injektiv ist, ist nach (2.10)(4) g injektiv; weil $\mathrm{id}_M = g \circ f$ surjektiv ist, ist nach (2.10)(5) g surjektiv. Damit ist gezeigt: Es gibt eine bijektive Abbildung $g: N \to M$ mit $g \circ f = \mathrm{id}_M$ und $f \circ g = \mathrm{id}_N$.
(2) Es sei auch $g_1: N \to M$ eine Abbildung mit $g_1 \circ f = \mathrm{id}_M$ und $f \circ g_1 = \mathrm{id}_N$. Dann gilt $g_1 = g_1 \circ \mathrm{id}_N = g_1 \circ (f \circ g) = (g_1 \circ f) \circ g = \mathrm{id}_M \circ g = g$. Also gibt es nur eine Abbildung $g: N \to M$ mit $g \circ f = \mathrm{id}_M$ und $f \circ g = \mathrm{id}_N$.

(2.12) BEMERKUNG: Es seien $M \neq \emptyset$ und N Mengen.
(1) Es sei $f: M \to N$ eine Abbildung, und es gelte: Es gibt eine Abbildung $g: N \to M$ mit $g \circ f = \mathrm{id}_M$ und $f \circ g = \mathrm{id}_N$. Dann ist f bijektiv, und es gilt $f^{-1} = g$.
Beweis: Weil $g \circ f = \mathrm{id}_M$ injektiv ist, ist f injektiv; weil $f \circ g = \mathrm{id}_N$ surjektiv ist, ist f surjektiv [vgl. (2.10)(4) und (5)]. Also ist f bijektiv. Aus der Einzigkeitsaussage in (2.11) folgt $f^{-1} = g$.
(2) Es sei $f: M \to N$ eine bijektive Abbildung, und es sei $f^{-1}: N \to M$ die Umkehrabbildung. Für sie gilt $f \circ f^{-1} = \mathrm{id}_N$ und $f^{-1} \circ f = \mathrm{id}_M$. Nach (1) ist f^{-1} bijektiv, und es gilt $(f^{-1})^{-1} = f$.

(2.13) BEMERKUNG: (1) Es sei $f: M \to N$ eine Abbildung.
(a) Ist $M_1 \subset M$, so ist

$$f(M_1) := \{y \in N \mid \text{es existiert ein } x \in M_1 \text{ mit } y = f(x)\} = \{f(x) \mid x \in M_1\}$$

eine Teilmenge von N und heißt das Bild von M_1 bei f.
(b) Ist $N_1 \subset N$, so ist

$$\begin{aligned} f^{-1}(N_1) &:= \{x \in M \mid \text{es existiert ein } y \in N_1 \text{ mit } y = f(x)\} \\ &= \{x \in M \mid f(x) \in N_1\} \end{aligned}$$

eine Teilmenge von M und heißt das Urbild von N_1 bei f.
(c) Ist $M_1 \subset M$, so heißt die Abbildung

$$f|M_1: M_1 \to N \quad \text{mit } (f|M_1)(x) = f(x) \quad \text{für jedes } x \in M_1$$

die Einschränkung [oder die Restriktion] von f auf M_1.
(2) Es sei $f: M \to N$ eine bijektive Abbildung, es sei $f^{-1}: N \to M$ die Umkehrabbildung von f, und es sei $N_1 \subset N$. Dann bedeutet $f^{-1}(N_1)$ gemäß (1)(a) und (b) einerseits das Bild von N_1 bei f^{-1} und andererseits das Urbild von N_1 bei f. Aber man erhält dabei jeweils dieselbe Teilmenge von M: Für ein $x \in M$ sind folgende Aussagen äquivalent:

- x liegt im Bild von N_1 bei f^{-1};
- es gibt ein $y \in N_1$ mit $x = f^{-1}(y)$;

- es gibt ein $y \in N_1$ mit $f(x) = y$;
- x liegt im Urbild von N_1 bei f.

(2.14) BEISPIELE: (1) Es sei $g: \mathbb{R} \to \mathbb{R}$ mit $x \mapsto |x|$. Für jedes $x \in \mathbb{R}_{\geq 0}$ gilt $g^{-1}(\{x\}) = \{x, -x\}$, für jedes $x \in \mathbb{R}$ mit $x < 0$ gilt $g^{-1}(\{x\}) = \emptyset$.
(2) Ist $f: \{1,2,3\} \to \{1,2\}$ wie in (2.9)(4) definiert, so ist $f^{-1}(\{1\}) = \{2\}$ und $f^{-1}(\{2\}) = \{1,3\}$.

(2.15) BEMERKUNG: (1) Es sei $f: M \to N$ eine Abbildung, es seien X und Y Teilmengen von N. Dann ist $f^{-1}(X \cup Y) = f^{-1}(X) \cup f^{-1}(Y)$.
(2) Es seien $f: M \to N$ und $g: N \to P$ Abbildungen, und es sei $X \subset P$. Dann ist $(g \circ f)^{-1}(X) = f^{-1}\big(g^{-1}(X)\big)$.

§3 Grundbegriffe der Algebra

(3.0) Der Begriff der (algebraischen) Verknüpfung auf einer Menge ist von zentraler Bedeutung; viele dem Leser bekannte Rechenoperationen fallen darunter.

(3.1) DEFINITION: Es sei M eine nichtleere Menge. Unter einer Verknüpfung $*$ auf M versteht man eine Abbildung

$$*: M \times M \to M.$$

$*$ ordnet jedem Paar $(a, b) \in M \times M$ ein eindeutig bestimmtes Element von M zu, das mit $a * b$ bezeichnet wird [statt mit $*((a, b))$].

(3.2) BEISPIELE: (1) Die Abbildungen

$$+ : \mathbb{R} \times \mathbb{R} \to \mathbb{R} \quad \text{mit } (a,b) \mapsto a + b, \qquad \cdot : \mathbb{R} \times \mathbb{R} \to \mathbb{R} \quad \text{mit } (a,b) \mapsto a \cdot b = ab$$

sind Verknüpfungen auf $\mathbb{R}$.
(2) Es sei M eine Menge. Die Abbildungen

$$\cup : \mathcal{P}(M) \times \mathcal{P}(M) \to \mathcal{P}(M) \quad \text{mit} \quad (A, B) \mapsto A \cup B$$

und

$$\cap : \mathcal{P}(M) \times \mathcal{P}(M) \to \mathcal{P}(M) \quad \text{mit} \quad (A, B) \mapsto A \cap B$$

sind Verknüpfungen auf $\mathcal{P}(M)$.
(3) Es sei M eine Menge. Die Abbildung

$$\circ : \mathrm{Abb}(M, M) \times \mathrm{Abb}(M, M) \to \mathrm{Abb}(M, M) \text{ mit } (f, g) \mapsto f \circ g$$

ist eine Verknüpfung auf $\mathrm{Abb}(M, M)$.

(3.3) DEFINITION: Es sei M eine Menge, es sei $*$ eine Verknüpfung auf M.
(1) $*$ heißt assoziativ, wenn gilt: Für alle a, b, $c \in M$ ist $(a * b) * c = a * (b * c)$.
(2) $*$ heißt kommutativ, wenn gilt: Für alle a, $b \in M$ ist $a * b = b * a$.
(3) Ein Element $e \in M$ heißt neutral bei $*$, wenn gilt: Für jedes $a \in M$ ist $e * a = a$ und $a * e = a$.

(3.4) BEISPIELE: (1) Die Verknüpfungen $+$ und $\cdot$ auf $\mathbb{R}$ sind assoziativ und kommutativ. Es ist 0 neutral bei $+$, und 1 ist neutral bei $\cdot$.
(2) Es sei M eine Menge. Die Verknüpfungen $\cup$ und $\cap$ auf $\mathcal{P}(M)$ sind assoziativ und kommutativ [vgl. (1.9)(b) und (a)]. Für jedes $A \in \mathcal{P}(M)$ gilt $\emptyset \cup A = A = A \cup \emptyset$ und $M \cap A = A = A \cap M$, also ist $\emptyset$ neutral bei $\cup$, und M ist neutral bei $\cap$.
(3) Es sei M eine Menge. Die Verknüpfung $\circ$ auf $\mathrm{Abb}(M, M)$ ist assoziativ, denn nach (2.7) gilt für alle f, g, $h \in \mathrm{Abb}(M,M)$: Es ist $(f \circ g) \circ h = f \circ (g \circ h)$. id_M ist neutral bei $\circ$ [vgl. (2.6)(1)].
(4) Für $M = \{1,2\}$ ist die Verknüpfung $\circ$ auf $\mathrm{Abb}(M,M)$ nicht kommutativ. Es seien nämlich $f\colon M \to M$ und $g\colon M \to M$ definiert durch $f(1) = 1$, $f(2) = 1$ und $g(1) = 2$, $g(2) = 1$. Dann gilt $f \circ g(1) = f(2) = 1$ und $g \circ f(1) = g(1) = 2$, und daher gilt $f \circ g \neq g \circ f$.
(5) Die Verknüpfung

$$- : \mathbb{R} \times \mathbb{R} \to \mathbb{R} \quad \text{mit} \quad (a,b) \mapsto a - b$$

ist nicht assoziativ [denn es gilt $(1-1)-1 = -1 \neq 1 = 1-(1-1)$] und nicht kommutativ [denn es gilt $0 - 1 = -1 \neq 1 = 1 - 0$].

(3.5) BEMERKUNG: (1) Es sei $*$ eine assoziative Verknüpfung auf der Menge M. Dann kann man in "Produkten" in M Klammern (sinnvoll) setzen oder weglassen ["allgemeines Assoziativgesetz"]. Zum Beispiel gilt für alle a, b, $c \in M$

$$(a * b) * c = a * (b * c) =: a * b * c,$$

und für alle a, b, c, $d \in M$ gilt

$$\begin{aligned}(a*(b*c))*d &= ((a*b)*c)*d &&= (a*b)*(c*d)\\ &= a*(b*(c*d)) &&= a*((b*c)*d)\\ &=: a*b*c*d.\end{aligned}$$

Der Beweis des allgemeinen Assoziativgesetzes wird in (4.6) geführt.
(2) Es sei $*$ eine assoziative und kommutative Verknüpfung auf der Menge M. Dann kann man in "Produkten" in M die "Faktoren" beliebig vertauschen ["allgemeines Kommutativgesetz"]. Zum Beispiel gilt für alle a, $b \in M$

$$a * b = b * a,$$

und für alle a, b, $c \in M$ gilt

$$\begin{aligned}a*(b*c) &= a*(c*b) = (c*b)*a = c*(b*a)\\ &= c*(a*b) = (c*a)*b = b*(c*a) = b*(a*c),\end{aligned}$$

also [nach Weglassen der Klammern gemäß (1)]

$$a*b*c = a*c*b = c*b*a = c*a*b = b*c*a = b*a*c.$$

(3) Es sei M eine nichtleere Menge, und es sei $*$ eine Verknüpfung auf M. Dann gibt es höchstens ein bei $*$ neutrales Element von M.
Beweis: Es seien e, $e' \in M$ neutral bei $*$. Weil e neutral ist, gilt $e * e' = e'$; weil e' neutral ist, gilt $e * e' = e$. Also gilt $e' = e * e' = e$.

(3.6) DEFINITION: Es sei R eine Menge, auf der zwei Verknüpfungen gegeben sind, nämlich eine "Addition" $(a,b) \mapsto a+b : R \times R \to R$ und eine "Multiplikation" $(a,b) \mapsto a \cdot b : R \times R \to R$. Mit diesen Verknüpfungen heißt R ein Ring, wenn die folgenden Regeln gelten:
(A1) $+$ ist assoziativ, d.h. für alle a, b, $c \in R$ gilt $(a+b)+c = a+(b+c)$.
(A2) $+$ ist kommutativ, d.h. für alle a, $b \in R$ gilt $a+b = b+a$.
(A3) Es gibt ein Element $0 \in R$, das bei $+$ neutral ist, für das also gilt: Es ist $0+a = a = a+0$ für jedes $a \in R$.
(A4) Zu jedem $a \in R$ gibt es ein $x \in R$ mit $x+a = 0 = a+x$.
(M1) $\cdot$ ist assoziativ, d.h. für alle a, b, $c \in R$ gilt $(a \cdot b) \cdot c = a \cdot (b \cdot c)$.
(M2) Es gibt ein Element $1 \in R$, das bei $\cdot$ neutral ist, für das also gilt: Es ist $1 \cdot a = a = a \cdot 1$ für jedes $a \in R$.
(D) Es gelten die Distributivgesetze: Für alle a, b, $c \in R$ gilt

$$a \cdot (b+c) = a \cdot b + a \cdot c \quad \text{und} \quad (b+c) \cdot a = b \cdot a + c \cdot a.$$

(3.7) BEMERKUNG: Es sei R ein Ring (mit der Addition $+ : R \times R \to R$ und mit der Multiplikation $\cdot : R \times R \to R$).
(1) In R gibt es ein und nur ein bei $+$ neutrales Element [vgl. (3.5)(3)]. Dieses wird mit 0 (oder mit 0_R) bezeichnet und heißt das Nullelement von R.
(2) In R gibt es ein und nur ein bei $\cdot$ neutrales Element [vgl. (3.5)(3)]. Dieses wird mit 1 (oder mit 1_R) bezeichnet und heißt das Einselement von R.
(3) Es sei $a \in R$. Nach (A4) gibt es ein $x \in R$ mit $x+a = 0 = a+x$. Es sei auch $x_1 \in R$ mit $x_1 + a = 0 = a + x_1$. Dann gilt

$$x_1 = x_1 + 0 = x_1 + (a+x) = (x_1+a)+x = 0+x = x.$$

Damit ist gezeigt: Es gibt ein eindeutig bestimmtes $x \in R$ mit $x+a = 0 = a+x$. Dieses Element x wird mit $-a$ bezeichnet.
(4) Für a, $b \in R$ setzt man

$$a-b := a+(-b), \qquad -a+b := (-a)+b,$$
$$ab := a \cdot b, \qquad -ab := -(ab).$$

(5) Für a, b, $c \in R$ setzt man

$$a+bc := a+(b \cdot c).$$

[Diese vom Rechnen mit Zahlen her vertraute Schreibweise wurde in (3.6)(D) bereits verwendet.]

(3.8) RECHENREGELN: Es sei R ein Ring, es seien a, b, $c \in R$.
(1) Gilt $a + c = b + c$, so ist $a = b$.
(2) Es gilt $-(-a) = a$ und $-(a + b) = -a - b$.
(3) Es gilt $a \cdot 0 = 0 = 0 \cdot a$.
(4) Es gilt $a \cdot (-b) = (-a) \cdot b = -ab$ und $(-a) \cdot (-b) = ab$.
Beweis: (1) Gilt $a+c = b+c$, so folgt $a = a+0 = a+\big(c+(-c)\big) = (a+c)+(-c) = (b+c)+(-c) = b+\big(c+(-c)\big) = b+0 = b$.
(2) Es gilt $-(-a) + (-a) = 0 = a + (-a)$ und $(-a - b) + (a + b) = \big((-a) + (-b)\big) + (a + b) = \big(a + (-a)\big) + \big(b + (-b)\big) = 0 + 0 = 0 = \big(-(a + b)\big) + (a + b)$, und aus (1) folgt $-(-a) = a$ und $-a - b = -(a + b)$.
(3) Es gilt $a \cdot 0 + a \cdot 0 = a \cdot (0 + 0) = a \cdot 0 = 0 + a \cdot 0$ und $0 \cdot a + 0 \cdot a = (0 + 0) \cdot a = 0 \cdot a = 0 + 0 \cdot a$, und daher gilt nach (1) $a \cdot 0 = 0$ und $0 \cdot a = 0$.
(4) Es gilt $a \cdot (-b) + ab = a \cdot \big((-b) + b\big) = a \cdot 0 = 0 = -ab + ab$ und $(-a) \cdot b + ab = \big((-a) + a\big) \cdot b = 0 \cdot b = 0 = -ab + ab$, und daher gilt nach (1) $a \cdot (-b) = -ab$ und $(-a) \cdot b = -ab$. Es folgt dann $(-a) \cdot (-b) = -\big((-a) \cdot b\big) = -(-ab) = ab$.

(3.9) DEFINITION: Es sei R ein Ring. Ein Element $e \in R$ heißt eine Einheit in R, wenn es ein $x \in R$ gibt mit $xe = 1 = ex$.

(3.10) BEMERKUNG: Es sei R ein Ring, es sei $e \in R$ eine Einheit in R. Dann gibt es ein $x \in R$ mit $xe = 1 = ex$. Ist auch $x_1 \in R$ mit $x_1 e = 1 = ex_1$, so gilt $x_1 = x_1 \cdot 1 = x_1 \cdot (ex) = (x_1 e) \cdot x = 1 \cdot x = x$.

Also gibt es ein eindeutig bestimmtes $x \in R$ mit $xe = 1 = ex$, und dieses x wird mit e^{-1} bezeichnet.

(3.11) DEFINITION: Es sei R ein Ring.
(1) R heißt ein kommutativer Ring, wenn die Multiplikation $\cdot$ auf R kommutativ ist, d.h. wenn für alle a, $b \in R$ gilt: Es ist $ab = ba$.
(2) R heißt ein integrer Ring oder ein Integritätsring, wenn gilt:
(a) R ist ein kommutativer Ring,
(b) es gilt $1_R \neq 0_R$,
(c) für alle a, $b \in R$ mit $a \neq 0$ und $b \neq 0$ gilt auch $ab \neq 0$.

(3.12) BEISPIELE: (1) $\mathbb{Z}$ ist ein integrer Ring und besitzt genau zwei Einheiten, nämlich 1 und -1.
(2) $\mathbb{N}$ ist kein Ring, weil es in $\mathbb{N}$ kein bei $+$ neutrales Element gibt.
(3) In $\mathbb{N}_0$ ist 0 bei $+$ neutral, aber $\mathbb{N}_0$ ist kein Ring, da es kein $x \in \mathbb{N}_0$ mit $1+x = 0$ gibt.
(4) In den Paragraphen 7 und 8 werden weitere kommutative Ringe behandelt werden. Eine gewisse Klasse nichtkommutativer Ringe wird im zweiten Kapitel eine wichtige Rolle spielen.

(3.13) DEFINITION: Es sei K eine Menge, auf der zwei Verknüpfungen gegeben sind, nämlich eine Addition $(a, b) \mapsto a + b : K \times K \to K$ und eine Multiplikation $(a, b) \mapsto ab : K \times K \to K$. K heißt (mit diesen Verknüpfungen) ein Körper, wenn die folgenden Regeln gelten:

(K1) K ist ein kommutativer Ring.
(K2) $1_K \neq 0_K$.
(K3) Jedes $a \in K$ mit $a \neq 0$ ist eine Einheit im Ring K, d.h. zu jedem $a \in K$ mit $a \neq 0$ gibt es ein $x \in K$ mit $ax = 1_K = xa$.

(3.14) BEISPIELE: (1) $\mathbb{Q}$ und $\mathbb{R}$ sind Körper. Ein weiterer wichtiger Körper wird in Paragraph 6 behandelt werden.
(2) $\mathbb{Z}$ ist ein integrer Ring, aber kein Körper. [Denn 2 ist keine Einheit in $\mathbb{Z}$.]

(3.15) BEMERKUNG: Es sei K ein Körper.
(1) Zu jedem $a \in K$ mit $a \neq 0$ gibt es ein eindeutig bestimmtes $x \in K$ mit $xa = 1 = ax$ [vgl. (3.10)], und dieses x wird mit a^{-1} oder mit $1/a$ bezeichnet.
(2) Sind $a, b \in K$ und ist $b \neq 0$, so setzt man $a/b := a \cdot b^{-1} = b^{-1} \cdot a$.

(3.16) RECHENREGELN: Es sei K ein Körper, es seien $a, b, c \in K$.
(1) Gilt $ac = bc$ und $c \neq 0$, so ist $a = b$.
(2) Gilt $a \neq 0$, so gilt $a^{-1} \neq 0$ und $(a^{-1})^{-1} = a$.
(3) Gilt $a \neq 0$ und $b \neq 0$, so gilt $ab \neq 0$ und $(ab)^{-1} = a^{-1}b^{-1}$. [K ist also ein integrer Ring.]
Beweis: (1) Gilt $ac = bc$ und $c \neq 0$, so folgt

$$a = a \cdot 1 = a \cdot (c \cdot c^{-1}) = (a \cdot c) \cdot c^{-1} = (b \cdot c) \cdot c^{-1} = b \cdot (c \cdot c^{-1}) = b \cdot 1 = b.$$

(2) Es gelte $a \neq 0$. Dann ist $a^{-1} \neq 0$ [denn sonst wäre $1 = a \cdot a^{-1} = a \cdot 0 = 0$ (nach (3.8)(3)), im Widerspruch zu $1 \neq 0$], und wegen $(a^{-1})^{-1} \cdot a^{-1} = 1 = a \cdot a^{-1}$ folgt aus (1): Es ist $(a^{-1})^{-1} = a$.
(3) Es gelte $a \neq 0$ und $b \neq 0$. Dann gilt $ab \neq 0$ [denn sonst gilt $b = (a^{-1}a)b = a^{-1}(ab) = a^{-1} \cdot 0 = 0$ im Widerspruch zur Voraussetzung $b \neq 0$], und wegen $(ab)^{-1} \cdot (ab) = 1 = (a^{-1} \cdot a) \cdot (b^{-1} \cdot b) = (a^{-1} \cdot b^{-1}) \cdot (a \cdot b)$ folgt aus (1): Es ist $(ab)^{-1} = a^{-1}b^{-1}$.

(3.17) DEFINITION: Es sei G eine nichtleere Menge mit einer Verknüpfung $*$. Ist $*$ assoziativ, hat G ein neutrales Element e bezüglich $*$ und gibt es zu jedem $x \in G$ ein $y \in G$ mit $x * y = e$ und mit $y * x = e$, so heißt G eine Gruppe. Ist die Verknüpfung $*$ kommutativ, so heißt G eine kommutative oder abelsche Gruppe [nach N. H. Abel, 1802–1829].

(3.18) BEMERKUNG: (1) Es sei G mit der Verknüpfung $*$ eine Gruppe.
(a) Es gibt in G nur ein neutrales Element e bezüglich $*$ [vgl. (3.5)(3)].
(b) Zu jedem $x \in G$ gibt es genau ein $y \in G$ mit $x * y = y * x = e$ [dies beweist man wie in (3.10)]. Dieses Element y wird mit x^{-1} bezeichnet.
(c) Es seien $x, y \in G$. Dann ist $(x*y)^{-1} = y^{-1}*x^{-1}$ [denn es ist $(y^{-1}*x^{-1})*(x*y) = y^{-1} * (x^{-1} * (x * y)) = y^{-1} * ((x^{-1} * x) * y) = y^{-1} * (e * y) = y^{-1} * y = e$, und entsprechend zeigt man $(x * y) * (y^{-1} * x^{-1}) = e$].
(2) Es sei R ein Ring, und es sei $E(R) := \{x \in R \mid x \text{ ist Einheit in } R\}$. Es ist $1 \in E(R)$, für alle $a, b \in E(R)$ gilt $ab \cdot b^{-1}a^{-1} = 1$ und $b^{-1}a^{-1} \cdot ab = 1$ und daher $ab \in E(R)$ [mit $(ab)^{-1} = b^{-1}a^{-1}$], und für jedes $a \in E(R)$ ist $a^{-1} \cdot a = 1$ und

$a \cdot a^{-1} = 1$, und daher ist $a^{-1} \in E(R)$ [mit $(a^{-1})^{-1} = a$]. Es folgt: $E(R)$ ist mit der in R gegebenen Multiplikation als Verknüpfung eine Gruppe. Diese Gruppe heißt die Einheitengruppe des Ringes R.
(3) Es sei K ein Körper. Nach (2) ist $K^\times := K \setminus \{0\}$ mit der in K gegebenen Multiplikation als Verknüpfung eine Gruppe. Diese Gruppe heißt die Multiplikativgruppe des Körpers K.

(3.19) BEZEICHNUNG: (1) Es sei R ein Ring. Es sei $n \in \mathbb{N}$, und es seien $a_1, a_2, \ldots, a_n \in R$. Man setzt dann zur Abkürzung

$$a_1 + a_2 + \cdots + a_n = \sum_{i=1}^{n} a_i \qquad \left(= \sum_{j=1}^{n} a_j\right). \qquad (*)$$

Es seien $m, n \in \mathbb{Z}$ mit $m \leq n$, und es seien $a_m, \ldots, a_n \in R$. Man setzt in Verallgemeinerung von $(*)$

$$a_m + a_{m+1} + \cdots + a_n = \sum_{i=m}^{n} a_i. \qquad (**)$$

Ist $m > n$, so definiert man

$$\sum_{i=m}^{n} a_i = 0_R \quad [\text{“leere Summe”}] .$$

(2) Es sei R ein kommutativer Ring. Es sei $n \in \mathbb{N}$, und es seien $a_1, a_2, \ldots, a_n \in R$. Man setzt dann zur Abkürzung

$$a_1 \cdot a_2 \cdots a_n = \prod_{i=1}^{n} a_i \qquad \left(= \prod_{j=1}^{n} a_j\right). \qquad (*)$$

Es seien $m, n \in \mathbb{Z}$ mit $m \leq n$, und es seien $a_m, \ldots, a_n \in R$. Man setzt in Verallgemeinerung von $(*)$

$$a_m \cdot a_{m+1} \cdots a_n = \prod_{i=m}^{n} a_i. \qquad (**)$$

Ist $m > n$, so definiert man

$$\prod_{i=m}^{n} a_i = 1_R \qquad [\text{“leeres Produkt”}] .$$

(3) Es sei R ein Ring, und es sei $a \in R$. Dann setzt man für jedes $n \in \mathbb{N}$

$$a^n := \underbrace{a \cdot a \cdots a}_{n \text{ Faktoren}} .$$

Außerdem setzt man

$$a^0 := 1.$$

Man sieht: Für jedes $a \in R$ und für alle $m, n \in \mathbb{N}_0$ gilt

$$a^n \cdot a^m = a^{m+n} \quad \text{und} \quad (a^m)^n = a^{mn}.$$

(3.20) BEMERKUNG: (1) Auf $\mathbb{R}$ ist eine lineare Ordnung $\leq$ mit den beiden folgenden Eigenschaften gegeben:
(LA) Sind $a, b \in \mathbb{R}$ mit $a \leq b$, so gilt $a + c \leq b + c$ für jedes $c \in \mathbb{R}$.
(LM) Sind $a, b, c \in \mathbb{R}$ mit $a \leq b$ und mit $c \geq 0$, so gilt $a \cdot c \leq b \cdot c$.
(2) Aus (LA) und (LM) folgen weitere Rechenregeln, zum Beispiel
(a) Sind $a, b \in \mathbb{R}$, so gilt

$$a \leq b \Leftrightarrow b - a \geq 0 \Leftrightarrow -b \leq -a \Leftrightarrow a - b \leq 0. \qquad (*)$$

(b) Für jedes $a \in \mathbb{R}$ gilt $a^2 \geq 0$.
(c) Sind $a, b, c \in \mathbb{R}$ mit $a \leq b$ und mit $c \leq 0$, so gilt $a \cdot c \geq b \cdot c$.
Beweis: (a) Es seien $a, b \in \mathbb{R}$. Gilt $a \leq b$, so gilt $0 = a + (-a) \leq b + (-a) = b - a$. Gilt $b - a \geq 0$, so gilt $-b = 0 + (-b) \leq (b - a) + (-b) = -a$. Gilt $-b \leq -a$, so gilt $a - b = a + (-b) \leq a + (-a) = 0$. Gilt $a - b \leq 0$, so gilt $a = (a - b) + b \leq 0 + b = b$. [Werden die vier in $(*)$ stehenden Aussagen mit (i),…,(iv) bezeichnet, so wurde also gezeigt: (i) $\Rightarrow$ (ii) $\Rightarrow$ (iii) $\Rightarrow$ (iv) $\Rightarrow$ (i); es sind also wirklich alle Aussagen untereinander äquivalent.] [Es bedeutet hier z.B. (i) $\Rightarrow$ (ii), daß aus der Richtigkeit der Aussage (i) die Richtigkeit der Aussage (ii) folgt.]
(b) Es sei $a \in \mathbb{R}$. Ist $a \geq 0$, so folgt $a^2 = a \cdot a \geq a \cdot 0 = 0$; ist $a \leq 0$, so ist $-a \geq 0$ [nach (a)], und es folgt $a^2 = (-a) \cdot (-a) \geq (-a) \cdot 0 = 0$.
(c) Es seien $a, b, c \in \mathbb{R}$ mit $a \leq b$ und mit $c \leq 0$. Nach (a) gilt $-b \leq -a$ und $-c \geq 0$, und es folgt $bc = (-b) \cdot (-c) \leq (-a) \cdot (-c) = ac$.

(3.21) Satz: *Es seien $a, b \in \mathbb{R}$. Es gilt*
(1) $|a| = |-a|$ *und* $|a| \geq 0$ *und* $a \leq |a|$,
(2) $|ab| = |a| \cdot |b|$,
(3) $|a \pm b| \leq |a| + |b|$ *("Dreiecksungleichung")*,
(4) $|a \pm b| \geq \big||a| - |b|\big|$.
Beweis: (1) folgt aus der Definition von $|\ |$ in (2.4)(1).
(2) Wegen $|x| = |-x|$ für jedes $x \in \mathbb{R}$ folgt (2) aus (3.8)(4).
(3) Es gilt $a \leq |a|$ und $b \leq |b|$ und daher $a + b \leq |a| + b \leq |a| + |b|$; es gilt $-a \leq |-a| = |a|$ und $-b \leq |-b| = |b|$ und daher $-(a + b) = (-a) + (-b) \leq |a| + |b|$. Also gilt $|a + b| \leq |a| + |b|$ und daher auch $|a - b| = |a + (-b)| \leq |a| + |-b| = |a| + |b|$.
(4) Es gilt $|a| = |(a + b) - b| \leq |a + b| + |b|$ und daher $|a| - |b| \leq |a + b|$; es gilt $|b| = |(a + b) - a| \leq |a + b| + |a|$ und daher $|b| - |a| \leq |a + b|$. Es folgt aus der Definition von $|\ |$:

$$\big||a| - |b|\big| \leq |a + b|.$$

Ersetzt man darin b durch $-b$, so erhält man wegen $|-b| = |b|$

$$\big||a| - |b|\big| \leq |a - b|.$$

(3.22) Eine der fundamentalen Eigenschaften von $\mathbb{R}$ ist die folgende: Zu jedem $x \in \mathbb{R}$ gibt es ein eindeutig bestimmtes $m \in \mathbb{Z}$ mit $m \leq x < m + 1$ [Archimedes, um 280–212 v. Chr. Geb.].

(3.23) BEMERKUNG: Es sei $x \in \mathbb{R}$.
(1) Aus (3.22) folgt: Es gibt es eine eindeutig bestimmte Zahl $\lfloor x \rfloor \in \mathbb{Z}$ mit $\lfloor x \rfloor \leq x < \lfloor x \rfloor + 1$. $\lfloor x \rfloor$ ist die größte ganze Zahl $\leq x$, kurz

$$\lfloor x \rfloor = \max\{n \in \mathbb{Z} \mid n \leq x\},$$

und wird manchmal auch mit $[x]$ bezeichnet.
(2) Aus (3.22) folgt: Es gibt eine eindeutig bestimmte Zahl $\lceil x \rceil \in \mathbb{Z}$ mit $\lceil x \rceil - 1 < x \leq \lceil x \rceil$. $\lceil x \rceil$ ist die kleinste ganze Zahl $\geq x$, kurz

$$\lceil x \rceil = \min\{n \in \mathbb{Z} \mid n \geq x\}.$$

(3) Es gilt $\lceil x \rceil = -\lfloor -x \rfloor$; ist $x \in \mathbb{Z}$, so gilt $\lfloor x \rfloor = x = \lceil x \rceil$; ist $x \notin \mathbb{Z}$, so gilt $\lfloor x \rfloor < x < \lceil x \rceil$ und $\lceil x \rceil = \lfloor x \rfloor + 1$.

(3.24) Es sei $g \in \mathbb{N}$ mit $g > 1$ fest gewählt. Es sei $x \in \mathbb{R}$ positiv. Es wird jetzt die "g-adische Darstellung" von x hergeleitet.
(1) Für jedes $i \in \mathbb{Z}$ ist $a_i := \lfloor g^{-i} \cdot x \rfloor - g \cdot \lfloor g^{-i-1} \cdot x \rfloor \in \{0, 1, \ldots, g-1\}$.
Beweis: Für jedes $i \in \mathbb{Z}$ gilt $a_i \in \mathbb{Z}$ und

$$a_i = \lfloor g^{-i} \cdot x \rfloor - g \cdot \lfloor g^{-i-1} \cdot x \rfloor < g^{-i} \cdot x - g \cdot (g^{-i-1} \cdot x - 1) = g$$

und

$$a_i = \lfloor g^{-i} \cdot x \rfloor - g \cdot \lfloor g^{-i-1} \cdot x \rfloor > (g^{-i} \cdot x - 1) - g \cdot g^{-i-1} \cdot x = -1,$$

also $a_i < g$ und $a_i \geq 0$.
(2) Für jedes

$$i > i_0 := \lfloor \log_g x \rfloor = \lfloor \ln x / \ln g \rfloor$$

gilt $a_i = 0$, und es ist $a_{i_0} \neq 0$. (Die einfachsten Eigenschaften der Logarithmusfunktion zu einer Basis $a > 0$, die mit $\log_a$ bezeichnet wird, und des natürlichen Logarithmus ln, also der Logarithmusfunktion zur Basis e, werden hier als bekannt vorausgesetzt. Diese Funktionen werden in Kapitel IV, §3 ausführlich behandelt.)
Beweis: Wegen $i_0 \leq \log_g x < i_0 + 1$ gilt

$$g^{i_0} \leq g^{\log_g x} = x < g^{i_0+1}.$$

Für jedes $i > i_0$ gilt daher

$$0 < g^{-i-1} \cdot x < g^{-i} \cdot x \leq g^{-i_0-1} \cdot x < 1,$$

also

$$a_i = \lfloor g^{-i} \cdot x \rfloor - g \cdot \lfloor g^{-i-1} \cdot x \rfloor = 0 - g \cdot 0 = 0.$$

Wegen $g^{-i_0} \cdot x \geq 1$ und $0 < g^{-i_0-1} \cdot x < 1$ gilt andererseits

$$a_{i_0} = \lfloor g^{-i_0} \cdot x \rfloor - g \cdot \lfloor g^{-i_0-1} \cdot x \rfloor = \lfloor g^{-i_0} x \rfloor \geq 1.$$

(3) Für jedes $n \in \mathbb{Z}$ gilt

$$\sum_{i=n}^{i_0} a_i g^i \leq x < \sum_{i=n}^{i_0} a_i g^i + g^n.$$

Beweis: Es sei $n \in \mathbb{Z}$. Ist $n > i_0$, so ist nichts zu beweisen, da dann $x < g^n$ gilt und die Summe definitionsgemäß 0 ist [vgl. (3.19)(1)]. – Es sei $n \leq i_0$. Dann ist

$$\begin{aligned} \sum_{i=n}^{i_0} a_i g^i &= \sum_{i=n}^{i_0} \lfloor g^{-i} \cdot x \rfloor \cdot g^i - \sum_{i=n}^{i_0} \lfloor g^{-i-1} \cdot x \rfloor \cdot g^{i+1} \\ &= \lfloor g^{-n} \cdot x \rfloor \cdot g^n - \lfloor g^{-i_0-1} \cdot x \rfloor \cdot g^{i_0+1} \\ &= \lfloor g^{-n} \cdot x \rfloor \cdot g^n \end{aligned}$$

[denn es ist $0 < g^{-i_0-1} \cdot x < 1$, vgl. (2)], und wegen

$$\lfloor g^{-n} \cdot x \rfloor \leq g^{-n} \cdot x < \lfloor g^{-n} \cdot x \rfloor + 1$$

gilt

$$\lfloor g^{-n} \cdot x \rfloor \cdot g^n \leq x < \lfloor g^{-n} \cdot x \rfloor \cdot g^n + g^n.$$

(4) Man nennt die Abbildung

$$i \mapsto a_i : \mathbb{Z} \to \{0, 1, 2, \ldots, g-1\}$$

die g-adische Darstellung von x und schreibt

$$x = (\ldots a_2 a_1 a_0, a_{-1} a_{-2} a_{-3} \ldots)_g. \qquad (*)$$

Darin stehen vor dem Komma stets nur endlich viele $a_i \neq 0$. Stehen auch hinter dem Komma nur endlich viele Stellen $\neq 0$, d.h. gibt es ein $k \in \mathbb{N}$ mit $a_{-i} = 0$ für jedes $i > k$, so schreibt man

$$x = (\ldots a_2 a_1 a_0, a_{-1} a_{-2} \ldots a_{-k})_g. \qquad (**)$$

In (*) und in (**) wird man die Zahl g nicht angeben, wenn klar ist, welches g verwendet wird.

(5) Ist $x \in \mathbb{N}$, so ist $i_0 = \lfloor \log_g x \rfloor \geq 0$, für jedes $i < 0$ ist

$$a_i = \lfloor g^{-i} \cdot x \rfloor - g \cdot \lfloor g^{-i-1} \cdot x \rfloor = 0,$$

und es ist

$$x = (a_{i_0} \ldots a_2 a_1 a_0)_g = a_{i_0} \cdot g^{i_0} + \cdots + a_0 \cdot g^0.$$

(6) Bei der numerischen Angabe von Zahlen ersetzt man heute häufig das Komma durch einen Punkt; man schreibt also

$$10.431\ldots \quad \text{statt} \quad 10,431\ldots.$$

(3.25) BEISPIEL: (1) Es wird ein Verfahren angegeben, mit dem man für eine natürliche Zahl x die g-adische Darstellung von $\sqrt{x}$ berechnen kann. Wie man diese Rechnung wirklich durchführt, wird jetzt in einer Art Programmiersprache (vom Algol-Typ) beschrieben.

Eingabe: die Grundzahl g, eine natürliche Zahl x, die größte Zahl $h \in \mathbb{N}_0$ mit $g^{2h} \leq x$, die größte natürliche Zahl d mit $d^2 \leq x \cdot g^{-2h}$, und eine natürliche Zahl n;

Ausgabe: der Anfang $(a_h \ldots a_0 . a_{-1} \ldots a_{-n})_g$ der g-adischen Darstellung von $\sqrt{x}$.

```
c_h := d;  z := x * g^(-2h);
for i := h downto -n + 1 do
begin {jetzt wird c_(i-1) := ⌊√(x * g^(-2(i-1)))⌋ berechnet}
   z := z * g^2;  b := c_i * g;
   while (b + 1)^2 ≤ z do b := b + 1;
   c_(i-1) := b;
end;
a_h := d;
for i := h - 1 downto -n do a_i := c_i - g * c_(i+1);
end;
return(a_h...a_0.a_(-1)...a_(-n))_g
```

(2) Man erhält: Die Darstellung von $\sqrt{19}$ beginnt

(a)	binär, dyadisch	$g = 2$	100.010 110 111...
(b)	ternär, triadisch	$g = 3$	11.100 200 122...
(c)	dezimal, dekadisch	$g = 10$	4.358 898 943...
(d)	hexadezimal	$g = 16$	4.5BE 0CD 191...

[Im Fall (d) werden A = 10, B = 11, ..., F = 15 als neue Symbole ("Ziffern") gewählt.]

(3.26) Es sei R ein Ring.

(1) Es seien $a \in R$ und $n \in \mathbb{N}$. Um a^n mit möglichst wenig Aufwand auszurechnen, schreibt man die 2-adische Darstellung

$$n = (n_s n_{s-1} \ldots n_1 n_0)_2 = n_0 + n_1 \cdot 2 + n_2 \cdot 2^2 + \cdots + n_s \cdot 2^s$$

mit $n_i \in \{0, 1\}$ für $i = 0, 1, \ldots, s = \lfloor \log_2 n \rfloor$ auf. Dann rechnet man

$$a^n = \prod_{i=0}^{s} a^{n_i \cdot 2^i} = \prod_{n_i = 1} a^{2^i}.$$

[Das rechts stehende Produkt wird über die $i \in \{0, \ldots, s\}$ erstreckt, für die $n_i = 1$ ist.]

(2) Wie man diese Rechnung durchführt, wird in folgendem Programm beschrieben.
Eingabe: ein Element a des Rings R und ein Exponent $n \in \mathbb{N}$;
Ausgabe: das Element a^n von R.

```
1.   P := 1;
2.   if n > 0 then
3.     begin
4.       b := a; t := n
5.       while t > 1 do
6.         begin
7.           if odd(t) then P := P * b;
8.           b := b * b; t := ⌊t/2⌋;
9.         end;
10.      P := P * b;
11.    end;
12.  return(P).
```

[Zeile 7 bedeutet: Ist t ungerade, so wird der rechtsstehende Befehl ausgeführt, und dann wird zu Zeile 8 gegangen; ist t gerade, so wird sogleich zu Zeile 8 gegangen.]

(3) Man sieht, daß man zur Berechnung von a^n höchstens $2 \cdot \log_2 n$ Multiplikationen benötigt.

(4) In einem Computer mit binärer Zifferndarstellung ist die Laufzeit des Algorithmus proportional zur "Länge der Eingabe" $s = \lfloor \log_2 n \rfloor$ der Zahl n.

§4 Vollständige Induktion; Anfänge der Kombinatorik

(4.0) In diesem Paragraphen wird zuerst ein wichtiges Beweisprinzip vorgestellt, nämlich das Prinzip der vollständigen Induktion. Im zweiten Teil des Paragraphen werden einige Probleme der Kombinatorik behandelt. Dabei handelt es sich immer darum, die Anzahl der Elemente einer endlichen Menge zu ermitteln.

(4.1) (1) Das Prinzip der vollständigen Induktion beruht auf der folgenden fundamentalen Eigenschaft von $\mathbb{N}$: Jede nichtleere Teilmenge von $\mathbb{N}$ besitzt ein kleinstes Element.

(2) Einen Beweis durch (vollständige) Induktion führt man so: Man möchte für jedes $n \in \mathbb{N}$ eine Aussage $A(n)$ beweisen. Dazu beweist man zuerst: Die Aussage $A(1)$ ist richtig [Induktionsanfang]. Dann zeigt man: Ist n eine natürliche Zahl, für die die Aussagen $A(1), A(2), \ldots, A(n)$ richtig sind [Induktionsvoraussetzung], so ist auch die Aussage $A(n+1)$ richtig [Induktionsschluß].

Ist der Induktionsschluß geführt, so ist in der Tat bewiesen, daß für jedes $n \in \mathbb{N}$ die Aussage $A(n)$ richtig ist. Dies wird jetzt ein für allemal durch einen indirekten Beweis gezeigt:

Angenommen, es gibt ein $n \in \mathbb{N}$, für das die Aussage $A(n)$ falsch ist. Dann ist die Menge $M := \{k \in \mathbb{N} \mid A(k) \text{ ist falsch}\}$ eine nichtleere Teilmenge von $\mathbb{N}$ und besitzt daher ein kleinstes Element k_0. Weil auf Grund des Induktionsanfangs $A(1)$ richtig ist, gilt $1 \notin M$ und daher $k_0 \neq 1$. Weil k_0 das kleinste Element von M ist, gilt für jedes $i \in \{1, 2, \ldots, k_0 - 1\}$: Es ist $i \notin M$, d.h. es ist $A(i)$ richtig. Für $k_0 - 1$ ist somit die Induktionsvoraussetzung erfüllt, und daher ist auf Grund des Induktionsschlusses auch $A(k_0)$ richtig, im Widerspruch zu $k_0 \in M$.
(3) Folgt im Induktionsschluß die Richtigkeit von $A(n+1)$ bereits aus der Richtigkeit von $A(n)$, so formuliert man die Induktionsvoraussetzung so: Es sei n eine natürliche Zahl, für die $A(n)$ richtig ist.

(4.2) (1) Es gibt noch weitere Mengen, die die in (4.1)(1) für $\mathbb{N}$ formulierte Eigenschaft besitzen. So gilt für jedes $m \in \mathbb{Z}$: Jede nichtleere Teilmenge von $\{n \in \mathbb{Z} \mid n \geq m\}$ besitzt ein kleinstes Element.
(2) Aus (1) erhält man weitere Möglichkeiten, Beweise durch Induktion zu führen: Ist $m \in \mathbb{Z}$ und will man für jedes $n \in \mathbb{Z}$ mit $n \geq m$ eine Aussage $A(n)$ beweisen, so geht man so vor:

- Man zeigt zuerst, daß die Aussage $A(m)$ richtig ist.
- Dann zeigt man: Ist n eine ganze Zahl mit $n \geq m$, für die die Aussagen $A(m)$, $A(m+1), \ldots, A(n)$ richtig sind, so ist auch die Aussage $A(n+1)$ richtig.

Hat man diese beiden Punkte nachgewiesen, so hat man gezeigt, daß $A(n)$ für jede ganze Zahl $n \geq m$ richtig ist. Dies ergibt sich wie in (4.1)(2). Ebenso wie in (4.1)(3) kann man auch hier oft die Induktionsvoraussetzung einfacher formulieren.

(4.3) BEISPIELE: (1) Man rechnet

$$1 + 2 = 3 = \frac{2 \cdot 3}{2}, \; 1 + 2 + 3 = 6 = \frac{3 \cdot 4}{2}, \; 1 + 2 + 3 + 4 = 10 = \frac{4 \cdot 5}{2},$$

und so weiter. Man kommt zur
Behauptung: Für jedes $n \in \mathbb{N}$ ist

$$\sum_{i=1}^{n} i = 1 + 2 + 3 + \cdots + n = \frac{n \cdot (n+1)}{2}.$$

Beweis durch Induktion nach n: Induktionsanfang ($n = 1$): Es ist

$$\sum_{i=1}^{1} i = 1 = \frac{1 \cdot (1+1)}{2}.$$

Induktionsschluß: Es sei $n \in \mathbb{N}$ eine Zahl, für die bereits bewiesen ist, daß

$$\sum_{i=1}^{n} i = \frac{n \cdot (n+1)}{2}$$

gilt. Dann gilt

$$\sum_{i=1}^{n+1} i = \sum_{i=1}^{n} i + (n+1) = \frac{n\cdot(n+1)}{2} + (n+1)$$
$$= \frac{1}{2}\cdot(n+1)\cdot(n+2) = \frac{(n+1)\cdot\big((n+1)+1\big)}{2}.$$

Damit ist die Behauptung bewiesen.
(2) Es sei K ein Körper, und es sei $x \in K$ mit $x \neq 1$.
Behauptung: Für jedes $n \in \mathbb{N}_0$ gilt

$$\sum_{i=0}^{n} x^i = 1 + x + x^2 + \cdots + x^n = \frac{x^{n+1}-1}{x-1}.$$

Beweis durch Induktion nach n: Induktionsanfang ($n = 0$): Es ist

$$\sum_{i=0}^{0} x^i = x^0 = 1 = \frac{x^{0+1}-1}{x-1}.$$

Induktionsschluß: Es sei $n \in \mathbb{N}_0$ eine Zahl, für die schon bewiesen ist, daß

$$\sum_{i=0}^{n} x^i = \frac{x^{n+1}-1}{x-1}$$

ist. Dann gilt

$$\sum_{i=0}^{n+1} x^i = \sum_{i=0}^{n} x^i + x^{n+1} = \frac{x^{n+1}-1}{x-1} + x^{n+1} = \frac{x^{n+1}-1+x^{n+2}-x^{n+1}}{x-1}$$
$$= \frac{x^{n+2}-1}{x-1} = \frac{x^{(n+1)+1}-1}{x-1}.$$

Damit ist die Behauptung bewiesen.
(3) Behauptung: Für jedes $n \in \mathbb{N}$ mit $n \geq 5$ gilt $n^2 < 2^n$.
Beweis durch Induktion nach n: Induktionsanfang ($n = 5$): Es ist $5^2 = 25 < 32 = 2^5$.
Induktionsschluß: Es sei $n \in \mathbb{N}$ mit $n \geq 5$ und $n^2 < 2^n$. Dann gilt

$$(n+1)^2 = n^2 + 2n + 1 < n^2 + 2n + n = n^2 + 3n < n^2 + n\cdot n = 2n^2 < 2\cdot 2^n = 2^{n+1}.$$

Damit ist die Behauptung bewiesen. [Man beachte: Es gilt $1^2 < 2^1$, $2^2 = 2^2$, $3^2 > 2^3$ und $4^2 = 2^4$.]
(4) Es sei R ein Ring, und es sei $a \in E(R)$. Für jede natürliche Zahl n ist $(a^n)^{-1} = (a^{-1})^n$.
Beweis durch Induktion nach n: Für $n = 1$ ist nichts zu beweisen. Es sei $n \in \mathbb{N}$, und es gelte $(a^n)^{-1} = (a^{-1})^n$. Dann ist nach (3.18)(2)

$$(a^{n+1})^{-1} = (a^n \cdot a)^{-1} = a^{-1}\cdot(a^n)^{-1} = a^{-1}\cdot(a^{-1})^n = (a^{-1})^{n+1}.$$

Damit ist die Behauptung bewiesen.

(4.4) BEZEICHNUNG: Es sei $n \in \mathbb{N}$, und es seien $M_1, M_2, \dots, M_n$ Mengen.
(1) Man definiert die Vereinigung

$$\bigcup_{i=1}^{n} M_i = M_1 \cup M_2 \cup \ldots \cup M_n$$
$$:= \{x \mid \text{es gibt ein } i \in \{1,2,\dots,n\} \text{ mit } x \in M_i\}$$

und den Durchschnitt

$$\bigcap_{i=1}^{n} M_i = M_1 \cap M_2 \cap \ldots \cap M_n$$
$$:= \{x \mid \text{für jedes } i \in \{1,2,\dots,n\} \text{ gilt } x \in M_i\}$$

der Mengen $M_1, M_2, \dots, M_n$.
(2) $M_1, M_2, \dots, M_n$ heißen paarweise disjunkt oder auch paarweise elementfremd, wenn $M_i \cap M_j = \emptyset$ für alle $i, j \in \{1,2,\dots,n\}$ mit $i \neq j$ gilt.
(3) Sind $M_1, M_2, \dots, M_n$ paarweise disjunkt und ist $M := \bigcup_{i=1}^{n} M_i$, so schreibt man auch

$$M = \biguplus_{i=1}^{n} M_i = M_1 \uplus M_2 \uplus \ldots \uplus M_n.$$

(4.5) In (3.5) wurde das allgemeine Assoziativgesetz erwähnt; es soll jetzt genau formuliert und durch vollständige Induktion bewiesen werden. Dieser Beweis zeigt, daß man mit dem Induktionsprinzip nicht nur mehr oder weniger einfache Formeln beweisen kann.

(4.6) Satz: *Es sei M eine nichtleere Menge, und es sei $* : M \times M \to M$ eine assoziative Verknüpfung auf M. Dann gilt für jedes $n \in \mathbb{N}$ und für alle $a_1, a_2, \dots, a_n \in M$: Alle mit sinnvoller Klammerung berechneten Produkte von $a_1, a_2, \dots, a_n$ (in dieser Reihenfolge) sind gleich.*
Beweis: (a) Man definiert für jedes $n \in \mathbb{N}$ und für alle $a_1, \dots, a_n \in M$ folgendermaßen eine Menge $V_n(a_1, \dots, a_n) \subset M$: Für jedes $a_1 \in M$ setzt man $V_1(a_1) := \{a_1\}$, und für jedes $n \in \mathbb{N}$ mit $n > 1$ und alle $a_1, \dots, a_n \in M$ setzt man

$$V_n(a_1, \dots, a_n) := \bigcup_{j=1}^{n-1} \{y * z \mid y \in V_j(a_1, \dots, a_j),\ z \in V_{n-j}(a_{j+1}, \dots, a_n)\}.$$

[Die Definition von $V_n(a_1, \dots, a_n)$ setzt voraus, daß für jedes $k \in \{1, \dots, n-1\}$ bereits $V_k(b_1, \dots, b_k)$ für alle $b_1, \dots, b_k \in M$ definiert ist. Man nennt eine solche Definition eine rekursive Definition.]
(b) Für jedes $a_1 \in M$ ist $V_1(a_1) = \{a_1\}$, für alle $a_1, a_2 \in M$ ist $V_2(a_1, a_2) = \{a_1 * a_2\}$, für alle $a_1, a_2, a_3 \in M$ $V_2(a_1, a_2) = \{a_1 * a_2\}$, für alle $a_1, a_2, a_3 \in M$ ist

$V_3(a_1, a_2, a_3) = \{a_1 * (a_2 * a_3), (a_1 * a_2) * a_3\}$, für alle a_1, a_2, a_3, $a_4 \in M$ ist

$$\begin{aligned} V_4(a_1, a_2, a_3, a_4) &= \{a_1 * (a_2 * (a_3 * a_4)), a_1 * ((a_2 * a_3) * a_4), (a_1 * a_2) * (a_3 * a_4), \\ &\quad (a_1 * (a_2 * a_3)) * a_4, ((a_1 * a_2) * a_3) * a_4\}, \end{aligned}$$

und so fort.
(c) Die Behauptung des Satzes besagt, daß für jedes $n \in \mathbb{N}$ und für alle $a_1, \ldots, a_n \in M$ die Menge $V_n(a_1, \ldots, a_n)$ aus einem einzigen Element besteht. Dies ist sicher richtig, wenn $n = 1$ oder $n = 2$ gilt. Es sei nun $n \geq 3$, und es sei bereits gezeigt, daß für jedes $k \in \{1, \ldots, n-1\}$ und für alle Elemente $b_1, \ldots, b_k \in M$ die Menge $V_k(b_1, \ldots, b_k)$ nur aus einem einzigen Element besteht, das mit $b_1 * b_2 * \cdots * b_k$ bezeichnet sei. Es seien $a_1, \ldots, a_n \in M$, und es sei $x \in V_n(a_1, \ldots, a_n)$. Dann existieren (auf Grund der Definition dieser Menge) ein $j \in \{1, \ldots, n-1\}$ und Elemente $y \in V_j(a_1, \ldots, a_j)$ und $z \in V_{n-j}(a_{j+1}, \ldots, a_n)$ mit $x = y * z$. Wegen $1 \leq j \leq n-1$ besteht $V_j(a_1, \ldots, a_j)$ auf Grund derInduktionsvoraussetzung nur aus dem einen Element $a_1 * \cdots * a_j$, und wegen $1 \leq n-j \leq n-1$ besteht ebenso $V_{n-j}(a_{j+1}, \ldots, a_n)$ nur aus dem einen Element $a_{j+1} * \cdots * a_n$. Ist $j = 1$, so ist $x = y*z = a_1*(a_2*\cdots*a_n)$, und ist $j > 1$, so ist $y = a_1*\cdots*a_j = a_1*(a_2*\cdots*a_j)$, und es folgt $x = y*z = (a_1*(a_2*\cdots*a_j))*z = a_1*((a_2*\cdots*a_j)*(a_{j+1}*\cdots*a_n)) = a_1 * (a_2 * \cdots * a_n)$. Dabei wurde zuerst verwendet, daß $*$ assoziativ ist, und dann, daß $(a_2 * \cdots * a_j) * (a_{j+1} * \cdots * a_n)$ in $V_{n-1}(a_2, \ldots, a_n)$ liegt und diese Menge nach Induktionsvoraussetzung nur aus dem einen Element $a_2 * \cdots * a_n$ besteht. Damit ist gezeigt, daß in jedem Fall $x = a_1 * (a_2 * \cdots * a_n)$ ist. Also besteht $V_n(a_1, \ldots, a_n)$ aus einem einzigen Element.

Damit ist der Satz bewiesen.

(4.7) Durch vollständige Induktion kann man auch beweisen, daß für eine assoziative und kommutative Verknüpfung das allgemeine Kommutativgesetz gilt [vgl. (3.5)(2)], und daß in einem Ring R aus den Distributivgesetzen [vgl. (3.6)(D)] folgt:

Sind $m, n \in \mathbb{N}$ und sind $a_1, \ldots, a_m, b_1, \ldots, b_n \in R$, so gilt

$$\left(\sum_{i=1}^{m} a_i\right) \cdot \left(\sum_{j=1}^{n} b_j\right) = \sum_{i=1}^{m} \sum_{j=1}^{n} a_i b_j.$$

(4.8) Definition: (1) Für jedes $m \in \mathbb{N}$ setzt man

$$\mathbb{N}_m := \{1, 2, \ldots, m\}.$$

(2) Eine Menge M heißt endlich, wenn entweder $M = \emptyset$ ist oder wenn es ein $m \in \mathbb{N}$ und dazu eine bijektive Abbildung $f\colon \mathbb{N}_m \to M$ gibt.
(3) Eine Menge, die nicht endlich ist, heißt unendliche Menge.

(4.9) Bemerkung: (1) Für jedes $m \in \mathbb{N}$ ist $\mathbb{N}_m$ endlich, denn die Abbildung $\mathrm{id}_{\mathbb{N}_m}\colon \mathbb{N}_m \to \mathbb{N}_m$ ist bijektiv.
(2) Zu jeder Menge M gibt es höchstens ein $m \in \mathbb{N}$, zu dem es eine Bijektion $f\colon \mathbb{N}_m \to M$ gibt.

(4.10) Definition: Es sei M eine endliche Menge.
(1) Ist $M \neq \emptyset$ und ist m die nach (4.9)(2) eindeutig bestimmte natürliche Zahl, zu der es eine Bijektion $f: \mathbb{N}_m \to M$ gibt, so nennt man m die Elementanzahl oder auch die Kardinalzahl von M und schreibt $\mathrm{Card}(M) := m$.
(2) Ist $M = \emptyset$, so setzt man $\mathrm{Card}(M) = 0$.

(4.11) Bemerkung: (1) Für jedes $m \in \mathbb{N}$ ist $\mathrm{Card}(\mathbb{N}_m) = m$.
(2) Es sei M eine endliche Menge, es sei N eine Menge, und es sei $g: M \to N$ eine bijektive Abbildung. Dann ist auch N endlich, und es gilt $\mathrm{Card}(N) = \mathrm{Card}(M)$.
(3) Es seien $M_1, M_2, \ldots, M_n$ paarweise disjunkte endliche Mengen. Dann ist auch $M := \biguplus_{i=1}^n M_i$ endlich, und es gilt

$$\mathrm{Card}(M) = \sum_{i=1}^{n} \mathrm{Card}(M_i).$$

(4) Es sei M eine endliche Menge, und es sei $N \subset M$. Dann ist auch N endlich, und wegen $M = N \uplus (M \setminus N)$ gilt

$$\mathrm{Card}(N) = \mathrm{Card}(M) - \mathrm{Card}(M \setminus N).$$

(4.12) Definition: (1) Es sei $n \in \mathbb{N}$, es seien $M_1, M_2 \ldots, M_n$ Mengen. Die Menge aller n-tupel

$$(x_1, x_2, \ldots, x_n) \quad \text{mit } x_1 \in M_1,\, x_2 \in M_2, \ldots, x_n \in M_n$$

heißt das cartesische Produkt von $M_1, M_2, \ldots, M_n$ und wird mit

$$M_1 \times M_2 \times \cdots \times M_n \quad \text{oder} \quad \prod_{i=1}^{n} M_i$$

bezeichnet. [Man setzt $\prod_{i=1}^{1} M_i = M_1$.]
(2) Es sei $n \in \mathbb{N}$, es sei M eine Menge. Man schreibt

$$M^n := \underbrace{M \times M \times \cdots \times M}_{n \text{ Faktoren}} = \{\, (x_1, x_2, \ldots, x_n) \mid x_1, x_2, \ldots, x_n \in M \}.$$

[Es ist $M^1 = M$.]

(4.13) Satz: *Es sei $n \in \mathbb{N}$, es seien $M_1, M_2, \ldots, M_n$ endliche Mengen. Dann gilt*

$$\mathrm{Card}\left(\prod_{i=1}^{n} M_i\right) = \prod_{i=1}^{n} \mathrm{Card}(M_i). \qquad (*)$$

Beweis: Gibt es ein $i \in \{1, \ldots, n\}$ mit $M_i = \emptyset$, so ist $\prod_{i=1}^n M_i = \emptyset$, und $(*)$ ist richtig. – Es gelte $M_i \neq \emptyset$ für jedes $i \in \{1, \ldots, n\}$. Für jedes $i \in \{1, \ldots, n\}$ gilt: Für die i-te Komponente x_i von $(x_1, x_2, \ldots, x_n) \in \prod_{i=1}^n M_i$ gibt es genau $\mathrm{Card}(M_i)$ Möglichkeiten.

(4.14) Satz: *Es seien M und N endliche Mengen. Dann ist die Menge* $\mathrm{Abb}(M,N)$ *endlich, und es gilt*

$$\mathrm{Card}\big(\mathrm{Abb}(M,N)\big) = \mathrm{Card}(N)^{\mathrm{Card}(M)}.$$

Beweis: Ist $M = \emptyset$ oder $N = \emptyset$, so ist nichts zu beweisen. – Es gelte $M \neq \emptyset$ und $N \neq \emptyset$; es sei $m := \mathrm{Card}(M)$, und es sei $M = \{a_1, a_2, \ldots, a_m\}$. Dann ist die Abbildung $f \mapsto \big(f(a_1), f(a_2), \ldots, f(a_m)\big) : \mathrm{Abb}(M,N) \to N^m$ bijektiv, und es folgt

$$\mathrm{Card}\big(\mathrm{Abb}(M,N)\big) = \mathrm{Card}(N^m) = \mathrm{Card}(N)^m = \mathrm{Card}(N)^{\mathrm{Card}(M)}.$$

(4.15) BEISPIELE: (1) Die Menge aller möglichen Tippreihen im Fußballtoto ist $\{0,1,2\}^{11}$. Es gibt also $\mathrm{Card}(\{0,1,2\})^{\mathrm{Card}(\mathbb{N}_{11})} = 3^{11} = 177\,147$ mögliche Tippreihen.
(2) Für jede endliche Menge M gilt

$$\mathrm{Card}\big(\mathcal{P}(M)\big) = 2^{\mathrm{Card}(M)}.$$

Beweis: Jedem $A \in \mathcal{P}(M)$ wird die Abbildung $\chi_A : M \to \{0,1\}$ mit

$$\chi_A(x) = \begin{cases} 1, & \text{falls } x \in A \text{ ist,} \\ 0, & \text{falls } x \notin A \text{ ist,} \end{cases}$$

zugeordnet. Man sieht: Die Abbildung

$$A \mapsto \chi_A : \mathcal{P}(M) \to \mathrm{Abb}(M, \{0,1\})$$

ist bijektiv. Es folgt

$$\mathrm{Card}\big(\mathcal{P}(M)\big) = \mathrm{Card}\big(\mathrm{Abb}(M,\{0,1\})\big) = \mathrm{Card}\big(\{0,1\}\big)^{\mathrm{Card}(M)} = 2^{\mathrm{Card}(M)}.$$

(4.16) BEZEICHNUNG: Es seien M und N Mengen. Man setzt

$$\mathrm{Inj}(M,N) := \{f \in \mathrm{Abb}(M,N) \mid f \text{ injektiv}\}$$

und

$$\mathrm{Sur}(M,N) := \{f \in \mathrm{Abb}(M,N) \mid f \text{ surjektiv}\}.$$

(4.17) Satz: *Es seien M und N endliche Mengen; es sei* $m := \mathrm{Card}(M)$, *und es sei* $n := \mathrm{Card}(N)$. *Dann gilt*

$$\mathrm{Card}\big(\mathrm{Inj}(M,N)\big) = \prod_{i=1}^{m}(n+1-i). \qquad (*)$$

Beweis: (1) Gilt $m = 0$ oder $n = 0$, so ist nichts zu beweisen [vgl. (3.19)(2)].
(2) Ist $m > n \geq 1$, so ist $\mathrm{Inj}(M,N) = \emptyset$, und $(*)$ ist richtig, denn im Produkt rechts ist dann der $(n+1)$-te Faktor Null.

(3) Es gelte $1 \leq m \leq n$, und es sei $M = \{a_1, a_2, \ldots, a_m\}$. Es sei

$$P := \{(y_1, y_2, \ldots, y_m) \in N^m \mid y_1, \ldots, y_m \text{ paarweise verschieden}\}.$$

Die Elemente $(y_1, y_2, \ldots, y_m)$ von P konstruiert man so: Man wählt als y_1 eines der n Elemente von N, als y_2 eines der $n-1$ Elemente von $N \setminus \{y_1\}$, ... und schließlich als y_m eines der $n-(m-1)$ Elemente von $N \setminus \{y_1, \ldots, y_{m-1}\}$. Man sieht: Es ist $\mathrm{Card}(P) = n(n-1)\cdots(n-(m-1)) = \prod_{i=1}^{m}(n+1-i)$.

Die Abbildung $f \mapsto (f(a_1), f(a_2), \ldots, f(a_m)) : \mathrm{Inj}(M, N) \to P$ ist offensichtlich bijektiv, und daher gilt $\mathrm{Card}(\mathrm{Inj}(M, N)) = \mathrm{Card}(P) = \prod_{i=1}^{m}(n+1-i)$.

(4.18) BEMERKUNG: Es sei M eine nichtleere Menge.
(1) Man setzt

$$S(M) := \mathrm{Inj}(M, M) \cap \mathrm{Sur}(M, M) = \{f \in \mathrm{Abb}(M, M) \mid f \text{ bijektiv}\}$$

und nennt die Elemente von $S(M)$ die Permutationen von M.
(2) Für alle f, $g \in S(M)$ ist auch $f \circ g \in S(M)$ [vgl. (2.10)(3)]. Die Hintereinanderausführung $\circ$ von Abbildungen definiert also eine Verknüpfung

$$(f, g) \mapsto f \circ g : S(M) \times S(M) \to S(M)$$

auf $S(M)$. Diese ist assoziativ [vgl. (2.7)], $\mathrm{id}_M \in S(M)$ ist neutral bei $\circ$ [vgl. (2.6)(1)], und für jedes $f \in S(M)$ ist auch die Umkehrabbildung f^{-1} von f in $S(M)$, und hierfür gilt $f^{-1} \circ f = \mathrm{id}_M = f \circ f^{-1}$ [vgl. (2.11)], d.h. jedes $f \in S(M)$ besitzt in $S(M)$ ein Inverses bezüglich $\circ$, nämlich seine Umkehrabbildung f^{-1}. Es ist also $S(M)$ eine Gruppe [vgl. (3.17)]; sie heißt die symmetrische Gruppe auf M oder auch die Gruppe aller Permutationen von M.

(4.19) BEMERKUNG: Es sei $m \in \mathbb{N}$. Eine Abbildung $f: \mathbb{N}_m \to \mathbb{N}_m$ ist genau dann injektiv, wenn sie surjektiv ist. Also ist

$$\begin{aligned} S_m &:= S(\mathbb{N}_m) &&= \mathrm{Inj}(\mathbb{N}_m, \mathbb{N}_m) \cap \mathrm{Sur}(\mathbb{N}_m, \mathbb{N}_m) \\ &= \mathrm{Inj}(\mathbb{N}_m, \mathbb{N}_m) &&= \mathrm{Sur}(\mathbb{N}_m, \mathbb{N}_m). \end{aligned}$$

S_m heißt die symmetrische Gruppe vom Grad m, und es gilt [vgl. (4.17)]

$$\mathrm{Card}(S_m) = \mathrm{Card}(\mathrm{Inj}(\mathbb{N}_m, \mathbb{N}_m)) = m \cdot (m-1) \cdots 2 \cdot 1 = m!\,.$$

Man liest $m! = 1 \cdot 2 \cdots (m-1) \cdot m$ als "m-Fakultät" und setzt noch $0! = 1$ [vgl. dazu (3.19)(2)]. Es gilt

$$1! = 1\,,\ 2! = 2\,,\ 3! = 6\,,\ 4! = 24\,,\ \ldots\,,\ 10! = 3\,628\,800\,.$$

Man sieht, daß die Fakultäten der natürlichen Zahlen rasch wachsen.

(4.20) BEZEICHNUNG: Es sei $r \in \mathbb{R}$, und es sei $m \in \mathbb{Z}$.
(1) Man setzt

$$[r]_m := \begin{cases} \prod_{j=1}^{m}(r+1-j), & \text{falls } m > 0 \text{ ist,} \\ 1, & \text{falls } m = 0 \text{ ist,} \\ 0, & \text{falls } m < 0 \text{ ist.} \end{cases}$$

(2) Man setzt

$$\binom{r}{m} := \begin{cases} \dfrac{[r]_m}{m!}, & \text{falls } m \geq 0 \text{ ist,} \\ 0, & \text{falls } m < 0 \text{ ist.} \end{cases}$$

Die Zahlen $\binom{r}{m}$ ("r über m") heißen Binomialkoeffizienten.

(4.21) BEMERKUNG: Für jedes $n \in \mathbb{N}$ gilt

$$\sqrt{2\pi n} \cdot n^n \cdot e^{-n} \leq n! \leq \sqrt{2\pi n} \cdot n^n \cdot e^{-n} \cdot e^{1/12n}$$

[Formel von J. Stirling, 1730, vgl. Kapitel VII, §3].

(4.22) BEISPIEL: Gesucht ist ein Näherungswert für $\binom{2m}{m}$ für großes m. – Es sei $m \in \mathbb{N}$. Nach (4.21) ist einerseits

$$\begin{aligned} \binom{2m}{m} &= \frac{[2m]_m}{m!} = \frac{(2m)!}{(m!)^2} \\ &\geq \frac{\sqrt{4\pi m} \cdot (2m)^{2m} e^{-2m}}{2\pi m \cdot m^{2m} \cdot e^{-2m} \cdot e^{1/6m}} = \frac{2^{2m}}{\sqrt{\pi m}} \cdot e^{-1/6m} \end{aligned}$$

und andererseits

$$\binom{2m}{m} \leq \frac{\sqrt{4\pi m}\,(2m)^{2m} \cdot e^{-2m} \cdot e^{1/24m}}{2\pi m \cdot m^{2m} \cdot e^{-2m}} = \frac{2^{2m}}{\sqrt{\pi m}} \cdot e^{1/24m}.$$

Für $m = 25$ ergibt sich

$$1.262... \cdot 10^{14} \leq \binom{50}{25} \leq 1.272... \cdot 10^{14}.$$

Exakte Rechnung liefert

$$\binom{50}{25} = 126\,410\,606\,437\,752 = 1.264... \cdot 10^{14}.$$

(4.23) RECHENREGELN: (1) Für alle $m, n \in \mathbb{N}_0$ mit $m \leq n$ gilt

$$\binom{n}{m} = \frac{n!}{m! \cdot (n-m)!}.$$

(2) Für alle $m \in \mathbb{Z}$, $n \in \mathbb{N}_0$ gilt

$$\binom{n}{m} = \binom{n}{n-m} \quad [= 0, \text{ falls } m < 0 \text{ oder } m > n].$$

(3) Für alle $m \in \mathbb{Z}$, $r \in \mathbb{R}$ gilt

$$m \cdot \binom{r}{m} = r \cdot \binom{r-1}{m-1} \quad \text{und} \quad (r-m) \cdot \binom{r}{m} = r \cdot \binom{r-1}{m}.$$

(4) Für alle $m \in \mathbb{Z}$, $r \in \mathbb{R}$ gilt

$$\binom{r}{m} = \binom{r-1}{m} + \binom{r-1}{m-1}.$$

(5) Für jedes $r \in \mathbb{R}$ gilt

$$\binom{r}{0} = 1, \quad \binom{r}{1} = r, \quad \binom{r}{2} = \frac{r \cdot (r-1)}{2}.$$

Beweis: (1), (3) und (5) folgen direkt aus der Definition in (4.17), (2) folgt aus (1), und (4) folgt für $r \neq 0$ so: Es ist nach (3)

$$\begin{aligned}\binom{r-1}{m} + \binom{r-1}{m-1} &= \frac{1}{r} \cdot \left(r \cdot \binom{r-1}{m} + r \cdot \binom{r-1}{m-1}\right) \\ &= \frac{1}{r} \cdot \left((r-m) \cdot \binom{r}{m} + m \cdot \binom{r}{m}\right) = \binom{r}{m}.\end{aligned}$$

(4.24) (1) Für $\alpha \in \mathbb{R}$ folgt aus (4.23)(4) durch Induktion nach i leicht: Für jedes $i \in \mathbb{N}_0$ ist

$$\sum_{j=0}^{i} \binom{\alpha+j-1}{j} = \binom{\alpha+i}{i}.$$

(2) Das Additionstheorem für Binomialkoeffizienten wird in (8.16)(d) bewiesen. Viele weitere Identitäten mit Binomialkoeffizienten findet man in [3] vol. I, 1.2.6.

(4.25) BEMERKUNG: (1) Mit (4.23)(4) kann man die $\binom{n}{m}$ mit m, $n \in \mathbb{N}_0$ aus den Anfangswerten $\binom{0}{0} = 1$, $\binom{1}{0} = 1 = \binom{1}{1}$ rekursiv berechnen. Man erhält das sog. Pascalsche Dreieck [nach B. Pascal, 1623–1662]; darin steht auf der Kreuzung der n-ten Zeile mit der m-ten Spalte der Binomialkoeffizient $\binom{n}{m}$; in leeren Feldern ist Null zu lesen. Nach (4.23)(4) gilt: Von der zweiten Zeile an ist jeder Eintrag Summe seiner beiden Nachbarn in Richtung N und NW. – Man sieht daraus: Für alle m, $n \in \mathbb{N}_0$ ist $\binom{n}{m} \in \mathbb{N}_0$.

(2) Zur Berechnung eines einzelnen Binomialkoeffizienten verwendet man nicht (4.23)(1), sondern (4.23)(2) und die Definition in (4.20). So ist etwa

$$\binom{50}{43} = \binom{50}{7} = \frac{50 \cdot 49 \cdot 48 \cdot 47 \cdot 46 \cdot 45 \cdot 44}{1 \cdot 2 \cdot 3 \cdot 4 \cdot 5 \cdot 6 \cdot 7} = 99\,884\,400.$$

Tabelle I: Binomialkoeffizienten (Pascalsches Dreieck)

$n \backslash m$	0	1	2	3	4	5	6
0	1						
1	1	1					
2	1	2	1				
3	1	3	3	1			
4	1	4	6	4	1		
5	1	5	10	10	5	1	
6	1	6	15	20	15	6	1

(4.26) Satz: *(Binomische Formel): Es sei R ein kommutativer Ring, und es seien $x, y \in R$. Für jedes $n \in \mathbb{N}_0$ gilt*

$$(x+y)^n = \sum_{i=0}^{n} \binom{n}{i} x^i \cdot y^{n-i}. \qquad (*)$$

Beweis (durch Induktion nach n): Für $n = 0$ und $n = 1$ ist $(*)$ richtig. – Es sei $n \in \mathbb{N}$ eine Zahl, für die $(*)$ richtig ist. Dann gilt

$$\begin{aligned}
(x+y)^{n+1} &= (x+y)(x+y)^n \\
&= (x+y)\sum_{i=0}^{n}\binom{n}{i}x^i y^{n-i} \\
&= \sum_{i=0}^{n}\binom{n}{i}x^{i+1}y^{n-i} + \sum_{i=0}^{n}\binom{n}{i}x^i y^{n+1-i} \\
&= \sum_{j=1}^{n+1}\binom{n}{j-1}x^j y^{n-(j-1)} + \sum_{i=0}^{n}\binom{n}{i}x^i y^{n+1-i} \\
&= \binom{n}{0}x^0 y^{n+1} + \sum_{i=1}^{n}\left[\binom{n}{i-1}+\binom{n}{i}\right]x^i y^{n+1-i} + \binom{n}{n}x^{n+1}y^0 \\
&= x^0 y^{n+1} + \sum_{i=1}^{n}\binom{n+1}{i}x^i y^{n+1-i} + x^{n+1}y^0 \\
&= \sum_{i=0}^{n+1}\binom{n+1}{i}x^i y^{n+1-i} \quad \text{wegen } \binom{n+1}{0} = 1 = \binom{n+1}{n+1}.
\end{aligned}$$

Damit ist der Satz bewiesen.

(4.27) Satz: *Es sei M eine endliche Menge mit* Card$(M) = m$, *es sei $k \in \mathbb{N}_0$. Dann gibt es genau $\binom{m}{k}$ verschiedene Teilmengen K von M mit* Card$(K) = k$.
[Solche $K \subset M$ heißen auch k-Kombinationen von M.]

Beweis: Für $k = 0$ und für $k > m$ ist nichts zu beweisen. – Es sei $k \in \{1, 2, \dots, m\}$. Für jedes $f \in \text{Inj}(\mathbb{N}_k, M)$ gilt $f(\mathbb{N}_k) \subset M$ und $\text{Card}(f(\mathbb{N}_k)) = k$. Auf diese Weise erhält man jedes $K \subset M$ mit $\text{Card}(K) = k$ und zwar genau $\text{Card}(S_k)$-mal, denn für jedes $f \in \text{Inj}(\mathbb{N}_k, M)$ und jedes $\sigma \in S_k$ ist $f \circ \sigma(\mathbb{N}_k) = f(\sigma(\mathbb{N}_k)) = f(\mathbb{N}_k)$. Es folgt [vgl. (4.17) und (4.19)]

$$\text{Card}\{K \in \mathcal{P}(M) \mid \text{Card}(K) = k\} = \frac{\text{Card}(\text{Inj}(\mathbb{N}_k, M))}{\text{Card}(S_k)} = \frac{[m]_k}{k!} = \binom{m}{k}.$$

(4.28) BEISPIEL: Es gibt $\binom{49}{6} = 13\,983\,816$ verschiedene Tippreihen im Lotto "6 aus 49", und bei jeder Ausspielung gibt es

$$\binom{6}{3} \cdot \binom{43}{3} = 246\,820$$

Möglichkeiten für "drei Richtige". – Die Wahrscheinlichkeit, bei einer Ausspielung mit einer Tippreihe mindestens 3 Richtige zu erzielen, ist

$$\begin{aligned} \frac{\text{Anzahl der günstigen Fälle}}{\text{Anzahl der möglichen Fälle}} &= \frac{\binom{6}{3}\binom{43}{3} + \binom{6}{4}\binom{43}{2} + \binom{6}{5}\binom{43}{1} + \binom{6}{6}\binom{43}{0}}{\binom{49}{6}} \\ &= \frac{260\,624}{13\,983\,816} = 0.018\,637..., \end{aligned}$$

d.h. nur etwa 1.9% aller möglichen Tippreihen bringen bei einer Ausspielung einen Gewinn.

(4.29) DEFINITION: Es sei M eine Menge, es sei k eine natürliche Zahl. Eine Menge $\{M_1, M_2, \dots, M_k\}$ von k paarweise disjunkten nichtleeren Teilmengen von M mit $M = \bigcup_{i=1}^{k} M_i$ heißt eine *k-Partition* von M.

(4.30) BEMERKUNG: (1) Für jedes $n \in \mathbb{N}$ und jedes $k \in \mathbb{N}$ wird die Anzahl der k-Partitionen einer n-elementigen Menge M mit $S_{n,k}$ bezeichnet. Man setzt noch $S_{0,0} := 1$ und $S_{0,k} := 0$ und $S_{k,0} := 0$ für jedes $k \in \mathbb{N}$. Die Zahlen $S_{n,k}$ mit n, $k \in \mathbb{N}_0$ heißen die Stirling-Zahlen zweiter Art.

(2) Für jedes $n \in \mathbb{N}$ gilt $S_{n,k} = 0$ für jedes $k > n$, sowie $S_{n,1} = 1 = S_{n,n}$.

(3) Man kann beweisen: Für alle n, $k \in \mathbb{N}$ gilt

$$S_{n,k} = S_{n-1,k-1} + k \cdot S_{n-1,k}$$

[man vgl. dazu §8, Satz (8.19)].

(4) Mit Hilfe von (3) erhält man die folgende Tabelle [in leeren Feldern ist jeweils Null zu lesen]; eine größere Tabelle findet man in [1], Table 24.4.

Tabelle II: Stirling-Zahlen zweiter Art

$n \backslash k$	0	1	2	3	4	5	6	7	8
0	1								
1		1							
2		1	1						
3		1	3	1					
4		1	7	6	1				
5		1	15	25	10	1			
6		1	31	90	65	15	1		
7		1	63	301	350	140	21	1	
8		1	127	966	1701	1050	266	28	1

(4.31) Satz: *Es seien M und N endliche Mengen mit* $\mathrm{Card}(M) = m$ *und mit* $\mathrm{Card}(N) = n$. *Dann gilt*

$$\mathrm{Card}\big(\mathrm{Sur}(M,N)\big) = n! \cdot S_{m,n}.$$

Beweis: (1) Gilt $m = 0$ oder $n = 0$, so ist nichts zu beweisen.
(2) Ist $1 \leq m < n$, so ist $\mathrm{Sur}(M,N) = \emptyset$ und $S_{m,n} = 0$.
(3) Es gelte $1 \leq n \leq m$, und es sei $N = \{b_1, b_2, \ldots, b_n\}$. Ist $f \in \mathrm{Sur}(M,N)$, so ist $\{f^{-1}(\{b_1\}), f^{-1}(\{b_2\}), \ldots, f^{-1}(\{b_n\})\}$ eine n-Partition von M, und alle Abbildungen $\sigma \circ f$ mit $\sigma \in S(N)$ liefern wegen $\{(\sigma \circ f)^{-1}(\{b_i\}) \mid 1 \leq i \leq n\} = \{f^{-1}\big(\sigma^{-1}(\{b_i\})\big) \mid 1 \leq i \leq n\} = \{f^{-1}(\{b_j\}) \mid 1 \leq j \leq n\}$ [vgl. (2.15)(2)] dieselbe Partition. Es folgt

$$\mathrm{Card}\big(\mathrm{Sur}(M,N)\big) = \mathrm{Card}\big(S(N)\big) \cdot S_{m,n} = n! \cdot S_{m,n}.$$

(4.32) DEFINITION: (1) Eine Menge M heißt abzählbar unendlich, wenn es eine bijektive Abbildung $f: \mathbb{N} \to M$ gibt.
(2) Eine Menge M heißt abzählbar, wenn sie endlich oder abzählbar unendlich ist.

(4.33) Satz: *Es seien M und N abzählbare Mengen. Dann ist das cartesische Produkt $M \times N$ abzählbar.*
Beweis: (1) Sind M und N endlich, so ist nach (4.13) auch $M \times N$ endlich. Gilt $M = \emptyset$ oder $N = \emptyset$, so ist $M \times N = \emptyset$.
(2) Es sei $m \in \mathbb{N}$, es gelte $\mathrm{Card}(M) = m$, und es sei N abzählbar unendlich. Dann gibt es bijektive Abbildungen $f: \mathbb{N}_m \to M$ und $g: \mathbb{N} \to N$. Zu jedem $n \in \mathbb{N}$ gibt es eindeutig bestimmte $j \in \mathbb{N}_m$ und $k \in \mathbb{N}$ mit $n = (k-1)m + j$ [vgl. dazu (5.5)]. Die Abbildung $n \mapsto \big(f(j), g(k)\big): \mathbb{N} \to M \times N$, die jedem $n \in \mathbb{N}$ das Paar $\big(f(j), g(k)\big) \in M \times N$ mit $n = (k-1)m + j$ zuordnet, ist bijektiv; ihre Umkehrabbildung ist die Abbildung

$$(x, y) \mapsto (g^{-1}(y) - 1)m + f^{-1}(x) : M \times N \to \mathbb{N}.$$

Also ist $M \times N$ abzählbar unendlich. Analog ergibt sich auch, daß $M \times N$ abzählbar unendlich ist, wenn M abzählbar unendlich und N endlich ist.
(3) Es seien M und N abzählbar unendlich. Dann gibt es bijektive Abbildungen $f: \mathbb{N} \to M$ und $g: \mathbb{N} \to N$. Für jedes $n \in \mathbb{N}$ gilt: Es gibt genau ein $i \in \mathbb{N}$ mit $i \geq 2$ und mit $(i-2)(i-1)/2 < n \leq (i-1)i/2 = (i-2)(i-1)/2 + (i-1)$, und daher gibt es eindeutig bestimmte j, $k \in \mathbb{N}$ mit $n = (j+k-2)(j+k-1)/2+j$. Die Abbildung $n \mapsto \big(f(j), g(k)\big): \mathbb{N} \to M \times N$, die jedem $n \in \mathbb{N}$ das Paar $\big(f(j), g(k)\big) \in M \times N$ mit $n = (j+k-2)(j+k-1)/2+j$ zuordnet, ist bijektiv; ihre Umkehrabbildung ist die Abbildung

$$(x,y) \mapsto \big(f^{-1}(x) + g^{-1}(y) - 2\big)\big(f^{-1}(x) + g^{-1}(y) - 1\big)/2 + f^{-1}(x) : M \times N \to \mathbb{N}.$$

Das nebenstehende Schema zeigt, wie die Menge $\mathbb{N} \times \mathbb{N}$ durch die eben konstruierte Abbildung

$$n \mapsto (j,k): \mathbb{N} \to \mathbb{N} \times \mathbb{N}$$

längs Diagonalen abgezählt wird.

$$\begin{matrix} 1 & 2 & 4 & 7 & 11 & \cdots \\ 3 & 5 & 8 & 12 & \vdots & \\ 6 & 9 & 13 & \vdots & & \\ 10 & 14 & \vdots & & & \\ 15 & \vdots & & & & \\ \vdots & & & & & \end{matrix}$$

(4.34) Satz: *Es sei M eine abzählbare Menge. Dann ist jede Teilmenge von M abzählbar.*
Beweis: Es reicht zu zeigen, daß jede nichtendliche Teilmenge von $\mathbb{N}$ abzählbar unendlich ist. Es sei N eine nichtendliche Teilmenge von $\mathbb{N}$. Dann kann man folgendermaßen rekursiv eine injektive Abbildung $f: \mathbb{N} \to N$ definieren: Man setzt $f(1) := \min(N)$ und $f(n+1) := \min\big\{N \setminus \{f(1), \ldots, f(n)\}\big\}$ für jedes $n \in \mathbb{N}$. Für jedes $n \in \mathbb{N}$ ist $f(n) < f(n+1)$, und daher gibt es zu jedem $x \in N$ ein $n \in \mathbb{N}$ mit $f(n) \leq x < f(n+1)$, also mit $x = \min\big\{\mathbb{N} \setminus \{f(1), \ldots, f(n-1)\}\big\} = f(n)$. Also ist f bijektiv.

§5 Elementare Zahlentheorie

(5.0) In diesem Paragraphen werden der Begriff der Teilbarkeit im Ring $\mathbb{Z}$ der ganzen Zahlen und damit zusammenhängende Fragen wie die Primzerlegung ganzer Zahlen behandelt. Ferner werden die Restklassenringe von $\mathbb{Z}$ eingeführt.

(5.1) DEFINITION: Es seien a, $b \in \mathbb{Z}$.
(1) a ist ein Teiler von b [a teilt b, b ist Vielfaches von a], wenn es ein $c \in \mathbb{Z}$ mit $ac = b$ gibt. Man schreibt dann $a \mid b$.
(2) Ist a kein Teiler von b, so schreibt man $a \nmid b$.

(5.2) BEMERKUNG: (1) Die in (5.1) definierte Relation $\mid$ auf $\mathbb{Z}$ ist offensichtlich reflexiv und transitiv und weder symmetrisch noch antisymmetrisch.
(2) Es seien a, b, c, x, $y \in \mathbb{Z}$.

(a) Gilt $a \mid b$ und $b \neq 0$, so gilt $|a| \leq |b|$.
(b) Gilt $a \mid x$ und $b \mid y$, so gilt $ab \mid xy$.
(c) Gilt $a \mid b$ und $a \mid c$, so gilt $a \mid xb + yc$.
(d) Gilt $a \mid b$ und $b \mid a$, so ist $a = b$ oder $a = -b$.
(e) Es gilt $a \mid 0$ und $1 \mid a$ und $-1 \mid a$.
(f) Gilt $0 \mid a$, so ist $a = 0$; gilt $a \mid 1$, so ist $a = 1$ oder $a = -1$.

Beweis: (a) Gilt $a \mid b$ und $b \neq 0$, so gilt $b = a \cdot v$ mit einem $v \in \mathbb{Z} \setminus \{0\}$, und es folgt $|b| = |a| \cdot |v| \geq |a| \cdot 1 = |a|$.
(b) Gilt $a \mid x$ und $b \mid y$, so existieren $v, w \in \mathbb{Z}$ mit $x = av$ und $y = bw$, und es folgt $xy = (ab)(vw)$, also $ab \mid xy$.
(c)–(f) Diese Aussagen beweist man durch ähnlich einfache Schlüsse.

(5.3) DEFINITION: Es seien $a, b \in \mathbb{Z}$. Eine Zahl $d \in \mathbb{Z}$ heißt ein größter gemeinsamer Teiler von a und b, wenn gilt:
(1) $d \mid a$ und $d \mid b$;
(2) für jedes $c \in \mathbb{Z}$ mit $c \mid a$ und $c \mid b$ gilt $c \mid d$.

(5.4) BEMERKUNG: (1) Daß zwei Zahlen $a, b \in \mathbb{Z}$ stets einen größten gemeinsamen Teiler $d \in \mathbb{Z}$ besitzen, wird in (5.7) gezeigt.
(2) Für jedes $a \in \mathbb{Z}$ gilt: a ist ein größter gemeinsamer Teiler von a und 0.
(3) Es seien $a, b \in \mathbb{Z}$.
(a) 0 ist ein größter gemeinsamer Teiler von a und b genau dann, wenn $a = 0$ und $b = 0$ gilt. In diesem Fall ist 0 der einzige größte gemeinsame Teiler von $a = 0$ und $b = 0$.
(b) Sind a und b nicht beide Null und ist $d \in \mathbb{Z}$ ein größter gemeinsamer Teiler von a und b, so gibt es in $\mathbb{Z}$ genau einen weiteren, von d verschiedenen größten gemeinsamen Teiler von a und b, nämlich $-d$. [Es ist klar, daß auch $-d$ ein größter gemeinsamer Teiler von a und b ist; ist auch $d' \in \mathbb{Z}$ ein größter gemeinsamer Teiler von a und b, so gilt $d \mid d'$ und $d' \mid d$, und daher gilt $d' = d$ oder $d' = -d$.]
(c) Man bezeichnet den nichtnegativen größten gemeinsamen Teiler von a und b mit $\mathrm{ggT}(a, b)$.
(4) Es seien $a, b \in \mathbb{Z}$, es sei $d \in \mathbb{Z}$ ein größter gemeinsamer Teiler von a und b, es sei $q \in \mathbb{Z}$. Dann ist d auch ein größter gemeinsamer Teiler von $a - bq$ und b. [Wegen $d \mid a$ und $d \mid b$ gilt $d \mid a - bq$ und $d \mid b$. – Für jedes $c \in \mathbb{Z}$ mit $c \mid a - bq$ und $c \mid b$ gilt $c \mid (a - bq) + bq = a$ und $c \mid b$ und daher $c \mid d$.]
(5) Aus (4) folgt: Sind $a, b, q \in \mathbb{Z}$, so sind die größten gemeinsamen Teiler von a und b auch die größten gemeinsamen Teiler von $a - bq$ und b.

(5.5) Satz: *("Division mit Rest") Es seien $a \in \mathbb{Z}$ und $b \in \mathbb{Z}$ mit $b \neq 0$. Dann gibt es eindeutig bestimmte Zahlen $q \in \mathbb{Z}$ und $r \in \{0, 1, \ldots, |b| - 1\}$ mit $a = bq + r$. Ist dabei $b > 0$, so ist $q = \lfloor a/b \rfloor$; ist $b < 0$, so ist $q = \lceil a/b \rceil$.*

Beweis [Existenz]: (a) Es gelte $b > 0$. Dann gilt $q := \lfloor a/b \rfloor \in \mathbb{Z}$ und $q \leq a/b < q+1$, also $bq \leq a < bq + b$, und daher gilt für $r := a - bq \in \mathbb{Z}$: Es ist $0 \leq r < b$. Außerdem gilt $a = bq + r$.

(b) Es gelte $b < 0$. Dann ist $b' := -b \in \mathbb{N}$. Nach (a) gilt für $q' := \lfloor a/b' \rfloor \in \mathbb{Z}$ und für $r := a - b'q' \in \mathbb{Z}$: Es ist $a = b'q' + r$ und $0 \leq r < b' = |\,b\,|$. Dann gilt für $q := -q' = -\lfloor -a/b \rfloor = \lceil a/b \rceil$: Es ist $a = bq + r$.
[Einzigkeit]: Es seien q, $q_1 \in \mathbb{Z}$ und r, $r_1 \in \{0, 1, \ldots, |\,b\,| - 1\}$ mit $a = bq + r = bq_1 + r_1$. Dann gilt $b(q - q_1) = r_1 - r$. Wegen $0 \leq r, r_1 < |\,b\,|$ gilt $-|\,b\,| < r_1 - r < |\,b\,|$, und es folgt $q_1 - q = 0$ wegen $b \neq 0$; dann folgt auch $r_1 = r$.

(5.6) BEZEICHNUNG: Es seien a, $b \in \mathbb{Z}$ mit $b \neq 0$. Nach (5.5) gibt es eindeutig bestimmte Zahlen $q \in \mathbb{Z}$ und $r \in \{0, \ldots, |b| - 1\}$ mit $a = bq + r$. In vielen Programmiersprachen setzt man

$$a \text{ div } b := q \quad \text{und} \quad a \text{ mod } b := r.$$

Diese Bezeichnungen werden im folgenden verwendet, insbesondere bei der Beschreibung von Algorithmen.

(5.7) Es wird nun ein Algorithmus angegeben, der zu zwei Zahlen a, $b \in \mathbb{Z}$ einen größten gemeinsamen Teiler von a und b berechnet.

Der Euklidische Algorithmus (Euklid, um 300 v. Chr. Geb.):

Eingabe: a, $b \in \mathbb{Z}$;

Ausgabe: ein größter gemeinsamer Teiler $d \in \mathbb{Z}$ von a und b, sowie die Anzahl n der zur Berechnung benötigten Divisionen.

```
1.    a_0 := a;  a_1 := b;  i := 0;
2.    while a_{i+1} ≠ 0 do
3.       begin
4.          a_{i+2} := a_i mod a_{i+1};
5.          i := i + 1;
6.       end;
7.    d := a_i;  n := i;
8.   return(d,n).
```

Behauptung: Dieser Algorithmus leistet das Verlangte.

Beweis: Ist $a_1 = b = 0$, so ist $d = a_0$ ein größter gemeinsamer Teiler von $a_0 = a$ und $a_1 = b = 0$. Der Algorithmus liefert $d = a_0$ und $n = 0$ ab.

Es gelte $a_1 = b \neq 0$. Dann gilt $0 \leq a_2 < |\,a_1\,|$ [vgl. (5.5)]; ist $a_2 \neq 0$, so gilt $0 \leq a_3 < |\,a_2\,|$ [vgl. (5.5)], und so fort. Man sieht: Es gibt ein $n \in \mathbb{N}$ mit $a_n \neq 0$ und $a_{n+1} = 0$. Daher ist der Algorithmus endlich, d.h. er kommt nach endlich vielen Divisionen zur Zeile 8 und liefert $d = a_n \in \mathbb{Z}$ und $n \in \mathbb{N}$ ab. Zu jedem $i \in \{0, 1, \ldots, n-1\}$ gibt es ein $q_{i+1} \in \mathbb{Z}$ mit $a_i = a_{i+1}q_{i+1} + a_{i+2}$, und daher haben a_i und a_{i+1} dieselben größten gemeinsamen Teiler wie a_{i+1} und a_{i+2} [vgl. (5.4)(5)]. Insbesondere gilt also: $a_0 = a$ und $b_0 = b$ haben dieselben größten gemeinsamen Teiler wie a_n und a_{n+1}. Wegen $a_{n+1} = 0$ ist a_n ein größter gemeinsamer Teiler von a_n und a_{n+1}, und daher gilt in der Tat: $d = a_n$ ist ein größter gemeinsamer Teiler von a und b.

(5.8) BEISPIEL: Für $a = 1769$ und $b = 551$ erhält man

i	0	1	2	3	4
a_i	1769	551	116	87	29
a_{i+1}	551	116	87	29	0
q_{i+1}	3	4	1	3	$d = 29,\ n = 4$

Also ist 29 ein größter gemeinsamer Teiler von 1769 und 551, und zur Berechnung werden 4 Divisionen benötigt.

(5.9) Die folgende Variante des Euklidischen Algorithmus liefert zu zwei Zahlen a, $b \in \mathbb{Z}$ einen größten gemeinsamen Teiler d von a und b.

Euklidischer Algorithmus (schlichte Fassung):

Eingabe: a, $b \in \mathbb{Z}$;

Ausgabe: ein größter gemeinsamer Teiler $d \in \mathbb{Z}$ von a und b.

```
x := a;  y := b;
while y ≠ 0 do
  begin
    z := x mod y;  x := y;  y := z;
  end;
d := x;
return(d).
```

Der Vorteil dieses Algorithmus gegenüber dem in (5.7) notierten Algorithmus liegt in der geringeren Anzahl der benötigten Speicherplätze: Es werden nur drei Speicherplätze gebraucht.

(5.10) Der folgende Algorithmus liefert zu zwei Zahlen a, $b \in \mathbb{Z}$ einen größten gemeinsamen Teiler $d \in \mathbb{Z}$ und Zahlen x, $y \in \mathbb{Z}$ mit $d = xa + yb$.

Euklidischer Algorithmus (erweiterte Fassung):

Eingabe: a, $b \in \mathbb{Z}$;

Ausgabe: ein größter gemeinsamer Teiler $d \in \mathbb{Z}$ von a und b, sowie Zahlen x, $y \in \mathbb{Z}$ mit $d = xa + yb$.

```
a_0 := a;  a_1 := b;
x_0 := 1;  y_0 := 0;  x_1 := 0;  y_1 := 1;
i := 0;
while a_{i+1} ≠ 0 do
  begin
    q_{i+1} := a_i div a_{i+1};
    a_{i+2} := a_i mod a_{i+1};
    x_{i+2} := x_i - q_{i+1} * x_{i+1};
    y_{i+2} := y_i - q_{i+1} * y_{i+1};
    i := i + 1;
  end;
```

```
12.  d := a_i;  x := x_i;  y := y_i;  n := i;
13.  return(d, x, y).
```

Behauptung: Der Algorithmus leistet das Verlangte.

Beweis: Es werden dieselben Zahlen a_0, $a_1, \ldots, a_n$ wie in (5.7) berechnet. Also ist der Algorithmus endlich, und die abgelieferte Zahl d ist ein größter gemeinsamer Teiler von a und b. Für jedes $i \in \{0, 1, \ldots, n\}$ ist $a_i = x_i a + y_i b$. [Nach Zeile 2 gilt nämlich $a_0 = x_0 a + y_0 b$ und $a_1 = x_1 a + y_1 b$. Ist $i \in \{1, \ldots, n-1\}$ und gilt $a_j = x_j a + y_j b$ für $j = 0, 1, \ldots, i$, so gilt auch $a_{i+1} = a_{i-1} - a_i q_i = (x_{i-1}a + y_{i-1}b) - (x_i a + y_i b)q_i = (x_{i-1} - q_i x_i)a + (y_{i-1} - q_i y_i)b = x_{i+1}a + y_{i+1}b$, wie sich aus den Zeilen 8 und 9 ergibt. So erhält man schließlich $a_n = x_n a + y_n b$.] Es folgt: Es gilt $d = a_n = x_n a + y_n b = xa + yb$. [Man beachte noch: Ist $n \geq 2$ und ist $a_{n-1} > 0$ (was für $n \geq 3$ stets gilt), so ist der letzte berechnete Quotient q_n mindestens 2, denn es gilt $0 < a_n < a_{n-1}$ und $a_{n-1} = a_n \cdot q_n$.]

Die folgende Version dieses Programms kommt mit zehn Speicherplätzen aus.

Eingabe: a, $b \in \mathbb{Z}$;

Ausgabe: Ein größter gemeinsamer Teiler $d \in \mathbb{Z}$ von a und b, sowie Zahlen x, $y \in \mathbb{Z}$ mit $d = xa + yb$.

```
z := a;  z' := b;
x := 1;  y := 0;  x' := 0;  y' := 1;
while z' ≠ 0 do
  begin
    w := z div z';  z'' := z mod z';
    x'' := x − w * x';  y'' := y − w * y';
    z := z';  z' := z'';  x := x';  x' := x'';  y := y';  y' := y'';
  end;
d := z;
return(d, x, y).
```

(5.11) BEISPIEL: Für $a = 10619$ und $b = 1073$ erhält man

i	0	1	2	3	4	5	6
a_i	10619	1073	962	111	74	$d = 37$	0
q_i		9	1	8	1	2	
x_i	1	0	1	-1	9	$x = -10$	
y_i	0	1	-9	10	-89	$y = 99$	

Also ist 37 ein größter gemeinsamer Teiler von 10619 und 1073, und es gilt $37 = -10 \cdot 10619 + 99 \cdot 1073$.

(5.12) BEZEICHNUNG: a, $b \in \mathbb{Z}$ heißen teilerfremd, wenn 1 ein größter gemeinsamer Teiler von a und b ist [d.h. wenn 1 und -1 die einzigen gemeinsamen Teiler aus $\mathbb{Z}$ von a und b sind].

(5.13) Satz: *Es seien a, $b \in \mathbb{Z}$, es sei $d \in \mathbb{Z}$ ein größter gemeinsamer Teiler von a und b. Dann gilt*

(1) *Es gibt $x, y \in \mathbb{Z}$ mit $d = xa + yb$.*
(2) *Es seien a und b nicht beide Null. Dann ist $d \neq 0$, und die Zahlen a/d, $b/d \in \mathbb{Z}$ sind teilerfremd.*
Beweis: (1) Der Algorithmus in (5.10) liefert einen größten gemeinsamen Teiler $d_1 \in \mathbb{Z}$ von a und b, sowie Zahlen x_1, $y_1 \in \mathbb{Z}$ mit $d_1 = x_1a + y_1b$. Es gilt $d = d_1$ oder $d = -d_1$ [vgl. (5.4)(3)], also gilt $d = x_1a + y_1b$ oder $d = (-x_1)a + (-y_1)b$.
(2) Es ist $d \neq 0$ [vgl. (5.4)(2) und (3)]. Nach (1) existieren $x, y \in \mathbb{Z}$ mit $d = xa+yb$. Dann gilt

$$1 = x \cdot \frac{a}{d} + y \cdot \frac{b}{d},$$

und daher haben a/b und b/d nur die gemeinsamen Teiler 1 und -1.

(5.14) BEMERKUNG: Man definiert folgendermaßen für jedes $n \in \mathbb{N}_0$ eine Zahl $F_n \in \mathbb{N}_0$: Man setzt

$$F_0 = 0,\ F_1 = 1 \text{ und } F_{n+2} = F_n + F_{n+1} \text{ für jedes } n \in \mathbb{N}_0.$$

Die Zahlen F_0, F_1, $F_2, \ldots$ heißen die Fibonacci-Zahlen [Leonardo von Pisa, genannt Fibonacci, um 1180 – um 1250].

Tabelle I: Fibonacci-Zahlen

n	0	1	2	3	4	5	6	7	8	9	10	11
F_n	0	1	1	2	3	5	8	13	21	34	55	89

Es gilt

$$1 = F_2 < F_3 < F_4 < \cdots < F_n < F_{n+1} < \cdots,$$

und daher gibt es zu jedem $a \in \mathbb{N}$ ein $n \geq 3$ mit

$$F_{n-1} \leq a < F_n.$$

(5.15) Satz: *Es sei $m \in \mathbb{N}$ mit $m \geq 4$; es seien a, $b \in \mathbb{N}$.*
(1) *Gilt $b < a < F_m$, so benötigt der Algorithmus aus (5.10) weniger als $m - 2$ Divisionen.*
(2) *Gilt $b = F_{m-1}$ und $a = F_m$, so benötigt der Algorithmus aus (5.10) genau $m-2$ Divisionen.*
Beweis: (a) Es sei n die Anzahl der Divisionen, die der Algorithmus aus (5.10) für $a := F_m$ und $b := F_{m-1}$ benötigt. Es ist $F_i = F_{i-1} + F_{i-2}$ für $i = m, \ldots, 4$ – das sind $m-3$ Divisionen – und $F_3 = 2F_2$. Der Algorithmus in (5.10) benötigt folglich $(m-3)+1 = m-2$ Divisionen. [Außerdem hat sich ergeben, daß F_m und F_{m-1} teilerfremd sind.]
(b) Es seien a, $b \in \mathbb{N}$ mit $b < a$ und mit: Der Algorithmus aus (5.10) benötigt $N \geq m-2$ Divisionen. Es seien $a_0 = a$, $a_1 = b$, $a_2, \ldots, a_N$, $a_{N+1} = 0$ und q_1, $q_2, \ldots, q_N$ die dabei berechneten Zahlen [mit $a_i = a_{i+1}q_{i+1} + a_{i+2}$ für jedes $i \in \{0, 1, \ldots, N-1\}$]. Wegen $N \geq 2$ ist $q_N \geq 2$ [man vergleiche die Bemerkung am

Ende von (5.10)]. Es ist $a_{m-1} \geq 0$ und $a_{m-1} = 0$ genau dann, wenn $N+1 = m-1$ ist, und dann ist $q_{m-2} \geq 2$. Es ist also $a_{m-2} \geq 1 = F_2$, $a_{m-3} = a_{m-2}q_{m-2} + a_{m-1} \geq 2 = F_3$. Es sei $i \in \{2, \ldots, m-1\}$ und bereits $a_{m-j} \geq F_j$ für $j = 2, \ldots, i$ gezeigt. Dann ist

$$a_{m-i-1} = a_{m-i}q_{m-i} + a_{m-i+1} \geq F_i + F_{i-1} = F_{i+1}.$$

Es folgt $a = a_0 \geq F_m$.
(c) Es seien a, $b \in \mathbb{N}$ mit $b < a < F_m$. Aus (b) folgt: Der Algorithmus aus (5.10) benötigt weniger als $m-2$ Divisionen.

(5.16) DEFINITION: Eine natürliche Zahl p heißt eine Primzahl, wenn $p > 1$ ist und wenn p nur die "trivialen" Teiler 1, -1, p und $-p$ besitzt. – Die Menge aller Primzahlen wird mit $\mathbb{P}$ bezeichnet.

(5.17) Satz: *Jede natürliche Zahl ist ein Produkt endlich vieler Primzahlen.*
Beweis: 1 ist Produkt von 0 Primzahlen [vgl. (3.19)(2)]. Es wird angenommen, daß die Menge $M = \{n \in \mathbb{N} \mid n$ ist nicht Produkt endlich vieler Primzahlen$\}$ nicht leer ist. Dann besitzt M ein kleinstes Element $a = \min(M)$ [vgl. (4.1)(1)]. Wegen $1 \notin M$ ist $a > 1$. Wegen $a \in M$ ist a keine Primzahl, und daher existieren b, $c \in \mathbb{N}$ mit $a = bc$ und mit $1 < b < a$ und $1 < c < a$. Wegen $b < a = \min(M)$ ist $b \notin M$, und daher existieren $p_1, \ldots, p_r \in \mathbb{P}$ mit $b = p_1 \cdots p_r$; wegen $c < a$ existieren ebenso $q_1, \ldots, q_s \in \mathbb{P}$ mit $c = q_1 \cdots q_s$. Es folgt $a = bc = p_1 \cdots p_r \cdot q_1 \cdots q_s$. Es ist also a ein Produkt von endlich vielen Primzahlen, im Widerspruch zu $a \in M$. Also ist $M = \emptyset$, und damit ist der Satz bewiesen.

(5.18) Satz: *Es gibt unendlich viele Primzahlen.*
Beweis (Euklid): Es wird angenommen, daß es nur endlich endlich viele Primzahlen gibt. Diese werden so numeriert: p_1, $p_2, \ldots, p_k$. [Wegen $2 \in \mathbb{P}$ ist $k \geq 1$.] Nach (5.17) ist $a := p_1p_2 \cdots p_k + 1$ ein Produkt von Primzahlen, und daher existiert ein $i \in \{1, \ldots, k\}$ mit $p_i \mid a$. Wegen $p_i \mid p_1p_2 \cdots p_k = a-1$ folgt $p_i \mid 1$, und das ist Unsinn. Also existieren in der Tat unendlich viele Primzahlen.

(5.19) Hilfssatz: *Es sei p eine Primzahl, es sei $n \in \mathbb{N}$, und es seien $a_1, \ldots, a_n \in \mathbb{Z}$. Es gelte $p \mid a_1 \cdots a_n$. Dann gibt es $i \in \{1, \ldots, n\}$ mit $p \mid a_i$.*
Beweis [durch Induktion nach n]: Ist $n = 1$, so ist nichts zu zeigen. Es sei $n \geq 2$, und es sei bereits gezeigt: Teilt p das Produkt $a_1 \cdots a_{n-1}$, so teilt p eine der Zahlen $a_1, \ldots, a_{n-1}$. Es teile p das Produkt $a_1 \cdots a_n$. Gilt $p \mid a_n$, so ist nichts mehr zu beweisen. Gilt $p \nmid a_n$, so sind p und a_n teilerfremd [wegen $p \in \mathbb{P}$], und daher gibt es x, $y \in \mathbb{Z}$ mit $1 = xp + ya_n$ [vgl. (5.12)], und es folgt: $a_1 \cdots a_{n-1} = (a_1 \cdots a_{n-1}x)p + y(a_1 \cdots a_n)$ ist durch p teilbar. Nach Induktionsannahme ist daher eine der Zahlen $a_1, \ldots, a_{n-1}$ durch p teilbar.

(5.20) Satz: *Es sei $a \in \mathbb{N}$, es seien $p_1 \ldots, p_k$, $q_1, \ldots, q_l \in \mathbb{P}$ mit*

$$a = p_1p_2 \cdots p_k = q_1q_2 \cdots q_l.$$

Dann ist $k = l$, und es gibt ein $\sigma \in S_k$ mit $q_i = p_{\sigma(i)}$ für $i = 1, 2, \ldots, k$.

Beweis: Durch Induktion wird gezeigt, daß für jedes $n \in \mathbb{N}$ gilt: Die Aussage des Satzes ist für jedes $a \in \{1, \ldots, n\}$ richtig.

Für $n = 1$ ist nichts zu beweisen. Es sei $n \in \mathbb{N}$, und es sei bereits gezeigt, daß für jedes $a \in \{1, \ldots, n\}$ die Aussage des Satzes richtig ist.

Es seien $p_1, \ldots, p_k, q_1, \ldots, q_l \in \mathbb{P}$ mit

$$n + 1 = p_1 p_2 \cdots p_k = q_1 q_2 \cdots q_l.$$

Wegen $n + 1 > 1$ gilt dabei $k \geq 1$ und $l \geq 1$. p_1 teilt $q_1 q_2 \cdots q_l$, und daher gibt es nach (5.19) ein $i \in \{1, \ldots, l\}$ mit $p_1 \,|\, q_i$. Durch Umnumerieren von $q_1, \ldots, q_l$ erreicht man $i = 1$, also $p_1 \,|\, q_1$. Wegen $q_1 \in \mathbb{P}$ und wegen $p_1 > 1$ folgt $p_1 = q_1$. Für $a := p_2 p_3 \cdots p_k$ gilt $a = q_2 q_3 \cdots q_l$ und $1 \leq a < n + 1$, und daher gilt nach Induktionsvoraussetzung $k = l$, und nach einer geeigneten Umnumerierung von $q_2, \ldots, q_k$ erreicht man $p_2 = q_2, \ldots, p_k = q_k$. Also gilt die Aussage des Satzes für jedes $a \in \{1, 2, \ldots, n + 1\}$.

Damit ist der Satz bewiesen.

(5.21) BEMERKUNG: (1) Aus (5.17) und (5.20) folgt: Jedes $a \in \mathbb{Z} \setminus \{0\}$ besitzt eine eindeutig bestimmte Primzerlegung

$$a = \varepsilon(a) \cdot \prod_{p \in \mathbb{P}} p^{v_p(a)}$$

mit $\varepsilon(a) \in \{1, -1\}$, mit $v_p(a) \in \mathbb{N}_0$ für jedes $p \in \mathbb{P}$ und mit

$$\operatorname{Card} \{p \in \mathbb{P} \,|\, v_p(a) > 0\} < \infty.$$

(2) Es seien a, $b \in \mathbb{Z} \setminus \{0\}$ mit den Primzerlegungen

$$a = \varepsilon(a) \cdot \prod_{p \in \mathbb{P}} p^{v_p(a)} \quad \text{und} \quad b = \varepsilon(b) \cdot \prod_{p \in \mathbb{P}} p^{v_p(b)}.$$

(a) Dann ist

$$ab = \big(\varepsilon(a) \cdot \varepsilon(b)\big) \cdot \prod_{p \in \mathbb{P}} p^{v_p(a) + v_p(b)}$$

die Primzerlegung von ab.

(b) Genau dann gilt $a \,|\, b$, wenn $v_p(a) \leq v_p(b)$ für jedes $p \in \mathbb{P}$ gilt.

(c) Es gilt

$$\operatorname{ggT}(a, b) = \prod_{p \in \mathbb{P}} p^{\min\{(v_p(a), v_p(b))\}}.$$

(d) a und b sind genau dann teilerfremd, wenn für jedes $p \in \mathbb{P}$ gilt: Es ist $v_p(a) = 0$ oder $v_p(b) = 0$.

(3) Auf Algorithmen zur Konstruktion der Primzerlegung einer natürlichen Zahl wird in Kapitel XIV eingegangen werden.

(5.22) DEFINITION: Es seien a, $b \in \mathbb{Z}$. Eine Zahl $m \in \mathbb{Z}$ heißt ein kleinstes gemeinsames Vielfaches von a und b, wenn gilt:
(1) $a \mid m$ und $b \mid m$;
(2) für jedes $c \in \mathbb{Z}$ mit $a \mid c$ und $b \mid c$ gilt $m \mid c$.

(5.23) Satz: *Es seien a, $b \in \mathbb{Z}$. Dann gilt:*
(1) *Es gibt ein kleinstes gemeinsames Vielfaches $m \in \mathbb{Z}$ von a und b.*
(2) *Ist $m \in \mathbb{Z}$ ein kleinstes gemeinsames Vielfaches von a und b, so ist $\{m, -m\}$ die Menge aller kleinsten gemeinsamen Vielfachen von a und b.*
(3) *Sind $d \in \mathbb{Z}$ ein größter gemeinsamer Teiler und $m \in \mathbb{Z}$ ein kleinstes gemeinsames Vielfaches von a und b, so gilt*

$$|d| \cdot |m| = |a| \cdot |b|.$$

(4) *Gilt $a \neq 0$ und $b \neq 0$ und sind*

$$a = \varepsilon(a) \cdot \prod_{p \in \mathbb{P}} p^{v_p(a)} \quad \text{und} \quad b = \varepsilon(b) \cdot \prod_{p \in \mathbb{P}} p^{v_p(b)}$$

die Primzerlegungen von a und b, so ist

$$m := \prod_{p \in \mathbb{P}} p^{\max\{v_p(a), v_p(b)\}} \qquad (*)$$

das positive kleinste gemeinsame Vielfache von a und b. [Man schreibt $m =: \mathrm{kgV}(a, b)$.]

Beweis: (a) Gilt $a = 0$ oder $b = 0$, so gelten (1), (2) und (3) mit $m = 0$.
(b) Es gelte $a \neq 0$ und $b \neq 0$. Die Zahl $m \in \mathbb{N}$ aus $(*)$ hat die Eigenschaften (1) und (2) aus (5.22) [vgl. (5.21)(2b)] und ist daher ein kleinstes gemeinsames Vielfaches von a und b. Dann ist auch $-m$ ein kleinstes gemeinsames Vielfaches von a und b. Ist $m' \in \mathbb{Z}$ ein kleinstes gemeinsames Vielfaches von a und b, so gilt $m \mid m'$ und $m' \mid m$ [vgl. (5.22)], und daher gilt $m' = m$ oder $m' = -m$.

Sind $d_1 \in \mathbb{Z}$ ein größter gemeinsamer Teiler und $m_1 \in \mathbb{Z}$ ein kleinstes gemeinsames Vielfaches von a und b, so gilt

$$\begin{aligned} |d_1| \cdot |m_1| &= \prod_{p \in \mathbb{P}} p^{\min\{v_p(a), v_p(b)\} + \max\{v_p(a), v_p(b)\}} \\ &= \prod_{p \in \mathbb{P}} p^{v_p(a) + v_p(b)} \\ &= |a| \cdot |b|, \end{aligned}$$

denn für alle α, $\beta \in \mathbb{R}$ gilt $\min\{\alpha, \beta\} + \max\{\alpha, \beta\} = \alpha + \beta$.

(5.24) DEFINITION: Es sei $m \in \mathbb{N}$. Für a, $b \in \mathbb{Z}$ setzt man $a \equiv b \pmod{m}$ [“a kongruent b modulo m”], genau wenn $m \mid b - a$ gilt.

(5.25) Satz: *Es sei $m \in \mathbb{N}$.*
(1) *Die Relation* $\equiv \pmod{m}$ *ist eine Äquivalenzrelation auf* $\mathbb{Z}$.
(2) *Es seien a, b, a', $b' \in \mathbb{Z}$ mit*

$$a \equiv a' \pmod{m} \quad \text{und} \quad b \equiv b' \pmod{m}.$$

Dann gilt

$$a + b \equiv a' + b' \pmod{m}, \quad ab \equiv a'b' \pmod{m}.$$

Beweis: (1) ist klar.
(2) Sind $a' - a$ und $b' - b$ durch m teilbar, so sind $(a' + b') - (a + b) = (a' - a) + (b' - b)$ und $a'b' - ab = (a' - a)b + a'(b' - b)$ durch m teilbar.

(5.26) Es sei $m \in \mathbb{N}$.
(1) Ist $a \in \mathbb{Z}$, so heißt die Äquivalenzklasse

$$\begin{aligned} [a]_m : &= \{x \in \mathbb{Z} \mid x \equiv a \pmod{m}\} \\ &= \{x \in \mathbb{Z} \mid m \text{ teilt } a - x\} \\ &= \{a + ym \mid y \in \mathbb{Z}\} \end{aligned}$$

die Restklasse von a modulo m. [Eine Verwechslung mit der in (4.20)(1) eingeführten Bezeichnung ist nicht zu befürchten.]
(2) Sind a, $b \in \mathbb{Z}$, so gilt [vgl. (1.18)]

$$\begin{aligned} [a]_m = [b]_m \quad &\Leftrightarrow \quad a \equiv b \pmod{m} \quad \Leftrightarrow \quad m \mid b - a, \\ [a]_m \cap [b]_m = \emptyset \quad &\Leftrightarrow \quad a \not\equiv b \pmod{m} \quad \Leftrightarrow \quad m \nmid b - a. \end{aligned}$$

(3) Zu jedem $a \in \mathbb{Z}$ gibt es ein $x \in \mathbb{Z}$ und ein $a_0 \in \{0, 1, \ldots, m-1\}$ mit

$$a = mx + a_0$$

[vgl. (5.5)], also mit $a \equiv a_0 \pmod{m}$, also mit $[a]_m = [a_0]_m$, und es folgt

$$\{[a]_m \mid a \in \mathbb{Z}\} = \{[0]_m, [1]_m, \ldots, [m-1]_m\}.$$

Man sieht: $[0]_m$, $[1]_m, \ldots, [m-1]_m$ sind paarweise verschieden. Es gibt also genau m verschiedene Restklassen modulo m, nämlich $[0]_m$, $[1]_m, \ldots,$ $[m-1]_m$. Die Menge der Restklassen modulo m wird mit $\mathbb{Z}_m$ bezeichnet.

(5.27) Satz: *Es sei $m \in \mathbb{N}$. Die Menge $\mathbb{Z}_m$ der Restklassen modulo m von Elementen aus $\mathbb{Z}$ wird ein kommutativer Ring, wenn man folgendermaßen eine Addition + und eine Multiplikation · auf $\mathbb{Z}_m$ definiert: Für alle a, $b \in \mathbb{Z}$ setzt man*

$$[a]_m + [b]_m := [a + b]_m \quad \text{und} \quad [a]_m \cdot [b]_m := [a \cdot b]_m.$$

Beweis: Diese Definitionen sind sinnvoll, denn sind a, b, a', $b' \in \mathbb{Z}$ mit $[a]_m = [a']_m$ und $[b]_m = [b']_m$, so folgt nach (5.25) $[a + b]_m = [a' + b']_m$ und $[a \cdot b]_m = [a' \cdot b']_m$. Es ist klar, daß die Ringaxiome erfüllt sind. Das Nullelement ist $[0]_m$, das Einselement ist $[1]_m$, und zu $[a]_m$ ist $[-a]_m$ das Inverse bezüglich der Addition + auf $\mathbb{Z}_m$.

(5.28) Satz: *Es seien $m \in \mathbb{N}$ und $a \in \mathbb{Z}$. Genau dann ist $[a]_m$ eine Einheit in $\mathbb{Z}_m$, wenn a und m teilerfremd sind.*
Beweis: Sind a und m teilerfremd, so gibt es $a' \in \mathbb{Z}$, $m' \in \mathbb{Z}$ mit $1 = aa'+mm'$ [vgl. (5.13)(1)]. Dann ist die Restklasse $[a']_m$ in $\mathbb{Z}_m$ von a' bezüglich der Multiplikation $\cdot$ auf $\mathbb{Z}_m$ invers zu $[a]_m$.

Es sei umgekehrt $[a]_m$ eine Einheit in $\mathbb{Z}_m$. Dann gibt es folglich ein $a' \in \mathbb{Z}$ mit $[a]_m \cdot [a']_m = [1]_m$, also mit $aa' \equiv 1 \pmod{m}$, und daher gibt es ein $m' \in \mathbb{Z}$ mit $1 = aa' + mm'$. Also sind a und m teilerfremd.

(5.29) Bemerkung: (1) Es seien $m \in \mathbb{N}$ und $a \in \mathbb{Z}$ teilerfremd. Dann ist $[a]_m$ nach (5.28) eine Einheit im Ring $\mathbb{Z}_m$. Zur Berechnung des Inversen $([a]_m)^{-1} \in \mathbb{Z}_m$ von $[a]_m$ bezüglich $\cdot$ verwendet man den Euklidischen Algorithmus aus (5.10): Weil a und m teilerfremd sind, kann man damit ganze Zahlen x und y mit $ax + my = 1$ bestimmen. Dann gilt $ax \equiv 1 \pmod{m}$ und daher $[a]_m \cdot [x]_m = [ax]_m = [1]_m$. Also gilt im Ring $\mathbb{Z}_m$: Es ist $([a]_m)^{-1} = [x]_m$.
(3) Mit $\mathbb{Z}_m^{\times} := E(\mathbb{Z}_m)$ wird die Einheitengruppe in $\mathbb{Z}_m$ bezeichnet [vgl. (3.18)(2)]. Es ist $\mathrm{Card}(\mathbb{Z}_m^{\times})$ gleich der Anzahl der Elemente $a \in \{0, \ldots, m-1\}$, welche zu m teilerfremd sind.
(3) Die Funktion

$$\begin{cases} \varphi\colon \mathbb{N} \to \mathbb{N} \\ \text{mit } \varphi(m) := \mathrm{Card}(\mathbb{Z}_m^{\times}) \end{cases}$$

heißt die Eulersche Phi-Funktion [nach L. Euler, 1707–1783].

(5.30) Satz: *Es sei $m \in \mathbb{N}$. $\mathbb{Z}_m$ ist genau dann ein Körper, wenn m eine Primzahl ist. Es ist dann $\varphi(m) = m - 1$.*
Beweis: Es gelte: m ist eine Primzahl. Dann ist $m > 1$, und in $\mathbb{Z}_m$ gilt daher $[1]_m \neq [0]_m$. Für jedes $a \in \mathbb{Z}$ mit $[a]_m \neq [0]_m$ gilt $m \nmid a$, und weil m eine Primzahl ist, sind daher a und m teilerfremd, d.h. $[a]_m$ ist eine Einheit in $\mathbb{Z}_m$. Also ist $\mathbb{Z}_m$ ein Körper.

Es gelte: m ist keine Primzahl. Ist $m = 1$, so ist gilt $[1]_m = [0]_m$ in $\mathbb{Z}_m$, und daher ist $\mathbb{Z}_m$ in diesem Fall kein Körper. Ist $m > 1$, so gibt es a, $b \in \mathbb{Z}$ mit $1 < a < m$ und $1 < b < m$ und mit $ab = m$, und in $\mathbb{Z}_m$ gilt $[a]_m \neq [0]_m$ und $[b]_m \neq [0]_m$ und $[a]_m \cdot [b]_m = [ab]_m = [m]_m = [0]_m$. Also ist auch in diesem Fall $\mathbb{Z}_m$ kein Körper [vgl. (3.16)(3)].

(5.31) Bezeichnung: Ist $m \in \mathbb{N}$, so nennt man den Ring $\mathbb{Z}_m$ den Restklassenring von $\mathbb{Z}$ modulo m. Ist p eine Primzahl, so bezeichnet man den Körper $\mathbb{Z}_p$ oft mit $\mathbb{F}_p$ und nennt ihn den Restklassenkörper von $\mathbb{Z}$ modulo p.

(5.32) Der folgende Algorithmus dient zur Berechnung von Potenzen in Restklassenringen von $\mathbb{Z}$; er verwendet das Verfahren aus (3.26).

Eingabe: $m \in \mathbb{N}$, $a \in \mathbb{Z}$ und $n \in \mathbb{N}$;

Ausgabe: $a^n \bmod m$, also die Zahl $b \in \{0, 1, \ldots, m-1\}$ mit $b \equiv a^n \pmod{m}$.

```
P := 1;
if n > 0 then
```

```
  begin
    b := a mod m;  t := n
    while t > 1 do
      begin
        if odd(t) then P := P * b mod m;
        b := b * b mod m;  t := ⌊t/2⌋;
      end;
    P := P * b mod m;
  end;
return(P).
```

Wie man sieht, benötigt dieser Algorithmus höchstens $2 \cdot \log_2 n$ Multiplikationen und höchstens $2 \cdot \log_2 n$ Reduktionen modulo m, und seine Laufzeit [bei festem a] ist proportional zur Länge $\log_2(n)$ der Eingabe n.

§6 Die komplexen Zahlen

(6.0) Nach (3.20)(2)(b) gilt für jedes $a \in \mathbb{R}$: Es ist $a^2 \geq 0$. Zu $a \in \mathbb{R}$ mit $a < 0$ gibt es also kein $b \in \mathbb{R}$ mit $b^2 = a$. Es wird ein "Erweiterungskörper" von $\mathbb{R}$ konstruiert, in dem es zu jedem a ein b mit $b^2 = a$ gibt [vgl. (6.6)]; in diesem gibt es aber keine lineare Ordnung mit den Eigenschaften (LA) und (LM) aus (3.20)(1) [vgl. (6.8)].

(6.1) (1) Auf der Menge $\mathbb{R} \times \mathbb{R}$ erklärt man eine Addition $+$ und eine Multiplikation $\cdot$ durch: Für alle (a, b), $(a', b') \in \mathbb{R} \times \mathbb{R}$ definiert man

$$(a, b) + (a', b') := (a + a', b + b') \quad \text{und} \quad (a, b) \cdot (a', b') := (aa' - bb', ab' + ba').$$

Betrachtet man $\mathbb{R} \times \mathbb{R}$ mit diesen Verknüpfungen, so schreibt man $\mathbb{C}$ statt $\mathbb{R} \times \mathbb{R}$.

(2) *$\mathbb{C}$ ist ein Körper.*
Beweis: Daß $\mathbb{C}$ die Eigenschaften (K1), (K2) und (K3) aus (3.13) besitzt, folgt durch einfaches Nachrechnen. Das Nullelement von $\mathbb{C}$ ist $(0, 0)$, und für jedes $(a, b) \in \mathbb{C}$ ist $-(a, b) = (-a, -b)$; das Einselement von $\mathbb{C}$ ist $(1, 0)$, und für jedes $(a, b) \in \mathbb{C}$ mit $(a, b) \neq (0, 0)$ gilt

$$(a, b)^{-1} = \left(\frac{a}{a^2 + b^2}, -\frac{b}{a^2 + b^2}\right).$$

(3) Die Elemente von $\mathbb{C}$ heißen komplexe Zahlen, und $\mathbb{C}$ heißt der Körper der komplexen Zahlen.

(6.2) (1) Es sei $\varphi : \mathbb{R} \to \mathbb{C}$ die Abbildung mit $\varphi(a) = (a, 0)$ für jedes $a \in \mathbb{R}$. φ ist injektiv, und für alle a, $a' \in \mathbb{R}$ gilt

$$\varphi(a + a') = (a + a', 0) = (a, 0) + (a', 0) = \varphi(a) + \varphi(a'),$$

$$\varphi(aa') = (aa', 0) = (a, 0) \cdot (a', 0) = \varphi(a) \cdot \varphi(a').$$

Man identifiziert nun jedes $a \in \mathbb{R}$ mit seinem Bild $\varphi(a) = (a,0) \in \mathbb{C}$ und macht damit $\mathbb{R}$ zu einer Teilmenge von $\mathbb{C}$, ja sogar zu einem "Teilkörper" von $\mathbb{C}$. Nach dieser Identifizierung ist die reelle Zahl 0 das Nullelement von $\mathbb{C}$, und die reelle Zahl 1 ist das Einselement von $\mathbb{C}$.
(2) Für $i := (0,1) \in \mathbb{C}$ gilt [wegen (1)]

$$i^2 = (0,1)\cdot(0,1) = (-1,0) = -1.$$

Zu jedem $z \in \mathbb{C}$ gibt es eindeutig bestimmte a, $b \in \mathbb{R}$ mit

$$\begin{aligned} z &= (a,b) = (a,0) + (0,b) = (a,0) + (b,0)\cdot(0,1) = a + b\cdot(0,1) \\ &= a + bi. \end{aligned}$$

(3) Sind $z = a + bi$, $z' = a' + b'i \in \mathbb{C}$, so gilt

$$\begin{aligned} z + z' &= (a+bi) + (a'+b'i) = (a+a') + (b+b')i, \\ zz' &= (a+bi)\cdot(a'+b'i) = (aa'-bb') + (ab'+ba')i. \end{aligned}$$

Für jedes $z = a + bi \in \mathbb{C}$ ist $-z = -(a+bi) = -a - bi$, und für jedes $z = a + bi \in \mathbb{C}$ mit $z \neq 0$ gilt

$$\frac{1}{z} = z^{-1} = \frac{a}{a^2+b^2} - \frac{b}{a^2+b^2}\cdot i = \frac{a-bi}{a^2+b^2}.$$

(6.3) Bezeichnung: Es sei $z = a + bi \in \mathbb{C}$.
(1) $\mathrm{Re}(z) := a$ heißt der Realteil und $\mathrm{Im}(z) := b$ heißt der Imaginärteil der komplexen Zahl z.
(2) $\overline{z} := a - bi$ heißt die zu z konjugiert-komplexe Zahl.
(3) $|z| := \sqrt{a^2+b^2}$ heißt der Betrag von z.

(6.4) Bemerkung: Es seien z, $w \in \mathbb{C}$. Es gelten:

$$\mathrm{Re}(z) = \frac{1}{2}(z+\overline{z}) \quad \text{und} \quad \mathrm{Im}(z) = \frac{1}{2i}(z-\overline{z});$$

$$\overline{z} = z \Leftrightarrow \mathrm{Im}(z) = 0 \Leftrightarrow z \in \mathbb{R};$$

$$\overline{z} = -z \Leftrightarrow \mathrm{Re}(z) = 0 \Leftrightarrow \text{ es existiert ein } y \in \mathbb{R} \text{ mit } z = yi;$$

$$|z|^2 = z\cdot\overline{z} \text{ und } |\overline{z}| = |z| \text{ und } \overline{\overline{z}} = z;$$

$$\overline{z+w} = \overline{z} + \overline{w} \text{ und } \overline{z\cdot w} = \overline{z}\cdot\overline{w};$$

$$|z\cdot w| = |z|\cdot|w|.$$

(6.5) Satz: *Für alle z, $w \in \mathbb{C}$ gilt*
(1) $|z+w| \leq |z| + |w|$ *("Dreiecksungleichung");*
(2) $\big||z| - |w|\big| \leq |z \pm w|$.
Beweis: (1) Es seien z, $w \in \mathbb{C}$. Für $A := z\overline{w} + w\overline{z}$ gilt $\overline{A} = A$ und daher $A \in \mathbb{R}$. Für $B := z\overline{w} - w\overline{z}$ gilt $\overline{B} = -B$ und daher $B^2 = -B\cdot\overline{B} = -|B|^2 \leq 0$. Es folgt $A^2 = (z\overline{w}+w\overline{z})^2 = (z\overline{w}-w\overline{z})^2 + 4\cdot(z\overline{w})\cdot(w\overline{z}) = B^2 + 4\cdot|z|^2\cdot|w|^2 \leq 4\cdot|z|^2\cdot|w|^2$ und daher $A \leq |A| \leq 2\cdot|z|\cdot|w|$. Es folgt $|z+w|^2 = (z+w)\cdot(\overline{z}+\overline{w}) = z\overline{z} + A + w\overline{w} \leq |z|^2 + 2\cdot|z|\cdot|w| + |w|^2 = (|z|+|w|)^2$, und daher gilt $|z+w| \leq |z| + |w|$.
(2) Das beweist man so wie die entsprechende Ungleichung in (3.21)(4).

(6.6) Satz: *Zu jedem $z \in \mathbb{C}$ gibt es ein $w \in \mathbb{C}$ mit $z = w^2$.*
Beweis: Es sei $z = x + yi \in \mathbb{C}$.
(a) Ist $z = 0$, so gilt $z = 0^2$.
(b) Ist $z \neq 0$ und $x > 0$, so setzt man

$$u := \sqrt{\frac{1}{2}\left(x + \sqrt{x^2 + y^2}\,\right)}.$$

Dann ist $u \in \mathbb{R}$ und $u > 0$, und mit $v = y/2u$ gilt $(u + vi)^2 = x + yi = z$.
(c) Ist $z \neq 0$ und $x \leq 0$, so setzt man

$$v := \sqrt{\frac{1}{2}\left(-x + \sqrt{x^2 + y^2}\,\right)}.$$

Dann ist $v \in \mathbb{R}$ und $v > 0$, und mit $u := y/2v$ gilt $(u + vi)^2 = x + yi = z$.

(6.7) BEMERKUNG: Aus (6.6) ergibt sich sogleich auf die gewohnte Weise [nämlich mittels quadratischer Ergänzung]: Sind a, b, $c \in \mathbb{C}$ und ist $a \neq 0$, so hat die quadratische Gleichung $aX^2 + bX + c = 0$ in $\mathbb{C}$ mindestens eine und höchstens zwei Lösungen.

(6.8) BEMERKUNG: Es gibt keine lineare Ordnung auf $\mathbb{C}$ mit den Eigenschaften (LA) und (LM) wie in (3.20). Wäre $\preceq$ eine solche, so folgte wie in (3.20)(b) einerseits $1 = 1^2 \succeq 0$ und andererseits $-1 = i^2 \succeq 0$, also $1 \succeq 0$ und $-1 \succeq 0$, und somit wäre $1 = 0$, aber das ist Unsinn.

§7 Potenzreihenringe

(7.0) Der in diesem Paragraphen einzuführende Ring der formalen Potenzreihen über einem kommutativen Ring findet vielfache Anwendungen. Hier sei nur auf die Möglichkeit, explizite Formeln für durch Rekursionformeln definierte Zahlenfolgen herzuleiten, hingewiesen [vgl. (7.7)(a) und (7.12)(2)]. Weitere Anwendungen findet man in Kapitel III, §3 und in Kapitel IX.

(7.1) BEMERKUNG: Es sei $M \neq \emptyset$ eine Menge, es sei $f\colon \mathbb{N}_0 \to M$ eine Abbildung, und es sei $f(i) = a_i$ für jedes $i \in \mathbb{N}_0$. Dann heißt f auch eine Folge in M, und man schreibt

$$f = \big(f(i)\big)_{i\in\mathbb{N}_0} = (a_i)_{i\in\mathbb{N}_0} = (a_i)_{i\geq 0} = (a_i).$$

(7.2) Es sei R ein kommutativer Ring, und es sei

$$\hat{S} := \mathrm{Abb}(\mathbb{N}_0, R) = \big\{(a_i)_{i\geq 0} \mid (a_i)_{i\geq 0} \text{ Folge in } R\big\}$$

die Menge aller Folgen in R.
(1) Für alle (a_i), $(b_i) \in \hat{S}$ definiert man

$$(a_i) + (b_i) := (a_i + b_i)_{i\geq 0},$$

$$(a_i)\cdot(b_i) := \left(\sum_{j=0}^{i} a_j b_{i-j}\right)_{i\geq 0} = \left(\sum_{\substack{r,s\in\mathbb{N}_0\\ r+s=i}} a_r b_s\right)_{i\geq 0}.$$

(2) Mit den in (1) definierten Verknüpfungen $+$ und $\cdot$ ist $\hat{S}$ ein kommutativer Ring. Beweis: Daß (A1)–(A4) gelten, ist klar: Das Nullelement von $\hat{S}$ ist die Folge $(x_i) \in \hat{S}$ mit $x_i = 0_R$ für jedes $i \in \mathbb{N}_0$, und für jedes $(a_i) \in \hat{S}$ ist $-(a_i) = (-a_i)$.
(M1) Es seien (a_i), (b_i), $(c_i) \in \hat{S}$. Dann gilt

$$\begin{aligned}((a_i)\cdot(b_i))\cdot(c_i) &= \left(\sum_{j=0}^{i} a_j b_{i-j}\right)\cdot(c_i) = \left(\sum_{k=0}^{i}\sum_{j=0}^{k} a_j b_{k-j} c_{i-k}\right)_{i\geq 0}\\ &= \left(\sum_{\substack{r,s,t\in\mathbb{N}_0\\ r+s+t=i}} a_r b_s c_t\right)_{i\geq 0}\end{aligned}$$

und auch

$$\begin{aligned}(a_i)\cdot((b_i)\cdot(c_i)) &= (a_i)\cdot\left(\sum_{j=0}^{i} b_j c_{i-j}\right) = \left(\sum_{k=0}^{i}\sum_{j=0}^{i-k} a_k b_j c_{i-k-j}\right)\\ &= \left(\sum_{\substack{r,s,t\in\mathbb{N}_0\\ r+s+t=i}} a_r b_s c_t\right)_{i\geq 0}.\end{aligned}$$

(M2) Einselement von $\hat{S}$ ist die Folge $(y_i) \in \hat{S}$ mit $y_0 = 1_R$ und $y_i = 0_R$ für jedes $i \in \mathbb{N}$. Daß (D) gilt und daß die Multiplikation kommutativ ist, zeigt man durch einfaches Nachrechnen.
(3) Für jedes $a \in R$ sei $\tilde{a} = (a_i) \in \hat{S}$ definiert durch $a_0 = a$ und $a_i = 0_R$ für jedes $i \in \mathbb{N}$. Die Abbildung

$$\varphi: R \to \hat{S} \quad \text{mit } \varphi(a) := \tilde{a} \text{ für jedes } a \in R$$

ist injektiv, und für alle a, $b \in R$ gilt

$$\varphi(a+b) = \varphi(a) + \varphi(b) \text{ und } \varphi(ab) = \varphi(a)\cdot\varphi(b). \qquad (*)$$

Identifiziert man jedes $a \in R$ mit seinem Bild $\varphi(a) \in \hat{S}$, so macht man R zu einer Teilmenge von $\hat{S}$ und wegen $(*)$ sogar zu einem "Teilring" von $\hat{S}$. Nach dieser Identifikation ist 0_R das Nullelement von $\hat{S}$, und 1_R ist das Einselement von $\hat{S}$.
(4) Es sei $T \in \hat{S}$ die Abbildung von $\mathbb{N}_0$ in R mit $T(1) := 1_R$ und mit $T(i) := 0$ für jedes $i \in \mathbb{N}_0 \setminus \{1\}$. Man zeigt durch Induktion: Für jedes $n \in \mathbb{N}$ ist

$$T^n = \underbrace{T\cdots T}_{n \text{ Faktoren}}$$

die Abbildung von $\mathbb{N}_0$ in R mit $T^n(n) = 1_R$ und mit $T^n(i) = 0$ für jedes $i \in \mathbb{N}_0 \setminus \{n\}$. Man setzt noch $T^0 := 1_{\hat{S}} = 1_R$ [vgl. (3.19)(3)].
(5) Es sei $f = (a_i)_{i \geq 0} \in \hat{S}$. Man schreibt dann der Übersichtlichkeit halber

$$f = \sum_{i=0}^{\infty} a_i T^i$$

und nennt f eine formale Potenzreihe in der Unbestimmten T über dem Ring R und für jedes $i \in \mathbb{N}_0$ a_i den i-ten Koeffizienten von f. Der Ring $R[[T]] := \hat{S}$ heißt der Ring der formalen Potenzreihen in T über R.
(6) Es seien

$$f = \sum_{i=0}^{\infty} a_i T^i \in R[[T]] \quad \text{und} \quad g = \sum_{i=0}^{\infty} b_i T^i \in R[[T]].$$

Dann gilt gemäß (1)

$$f + g = \sum_{i=0}^{\infty} (a_i + b_i) T^i \quad \text{und} \quad fg = \sum_{i=0}^{\infty} \Big(\sum_{j=0}^{i} a_j b_{i-j} \Big) T^i.$$

(7) Es sei $f = \sum_{i=0}^{\infty} a_i T^i \in R[[T]]$ mit $f \neq 0$. Dann heißt

$$\omega(f) := \min \{ i \in \mathbb{N}_0 \mid a_i \neq 0 \}$$

die Ordnung von f.
(8) Es seien f, $g \in R[[T]]$ mit $f \neq 0$, $g \neq 0$ und mit $f + g \neq 0$. Man sieht: Es gilt

$$\omega(f + g) \geq \min \{ \omega(f), \omega(g) \},$$

und ist $\omega(f) \neq \omega(g)$, so gilt sogar

$$\omega(f + g) = \min \{ \omega(f), \omega(g) \}.$$

(7.3) Satz: *Es sei R ein Integritätsring.*
(1) Für alle f, $g \in R[[T]]$ mit $f \neq 0$ und $g \neq 0$ gilt $fg \neq 0$ und

$$\omega(fg) = \omega(f) + \omega(g).$$

(2) $R[[T]]$ ist ein Integritätsring.
Beweis: (1) folgt direkt aus den Definitionen [vgl. (7.2)(6) und (7)], und (2) folgt aus (1).

(7.4) Satz: *Es sei R ein kommutativer Ring, und es sei $f = \sum_{i=0}^{\infty} a_i T^i \in R[[T]]$. f ist genau dann eine Einheit im Ring $R[[T]]$, wenn a_0 eine Einheit im Ring R ist.*
Beweis: (1) Es sei $g = \sum_{i=0}^{\infty} b_i T^i \in R[[T]]$. Dann ist $fg = \sum_{i=0}^{\infty} c_i T^i$ mit

$$c_i = \sum_{j=0}^{i} a_j b_{i-j} = a_0 b_i + a_1 b_{i-1} + \cdots + a_{i-1} b_1 + a_i b_0$$

für jedes $i \in \mathbb{N}_0$, und es gilt $fg = 1$ genau dann, wenn $c_0 = 1$ und $c_i = 0$ für jedes $i \in \mathbb{N}$ gilt.
(2) Es gelte: f ist eine Einheit in $R[[T]]$. Dann gibt es ein $g = \sum_{i=0}^{\infty} b_i T^i \in R[[T]]$ mit $fg = 1$, und es gilt insbesondere $a_0 b_0 = c_0 = 1$. Also ist a_0 eine Einheit in R.
(3) Es gelte: a_0 ist eine Einheit in R. Man definiert nun rekursiv eine Folge $(b_i)_{i \geq 0}$ in R, und zwar so: Man setzt $b_0 := a_0^{-1}$, und wenn für ein $i \in \mathbb{N}$ bereits $b_0, b_1, \ldots, b_{i-1} \in R$ definiert sind, so setzt man

$$b_i := -a_0^{-1} \cdot \sum_{j=1}^{i} a_j b_{i-j} = -a_0^{-1} \cdot (a_1 b_{i-1} + a_2 b_{i-2} + \cdots + a_{i-1} b_1 + a_i b_0).$$

Dann gilt $a_0 b_0 = 1$ und $\sum_{j=0}^{i} a_j b_{i-j} = 0$ für jedes $i \in \mathbb{N}$, und daher gilt für $g := \sum_{i=0}^{\infty} b_i T^i \in R[[T]]$: Es ist $fg = 1$. Also ist f eine Einheit in $R[[T]]$, und es ist $f^{-1} = g$.

(7.5) Folgerung: *Es sei K ein Körper, und es sei $f = \sum_{i=0}^{\infty} a_i T^i \in K[[T]]$. Genau dann ist f eine Einheit in $K[[T]]$, wenn $a_0 \neq 0$ ist.*

(7.6) BEISPIELE: Es sei R ein kommutativer Ring.
(1) Für jedes $k \in \mathbb{N}$ ist $f_k := 1 - T^k$ eine Einheit in $R[[T]]$ [vgl. (7.4)], und zwar ist $f_k^{-1} = \sum_{i=0}^{\infty} T^{ki}$, denn es gilt

$$(1 - T^k) \cdot \sum_{i=0}^{\infty} T^{ki} = \sum_{i=0}^{\infty} T^{ki} - \sum_{i=0}^{\infty} T^{k(i+1)} = 1 + \sum_{i=1}^{\infty} T^{ki} - \sum_{i=0}^{\infty} T^{k(i+1)} = 1.$$

(2) Für jedes $m \in \mathbb{N}$ ist $h_m := (1 - T)^m$ eine Einheit in $R[[T]]$ und zwar ist

$$h_m^{-1} = \sum_{i=0}^{\infty} \binom{m+i-1}{i} T^i. \qquad (*)$$

Beweis durch Induktion nach m: Für $m = 1$ folgt $(*)$ aus (1). Es sei m eine natürliche Zahl, für die $(*)$ schon bewiesen ist. Es gilt $h_{m+1} = h_m \cdot h_1$ und daher wegen (4.24)

$$h_{m+1}^{-1} = h_m^{-1} \cdot h_1^{-1} = \sum_{i=0}^{\infty} \sum_{j=0}^{i} \binom{m+j-1}{j} T^i = \sum_{i=0}^{\infty} \binom{m+i}{i} T^i.$$

(3) Für jedes $a \in R$ ist $f = 1 - aT$ eine Einheit in $R[[T]]$, und zwar ist $f^{-1} = \sum_{i=0}^{\infty} a^i T^i$.

(7.7) BEISPIEL: (a) Es sei $(F_i)_{i \geq 0}$ die Folge der Fibonacci-Zahlen [vgl. (5.14)]. Für die formale Potenzreihe

$$f := \sum_{i=0}^{\infty} F_i \cdot T^i \in \mathbb{R}[[T]]$$

gilt

$$Tf = \sum_{i=0}^{\infty} F_i \cdot T^{i+1} = \sum_{i=1}^{\infty} F_{i-1} \cdot T^i \quad \text{und} \quad T^2 f = \sum_{i=0}^{\infty} F_i \cdot T^{i+2} = \sum_{i=2}^{\infty} F_{i-2} \cdot T^i,$$

und daher ist

$$\begin{aligned}(1 - T - T^2) \cdot f &= F_0 + F_1 \cdot T + \sum_{i=2}^{\infty} F_i \cdot T^i \\ &\quad - F_0 \cdot T - \sum_{i=2}^{\infty} F_{i-1} \cdot T^i - \sum_{i=2}^{\infty} F_{i-2} \cdot T^i \\ &= T + \sum_{i=2}^{\infty} (F_i - F_{i-1} - F_{i-2}) T^i = T,\end{aligned}$$

denn es gilt $F_0 = 0$, $F_1 = 1$ und $F_i = F_{i-2} + F_{i-1}$ für jedes $i \geq 2$. Es ist

$$T^2 + T - 1 = (T + \alpha) \cdot (T + \beta) \text{ mit } \alpha = \frac{1}{2}(1 + \sqrt{5}) \text{ und } \beta = \frac{1}{2}(1 - \sqrt{5}),$$

und wegen $\alpha\beta = -1$ folgt

$$\begin{aligned}1 - T - T^2 &= -(\beta + T) \cdot (\alpha + T) \\ &= -\alpha\beta \cdot \left(1 + \frac{1}{\beta} \cdot T\right) \cdot \left(1 + \frac{1}{\alpha} \cdot T\right) \\ &= (1 - \alpha T) \cdot (1 - \beta T).\end{aligned}$$

$1 - T - T^2$ und $1 - \alpha T$ und $1 - \beta T$ sind Einheiten in $\mathbb{R}[[T]]$ [vgl. (7.5)], und es gilt wegen $\alpha - \beta = \sqrt{5}$

$$\begin{aligned}f &= T \cdot (1 - T - T^2)^{-1} \\ &= T \cdot (1 - \alpha T)^{-1} \cdot (1 - \beta T)^{-1} \\ &= (1 - \alpha T)^{-1} \cdot (1 - \beta T)^{-1} \cdot \frac{1}{\alpha - \beta} \cdot ((1 - \beta T) - (1 - \alpha T)) \\ &= \frac{1}{\sqrt{5}} \cdot ((1 - \alpha T)^{-1} - (1 - \beta T)^{-1}) \\ &= \frac{1}{\sqrt{5}} \cdot \left(\sum_{i=0}^{\infty} \alpha^i T^i - \sum_{i=0}^{\infty} \beta^i T^i\right) \\ &= \sum_{i=0}^{\infty} \frac{\alpha^i - \beta^i}{\sqrt{5}} \cdot T^i.\end{aligned}$$

Koeffizientenvergleich ergibt

$$F_i = \frac{1}{\sqrt{5}} \cdot (\alpha^i - \beta^i) \quad \text{für jedes } i \in \mathbb{N}_0.$$

(b) Man verwendet folgende Sprechweise: Ist $(a_i)_{i\geq 0}$ eine Folge in $\mathbb{C}$, so heißt die formale Potenzreihe $\sum_{i=0}^{\infty} a_i T^i$ die "erzeugende Funktion" für die Folge $(a_i)_{i\geq 0}$.

Es ist also $f = \sum_{i=0}^{\infty} F_i \cdot T^i$ die erzeugende Funktion für die Folge der Fibonacci-Zahlen.

(c) Es ist $\alpha = 1.618033...$ und $\beta = -0.618033...$, und daher gilt für jedes $i \in \mathbb{N}_0$

$$F_i \leq \frac{\alpha^i}{\sqrt{5}} + \frac{1}{2} < F_i + 1,$$

und somit

$$F_i = \left\lfloor \frac{\alpha^i}{\sqrt{5}} + \frac{1}{2} \right\rfloor .$$

Also ist F_i die ganze Zahl, die am nächsten bei $\alpha^i/\sqrt{5}$ gelegen ist.

(d) [Abschluß der Diskussion des Euklidischen Algorithmus] Es seien a und b natürliche Zahlen mit $b < a$. Dann gibt es ein $m \geq 4$ mit $F_{m-1} \leq a < F_m$. Für die Anzahl N der Divisionen, die der Euklidische Algorithmus zur Berechnung eines größten gemeinsamen Teilers von a und b benötigt, gilt $N \leq m - 3$ [vgl. (5.15)(1)]. Es gilt

$$a \geq F_{m-1} > \frac{\alpha^{m-1}}{\sqrt{5}} - \frac{1}{2} \quad \text{und daher} \quad \alpha^{m-1} < \sqrt{5} \cdot \left(a + \frac{1}{2}\right).$$

Hieraus folgt

$$\begin{aligned} m - 1 \quad &< \quad \log_\alpha \left(\sqrt{5} \cdot \left(a + \frac{1}{2}\right)\right) \quad = \quad \frac{\log_{10}(\sqrt{5} \cdot (a + \frac{1}{2}))}{\log_{10} \alpha} \\ &= \quad \frac{1}{\log_{10} \alpha} \cdot \left(\log_{10} a + \log_{10}\left(1 + \frac{1}{2a}\right) + \log_{10} \sqrt{5}\right). \end{aligned}$$

Wegen $a \geq 2$ ist $1 + 1/(2a) \leq 5/4$, und wegen $\log_{10} \alpha = 0.208... > 0.2$ gilt daher

$$N \;\leq\; m - 3 = (m-1) - 2 \;<\; 5 \cdot \log_{10} a + 2.135... - 2 \;<\; 5 \cdot \log_{10} a + \frac{1}{2}.$$

Es sei k die Anzahl der Dezimalstellen von a. Dann ist $a < 10^k$, es folgt

$$N < 5 \cdot \log_{10} a + \frac{1}{2} < 5 \cdot \log_{10} 10^k + \frac{1}{2} = 5k + \frac{1}{2},$$

und daher gilt $N \leq 5k$.

Damit ist gezeigt: Ist a eine natürliche Zahl mit k Dezimalstellen, so benötigt der Euklidische Algorithmus zur Berechnung eines größten gemeinsamen Teilers von a und einer natürlichen Zahl b mit $b < a$ höchstens $5k$ Divisionen. Die Laufzeit des Algorithmus ist also proportional zur Länge der Eingabe.

(7.8) BEMERKUNG: Es sei R ein Integritätsring, und es sei $g = \sum_{i=0}^{\infty} b_i T^i \in R[[T]]$ mit $g \neq 0$ und mit $\omega(g) \geq 1$, also mit $b_0 = 0$.
(1) Es sei $n \in \mathbb{N}$. Für

$$g^n = \underbrace{g \cdot g \cdots g}_{n \text{ Faktoren}} = \sum_{i=0}^{\infty} b_{ni} T^i \in R[[T]]$$

gilt $g^n \neq 0$ und $\omega(g^n) = n\omega(g) \geq n$ und daher $b_{n0} = b_{n1} = \cdots = b_{n,n-1} = 0$. [Die Koeffizienten b_{ni} von g^n müßten genauer mit $b_{n,i}$ bezeichnet werden. Es ist $b_{1i} = b_i$ für jedes $i \in \mathbb{N}_0$.] Man setzt noch

$$g^0 = 1 = \sum_{i=0}^{\infty} b_{0i} T^i$$

mit $b_{00} = 1$ und mit $b_{0i} = 0$ für jedes $i \in \mathbb{N}$.

Für jedes $n \in \mathbb{N}$ gilt: Es ist

$$\begin{aligned} \sum_{i=0}^{\infty} b_{ni} T^i &= g^n = g^{n-1} \cdot g = \left(\sum_{i=0}^{\infty} b_{n-1,i} T^i\right) \cdot \left(\sum_{i=0}^{\infty} b_i T^i\right) \\ &= \sum_{i=0}^{\infty} \left(\sum_{j=0}^{i} b_{n-1,j} \cdot b_{i-j}\right) T^i, \end{aligned}$$

und somit gilt für jedes $i \in \mathbb{N}_0$: Es ist

$$b_{ni} = \sum_{j=0}^{i} b_{n-1,j} \cdot b_{i-j} = \sum_{j=n-1}^{i-1} b_{n-1,j} \cdot b_{i-j}$$

[denn es ist $b_0 = 0$, und für $j < n-1$ ist $b_{n-1,j} = 0$]. Also kann man die Folgen $(b_{ni})_{i \geq 0}$ für $n \geq 2$ rekursiv aus der Folge $(b_i)_{i \geq 0} = (b_{1i})_{i \geq 0}$ berechnen.
(2) Es sei $f = \sum_{i=0}^{\infty} a_i T^i \in R[[T]]$. Dann setzt man

$$f(g) := \sum_{i=0}^{\infty} \left(\sum_{j=0}^{i} a_j b_{ji}\right) T^i = a_0 + \sum_{i=1}^{\infty} \left(\sum_{j=0}^{i} a_j b_{ji}\right) T^i$$

und sagt: $f(g)$ entsteht aus f durch Einsetzen von g. Ist $f = 0$, so ist $f(g) = 0$; ist $f \neq 0$, so ist $f(g) \neq 0$, und es gilt $\omega(f(g)) = \omega(f) \cdot \omega(g) \geq \omega(f)$.

Wie $f(g)$ aus f und g entsteht, kann man sich so vorstellen: Man bildet

$$\sum_{j=0}^{\infty} a_j g^j = \sum_{j=0}^{\infty} a_j \cdot \left(\sum_{i=0}^{\infty} b_i T^i\right)^j = \sum_{j=0}^{\infty} a_j \cdot \left(\sum_{i=0}^{\infty} b_{ji} T^i\right)$$

und faßt darin die – jeweils endlich vielen – Terme mit derselben Potenz von T zusammen.

(7.9) BEISPIEL: Es sei R ein Integritätsring, es sei $f = \sum_{i=0}^{\infty} a_i T^i \in R[[T]]$. Wegen $\omega(-T) = 1$ kann man $-T$ in f einsetzen und erhält

$$f(-T) = \sum_{i=0}^{\infty} (-1)^i a_i T^i.$$

(7.10) Satz: *Es sei K ein Körper, es sei*

$$\hat{S}_1 = \{f \in K[[T]] \mid \omega(f) = 1\}.$$

(1) *Für alle $f, g \in \hat{S}_1$ gilt $f(g) \in \hat{S}_1$.*
(2) *Die Verknüpfung*

$$(f,g) \mapsto f \circ g := f(g) : \hat{S}_1 \times \hat{S}_1 \to \hat{S}_1 \qquad (*)$$

ist assoziativ, T ist dabei neutral, und zu jedem $f \in \hat{S}_1$ gibt es ein eindeutig bestimmtes $g \in \hat{S}_1$ mit $f(g) = f \circ g = T$ und mit $g(f) = g \circ f = T$. $\hat{S}_1$ ist also mit der Verknüpfung $\circ$ eine Gruppe.
Beweis: (1) Für alle $f, g \in \hat{S}_1$ gilt $\omega(f(g)) = \omega(f) \cdot \omega(g) = 1$ und daher $f(g) \in \hat{S}_1$.
(2)(a) Daß die in $(*)$ definierte Verknüpfung auf $\hat{S}_1$ assoziativ ist, kann man mit einiger Mühe direkt nachrechnen. Einen einfacheren Beweis mittels Matrizenrechnung findet man in [2], 1.7. Daß T bei der Verknüpfung $\circ$ neutral ist, ist klar.
(b) Es sei $p = \sum_{i=1}^{\infty} p_i T^i \in \hat{S}_1$, und für jedes $n \in \mathbb{N}$ sei $p^n = \sum_{i=1}^{\infty} p_{ni} T^i$. Es ist $p_1 \neq 0$, und für jedes $n \in \mathbb{N}$ gilt $p_{n1} = \cdots = p_{n,n-1} = 0$ und $p_{nn} = p_1^n \neq 0$. Man definiert rekursiv eine Folge $(q_i)_{i \geq 1}$ in K, und zwar folgendermaßen: Man setzt

$$q_1 := \frac{1}{p_{11}} \quad \text{und} \quad q_i := -\frac{1}{p_{ii}} \cdot \sum_{j=1}^{i-1} q_j p_{ji} \quad \text{für jedes } i \geq 2.$$

Dann ist $q := \sum_{i=1}^{\infty} q_i T^i \in \hat{S}_1$, und es ist

$$q \circ p = q(p) = \sum_{i=1}^{\infty} \left(\sum_{j=1}^{i} q_j p_{ji} \right) T^i = T.$$

(c) Es sei $f \in \hat{S}_1$. Nach (b) gibt es dazu ein $g \in \hat{S}_1$ mit $g \circ f = T$, und ebenso gibt es nach (b) zu g ein $h \in \hat{S}_1$ mit $h \circ g = T$. Weil T neutral und $\circ$ assoziativ ist, folgt

$$h = h \circ T = h \circ (g \circ f) = (h \circ g) \circ f = T \circ f = f,$$

und daher ist $f \circ g = T$.

Zu jedem $f \in \hat{S}_1$ gibt es also ein $g \in \hat{S}_1$ mit $f \circ g = T = g \circ f$. Damit ist gezeigt, daß $\hat{S}_1$ mit der Verknüpfung $\circ$ eine Gruppe ist. Nach (3.18)(1)(b) gibt es daher zu jedem $f \in \hat{S}_1$ ein und nur ein $g \in \hat{S}_1$ mit $f \circ g = T$ und mit $g \circ f = T$.

(7.11) BEISPIEL: (1) Es sei

$$E := \sum_{k=0}^{\infty} \frac{1}{k!} T^k \in \mathbb{C}[[T]].$$

Mit den in (4.30) eingeführten Stirling-Zahlen zweiter Art gilt für jedes $n \in \mathbb{N}$: Es ist

$$(E-1)^n = n! \cdot \sum_{k=1}^{\infty} \frac{1}{k!} S_{k,n} T^k.$$

Im Sinne von (7.7)(b) ist also $(E-1)^n/n!$ eine erzeugende Funktion für die Folge $(S_{k,n}/k!)_{k \geq 1}$.
Beweis: Für $n = 1$ ist nichts zu beweisen, denn für jedes $k \in \mathbb{N}$ ist $S_{k,1} = 1$. Es sei $n \in \mathbb{N}$ mit $n \geq 2$, und es sei bereits gezeigt, daß

$$(E-1)^{n-1} = (n-1)! \cdot \sum_{k=1}^{\infty} \frac{1}{k!} S_{k,n-1} T^k$$

gilt. Dann gilt nach (7.8)(1) für jedes $k \in \mathbb{N}$: Der Koeffizient von T^k in $(E-1)^n$ ist

$$\begin{aligned} \sum_{j=1}^{k-1} \frac{(n-1)!}{j!} S_{j,n-1} \cdot \frac{1}{(k-j)!} &= \frac{(n-1)!}{k!} \cdot \sum_{j=1}^{k-1} \binom{k}{j} S_{j,n-1} \\ &= \frac{(n-1)!}{k!} \cdot (S_{k+1,n} - S_{k,n-1}) = \frac{n!}{k!} \cdot S_{k,n}. \end{aligned}$$

[Dabei wurde zuerst (8.20) und dann (8.19) verwendet.]
(2) In $\mathbb{C}[[T]]$ werden die folgenden formalen Potenzreihen betrachtet:

$$E - 1 = \sum_{k=1}^{\infty} \frac{1}{k!} T^k \quad \text{und} \quad L := \sum_{k=1}^{\infty} (-1)^{k-1} \frac{1}{k} T^k.$$

Es ist $L(E-1) = T$ und $(E-1)(L) = T$, d.h. die beiden formalen Potenzreihen $E-1$ und L sind im Sinne der in (7.10) betrachteten Verknüpfung $\circ$ zueinander invers.
Beweis: Nach (7.8)(2) ist $L(E-1) = \sum_{k=1}^{\infty} c_k T^k$ mit: Für jedes $k \in \mathbb{N}$ ist

$$c_k := \sum_{j=1}^{k} \left((-1)^{j-1} \cdot \frac{1}{j} \right) \cdot \left(\frac{j!}{k!} \cdot S_{k,j} \right) = \frac{1}{k!} \sum_{j=1}^{k} (-1)^{j-1} \cdot (j-1)! \cdot S_{k,j}.$$

Es ist also $c_1 = S_{1,1} = 1$, und für jedes $k \geq 2$ ist [wegen (8.19)]

$$c_k = \frac{1}{k!} \sum_{j=1}^{k} (-1)^{j-1} \cdot (j-1)! \cdot (j \cdot S_{k-1,j} + S_{k-1,j-1})$$

$$\begin{aligned}
&= \frac{1}{k!}\Big(\sum_{j=1}^{k}(-1)^{j-1}\cdot j!\cdot S_{k-1,j} + \sum_{j=1}^{k}(-1)^{j-1}\cdot (j-1)!\cdot S_{k-1,j-1}\Big) \\
&= \frac{1}{k!}\Big(\sum_{j=1}^{k-1}(-1)^{j-1}\cdot j!\cdot S_{k-1,j} + (-1)^{k-1}\cdot k!\cdot S_{k-1,k} + S_{k-1,0} \\
&\quad + \sum_{j=2}^{k}(-1)^{j-1}\cdot (j-1)!\cdot S_{k-1,j-1}\Big) \\
&= \frac{1}{k!}\left((-1)^{k-1}\cdot k!\cdot S_{k-1,k} + S_{k-1,0}\right) = 0,
\end{aligned}$$

denn es ist $S_{k-1,k} = S_{k-1,0} = 0$.

Also ist $L(E-1) = T$, und nach (7.10)(2) gilt daher auch $(E-1)(L) = T$.

(7.12) WEITERE BEISPIELE: (1) Für $\alpha \in \mathbb{R}$ setzt man

$$f_\alpha := \sum_{k=0}^{\infty}\binom{\alpha}{k}T^k \in \mathbb{C}[[T]].$$

(a) Sind α, $\beta \in \mathbb{R}$, so gilt

$$f_\alpha \cdot f_\beta = \sum_{k=0}^{\infty}\Big(\sum_{j=0}^{k}\binom{\alpha}{j}\binom{\beta}{k-j}\Big)T^k = \sum_{k=0}^{\infty}\binom{\alpha+\beta}{k}T^k = f_{\alpha+\beta},$$

wie man aus dem Additionstheorem der Binomialkoeffizienten [vgl. (8.16)(d)] sofort abliest.

(b) Aus (a) folgt durch Induktion sofort: Für jedes $h \in \mathbb{N}$ und für jedes $\alpha \in \mathbb{R}$ ist $(f_\alpha)^h = f_{h\alpha}$. Daher gilt für jedes $h \in \mathbb{N}$: Es ist $(f_{1/h})^h = f_1 = 1+T$, und für jedes $\gamma \in \mathbb{C}$ ist $\left(f_{1/h}(\gamma T)\right)^h = (f_{1/h})^h(\gamma T) = f_1(\gamma T) = 1 + \gamma T$.

(2) Es sei M eine Menge mit einer assoziativen Verknüpfung $*: M \times M \to M$. Für jedes $k \in \mathbb{N}$ mit $k \geq 2$ heißt die Anzahl c_k der Möglichkeiten, in einem Produkt $x_1 x_2 \cdots x_k$ von Elementen $x_1, x_2, \ldots, x_k \in M$ sinnvoll Klammern zu setzen, die k-te Catalan-Zahl [nach E. C. Catalan, 1814–1894]. Wie man sieht, gilt $c_2 = 1$, $c_3 = 2$ und $c_4 = 5$. Man setzt $c_0 = 0$ und $c_1 := 1$ und erhält: Für jedes $k \in \mathbb{N}$ mit $k \geq 2$ ist $c_k = \sum_{j=0}^{k} c_j c_{k-j}$. [Man vergleiche dazu den Beweis von (4.6).] Mit dieser Formel kann man die Catalan-Zahlen rekursiv berechnen. Es wird jetzt eine explizite Formel für die Catalan-Zahlen hergeleitet.

(a) Für die erzeugende Funktion $g := \sum_{k=0}^{\infty} c_k T^k \in \mathbb{C}[[T]]$ der Folge der Catalan-Zahlen gilt auf Grund der Rekursionsformel: Es ist

$$g^2 = \sum_{k=0}^{\infty}\Big(\sum_{j=0}^{k} c_j c_{k-j}\Big)T^k = 0 + 0\cdot T + \sum_{k=2}^{\infty} c_k T^k = g - c_1 T = g - T.$$

(b) Für die formale Potenzreihe

$$f := f_{1/2}(-4T) = \sum_{k=0}^{\infty} \binom{1/2}{k} (-4)^k T^k \in \mathbb{C}[[T]]$$

gilt [nach (1)(b) mit $h = 2$ und $\gamma = -4$]: Es ist $f^2 = 1 - 4T$. Für jedes $k \in \mathbb{N}$ mit $k \geq 2$ gilt

$$\begin{aligned} \binom{1/2}{k} &= \frac{1}{k!} \cdot \frac{1}{2} \cdot \left(\frac{1}{2} - 1\right) \cdots \left(\frac{1}{2} - k + 1\right) \\ &= (-1)^{k-1} \cdot \frac{1}{k!} \cdot 2^{-k} \cdot 1 \cdot 3 \cdot 5 \cdots (2k-3) \\ &= (-1)^{k-1} \cdot \frac{1}{k!} \cdot 2^{-k} \cdot \frac{(2k-2)!}{2 \cdot 4 \cdot 6 \cdots (2k-2)} \\ &= (-1)^{k-1} \cdot \frac{1}{k!} \cdot 2^{-k} \cdot \frac{(2k-2)!}{2^{k-1} \cdot (k-1)!} \\ &= (-1)^{k-1} \cdot 2^{-2k+1} \cdot \frac{1}{k} \cdot \binom{2k-2}{k-1}, \end{aligned}$$

und daher ist

$$\begin{aligned} f &= \binom{1/2}{0} + \binom{1/2}{1}(-4)T + \sum_{k=2}^{\infty} (-1)^{k-1} 2^{-2k+1} \frac{1}{k} \binom{2k-2}{k-1} (-4)^k T^k \\ &= 1 - 2T - 2 \sum_{k=2}^{\infty} \frac{1}{k} \binom{2k-2}{k-1} T^k. \end{aligned}$$

(c) Wegen $g^2 = g - T$ gilt für $\tilde{f} := 2(g - 1/2) \in \mathbb{C}[[T]]$: Es ist $\tilde{f}^2 = 4g^2 - 4g + 1 = 1 - 4T = f^2$, also $(\tilde{f} - f) \cdot (\tilde{f} + f) = \tilde{f}^2 - f^2 = 0$, und weil $\mathbb{C}[[T]]$ ein Integritätsring ist, folgt daraus: Es ist $\tilde{f} = f$ oder $\tilde{f} = -f$, also $g = (1 + f)/2$ oder $g = (1 - f)/2$. Weil die Koeffizienten von g die nichtnegativen Catalan-Zahlen sind, folgt daraus

$$g = (1 - f)/2 = T + \sum_{k=2}^{\infty} \frac{1}{k} \binom{2k-2}{k-1} T^k.$$

Durch Koeffizientenvergleich ergibt sich daraus: Für jedes $k \in \mathbb{N}$ mit $k \geq 2$ gilt

$$c_k = \frac{1}{k} \binom{2k-2}{k-1}.$$

(7.13) Es sei R ein kommutativer Ring, es sei $R[[T]]$ der Ring der formalen Potenzreihen über R.
(1) Es sei $D: R[[T]] \to R[[T]]$ die durch

$$D\left(\sum_{n=0}^{\infty} a_n T^n\right) := \sum_{n=0}^{\infty} (n+1) a_{n+1} T^n$$

definierte Abbildung. Man nennt $D(f)$ für $f \in R[[T]]$ die formale Ableitung von f.
(2) Es ist $D(a) = 0$ für jedes $a \in R$; sind $f, g \in R[[T]]$, so gelten

$$D(f+g) = D(f) + D(g) \quad \text{und} \quad D(fg) = D(f)g + fD(g).$$

[Das sind die aus der Differentialrechnung vertrauten Formeln für die Ableitung von Summe und Produkt zweier Funktionen.]
Beweis: Die erste Formel ist klar. Die zweite Formel beweist man so: Es seien

$$f := \sum_{n=0}^{\infty} a_n T^n, \quad g := \sum_{n=0}^{\infty} b_n T^n.$$

Dann ist

$$\begin{aligned} D(f)g + fD(g) &= \sum_{n=0}^{\infty}\Big(\sum_{k=0}^{n}(k+1)a_{k+1}b_{n-k} + (n+1-k)a_k b_{n+1-k}\Big)T^n \\ &= \sum_{n=0}^{\infty}\Big(\sum_{k=1}^{n+1} k a_k b_{n+1-k} + \sum_{k=0}^{n}(n+1-k)a_k b_{n+1-k}\Big)T^n \\ &= \sum_{n=0}^{\infty}(n+1)\Big(\sum_{k=0}^{n+1} a_k b_{n+1-k}\Big)T^n \\ &= D(fg). \end{aligned}$$

(3) Man setzt

$$D^0 := \mathrm{id}_{R[[T]]} \quad \text{und } D^m := \underbrace{D \circ \cdots \circ D}_{m-\text{mal}} \quad \text{für jedes } m \in \mathbb{N}.$$

Dann gilt für jedes $f := \sum_{n=0}^{\infty} a_n T^n \in R[[T]]$

$$D^m(f) = \sum_{n=0}^{\infty}[n+m]_m a_{n+m}T^n,$$

wie man leicht durch Induktion nach m bestätigt.
(4) Aus (7.6)(2) folgt

$$D^m\big((1-T)^{-1}\big) = m!\,(1-T)^{-(m+1)} \quad \text{für jedes } m \in \mathbb{N}_0.$$

§8 Polynomringe

(8.0) Vielen Lesern dürfte der Begriff eines "Polynoms", genauer einer "Polynomfunktion" als Abbildung $f\colon \mathbb{R} \to \mathbb{R}$ mit der Form $f(x) = \sum_{i=0}^{n} a_i x^i$ für jedes $x \in \mathbb{R}$ [mit $a_0, \ldots, a_n \in \mathbb{R}$] geläufig sein. In diesem Paragraphen werden Polynome mit Koeffizienten in einem kommutativen Ring konstruiert; in (8.8)(4) wird begründet, warum man im allgemeinen Polynome nicht als Abbildungen definieren kann.

(8.1) Es sei R ein kommutativer Ring, es sei $R[[T]]$ der Ring der formalen Potenzreihen in der Unbestimmten T über R. Es sei

$$S := \left\{ \sum_{i=0}^{\infty} a_i T^i \in R[[T]] \mid \text{Card}\{i \in \mathbb{N}_0 \mid a_i \neq 0\} < \infty \right\}.$$

(1) Es gilt $R \subset S$ und $T \in S$.
(2) Es seien $f = \sum_{i=0}^{\infty} a_i T^i \in S$ und $g = \sum_{i=0}^{\infty} b_i T^i \in S$. Dann existieren m, $n \in \mathbb{N}_0$ mit $a_i = 0$ für jedes $i > m$ und $b_i = 0$ für jedes $i > n$. Es gilt

$$f + g = \sum_{i=0}^{\infty} (a_i + b_i) T^i \in S \quad \text{und} \quad fg = \sum_{i=0}^{\infty} \left(\sum_{j=0}^{i} a_j b_{i-j} \right) T^i \in S,$$

denn für jedes $i > \max\{m, n\}$ ist $a_i + b_i = 0$, und für jedes $i > m + n$ ist $\sum_{j=0}^{i} a_j b_{i-j} = 0$ [für $m + 1 \leq j \leq i$ ist darin $a_j = 0$, und für $0 \leq j \leq m$ gilt $i - j > m + n - m = n$ und daher $b_{i-j} = 0$]. Also definieren die im Ring $R[[T]]$ gegebenen Verknüpfungen $+$ und $\cdot$ durch Einschränkung auf S zwei Verknüpfungen

$$(f, g) \mapsto f + g : S \times S \to S \quad \text{und} \quad (f, g) \mapsto f \cdot g : S \times S \to S.$$

(3) Mit den in (2) definierten Verknüpfungen $+$ und $\cdot$ ist S ein kommutativer Ring. Beweis: Weil $+$ und $\cdot$ in $R[[T]]$ assoziativ und kommutativ sind, sind $+$ und $\cdot$ auch in S assoziativ und kommutativ. $0_R \in R \subset S$ ist bei $+$ neutral in $R[[T]]$ und daher auch in S, und für jedes $f = \sum_{i=0}^{\infty} a_i T^i \in S$ ist auch $-f = \sum_{i=0}^{\infty} (-a_i) \cdot T^i \in S$, und es gilt $f + (-f) = (-f) + f = 0_R = 0_S$. $1_R \in R \subset S$ ist bei $\cdot$ neutral in $R[[T]]$ und daher auch in S. Weil in $R[[T]]$ die Distributivgesetze gelten, gelten sie auch in S.
(4) Es sei $f \in S$. Dann existiert eine eindeutig bestimmte Folge $(a_i)_{i \geq 0}$ in R mit $f = \sum_{i=0}^{\infty} a_i T^i$, und es gibt ein $m \in \mathbb{N}_0$ mit $a_i = 0$ für jedes $i > m$. Im Ring S gilt daher

$$f = a_0 + a_1 T + a_2 T^2 + \cdots + a_m T^m = \sum_{i=0}^{m} a_i T^i.$$

Man setzt für jedes $i \in \mathbb{N}_0$

$$\text{coeff}(f, i) := a_i.$$

Ist $f = 0$, so ist $a_i = 0$ für jedes $i \in \mathbb{N}_0$. Ist $f \neq 0$, so heißt die nichtnegative ganze Zahl

$$\text{grad}(f) := \max\{i \in \mathbb{N}_0 \mid a_i \neq 0\}$$

der Grad von f.
(5) Es sei $f \in S$ mit $f \neq 0$. Dann gibt es ein eindeutig bestimmtes $n \in \mathbb{N}_0$ und eindeutig bestimmte $a_0, a_1, \ldots, a_n \in R$ mit $a_n \neq 0$ und mit

$$f = \sum_{i=0}^{n} a_i T^i = a_n T^n + a_{n-1} T^{n-1} + \cdots + a_1 T + a_0.$$

Dann ist $\text{grad}(f) = n$, $\text{lcoeff}(f) := a_n$ heißt der höchste Koeffizient oder Leitkoeffizient von f, und f heißt normiert, falls $a_n = 1$ ist.
(6) Der Ring $R[T] := S$ heißt der Polynomring in der Unbestimmten T über dem Ring R, die Elemente von $R[T]$ sind die Polynome in T über R.
(7) Es sei $f \in R[T]$. Für die in (7.13) definierte Abbildung D gilt $D(f) \in R[T]$; man nennt die so erhaltene Abbildung $D\colon R[T] \to R[T]$ die formale Ableitung in $R[T]$.

(8.2) BEMERKUNG: Es sei R ein kommutativer Ring, es seien f, $g \in R[T]$ mit $f \neq 0$ und $g \neq 0$ und $f + g \neq 0$. Dann gilt

$$\text{grad}(f+g) \leq \max\{\text{grad}(f), \text{grad}(g)\},$$

und darin steht das Gleichheitszeichen, falls $\text{grad}(f) \neq \text{grad}(g)$ ist [Beweis wie in (8.1)(2)].

(8.3) Satz: *Es sei R ein Integritätsring.*
(1) *Für alle f, $g \in R[T]$ mit $f \neq 0$ und $g \neq 0$ gilt $fg \neq 0$ und*

$$\text{grad}(fg) = \text{grad}(f) + \text{grad}(g).$$

(2) *$R[T]$ ist ein Integritätsring.*
Beweis: (1) Es seien $f = \sum_{i=0}^{m} a_i T^i$, $g = \sum_{i=0}^{n} b_i T^i \in R[T] \setminus \{0\}$ mit $\text{grad}(f) = m$ und $\text{grad}(g) = n$. Dann gilt $a_m \neq 0$ und $b_n \neq 0$ und daher auch $a_m b_n \neq 0$, denn R ist integer. Also gilt

$$\begin{aligned} fg &= a_m b_n T^{m+n} + (a_m b_{n-1} + a_{m-1} b_n) T^{m+n-1} + \cdots + a_0 b_0 \neq 0, \\ \text{grad}(fg) &= m + n = \text{grad}(f) + \text{grad}(g). \end{aligned}$$

(2) folgt aus (1).

(8.4) Satz: ("Pseudodivision mit Rest") *Es sei R ein Integritätsring, es sei $g \in R[T]$ ein von 0 verschiedenes Polynom, es sei $m := \text{grad}(g)$, und es sei $b_m := \text{coeff}(g, m)$ der höchste Koeffizient von g. Es sei $f \in R[T]$, und es sei*

$$e := \begin{cases} \max\{\text{grad}(f) - m + 1, 0\}, & \text{falls } f \neq 0 \text{ ist,} \\ 0, & \text{falls } f = 0 \text{ ist.} \end{cases} \qquad (*)$$

Dann gibt es eindeutig bestimmte Polynome q, $r \in R[T]$ mit

$$b_m^e \cdot f = g \cdot q + r \quad \text{und mit} \quad r = 0 \quad \text{oder mit} \quad \text{grad}(r) < m, \qquad (**)$$

und ist dabei $q \neq 0$, so gilt

$$\text{grad}(q) = \text{grad}(f) - m.$$

Beweis: (1) Die Existenz wird durch den folgenden Algorithmus sichergestellt.
Eingabe: Polynome f, $g \in R[T]$ mit $g \neq 0$;
Ausgabe: q, $r \in R[T]$ wie in $(**)$ und $b_m = \text{lcoeff}(g)$ und $e \in \mathbb{N}_0$ wie in $(*)$.

```
1.  f^(0) := f;  k := 0;  m := grad(g);  b_m := coeff(g,m);  q := 0;
2.  if ((f = 0) or (f ≠ 0 and grad(f) < m)) then
3.    begin r := f;  e = 0 end;
4.  else
5.    begin
6.      n = grad(f);  e := n - m + 1;
7.      while k < e do
8.        begin
9.          k := k + 1;
10.         q^(k) := coeff(f^(k-1), n - k + 1);
11.         f^(k) := b_m * f^(k-1) - T^(e-k) * q^(k) * g;
12.       end;
13.   end; {von Zeile 5}
14. for i := 1 to e do q := q + q^(i) * (b_m * T)^(e-i);
15. r := f^(e);
16. return(q, r, b_m, e).
```

Der Algorithmus ist endlich, denn bei jedem Durchlaufen der while-Schleife, die in Zeile 7 beginnt, wird der Index k um 1 erhöht. Ist die Bedingung in Zeile 2 erfüllt, so ist $e = 0$ und $f = g \cdot 0 + f$. Es sei die Bedingung in Zeile 2 nicht erfüllt. Es wird gezeigt, daß für jedes $k \in \{0, \ldots, e\}$

$$b_m^k f^{(0)} = f^{(k)} + \left(\sum_{i=0}^{k-1} b_m^i q^{(k-i)} T^{e-k+i} \right) \cdot g \tag{$*$}$$

mit $f^{(k)} = 0$ oder $\operatorname{grad}(f^{(k)}) \leq \operatorname{grad}(f) - k$ gilt. Das ist jedenfalls für $k = 0$ richtig. Es sei $k \in \{0, \ldots, e-1\}$, und es sei $(*)$ für k richtig. Dann gilt nach Zeile 11 des Algorithmus

$$\begin{aligned} b_m^{k+1} f^{(0)} &= b_m f^{(k)} + \left(\sum_{i=0}^{k-1} b_m^{i+1} q^{(k-i)} T^{e-k+i} \right) \cdot g \\ &= f^{(k+1)} + \left(\sum_{i=0}^{k} b_m^i q^{(k+1-i)} T^{e-(k+1)+i} \right) \cdot g. \end{aligned}$$

Also ist $(*)$ richtig, und nach Zeile 11 ist $f^{(k+1)} = 0$, oder es ist $\operatorname{grad}(f^{(k+1)}) \leq \operatorname{grad}(f) - (k+1)$. Für $k = e$ erhält man

$$b_m^e f^{(0)} = f^{(e)} + \left(\sum_{i=0}^{e-1} b_m^i q^{(e-i)} T^i \right) \cdot g$$

mit $f^{(e)} = 0$ oder $\operatorname{grad}(f^{(e)}) \leq m - 1$, und das ist eine Darstellung der gesuchten Form.

(2) [Einzigkeit]: Es seien $f, q_1, q_2, r_1, r_2 \in R[T]$ und $e \in \mathbb{N}_0$ mit $b_m^e \cdot f = g \cdot q_1 + r_1 = g \cdot q_2 + r_2$ und mit ($r_1 = 0$ oder $\operatorname{grad}(r_1) < m$) und mit ($r_2 = 0$ oder $\operatorname{grad}(r_2) < m$).

Dann gilt $g \cdot (q_1 - q_2) = r_2 - r_1$. Wäre $q_1 \neq q_2$, so wäre $r_2 - r_1 = g \cdot (q_1 - q_2) \neq 0$ und daher $\mathrm{grad}(r_2 - r_1) = \mathrm{grad}(g) + \mathrm{grad}(q_1 - q_2) \geq \mathrm{grad}(g) = m$, im Widerspruch zu $\mathrm{grad}(r_2 - r_1) < m$. Also gilt $q_1 = q_2$ und daher auch $r_1 = r_2$.

(3) Es sei $f \in R[T]$, und es sei e wie in $(*)$ erklärt. Nach (1) und (2) existieren eindeutig bestimmte q, $r \in R[T]$ mit $b_m^e \cdot f = g \cdot q + r$ und mit $r = 0$ oder mit $\mathrm{grad}(r) < m$. Ist $q \neq 0$, so ist $\mathrm{grad}(g \cdot q) = m + \mathrm{grad}(q) \geq m$, und wegen $r = 0$ oder $\mathrm{grad}(r) < m$ folgt $f \neq 0$ und $\mathrm{grad}(g \cdot q) = \mathrm{grad}(g \cdot q + r) = \mathrm{grad}(f)$, also $\mathrm{grad}(q) = \mathrm{grad}(f) - m$.

Damit ist der Satz bewiesen.

(4) Die folgende Version des Algorithmus benötigt weniger Speicherplatz.

Eingabe: Polynome f, $g \in R[T]$ mit $g \neq 0$;

Ausgabe: q, $r \in R[T]$ wie in $(**)$ und $b_m = \mathrm{lcoeff}(g)$ und $e \in \mathbb{N}_0$ wie in $(*)$.

```
1.   h := f;  k := 0;  m := grad(g);  b := coeff(g,m);  q := 0;
2.   if ((f = 0) or (f ≠ 0 and grad(f) < m)) then
3.     begin r := f;  e = 0 end;
4.   else
5.     begin
6.       n = grad(f);  e := n - m + 1;
7.       while k < e do
8.         begin
9.           k := k + 1;  c := coeff(h, n - k + 1);
10.          h := b * h - c * T^(e-k) * g;  q := q + c * (b * T)^(e-k);
11.        end;
12.    end; {von Zeile 5}
13.  r := h;
14.  return(q, r, b, e).
```

(8.5) Beispiel: Im Ring $\mathbb{Z}[T]$ seien $f = T^5 + T + 2$ und $g = 3T^3 + 2T^2 + 3$ gegeben. Man rechnet wie im Algorithmus von (8.4)(1):

$m = 3$, $n = 5$, $b_m = 1$, $e = 3$;

$$\begin{array}{lllllll} q^{(1)} & = & 1, & f^{(1)} & = & 3f^{(0)} - T^2 \cdot 1 \cdot g & = & -2T^4 - 3T^2 + 3T + 6, \\ q^{(2)} & = & -2, & f^{(2)} & = & 3f^{(1)} - T \cdot (-2) \cdot g & = & 4T^3 - 9T^2 + 15T + 18, \\ q^{(3)} & = & 4, & f^{(3)} & = & 3f^{(2)} - 4 \cdot g & = & -35T^2 + 45T + 42, \end{array}$$

$q = 1 \cdot (9T)^2 - 2 \cdot (3T) + 4$, $r = -35T^2 + 45T + 42$.

Es gilt also

$$3^3(T^5 + T + 2) = (3T^3 + 2T + 3)(9T^2 - 6T + 4) + (-35T^2 + 45T + 42).$$

(8.6) Folgerung: ("Division mit Rest") *Es sei K ein Körper, und es sei $g \in K[T]$ mit $g \neq 0$. Dann gibt es zu jedem $f \in K[T]$ eindeutig bestimmte Polynome q, $r \in K[T]$ mit*

$$f = g \cdot q + r$$

und mit

$$r = 0 \quad \textit{oder} \quad \mathrm{grad}(r) < \mathrm{grad}(g),$$

und ist dabei $q \neq 0$, ***so ist*** $\operatorname{grad}(q) = \operatorname{grad}(f) - \operatorname{grad}(g)$.

Beweis: Es sei $f \in K[T]$, und es sei e wie in (8.4)(*) definiert; es sei $m := \operatorname{grad}(g)$. Dann ist $b_m := \operatorname{coeff}(g, m) \neq 0$, und nach (8.4) existieren Polynome q_0, $r_0 \in K[T]$ mit $b_m^e \cdot f = g \cdot q_0 + r_0$ und mit $r_0 = 0$ oder mit $\operatorname{grad}(r_0) < m$; ist dabei $q_0 \neq 0$, so ist $\operatorname{grad}(q_0) = \operatorname{grad}(f) - m$. Dann setzt man $q := b_m^{-e} \cdot q_0$ und $r := b_m^{-e} \cdot r_0$. Die Einzigkeitsaussage ergibt sich wie in (8.4).

Zur Berechnung von q und r sind in dem Programm aus (8.4)(1) lediglich die Zeilen 10 und 11 sowie die Zeile 14 zu modifizieren: Sie lauten nun, wie man leicht sieht:

```
10.  q^(k) := b_m^(-1) * coeff(f^(k-1), n - k + 1);
11.  f^(k) := f^(k-1) - T^(e-k) * q^(k) * g;
14.  q := q + q^(i) * T^(e-i);
```

Hat man Unterprogramme, welche den Grad und den höchsten Koeffizienten eines von Null verschiedenen Polynoms bestimmen können, so kann man folgende Version von (8.4)(4) verwenden.

Eingabe: Polynome f, $g \in K[T]$ mit $g \neq 0$;

Ausgabe: Polynome q und $r \in K[T]$ mit $f = g \cdot q + r$ und $r = 0$ oder $\operatorname{grad}(r) < \operatorname{grad}(g)$.

```
h := f; m := grad(g); b := lcoeff(g); q := 0;
while (h ≠ 0) and (grad(h) ≥ m) do
  begin
    n := grad(h); c := lcoeff(h)/b; h := h-c*T^(n-m)*g; q := q+c*T^(n-m);
  end;
r := h;
return(q,r).
```

(8.7) Bemerkung: Ist in (8.6) K nur ein integrer Ring, ist aber der höchste Koeffizient von g eine Einheit in R, so ist (8.6) ebenfalls richtig.

(8.8) Bemerkung: Es sei R ein kommutativer Ring.

(1) Es sei $f = \sum_{i=0}^{n} a_i T^i \in R[T]$, und es sei $a \in R$. Dann heißt

$$f(a) := \sum_{i=0}^{n} a_i a^i \in R \quad [\text{"}f \text{ eingesetzt } a\text{"}]$$

der Wert von f bei a. Die Abbildung $a \mapsto f(a) : R \to R$ heißt die durch das Polynom f definierte Polynomabbildung (oder Polynomfunktion) auf R.

(2) Es sei $f \in R[T]$, und es sei $a \in R$. Gilt $f(a) = 0$, so heißt a eine Nullstelle des Polynoms f.

(3) Es seien f, $g \in R[T]$. Für jedes $a \in R$ gilt offensichtlich

$$(f + g)(a) = f(a) + g(a) \quad \text{und} \quad (fg)(a) = f(a)g(a).$$

(4) Verschiedene Polynome können dieselbe Polynomfunktion definieren: Es sei $\mathbb{F}_2 = \{0, 1\}$ der Körper mit zwei Elementen [vgl. dazu (5.30), (5.31)]. Die Polynome $f := T^3 + T^2 + T + 1$ und $g := T + 1$ aus $\mathbb{F}_2[T]$ sind verschieden, definieren

aber wegen $f(0) = 1 = g(0)$ und $f(1) = 0 = g(1)$ dieselbe Polynomfunktion auf dem Körper $\mathbb{F}_2$.

(8.9) Satz: *Es sei R ein Integritätsring, es sei $f \in R[T]$, und es sei $a \in R$.*
(1) *Es gibt ein eindeutig bestimmtes $q \in R[T]$ und ein eindeutig bestimmtes $b \in R$ mit*

$$f = (T - a) \cdot q + b.$$

(2) *a ist genau dann eine Nullstelle von f, wenn es ein $q \in R[T]$ gibt mit*

$$f = (T - a) \cdot q.$$

Beweis: (1) folgt aus (8.7) [mit $g := T - a$], und (2) folgt aus (1).

(8.10) BEMERKUNG: (1) Es sei R ein Integritätsring, es sei $a \in R$, und es sei $f = \sum_{i=0}^{n} a_i T^i \in R[T]$. Nach (8.9) gibt es $b \in R$ und $q = \sum_{i=0}^{n-1} b_i T^i \in R[T]$ mit $f = (T - a) \cdot q + b$. Dann ist $f(a) = (a - a) \cdot q(a) + b = b$, und es gilt

$$\begin{aligned} f &= \sum_{i=0}^{n} a_i T^i = (T-a) \cdot q + b = (T-a) \cdot \sum_{i=0}^{n-1} b_i T^i + b \\ &= \sum_{i=0}^{n-1} b_i T^{i+1} - \sum_{i=0}^{n-1} a b_i T^i + b = b_{n-1} T^n + \sum_{i=1}^{n-1} (b_{i-1} - a b_i) T^i + (b - a b_0). \end{aligned}$$

Man erhält daraus

$$\begin{aligned} b_{n-1} &= a_n, \\ b_{i-1} &= a_i + a b_i \text{ für } i = n-1, n-2, \ldots, 2, 1, \\ b &= a_0 + a b_0. \end{aligned}$$

(2) Zur bequemen Berechnung von $b_0, b_1, \ldots, b_{n-1}$ und von $b = f(a)$ dient das sog. Horner-Schema [W. G. Horner, 1786–1837]:

	a_n	a_{n-1}	a_{n-2}	$\ldots$	a_2	a_1	a_0
$+$		ab_{n-1}	ab_{n-2}	$\ldots$	ab_2	ab_1	ab_0
$a\cdot$	b_{n-1}	b_{n-2}	b_{n-3}	$\ldots$	b_1	b_0	$b = f(a)$

(3) Es ist leicht zu sehen, daß dieses Verfahren folgendermaßen als Programm geschrieben werden kann:

Eingabe: ein Polynom f aus $R[T]$ und ein Element a aus R;
Ausgabe: $f(a)$ ("Wert von f an der Stelle a").

```
n := grad(f);
b := coeff(f,n);
for i := 1 to n do b := a * b + coeff(f,n - i);
return(b).
```

(8.11) Satz: *Es sei K ein Körper, es sei $f \in K[T]$ mit $f \neq 0$ und mit* grad$(f) = n$. *Dann hat f in K höchstens n Nullstellen.*
Beweis: Es seien $a_1, a_2, \ldots, a_m \in K$ paarweise verschiedene Nullstellen von f. Nach (8.9)(2) existiert ein $q_1 \in K[T]$ mit $f = (T - a_1) \cdot q_1$. Es ist $q_1 \neq 0$, und wegen $0 = f(a_2) = (a_2 - a_1) \cdot q_1(a_2)$ und $a_2 \neq a_1$ ist $q_1(a_2) = 0$ [denn K ist ein Körper]. Nach (8.9)(2) existiert daher ein $q_2 \in K[T]$ mit $q_1 = (T - a_2) \cdot q_2$. Es ist $q_2 \neq 0$ und $f = (T - a_1)(T - a_2) \cdot q_2$.

Durch Fortsetzung dieses Verfahrens folgt: Es gibt ein $q_m \in K[T]$ mit $q_m \neq 0$ und mit $f = (T - a_1)(T - a_2) \cdots (T - a_m) \cdot q_m$. Es folgt

$$n = \operatorname{grad}(f) = \sum_{i=1}^{m} \operatorname{grad}(T - a_i) + \operatorname{grad}(q_m) = m + \operatorname{grad}(q_m) \geq m.$$

(8.12) BEMERKUNG: (1) Es sei K ein Körper. Ein Polynom $f \in K[T]$ braucht in K keine Nullstellen zu besitzen. So besitzt etwa $T^2 - 2 \in \mathbb{Q}[T]$ keine Nullstelle in $\mathbb{Q}$ [vgl. (1.4)(5)], und $T^2 + 1 \in \mathbb{R}[T]$ besitzt keine Nullstelle in $\mathbb{R}$ [vgl. (3.20)(2)(b)].
(2) Es gilt der sog. Fundamentalsatz der Algebra [C. F. Gauß, 1777–1855]: Zu jedem $f = \sum_{i=0}^{n} a_i T^i \in \mathbb{C}[T]$ mit grad$(f) = n$ existieren [nicht notwendig verschiedene] $z_1, z_2, \ldots, z_n \in \mathbb{C}$ mit

$$f = a_n(T - z_1)(T - z_2) \cdots (T - z_n).$$

Zum Beweis dieses Satzes benötigt man die Analysis.

(8.13) Folgerung: *Es sei K ein Körper, es sei A eine nicht endliche Teilmenge von K, es seien $f, g \in K[T]$, und es gelte: Für alle $a \in A$ ist $f(a) = g(a)$. Dann ist $f = g$.*
Beweis: Wäre $f \neq g$, so gäbe es nach (8.11) höchstens grad$(f - g)$ Elemente $a \in K$ mit $f(a) - g(a) = (f - g)(a) = 0$.

(8.14) Satz: *Es sei K ein Körper, es sei $f \in K[T]$ mit $f \neq 0$, und es sei $a \in K$ eine Nullstelle von f. Dann gibt es genau ein $m \in \mathbb{N}$ und ein $q \in K[T]$ mit*

$$f = (T - a)^m \cdot q \quad \text{und} \quad q(a) \neq 0.$$

[m heißt dann die Vielfachheit der Nullstelle a von f; man sagt auch, daß a eine m-fache Nullstelle von f ist. Ist $m = 1$, so heißt a eine einfache Nullstelle von f.]

Beweis: Nach (8.9)(2) gibt es ein $q \in K[T]$ mit $f = (T - a)q$. Ist $q(a) \neq 0$, so setzt man $m := 1$, und der Satz ist bewiesen; andernfalls gibt es ein $q_1 \in K[T]$ mit $q = (T - a)q_1$, also mit $f = (T - a)^2 q_1$. Die Fortsetzung des Verfahrens liefert die Behauptung.

(8.15) BEMERKUNG: (1) Man definiert [in Analogie zu (4.20)(1)] im Polynomring $\mathbb{C}[T]$ für jedes $m \in \mathbb{N}_0$

$$[T]_m := \prod_{i=0}^{m-1} (T - i) = T(T - 1)(T - 2) \cdots (T - (m - 1)).$$

(2) Für jedes $m \in \mathbb{N}_0$ ist $[T]_m \in \mathbb{Z}[T]$, $[T]_m$ ist normiert und hat den Grad m. Es gilt $[T]_0 = 1$, $[T]_1 = T$, $[T]_2 = T(T-1) = T^2 - T$,

$$\begin{aligned} [T]_3 &= T(T-1)(T-2) &&= T^3 - 3T^2 + 2T, \\ [T]_4 &= T(T-1)(T-2)(T-3) &&= T^4 - 6T^3 + 11T^2 - 6T, \end{aligned}$$

und so fort.

(8.16) Beispiel: (a) Es seien $m, n \in \mathbb{N}$. Im Polynomring $\mathbb{C}[T]$ gilt nach (4.26)

$$\begin{aligned} \sum_{k=0}^{m+n} \binom{m+n}{k} T^k &= (T+1)^{m+n} = (T+1)^m (T+1)^n \\ &= \Big(\sum_{k=0}^{m} \binom{m}{k} T^k\Big) \cdot \Big(\sum_{k=0}^{n} \binom{n}{k} T^k\Big) \\ &= \sum_{k=0}^{m+n} \Big(\sum_{j=0}^{k} \binom{m}{j}\binom{n}{k-j}\Big) T^k. \end{aligned}$$

Durch Koeffizientenvergleich ergibt sich daraus: Für jedes $k \in \mathbb{N}_0$ ist

$$\sum_{j=0}^{k} \binom{m}{j}\binom{n}{k-j} = \binom{m+n}{k}.$$

[Man beachte: Für alle $p, q \in \mathbb{N}_0$ mit $p < q$ ist $\binom{p}{q} = 0$.]
(b) Es seien $n \in \mathbb{N}$ und $k \in \mathbb{N}_0$. Für die beiden Polynome

$$f := \frac{1}{k!}[T+n]_k \in \mathbb{C}[T] \text{ und } g := \sum_{j=0}^{k} \frac{1}{j!}\binom{n}{k-j}[T]_j \in \mathbb{C}[T]$$

gilt nach (a): Für jedes $m \in \mathbb{N}$ ist

$$f(m) = \frac{1}{k!}[m+n]_k = \binom{m+n}{k} = \sum_{j=0}^{k} \binom{m}{j}\binom{n}{k-j} = g(m).$$

Nach (8.13) ist daher $f = g$, und daher gilt für jedes $\alpha \in \mathbb{R}$: Es ist

$$\binom{\alpha+n}{k} = f(\alpha) = g(\alpha) = \sum_{j=0}^{k} \binom{\alpha}{j}\binom{n}{k-j}.$$

(c) Es seien $\alpha \in \mathbb{R}$ und $k \in \mathbb{N}_0$. Für die beiden Polynome

$$F := \frac{1}{k!}[\alpha+T]_k \in \mathbb{C}[T] \text{ und } G := \sum_{j=0}^{k} \frac{1}{(k-j)!}\binom{\alpha}{j}[T]_{k-j} \in \mathbb{C}[T]$$

gilt nach (b): Für jedes $n \in \mathbb{N}$ ist

$$F(n) = \binom{\alpha + n}{k} = \sum_{j=0}^{k} \binom{\alpha}{j} \binom{n}{k-j} = G(n).$$

Nach (8.13) gilt daher $F = G$, und daher gilt für jedes $\beta \in \mathbb{R}$: Es ist

$$\binom{\alpha + \beta}{k} = F(\beta) = G(\beta) = \sum_{j=0}^{k} \binom{\alpha}{j} \binom{\beta}{k-j}.$$

(d) Damit ist das folgende Additionstheorem für die Binomialkoeffizienten bewiesen: Für alle α, $\beta \in \mathbb{R}$ und für jedes $k \in \mathbb{N}_0$ gilt

$$\binom{\alpha + \beta}{k} = \sum_{j=0}^{k} \binom{\alpha}{j} \binom{\beta}{k-j}.$$

(8.17) Hilfssatz: *Für jedes $n \in \mathbb{N}_0$ gilt mit den in (4.30) definierten Stirling-Zahlen zweiter Art*

$$T^n = \sum_{k=0}^{n} S_{n,k} \cdot [\,T\,]_k .$$

Beweis: (a) Es gilt $T^0 = 1 = S_{0,0} \cdot [\,T\,]_0$.
(b) Es seien m, $n \in \mathbb{N}$ mit $n \leq m$, es seien M und N endliche Mengen mit $\operatorname{Card}(M) = m$ und $\operatorname{Card}(N) = n$. Wie man leicht sieht, ist

$$\operatorname{Abb}(N, M) = \biguplus_{A \in \mathcal{P}(M)} \operatorname{Sur}(N, A),$$

und daher gilt [vgl. (4.14), (4.11)(3), (4.31) und (4.27)]

$$\begin{aligned} m^n &= \operatorname{Card}(\operatorname{Abb}(N, M)) = \sum_{A \in \mathcal{P}(M)} \operatorname{Card}(\operatorname{Sur}(N, A)) \\ &= \sum_{A \in \mathcal{P}(M)} (\operatorname{Card}(A))! \cdot S_{n,\operatorname{Card}(A)} = \sum_{k=0}^{m} \binom{m}{k} \cdot k! \cdot S_{n,k} \\ &= \sum_{k=0}^{m} S_{n,k} \cdot [m]_k = \sum_{k=0}^{n} S_{n,k} \cdot [m]_k, \end{aligned}$$

[denn für $k > n$ ist $S_{n,k} = 0$].
(c) Es sei $n \in \mathbb{N}$. Für die Polynome

$$f := T^n \quad \text{und} \quad g := \sum_{k=0}^{n} S_{n,k} \cdot [\,T\,]_k$$

aus $\mathbb{C}[\,T\,]$ gilt nach (b): Für jedes $m \in \mathbb{N}$ mit $m \geq n$ gilt $f(m) = g(m)$. Nach (8.13) folgt daraus $f = g$.

(8.18) Satz: *Es sei $f \in \mathbb{C}[T]$ mit $f \neq 0$, und es sei $\mathrm{grad}(f) = n$. Dann gibt es eindeutig bestimmte $b_0, b_1, \dots, b_n \in \mathbb{C}$ mit*

$$f = \sum_{i=0}^{n} b_i \cdot [T]_i.$$

Dabei ist $b_n \neq 0$, und es gilt: Ist $f \in \mathbb{Z}[T]$ (bzw. $\in \mathbb{Q}[T]$, bzw. $\in \mathbb{R}[T]$), so liegen $b_0, b_1, \dots, b_n$ in $\mathbb{Z}$ (bzw. in $\mathbb{Q}$ bzw. in $\mathbb{R}$).

Beweis: [Existenz]: Es sei $f = \sum_{i=0}^{n} a_i T^i$. Dann gilt nach (8.17)

$$\begin{aligned} f &= \sum_{i=0}^{n} a_i \cdot \left(\sum_{k=0}^{i} S_{i,k} \cdot [T]_k \right) &= \sum_{i=0}^{n} \sum_{k=0}^{i} a_i S_{i,k} \cdot [T]_k \\ &= \sum_{k=0}^{n} \left(\sum_{i=k}^{n} a_i S_{i,k} \right) \cdot [T]_k &= \sum_{k=0}^{n} b_k \cdot [T]_k \end{aligned}$$

mit

$$b_k := \sum_{i=k}^{n} a_i S_{i,k} \in \mathbb{C} \quad \text{für jedes } k \in \{0, 1, \dots, n\}.$$

Wegen $S_{n,n} = 1$ ist $b_n = a_n \cdot S_{n,n} = a_n \neq 0$, und für jedes $k \in \{0, 1, \dots, n\}$ gilt wegen $S_{i,k} \in \mathbb{N}_0$ für $i = k, \dots, n$: Es ist

$$b_k = \sum_{i=k}^{n} a_i S_{i,k} \in \mathbb{Z} \quad (\text{bzw.} \in \mathbb{Q}, \text{ bzw.} \in \mathbb{R}),$$

falls $\{a_0, a_1, \dots, a_n\} \subset \mathbb{Z}$ (bzw. $\subset \mathbb{Q}$, bzw. $\subset \mathbb{R}$) gilt.

[Einzigkeit]: Es seien $c_0, c_1, \dots, c_r, d_0, d_1, \dots, d_s \in \mathbb{C}$ mit $f = \sum_{i=0}^{r} c_i \cdot [T]_i$ und $f = \sum_{i=0}^{s} d_i \cdot [T]_i$ und mit $c_r \neq 0$ und $d_s \neq 0$. Für jedes $i \in \mathbb{N}_0$ ist $\mathrm{grad}([T]_i) = i$, und daher gilt $r = \mathrm{grad}(f) = n$ und $s = \mathrm{grad}(f) = n$. Annahme: Es gibt ein $i \in \{0, 1, \dots, n\}$ mit $c_i \neq d_i$. Für $m := \max\{i \mid 0 \leq i \leq n,\ c_i \neq d_i\}$ gilt $0 \leq m \leq n$ und $c_m \neq d_m$ und

$$c_m \cdot [T]_m + \sum_{i=0}^{m-1} c_i [T]_i = d_m \cdot [T]_m + \sum_{i=0}^{m-1} d_i [T]_i. \tag{$*$}$$

$[T]_m$ hat den Grad m und ist normiert; es gilt $\mathrm{grad}([T]_i) = i$ für jedes $i \in \{0, \dots, m-1\}$. Aus $(*)$ folgt daher $c_m = d_m$ im Widerspruch zu $c_m \neq d_m$. Also gilt $c_0 = d_0$, $c_1 = d_1$, $\dots$, $c_n = d_n$. Damit ist der Satz bewiesen.

(8.19) Satz: *Für jedes $n \in \mathbb{N}$ und jedes $k \in \mathbb{N}$ gilt*

$$S_{n,k} = S_{n-1,k-1} + k \cdot S_{n-1,k}.$$

Beweis: Es sei $n \in \mathbb{N}$. Für jedes $j \in \mathbb{N}_0$ gilt $[T]_j \cdot (T-j) = [T]_{j+1}$. Es folgt nach (8.17)

$$\begin{aligned}\sum_{k=0}^{n} S_{n,k} \cdot [T]_k &= T^n = T^{n-1} \cdot T \\ &= \sum_{k=0}^{n-1} S_{n-1,k} \cdot [T]_k \cdot ((T-k)+k) \\ &= \sum_{k=0}^{n-1} S_{n-1,k} \cdot [T]_{k+1} + \sum_{k=1}^{n-1} k \cdot S_{n-1,k} \cdot [T]_k \\ &= \sum_{k=1}^{n-1} (S_{n-1,k-1} + k \cdot S_{n-1,k}) \cdot [T]_k + S_{n-1,n-1} \cdot [T]_n.\end{aligned}$$

Aus der Einzigkeitsaussage in (8.18) folgt damit

$$S_{n,k} = S_{n-1,k-1} + k \cdot S_{n-1,k} \quad \text{für jedes } k \in \{1, 2, \ldots, n-1\}.$$

Es ist $S_{n,n} = 1 = 1 + 0 = S_{n-1,n-1} + n \cdot S_{n-1,n}$, und für jedes $k \in \mathbb{N}$ mit $k > n$ gilt $S_{n,k} = 0 = 0 + 0 = S_{n-1,k-1} + k \cdot S_{n-1,k}$.

Damit ist der Satz bewiesen.

(8.20) Folgerung: *Für alle $n, k \in \mathbb{N}_0$ gilt*

$$\sum_{l=0}^{k} \binom{k}{l} S_{l,n} = S_{k+1,n+1}.$$

Beweis: Dies folgt aus (8.19) und (4.23)(4) durch Induktion nach k.

(8.21) Man definiert folgendermaßen die Stirling-Zahlen erster Art: Man setzt

$$\begin{aligned} s_{0,0} &:= 1, \\ s_{n,0} &:= 0 \quad \text{für jedes } n \in \mathbb{N}, \\ s_{0,n} &:= 0 \quad \text{für jedes } n \in \mathbb{N}, \\ s_{n,k} &:= (n-1)s_{n-1,k} + s_{n-1,k-1} \text{ für alle } n, k \in \mathbb{N}. \end{aligned}$$

(8.22) BEMERKUNG: Durch Induktion beweist man: Für jedes $n \in \mathbb{N}_0$ ist $s_{n,n} = 1$, und für jedes $n \in \mathbb{N}$ gilt $s_{n,1} = (n-1)!$ und $s_{n,n-1} = n(n-1)/2$.

(8.23) Hilfssatz: *Für jedes $n \in \mathbb{N}_0$ ist*

$$[T]_n = \sum_{k=0}^{n} (-1)^{n-k} s_{n,k} \cdot T^k. \qquad (*)$$

[Dieses Resultat zusammen mit (8.17) zeigt, daß sich für jedes $n \in \mathbb{N}_0$ $[T]_n$ durch $1, \ldots, T^n$ und T^n durch $1, \ldots, [T]_n$ ausdrücken lassen.]

Beweis [durch Induktion nach n]: Für $n = 0$ ist nichts zu beweisen. Es sei $n \in \mathbb{N}_0$, eine Zahl, für die (*) schon bewiesen ist. Dann ist

$$\begin{aligned}
[T]_{n+1} &= [T]_n \cdot (T-n) = \sum_{k=0}^{n}(-1)^{n-k}s_{n,k}\cdot T^{k+1} - n\sum_{k=0}^{n}(-1)^{n-k}s_{n,k}\cdot T^k \\
&= \sum_{k=0}^{n}(-1)^{n-k}s_{n,k}T^{k+1} + (-1)^{n+1}ns_{n,0} + n\sum_{k=0}^{n-1}(-1)^{n-k}s_{n,k+1}T^{k+1} \\
&= \sum_{k=0}^{n+1}(-1)^{n+1-k}s_{n+1,k}T^k.
\end{aligned}$$

Tabelle I: Stirling-Zahlen erster Art

$n\backslash k$	0	1	2	3	4	5	6	7	8
0	1								
1		1							
2		1	1						
3		2	3	1					
4		6	11	6	1				
5		24	50	35	10	1			
6		120	274	225	85	15	1		
7		720	1764	1624	735	175	21	1	
8		5040	13068	13132	6769	1960	322	28	1

(8.24) BEMERKUNG: (1) Es seien $i, j \in \mathbb{N}_0$. Man setzt

$$\delta_{i,j} = \begin{cases} 1, & \text{falls } i = j \text{ ist,} \\ 0, & \text{falls } i \neq j \text{ ist.} \end{cases}$$

Man nennt δ_{ij} das Kronecker-Symbol [nach L. Kronecker, 1823–1891].
(2) Es seien $l, n \in \mathbb{N}_0$. Trägt man das Resultat aus (8.23) in (8.17) ein, so ergibt sich

$$\sum_{k=0}^{l}(-1)^k S_{n,k}s_{k,l} = (-1)^n\delta_{n,l}\,.$$

(3) Trägt man das Resultat aus (8.17) in (8.23) ein, so ergibt sich aus (8.18)

$$\sum_{k=0}^{n}(-1)^k S_{k,l}s_{n,k} = (-1)^n\delta_{n,l}\,.$$

(4) Durch Induktion nach n erhält man aus der Rekursionsformel in (8.21) zusammen mit (4.23)(4) in Ergänzung zu (8.20): Für alle $l, n \in \mathbb{N}_0$ gilt

$$\sum_{k=0}^{n}\binom{k}{l}s_{n,k} = s_{n+1,l+1}.$$

(5) Weitere Informationen über die Stirling-Zahlen findet man in [3], 1.2.6.

(8.25) BEMERKUNG: Es sei K ein Körper.
(1) Man definiert für $f, g \in K[T]$:
(a) g teilt f [g ist ein Teiler von f], falls es ein $q \in K[T]$ gibt mit $f = gq$.
(b) $h \in K[T]$ ist ein größter gemeinsamer Teiler von f und g, falls h ein Teiler von f und von g ist und falls jeder Teiler $w \in K[T]$ von f und g auch ein Teiler von h ist.
(c) f und g heißen teilerfremd, wenn 1 ein größter gemeinsamer Teiler von f und von g ist.
(2) Weil im Integritätsring $K[T]$ wie in $\mathbb{Z}$ der Satz von der Division mit Rest gilt [vgl. (8.6)], folgt (wörtlich wie in §5): Zwei Polynome f, $g \in K[T]$ haben stets einen größten gemeinsamen Teiler in $K[T]$, und man kann mit dem Euklidischen Algorithmus wie in (5.10) sowohl einen größten gemeinsamen Teiler $h \in K[T]$ von f und g berechnen wie auch Polynome v, $w \in K[T]$ mit $h = v \cdot f + w \cdot g$.
(3) Ein Polynom $f \in K[T]$ mit $\mathrm{grad}(f) \geq 1$ heißt irreduzibel oder ein Primpolynom, wenn es sich nicht in der Form $f = g \cdot h$ schreiben läßt mit Polynomen g, $h \in K[T]$, deren Grade positiv sind. Wie in §5 zeigt man: Jedes $f \in K[T] \setminus \{0\}$ hat genau eine Darstellung

$$f = c \cdot \prod_{p \in \mathbb{P}} p^{v_p(f)};$$

darin ist $\mathbb{P}$ die Menge der normierten irreduziblen Polynome in $K[T]$, c ist ein von Null verschiedenes Element von K, für jedes $p \in \mathbb{P}$ ist $v_p(f) \in \mathbb{N}_0$, und nur für endlich viele $p \in \mathbb{P}$ ist $v_p(f)$ von Null verschieden.
(4) Es seien f, $g \in K[T]$ von Null verschiedene und teilerfremde Polynome, und es sei $h \in K[T]$ ein Polynom mit $h = 0$ oder $\mathrm{grad}(h) < \mathrm{grad}(f) + \mathrm{grad}(g)$. Dann hat h genau eine Darstellung $h = v \cdot f + w \cdot g$ mit Polynomen v, $w \in K[T]$, für die $v = 0$ oder $\mathrm{grad}(v) < \mathrm{grad}(g)$ und $w = 0$ oder $\mathrm{grad}(w) < \mathrm{grad}(f)$ gilt.
Beweis [Existenz]: Nach (2) gilt $1 = v' \cdot f + w' \cdot g$ mit Polynomen v', $w' \in K[T]$; man schreibt nach (8.6) $h \cdot v' = g \cdot q + v$ mit $v = 0$ oder $\mathrm{grad}(v) < \mathrm{grad}(g)$. Es wird $w := q \cdot f + h \cdot w'$ gesetzt; es ist $h = v \cdot f + w \cdot g$, und Gradvergleich zeigt $w = 0$ oder $\mathrm{grad}(w) < \mathrm{grad}(f)$.
[Einzigkeit]: Ist $h = v_1 \cdot f + w_1 \cdot g$ eine weitere Darstellung der gesuchten Art, so gilt $(v - v_1) \cdot f = (w_1 - w) \cdot g$. Weil f und g teilerfremd sind, folgt aus (3), daß g ein Teiler von $v - v_1$ ist. Wäre $v - v_1 \neq 0$, so wäre daher $\mathrm{grad}(v - v_1) \geq \mathrm{grad}(g)$, im Widerspruch zu $\mathrm{grad}(v) < \mathrm{grad}(g)$ und $\mathrm{grad}(v_1) < \mathrm{grad}(g)$. Folglich ist $v = v_1$ und damit $w = w_1$.

Kapitel II: Lineare Algebra

§1 Das Rechnen mit Matrizen

(1.0) In den Paragraphen 1 – 6 geht es im wesentlichen um die Lösungen von linearen Gleichungssystemen. In §1 wird dazu der notwendige Formalismus in Gestalt des Matrizenkalküls entwickelt; grundlegend für seine Anwendung ist der Gaußsche Algorithmus in §2, der es gestattet, einer Matrix eine Normalform, die zugehörige Treppenmatrix, zuzuordnen. In §4 wird der Unterbau geliefert, auf dem dann in §5 die Beschreibung der Lösungsmenge eines linearen Gleichungssytems ruht. Geometrische Anwendungen in §7 und der Determinantenkalkül in §8 beschließen dieses Kapitel.

(1.1) VERABREDUNG: In diesem Kapitel ist K stets ein Körper, und m, n, p und q sind natürliche Zahlen.

(1.2) DEFINITION: (1) Für jedes $i \in \{1,\dots,m\}$ und jedes $j \in \{1,\dots,n\}$ sei ein Element $\alpha_{ij} = \alpha_{i,j} \in K$ gegeben. Dann heißt das rechteckige Schema

$$A = \begin{pmatrix} \alpha_{11} & \alpha_{12} & \dots & \alpha_{1n} \\ \alpha_{21} & \alpha_{22} & \dots & \alpha_{2n} \\ \vdots & \vdots & & \vdots \\ \alpha_{m1} & \alpha_{m2} & \dots & \alpha_{mn} \end{pmatrix}$$

$$= (\alpha_{ij})_{1\le i\le m, 1\le j\le n} = (\alpha_{ij})$$

eine Matrix über K mit m Zeilen und mit n Spalten oder kurz eine (m,n)-Matrix über K.

(2) Die Menge aller Matrizen $A = (\alpha_{ij})_{1\le i\le m, 1\le j\le n}$ über K mit m Zeilen und mit n Spalten wird mit $M(m,n;K)$ bezeichnet. Ist $m = n$, so schreibt man auch $M(m;K)$ statt $M(m,m;K)$.

(1.3) BEMERKUNG: (1) Für $A = (\alpha_{ij}) \in M(m,n;K)$ und $B = (\beta_{ij}) \in M(m,n;K)$ definiert man folgendermaßen eine Summe $A + B \in M(m,n;K)$: Man setzt

$$A + B = (\alpha_{ij}) + (\beta_{ij}) := (\alpha_{ij} + \beta_{ij}).$$

(2) Für jedes $\alpha \in K$ wird die $(1,1)$-Matrix $(\alpha) \in M(1,1;K)$ meistens mit dem Element $\alpha \in K$ identifiziert. Die in (1) erklärte Addition von $(1,1)$-Matrizen ist dann gerade die im Körper K gegebene Addition.

(1.4) Satz: *Mit der in (1.3)(1) erklärten Addition + ist $M(m,n;K)$ eine abelsche Gruppe. Ihr neutrales Element ist die Nullmatrix*

$$0 = \begin{pmatrix} 0 & 0 & \dots & 0 \\ 0 & 0 & \dots & 0 \\ \vdots & \vdots & & \vdots \\ 0 & 0 & \dots & 0 \end{pmatrix} \in M(m,n;K),$$

und für jedes $A = (\alpha_{ij}) \in M(m,n;K)$ *ist* $-A := (-\alpha_{ij})_{1\le i\le m, 1\le j\le n}$ *das Inverse von* A *bezüglich* $+$.

Beweis: Durch Rechnen im Körper K folgt sogleich: $+$ ist assoziativ, $+$ ist kommutativ, die Nullmatrix $0 \in M(m,n;K)$ ist neutral bei $+$, und für jedes $A = (\alpha_{ij}) \in M(m,n;K)$ gilt $(-\alpha_{ij}) + A = A + (-\alpha_{ij}) = 0$.

(1.5) BEMERKUNG: (1) Für jedes $\gamma \in K$ und jedes $A = (\alpha_{ij}) \in M(m,n;K)$ definiert man

$$\gamma \cdot A = \gamma A = \gamma(\alpha_{ij}) := (\gamma\alpha_{ij}) \in M(m,n;K).$$

(2) Man sieht sogleich: Für alle A, $B \in M(m,n;K)$ und alle γ, $\delta \in K$ gilt

$$\begin{aligned} \gamma(A+B) &= \gamma A + \gamma B, \\ (\gamma+\delta)A &= \gamma A + \delta A, \\ (\gamma\delta)A &= \gamma(\delta A), \\ 1_K \cdot A &= A. \end{aligned}$$

(3) Für $\gamma \in K$ und $A \in M(m,n;K)$ ist $\gamma A = 0$ genau dann, wenn $\gamma = 0$ oder $A = 0$ gilt.

(1.6) BEMERKUNG: (1) Für jedes $A = (\alpha_{ij})_{1\le i\le m, 1\le j\le n} \in M(m,n;K)$ und jedes $B = (\beta_{ij})_{1\le i\le n, 1\le j\le p} \in M(n,p;K)$ definiert man folgendermaßen ein Produkt $AB = A \cdot B \in M(m,p;K)$: Man setzt

$$\begin{aligned} AB = A \cdot B &= \begin{pmatrix} \alpha_{11} & \alpha_{12} & \dots & \alpha_{1n} \\ \alpha_{21} & \alpha_{22} & \dots & \alpha_{2n} \\ \vdots & \vdots & & \vdots \\ \alpha_{m1} & \alpha_{m2} & \dots & \alpha_{mn} \end{pmatrix} \cdot \begin{pmatrix} \beta_{11} & \beta_{12} & \dots & \beta_{1p} \\ \beta_{21} & \beta_{22} & \dots & \beta_{2p} \\ \vdots & \vdots & & \vdots \\ \beta_{n1} & \beta_{n2} & \dots & \beta_{np} \end{pmatrix} \\ &:= \left(\sum_{k=1}^{n} \alpha_{ik}\beta_{kj}\right)_{1\le i\le m, 1\le j\le p}. \end{aligned}$$

Die so erklärte Matrizenmultiplikation ist eine "Verknüpfung"

$$(A,B) \mapsto A \cdot B : M(m,n;K) \times M(n,p;K) \to M(m,p;K).$$

(2) Im Fall $m = n = p$ erhält man so eine Multiplikation auf $M(m;K)$:

$$(A,B) \mapsto A \cdot B : M(m;K) \times M(m;K) \to M(m;K).$$

(3) Die gemäß (1) und (2) erklärte Multiplikation von $(1,1)$-Matrizen ist gerade die im Körper K gegebene Multiplikation [vgl. auch (1.3)(2)].

(1.7) Satz: (1) *Für alle* $A \in M(m,n;K)$, $B \in M(n,p;K)$ *und* $C \in M(p,q;K)$ *gilt*

$$(AB)C = A(BC) \quad [\in M(m,q;K)].$$

(2) *Für alle* $A \in M(m,n;K)$ *und* B, $C \in M(n,p;K)$ *gilt*

$$A(B+C) = AB + AC.$$

(3) *Für alle* B, $C \in M(m,n;K)$ *und* $A \in M(n,p;K)$ *gilt*

$$(B+C)A = BA + CA.$$

(4) *Für alle* $A \in M(m,n;K)$, $B \in M(n,p;K)$ *und* $\gamma \in K$ *gilt*

$$(\gamma A)B = \gamma(AB) = A(\gamma B).$$

Beweis: (1) Für $A = (\alpha_{ij}) \in M(m,n;K)$, $B = (\beta_{ij}) \in M(n,p;K)$ und $C = (\gamma_{ij}) \in M(p,q;K)$ gilt $AB \in M(m,p;K)$ und $BC \in M(n,q;K)$, und daher sind $(AB)C$ und $A(BC)$ definiert. Es gilt

$$\begin{aligned}
(AB)C &= \left(\sum_{k=1}^{n} \alpha_{ik}\beta_{kj}\right) \cdot (\gamma_{ij}) &&= \left(\sum_{l=1}^{p}\left(\sum_{k=1}^{n} \alpha_{ik}\beta_{kl}\right) \cdot \gamma_{lj}\right) \\
&= \left(\sum_{l=1}^{p}\sum_{k=1}^{n} \alpha_{ik}\beta_{kl}\gamma_{lj}\right) &&= \left(\sum_{k=1}^{n}\sum_{l=1}^{p} \alpha_{ik}\beta_{kl}\gamma_{lj}\right) \\
&= \left(\sum_{k=1}^{n} \alpha_{ik} \cdot \left(\sum_{l=1}^{p} \beta_{kl}\gamma_{lj}\right)\right) &&= (\alpha_{ij}) \cdot \left(\sum_{l=1}^{p} \beta_{il}\gamma_{lj}\right) \\
&= A(BC).
\end{aligned}$$

(2) Für $A = (\alpha_{ij}) \in M(m,n;K)$, $B = (\beta_{ij}) \in M(n,p;K)$ und $C = (\gamma_{ij}) \in M(n,p,K)$ gilt

$$\begin{aligned}
A(B+C) &= (\alpha_{ij}) \cdot (\beta_{ij} + \gamma_{ij}) = \left(\sum_{k=1}^{n} \alpha_{ik} \cdot (\beta_{kj} + \gamma_{kj})\right) \\
&= \left(\sum_{k=1}^{n} \alpha_{ik}\beta_{kj} + \sum_{k=1}^{n} \alpha_{ik}\gamma_{kj}\right) \\
&= \left(\sum_{k=1}^{n} \alpha_{ik}\beta_{kj}\right) + \left(\sum_{k=1}^{n} \alpha_{ik}\gamma_{kj}\right) \\
&= AB + AC.
\end{aligned}$$

(3) und (4) folgen durch analoge Rechnungen.

(1.8) Beispiel: In $M(2;K)$ gilt für

$$A = \begin{pmatrix} 0 & 1 \\ 0 & 0 \end{pmatrix} \text{ und } B = \begin{pmatrix} 1 & 0 \\ 0 & 0 \end{pmatrix}:$$

Es ist

$$AB = \begin{pmatrix} 0 & 1 \\ 0 & 0 \end{pmatrix} \cdot \begin{pmatrix} 1 & 0 \\ 0 & 0 \end{pmatrix} = \begin{pmatrix} 0 & 0 \\ 0 & 0 \end{pmatrix}$$

und

$$BA = \begin{pmatrix} 1 & 0 \\ 0 & 0 \end{pmatrix} \cdot \begin{pmatrix} 0 & 1 \\ 0 & 0 \end{pmatrix} = \begin{pmatrix} 0 & 1 \\ 0 & 0 \end{pmatrix}.$$

Also gilt $AB \neq BA$. Außerdem gilt $A \neq 0$ und $B \neq 0$ und $AB = 0$. Schließlich gilt mit

$$E = \begin{pmatrix} 1 & 0 \\ 0 & 1 \end{pmatrix} \in M(2; K):$$

Es ist

$$EA = \begin{pmatrix} 1 & 0 \\ 0 & 1 \end{pmatrix} \cdot \begin{pmatrix} 0 & 1 \\ 0 & 0 \end{pmatrix} = \begin{pmatrix} 0 & 1 \\ 0 & 0 \end{pmatrix} = A.$$

Also gilt $EA = A = BA$, aber es ist $E \neq B$.

(1.9) BEZEICHNUNG: Die Matrix [δ_{ij} ist das Kroneckersymbol, vgl. I(8.24)]

$$\begin{aligned} E &= E_m := (\delta_{ij})_{1\leq i\leq m, 1\leq j\leq m} \\ &= \begin{pmatrix} 1 & 0 & \dots & 0 & 0 \\ 0 & 1 & \dots & 0 & 0 \\ \vdots & \vdots & \ddots & \vdots & \vdots \\ 0 & 0 & \dots & 1 & 0 \\ 0 & 0 & \dots & 0 & 1 \end{pmatrix} \in M(m; K) \end{aligned}$$

heißt die m-reihige Einheitsmatrix.

(1.10) BEMERKUNG: Für jedes $A = (\alpha_{ij}) \in M(m, n; K)$ gilt

$$E_m A = \left(\sum_{k=1}^{m} \delta_{ik} \cdot \alpha_{kj}\right) = (\alpha_{ij}) = A$$

und

$$AE_n = \left(\sum_{k=1}^{n} \alpha_{ik} \cdot \delta_{kj}\right) = (\alpha_{ij}) = A.$$

(1.11) Satz: *Mit der in* (1.3) *erklärten Addition + und der in* (1.6) *erklärten Multiplikation · ist $M(m; K)$ ein Ring mit dem Einselement E_m. Ist $m \geq 2$, so ist der Ring $M(m; K)$ nicht kommutativ.*

Beweis: Man vergleiche dazu (1.4), (1.7) und (1.10). Daß der Ring $M(m; K)$ im Fall $m \geq 2$ nicht kommutativ ist, wird sich in (1.18)(2) ergeben.

(1.12) DEFINITION: Eine Matrix $A \in M(m; K)$ heißt invertierbar, wenn A eine Einheit im Ring $M(m; K)$ ist, wenn es also ein $X \in M(m; K)$ gibt mit $AX = E_m$ und mit $XA = E_m$.

(1.13) BEMERKUNG: (1) Es sei $A \in M(m;K)$ invertierbar, und es seien $X, Y \in M(m;K)$ mit $XA = E_m = AX$ und mit $YA = E_m = AY$. Dann gilt $X = XE_m = X(AY) = (XA)Y = E_mY = Y$. Also gibt es ein eindeutig bestimmtes $X \in M(m;K)$ mit $AX = E_m = XA$. Dieses X wird mit A^{-1} bezeichnet und heißt die zu A inverse Matrix.
(2) Es seien $A, B \in M(m;K)$ invertierbar. Dann ist auch AB invertierbar, und es ist $(AB)^{-1} = B^{-1}A^{-1}$, denn es gilt $(B^{-1}A^{-1})(AB) = B^{-1}(A^{-1}A)B = B^{-1}B = E_m$ und ebenso $(AB)(B^{-1}A^{-1}) = E_m$.
(3) Durch Induktion folgt aus (2) sofort: Ist $n \in \mathbb{N}$ und sind $A_1, \ldots, A_n \in M(m;K)$ invertierbar, so ist $A := A_1 \cdots A_n$ invertierbar, und es gilt $A^{-1} = A_n^{-1} \cdots A_1^{-1}$.
(4) Es sei $A \in M(m;K)$ invertierbar. Dann ist auch A^{-1} invertierbar, und es gilt $(A^{-1})^{-1} = A$ [wegen $AA^{-1} = E_m = A^{-1}A$]. Außerdem gilt: Ist $C \in M(m;K)$ mit $AC = 0$ oder $CA = 0$, so ist $C = 0$. [Aus $AC = 0$ folgt $C = A^{-1}AC = A^{-1} \cdot 0 = 0$.]
(5) Die Menge

$$\mathrm{GL}(m;K) := \{A \in M(m;K) \mid A \text{ ist invertierbar}\}$$

ist mit der Matrizenmultiplikation $\cdot$ als Verknüpfung eine Gruppe. Sie ist die Einheitengruppe des Rings $M(m;K)$ [vgl. I(3.18)(2)]. Ihr neutrales Element ist E_m, und für jedes $A \in \mathrm{GL}(m;K)$ gilt: Das inverse Element zu A ist die Matrix A^{-1}. – GL steht dabei für “general linear group”.
(6) Die in (1), (2) und (4) durchgeführten Rechnungen sind eine Wiederholung der entsprechenden Überlegungen in I(3.18).

(1.14) DEFINITION: Es sei $A = (\alpha_{ij}) \in M(m,n;K)$. Die Matrix

$${}^tA := (\alpha_{ji})_{1 \le i \le n, 1 \le j \le m} = \begin{pmatrix} \alpha_{11} & \alpha_{21} & \ldots & \alpha_{m1} \\ \alpha_{12} & \alpha_{22} & \ldots & \alpha_{m2} \\ \vdots & \vdots & & \vdots \\ \alpha_{1n} & \alpha_{2n} & \ldots & \alpha_{mn} \end{pmatrix} \in M(n,m;K)$$

heißt die transponierte Matrix zu A.

(1.15) Satz: (1) *Für jedes $A \in M(m,n;K)$ gilt ${}^t({}^tA) = A$.*
(2) *Für alle $A, B \in M(m,n;K)$ gilt ${}^t(A+B) = {}^tA + {}^tB$.*
(3) *Für alle $A \in M(m,n;K)$ und $B \in M(n,p;K)$ gilt ${}^t(AB) = {}^tB\,{}^tA$.*
Beweis: (1) und (2) sind offensichtlich richtig.
(3) Es seien $A = (\alpha_{ij}) \in M(m,n;K)$ und $B = (\beta_{ij}) \in M(n,p;K)$. Dann gilt

$$AB = \left(\sum_{k=1}^{n} \alpha_{ik}\beta_{kj}\right)_{1 \le i \le m, 1 \le j \le p}$$

und daher

$${}^t(AB) = \left(\sum_{k=1}^{n} \alpha_{jk}\beta_{ki}\right)_{1 \le i \le p, 1 \le j \le m},$$

$$\begin{aligned} {}^tB \cdot {}^tA &= (\beta_{ji})_{1\le i\le p, 1\le j\le n} \cdot (\alpha_{ji})_{1\le i\le n, 1\le j\le m} \\ &= \left(\sum_{k=1}^{n} \beta_{ki} \cdot \alpha_{jk}\right)_{1\le i\le p, 1\le j\le m} = {}^t(AB). \end{aligned}$$

(1.16) Folgerung: *Es sei $A \in M(m;K)$ invertierbar. Dann ist auch die Matrix ${}^tA \in M(m;K)$ invertierbar, und es gilt $({}^tA)^{-1} = {}^t(A^{-1})$.*
Beweis: Es gilt ${}^t(A^{-1}) \cdot {}^tA = {}^t(AA^{-1}) = {}^tE_m = E_m$ und ${}^tA \cdot {}^t(A^{-1}) = {}^t(A^{-1}A) = {}^tE_m = E_m$.

(1.17) Für $k \in \{1, \ldots, m\}$ und $l \in \{1, \ldots, n\}$ setzt man [δ_{ij} ist das Kronecker-Symbol, vgl. I(8.24)]

$$E_{kl} := (\delta_{ik}\delta_{jl})_{1\le i\le m, 1\le j\le n} \in M(m,n;K).$$

Schreibt man $E_{kl} := (\varepsilon_{ij})_{1\le i\le m, 1\le j\le n}$, so gilt

$$\varepsilon_{ij} = \begin{cases} 1, & \text{falls } i = k \text{ und } j = l \text{ gilt,} \\ 0 & \text{sonst.} \end{cases}$$

Die Matrizen E_{kl} werden – aus einem später ersichtlichen Grund [vgl. (4.12)(1)] – die Basismatrizen in $M(m,n;K)$ genannt.

(1.18) BEMERKUNG: (1) Für die Basismatrizen in $M(m;K)$ gilt: Sind k, l, s, $t \in \{1, \ldots, m\}$, so gilt

$$E_{kl}E_{st} = \delta_{ls}E_{kt} = \begin{cases} E_{kt}, & \text{falls } l = s \text{ ist,} \\ 0, & \text{falls } l \neq s \text{ ist.} \end{cases}$$

Beweis: Es gilt

$$\begin{aligned} E_{kl}E_{st} &= (\delta_{ik}\delta_{jl}) \cdot (\delta_{is}\delta_{jt}) = \left(\sum_{\mu=1}^{m} \delta_{ik}\delta_{\mu l}\delta_{\mu s}\delta_{jt}\right) \\ &= (\delta_{ik}\delta_{ls}\delta_{jt}) = \delta_{ls}(\delta_{ik}\delta_{jt}) = \delta_{ls}E_{kt}. \end{aligned}$$

(2) Es sei jetzt $m \geq 2$. Dann ist die Gruppe $\mathrm{GL}(m;K)$ nicht abelsch, und der Ring $M(m;K)$ ist nicht kommutativ.
Beweis: Für die Matrix $A := E_m + E_{12} \in M(m;K)$ gilt $A(E_m - E_{12}) = E_m + E_{12} - E_{12} - E_{12}E_{12} = E_m$ und auch $(E_m - E_{12})A = E_m$. Also ist A invertierbar, und es ist $A^{-1} = E_m - E_{12}$. Ebenso ist $B := E_m + E_{21} \in M(m;K)$ invertierbar, und zwar ist $B^{-1} = E_m - E_{21}$. Also gehören A und B zur Gruppe $\mathrm{GL}(m;K)$. Es gilt $AB = E_m + E_{12} + E_{21} + E_{12}E_{21} = E_m + E_{12} + E_{21} + E_{11}$ und $BA = E_m + E_{12} + E_{21} + E_{21}E_{12} = E_m + E_{12} + E_{21} + E_{22}$ und somit $AB \neq BA$.

(1.19) Manchmal ist es hilfreich, Matrizen folgendermaßen in Kästchen einzuteilen: Ist $A = (\alpha_{ij}) \in M(m,n;K)$ und sind $m_0, m_1, \ldots, m_a \in \mathbb{N}_0$ und $n_0, n_1, \ldots, n_b \in$

$\mathbb{N}_0$ mit $0 = m_0 < m_1 < \ldots < m_a = m$ und $0 = n_0 < n_1 < \ldots < n_b = n$, so setzt man für jedes $s \in \{1, \ldots, a\}$ und jedes $t \in \{1, \ldots, b\}$

$$I_s := \{ m_{s-1} + 1, \ldots, m_s \} \quad \text{und } J_t := \{ n_{t-1} + 1, \ldots, n_t \}$$

und nennt

$$A_{I_s, J_t} := (\alpha_{ij})_{m_{s-1}+1 \leq i \leq m_s, n_{t-1}+1 \leq j \leq n_t} \in M(m_s - m_{s-1}, n_t - n_{t-1}; K)$$

das zu I_s und J_t gehörige Kästchen in A. Man schreibt dann

$$A = \begin{pmatrix} A_{I_1,J_1} & A_{I_1,J_2} & \cdots & A_{I_1,J_b} \\ A_{I_2,J_1} & A_{I_2,J_2} & \cdots & A_{I_2,J_b} \\ \cdots & \cdots & \cdots & \cdots \\ A_{I_a,J_1} & A_{I_a,J_2} & \cdots & A_{I_a,J_b} \end{pmatrix}.$$

Ist $B \in M(n,p;K)$ und sind $p_0, p_1, \ldots, p_c \in \mathbb{N}_0$ mit $0 = p_0 < p_1 < \ldots < p_c = p$, so setzt man $L_u := \{ p_{u-1} + 1, \ldots, p_u \}$ für jedes $u \in \{1, \ldots, c\}$ und bezeichnet für alle $t \in \{1, \ldots, b\}$ und $u \in \{1, \ldots, c\}$ das zu J_t und L_u gehörige Kästchen in B mit B_{J_t, L_u}. Dann definieren $I_1, \ldots, I_a$ und $L_1, \ldots, L_c$ eine Kästcheneinteilung der Matrix AB, und zwar ist für alle $s \in \{1, \ldots, a\}$ und $u \in \{1, \cdots, c\}$

$$(AB)_{I_s, L_u} = \sum_{t=1}^{b} A_{I_s, J_t} B_{J_t, L_u}$$

das zu I_s und L_u gehörige Kästchen in AB.

(1.20) BEISPIEL: Es sei $A = (\alpha_{ij}) \in M(m;K)$, und es sei $r \in \{1, \ldots, m-1\}$. Setzt man

$$\begin{aligned} A_1 &:= (\alpha_{ij})_{1 \leq i \leq r, 1 \leq j \leq r} \in M(r;K), \\ A_2 &:= (\alpha_{ij})_{1 \leq i \leq r, r+1 \leq j \leq m} \in M(r, m-r;K), \\ A_3 &:= (\alpha_{ij})_{r+1 \leq i \leq m, 1 \leq j \leq r} \in M(m-r, r;K), \\ A_4 &:= (\alpha_{ij})_{r+1 \leq i \leq m, r+1 \leq j \leq m} \in M(m-r;K), \end{aligned}$$

so erhält man die Kästcheneinteilung

$$A = \begin{pmatrix} A_1 & A_2 \\ A_3 & A_4 \end{pmatrix}.$$

(1) Ist auch

$$B = \begin{pmatrix} B_1 & B_2 \\ B_3 & B_4 \end{pmatrix}$$

mit $B_1 \in M(r;K)$, $B_2 \in M(r, m-r;K)$, $B_3 \in M(m-r, r;K)$ und mit $B_4 \in M(m-r;K)$, so gilt

$$AB = \begin{pmatrix} A_1B_1 + A_2B_3 & A_1B_2 + A_2B_4 \\ A_3B_1 + A_4B_3 & A_3B_2 + A_4B_4 \end{pmatrix}.$$

(2) Ist $A_3 = 0$ und sind A_1 und A_4 invertierbar, so ist auch A invertierbar, und zwar ist

$$A^{-1} = \begin{pmatrix} A_1^{-1} & -A_1^{-1}A_2A_4^{-1} \\ 0 & A_4^{-1} \end{pmatrix}.$$

(1.21) Es sei $A = (\alpha_{ij}) \in M(m,n;K)$. Für jedes $j \in \{1,\ldots,n\}$ nennt man $A_{\bullet j} := {}^t(\alpha_{1j},\ldots,\alpha_{mj}) \in M(m,1;K)$ die j-te Spalte von A, und für jedes $i \in \{1,\ldots,m\}$ nennt man $A_{i\bullet} := (\alpha_{i1},\ldots,\alpha_{in}) \in M(1,n;K)$ die i-te Zeile von A. Mit der in (1.19) eingeführten Schreibweise ist dann

$$A = (A_{\bullet 1},\ldots,A_{\bullet n}) = \begin{pmatrix} A_{1\bullet} \\ \vdots \\ A_{m\bullet} \end{pmatrix}.$$

§2 Der Gaußsche Algorithmus

(2.1) Bemerkung: (1) Eine Matrix $A = (\alpha_{ij}) \in M(m;K)$ heißt eine Diagonalmatrix, wenn für alle i, $j \in \{1,\ldots,m\}$ mit $i \neq j$ gilt: Es ist $\alpha_{ij} = 0$. Dann ist

$$A = \begin{pmatrix} \alpha_{11} & 0 & \ldots & 0 \\ 0 & \alpha_{22} & \ldots & 0 \\ \vdots & \vdots & \ddots & \vdots \\ 0 & 0 & \ldots & \alpha_{mm} \end{pmatrix} =: \operatorname{diag}(\alpha_{11},\alpha_{22},\ldots,\alpha_{mm}).$$

(2) Für Diagonalmatrizen

$$A = \operatorname{diag}(\alpha_1,\alpha_2,\ldots,\alpha_m), \quad B = \operatorname{diag}(\beta_1,\beta_2,\ldots,\beta_m) \in M(m;K)$$

gilt

$$A + B = \operatorname{diag}(\alpha_1+\beta_1,\alpha_2+\beta_2,\ldots,\alpha_m+\beta_m)$$

und

$$AB = \operatorname{diag}(\alpha_1\beta_1,\alpha_2\beta_2,\ldots,\alpha_m\beta_m) = BA.$$

(3) Es sei $A = \operatorname{diag}(\alpha_1,\alpha_2,\ldots,\alpha_m) \in M(m;K)$.
(a) Gilt $\alpha_1 \neq 0$, $\alpha_2 \neq 0,\ldots,\alpha_m \neq 0$, so ist A invertierbar, und es ist

$$A^{-1} = \operatorname{diag}(\alpha_1^{-1},\alpha_2^{-1},\ldots,\alpha_m^{-1}).$$

(b) Ist A invertierbar, so gilt $\alpha_1 \neq 0,\ldots,\alpha_m \neq 0$.
Beweis: (a) Sind $\alpha_1 \neq 0,\ldots,\alpha_m \neq 0$, so gilt

$$\operatorname{diag}(\alpha_1^{-1},\alpha_2^{-1},\ldots,\alpha_m^{-1}) \cdot A = A \cdot \operatorname{diag}(\alpha_1^{-1},\alpha_2^{-1},\ldots,\alpha_m^{-1})$$

$$= \operatorname{diag}(\alpha_1\alpha_1^{-1},\alpha_2\alpha_2^{-1},\ldots,\alpha_m\alpha_m^{-1}) = \operatorname{diag}(1,1,\ldots,1) = E_m.$$

(b) Ist A invertierbar, so existiert ein $B = (\beta_{ij}) \in M(m;K)$ mit $E_m = AB = (\alpha_i\beta_{ij})$, und es folgt $\alpha_i\beta_{ii} = 1$ und daher $\alpha_i \neq 0$ für jedes $i \in \{1,\ldots,m\}$.
(4) Für jedes $\alpha \in K^\times$ und jedes $k \in \{1,\ldots,m\}$ ist

$$D_k(\alpha) := \operatorname{diag}(1,\ldots,1,\underset{\substack{\uparrow\\ k}}{\alpha},1,\ldots,1) \in M(m;K)$$

[mit α an der k-ten Stelle] invertierbar, und zwar ist

$$D_k(\alpha)^{-1} = \operatorname{diag}(1,\ldots,1,\underset{\substack{\uparrow\\ k}}{\alpha^{-1}},1,\ldots,1) = D_k(\alpha^{-1}).$$

(5) Es sei $A = \operatorname{diag}(\alpha_1,\alpha_2,\ldots,\alpha_m) \in M(m;K)$, es seien $B = (\beta_{ij}) \in M(m,n;K)$ und $C = (\gamma_{ij}) \in M(n,m;K)$. Dann gilt

$$AB = (\alpha_i\beta_{ij}) = \begin{pmatrix} \alpha_1\beta_{11} & \alpha_1\beta_{12} & \ldots & \alpha_1\beta_{1n} \\ \alpha_2\beta_{21} & \alpha_2\beta_{22} & \ldots & \alpha_2\beta_{2n} \\ \vdots & \vdots & \ddots & \vdots \\ \alpha_m\beta_{m1} & \alpha_m\beta_{m2} & \ldots & \alpha_m\beta_{mn} \end{pmatrix}$$

und

$$CA = (\alpha_j\gamma_{ij}) = \begin{pmatrix} \alpha_1\gamma_{11} & \alpha_2\gamma_{12} & \ldots & \alpha_m\gamma_{1m} \\ \alpha_1\gamma_{21} & \alpha_2\gamma_{22} & \ldots & \alpha_m\gamma_{2m} \\ \vdots & \vdots & \ddots & \vdots \\ \alpha_1\gamma_{n1} & \alpha_2\gamma_{n2} & \ldots & \alpha_m\gamma_{nm} \end{pmatrix}.$$

(2.2) BEMERKUNG: Es seien k, $l \in \{1,\ldots,m\}$, und es sei $E_{kl} = (\delta_{ik}\delta_{jl}) \in M(m;K)$.
(1) Für jedes $A = (\alpha_{ij}) \in M(m,n;K)$ gilt

$$E_{kl}A = (\delta_{ik}\delta_{jl})\cdot(\alpha_{ij}) = \left(\sum_{\mu=1}^{m} \delta_{ik}\delta_{\mu l}\alpha_{\mu j}\right)$$

$$= \begin{pmatrix} 0 & 0 & \ldots & 0 \\ \vdots & \vdots & \ldots & \vdots \\ 0 & 0 & \ldots & 0 \\ \alpha_{l1} & \alpha_{l2} & \ldots & \alpha_{ln} \\ 0 & 0 & \ldots & 0 \\ \vdots & \vdots & \ldots & \vdots \\ 0 & 0 & \ldots & 0 \end{pmatrix} \begin{matrix} \\ \\ \\ \leftarrow k\text{-te Zeile}\ ; \\ \\ \\ \\ \end{matrix}$$

die k-te Zeile von $E_{kl}A$ ist also die l-te Zeile von A, und sonst stehen in $E_{kl}A$ überall Nullen.

(2) Für jedes $B = (\beta_{ij}) \in M(n, m; K)$ gilt

$$BE_{kl} = (\beta_{ij}) \cdot (\delta_{ik}\delta_{jl}) = \left(\sum_{\mu=1}^{m} \beta_{i\mu}\delta_{\mu k}\delta_{jl}\right)$$

$$= \begin{pmatrix} 0 & \dots & 0 & \beta_{1k} & 0 & \dots & 0 \\ 0 & \dots & 0 & \beta_{2k} & 0 & \dots & 0 \\ \vdots & & \vdots & \vdots & \vdots & & \vdots \\ 0 & \dots & 0 & \beta_{nk} & 0 & \dots & 0 \end{pmatrix};$$

$\uparrow$ l-te Spalte

die l-te Spalte von BE_{kl} ist also die k-te Spalte von B, und sonst stehen in BE_{kl} überall Nullen.

(2.3) BEMERKUNG: Es seien $k, l \in \{1, \dots, m\}$, und es sei

$$V_{kl} := E_m - E_{kk} - E_{ll} + E_{kl} + E_{lk} \in M(m; K).$$

[Im Fall $k = l$ ist $V_{kl} = E_m$.]
(1) Aus (2.2)(1) folgt: Ist $A \in M(m, n; K)$, so ist

$$V_{kl}A = A - E_{kk}A - E_{ll}A + E_{kl}A + E_{lk}A$$

die Matrix, die aus A durch Vertauschen der k-ten Zeile und der l-ten Zeile entsteht.
(2) Aus (2.2)(2) folgt: Ist $B \in M(n, m; K)$, so ist

$$BV_{kl} = B - BE_{kk} - BE_{ll} + BE_{kl} + BE_{lk}$$

die Matrix, die aus B durch Vertauschen der k-ten und der l-ten Spalte entsteht.
(3) Es gilt ${}^tV_{kl} = V_{kl}$ und $V_{kl}^2 = V_{kl}V_{kl} = E_m$. Also ist V_{kl} invertierbar, und es ist $V_{kl}^{-1} = V_{kl} = {}^tV_{kl}$.
(4) Die Matrizen V_{kl} mit $k, l \in \{1, \dots, m\}$ heißen Vertauschungsmatrizen.

(2.4) BEMERKUNG: (1) Eine Matrix $P \in M(m; K)$ heißt eine Permutationsmatrix, wenn sie ein Produkt von Vertauschungsmatrizen aus $M(m; K)$ ist.
(2) Sind $P, Q \in M(m; K)$ Permutationsmatrizen, so ist auch PQ eine Permutationsmatrix.
(3) Ist $P \in M(m; K)$ eine Permutationsmatrix, so ist P invertierbar, P^{-1} ist eine Permutationsmatrix, und es ist $P^{-1} = {}^tP$. Denn sind $V_1, \dots, V_r \in M(m; K)$ Vertauschungsmatrizen, so gilt nach (1.13)(3), (1.15)(3) und (2.3)(3): $V_1V_2 \cdots V_r$ ist invertierbar, und es ist $(V_1V_2 \cdots V_r)^{-1} = V_r^{-1}V_{r-1}^{-1} \cdots V_1^{-1} = V_rV_{r-1} \cdots V_1 = {}^tV_r{}^tV_{r-1} \cdots {}^tV_1 = {}^t(V_1V_2 \cdots V_r)$.
(4) Es sei $P \in M(m; K)$ eine Permutationsmatrix. Dann stehen in jeder Zeile und in jeder Spalte von P eine Eins und $m - 1$ Nullen.
(5) Es sei $P = (\pi_{ij}) \in M(m; K)$ eine Permutationsmatrix; es seien $k, l \in \{1, \dots, m\}$ mit $\pi_{kl} = 1$. Man sieht:
(a) Ist $A \in M(m, n; K)$, so ist die k-te Zeile von PA die l-te Zeile von A.
(b) Ist $B \in M(n, m; K)$, so ist die l-te Spalte von BP die k-te Spalte von B.

(2.5) BEMERKUNG: Es seien $k,\ l \in \{1,\dots,m\}$ mit $k \neq l$.
(1) Für jedes $\lambda \in K$ heißt $A_{kl}(\lambda) := E_m + \lambda \cdot E_{kl} \in M(m;K)$ eine Additionsmatrix.
(2) Für alle $\lambda,\ \mu \in K$ gilt

$$\begin{aligned} A_{kl}(\lambda)A_{kl}(\mu) &= (E_m + \lambda E_{kl}) \cdot (E_m + \mu E_{kl}) \\ &= E_m + \lambda E_{kl} + \mu E_{kl} + \lambda\mu \cdot (E_{kl}E_{kl}) \\ &= E_m + (\lambda + \mu) \cdot E_{kl} \ = \ A_{kl}(\lambda + \mu) \\ &= A_{kl}(\mu + \lambda) \ = \ A_{kl}(\mu)A_{kl}(\lambda). \end{aligned}$$

(3) Für jedes $\lambda \in K$ gilt: Es ist

$$A_{kl}(-\lambda)A_{kl}(\lambda) = A_{kl}(\lambda)A_{kl}(-\lambda) = A_{kl}(\lambda + (-\lambda)) = A_{kl}(0) = E_m,$$

d.h. $A_{kl}(\lambda)$ ist invertierbar, und es ist $A_{kl}(\lambda)^{-1} = A_{kl}(-\lambda)$.
(4) Es sei $A = (\alpha_{ij}) \in M(m,n;K)$; es sei $\lambda \in K$. Dann ist [vgl. (2.2)(1)]

$$\begin{aligned} A_{kl}(\lambda)A &= E_mA + \lambda \cdot E_{kl}A \ = \ A + \lambda \cdot E_{kl}A \\ &= \begin{pmatrix} \alpha_{11} & \alpha_{12} & \dots & \alpha_{1n} \\ \vdots & \vdots & \vdots & \vdots \\ \alpha_{k1} + \lambda\alpha_{l1} & \alpha_{k2} + \lambda\alpha_{l2} & \dots & \alpha_{kn} + \lambda\alpha_{ln} \\ \vdots & \vdots & \vdots & \vdots \\ \alpha_{m1} & \alpha_{m2} & \dots & \alpha_{mn} \end{pmatrix} \begin{matrix} \\ \\ \leftarrow k\text{-te Zeile}, \\ \\ \\ \end{matrix} \end{aligned}$$

d.h die k-te Zeile von $A_{kl}(\lambda)A$ ist die Summe der k-ten Zeile von A und des λ-fachen der l-ten Zeile von A.
(5) Es sei $B = (\beta_{ij}) \in M(n,m;K)$; es sei $\lambda \in K$. Dann ist [vgl. (2.2)(2)]

$$\begin{aligned} BA_{kl}(\lambda) &= BE_m + \lambda \cdot BE_{kl} \ = \ B + \lambda \cdot BE_{kl} \\ &= \begin{pmatrix} \beta_{11} & \dots & \beta_{1l} + \lambda\beta_{1k} & \dots & \beta_{1m} \\ \beta_{21} & \dots & \beta_{2l} + \lambda\beta_{2k} & \dots & \beta_{2m} \\ \vdots & & \vdots & & \vdots \\ \beta_{n1} & \dots & \beta_{nl} + \lambda\beta_{nk} & \dots & \beta_{nm} \end{pmatrix}, \\ & \qquad\qquad\qquad\quad \uparrow \\ & \qquad\qquad\quad l\text{-te Spalte} \end{aligned}$$

d.h. die l-te Spalte von $BA_{kl}(\lambda)$ ist die Summe der l-ten Spalte von B und des λ-fachen der k-ten Spalte von B.

(2.6) BEMERKUNG: (1) Eine Matrix $F \in M(m;K)$ heißt Elementarmatrix, falls sie eine der folgenden Matrizen ist:
(a) $D_k(\alpha)$ mit $k \in \{1,\dots,m\}$ und mit $\alpha \in K^\times$ [vgl. (2.1)(4)],
(b) V_{kl} mit $k,\ l \in \{1,\dots,m\}$ [vgl. (2.3)],
(c) $A_{kl}(\lambda)$ mit $k,\ l \in \{1,\dots,m\}$ und $k \neq l$ und mit $\lambda \in K$ [vgl. (2.5)(1)].
(2) Ist $F \in M(m;K)$ eine Elementarmatrix, so ist auch ${}^tF$ eine Elementarmatrix.
(3) Ist $F \in M(m;K)$ eine Elementarmatrix, so ist F invertierbar, und F^{-1} ist ebenfalls eine Elementarmatrix [vgl. (2.1)(4) und (2.3)(3) und (2.5)(3)].

(2.7) Definition: Es sei $T = (\tau_{ij}) \in M(m,n;K)$, und es sei $r \in \{0,1,\dots,m\}$. T heißt eine (rechte) Treppenmatrix vom Rang r, wenn $q(1)$, $q(2)$, $\dots$, $q(r) \in \{1,\dots,n\}$ existieren mit folgenden Eigenschaften:

(1) Es gilt $q(1) < q(2) < \dots < q(r)$ [ist $r = 0$, so ist diese Bedingung "leer"].

(2) Für jedes $i \in \{1,\dots,r\}$ gilt: Es ist $\tau_{i1} = \tau_{i2} = \dots = \tau_{i,q(i)-1} = 0$ und $\tau_{i,q(i)} = 1$, d.h. in der i-ten Zeile stehen an der $q(i)$-ten Stelle eine Eins und davor lauter Nullen.

(3) Für jedes $i \in \{r+1,\dots,m\}$ gilt $\tau_{ij} = 0$ für jedes $j \in \{1,\dots,n\}$ [ist $r = m$, so ist diese Bedingung "leer"].

(4) Für jedes $i \in \{1,\dots,r\}$ gilt: Es ist $\tau_{k,q(i)} = 0$ für alle $k \in \{1,\dots,i-1\}$, d.h. in der $q(i)$-ten Spalte stehen oberhalb (und nach (2) und (3) auch unterhalb) von $\tau_{i,q(i)} = 1$ lauter Nullen.

Die Indizes $q(1),\dots,q(r)$ heißen die charakteristischen Spaltenindizes der Matrix T.

(2.8) Bemerkung: (1) Ist $T \in M(m,n;K)$ eine Treppenmatrix vom Rang 0, so ist $T = 0$ [vgl. (2.7)(3)].

(2) Eine Treppenmatrix $T \in M(5,10;K)$ vom Rang 4 und mit den charakteristischen Spaltenindizes $q(1) = 2$, $q(2) = 3$, $q(3) = 6$ und $q(4) = 8$ sieht so aus:

$$T = \begin{pmatrix} 0 & 1 & 0 & * & * & 0 & * & 0 & * & * \\ 0 & 0 & 1 & * & * & 0 & * & 0 & * & * \\ 0 & 0 & 0 & 0 & 0 & 1 & * & 0 & * & * \\ 0 & 0 & 0 & 0 & 0 & 0 & 0 & 1 & * & * \\ 0 & 0 & 0 & 0 & 0 & 0 & 0 & 0 & 0 & 0 \end{pmatrix}$$

[bei $*$ steht jeweils ein Element von K].

(2.9) Hilfssatz: *Es seien T, $T' \in M(m,n;K)$ Treppenmatrizen, und es gebe ein $G \in \mathrm{GL}(m;K)$ mit $T' = GT$. Dann gilt $T' = T$.*

Beweis (durch Induktion nach n): Induktionsanfang ($n = 1$): Es seien T, $T' \in M(m,1;K)$ Treppenmatrizen. Dann ist T entweder 0 oder E_{11}, und auch T' ist entweder 0 oder E_{11}. Ist $G \in \mathrm{GL}(m;K)$ mit $GT = T'$, so gilt: Ist $T = 0$, so ist $T' = G \cdot 0 = 0$, und ist $T' = 0$, so ist $T = G^{-1} \cdot 0 = 0$. Also gilt stets $T = T'$.

Induktionsschluß: Es sei $n \in \mathbb{N}$, und es sei bereits bewiesen: Sind S, $S' \in M(m,n;K)$ Treppenmatrizen, zu denen es ein $G \in \mathrm{GL}(m;K)$ mit $S' = GS$ gibt, so ist $S' = S$. Es seien $T = (\tau_{ij})$, $T' = (\tau'_{ij}) \in M(m,n+1;K)$ Treppenmatrizen, und es gebe ein $G = (\gamma_{ij}) \in \mathrm{GL}(m;K)$ mit $T' = GT$. Dann sind $S := (\tau_{ij})_{1\le i\le m, 1\le j\le n}$ und $S' := (\tau'_{ij})_{1\le i\le m, 1\le j\le n}$ Treppenmatrizen in $M(m,n;K)$, und es gilt offensichtlich $S' = GS$. Aufgrund der Induktionsvoraussetzung folgt daraus $S = S'$, d.h. T und T' stimmen in ihren ersten n Spalten überein. Es seien r der Rang und $q(1),\dots,q(r)$ die charakteristischen Spaltenindizes von T; es seien r' der Rang und $q'(1),\dots,q'(r')$ die charakteristischen Spaltenindizes von T'.

1. Fall: Es gelte $q(r) \le n$. Wegen $GS = S' = S$ gilt dann für jedes $i \in$

$\{1,\ldots,m\}$: Es ist für jedes $j \in \{1,\ldots,r\}$

$$\delta_{ij} = \tau_{i,q(j)} = \tau'_{i,q(j)} = \sum_{k=1}^{m} \gamma_{ik}\tau_{k,q(j)} = \sum_{k=1}^{m} \gamma_{ik}\delta_{kj} = \gamma_{ij}$$

und daher

$$\tau'_{i,n+1} = \sum_{k=1}^{m} \gamma_{ik}\tau_{k,n+1} = \sum_{k=1}^{r} \gamma_{ik}\tau_{k,n+1} = \sum_{k=1}^{r} \delta_{ik}\tau_{k,n+1} = \tau_{i,n+1}.$$

Damit ist gezeigt: Es gilt auch $T_{\bullet n+1} = T'_{\bullet n+1}$, und daher ist $T = T'$.

2. Fall: Es gelte $q'(r') \le n$. Wegen $T = G^{-1}T'$ folgt wie im ersten Fall: Es ist $T' = T$.

3. Fall: Es gelte $q(r) = n+1$ und $q'(r') = n+1$. Dann hat S den Rang $r-1$, und S' hat den Rang $r'-1$, und wegen $S = S'$ gilt daher $r-1 = r'-1$, also $r = r'$. Somit haben T und T' dieselbe $(n+1)$-te Spalte ${}^t(0,\ldots,1,\ldots,0)$ mit 1 an der r-ten Stelle. Also gilt auch in diesem Fall $T = T'$.

(2.10) BEMERKUNG: Es sei $A \in M(m,n;K)$.
(1) Man sagt: Eine Treppenmatrix $T \in M(m,n;K)$ gehört zu A, wenn es ein $G \in \mathrm{GL}(m;K)$ gibt mit $T = GA$.
(2) Es gibt höchstens eine zu A gehörige Treppenmatrix $T \in M(m,n;K)$.
Beweis: Sind T_1, $T_2 \in M(m,n;K)$ zu A gehörige Treppenmatrizen, so existieren G_1, $G_2 \in \mathrm{GL}(m;K)$ mit $T_1 = G_1A$ und $T_2 = G_2A$. Es gilt dann $T_2 = (G_2G_1^{-1})T_1$ und $G_2G_1^{-1} \in \mathrm{GL}(m;K)$ [vgl. (1.13)], und daher ist nach (2.9) $T_1 = T_2$.

(2.11) Der folgende Algorithmus berechnet für eine (m,n)-Matrix A eine zugehörige Treppenmatrix T in $M(m,n;K)$, und zwar liefert er Elementarmatrizen F_1, F_2, ..., $F_p \in M(m;K)$, für die $T = F_pF_{p-1}\cdots F_1A$ eine Treppenmatrix ist. In seinem Ablauf treten Matrizen $F^{(s)} \in M(m;K)$ auf, für die gilt: Die Matrix aus den ersten $s-1$ Spalten von $T^{(s)} = (\tau_{ij}^{(s)}) := F^{(s)}A$ ist eine Treppenmatrix.

Gauß-Algorithmus (1. Fassung):

Eingabe: $A \in M(m,n;K)$;

Ausgabe: eine zu A gehörige Treppenmatrix $T \in M(m,n;K)$ [sowie Elementarmatrizen $F_1, F_2,\ldots,F_p \in M(m;K)$ mit $T = F_pF_{p-1}\cdots F_1A$].

```
{Initialisierung:} s := 0; p := 0; r := 0; T^(0) := A; F^(0) := E_m;
while s < n do
  begin
    s := s + 1; T^(s) := T^(s-1); F^(s) := F^(s-1);
    if (τ_is^(s) = 0 für alle i ∈ {r + 1,...,m}) then
      {die Matrix aus den ersten s Spalten von T^(s)
      ist bereits Treppenmatrix, also tue nichts}
    else
      {für ein i ∈ {r + 1,...,m} ist τ_is^(s) ≠ 0}
      begin
```

11. $r := r + 1$; $q(r) := s$;
12. {suche $k \in \{r, \ldots, m\}$ mit $\tau_{ks}^{(s)} \neq 0$}
13. $k := r$; while $\tau_{ks}^{(s)} = 0$ do $k := k + 1$;
14. if $k \neq r$ then
15. {vertausche in $T^{(s)}$
16. die k-te Zeile und die r-te Zeile}
17. begin
18. $p := p + 1$; $F_p := V_{kr}$; $T^{(s)} := F_p * T^{(s)}$;
19. $F^{(s)} := F_p * F^{(s)}$;
20. end; {jetzt ist $\tau_{r,q(r)}^{(s)} \neq 0$}
21. $p := p + 1$; $F_p := D_r\big((\tau_{r,q(r)}^{(s)})^{-1}\big)$;
22. $T^{(s)} := F_p * T^{(s)}$; $F^{(s)} := F_p * F^{(s)}$;
23. {jetzt ist $\tau_{r,q(r)}^{(s)} = 1$}
24. {jetzt werden die $\tau_{i,q(r)}^{(s)}$
25. für $i \neq r$ zu 0 gemacht}
26. $i := 0$;
27. while $i < m$ do
28. begin
29. $i := i + 1$;
30. if $i \neq r$ then
31. begin
32. $p := p + 1$; $F_p := A_{ir}\big(-\tau_{i,q(r)}^{(s)}\big)$;
33. $T^{(s)} := F_p * T^{(s)}$; $F^{(s)} := F_p * F^{(s)}$;
34. end;
35. end;
36. end; {von Zeile 10; die Matrix aus den ersten
37. s Spalten von $T^{(s)}$ ist eine Treppenmatrix}
38. end; {von Zeile 3; jetzt ist $s = n$, also ist $T^{(s)}$ eine
39. Treppenmatrix vom Rang r und mit den
40. charakteristischen Spaltenindizes $q(1)$, $q(2), \ldots, q(r)$}
41. $T := T^{(s)}$;
42. return$(T, F_1, \ldots, F_p)$.

Der Algorithmus ist endlich: Die while-Schleife in Zeile 13 endet mit $k \leq m$ [nach Zeile 9 gibt es $\tau_{ks}^{(s)} \neq 0$]; die Schleife von Zeile 27 bis Zeile 35 wird nur endlich oft durchlaufen, denn bei jedem Durchlauf wird i um 1 erhöht, ebenso die in Zeile 2 beginnende Schleife, denn bei jedem Durchlauf wird s um 1 erhöht. Nach Ablauf des Algorithmus steht T auf dem Speicherplatz, auf dem vorher A stand.

(2.12) Satz: *Es sei $A \in M(m, n; K)$. Dann gilt: Es gibt eine und nur eine Treppenmatrix $T \in M(m, n; K)$, die zu A gehört, und zwar existieren Elementarmatrizen $F_1, F_2, \ldots, F_p \in M(m; K)$ mit $T = F_p F_{p-1} \cdots F_1 A$.*

Beweis: Der Gauß-Algorithmus in (2.11) liefert eine zu A gehörige Treppenmatrix

T in $M(m,n;K)$ sowie Elementarmatrizen F_1, $F_2, \ldots, F_p \in M(m;K)$ mit $T = F_pF_{p-1}\cdots F_1A$. Nach (2.10)(2) ist T die einzige zu A gehörige Treppenmatrix.

(2.13) DEFINITION: Es sei $A \in M(m,n;K)$, und es sei T die zu A gehörige Treppenmatrix. Ist T vom Rang r, so sagt man: Die Matrix A hat den Rang r; man schreibt dann $\text{rang}(A) = r$.

(2.14) BEMERKUNG: Es sei $A \in M(m,n;K)$, und es sei $T \in M(m,n;K)$ die zu A gehörige Treppenmatrix.

(1) $r = \text{rang}(A) = \text{rang}(T)$ ist die Anzahl der von der Nullzeile verschiedenen Zeilen von T, und daher ist $0 \leq r \leq m$. Für die charakteristischen Spaltenindizes $q(1), \ldots, q(r)$ von T gilt $1 \leq q(1) < q(2) < \cdots < q(r) \leq n$, und daher ist $r \leq n$. Es gilt also $0 \leq \text{rang}(A) \leq \min\{m,n\}$.

(2) Es gibt ein $G \in \text{GL}(m;K)$ mit $T = GA$. Es gilt daher

$$\text{rang}(A) = 0 \Leftrightarrow \text{rang}(T) = 0 \Leftrightarrow T = 0 \Leftrightarrow A = 0.$$

(2.15) Satz: *Es sei* $A \in M(m;K)$. *Folgende Aussagen sind äquivalent:*

(1) *A ist invertierbar;*

(2) *es gilt* $\text{rang}(A) = m$;

(3) *A ist ein Produkt von Elementarmatrizen.*

Beweis: Es sei $T \in M(m;K)$ die zu A gehörige Treppenmatrix. Nach (2.12) existieren Elementarmatrizen $F_1, \ldots, F_p \in M(m;K)$ mit $T = F_pF_{p-1}\cdots F_1A$.

(1) $\Rightarrow$ (2): Es gelte: A ist invertierbar. Weil jede Elementarmatrix $F \in M(m;K)$ invertierbar ist [vgl. (2.6)(3)], ist dann auch $T = F_pF_{p-1}\cdots F_1A$ invertierbar [vgl. (1.13)(3)].

Annahme: Es ist $\text{rang}(T) < m$. Dann gilt in $T = (\tau_{ij})$: Es ist $\tau_{m1} = \tau_{m2} = \cdots = \tau_{mm} = 0$ [vgl. (2.7)]. Ist $T^{-1} = (\sigma_{ij})$, so folgt wegen $TT^{-1} = E_m$: Es ist $1 = \sum_{k=1}^m \tau_{mk}\sigma_{km} = \sum_{k=1}^m 0 \cdot \sigma_{km} = 0$, und das ist Unsinn.

Also gilt $\text{rang}(A) = \text{rang}(T) = m$.

(2) $\Rightarrow$ (3): Es gelte $\text{rang}(A) = m$. Dann ist T eine Treppenmatrix vom Rang m. Für ihre charakteristischen Spaltenindizes $q(1)$, $q(2), \ldots, q(m)$ gilt

$$1 \leq q(1) < q(2) < \cdots < q(m) \leq m$$

und daher $q(1) = 1$, $q(2) = 2$, $\ldots$, $q(m) = m$. Es folgt

$$T = \begin{pmatrix} 1 & & & 0 \\ & 1 & & \\ & & \ddots & \\ 0 & & & 1 \end{pmatrix} = E_m.$$

Also ist $A = (F_pF_{p-1}\cdots F_1)^{-1} \cdot T = (F_pF_{p-1}\cdots F_1)^{-1} = F_1^{-1}F_2^{-1}\cdots F_p^{-1}$, und weil $F_1^{-1}, \ldots, F_p^{-1}$ Elementarmatrizen sind [vgl. (2.6)(3)], ist A somit ein Produkt von Elementarmatrizen.

(3) $\Rightarrow$ (1): Es gelte $A = \tilde{F}_1\tilde{F}_2\cdots\tilde{F}_t$ mit Elementarmatrizen $\tilde{F}_1, \ldots, \tilde{F}_t \in M(m;K)$. Weil alle Elementarmatrizen invertierbar sind [vgl. (2.6)(3)], ist nach (1.13)(3) auch A invertierbar.

(2.16) BEMERKUNG: Es sei $A \in M(m;K)$, und es sei $T \in M(m;K)$ die zu A gehörige Treppenmatrix. Nach (2.12) gibt es Elementarmatrizen $F_1, \ldots, F_p \in M(m;K)$ mit $T = F_p F_{p-1} \cdots F_1 A$.
(1) Mit dem Gauß-Algorithmus (2.11) kann man feststellen, ob A invertierbar ist: A ist genau dann invertierbar, wenn $\text{rang}(A) = m$ ist, also genau dann, wenn $T = E_m$ ist.
(2) Ist A invertierbar, so gilt $T = E_m$ und daher $A^{-1} = F_p F_{p-1} \cdots F_1$. Wenn man also mit dem Algorithmus (2.11) alle dort vorkommenden Elementarmatrizen $F_1, \ldots, F_p$ ermittelt hat, kann man daraus A^{-1} berechnen. Diese Methode zur Berechnung von A^{-1} ist nicht praktikabel: Die Anzahl der auftretenden Elementarmatrizen ist von der Größenordnung m^2. Eine praktikable Methode wird in (6.8) angegeben.

(2.17) BEMERKUNG: Es sei $A \in M(m,n;K)$, und es sei $T \in M(m,n;K)$ die zu A gehörige Treppenmatrix. Im allgemeinen interessiert man sich nur für T und insbesondere für $\text{rang}(A) = \text{rang}(T)$ und nicht für die Elementarmatrizen F_1, $F_2, \ldots, F_p \in M(m;K)$ mit $T = F_p F_{p-1} \cdots F_1 A$. Die in (2.18) aufgeschriebene Version des Gauß-Algorithmus vermeidet Multiplikationen mit Elementarmatrizen, sondern führt die gewünschten Umformungen, die durch Multiplikationen mit Elementarmatrizen bewirkt werden [vgl. (2.1)(5), (2.3)(1) und (2.5)(4)], direkt an den Zeilen der Matrix A aus. Nach Ablauf des Algorithmus steht T auf dem Speicherplatz, auf dem vorher A stand. In (2.18) wird die in vielen Programmiersprachen übliche Bezeichnung $A[i,j]$ für die Elemente der Matrix A (des "array" A) benutzt.

(2.18) Gauß-Algorithmus (2. Fassung):
Eingabe: $A = (A[i,j])_{1 \le i \le m, 1 \le j \le n} \in M(m,n;K)$;
Ausgabe: die zu A gehörige Treppenmatrix.

```
r = 0;
for s := 1 to n do
  begin
    k := r + 1; while k ≤ m and then A[k,s] = 0 do k := k + 1;
    {endet mit k > m, falls alle A[k,s] = 0 sind}
    if k ≤ m {nur dann ist etwas zu tun} then
      begin {A[k,s] ist das s-te Pivotelement}
        r := r + 1; q[r] := s;
        if k ≠ r then for j := s to n do
          begin {jetzt werden die r-te und die
            l-te Zeile vertauscht}
            h := A[r,j]; A[r,j] := A[k,j]; A[k,j] := h;
          end;
        h := 1/A[r,s];
        for j := s to n do A[r,j] := h * A[r,j];
        for i := r + 1 to m do
          for j := n downto s do A[i,j] := A[i,s] - A[i,j] * A[r,j];
          {dies stellt Treppenform im unteren Dreieck her}
```

```
19.         end; {von Zeile 7}
20.      end; {von Zeile 3}
21.   {r und q(1),...,q(r) sind jetzt gefunden,
22.   aber für die neue Matrix (A[i,j]) gilt (2.7)(4) noch nicht}
23.   for j := 1 to n do z[j] := 0; for i := 1 to r do z[q[i]] := 1;
24.   {jetzt gilt z[j] = 1 genau dann, wenn
25.   ein i mit j = q[i] existiert}
26.   for i := r downto 2 do
27.      begin
28.        s := q[i];
29.        for l := s + 1 to n do
30.           if z[l] = 0 then
31.             begin
32.               for k := i - 1 downto 1 do
33.                  A[k,l] := A[k,l] - A[k,s] * A[i,l];
34.             end; {von Zeile 31}
35.        for k := i - 1 downto 1 do A[k,s] := 0;
36.      end; {von Zeile 27}
37.   return ((A[i,j])_{1≤i≤m,1≤j≤n}).
```

(2.19) BEMERKUNG: (1) Der Gauß-Algorithmus (2.18) ist so nur brauchbar, wenn während der Rechnung keine Rundungsfehler auftreten. In (6.1)(1) wird angegeben, was beim Rechnen mit Gleitpunktzahlen abzuändern ist.

(2) Der Algorithmus (2.18) benötigt im Fall $r = m = q(r)$ etwa $\frac{2}{3} \cdot m^2 n$ Rechenoperationen an Elementen von K.

(3) In Zeile 4 steht eine Bedingung der Form "B and then C". Das bedeutet: Es ist zuerst die Aussage B auszuwerten. Ergibt das "false", so ist B das Resultat; ergibt das "true", so ist auch noch die Aussage C auszuwerten; es ist dann C das Resultat. In Zeile 3 wäre "B and C" ein Fehler, da etwa in Pascal die Reihenfolge der Auswertung nicht festliegt; so könnte $k = m + 1$ sein, und dann könnte bei "B and C" zuerst C ausgewertet werden.

(4) Der Algorithmus (2.18) wählt für jedes $i \in \{1, \ldots, \text{rang}(A)\}$ in der $q(i)$-ten Spalte der gerade bearbeiteten Matrix unter den Elementen der Zeilen $i, \ldots, m$, also unter den Elementen $A[i, q(i)]$, $A[i+1, q(i)], \ldots, A[m, q(i)]$, ein von 0 verschiedenes Element aus, und zwar das erste, welches nicht 0 ist [vgl. die Zeilen 4, 5 und 6 in (2.18)]; dieses Element nennt man das i-te Pivotelement. Das englische Wort "pivot" bedeutet "Drehpunkt" oder "Türangel", und um die Pivotelemente "drehen sich" in (2.18) jeweils die folgenden Rechnungen.

(2.20) BEMERKUNG: Es gelte $m \geq n$, und es seien

$$F = \sum_{i=0}^{m} \alpha_i T^i \quad \text{und} \quad G = \sum_{i=0}^{n} \beta_i T^i \quad \text{mit} \quad \beta_n \neq 0$$

Polynome in $K[T]$. Der Divisionsalgorithmus aus I(8.6) liefert Polynome Q, $R \in K[T]$ mit $F = GQ + R$ und mit $R = 0$ oder $\text{grad}(R) < n$. Das Polynom R kann man berechnen, wenn man auf die $(m-n+2, m+1)$-Matrix

$$\left.\begin{pmatrix} \beta_n & \beta_{n-1} \cdots\cdots & \beta_0 & & & \\ & \beta_n & \beta_{n-1} \cdots\cdots & \beta_0 & & \\ & & \ddots \quad \ddots & & \ddots & \\ & & & \beta_n & \beta_{n-1} \cdots\cdots & \beta_0 \\ \alpha_m & \cdots\cdots & & & & \alpha_0 \end{pmatrix}\right\} m-n+1 \text{ Zeilen}$$

die in den Zeilen 1 bis 20 von (2.18) angegebenen Operationen anwendet. Die letzte Zeile der Matrix, die sich dabei ergibt, hat die Gestalt

$$(\underbrace{0,\ldots,0}_{m-n+1}, \gamma_{n-1}, \ldots, \gamma_0),$$

und hiermit gilt $R = \sum_{i=0}^{n-1} \gamma_i T^i$. Auch Q kann man ablesen, wenn man bei der Durchführung des Algorithmus beim i-ten Schritt für jedes $i \in \{1, \ldots, m-n+1\}$ das β_n^{-1}-fache des i-ten Elements der letzten Zeile zum letzten Element der i-ten Zeile addiert. Die so der Reihe nach erhaltenen Elemente $\delta_1, \ldots, \delta_{m-n+1}$ liefern $Q = \sum_{i=1}^{m-n+1} \delta_i T^{m-n+1-i}$.

(2.21) BEISPIEL: Für

$$A = \begin{pmatrix} 1 & 2 & 1 & 1 & 1 \\ -1 & -2 & -2 & 2 & 1 \\ 2 & 4 & 3 & -1 & 0 \\ 1 & 2 & 2 & -2 & 1 \end{pmatrix} \in M(4,5;\mathbb{R})$$

liefert der Algorithmus (2.18) für $s = 1$ [vgl. Zeile 2 in (2.18)] die Matrix

$$\begin{pmatrix} 1 & 2 & 1 & 1 & 1 \\ 0 & 0 & -1 & 3 & 2 \\ 0 & 0 & 1 & -3 & -2 \\ 0 & 0 & 1 & -3 & 0 \end{pmatrix}$$

und für $s = 2$ die Matrix

$$\begin{pmatrix} 1 & 2 & 1 & 1 & 1 \\ 0 & 0 & 1 & -3 & -2 \\ 0 & 0 & 0 & 0 & 0 \\ 0 & 0 & 0 & 0 & 2 \end{pmatrix};$$

für $s = 3$ und $s = 4$ ändert sich nichts, und für $s = 5$ erhält man

$$\begin{pmatrix} 1 & 2 & 1 & 1 & 1 \\ 0 & 0 & 1 & -3 & -2 \\ 0 & 0 & 0 & 0 & 1 \\ 0 & 0 & 0 & 0 & 0 \end{pmatrix}.$$

Hieraus liest man bereits ab: Es ist $\text{rang}(A) = 3$, und die zu A gehörige Treppenmatrix besitzt die charakteristischen Spaltenindizes $q(1) = 1$, $q(2) = 3$ und $q(3) = 5$. Die Fortsetzung des Algorithmus (2.18) (ab Zeile 22) liefert zuerst

$$\begin{pmatrix} 1 & 2 & 1 & 1 & 0 \\ 0 & 0 & 1 & -3 & 0 \\ 0 & 0 & 0 & 0 & 1 \\ 0 & 0 & 0 & 0 & 0 \end{pmatrix}$$

und dann

$$\begin{pmatrix} 1 & 2 & 0 & 4 & 0 \\ 0 & 0 & 1 & -3 & 0 \\ 0 & 0 & 0 & 0 & 1 \\ 0 & 0 & 0 & 0 & 0 \end{pmatrix},$$

und das ist die zu A gehörige Treppenmatrix.

§3 Lineare Gleichungssysteme I

(3.1) Es sei $A = (\alpha_{ij})_{1 \le i \le m, 1 \le j \le n} \in M(m, n; K)$, und es sei

$$b = \begin{pmatrix} \beta_1 \\ \beta_2 \\ \vdots \\ \beta_m \end{pmatrix} = {}^t(\beta_1, \beta_2, \ldots, \beta_m) \in M(m, 1; K).$$

(1) Aufgabe: Man ermittle die Menge aller

$$x = \begin{pmatrix} \xi_1 \\ \xi_2 \\ \vdots \\ \xi_n \end{pmatrix} = {}^t(\xi_1, \xi_2, \ldots, \xi_n) \in M(n, 1; K)$$

mit

$$Ax = b, \tag{$*$}$$

also mit

$$\left\{ \begin{array}{rcl} \alpha_{11}\xi_1 + \alpha_{12}\xi_2 + \cdots + \alpha_{1n}\xi_n & = & \beta_1, \\ \alpha_{21}\xi_1 + \alpha_{22}\xi_2 + \cdots + \alpha_{2n}\xi_n & = & \beta_2, \\ \cdots\cdots\cdots\cdots\cdots\cdots & & \cdots \\ \alpha_{m1}\xi_1 + \alpha_{m2}\xi_2 + \cdots + \alpha_{mn}\xi_n & = & \beta_m. \end{array} \right.$$

($*$) heißt ein lineares Gleichungssystem mit m Gleichungen für die n Unbekannten $\xi_1, \ldots, \xi_n$.

(2) Das lineare Gleichungssystem ($*$) heißt lösbar, wenn

$$\{x \in M(n, 1; K) \mid Ax = b\} \neq \emptyset$$

ist.
(3) Das lineare Gleichungssystem $(*)$ heißt homogen, falls $b = 0$ ist, und andernfalls inhomogen.
(4) Ist $b \neq 0$, so heißt das lineare Gleichungssystem $Ax = 0$ das zu $(*)$ gehörige homogene System.
(5) Die Matrix $A \in M(m, n; K)$ heißt die Matrix des linearen Gleichungssystems $(*)$; die Matrix

$$(A, b) = \begin{pmatrix} \alpha_{11} & \alpha_{12} & \dots & \alpha_{1n} & \beta_1 \\ \alpha_{21} & \alpha_{22} & \dots & \alpha_{2n} & \beta_2 \\ \dots & \dots & \dots & \dots & \dots \\ \alpha_{m1} & \alpha_{m2} & \dots & \alpha_{mn} & \beta_m \end{pmatrix} \in M(m, n+1; K)$$

heißt die erweiterte Matrix des linearen Gleichungssystems $(*)$.

(3.2) Viele Fragen aus dem Anwendungsbereich der Mathematik in Wirtschaftswissenschaften, Naturwissenschaften und Technik führen auf lineare Gleichungssysteme – entweder direkt, wie in dem nachfolgenden Beispiel (3.3) eines elektrischen Netzwerks, oder indirekt, indem durch andere Methoden nicht lösbare nichtlineare Gleichungssysteme durch lineare Gleichungssysteme approximiert werden.

(3.3) Ein elektrisches Leitungsnetz, in dem Gleichstrom fließt, läßt sich so beschreiben: Es besteht aus "Punkten" ("pins") $P_0, \dots, P_{n+1}$, und für gewisse i, $j \in \{0, 1, \dots, n+1\}$ mit $i \neq j$ sind die Punkte P_i und P_j durch einen Ohmschen Widerstand $R_{ij} > 0$ verbunden; die Punkte P_0 und P_{n+1} sind mit den Polen einer Stromquelle der Spannung U verbunden. Als Beispiele hierfür seien die nachfolgenden genannt:

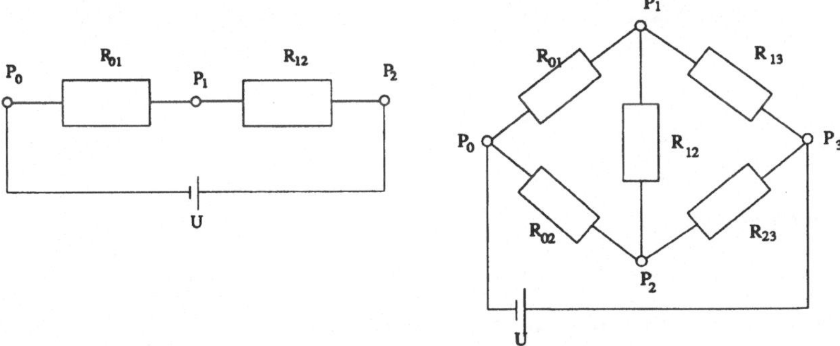

Figur 1 Figur 2

(a) Spannungsteilerschaltung [vgl. Figur 1]: Zwischen P_0 und P_1 soll eine vorgegebene Spannung eingestellt werden können. Das wird dadurch erreicht, daß die Widerstände R_{01} und R_{12} verändert werden können.

(b) Wheatstonesche Brücke [vgl. Figur 2]: Es soll der Widerstand R_{23} gemessen werden. Dazu werden die Widerstände R_{01}, R_{02} und R_{13} so gewählt, daß durch R_{12} kein Strom fließt. Dann gilt, wie in (5.8) gezeigt werden wird, $R_{23} = R_{13}R_{02}/R_{01}$; auf die Größe von R_{12} kommt es dabei nicht an.

Es ist folgende Aufgabe zu lösen: Aus der vorgegebenen Spannung U und den vorgegebenen Widerständen R_{ij} (für gewisse i, j) sind die Spannungen U_i zwischen den Punkten P_0 und P_i für alle $i \in \{1, \ldots, n\}$ und die Ströme I_{ij} zwischen P_i und P_j für alle $i, j \in \{0, 1, \ldots, n+1\}$ mit $i \neq j$ zu berechnen. Das ist physikalisch nur sinnvoll, wenn das Netz in folgendem Sinne zusammenhängend ist: Für jedes $i \in \{1, \ldots, n+1\}$ ist P_i mit P_0 direkt oder indirekt, also über andere Punkte, verbunden. Es werden die folgenden physikalischen Gesetze benutzt:

Ohmsches Gesetz: Sind $i, j \in \{0, 1, \ldots, n+1\}$ mit $i \neq j$ und ist P_i mit P_j durch den Widerstand R_{ij} verbunden, so ist $U_i - U_j = R_{ij}I_{ij}$; ist P_i nicht mit P_j verbunden, so ist $I_{ij} = 0$.

Erstes Kirchhoffsches Gesetz: Für jedes $i \in \{1, \ldots, n\}$ gilt

$$I_{i0} + \cdots + I_{i,i-1} + I_{i,i+1} + \cdots + I_{i,n+1} = 0,$$

d.h. die Summe der in P_i hineinfließenden Ströme ist gleich der Summe der aus P_i herausfließenden Ströme.

Die Beschreibung des Netzes wird vereinfacht, wenn man statt der Widerstände die Leitfähigkeiten der einzelnen Leitungsabschnitte einführt. Dazu setzt man für alle $i, j \in \{0, 1, \ldots, n+1\}$ mit $i \neq j$

$$\sigma_{ij} = \begin{cases} 1/R_{ij}, & \text{falls } P_i \text{ mit } P_j \text{ verbunden ist,} \\ 0, & \text{falls } P_i \text{ nicht mit } P_j \text{ verbunden ist.} \end{cases}$$

Nach dem Ohmschen Gesetz gilt $I_{ij} = \sigma_{ij}(U_i - U_j)$ für alle $i, j \in \{0, 1, \ldots, n+1\}$ mit $i \neq j$, und aus dem ersten Kirchhoffschen Gesetz folgt

$$\sum_{\substack{j=0 \\ j \neq i}}^{n+1} \sigma_{ij}(U_i - U_j) = 0 \quad \text{für jedes } i \in \{1, \ldots, n\}. \tag{$*$}$$

Setzt man noch für jedes $i \in \{1, \ldots, n\}$

$$\sigma_{ii} := \sigma_{i0} + \cdots + \sigma_{i,i-1} + \sigma_{i,i+1} + \cdots + \sigma_{i,n+1},$$

so folgt wegen $U_0 = 0$ und $U_{n+1} = U$ aus ($*$): Es ist

$$\sum_{j=1}^{n} \sigma_{ij}U_j = -\sigma_{i,n+1}U \quad \text{für jedes } i \in \{1, \ldots, n\}. \tag{$**$}$$

Bei bekannten Leitfähigkeiten σ_{ij} ist ($**$) ein lineares Gleichungssystem mit n Gleichungen für die n unbekannten Spannungen $U_1, \ldots, U_n$; die Ströme erhält man dann aus dem Ohmschen Gesetz. Es wird sich ergeben, daß ($**$) genau eine Lösung besitzt [vgl. (5.7)].

(3.4) BEMERKUNG: Es seien $A \in M(m,n;K)$ und $b \in M(m,1;K)$.
(1) Es sei $C \in \mathrm{GL}(m;K)$. Dann hat das lineare Gleichungssystem $Ax = b$ dieselbe Lösungsmenge wie das lineare Gleichungssystem $(CA)x = Cb$.
(2) Es sei $T \in M(m,n;K)$ die zu A gehörige Treppenmatrix, es sei $G \in \mathrm{GL}(m;K)$ mit $T = GA$. Dann hat das lineare Gleichungssystem $Ax = b$ dieselbe Lösungsmenge wie das lineare Gleichungssystem $Tx = Gb$.
(3) Es sei $\tilde{A} := (A,b) \in M(m,n+1;K)$ die erweiterte Matrix des linearen Gleichungssystems $Ax = b$. Es sei $\tilde{T} = (\tau_{ij})_{1\leq i\leq m, 1\leq j\leq n+1} \in M(m,n+1;K)$ die zu $\tilde{A}$ gehörige Treppenmatrix, und es sei $G \in \mathrm{GL}(m;K)$ mit $\tilde{T} = G\tilde{A}$. Dann ist $T := (\tau_{ij})_{1\leq i\leq m, 1\leq j\leq n} \in M(m,n;K)$ eine Treppenmatrix, und es gilt $T = GA$. Also ist T die zu A gehörige Treppenmatrix, und $c := Gb$ ist die $(n+1)$-te Spalte von $\tilde{T}$.

Es sei $r := \mathrm{rang}(A) = \mathrm{rang}(T)$, und es seien $q(1),\ldots,q(r)$ die charakteristischen Spaltenindizes von T. Dann ist $\mathrm{rang}(\tilde{A}) = \mathrm{rang}(\tilde{T}) = \mathrm{rang}(T,c)$ gleich r oder gleich $r+1$. Ist $\mathrm{rang}(\tilde{A}) = r$, so hat c die Gestalt $c = {}^t(\gamma_1,\ldots,\gamma_r,0,\ldots,0)$, und ist $\mathrm{rang}(\tilde{A}) = r+1$, so hat $\tilde{T}$ die charakteristischen Spaltenindizes $q(1),\ldots,q(r)$ und $n+1$, und es gilt insbesondere

$$c = \begin{pmatrix} 0 \\ \vdots \\ 1 \\ \vdots \\ 0 \end{pmatrix} \leftarrow (r+1)\text{-te Zeile.}$$

(4) Bei der Berechnung der Lösungsmenge von $Ax = b$ kann man also so vorgehen: Man ermittelt mit dem Gauß-Algorithmus (2.18) die zu $\tilde{A} = (A,b)$ gehörige Treppenmatrix $\tilde{T} = (T,c)$ und berechnet die Lösungsmenge von $Tx = c$.

(3.5) Satz: *Es seien $A \in M(m,n;K)$ und $b \in M(m,1;K)$; es sei*

$$\mathcal{L} := \{x \in M(n,1;K) \mid Ax = b\} \quad \text{und} \quad R_A := \{y \in M(n,1;K) \mid Ay = 0\}.$$

(1) *Die Menge R_A ist nicht leer, und es gilt: Sind y, $y' \in R_A$ und $\alpha \in K$, so gilt $y + y' \in R_A$ und $\alpha y \in R_A$.*
(2) *Ist $\mathcal{L} \neq \emptyset$ und ist $x^* \in \mathcal{L}$, so gilt $\mathcal{L} = \{x^* + y \mid y \in R_A\} =: x^* + R_A$.*
Beweis: (1) Wegen $0 \in R_A$ ist $R_A \neq \emptyset$. Für alle y, $y' \in R_A$ und jedes $\alpha \in K$ gilt $A(y+y') = Ay + Ay' = 0$ und $A(\alpha y) = \alpha(Ay) = \alpha \cdot 0 = 0$ und daher $y + y' \in R_A$ und $\alpha y \in R_A$.
(2) Es gelte $\mathcal{L} \neq \emptyset$, und es sei $x^* \in \mathcal{L}$. Für jedes $y \in R_A$ gilt $A(x^*+y) = Ax^*+Ay = b + 0 = b$ und daher $x^* + y \in \mathcal{L}$. – Ist umgekehrt $x \in \mathcal{L}$, so gilt $x = x^* + (x - x^*)$, und wegen $A(x - x^*) = Ax - Ax^* = b - b = 0$ ist $x - x^* \in R_A$. – Damit ist gezeigt: Es gilt $\mathcal{L} = x^* + R_A$.

(3.6) BEMERKUNG: Es seien $A \in M(m,n;K)$ und $b \in M(m,1;K)$. Die Aufgabe, das lineare Gleichungssystem $Ax = b$ zu lösen, zerfällt nach (3.5) in die beiden folgenden Teilaufgaben:

(1) Man untersuche, ob es ein $x^* \in M(n,1;K)$ mit $Ax^* = b$ gibt und berechne gegebenenfalls ein solches x^*.
(2) Man ermittle die Menge R_A der Lösungen des zugehörigen homogenen Systems $Ax = 0$.

(3.7) Es sei $T = (\tau_{ij}) \in M(m,n;K)$ eine Treppenmatrix mit $\operatorname{rang}(T) = r$ und mit den charakteristischen Spaltenindizes $q(1),\dots,q(r)$; es sei weiter

$$c = {}^t(\gamma_1, \gamma_2, \dots, \gamma_m) \in M(m,1;K).$$

(1) *Das lineare Gleichungssystem*

$$Tx = c \tag{$*$}$$

ist genau dann lösbar, wenn $\gamma_{r+1} = \gamma_{r+2} = \cdots = \gamma_m = 0$ *gilt.*
Beweis: (a) Es gelte: Es gibt ein $x = {}^t(\xi_1,\dots,\xi_n) \in M(n,1;K)$ mit $Tx = c$. Dann gilt für jedes $i \in \{r+1,\dots,m\}$

$$\gamma_i = \sum_{j=1}^{n} \tau_{ij}\xi_j = \sum_{j=1}^{n} 0 \cdot \xi_j = 0.$$

(b) Es gelte $\gamma_{r+1} = \cdots = \gamma_m = 0$. Man setzt $\xi^*_{q(i)} := \gamma_i$ für jedes $i \in \{1,\dots,r\}$ und $\xi^*_j := 0$ für jedes $j \in \{1,\dots,n\} \setminus \{q(1),\dots,q(r)\}$. Für $x^* := {}^t(\xi^*_1,\dots,\xi^*_n) \in M(n,1;K)$ gilt $Tx^* = c$, denn für jedes $i \in \{1,\dots,r\}$ gilt

$$\sum_{j=1}^{n} \tau_{ij}\xi^*_j = \sum_{k=1}^{r} \tau_{i,q(k)}\gamma_k = \sum_{k=1}^{r} \delta_{ik}\gamma_k = \gamma_i,$$

und für jedes $i \in \{r+1,\dots,n\}$ gilt

$$\sum_{j=1}^{n} \tau_{ij}\xi^*_j = \sum_{j=1}^{n} 0 \cdot \xi^*_j = 0 = \gamma_i.$$

Die so gefundene Lösung x^* von $Tx = c$ heißt die Standardlösung des linearen Gleichungssystems $(*)$.
(2) Es seien $p(1),\dots,p(n-r) \in \mathbb{N}$ die Zahlen mit

$$\{1,\dots,n\} = \{q(1),\dots,q(r)\} \uplus \{p(1),\dots,p(n-r)\}$$

und mit $p(1) < p(2) < \cdots < p(n-r)$. Ist $k \in \{1,\dots,n-r\}$, so definiert man

$$\eta^{(k)}_{q(l)} := \tau_{l,p(k)} \text{ für } 1 \le l \le r \text{ und } \eta^{(k)}_{p(l)} := -\delta_{lk} \text{ für } 1 \le l \le n-r$$

und setzt $y^{(k)} := {}^t(\eta^{(k)}_1, \eta^{(k)}_2, \dots, \eta^{(k)}_n) \in M(n,1;K)$. *Dann gilt*

$$R_T := \{y \in M(n,1;K) \mid Ty = 0\} = \left\{\sum_{k=1}^{n-r} \lambda_k y^{(k)} \mid \lambda_1,\dots,\lambda_{n-r} \in K\right\}.$$

Beweis: (a) Es sei $k \in \{1,\ldots,n-r\}$. Für jedes $i \in \{1,\ldots,r\}$ gilt

$$\begin{aligned}\sum_{j=1}^{n} \tau_{ij}\eta_j^{(k)} &= \sum_{l=1}^{r} \tau_{i,q(l)}\tau_{l,p(k)} + \sum_{l=1}^{n-r} \tau_{i,p(l)}(-\delta_{lk}) \\ &= \sum_{l=1}^{r} \delta_{il}\tau_{l,p(k)} - \sum_{l=1}^{n-r} \tau_{i,p(l)}\delta_{lk} \\ &= \tau_{i,p(k)} - \tau_{i,p(k)} = 0,\end{aligned}$$

und für jedes $i \in \{r+1,\ldots,m\}$ gilt

$$\sum_{j=1}^{n} \tau_{ij}\eta_j^{(k)} = \sum_{j=1}^{n} 0 \cdot \eta_j^{(k)} = 0,$$

d.h. es gilt $Ty^{(k)} = 0$. Es seien $\lambda_1,\ldots,\lambda_{n-r} \in K$. Dann gilt $T\left(\sum_{k=1}^{n-r} \lambda_k y^{(k)}\right) = \sum_{k=1}^{n-r} T(\lambda_k y^{(k)}) = \sum_{k=1}^{n-r} \lambda_k T y^{(k)} = 0$, also ist $\sum_{k=1}^{n-r} \lambda_k y^{(k)} \in R_T$.
(b) Es sei $y = {}^t(\eta_1,\ldots,\eta_n) \in R_T$. Nach (3.5)(1) gilt wegen $y, y^{(1)},\ldots,y^{(n-r)} \in R_T$: Es ist $z = {}^t(\zeta_1,\ldots,\zeta_n) := y + \sum_{k=1}^{n-r} \eta_{p(k)} y^{(k)} \in R_T$. Für jedes $l \in \{1,\ldots,n-r\}$ gilt

$$\zeta_{p(l)} = \eta_{p(l)} + \sum_{k=1}^{n-r} \eta_{p(k)}\eta_{p(l)}^{(k)} = \eta_{p(l)} + \sum_{k=1}^{n-r} \eta_{p(k)}(-\delta_{lk}) = \eta_{p(l)} - \eta_{p(l)} = 0,$$

und für jedes $i \in \{1,\ldots,r\}$ gilt

$$\begin{aligned}0 &= \sum_{j=1}^{n} \tau_{ij}\zeta_j = \sum_{l=1}^{r} \tau_{i,q(l)}\zeta_{q(l)} + \sum_{l=1}^{n-r} \tau_{i,p(l)}\zeta_{p(l)} \\ &= \sum_{l=1}^{r} \delta_{i,l}\zeta_{q(l)} + \sum_{l=1}^{n-r} \tau_{i,p(l)} \cdot 0 = \zeta_{q(i)}.\end{aligned}$$

Also gilt $z = {}^t(0,0,\ldots,0) = 0$ und daher $y = \sum_{k=1}^{n-r}(-\eta_{p(k)})y^{(k)}$.
(3) Es seien $\lambda_1,\ldots,\lambda_{n-r} \in K$ mit $\sum_{k=1}^{n-r} \lambda_k y^{(k)} = 0$. Dann gilt $\lambda_1 = \cdots = \lambda_{n-r} = 0$, denn für jedes $l \in \{1,\ldots,n-r\}$ ist

$$0 = \sum_{k=1}^{n-r} \lambda_k \eta_{p(l)}^{(k)} = \sum_{k=1}^{n-r} \lambda_k(-\delta_{lk}) = -\lambda_l.$$

(3.8) Satz: *Es seien $A \in M(m,n;K)$ und $b \in M(m,1;K)$; es sei $\tilde{A} := (A,b)$. Das lineare Gleichungssystem $Ax = b$ ist dann und nur dann lösbar, wenn* $\operatorname{rang}(\tilde{A}) = \operatorname{rang}(A)$ *ist.*
Beweis: Es sei T die zu A gehörige Treppenmatrix, es sei $\tilde{T}$ die zu $\tilde{A}$ gehörige Treppenmatrix, und es sei $c = {}^t(\gamma_1,\ldots,\gamma_m)$ die $(n+1)$-te Spalte von $\tilde{T}$. Es sei

$r := \text{rang}(A) = \text{rang}(T)$. Nach (3.4)(2) ist $Ax = b$ genau dann lösbar, wenn $Tx = c$ lösbar ist, also nach (3.7)(1) genau dann, wenn $\gamma_{r+1} = \cdots = \gamma_m = 0$ gilt. Dies ist wiederum nach (3.4)(3) aber genau dann der Fall, wenn auch $\text{rang}(\tilde{A}) = \text{rang}(\tilde{T}) = r$ ist.

(3.9) BEMERKUNG: Es seien $A \in M(m,n;K)$ und $b \in M(m,1;K)$. Um das lineare Gleichungssystem

$$Ax = b \qquad (*)$$

zu lösen, geht man so vor:

(1) Man wendet den Gauß-Algorithmus (2.18) auf die erweiterte Matrix $\tilde{A} = (A,b)$ von $(*)$ an und erhält so die zu $\tilde{A}$ gehörige Treppenmatrix $\tilde{T} = (T,c)$ [wobei T die zu A gehörige Treppenmatrix ist]. Ist $\text{rang}(\tilde{T}) \neq \text{rang}(T)$, so ist $(*)$ nicht lösbar.

(2) Es gelte $r = \text{rang}(A) = \text{rang}(T)$. Ist $\text{rang}(\tilde{T}) = r$, so ermittelt man gemäß (3.7)(1b) eine Lösung $x^* \in M(n,1;K)$ von $Tx = c$. Dann ist x^* auch eine Lösung von $(*)$ [vgl. (3.4)(2)].

Gemäß (3.7)(2) ermittelt man sodann die Elemente $y^{(1)}, \ldots, y^{(n-r)}$ der Menge $\{y \in M(n,1;K) \mid Ty = 0\} = \{y \in M(n,1;K) \mid Ay = 0\} = R_A$. Die Menge aller Lösungen von $(*)$ ist dann nach (3.5)

$$x^* + R_A = x^* + \left\{ \sum_{k=1}^{n-r} \lambda_k y^{(k)} \mid \lambda_1, \ldots, \lambda_{n-r} \in K \right\}.$$

(3.10) Es seien $A \in M(m,n;K)$ und $b \in M(m,1;K)$, und es gelte $r := \text{rang}(A) = \text{rang}(A,b)$. Es seien $q(1), \ldots, q(r)$ die charakteristischen Spaltenindizes der zu A gehörigen Treppenmatrix T, und es seien $p(1), \ldots, p(n-r)$ wie in (3.7)(2) erklärt. Aus (3.7) ergibt sich sogleich, daß man die Standardlösung x^* des linearen Gleichungssystems $Ax = b$ und die in (3.7)(2) angegebenen Lösungen $y^{(1)}, \ldots, y^{(n-r)}$ des homogenen Systems $Ay = 0$ an der zur Matrix (A,b) gehörigen Treppenmatrix $\tilde{T}$ ablesen kann:

Man fügt dazu in der Matrix $\tilde{T}$ $n-r$ neue Zeilen der Form $(0, \ldots, 0, -1, 0, \ldots, 0)$ so ein, daß die Elemente $\tau_{i,q(i)} = 1$ mit $i = 1, \ldots, r$ in T und die Elemente -1 der neuen Zeilen zusammen die Diagonale der so entstehenden Matrix bilden. Dann ist x^* die Spalte aus den ersten n Elementen der letzten Spalte der neuen Matrix, und für jedes $k \in \{1, \ldots, n-r\}$ ist $y^{(k)}$ die Spalte aus den ersten n Elementen der $p(k)$-ten Spalte der neuen Matrix. Will man dabei nur die Lösungen $y^{(1)}, \ldots, y^{(n-r)}$ des homogenen Systems ermitteln, so führt man die angegebene Umformung an der Matrix T aus.

(3.11) BEISPIELE: (1) Es sei $T \in M(5,10;K)$ wie in (2.8)(2) eine Treppenmatrix mit den charakteristischen Spaltenindizes $r = 4$, $q(1) = 2$, $q(2) = 3$, $q(3) = 6$ und $q(4) = 8$. Dann sind $p(1) = 1$, $p(2) = 4$, $p(3) = 5$, $p(4) = 7$, $p(5) = 9$, $p(6) = 10$ zu setzen. Gemäß (3.10) entsteht aus T die auf der nächsten Seite angeschriebene neue Matrix. Die neu eingefügten Zeilen sind rechts mit $\leftarrow$ bezeichnet, und die senkrechten Pfeile $\downarrow$ zeigen auf die Spalten $y^{(1)}, \ldots, y^{(6)}$.

$$\begin{array}{cccccccccccc}
 & \downarrow & & & \downarrow & \downarrow & & \downarrow & & \downarrow & \downarrow & \\
\left(\vphantom{0}\right. & -1 & 0 & 0 & 0 & 0 & 0 & 0 & 0 & 0 & 0 & \left.\vphantom{0}\right) \leftarrow \\
 & 0 & 1 & 0 & * & * & 0 & * & 0 & * & * & \\
 & 0 & 0 & 1 & * & * & 0 & * & 0 & * & * & \\
 & 0 & 0 & 0 & -1 & 0 & 0 & 0 & 0 & 0 & 0 & \leftarrow \\
 & 0 & 0 & 0 & 0 & -1 & 0 & 0 & 0 & 0 & 0 & \leftarrow \\
 & 0 & 0 & 0 & 0 & 0 & 1 & * & 0 & * & * & \\
 & 0 & 0 & 0 & 0 & 0 & 0 & -1 & 0 & 0 & 0 & \leftarrow \\
 & 0 & 0 & 0 & 0 & 0 & 0 & 0 & 1 & * & * & \\
 & 0 & 0 & 0 & 0 & 0 & 0 & 0 & 0 & -1 & 0 & \leftarrow \\
 & 0 & 0 & 0 & 0 & 0 & 0 & 0 & 0 & 0 & -1 & \leftarrow \\
 & 0 & 0 & 0 & 0 & 0 & 0 & 0 & 0 & 0 & 0 &
\end{array} .$$

(2) Für die Matrix $A \in M(4,5;\mathbb{R})$ aus (2.21) und für $b = {}^t(2,3,-1,1) \in M(4,1;\mathbb{R})$ gilt: Zur Matrix $\tilde{A} = (A, b)$ gehört die Treppenmatrix

$$\tilde{T} = \begin{pmatrix} 1 & 2 & 0 & 4 & 0 & 1 \\ 0 & 0 & 1 & -3 & 0 & -1 \\ 0 & 0 & 0 & 0 & 1 & 2 \\ 0 & 0 & 0 & 0 & 0 & 0 \end{pmatrix},$$

und daher ist $\operatorname{rang}(A) = 3 = \operatorname{rang}(\tilde{A})$. Also ist das lineare Gleichungssystem $Ax = b$ lösbar. Gemäß (3.10) erhält man die Matrix

$$\begin{pmatrix} 1 & 2 & 0 & 4 & 0 & 1 \\ 0 & -1 & 0 & 0 & 0 & 0 \\ 0 & 0 & 1 & -3 & 0 & -1 \\ 0 & 0 & 0 & -1 & 0 & 0 \\ 0 & 0 & 0 & 0 & 1 & 2 \\ 0 & 0 & 0 & 0 & 0 & 0 \end{pmatrix},$$

und hieran liest man ab: Die Standardlösung des linearen Gleichungssytems $Ax = b$ ist $x^* = {}^t(1,0,-1,0,2)$, und mit $y^{(1)} = {}^t(2,-1,0,0,0,)$ und $y^{(2)} = {}^t(4,0,-3,-1,0,)$ gilt: Die Lösungsmenge von $Ax = b$ ist

$$\mathcal{L} = x^* + \{\, \lambda_1 y^{(1)} + \lambda_2 y^{(2)} \mid \lambda_1, \lambda_2 \in \mathbb{R} \,\}.$$

§4 Unterräume

(4.1) DEFINITION: Eine Teilmenge U von $M(m,n;K)$ heißt ein Unterraum von $M(m,n;K)$, wenn gilt
(1) $U \neq \emptyset$,
(2) für alle A, $B \in U$ ist $A + B \in U$,
(3) für alle $\alpha \in K$ und $A \in U$ ist $\alpha A \in U$.

(4.2) Bemerkungen und Beispiele: (1) Die Mengen $M(m,n;K)$ und $\{0\}$ sind Unterräume von $M(m,n;K)$.
(2) Es sei U ein Unterraum von $M(m,n;K)$. Dann ist $0 \in U$ [denn wegen $U \neq \emptyset$ gibt es ein $A \in U$, und dann ist nach (4.1)(3) $-A \in U$ und daher nach (4.1)(2) $A+(-A)=0 \in U$].
(3) Es sei U ein Unterraum von $M(m,n;K)$. Dann ist $+$ eine Verknüpfung auf U [nach (4.1)(2)], es ist $0 \in U$ [nach (2)], und zu jedem $A \in U$ gibt es ein $B \in U$ mit $A+B=B+A=0$ [nämlich $B=-A$]. Folglich ist U eine kommutative Gruppe.
(4) Es sei U ein Unterraum von $M(m,n;K)$, es sei $p \in \mathbb{N}$, und es seien $A_1,\ldots,A_p \in U$. Es seien $\alpha_1,\ldots,\alpha_p \in K$. Dann ist $\alpha_1A_1+\cdots+\alpha_pA_p \in U$ [das beweist man so: Es ist $\alpha_1A_1 \in U$, und ist $k \in \{1,\ldots,p-1\}$ mit $\sum_{i=1}^{k}\alpha_iA_i \in U$, so ist auch $\sum_{i=1}^{k+1}\alpha_iA_i = \sum_{i=1}^{k}\alpha_iA_i + \alpha_{k+1}A_{k+1} \in U$].
(5) Es seien $A_1,\ldots,A_p \in M(m,n;K)$. Dann ist

$$\langle A_1,\ldots,A_p\rangle := \left\{ \sum_{i=1}^{p}\alpha_iA_i \mid \alpha_1,\ldots,\alpha_p \in K \right\}$$

ein Unterraum von $M(m,n;K)$, und zwar ist $\langle A_1,\ldots,A_p\rangle$ der kleinste Unterraum von $M(m,n;K)$, der $A_1,\ldots,A_p$ enthält.
Beweis: (a) Es sei $U_0 := \langle A_1,\ldots,A_p\rangle$. Für jedes $j \in \{1,\ldots,p\}$ ist $A_j \in U_0$, und sind $\alpha \in K$ und $X = \sum_{i=1}^{p}\alpha_iA_i \in U_0$ und $Y = \sum_{i=1}^{p}\beta_iA_i \in U_0$, so gilt auch $X+Y = \sum_{i=1}^{p}(\alpha_i+\beta_i)A_i \in U_0$ und $\alpha X = \sum_{i=1}^{p}(\alpha\alpha_i)A_i \in U_0$. Damit ist gezeigt: U_0 ist ein Unterraum von $M(m,n;K)$, und es gilt $A_1,\ldots,A_p \in U_0$.
(b) Es sei U ein Unterraum von $M(m,n;K)$ mit $\{A_1,\ldots,A_p\} \subset U$. Für jedes $X \in U_0$ gilt: Es gibt $\alpha_1,\ldots,\alpha_p \in K$ mit $X = \sum_{i=1}^{p}\alpha_iA_i$, und es folgt $X = \sum_{i=1}^{p}\alpha_iA_i \in U$ [nach (4)]. Also gilt $U_0 \subset U$. Damit ist gezeigt, daß U_0 in der Tat der kleinste Unterraum von $M(m,n;K)$ ist, der $A_1,\ldots,A_p$ enthält.

(4.3) Bezeichnung: Es seien $A_1,\ldots,A_p \in M(m,n;K)$. Dann heißt der Unterraum $\langle A_1,\ldots,A_p\rangle$ der von den Elementen $A_1,\ldots,A_p$ erzeugte Unterraum von $M(m,n;K)$; seine Elemente heißen die Linearkombinationen von $A_1,\ldots,A_p$.

(4.4) Definition: $A_1,\ldots,A_p \in M(m,n;K)$ heißen linear unabhängig, wenn es zu jedem $X \in \langle A_1,\ldots,A_p\rangle$ eindeutig bestimmte Elemente $\alpha_1,\ldots,\alpha_p \in K$ mit $X = \sum_{i=1}^{p}\alpha_iA_i$ gibt.

(4.5) Hilfssatz: *Es seien $A_1,\ldots,A_p \in M(m,n;K)$.*
(1) $A_1,\ldots,A_p$ sind genau dann linear unabhängig, wenn gilt:
(*) Sind $\lambda_1,\ldots,\lambda_p \in K$ mit $\sum_{i=1}^{p}\lambda_iA_i = 0$, so gilt $\lambda_1=\lambda_2=\cdots=\lambda_p=0$.
(2) $A_1,\ldots,A_p$ sind genau dann linear abhängig (d.h. nicht linear unabhängig), wenn es Elemente $\lambda_1,\ldots,\lambda_p \in K$ gibt, die nicht alle Null sind und für die $\sum_{i=1}^{p}\lambda_iA_i = 0$ ist.
Beweis: (1) (a) Es gelte: $A_1,\ldots,A_p$ sind linear unabhängig. Es seien $\lambda_1,\ldots,\lambda_p$ Elemente in K mit $\sum_{i=1}^{p}\lambda_iA_i = 0$. Es gilt auch $\sum_{i=1}^{p}0\cdot A_i = 0$, und auf Grund

der Einzigkeitsforderung in der Definition (4.4) folgt daher $\lambda_i = 0$ für jedes $i \in \{1, \ldots, p\}$.
(b) Es gelte (*). Es sei $X \in \langle A_1, \ldots, A_p \rangle$. Dann existieren dazu Elemente $\alpha_1, \ldots, \alpha_p \in K$ mit $X = \sum_{i=1}^p \alpha_i A_i$. Sind auch $\beta_1, \ldots, \beta_p \in K$ mit $X = \sum_{i=1}^p \beta_i A_i$, so gilt $\sum_{i=1}^p (\beta_i - \alpha_i) A_i = X - X = 0$, und aus (*) folgt : Für jedes $i \in \{1, \ldots, p\}$ ist $\beta_i - \alpha_i = 0$, also $\beta_i = \alpha_i$. – Damit ist gezeigt: $A_1, \ldots, A_p$ sind linear unabhängig.
(2) folgt direkt aus (1).

(4.6) BEMERKUNG: Es seien $A_1, \ldots, A_p \in M(m,n;K)$ linear unabhängig. Aus (4.5) folgt sofort:
(1) $A_1, \ldots, A_p$ sind paarweise verschieden und $\neq 0$.
(2) Sind $i_1, \ldots, i_s \in \{1, \ldots, p\}$ paarweise verschieden, so sind $A_{i_1}, \ldots, A_{i_s}$ linear unabhängig.

(4.7) DEFINITION: Es sei U ein Unterraum von $M(m,n;K)$. $\{B_1, \ldots, B_d\} \subset U$ heißt eine Basis von U, wenn gilt
(1) $U = \langle B_1, \ldots, B_d \rangle$,
(2) $B_1, \ldots, B_d$ sind linear unabhängig.

(4.8) BEISPIELE: (1) Man verabredet: $\emptyset$ ist eine Basis des Unterraums $\{0\}$ von $M(m,n;K)$.
(2) Es seien $E_{11}, E_{12}, \ldots, E_{mn} \in M(m,n;K)$ die Basismatrizen [vgl. (1.17)]. Für jedes $A = (\alpha_{ij}) \in M(m,n;K)$ gilt: Es ist

$$A = \sum_{i=1}^{m} \sum_{j=1}^{n} \alpha_{ij} E_{ij} \in \langle E_{11}, E_{12}, \ldots, E_{mn} \rangle,$$

und dies ist die einzige Möglichkeit, A als eine Linearkombination der Basismatrizen zu schreiben. Also ist $\{E_{11}, E_{12}, \ldots, E_{mn}\}$ eine Basis von $M(m,n;K)$.

(4.9) Hilfssatz: *Es seien $A_1, \ldots, A_p \in M(m,n;K)$, und es seien die Elemente $B_1, \ldots, B_s \in \langle A_1, \ldots, A_p \rangle$ linear unabhängig. Dann gilt $s \leq p$.*
Beweis (durch Induktion nach p): Ist $p = 0$, so ist nichts zu beweisen.

Es sei $p \geq 1$, und es sei schon gezeigt: Sind $A'_1, \ldots, A'_{p-1} \in M(m,n;K)$ und sind $B'_1, \ldots, B'_t \in \langle A'_1, \ldots, A'_{p-1} \rangle$ linear unabhängig, so ist $t \leq p-1$.

Es seien $A_1, \ldots, A_p \in M(m,n;K)$, und es seien $B_1, \ldots, B_s \in \langle A_1, \ldots, A_p \rangle$ linear unabhängig. Zu jedem $j \in \{1, \ldots, s\}$ existieren $\beta_{1j}, \beta_{2j}, \ldots, \beta_{pj} \in K$ mit $B_j = \sum_{i=1}^p \beta_{ij} A_i$.

1. Fall: Es gilt dabei $\beta_{pj} = 0$ für jedes $j \in \{1, \ldots, s\}$. Dann gilt $B_1, \ldots, B_s \in \langle A_1, \ldots, A_{p-1} \rangle$, und auf Grund der Induktionsvoraussetzung folgt $s \leq p-1$, also $s < p$.

2. Fall: Es gibt ein $j \in \{1, \ldots, s\}$ mit $\beta_{pj} \neq 0$. Durch Umnumerieren von $B_1, \ldots, B_s$ kann man $\beta_{ps} \neq 0$ erreichen. Für jedes $j \in \{1, \ldots, s-1\}$ ist dann

$$B'_j \ := \ B_j - \beta_{pj}\beta_{ps}^{-1} B_s \ = \ \sum_{i=1}^{p} (\beta_{ij} - \beta_{pj}\beta_{ps}^{-1}\beta_{is}) A_i$$

$$= \sum_{i=1}^{p-1}(\beta_{ij} - \beta_{pj}\beta_{ps}^{-1}\beta_{is})A_i \quad \in \quad \langle A_1, \ldots, A_{p-1}\rangle.$$

Sind $\lambda_1, \ldots, \lambda_{s-1} \in K$ mit $\sum_{j=1}^{s-1} \lambda_j B'_j = 0$, so gilt

$$0 = \sum_{j=1}^{s-1} \lambda_j B'_j = \sum_{j=1}^{s-1} \lambda_j(B_j - \beta_{pj}\beta_{ps}^{-1}B_s)$$

$$= \sum_{j=1}^{s-1} \lambda_j B_j + \left(-\beta_{ps}^{-1}\sum_{j=1}^{s-1} \lambda_j\beta_{pj}\right)B_s,$$

und weil $B_1, \ldots, B_s$ linear unabhängig sind, folgt daraus $\lambda_1 = \cdots = \lambda_{s-1} = 0$. Also sind $B'_1, \ldots, B'_{s-1}$ linear unabhängig, und daher gilt auf Grund der Induktionsvoraussetzung $s - 1 \leq p - 1$, also $s \leq p$.

Damit ist der Hilfssatz bewiesen.

(4.10) Satz: *Es sei U ein Unterraum von $M(m, n; K)$. Dann gilt:*
(1) Es gibt eine Basis von U.
(2) Es gibt ein $d \in \{0, 1, \ldots, mn\}$ mit: Jede Basis von U hat genau d Elemente.
Beweis: (i) Ist $U = \{0\}$, so ist $\emptyset$ eine Basis von U [vgl. dazu (4.8)(1)], und $\emptyset$ ist die einzige Basis von U, denn 0 kann nicht zu einer Basis gehören.
(ii) Es gelte $U \neq \{0\}$.
(1) Es gibt endliche nichtleere Teilmengen F von U, deren Elemente linear unabhängig sind, zum Beispiel die Mengen $F = \{A\}$ mit jeweils einem von 0 verschiedenen Element $A \in U$. Für jedes solche F gilt $F \subset M(m, n; K)$; wegen $M(m, n; K) = \langle E_{11}, E_{12}, \ldots, E_{mn}\rangle$ ist daher $\mathrm{Card}(F) \leq mn$ [nach (4.9)]. Also gibt es ein $d \in \{1, \ldots, mn\}$ und Elemente $B_1, \ldots, B_d \in U$ mit den folgenden Eigenschaften: $B_1, \ldots, B_d$ sind linear unabhängig, und für jede endliche Teilmenge F von U, deren Elemente linear unabhängig sind, gilt $\mathrm{Card}(F) \leq d$.

Angenommen, $\langle B_1, \ldots, B_d\rangle$ ist von U verschieden. Dann gibt es ein $X \in U$ mit $X \notin \langle B_1, \ldots, B_d\rangle$. Sind $\lambda, \lambda_1, \ldots, \lambda_d \in K$ mit $\lambda X + \sum_{i=1}^{d} \lambda_i B_i = 0$, so ist zunächst $\lambda = 0$ [denn sonst wäre doch $X = \sum_{i=1}^{d}(-\lambda_i/\lambda)B_i \in \langle B_1, \ldots, B_d\rangle$]. Also ist $\sum_{i=1}^{d} \lambda_i B_i = 0$, und weil $B_1, \ldots, B_d$ linear unabhängig sind, folgt $\lambda_1 = \cdots = \lambda_d = 0$. Also ist $\{X, B_1, \ldots, B_d\}$ eine Teilmenge von U, deren $d + 1$ Elemente linear unabhängig sind. Dies steht im Widerspruch dazu, daß nach Wahl von d jede endliche Teilmenge von U, deren Elemente linear unabhängig sind, höchstens d Elemente besitzt.

Es ist also $\langle B_1, \ldots, B_d\rangle = U$, und weil $B_1, \ldots, B_d$ linear unabhängig sind, ist somit $\{B_1, \ldots, B_d\}$ eine Basis von U.
(2) Nach (1) gibt es eine Basis $\{B_1, \ldots, B_d\}$ von U, und für deren Elementanzahl d gilt $1 \leq d \leq mn$. Es sei auch $\{C_1, \ldots, C_s\}$ eine Basis von U. Dann sind $C_1, \ldots, C_s$ linear unabhängige Elemente von $U = \langle B_1, \ldots, B_d\rangle$, und daher gilt nach (4.9): Es ist $s \leq d$. Andererseits sind auch $B_1, \ldots, B_d$ linear unabhängige Elemente von $U = \langle C_1, \ldots, C_s\rangle$, und daher gilt nach (4.9): Es ist $d \leq s$.

Damit ist gezeigt, daß $s = d$ ist.

(4.11) DEFINITION: Es sei U ein Unterraum von $M(m, n; K)$. Die Elementanzahl einer und damit jeder Basis von U heißt die Dimension $\dim(U)$ von U.

(4.12) BEMERKUNG: (1) Für die Basismatrizen E_{11}, $E_{12}, \ldots, E_{mn}$ gilt: Es ist $\{E_{11}, E_{12}, \ldots, E_{mn}\}$ eine Basis von $M(m, n; K)$, und daher ist $\dim(M(m, n; K)) = mn$. Für den Unterraum $\{0\} = \langle\emptyset\rangle$ von $M(m, n; K)$ gilt $\dim(\{0\}) = 0$. Für jeden Unterraum U von $M(m, n; K)$ mit $U \neq \{0\}$ gilt $1 \leq \dim(U) \leq mn$.
(2) Es sei U ein Unterraum von $M(m, n; K)$, es sei $d = \dim(U)$, und es seien $A_1, \ldots, A_d \in U$ linear unabhängig. Dann ist $\{A_1, \ldots, A_d\}$ eine Basis von U.
Beweis: Das folgt aus dem in (4.10)(ii)(1) geführten Beweis.
(3) Es seien U und V Unterräume von $M(m, n; K)$, und es gelte $U \subset V$. Dann gilt $\dim(U) \leq \dim(V)$, und es ist $\dim(U) = \dim(V)$, genau wenn $U = V$ ist.
Beweis: Die Elemente einer Basis von U sind linear unabhängig, also ist nach (4.9) $\dim(U) \leq \dim(V)$. Ist $U = V$, so ist $\dim(U) = \dim(V)$. Ist $\dim(U) = \dim(V)$, so ist eine Basis von U auch eine Basis von V, und es folgt $U = V$.
(4) Die Basismatrizen in $M(m, 1; K)$ sind

$$e_1 := {}^t(1, 0, 0, \ldots, 0, 0),\ e_2 := {}^t(0, 1, 0, \ldots, 0, 0), \ldots, e_m := {}^t(0, 0, 0, \ldots, 0, 1).$$

Nach (1) ist $\{e_1, e_2, \ldots, e_m\}$ eine Basis von $M(m, 1; K)$, und es gilt folglich $\dim(M(m, 1; K)) = m$. $\{e_1, e_2, \ldots, e_m\}$ heißt die Standardbasis von $M(m, 1; K)$.
(5) Die Basismatrizen in $M(1, n; K)$ sind

$$e_1 := (1, 0, 0, \ldots, 0, 0),\ e_2 := (0, 1, 0, \ldots, 0, 0), \ldots, e_n := (0, 0, 0, \ldots, 0, 1).$$

Nach (1) ist $\{e_1, e_2, \ldots, e_n\}$ eine Basis von $M(1, n; K)$, und es gilt folglich $\dim(M(1, n; K)) = n$. $\{e_1, e_2, \ldots, e_n\}$ heißt die Standardbasis von $M(1, n; K)$.
(6) Es seien $a_1, \ldots, a_p \in M(m, 1; K)$. Für den Unterraum

$$U := \langle a_1, \ldots, a_p\rangle = \left\{ \sum_{i=1}^{p} \lambda_i a_i \mid \lambda_1, \ldots, \lambda_p \in K \right\}$$

von $M(m, 1; K)$ gilt nach (1) $\dim(U) \leq m$ und nach (4.9) $\dim(U) \leq p$, und somit ist $\dim(U) \leq \min\{m, p\}$. Der Beweis des folgenden Satzes liefert ein Verfahren, mit dessen Hilfe man die Dimension und eine Basis von U ermitteln kann, und zwar eine Basis, deren Elemente zu $\{a_1, \ldots, a_p\}$ gehören.

(4.13) Satz: *Es seien $a_1, \ldots, a_p \in M(m, 1; K)$. Es sei $A := (a_1, \ldots, a_p) \in M(m, p; K)$ die Matrix mit den Spalten $a_1, \ldots, a_p$, es sei $T \in M(m, n; K)$ die zu A gehörige Treppenmatrix, es sei $r := \operatorname{rang}(A) = \operatorname{rang}(T)$, und es seien $q(1), \ldots, q(r) \in \{1, \ldots, p\}$ die charakteristischen Spaltenindizes von T. Dann gilt: Es ist*

$$\dim(\langle a_1, \ldots, a_p\rangle) = r = \operatorname{rang}(A),$$

und $\{a_{q(1)}, \ldots, a_{q(r)}\}$ ist eine Basis von $\langle a_1, \ldots, a_p\rangle$.
Beweis: Es sei $\{e_1, \ldots, e_m\}$ die Standardbasis von $M(m, 1; K)$.

(1) Weil $T = (\tau_{ij})$ die zu A gehörige Treppenmatrix ist, gibt es ein $G \in \mathrm{GL}(m;K)$ mit $T = GA$. Dann ist $A = G^{-1}T$, und für jedes $j \in \{1,\dots,p\}$ gilt $a_j = A_{\bullet j} = Ae_j = G^{-1}Te_j = G^{-1}T_{\bullet j}$ [zur Bezeichnung vgl. (1.21)]. T ist eine Treppenmatrix vom Rang r und mit den charakteristischen Spaltenindizes $q(1),\dots,q(r)$ [vgl. dazu (2.7)]. Für jedes $i \in \{1,\dots,r\}$ ist daher $T_{\bullet q(i)} = {}^t(\delta_{1i},\dots,\delta_{mi}) = e_i$, und für jedes $j \in \{1,\dots,p\}$ ist

$$\begin{aligned} T_{\bullet j} &= {}^t(\tau_{1j},\dots,\tau_{mj}) &&= {}^t(\tau_{1j},\dots,\tau_{rj},0,\dots,0) \\ &= \sum_{i=1}^{r} \tau_{ij}\, e_i &&= \sum_{i=1}^{r} \tau_{ij}\, T_{\bullet q(i)} \end{aligned}$$

und daher

$$\begin{aligned} a_j &= G^{-1}T_{\bullet j} = G^{-1}\cdot\left(\sum_{i=1}^{r} \tau_{ij}\, T_{\bullet q(i)}\right) \\ &= \sum_{i=1}^{r} \tau_{ij}\, G^{-1}\, T_{\bullet q(i)} = \sum_{i=1}^{r} \tau_{ij}\, a_{q(i)} \in \langle a_{q(1)},\dots,a_{q(r)}\rangle. \end{aligned}$$

Also gilt $\langle a_1,\dots,a_p\rangle = \langle a_{q(1)},\dots,a_{q(r)}\rangle$.
(2) Es seien $\lambda_1,\dots,\lambda_r \in K$ mit $\sum_{i=1}^{r} \lambda_i a_{q(i)} = 0$. Dann gilt

$$\begin{aligned} 0 &= \sum_{i=1}^{r} \lambda_i a_{q(i)} = \sum_{i=1}^{r} \lambda_i G^{-1}\, T_{\bullet q(i)} \\ &= G^{-1}\cdot\left(\sum_{i=1}^{r} \lambda_i T_{\bullet q(i)}\right) = G^{-1}\cdot\left(\sum_{i=1}^{r} \lambda_i e_i\right) \end{aligned}$$

und daher ${}^t(\lambda_1,\dots,\lambda_r,0,\dots,0) = \sum_{i=1}^{r} \lambda_i e_i = G\cdot 0 = 0$, also $\lambda_1 = \dots = \lambda_r = 0$. Damit ist gezeigt, daß $a_{q(1)},\dots,a_{q(r)}$ linear unabhängig sind.
(3) Nach (1) und (2) ist $\{a_{q(1)},\dots,a_{q(r)}\}$ eine Basis von $\langle a_1,\dots,a_p\rangle$, und daher ist $\dim(\langle a_1,\dots,a_p\rangle) = r = \mathrm{rang}(A)$.

(4.14) BEMERKUNG: Es seien $a_1,\dots,a_p \in M(m,1;K)$.
(1) Um eine Basis des Unterraums $\langle a_1,\dots,a_p\rangle$ zu finden, genügt es nach (4.13), die charakteristischen Indizes der zu $(a_1,\dots,a_p)$ gehörigen Treppenmatrix zu bestimmen. Der Algorithmus in (2.18) kann deshalb nach Zeile 20 abgebrochen werden.
(2) Es sei $A := (a_1,\dots,a_p) \in M(m,p;K)$. Dann gilt für den Unterraum $U := \langle a_1,\dots,a_p\rangle$: Es ist $U = \{Ax \mid x \in M(p,1;K)\}$.

(4.15) BEISPIELE: (1) In $M(4,1;\mathbb{R})$ seien

$$a_1 = {}^t(2,4,5,2),\ a_2 = {}^t(2,6,6,3),$$

$$a_3 = {}^t(0,4,2,2),\ a_4 = {}^t(2,7,7,4),\ a_5 = {}^t(2,3,4,1)$$

gegeben. Um die Dimension des Unterraums $\langle a_1, a_2, a_3, a_4, a_5 \rangle$ von $M(4,1;\mathbb{R})$ zu ermitteln, bildet man die Matrix A mit den Spalten $a_1, \ldots, a_5$ und wendet den Gauß-Algorithmus auf die Matrix A an; wird die zu A gehörige Treppenmatrix mit T bezeichnet, so ist

$$A = \begin{pmatrix} 2 & 2 & 0 & 2 & 2 \\ 4 & 6 & 4 & 7 & 3 \\ 5 & 6 & 2 & 7 & 4 \\ 2 & 3 & 2 & 4 & 1 \end{pmatrix}, \quad T = \begin{pmatrix} 1 & 0 & -2 & 0 & 1 \\ 0 & 1 & 2 & 0 & 1 \\ 0 & 0 & 0 & 1 & -1 \\ 0 & 0 & 0 & 0 & 0 \end{pmatrix}.$$

Also hat A den Rang 3, und T hat die charakteristischen Spaltenindizes 1, 2 und 4. Nach (4.13) gilt also $\dim(\langle a_1, a_2, a_3, a_4, a_5 \rangle) = \operatorname{rang}(A) = 3$, und $\{a_1, a_2, a_4\}$ ist eine Basis von $\langle a_1, a_2, a_3, a_4, a_5 \rangle$.

(2) Die zur Matrix

$$A = \begin{pmatrix} 1 & 2 & 3 \\ 2 & 3 & 1 \\ 3 & 1 & 2 \end{pmatrix} \in M(3;\mathbb{R})$$

gehörige Treppenmatrix ist die Einheitsmatrix E_3, und daher hat A den Rang 3. Nach (4.12)(3) ist also $\{{}^t(1,2,3), {}^t(2,3,1), {}^t(3,1,2)\}$ eine Basis von $M(3,1;\mathbb{R})$.

(4.16) Folgerung: *[Basisergänzungssatz] Es seien U und V Unterräume von $M(m,1;K)$ mit $U \subset V$, und es sei $\{b_1, \ldots, b_d\}$ eine Basis von U. Dann gibt es Elemente $b_{d+1}, \ldots, b_e \in V$ so, daß $\{b_1, \ldots, b_e\}$ eine Basis von V ist.*

Beweis: Es sei $\{c_1, \ldots, c_e\}$ eine Basis von V. Dann ist $\langle b_1, \ldots, b_d, c_1, \ldots, c_e \rangle = V$, und die Elemente $b_1, \ldots, b_d$ sind linear unabhängig. Es seien $A_1 := (b_1, \ldots, b_d)$, $A_2 := (c_1, \ldots, c_e)$ und $A := (A_1, A_2)$. Es sei T_1 die zu A_1 gehörige Treppenmatrix. Dann hat die zu A gehörige Treppenmatrix T die Form $T = (T_1, T_2)$ mit einer Matrix $T_2 \in M(m,e;K)$. Weil $b_1, \ldots, b_d$ linear unabhängig sind, hat T_1 und damit T die Zahlen $1, \ldots, d$ als erste charakteristische Indizes. Wird aus $\{b_1, \ldots, c_e\}$ nach dem Verfahren in (4.13) eine Basis von V ausgewählt, so kommen daher unter den gefundenen Spalten die Spalten $b_1, \ldots, b_d$ vor.

(4.17) DEFINITION: Es seien U und V Unterräume von $M(m,n;K)$. Dann heißt

$$W := \{x + y \mid x \in U, y \in V\} =: U + V$$

die Summe von U und V.

(4.18) BEMERKUNG: (1) Die Summe $U + V$ zweier Unterräume U und V von $M(m,n;K)$ ist wieder ein Unterraum von $M(m,n;K)$. Es ist nämlich $U + V \neq \emptyset$, denn wegen $0 \in U$ und $0 \in V$ ist $0 = 0 + 0 \in U + V$. Sind $\lambda \in K$ und z, $z' \in U + V$, so gibt es u, $u' \in U$ und v, $v' \in V$ mit $z = u + v$ und $z' = u' + v'$, und es folgt $z + z' = (u + v) + (u' + v') = (u + u') + (v + v') \in U + V$ und $\lambda z = \lambda(u + v) = \lambda u + \lambda v \in U + V$.

(2) Es seien U, V Unterräume von $M(m,n;K)$. Dann ist $Z := U \cap V$ ein Unterraum von $M(m,n;K)$. Es ist nämlich $0 \in U \cap V$, also $U \cap V \neq \emptyset$. Sind z, $z' \in U \cap V$, so gilt z, $z' \in U$ und z, $z' \in V$, also $z + z' \in U$ und $z + z' \in V$, also $z + z' \in U \cap V$. Ist $\lambda \in K$, so gilt $\lambda z \in U$ und $\lambda z \in V$, also gilt $\lambda z \in U \cap V$.

(4.19) Satz: *Es seien U und V Unterräume von $M(m,1;K)$. Dann gilt*

$$\dim(U) + \dim(V) = \dim(U+V) + \dim(U \cap V).$$

Beweis: Es sei $\{a_1,\dots,a_d\}$ eine Basis von $U \cap V$; es gibt $b_1,\dots,b_s \in U$, $c_1,\dots,c_t \in V$ so, daß $\{a_1,\dots,a_d,\ b_1,\dots,b_s\}$ eine Basis von U und $\{a_1,\dots,\ a_d,\ c_1,\dots,c_t\}$ eine Basis von V ist [vgl. (4.16)]. Dann ist $\{a_1,\dots,a_d,\ b_1,\dots,b_s,\ c_1,\dots,\ c_t\}$ eine Basis von $U+V$. Die Elemente dieser Menge erzeugen nämlich $U+V$ und sind linear unabhängig: Sind $\lambda_1,\dots,\lambda_d,\mu_1,\dots,\mu_s,\nu_1,\dots,\nu_t$ Elemente in K mit

$$\sum_{i=1}^{d}\lambda_i a_i + \sum_{i=1}^{s}\mu_i b_i + \sum_{i=1}^{t}\nu_i c_i = 0, \qquad (*)$$

so ist

$$\sum_{i=1}^{t}\nu_i c_i = -\sum_{i=1}^{d}\lambda_i a_i - \sum_{i=1}^{s}\mu_i b_i \quad \in U \cap V,$$

also gibt es $\sigma_1,\dots,\sigma_d \in K$ mit $\sum_{i=1}^{t}\nu_i c_i = \sum_{i=1}^{d}\sigma_i a_i$. Wegen der linearen Unabhängigkeit der Elemente $a_1,\dots,a_d,c_1,\dots,c_t$ folgt $\nu_1 = \dots = \nu_t = 0$ und aus $(*)$ wegen der linearen Unabhängigkeit der Elemente $a_1,\dots,a_d,\ b_1,\dots,b_s$ dann $\lambda_1 = \dots = \lambda_d = 0$, $\mu_1 = \dots = \mu_s = 0$.

(4.20) BEMERKUNG: (1) Die Aussagen in (4.16) und (4.19) gelten, wie leicht zu sehen ist, auch für Unterräume von $M(1,n;K)$.
(2) Man kann zeigen, daß die Aussagen in (4.16) und (4.19) auch für Unterräume von $M(m,n;K)$ gelten [vgl. Kapitel XII].
(3) Ein Verfahren zur Berechung einer Basis des Durchschnitts zweier Unterräume von $M(m,1;K)$ wird in (7.19) behandelt.

§5 Lineare Gleichungssysteme II

(5.1) In diesem Paragraphen werden zunächst die Definitionen und Sätze aus §4 dazu benutzt, die Resultate aus §3 über lineare Gleichungssysteme prägnanter zu formulieren. Dann werden weitere Ergebnissen über lineare Gleichungssysteme und Matrizen hergeleitet. Diese werden u.a. dazu benutzt, die Beispiele aus §3 über elektrische Netzwerke abschließend zu behandeln.

(5.2) Satz: *Es sei $A \in M(m,n;K)$, und es sei $r := \mathrm{rang}(A)$. Dann ist $R_A = \{y \in M(n,1;K) \mid Ay = 0\}$ ein $(n-r)$-dimensionaler Unterraum von $M(n,1;K)$. Genauer gilt: Die in (3.7)(2) bestimmten Elemente $y^{(1)},\dots,y^{(n-r)}$ bilden eine Basis von R_A. Insbesondere ist $R_A = \{0\}$ genau, wenn $n = r$ ist.*
Beweis: Nach (3.5)(1) ist R_A ein Unterraum von $M(n,1;K)$, nach (3.4)(2) und nach (3.7)(2) ist $R_A = \langle y^{(1)},\dots,y^{(n-r)}\rangle$, und nach (3.7)(3) sind $y^{(1)},\dots,y^{(n-r)}$ linear unabhängig. Also ist $\{\,y^{(1)},\dots,y^{(n-r)}\,\}$ eine Basis von R_A, und es ist $\dim(R_A) = n-r$.

(5.3) Es sei $A = (\alpha_{ij})_{1\le i\le m, 1\le j\le n} \in M(m,n;K)$, es sei $d = (\delta_1,\ldots,\delta_n) \in M(1,n;K)$.
(1) Aufgabe: Man ermittle die Menge aller $v = (\zeta_1,\ldots,\zeta_m) \in M(1,m;K)$ mit

$$vA = d, \tag{$*$}$$

also mit

$$\left\{\begin{array}{lll} \alpha_{11}\zeta_1 + \alpha_{21}\zeta_2 + \cdots + \alpha_{m1}\zeta_m & = & \delta_1, \\ \alpha_{12}\zeta_1 + \alpha_{22}\zeta_2 + \cdots + \alpha_{m2}\zeta_m & = & \delta_2, \\ \cdots\cdots\cdots\cdots\cdots\cdots & & \\ \alpha_{1n}\zeta_1 + \alpha_{2n}\zeta_2 + \cdots + \alpha_{mn}\zeta_m & = & \delta_n. \end{array}\right.$$

Ein solches Gleichungssystem wird linkes Gleichungssystem genannt; im Unterschied dazu sollen Gleichungssyteme der Form (3.1)($*$) rechte Gleichungssysteme genannt werden.
(2) Es sei $v \in M(1,m;K)$. Es gilt $vA = d$ genau dann, wenn ${}^t(vA) = {}^td$ gilt, also genau dann, wenn ${}^tA\,{}^tv = {}^td$ gilt, und dies ist genau dann der Fall, wenn ${}^tv$ eine Lösung des rechten Gleichungssystems ${}^tAx = {}^td$ ist. Für die Lösungsmenge $\mathcal{L}$ des linearen Gleichungssystems ($*$) gilt also

$$\mathcal{L} = \left\{{}^tx \mid x \in M(m,1;K), {}^tAx = {}^td\right\}.$$

Hiermit und mit Hilfe von (3.10) – angewandt auf das lineare Gleichungssystem ${}^tAx = {}^td$ – kann man $\mathcal{L}$ berechnen.

(5.4) Satz: *Es sei $A \in M(m,n;K)$, und es sei $r = \operatorname{rang}(A)$.*
(1) $L_A := \{w \in M(1,m;K) \mid wA = 0\}$ *ist ein Unterraum von $M(1,m;K)$ mit $\dim(L_A) = m - r$.*
(2) *Es gilt* $\operatorname{rang}({}^tA) = r = \operatorname{rang}(A)$.
(3) *Der Unterraum $\langle A_{1\bullet},\ldots,A_{m\bullet}\rangle$ von $M(1,n;K)$ hat die Dimension r.*
Beweis: (1)(a) Wie im Beweis von (3.5)(1) zeigt man, daß L_A ein Unterraum von $M(1,m;K)$ ist.
(b) Es sei $T \in M(m,n;K)$ die zu A gehörige Treppenmatrix. Man sieht: Die zu ${}^tT \in M(n,m;K)$ gehörige Treppenmatrix ist die Matrix

$$T_0 := \left(\begin{array}{cccc|ccc} 1 & 0 & \ldots & 0 & & & \\ 0 & 1 & \ldots & 0 & & & \\ \vdots & \vdots & \ddots & \vdots & & 0 & \\ 0 & 0 & \ldots & 1 & & & \\ \hline & & & & & & \\ & & 0 & & & 0 & \\ & & & & & & \end{array}\right) \begin{array}{l} \left.\vphantom{\begin{array}{c}1\\1\\1\\1\end{array}}\right\} r \text{ Zeilen} \\ \left.\vphantom{\begin{array}{c}1\\1\\1\end{array}}\right\} n-r \text{ Zeilen}\end{array}$$

$$\underbrace{\hphantom{1\ 0\ \ldots\ 0}}_{r \text{ Spalten}} \qquad \underbrace{\hphantom{0\ 0\ 0}}_{m-r \text{ Spalten}}$$

$$= \begin{pmatrix} E_r & 0 \\ 0 & 0 \end{pmatrix} \in M(n,m;K).$$

Also ist $\operatorname{rang}({}^tT) = \operatorname{rang}(T_0) = r$, und nach (5.2) folgt:

$$R_{{}^tT} = \{y \in M(m,1;K) \mid {}^tTy = 0\}$$

ist ein Unterraum von $M(m,1;K)$ mit $\dim(R_{{}^tT}) = m - r$. Es gilt

$$\begin{aligned} L_T &= \{z \in M(1,m;K) \mid zT = 0\} &&= \{z \in M(1,m;K) \mid {}^tT\,{}^tz = 0\} \\ &= \{z \in M(1,m;K) \mid {}^tz \in R_{{}^tT}\} &&= \{{}^ty \mid y \in R_{{}^tT}\}, \end{aligned}$$

und daher ist L_T ein Unterraum von $M(1,m;K)$ mit $\dim(L_T) = \dim(R_{{}^tT}) = m-r$, denn ist $\{y_1,\ldots,y_{m-r}\}$ eine Basis von $R_{{}^tT}$, so ist $\{{}^ty_1,\ldots,{}^ty_{m-r}\}$ offensichtlich eine Basis von L_T.
(c) Es sei $G \in \mathrm{GL}(m;K)$ mit $T = GA$. Es gilt $A = G^{-1}T$ und

$$\begin{aligned} L_A = \{w \in M(1,m;K) \mid wA = 0\} &= \{w \in M(1,m;K) \mid (wG^{-1})\cdot T = 0\} \\ = \{w \in M(1,m;K) \mid wG^{-1} \in L_T\} &= \{zG \mid z \in L_T\}, \end{aligned}$$

und ist $\{z_1,\ldots,z_{m-r}\}$ eine Basis von L_T, so ist offensichtlich $\{z_1G,\ldots,z_{m-r}G\}$ eine Basis von L_A. Also ist L_A ein Unterraum von $M(1,m;K)$ mit $\dim(L_A) = m - r$.
(2) $R_{{}^tA} = \{y \in M(m,1;K) \mid {}^tAy = 0\}$ ist ein Unterraum von $M(m,1;K)$ mit $\dim(R_{{}^tA}) = m - \operatorname{rang}({}^tA)$ [vgl. (5.2)]. Es gilt andererseits

$$\begin{aligned} R_{{}^tA} &= \{y \in M(m,1;K) \mid {}^tAy = 0\} &&= \{y \in M(m,1;K) \mid {}^tyA = 0\} \\ &= \{{}^tw \mid w \in M(1,m;K),\ wA = 0\} &&= \{{}^tw \mid w \in L_A\}, \end{aligned}$$

und daher ist $\dim(R_{{}^tA}) = \dim(L_A) = m - r$, denn ist $\{w_1,\ldots,w_{m-r}\}$ eine Basis von L_A, so ist $\{{}^tw_1,\ldots,{}^tw_{m-r}\}$ eine Basis von $R_{{}^tA}$. Also gilt $m - \operatorname{rang}({}^tA) = \dim(R_{{}^tA}) = m - r$, und es folgt $\operatorname{rang}({}^tA) = r = \operatorname{rang}(A)$.
(3) Dies folgt, indem man (4.13) auf ${}^tA$ anwendet.

(5.5) Satz: *Es seien $A \in M(m,n;K)$ und $d \in M(1,n;K)$; es sei*

$$\mathcal{L} = \{v \in M(1,m;K) \mid vA = d\}.$$

(1) *Das lineare Gleichungssystem*

$$vA = d \tag{$*$}$$

ist genau dann lösbar, wenn für die erweiterte Matrix

$$\tilde{A} = \begin{pmatrix} A \\ d \end{pmatrix} \in M(m+1,n;K)$$

von $(*)$ *gilt: Es ist* $\operatorname{rang}(A) = \operatorname{rang}(\tilde{A})$.
(2) *Die Lösungsmenge $L_A = \{w \in M(1,m;K) \mid wA = 0\}$ des zu $(*)$ gehörigen homogenen Gleichungssystems $wA = 0$ ist ein Unterraum der Dimension $m - \operatorname{rang}(A)$*

von $M(1,m;K)$.
(3) *Ist* $(*)$ *lösbar und ist* $v^* \in M(1,m;K)$ *eine Lösung von* $(*)$, *so gilt*

$$\mathcal{L} = \{v^* + w \mid w \in L_A\} =: v^* + L_A.$$

Beweis: (1) $vA = d$ ist genau dann lösbar, wenn ${}^tAx = {}^td$ lösbar ist. Nach (3.8) ist dies genau dann der Fall, wenn $\operatorname{rang}({}^t\tilde{A}) = \operatorname{rang}({}^tA, {}^td) = \operatorname{rang}({}^tA)$ ist, und dies ist nach (5.4)(2) wiederum mit $\operatorname{rang}(\tilde{A}) = \operatorname{rang}(A)$ äquivalent.
(2) ist (5.4)(1), und (3) folgt wie (3.5)(2).

(5.6) Satz: *Es sei* $A \in M(m,n;K)$, *und es seien*

$$R_A = \{y \in M(n,1;K) \mid Ay = 0\} \quad \text{und} \quad L_A = \{w \in M(1,m;K) \mid wA = 0\}.$$

(1) *Es sei* $b \in M(m,1;K)$. *Dann ist das rechte Gleichungssystem* $Ax = b$ *genau dann lösbar, wenn* $wb = 0$ *für jedes* $w \in L_A$ *gilt.*
(2) *Es sei* $d \in M(1,n;K)$. *Dann ist das linke Gleichungssystem* $vA = d$ *genau dann lösbar, wenn* $dy = 0$ *für jedes* $y \in R_A$ *gilt.*
(3) *Es sei* $b \in M(m,1;K)$. *Hat* $Ax = b$ *genau eine Lösung, so ist für jedes* $d \in M(1,n;K)$ *das linke Gleichungssystem* $vA = d$ *lösbar.*
(4) *Es sei* $d \in M(1,n;K)$. *Hat* $vA = d$ *genau eine Lösung, so ist für jedes* $b \in M(m,1;K)$ *das rechte Gleichungssystem* $Ax = b$ *lösbar.*
Beweis: (1) Es gelte zunächst $wb = 0$ für jedes $w \in L_A$. Es sei T die zu A gehörige Treppenmatrix. Dann gibt es ein $G \in \mathrm{GL}(m;K)$ mit $T = GA$. Es sei $r := \operatorname{rang}(A) = \operatorname{rang}(T)$, und es sei $c = {}^t(\gamma_1, \ldots, \gamma_m) := Gb$. Dann gilt für jedes $i \in \{r+1, \ldots, m\}$: Das Element $w^{(i)} := (\delta_{i1}, \delta_{i2}, \ldots, \delta_{im})$ liegt im Unterraum $L_T = \{w \in M(1,m;K) \mid wT = 0\}$, und daher ist $(w^{(i)}G) \cdot A = w^{(i)}T = 0$, also $w^{(i)}G \in L_A$, und es folgt

$$\gamma_i = \sum_{j=1}^{m} \delta_{ij}\gamma_j = w^{(i)}c = w^{(i)}(Gb) = (w^{(i)}G)b = 0.$$

In $c = {}^t(\gamma_1, \ldots, \gamma_m)$ gilt also $\gamma_{r+1} = \cdots = \gamma_m = 0$, und somit ist nach (3.7)(1) $Tx = c$ lösbar. Aus (3.4)(2) folgt schließlich, daß $Ax = b$ lösbar ist.

Gibt es andererseits ein $x \in M(n,1;K)$ mit $Ax = b$, so gilt für jedes $w \in L_A$: Es ist $wb = wAx = 0 \cdot x = 0$.
(2) folgt sogleich aus (1), denn $Ax = b$ ist genau dann lösbar, wenn ${}^tx \cdot {}^tA = {}^tb$ lösbar ist.
(3) Es sei $b \in M(m,1;K)$. Hat $Ax = b$ genau eine Lösung, so ist $R_A = \{0\}$ [vgl. (3.5)(2)]. Somit gilt für jedes $d \in M(1,n;K)$: Es ist $dy = 0$ für jedes $y \in R_A$, und nach (2) ist $vA = d$ daher lösbar.
(4) folgt aus (3) wie (2) aus (1).

(5.7) Mittels (5.6) kann das Beispiel des Stromkreises in (3.3) behandelt werden. Das lineare Gleichungssystem (3.3)($**$) hat die Matrix $S = (\sigma_{ij}) \in M(n;\mathbb{R})$; hier ist für jedes i, $j \in \{1, \ldots, n\}$, $i \neq j$, σ_{ij} die Leitfähigkeit der Verbindung zwischen

P_i und P_j, also $\sigma_{ij} = \sigma_{ji} \geq 0$, d.h. ${}^tS = S$. Folglich gilt: $R_S = \{0\} \Leftrightarrow L_S = \{0\}$. Nach (5.6)(1) folgt aus $L_S = \{0\}$: Das lineare Gleichungssystem (3.3)(**) hat eine Lösung; wegen $R_S = \{0\}$ hat es nach (3.5)(2) genau eine Lösung.

Es sei also $u = {}^t(u_1, \dots u_n) \in M(n,1;K)$, und es gelte $Su = 0$. Mit $u_0 = u_{n+1} = 0$ gilt also [vgl. den Übergang von (3.3)(*) zu (3.3)(**)]

$$\sum_{\substack{k=0\\k\neq j}}^{n+1} \sigma_{jk}(u_j - u_k) = 0 \quad \text{für jedes } j \in \{1 \dots, n\}. \tag{$*$}$$

Es sei $v = \max\{u_1, \dots, u_n\}$, und es werde $i \in \{1, \dots, n\}$ mit $v = u_i$ gewählt. Es ist P_i zumindest indirekt mit P_0 verbunden, d.h. es gibt $l \in \mathbb{N}$ und Indizes $i_0, \dots, i_l \in \{0, \dots, n+1\}$ mit $i_0 = 0$, $i_l = i$, so daß für jedes $s \in \{1, \dots, l\}$ P_{i_s} direkt mit $P_{i_{s-1}}$ verbunden ist. Es sei $k \in \{0, \dots, n+1\}$; es ist $u_i - u_k \geq 0$ nach Wahl von i, und aus ($*$) für $j = i$ folgt wegen $\sigma_{ik} \geq 0$ für $k \neq i$: Ist $\sigma_{ik} > 0$, so ist $u_i = u_k = 0$. Wegen $\sigma_{i_s, i_{s-1}} > 0$ für jedes $s \in \{1, \dots, l\}$ ist dann $u_i = u_{i_l} = \dots = u_{i_0} = 0$, also $v = 0$. Analog zeigt man $\min\{u_1, \dots, u_n\} = 0$, so daß $u_1 = \dots = u_n = 0$.

(5.8) Für das Beispiel der Spannungsteilerschaltung in (3.3)(a) ergibt sich die einzige Gleichung $\sigma_{11}U_1 = -\sigma_{12}U$ mit $\sigma_{11} = -\sigma_{10} - \sigma_{12}$, also

$$U_1 = \frac{\sigma_{12}}{\sigma_{10} + \sigma_{12}} U.$$

Für das Beispiel der Wheatstoneschen Brücke [vgl. (3.3)(b)] erhält man die zwei Gleichungen

$$\begin{aligned} \sigma_{11}U_1 + \sigma_{12}U_2 &= -\sigma_{13}U \qquad \text{mit} \qquad \sigma_{11} = -\sigma_{10} - \sigma_{12} - \sigma_{13}, \\ \sigma_{12}U_1 + \sigma_{22}U_2 &= -\sigma_{23}U \qquad \text{mit} \qquad \sigma_{22} = -\sigma_{20} - \sigma_{21} - \sigma_{23}; \end{aligned}$$

es ist $\sigma_{11} < 0$ als Summe negativer Zahlen, und wegen $\sigma_{12} = \sigma_{21}$ ist $\sigma_{11}\sigma_{22} - \sigma_{12}^2 > 0$ als Summe positiver Zahlen [beim Bilden des Produkts $\sigma_{11}\sigma_{22}$ tritt als ein Summand σ_{12}^2 auf]. Der Gauß-Algorithmus liefert

$$\begin{aligned} (\sigma_{11}\sigma_{22} - \sigma_{12}^2)U_1 &= (-\sigma_{22}\sigma_{13} + \sigma_{12}\sigma_{23})U, \\ (\sigma_{11}\sigma_{22} - \sigma_{12}^2)U_2 &= (\sigma_{12}\sigma_{13} - \sigma_{11}\sigma_{23})U. \end{aligned}$$

Genau dann fließt zwischen P_1 und P_2 kein Strom, wenn $I_{12} = 0$, d.h. $U_1 = U_2$ ist, also wenn $-\sigma_{22}\sigma_{13} + \sigma_{12}\sigma_{23} = \sigma_{12}\sigma_{13} - \sigma_{11}\sigma_{23}$ oder also $\sigma_{02}\sigma_{13} = \sigma_{01}\sigma_{23}$ ist. Das ergibt die Behauptung in (3.3)(b).

(5.9) Satz: *Es seien* $A \in M(m,n;K)$, $X \in \mathrm{GL}(m;K)$ *und* $Y \in \mathrm{GL}(n;K)$. *Dann gilt* $\mathrm{rang}(XAY) = \mathrm{rang}(A)$.

Beweis: (1) Es sei T die zu XA gehörige Treppenmatrix. Dann existiert ein $G \in \mathrm{GL}(m;K)$ mit $T = GXA$. Wegen $GX \in \mathrm{GL}(m;K)$ [vgl. (1.13)(2)] ist T auch die zu A gehörige Treppenmatrix, und daher gilt $\mathrm{rang}(A) = \mathrm{rang}(T) = \mathrm{rang}(XA)$.

(2) Es ist ${}^tY \in \mathrm{GL}(n;K)$ [vgl. (1.16)], und daher gilt nach (1) und wegen (5.4)(2) $\mathrm{rang}(XAY) = \mathrm{rang}(AY) = \mathrm{rang}({}^tY \cdot {}^tA) = \mathrm{rang}({}^tA) = \mathrm{rang}(A)$.

(5.10) Satz: *Es sei $A \in M(m,n;K)$. Folgende Aussagen sind äquivalent:*
(1) *Es gilt $m = n = \text{rang}(A)$.*
(2) *Das lineare Gleichungssystem $Ax = b$ hat für jedes $b \in M(m,1;K)$ genau eine Lösung.*
Beweis (1) $\Rightarrow$ (2): Gilt (1), so gilt $L_A = R_A = \{0\}$ [vgl. (5.2) und (5.4)(1)]. Wegen $L_A = \{0\}$ besitzt $Ax = b$ nach (5.6)(4) mindestens eine Lösung, und wegen $R_A = \{0\}$ ist dies nach (3.5)(2) die einzige Lösung.
(2) $\Rightarrow$ (1): Weil $Ax = 0$ genau eine Lösung hat, ist $R_A = \{0\}$, also $\text{rang}(A) = n$ [vgl. (5.2)]. Weil $Ax = b$ für jedes $b \in M(m,1;K)$ lösbar ist, gilt nach (5.6)(1) $L_A = \{0\}$, also nach (5.4)(1) $\text{rang}(A) = m$.

(5.11) Satz: *Es sei $A \in M(m;K)$.*
(1) *A ist genau dann invertierbar, wenn das lineare Gleichungssystem $Ax = 0$ nur die triviale Lösung $x = 0$ besitzt.*
(2) *Gibt es ein $B \in M(m;K)$ mit $BA = E_m$, so ist A invertierbar, und es ist $A^{-1} = B$.*
(3) *Gibt es ein $C \in M(m;K)$ mit $AC = E_m$, so ist A invertierbar, und es ist $A^{-1} = C$.*
Beweis: (1) $Ax = 0$ hat genau dann nur die Lösung $x = 0$, wenn $R_A = \{0\}$ ist, und nach (5.2) ist dies genau dann der Fall, wenn $\text{rang}(A) = m$ ist, also nach (2.15) genau dann, wenn A invertierbar ist.
(2) Es sei $B \in M(m;K)$ mit $BA = E_m$. Ist $x \in M(m,1;K)$ mit $Ax = 0$, so ist $x = E_m x = BAx = B \cdot 0 = 0$. Nach (1) ist daher A invertierbar. Es folgt: $A^{-1} = E_m A^{-1} = BAA^{-1} = BE_m = B$.
(3) Es sei $C \in M(m;K)$ mit $AC = E_m$. Dann gilt ${}^tC \in M(m;K)$ und ${}^tC \cdot {}^tA = {}^t(AC) = {}^tE_m = E_m$. Nach (2) ist daher ${}^tA$ invertierbar. Also ist nach (1.16) $A = {}^t({}^tA)$ invertierbar, und es folgt $A^{-1} = A^{-1}E_m = A^{-1}AC = E_m C = C$.

(5.12) Satz: *Es sei $A = (\alpha_{ij}) \in M(m;K)$. Folgende Aussagen sind äquivalent:*
(1) *A ist invertierbar.*
(2) *Die Spalten $A_{\bullet 1}, \dots, A_{\bullet m}$ von A sind linear unabhängig.*
(3) *Die Zeilen $A_{1\bullet}, \dots, A_{m\bullet}$ von A sind linear unabhängig.*
(4) *Es gilt $M(m,1;K) = \langle A_{\bullet 1}, \dots, A_{\bullet m}\rangle$.*
(5) *Es gilt $M(1,m;K) = \langle A_{1\bullet}, \dots, A_{m\bullet}\rangle$.*
Beweis: (a) $U := \langle A_{\bullet 1}, \dots, A_{\bullet m}\rangle$ ist ein Unterraum von $M(m,1;K)$, nach (4.13) ist $\dim(U) = \text{rang}(A)$, und nach (4.12)(4) ist $\dim(M(m,1;K)) = m$. Nach (2.15) ist A genau dann invertierbar, wenn $\text{rang}(A) = m$ ist, also genau dann, wenn $\dim(U) = m$ ist, und nach (4.12)(3) ist dies genau dann der Fall, wenn $U = M(m,1;K)$ ist. Ist dies der Fall, so ist $\{A_{\bullet 1}, \dots, A_{\bullet m}\}$ eine Basis von $M(m,1;K)$, und es folgt die Richtigkeit von (2) und von (4). Gilt andererseits (2), so ist U ein Unterraum von $M(m,1;K)$ mit $\dim(U) = m$, und A ist daher invertierbar; gilt (4), so ist $M(m,1;K) = U$, und daher ist auch in diesem Fall A invertierbar. Damit ist gezeigt, daß die Aussagen (1), (2) und (4) äquivalent sind.
(b) Für jedes $j \in \{1, \dots, m\}$ ist $({}^tA)_{\bullet j} = {}^t(A_{j\bullet})$, und man sieht: (3) ist genau dann richtig, wenn die Spalten von ${}^tA$ linear unabhängig sind, und (5) ist genau dann

richtig, wenn $M(m,1;K)$ von den Spalten von ${}^tA$ erzeugt wird. Nach (1.16) ist A genau dann invertierbar, wenn ${}^tA$ invertierbar ist, und somit ergibt sich aus (a), daß auch die Aussagen (1), (3) und (5) äquivalent sind.

§6 Numerische Aspekte bei linearen Gleichungssystemen

(6.1) In den Anwendungen der Mathematik sind, wie schon erwähnt, oftmals große lineare Gleichungssystems zu lösen. Daher muß man danach fragen, inwieweit die in §2 und §3 behandelten Verfahren zur Berechnung der Lösungen von linearen Gleichungssystemen für das numerische Rechnen geeignet sind und ob sie sich unter Umständen noch verbessern lassen.
(1) Die in (2.18) aufgeschriebene Version des Gauß-Algorithmus ist für Matrizen aus reellen oder komplexen Zahlen nicht brauchbar, wenn im Laufe der Rechnung Rundungsfehler auftreten, da diese das Ergebnis wesentlich verfälschen können. So liefert der Algorithmus (2.18), angewandt auf die Matrix

$$\begin{pmatrix} 3 & 4 & 5 \\ 3 & 4 & 5 \\ 6 & 8 & 10 \end{pmatrix} \in M(3;\mathbb{R}),$$

eine Treppenmatrix vom Rang 1, wenn man mit rationalen Zahlen und somit fehlerfrei, d.h. ohne Rundungsfehler, rechnet. Er liefert aber die Treppenmatrix E_3, wenn man mit Gleitpunktzahlen mit achtstelliger Mantisse rechnet. Dies liegt offensichtlich daran, daß in Zeile 4 von (2.18) abgefragt wird, ob gewisse Elemente der gerade bearbeiteten Matrix gleich Null sind. Durch vorher durchgeführte Rundungen können aber diese Elemente einen von Null verschiedenen Wert bekommen haben, auch wenn sie bei fehlerfreier Rechnung den Wert Null besitzen müßten.

Wenn man also den Gauß-Algorithmus (2.18) zum numerischen Rechnen mit Gleitpunktzahlen verwenden will, so muß man die Zeile 4 in (2.18) mit einer vorher gewählten kleinen positiven Zahl $\varepsilon \in \mathbb{R}$ durch die Zeile

4. $k := r+1$; **while** $k \le m$ **and then** $|A[k,s]| < \varepsilon$ **do** $k := k+1$;

ersetzen. Verwendet man einen Computer, der mit t Binärziffern in der Mantisse arbeitet, so sollte diese Zahl ε deutlich größer als 2^{-t} sein.
(2) Die beim Gauß-Algorithmus erzielte Rechengenauigkeit beim Rechnen mit Gleitpunktzahlen läßt sich vergrößern, wenn man bei der Anwendung auf eine Matrix $A \in M(m,n;\mathbb{R})$ oder $A \in M(m,n;\mathbb{C})$ mit $\text{rang}(A) = r$ die Wahl der Pivotelemente abändert: Man wählt für $i \in \{1,\dots,r\}$ als i-tes Pivotelement das Element $A[k,q(i)]$ mit

$$|A[k,q(i)]| = \max\{\,|A[l,q(i)]| \mid i \le l \le m; |A[l,q(i)]| \ge \varepsilon\,\}.$$

Daß dadurch die Rechengenauigkeit vergrößert werden kann, zeigt das folgende Beispiel:

Wenn man den Algorithmus (2.18) auf die erweiterte Matrix des linearen Gleichungssystems

$$\begin{pmatrix} 0.005 & 1 \\ 1 & 1 \end{pmatrix} \begin{pmatrix} \xi_1 \\ \xi_2 \end{pmatrix} = \begin{pmatrix} 0.5 \\ 1 \end{pmatrix}$$

anwendet, so erhält man beim Rechnen mit rationalen Zahlen die Treppenmatrix

$$\begin{pmatrix} 1 & 0 & 100/199 \\ 0 & 1 & 99/199 \end{pmatrix},$$

und daher ergibt sich ${}^t(100/199, 99/199) = {}^t(0.502\ldots, 0.497\ldots)$ als Lösung. Beim Rechnen mit zweistelligen Gleitpunktzahlen ergibt sich die Treppenmatrix

$$\begin{pmatrix} 0.1 \cdot 10^1 & 0 & 0 \\ 0 & 0.1 \cdot 10^1 & 0.5 \end{pmatrix}$$

und die Lösung ${}^t(0, 0.5)$, falls der in (2.18) aufgeschriebene Algorithmus verwendet wird, der 0.005 als erstes Pivotelement wählt. Verwendet man aber den Algorithmus (2.18) mit der eben beschriebenen Variante, so wird 1 als erstes Pivotelement gewählt, d.h. es werden zuerst die Zeilen des Gleichungssystems vertauscht, und Rechnen mit zweistelligen Gleitpunktzahlen liefert jetzt die Treppenmatrix

$$\begin{pmatrix} 0.1 \cdot 10^1 & 0 & 0.5 \\ 0 & 0.1 \cdot 10^1 & 0.5 \end{pmatrix}$$

und die Lösung ${}^t(0.5, 0.5)$, und dies ist ein genaueres Resultat.
(3) Die in (2) beschriebene Variante des Gauß-Algorithmus (2.18) führt aber auch nicht immer zu einem befriedigenden numerischen Resultat. Daher wird in diesem Paragraphen ein weiteres Verfahren zur Berechnung der Lösungen eines linearen Gleichungssystems behandelt, das in den meisten Fällen numerisch befriedigende Ergebnisse liefert, insbesondere dann, wenn man Skalierungsfaktoren und Totalpivotwahl verwendet [vgl. dazu (6.9)(1) und (3)]. Eine genaue Fehlerdiskussion für dieses Verfahren wird später in Kapitel VII durchgeführt.

(6.2) DEFINITION: Es sei $A = (\alpha_{ij})_{1 \le i \le m, 1 \le j \le n} \in M(m, n; K)$.
(1) A heißt eine rechte oder eine obere Dreiecksmatrix , wenn $\alpha_{ij} = 0$ für jedes $i \in \{1, \ldots, m\}$ und jedes $j \in \{1, \ldots, n\}$ mit $i > j$ gilt.
(2) A heißt eine linke oder eine untere Dreiecksmatrix , wenn $\alpha_{ij} = 0$ für jedes $i \in \{1, \ldots, m\}$ und jedes $j \in \{1, \ldots, n\}$ mit $i < j$ gilt.

(6.3) BEZEICHNUNG: Man setzt

$$\begin{aligned} \nabla(m; K) &:= \{A \in M(m; K) \mid A \text{ ist rechte Dreiecksmatrix}\}, \\ \Delta(m; K) &:= \{A \in M(m; K) \mid A \text{ ist linke Dreiecksmatrix}\}. \end{aligned}$$

Es sind $\nabla(m; K)$ und $\Delta(m; K)$ Unterräume von $M(m; K)$; sie haben die Dimension $1 + \cdots + m = m(m+1)/2$.

(6.4) Satz: *Eine Matrix* $A = (\alpha_{ij}) \in \nabla(m; K)$ *oder* $\Delta(m; K)$ *ist genau dann invertierbar, wenn* $\alpha_{ii} \neq 0$ *für jedes* $i \in \{1, \ldots, m\}$ *gilt.*
Beweis: Es gelte $A = (\alpha_{ij}) \in \nabla(m; K)$ oder $A = (\alpha_{ij}) \in \Delta(m; K)$. Man sieht: Die Spalten von A sind genau dann linear unabhängig, wenn für jedes $i \in \{1, \ldots, n\}$ $\alpha_{ii} \neq 0$ gilt. Die Behauptung folgt daher aus (5.12).

(6.5) Es sei $A = (\alpha_{ij}) \in \nabla(m; K)$ invertierbar, es sei $b = {}^t(\beta_1, \ldots, \beta_m)$ eine Spalte in $M(m, 1; K)$. Der folgende Algorithmus berechnet das nach (5.10) eindeutig bestimmte $x = {}^t(\xi_1, \ldots, \xi_m) \in M(m, 1; K)$ mit $Ax = b$:

```
for i := 1 to m do ξ_i := β_i;
for i := m downto 1 do
  begin
    ξ_i := ξ_i/α_ii;
    for j := i − 1 downto 1 do ξ_j := ξ_j − α_ji * ξ_i;
  end;
```

Wendet man den Algorithmus (2.18) auf die Matrix (A, b) an, so erhält man mit dem eben berechneten $x = {}^t(\xi_1, \ldots, \xi_m)$ die Matrix (E_m, x).

(6.6) Bemerkung: (1) Der Algorithmus in (6.5) benötigt m Divisionen, k Multiplikationen und k Subtraktionen, wobei gilt: Es ist

$$k = \operatorname{Card}\{(i, j) \mid 1 \leq j < i \leq m\} = \sum_{i=1}^{m}(i - 1) = \frac{1}{2}(m - 1)m.$$

Der Rechenaufwand ist also etwa proportional zu m^2 [vgl. auch (2.19)(2)].
(2) Ähnlich wie in (6.5) verfährt man bei der Lösung eines linearen Gleichungssystems $Ax = b$ mit einer invertierbaren Matrix $A \in \Delta(m; K)$.
(3) Ein lineares Gleichungssystem $Ax = b$ mit einer Permutationsmatrix oder einer invertierbaren Diagonalmatrix $A \in M(m; K)$ läßt sich mit einem zu m proportionalen Aufwand lösen.

(6.7) Satz: *Es sei* $A \in M(m, n; K)$, *und es sei* $r = \operatorname{rang}(A)$. *Dann gibt es eine Faktorisierung*

$$A = PLRQ \qquad (*)$$

mit Permutationsmatrizen $P \in \mathrm{GL}(m; K)$ *und* $Q \in \mathrm{GL}(n; K)$, *mit einer linken Dreiecksmatrix* $L \in \Delta(m; K)$, *in deren Hauptdiagonalen nur Einsen stehen, und mit einer rechten Dreiecksmatrix* $R = (\rho_{ij}) \in M(m, n; K)$, *für die gilt: Für jedes* $i \in \{1, \ldots, r\}$ *ist* $\rho_{ii} \neq 0$, *und für jedes* $i \in \{r + 1, \ldots, m\}$ *gilt* $\rho_{i1} = \cdots = \rho_{in} = 0$.

Bezeichnung: Die Faktorisierung $(*)$ heißt eine Links-Rechts-Zerlegung oder kurz eine LR-Zerlegung von A.
Beweis: (1) Für $k = 0$, 1, 2, ... wird eine Faktorisierung $A = P_k\, L_k\, R_k\, Q_k$ konstruiert, in der $P_k \in \mathrm{GL}(m; K)$ und $Q_k \in \mathrm{GL}(n; K)$ Permutationsmatrizen sind und in der L_k und R_k die folgende Gestalt haben:

Es ist $L_k = (\lambda_{ij}^{(k)}) \in \Delta(m;K)$ mit $\lambda_{11}^{(k)} = \cdots = \lambda_{mm}^{(k)} = 1$ und mit $\lambda_{j+1,j}^{(k)} = \lambda_{j+2,j}^{(k)} = \cdots = \lambda_{mj}^{(k)} = 0$ für jedes $j \in \{k+1,\ldots,m-1\}$, und es ist $R^{(k)} = (\rho_{ij}^{(k)}) \in M(m,n;K)$ mit $\rho_{ii}^{(k)} \neq 0$ für jedes $i \in \{1,\ldots,k\}$ und mit $\rho_{j+1,j}^{(k)} = \rho_{j+2,j}^{(k)} = \cdots = \rho_{mj}^{(k)} = 0$ für jedes $j \in \{1,\ldots,k\}$.

L_k und R_k haben also die folgende Gestalt:

$$L_k \;=\; \left(\begin{array}{ccccc} 1 & & & & \\ & \ddots & & & 0 \\ & & \ddots & & \\ & & 1 & & \\ & * & \vdots & \ddots & \\ & & \vdots & 0 & 1 \end{array}\right), \qquad \underbrace{\hphantom{xxxxxxxxxx}}_{k \text{ Spalten}}$$

$$R_k \;=\; \left(\begin{array}{ccccc} \rho_{11}^{(k)} & & & & \\ & \ddots & & * & \\ & & \ddots & & \\ & & & \rho_{kk}^{(k)} & \cdots\cdots \\ & 0 & & \vdots & * \\ & & & \vdots & \end{array}\right). \qquad \underbrace{\hphantom{xxxxxxxxxx}}_{k \text{ Spalten}}$$

(2) Man setzt $P_0 := E_m$, $Q_0 := E_n$, $L_0 := E_m$ und $R_0 := A$. Dann ist $A = P_0 L_0 R_0 Q_0$ eine Faktorisierung der gewünschten Art.

Es sei $k \geq 1$, und es sei bereits eine Faktorisierung

$$A \;=\; P_{k-1} L_{k-1} R_{k-1} Q_{k-1}$$

der gewünschten Art konstruiert. Ist $\rho_{ij}^{(k)} = 0$ für jedes $i \in \{k,\ldots m\}$ und für jedes $j \in \{k,\ldots,n\}$, so bricht man das Verfahren an dieser Stelle ab. Andernfalls wählt man ein $s \in \{k,\ldots,m\}$ und ein $t \in \{k,\ldots,n\}$ mit $\rho_{st}^{(k-1)} \neq 0$ ["Pivotsuche"; die Wahl von s und t wird man "möglichst günstig" treffen, vgl. dazu (6.9)]. Man setzt dann $Z := V_{ks} \in \mathrm{GL}(m;K)$ und $Y := V_{kt} \in \mathrm{GL}(n;K)$ [zur Bezeichnung vgl. man (2.3)]. Dann sind $P_k := P_{k-1}Z \in \mathrm{GL}(m;K)$ und $Q_k := YQ_{k-1} \in \mathrm{GL}(n;K)$ Permutationsmatrizen [vgl. (2.4)]. Die Matrix $L'_{k-1} := ZL_{k-1}Z$ hat dieselbe Gestalt wie L_{k-1}, und die Matrix $R'_{k-1} = (\rho'_{ij}) := ZR_{k-1}Y$ hat dieselbe Gestalt wie R_{k-1}; außerdem gilt $\rho'_{ii} = \rho_{ii}^{(k-1)} \neq 0$ für jedes $i \in \{1,\ldots,k-1\}$ und

$\rho'_{kk} = \rho^{(k-1)}_{st} \neq 0$. Wegen $Z^2 = E_m$ und $Y^2 = E_n$ [vgl. (2.3)(3)] gilt

$$A = P_{k-1}Z \cdot ZL_{k-1}Z \cdot ZR_{k-1}Y \cdot YQ_{k-1} = P_k L'_{k-1} R'_{k-1} Q_k;$$

hier ist $P_k := P_{k-1}Z$, $L'_{k-1} := ZL_{k-1}Z$, $R'_{k-1} := ZR_{k-1}Y$ und $Q_k := YQ_{k-1}$.

Mit den Basismatrizen $E_{11}, E_{12}, \ldots, E_{mm} \in M(m;K)$ setzt man

$$X := E_m - \sum_{i=k+1}^{m} \frac{\rho'_{ik}}{\rho'_{kk}} \cdot E_{ik} \in M(m;K).$$

Dann gilt

$$X \cdot \left(E_m + \sum_{i=k+1}^{m} \frac{\rho'_{ik}}{\rho'_{kk}} \cdot E_{ik}\right) = E_m - \sum_{i=k+1}^{m} \sum_{j=k+1}^{m} \frac{\rho'_{ik}}{\rho'_{kk}} \cdot \frac{\rho'_{jk}}{\rho'_{kk}} \cdot \underbrace{E_{ik}E_{jk}}_{=0} = E_m,$$

und daher ist X nach (5.11) invertierbar mit

$$X^{-1} = E_m + \sum_{i=k+1}^{m} \frac{\rho'_{ik}}{\rho'_{kk}} \cdot E_{ik} = 2E_m - X.$$

Es gilt $A = P_k L'_{k-1} X^{-1} X R'_{k-1} Q_k = P_k L_k R_k Q_k$, und darin haben, wie man sieht, $L_k := L'_{k-1}X^{-1}$ und $R_k := XR'_{k-1}$ jeweils die gewünschte Gestalt. Gilt darin $\rho^{(k)}_{ij} = 0$ für jedes $i \in \{k+1, \ldots, m\}$ und jedes $j \in \{k+1, \ldots, n\}$, so bricht man das Verfahren an dieser Stelle ab. Andernfalls wird das Verfahren fortgesetzt.

(3) Die Konstruktion in (2) liefert schließlich für ein $l \in \{0, 1, \ldots, \min\{m,n\}\}$ eine Faktorisierung

$$A = P_l L_l R_l Q_l \qquad (**)$$

von der in (1) beschriebenen Gestalt mit

$$R_l = \begin{pmatrix} \rho^{(l)}_{11} & \cdots\cdots\cdots & & \rho^{(l)}_{1n} \\ 0 & \ddots & & \vdots \\ \vdots & & \ddots & \vdots \\ 0 & \cdots & \rho^{(l)}_{ll} \;\cdots & \rho^{(l)}_{ln} \\ 0 & \cdots & 0 \;\cdots & 0 \\ \vdots & & \vdots & \vdots \\ 0 & \cdots & 0 \;\cdots & 0 \end{pmatrix},$$

wobei $\rho^{(l)}_{ii} \neq 0$ für jedes $i \in \{1, \ldots, l\}$ gilt. Es ist $\text{rang}(R_l) = l$, und weil die Matrizen P_l, L_l und Q_l invertierbar sind, folgt aus (5.9): Es ist $l = \text{rang}(R_l) = \text{rang}(P_l L_l R_l Q_l) = \text{rang}(A) = r$. Damit ist gezeigt, daß $(**)$ eine LR-Zerlegung von A ist.

(6.8) BEMERKUNG: (1) Es sei $A \in M(m,n;K)$. Zur Berechnung einer LR-Zerlegung $A = PLRQ$ von A braucht man den Rang von A nicht zu kennen. Man liest vielmehr den Rang von A an R ab: Es ist $\operatorname{rang}(A)$ die Anzahl der von $(0,0,\ldots,0)$ verschiedenen Zeilen von R.
(2) Es seien $A \in M(m,n;K)$ und $b \in M(m,1;K)$, und es sei $A = PLRQ$ eine LR-Zerlegung von A. Will man das lineare Gleichungssystem $Ax = b$ lösen, so geht man so vor: Man löst zuerst $Ly = {}^tPb$. Weil L invertierbar ist, besitzt dieses Gleichungssystem eine eindeutig bestimmte Lösung $y \in M(m,1;K)$, und weil nach (2.4)(3) $P^{-1} = {}^tP$ ist, gilt hierfür $PLy = b$. Mit diesem y löst man dann das lineare Gleichungssystem $Rz = y$. Es gilt

$$\{x \in M(n,1;K) \mid Ax = b\} = \{{}^tQz \mid z \in M(n,1;K),\, Rz = y\},$$

denn ist $x \in M(n,1;K)$, so ist $z := Qx \in M(n,1;K)$, und es ist $Rz = y$ genau dann, wenn $Ax = PLRQx = b$ ist. Gilt insbesondere $m = n = \operatorname{rang}(A)$, so ist R invertierbar, und man kann die Lösung z von $Rz = y$ mit dem in (6.5) beschriebenen Verfahren berechnen; die eindeutig bestimmte Lösung von $Ax = b$ ist dann $x = {}^tQz$. In jedem Fall wendet man auf (R,y) (nur) die notwendigen Schritte des Gauß-Algorithmus (2.18) an und benutzt dann (3.10).
(3) Es sei $A \in M(m;K)$, und es sei $A = PLRQ$ eine LR-Zerlegung von A. Es ist $\operatorname{rang}(A) = \operatorname{rang}(R)$, und daher ist A genau dann invertierbar, wenn R invertierbar ist, und ist dies der Fall, so gilt $A^{-1} = (PLRQ)^{-1} = Q^{-1}R^{-1}L^{-1}P^{-1} = {}^tQR^{-1}L^{-1}\,{}^tP$.

(6.9) BEMERKUNG: Es gelte jetzt $K = \mathbb{R}$ oder $K = \mathbb{C}$, und es sei $A = (\alpha_{ij}) \in M(m,n;K)$.
(1) Die Rechengenauigkeit bei der Herstellung einer LR-Zerlegung von A kann sich dadurch vergrößern, daß man beim Verfahren aus dem Beweis von (6.7) die Wahl des k-ten Pivotelements folgendermaßen vornimmt: Man wählt [mit denselben Bezeichnungen wie im Beweis von (6.7)] die Indizes $s \in \{k,\ldots,m\}$ und $t \in \{k,\ldots,n\}$ so , daß

$$\left(|\rho_{kk}^{(k)}| = \right)\quad |\rho_{st}^{(k-1)}| = \max\{\,|\rho_{ij}^{(k-1)}| \mid k \le i \le m,\ k \le j \le n\}$$

gilt. Dieses Verfahren, die Pivotelemente zu wählen, nennt man Totalpivotsuche.
(2) Es sei $b \in M(m,1;K)$. Es hat sich gezeigt, daß man die Genauigkeit bei der Berechnung der Lösungen des linearen Gleichungssystems $Ax = b$ durch Skalierung von A auf folgende Weise vergrößern kann: Man wählt Diagonalmatrizen $D_1 \in \mathrm{GL}(m;K)$ und $D_2 \in \mathrm{GL}(n;K)$, für die sich das lineare Gleichungssystem $(D_1AD_2)y = D_1b$ mit größerer Genauigkeit lösen läßt als das ursprüngliche System $Ax = b$, löst dieses neue System und gewinnt aus seiner Lösungsmenge $\mathcal{L}'$ die Lösungsmenge $\mathcal{L} = \{D_2y \mid y \in \mathcal{L}'\}$ von $Ax = b$.

Es ist kein Verfahren bekannt, mit dem man zu A optimal geeignete Diagonalmatrizen D_1 und D_2 konstruieren kann. Doch erweist sich in vielen Fällen die folgende Methode zur Skalierung von A als günstig:

Für jedes $i \in \{1,\ldots,m\}$ setzt man $\hat{\beta}_i := \max\{|\alpha_{i1}|, |\alpha_{i2}|, \ldots, |\alpha_{in}|\}$ und

$$\beta_i := \begin{cases} 1/\hat{\beta}_i, & \text{falls } \hat{\beta}_i \neq 0 \text{ ist,} \\ 1 & \text{sonst;} \end{cases}$$

für jedes $j \in \{1,\ldots,n\}$ setzt man $\hat{\gamma}_j := \max\{|\alpha_{1j}| \cdot \beta_1, |\alpha_{2j}| \cdot \beta_2, \ldots, |\alpha_{mj}| \cdot \beta_m\}$ und

$$\gamma_j := \begin{cases} 1/\hat{\gamma}_j, & \text{falls } \hat{\gamma}_j \neq 0 \text{ ist ,} \\ 1 & \text{sonst.} \end{cases}$$

Dann setzt man $D_1 := \operatorname{diag}(\beta_1,\ldots,\beta_m)$ und $D_2 := \operatorname{diag}(\gamma_1,\ldots,\gamma_n)$. Es ist leicht zu sehen: Besteht keine Zeile oder Spalte von A nur aus Nullen, so ist in der Matrix $A' := D_1 A D_2$ der maximale Betrag eines Elementes in jeder Zeile und jeder Spalte gleich 1.

(3) Der in (6.10) aufgeschriebene Algorithmus zur Herstellung einer LR-Zerlegung von A benutzt die in (2) beschriebene Skalierung, aber als implizite Skalierung, d.h. ohne daß $D_1 A D_2$ explizit ausgerechnet wird. Man wählt statt dessen bei der Wahl des k-ten Pivotelements die Indizes $s \in \{k,\ldots,m\}$ und $t \in \{k,\ldots,n\}$ [mit denselben Bezeichnungen wie im Beweis von (6.7)] so, daß

$$|\rho_{st}^{(k-1)} \cdot \beta_s \cdot \gamma_t| = \max\left\{ |\rho_{ij}^{(k-1)} \cdot \beta_i \cdot \gamma_j| \mid k \leq i \leq m,\ k \leq j \leq n \right\}$$

gilt. Vorsicht: Werden in einem Schritt Zeilen [bzw. Spalten] vertauscht, so sind die $\beta_1,\ldots,\beta_m$ [bzw. die $\gamma_1,\ldots,\gamma_n$] entsprechend zu vertauschen!

(4) Der in (6.10) aufgeschriebene Algorithmus läßt sich leicht auch ohne implizite Skalierung aufschreiben: Es entfallen dann die Zeilen 1, 2, 24 und 25 sowie die zweite Hälfte der Zeilen 18 und 21, und in den Zeilen 6 und 7 ist $A[i,j]$ statt $A[i,j] \cdot \beta[i] \cdot \gamma[j]$ zu schreiben, sowie in den Zeilen 30 und 31 jeweils g statt $g \cdot \beta[l] \cdot \gamma[j]$.

(6.10) Es gelte $K = \mathbb{R}$ oder $K = \mathbb{C}$; es sei $A \in M(m,n;K)$. Der folgende Algorithmus ermittelt eine LR-Zerlegung $A = PLRQ$ von A, und zwar mit Verbesserung der Rechengenauigkeit durch implizite Skalierung. Nach Ablauf des Algorithmus sind die Matrizen $L = (\lambda_{ij}) \in \Delta(m;K)$ und $R = (\rho_{ij}) \in M(m,n;K)$ folgendermaßen gespeichert: Auf dem Speicherplatz, auf dem am Anfang A stand, steht am Ende die Matrix

$$\begin{pmatrix} \rho_{11} & \rho_{12} & \rho_{13} & \cdots\cdots & \rho_{1n} \\ \lambda_{21} & \rho_{22} & \rho_{23} & \cdots\cdots & \rho_{2n} \\ \lambda_{31} & \lambda_{32} & \rho_{33} & \cdots\cdots & \rho_{3n} \\ \vdots & \vdots & \vdots & & \vdots \\ \lambda_{m1} & \lambda_{m2} & \lambda_{m3} & \cdots\cdots & \rho_{mn} \end{pmatrix}.$$

Die Diagonalelemente von L sind alle gleich 1 und brauchen daher nicht abgespeichert zu werden.

Die Permutationsmatrizen P und Q werden so berechnet: Man initialisiert $p := (1,2,\ldots,m)$ und $q := (1,2,\ldots,n)$. Werden bei der Berechnung von $A = P_1 L_1 R_1 Q_1$ die erste und die s-te Zeile und die erste und die t-te Spalte vertauscht, so werden in

p das erste und das s-te und in q das erste und das t-te Element vertauscht, und dieses Verfahren wird fortgesetzt. Aus den am Ende berechneten $p = (p_1, p_2, \ldots, p_m)$ und $q = (q_1, q_2, \ldots, q_n)$ gewinnt man dann $P = (\delta_{i,p_j})$ und $Q = (\delta_{q_i,j})$.

Eingabe: $A = (A[i,j])_{1 \le i \le m, 1 \le j \le n} \in M(m,n;\mathbb{C})$;

Ausgabe: $p[1], \ldots, p[m]$, $q[1], \ldots, q[n]$, A, r; hier ist $P = (\delta_{i,p[j]})$, $Q = (\delta_{q[i],j})$, auf A sind L und R mit $A = PLRQ$ gespeichert, und es ist $r = \mathrm{rang}(A)$.

```
1.   {Bestimme die Faktoren β[1],...,β[m] und
2.   γ[1],...,γ[n] gemäß (6.8)(3)};
3.   {Nun suche das erste Pivotelement.}
4.   h := 0;
5.   for i := 1 to m do for j := 1 to n do
6.     if |A[i,j] * β[i] * γ[j]| > h then
7.       begin h := |A[i,j] * β[i] * γ[j]|; s := i; t := j; end;
8.   {Initialisiere P := E_m; Q := E_n:}
9.   for i := 1 to m do p[i] := i; for j := 1 to n do q[j] := j;
10.  k := 0; r := 0;
11.  while k < m and h ≠ 0 do
12.    {Voraussetzung: Auf A stehen L_k und R_k. Es ist A[s,t] ≠ 0.
13.    (p[1],...,p[m]) und (q[1],...,q[n]) registrieren P_k und Q_k.}
14.    begin
15.      k := k + 1; r := k; h := 0; {h akkumuliert das neue Maximum.}
16.      if k ≠ s then
17.        vertausche (Zeile k und Zeile s,
18.        p[k] und p[s], β[k] und β[s]);
19.      if k ≠ t then
20.        vertausche (Spalte k und Spalte t,
21.        q[k] und q[t], γ[k] und γ[t]);
22.      {Man beachte, daß jetzt L'_{k-1}, R'_{k-1} auf A und
23.      P_k und Q_k auf (p[1],...,p[m]) und (q[1],...,q[n]) stehen.
24.      Selbstverständlich müssen auch die Skalierungsfaktoren
25.      vertauscht werden.}
26.      for l := k + 1 to m do A[l,k] := A[l,k]/A[k,k];
27.      {Damit ist L_k berechnet.}
28.      for l := k + 1 to m do for j := k + 1 to n do
29.        begin g := A[l,j] - A[l,k] * A[k,j];
30.          if |g * β[l] * γ[j]| > h then
31.            begin h := |g * β[i] * γ[j]|; s := l; t := j; end;
32.          A[l,j] := g;
33.        end; {von Zeile 29}
34.      {Damit ist R_k berechnet, und wenn h ≠ 0 ist,
35.      so ist A[s,t] ≠ 0 das Element, durch das beim nächsten Mal
36.      dividiert wird, also das nächste Pivotelement;
37.      ist h = 0, so ist man fertig.}
```

```
38.     end; {von Zeile 11 bzw. Zeile 14}
39.  return(r, p[1], ..., p[m], q[1], ..., q[n], A).
```

Statt $h \neq 0$ in Zeile 11 wird man $h > \varepsilon$ mit einer kleinen positiven Zahl ε fordern; auf einem Computer, der mit t Binärziffern in der Mantisse arbeitet, sollte ε deutlich größer sein als 2^{-t}.

(6.11) BEMERKUNG: Bisweilen kommen in den Anwendungen lineare Gleichungssysteme $Ax = b$ vor, in denen die Zeilenzahl größer als die Zahl der Unbekannten ist und die daher im allgemeinen keine Lösungen besitzen. In diesem Fall versucht man, solche x zu finden, für die $Ax - b$ möglichst "klein" wird. Die dazu benötigten Hilfsmittel werden in den nächsten Abschnitten zusammengestellt. Ein Beispiel einer derartigen Anwendung wird am Ende dieses Paragraphen in (6.20) behandelt.

(6.12) DEFINITION: (1) Ist $A = (\alpha_{kl}) \in M(m, n; \mathbb{C})$, so setzt man

$$\overline{A} := (\overline{\alpha}_{kl}) \quad \text{und} \quad A^* := {}^t\overline{A}.$$

(2) Sind $x = {}^t(\xi_1, \ldots, \xi_m)$, $y = {}^t(\eta_1, \ldots, \eta_m) \in M(m, 1; \mathbb{C})$, so heißt

$$(x \mid y) := y^* \cdot x \;=\; \sum_{j=1}^{m} \xi_j \overline{\eta}_j \;=\; {}^tx \cdot \overline{y} \;\in\; \mathbb{C}$$

das innere Produkt oder das Skalarprodukt von x mit y.

(6.13) BEMERKUNG: (1) Für A, $B \in M(m, n; \mathbb{C})$, $C \in M(n, p; \mathbb{C})$ und $\lambda \in \mathbb{C}$ gilt

$$(A + B)^* = A^* + B^*, \; (AC)^* = C^* \cdot A^*, \; (\lambda A)^* = \overline{\lambda} A^*, \; A^{**} = A.$$

(2) Für jedes $A \in M(m, n; \mathbb{R}) \subset M(m, n; \mathbb{C})$ ist $A^* = {}^tA$.
(3) Für alle x, $y \in M(m, 1; \mathbb{R}) \subset M(m, 1; \mathbb{C})$ ist

$$(x \mid y) = {}^tyx = {}^txy = \sum_{j=1}^{m} \xi_j \eta_j \in \mathbb{R}.$$

(6.14) BEMERKUNG: Es seien x, x_1, x_2, y, y_1, $y_2 \in M(m, 1; \mathbb{C})$, und es sei $\lambda \in \mathbb{C}$. Es gilt

(1) $(x_1 + x_2 \mid y) = (x_1 \mid y) + (x_2 \mid y)$ und $(x \mid y_1 + y_2) = (x \mid y_1) + (x \mid y_2)$,
(2) $(\lambda x \mid y) = \lambda \cdot (x \mid y)$ und $(x \mid \lambda y) = \overline{\lambda} \cdot (x \mid y)$,
(3) $(y \mid x) = \overline{(x \mid y)}$.
(4) Ist $x = 0$, so ist $(x \mid x) = 0$; ist $x \neq 0$, so ist $(x \mid x) > 0$.

Beweis: (1) – (3) folgen aus der Definition in (6.12)(2). Für $x = {}^t(\xi_1, \ldots, \xi_m)$ gilt $(x \mid x) = \sum_{j=1}^{m} \xi_j \cdot \overline{\xi}_j = \sum_{j=1}^{m} |\xi_j|^2$, und es folgt (4).

(6.15) Satz: *Es seien $x, y \in M(m,1;\mathbb{C})$.*
(1) *Es gilt*

$$|(x \mid y)|^2 \leq (x \mid x) \cdot (y \mid y)$$

[Ungleichung von A. L. Cauchy, 1789–1857, und H. A. Schwarz, 1843–1921].
(2) *Es gilt $|(x \mid y)|^2 = (x \mid x) \cdot (y \mid y)$ genau dann, wenn x und y linear abhängig sind.*
Beweis: (a) Es gelte $y = 0$. Dann ist $(x \mid y) = 0 = (y \mid y)$ und daher $|(x \mid y)|^2 = 0 = (x \mid x) \cdot (y \mid y)$; ferner sind x und y linear abhängig.
(b) Es gelte $y \neq 0$. Dann ist $(y \mid y) > 0$, und für $\lambda := (x \mid y) \cdot (y \mid y)^{-1} \in \mathbb{C}$ gilt $\overline{\lambda} = \overline{(x \mid y)} \cdot (y \mid y)^{-1}$, also

$$\begin{aligned}
0 &\leq (x - \lambda y \mid x - \lambda y) \\
&= (x \mid x) + (x \mid -\lambda y) + (-\lambda y \mid x) + (-\lambda y \mid -\lambda y) \\
&= (x \mid x) - \overline{\lambda} \cdot (x \mid y) - \lambda \cdot \overline{(x \mid y)} + \lambda\overline{\lambda} \cdot (y \mid y) \\
&= (x \mid x) - 2 \cdot |(x \mid y)|^2 \cdot (y \mid y)^{-1} + |(x \mid y)|^2 \cdot (y \mid y)^{-1} \\
&= \big((x \mid x) \cdot (y \mid y) - |(x \mid y)|^2\big) \cdot (y \mid y)^{-1}.
\end{aligned}$$

Wegen $(y \mid y) > 0$ folgt daraus: Es ist $|(x \mid y)|^2 \leq (x \mid x) \cdot (y \mid y)$, und wenn darin das Gleichheitszeichen gilt, so ist $(x - \lambda y \mid x - \lambda y) = 0$ und daher nach (6.14)(4) $x - \lambda y = 0$, d.h. x und y sind linear abhängig.

Andererseits gilt: Sind x und y linear abhängig, so gibt es ein $\beta \in \mathbb{C}$ mit $x = \beta y$, und es folgt

$$|(x \mid y)|^2 = |(\beta y \mid y)|^2 = |\beta|^2 \, |(y \mid y)|^2 = (\beta y \mid \beta y) \cdot (y \mid y) = (x \mid x) \cdot (y \mid y).$$

(6.16) DEFINITION: Es sei $x = {}^t(\xi_1, \ldots, \xi_m) \in M(m,1;\mathbb{C})$. Dann heißt

$$\|x\| := \sqrt{x^* \cdot x} = \sqrt{(x \mid x)} = \sqrt{|\xi_1|^2 + \cdots + |\xi_m|^2}$$

die (euklidische) Norm von x. Ist dabei $x \in M(m,1;\mathbb{R}) \subset M(m,1;\mathbb{C})$, so ist

$$\|x\| = \sqrt{\xi_1^2 + \cdots + \xi_m^2}.$$

(6.17) Satz: *Es seien $x, y \in M(m,1;\mathbb{C})$, und es sei $\lambda \in \mathbb{C}$. Es gilt:*
(1) *Ist $x = 0$, so ist $\|x\| = 0$; ist $x \neq 0$, so ist $\|x\| > 0$.*
(2) *Es ist $\|\lambda x\| = |\lambda| \cdot \|x\|$.*
(3) *Es ist $|(x \mid y)| \leq \|x\| \cdot \|y\|$.*
(4) *Dreiecksungleichung: Es gilt $\|x + y\| \leq \|x\| + \|y\|$.*
(5) *Es gilt $\|x + y\| \geq \big|\, \|x\| - \|y\| \,\big|$.*
Beweis: (1) und (2) folgen direkt aus der Definition (6.16) und aus (6.14), und (3) folgt aus (6.15).

(4) Es gilt

$$\begin{aligned} \|x+y\|^2 &= (x+y\,|\,x+y) \\ &= (x\,|\,x)+(x\,|\,y)+(y\,|\,x)+(y\,|\,y) \\ &= \|x\|^2+(x\,|\,y)+\overline{(x\,|\,y)}+\|y\|^2 \quad = \quad \|x\|^2+2\mathrm{Re}((x\,|\,y))+\|y\|^2 \\ &\le \|x\|^2+2|(x\,|\,y)|+\|y\|^2 \quad \le \quad \|x\|^2+2\|x\|\cdot\|y\|+\|y\|^2 \\ &= (\,\|x\|+\|y\|\,)^2, \end{aligned}$$

und es folgt $\|x+y\| \le \|x\|+\|y\|$.

(5) Es gilt $\|x\| = \|(x+y)-y\| \le \|x+y\| + \|-y\| = \|x+y\|+\|y\|$ und ebenso $\|y\| \le \|x+y\|+\|x\|$ und daher $\|x+y\| \ge \big|\,\|x\|-\|y\|\,\big|$ [vgl. I(3.21)(4)].

(6.18) Bemerkung: Für alle x, $y \in M(m,1;\mathbb{C})$ setzt man $d(x,y) := \|x-y\|$. Dann gilt:

(1) Für alle x, $y \in M(m,1;\mathbb{C})$ ist $d(x,y) \ge 0$, und es gilt: Ist $x = y$, so ist $d(x,y) = 0$; ist $x \ne y$, so ist $d(x,y) > 0$.

(2) Für alle x, $y \in M(m,1;\mathbb{C})$ ist $d(x,y) = \|x-y\| = \|y-x\| = d(y,x)$.

(3) Dreiecksungleichung: Für alle x, y, $z \in M(m,1;\mathbb{C})$ gilt

$$\begin{aligned} d(x,y) &= \|x-y\| &&= \|(x-z)+(z-y)\| \\ &\le \|x-z\|+\|z-y\| &&= d(x,z)+d(z,y). \end{aligned}$$

Die Abbildung $d\colon M(m,1;\mathbb{C}) \times M(m,1;\mathbb{C}) \to \mathbb{R}$ hat also die Eigenschaften, die man von einer vernünftigen Abstandsmessung auf einer Menge erwartet. Man wird daher mit Hilfe von d in $M(m,1;\mathbb{C})$ "Abstände" messen.

(6.19) Satz: *Es gelte $K = \mathbb{R}$ oder $K = \mathbb{C}$. Es seien $A \in M(m,n;K)$ und $b \in M(m,1;K)$. Dann gilt*

(1) *Das lineare Gleichungssystem $A^*Ax = A^*b$ ist lösbar.*

(2) *Für jede Lösung $\hat{x} \in M(n,1;K)$ des linearen Gleichungssystems in* (1) *ist*

$$\|A\hat{x}-b\| \le \|Ax-b\| \quad \text{für jedes } x \in M(n,1;K).$$

Beweis: Es gilt $A^*A \in M(n;K)$ und $A^*b \in M(n,1;K)$.

(1) Für jedes $v \in M(1,n;K)$ mit $vA^*A = 0$ gilt

$$(Av^* \mid Av^*) = (Av^*)^*(Av^*) = (v^{**}A^*)(Av^*) = (vA^*A)v^* = 0\cdot v^* = 0$$

und daher $Av^* = 0$ [vgl. (6.14)(4)], also $vA^* = (Av^*)^* = 0^* = 0$, also $v(A^*b) = (vA^*)b = 0\cdot b = 0$. Nach (5.6)(1) ist daher das lineare Gleichungssystem $A^*Ax = A^*b$ lösbar.

(2) Es sei $\hat{x} \in M(n,1;K)$ mit $A^*A\hat{x} = A^*b$, und es sei $x \in M(n,1;K)$. Man setzt $y := x - \hat{x}$. Dann gilt

$$\|Ax-b\|^2 = (Ax-b \mid Ax-b) = \big(A(\hat{x}+y)-b \mid A(\hat{x}+y)-b\big)$$

$$\begin{aligned}
&= \|A\hat{x}-b\|^2 + (A\hat{x}-b \mid Ay) + (Ay \mid A\hat{x}-b) + \|Ay\|^2 \\
&= \|A\hat{x}-b\|^2 + (Ay)^*(A\hat{x}-b) + (A\hat{x}-b)^*Ay + \|Ay\|^2 \\
&= \|A\hat{x}-b\|^2 + y^*A^*(A\hat{x}-b) + \big((Ay)^*(A\hat{x}-b)\big)^* + \|Ay\|^2 \\
&= \|A\hat{x}-b\|^2 + y^*\underbrace{(A^*A\hat{x}-A^*b)}_{=0} + \big(y^*\underbrace{(A^*A\hat{x}-A^*b)}_{=0}\big)^* + \|Ay\|^2 \\
&= \|A\hat{x}-b\|^2 + \|Ay\|^2 \\
&\geq \|A\hat{x}-b\|^2.
\end{aligned}$$

(6.20) DIE METHODE DER KLEINSTEN QUADRATE: Es sei $\emptyset \neq M \subset \mathbb{R}$, und es seien $f_1, \ldots, f_n : M \to \mathbb{R}$ Funktionen. Für jedes $x = {}^t(\xi_1, \ldots, \xi_n) \in M(n,1;\mathbb{R})$ definiert man die Funktion

$$\begin{cases} F_x : & M \to \mathbb{R} \\ \text{mit} & F_x(t) = \sum\limits_{j=1}^{n} \xi_j f_j(t) \quad \text{für jedes } t \in M. \end{cases}$$

(1) Es seien $t_1, \ldots, t_m \in M$ und $\beta_1, \ldots, \beta_m \in \mathbb{R}$ gegeben. Man setzt

$$A := \big(f_j(t_i)\big)_{1\leq i\leq m, 1\leq j\leq n} \in M(m,n;\mathbb{R}) \quad \text{und} \quad b := {}^t(\beta_1, \ldots, \beta_m) \in M(m,1;\mathbb{R})$$

und fragt zunächst nach allen $x \in M(n,1;\mathbb{R})$ mit $F_x(t_i) = \beta_i$ für jedes $i \in \{1, \ldots, m\}$, also mit $Ax = b$. Ist $m > n$, so wird es im allgemeinen keine Lösungen dieses Gleichungssystems geben. In diesem Fall fragt man nach den $x \in M(n,1;\mathbb{R})$, für die F_x an den gegebenen Stellen $t_1, \ldots, t_m$ die gegebenen Werte $\beta_1, \ldots, \beta_m$ wenigstens möglichst gut approximiert.
(2) Für ein $x \in M(n,1;\mathbb{R})$ nennt man die Funktion F_x eine beste Approximation nach der Methode der kleinsten Quadrate zu den Daten $t_1, \ldots, t_m$ und $\beta_1, \ldots, \beta_m$, wenn gilt: Für jedes $y \in M(n,1,\mathbb{R})$ ist

$$\| Ax - b \| = \sqrt{\sum_{i=1}^{m} | F_x(t_i) - \beta_i |^2} \leq \sqrt{\sum_{i=1}^{m} | F_y(t_i) - \beta_i |^2} = \| Ay - b \|.$$

Nach (6.19) gibt es Elemente $x \in M(n,1;\mathbb{R})$, für die F_x eine beste Approximation nach der Methode der kleinsten Quadrate zu den Daten $t_1, \ldots, t_m$ und $\beta_1, \ldots, \beta_m$ ist, und diese x sind genau die Lösungen des linearen Gleichungssystems $({}^tAA)\,x = {}^tAb$.

(6.21) BEISPIEL: Eine zeitabhängige physikalische Größe β wird zu verschiedenen Zeitpunkten $t_1, \ldots, t_{11}$ gemessen. Die Tabelle auf der nächsten Seite enthält die Ergebnisse dieser Messung.
Aus der Theorie sei bekannt, daß es reelle Zahlen α_0, α_1, α_2 und α_3 gibt mit $\beta(t) = \alpha_3 t^3 + \alpha_2 t^2 + \alpha_1 t + \alpha_0$ für jedes $t \in [0,1]$. Um α_0, α_1, α_2 und α_3 aus den Meßwerten zu bestimmen, sucht man eine beste Approximation nach der Methode der kleinsten

Quadrate zu den Daten $t_1, \dots, t_{11}$ und $\beta_1, \dots, \beta_{11}$ bezüglich der Funktionen $t \mapsto 1$, $t \mapsto t$, $t \mapsto t^2$, $t \mapsto t^3 : [0,1] \to \mathbb{R}$. Mit den Bezeichnungen aus (6.20) gilt hier

$$A = (t_i^{j-1})_{1 \le i \le 11, 1 \le j \le 4} \in M(11,4;\mathbb{R}) \quad \text{und} \quad b = {}^t(\beta_1, \dots, \beta_{11}) \in M(11,1;\mathbb{R}),$$

$$^tAA = \begin{pmatrix} 11 & 5.5 & 3.85 & 3.025 \\ 5.5 & 3.85 & 3.025 & 2.5333 \\ 3.85 & 3.025 & 2.5333 & 2.20825 \\ 3.025 & 2.5333 & 2.20825 & 1.978405 \end{pmatrix},$$

$$^tAb = {}^t(12.56,\ 7.153,\ 5.2957,\ 4.35091).$$

Tabelle der Messungen

i	1	2	3	4	5	6	7	8	9	10	11
t_i	0.00	0.10	0.20	0.30	0.40	0.50	0.60	0.70	0.80	0.90	1.00
β_i	0.48	0.96	1.11	1.17	1.12	1.10	1.05	1.12	1.18	1.42	1.85

Das lineare Gleichungssystem ${}^tAAx = {}^tAb$ hat die eindeutig bestimmte Lösung $\hat{x} = {}^t(0.5194,\ 4.808,\ -11.03,\ 7.562)$ [nach Runden auf vier Mantissenstellen], und damit erhält man die Funktion

$$\begin{cases} F: & [0,1] \to \mathbb{R} \\ \text{mit} & F(t) = 7.562\,t^3 - 11.03\,t^2 + 4.808\,t + 0.5194 \quad \text{für jedes } t \in [0,1] \end{cases}$$

als beste Approximation nach der Methode der kleinsten Quadrate.

Damit hat man aus den Messungen die Werte $\alpha_0 = 0.5194$, $\alpha_1 = 4.808$, $\alpha_2 = -11.03$ und $\alpha_3 = 7.562$ ermittelt. Die nebenstehende Figur zeigt den Graphen von F und die Punkte $(t_1, \beta_1), \dots, (t_{11}, \beta_{11})$.

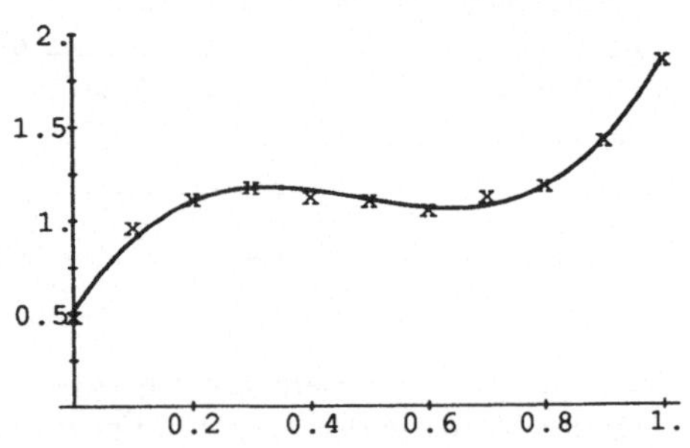

(6.22) BEMERKUNG: Die Methode der kleinsten Quadrate wurde um 1800 von J. L. Legendre und von C. F. Gauß entwickelt. Gauß verwendete sie bei der Auswertung von Messungen in Astronomie und Geodäsie.

§7 Lineare Geometrie

(7.1) In diesem Paragraphen werden die bislang entwickelten Begriffe der linearen Algebra zur Beschreibung geometrischer Sachverhalte herangezogen. Der Grundkörper ist hier stets der Körper $\mathbb{R}$ der reellen Zahlen, n ist jeweils eine natürliche Zahl, und statt $M(n,1;\mathbb{R})$ wird zur Abkürzung $\mathbb{E}_n$ geschrieben; die Elemente von $\mathbb{E}_n$ werden Punkte genannt.

(7.2) DEFINITION: (a) Es seien x, $y \in \mathbb{E}_n$ zwei verschiedene Punkte. Dann heißt die Menge

$$\begin{aligned} [x,y] &:= \{ z \in \mathbb{E}_n \mid \text{es gibt ein } \lambda \in \mathbb{R} \text{ mit } z = \lambda x + (1-\lambda)y \} \\ &= \{ \alpha x + \beta y \mid \alpha, \beta \in \mathbb{R} \text{ mit } \alpha + \beta = 1 \} \end{aligned}$$

die Gerade durch x und y oder die Verbindungsgerade von x und y.
(b) Eine Teilmenge $\mathcal{A} \subset \mathbb{E}_n$ heißt eine lineare Varietät, wenn für alle x, $y \in \mathcal{A}$ mit $x \neq y$ die Gerade $[x,y]$ in $\mathcal{A}$ enthalten ist.

(7.3) BEMERKUNG: (1) Sind x, y verschiedene Punkte aus $\mathbb{E}_n$ und ist z ein Punkt der Geraden $[x,y]$, so gibt es genau ein $\lambda \in \mathbb{R}$ mit $z = \lambda x + (1-\lambda)y$ [denn sind λ, $\mu \in \mathbb{R}$ mit $\lambda x + (1-\lambda)y = \mu x + (1-\mu)y$, so gilt $(\lambda - \mu)(x-y) = 0$, und wegen $x - y \neq 0$ ergibt sich nach (1.5)(3) $\lambda - \mu = 0$].
(2) $\emptyset$ und $\mathbb{E}_n$ sind lineare Varietäten in $\mathbb{E}_n$, und für jedes $x \in \mathbb{E}_n$ ist $\{x\}$ eine lineare Varietät.

(7.4) Satz: *Es sei $\mathcal{A} \subset \mathbb{E}_n$ eine lineare Varietät. Für jedes $m \in \mathbb{N}$ gilt: Sind $x_1,\ldots,x_m \in \mathcal{A}$ und $\lambda_1,\ldots,\lambda_m \in \mathbb{R}$ mit $\sum_{i=1}^m \lambda_i = 1$, so ist $\sum_{i=1}^m \lambda_i x_i \in \mathcal{A}$.*
Beweis durch Induktion: Für $m = 1$ und $m = 2$ ist nichts zu beweisen. Es sei $m \geq 3$, und es sei schon gezeigt: Ist $k \in \{1,\ldots,m-1\}$, sind $y_1,\ldots,y_k \in \mathcal{A}$ und sind $\mu_1,\ldots,\mu_k \in \mathbb{R}$ mit $\sum_{i=1}^k \mu_i = 1$, so ist $\sum_{i=1}^k \mu_i y_i \in \mathcal{A}$. Es seien $x_1,\ldots,x_m \in \mathcal{A}$ und $\lambda_1,\ldots,\lambda_m \in \mathbb{R}$ mit $\sum_{i=1}^m \lambda_i = 1$. Ist dabei $\lambda_i = 0$ für ein $i \in \{1,\ldots,m\}$, so gilt auf Grund der Induktionsvoraussetzung $\sum_{i=1}^m \lambda_i x_i \in \mathcal{A}$. Ist aber $\lambda_i \neq 0$ für jedes $i \in \{1,\ldots,m\}$, so gibt es wegen $m \geq 2$ wenigstens ein $i \in \{1,\ldots,m\}$ mit $\lambda_i \neq 1$, und man kann $x_1,\ldots,x_m$ und $\lambda_1,\ldots,\lambda_m$ so umnumerieren, daß $\lambda_m \neq 1$ ist. Dann setzt man $\mu_i := \lambda_i/(1-\lambda_m)$ für jedes $i \in \{1,\ldots,m-1\}$. Es ist $\sum_{i=1}^{m-1} \mu_i = \sum_{i=1}^{m-1} \lambda_i/(1-\lambda_m) = 1$, und somit folgt auf Grund der Induktionsvoraussetzung: Es gilt $\sum_{i=1}^{m-1} \mu_i x_i \in \mathcal{A}$ und daher auch $\sum_{i=1}^m \lambda_i x_i = \lambda_m x_m + (1-\lambda_m)\sum_{i=1}^{m-1} \mu_i x_i \in \mathcal{A}$.

(7.5) Satz: *Es sei $X \subset \mathbb{E}_n$. Dann gibt es eine eindeutig bestimmte kleinste lineare Varietät $[X] \subset \mathbb{E}_n$, die X enthält, und zwar gilt: Ist $X = \emptyset$, so ist $[X] = \emptyset$, und ist $X \neq \emptyset$, so ist*

$$[X] = \left\{ \sum_{i=1}^m \lambda_i x_i \mid m \in \mathbb{N};\, x_1,\ldots,x_m \in X;\, \lambda_1,\ldots,\lambda_m \in \mathbb{R} \text{ mit } \sum_{i=1}^m \lambda_i = 1 \right\}.$$

Beweis: Ist $X = \emptyset$, so ist $\emptyset$ die kleinste lineare Varietät in $\mathbb{E}_n$, die X enthält. – Es gelte $X \neq \emptyset$, und es sei

$$\mathcal{A} := \left\{ \sum_{i=1}^m \lambda_i x_i \mid m \in \mathbb{N};\, x_1,\ldots,x_m \in X;\, \lambda_1,\ldots,\lambda_m \in \mathbb{R} \text{ mit } \sum_{i=1}^m \lambda_i = 1 \right\}.$$

Offensichtlich gilt $X \subset \mathcal{A}$. Es seien x und y verschiedene Punkte in $\mathcal{A}$. Dann existieren r, $s \in \mathbb{N}$ und $x_1,\ldots,x_r$, $y_1,\ldots,y_s \in X$ und reelle Zahlen $\lambda_1,\ldots\lambda_r$,

$\mu_1, \ldots, \mu_s$ mit $\sum_{i=1}^r \lambda_i = 1$ und $\sum_{j=1}^s \mu_j = 1$ und mit $x = \sum_{i=1}^r \lambda_i x_i$ und $y = \sum_{j=1}^s \mu_j y_j$. Für jedes $\lambda \in \mathbb{R}$ gilt dann $\sum_{i=1}^r \lambda\lambda_i + \sum_{j=1}^s (1-\lambda)\mu_j = 1$ und daher

$$\lambda x + (1-\lambda)y = \sum_{i=1}^r (\lambda\lambda_i)x_i + \sum_{j=1}^s \big((1-\lambda)\mu_j\big)\, y_j \in \mathcal{A},$$

und somit ist $[x,y] \subset \mathcal{A}$. Also ist $\mathcal{A}$ eine lineare Varietät. Aus (7.4) folgt sogleich: Für jede lineare Varietät $\mathcal{B} \subset \mathbb{E}_n$ mit $X \subset \mathcal{B}$ gilt $\mathcal{A} \subset \mathcal{B}$. Also ist $\mathcal{A}$ die kleinste Varietät in $\mathbb{E}_n$, die X enthält.

(7.6) BEMERKUNG: (1) Sind x, $y \in \mathbb{E}_n$ verschieden, so ist die Verbindungsgerade $[x,y] = \{\alpha x + \beta y \mid \alpha, \beta \in \mathbb{R} \text{ mit } \alpha + \beta = 1\}$ von x und y nach (7.5) die kleinste lineare Varietät in $\mathbb{E}_n$, die die Punkte x und y enthält.
(2) Ist $m \in \mathbb{N}$ und sind $x_1, \ldots, x_m \in \mathbb{E}_n$, so ist

$$[x_1, \ldots, x_m] := [\{x_1, \ldots, x_m\}] = \left\{\sum_{i=1}^m \lambda_i x_i \mid \lambda_1, \ldots, \lambda_m \in \mathbb{R} \text{ mit } \sum_{i=1}^m \lambda_i = 1\right\}$$

die kleinste Varietät in $\mathbb{E}_n$, die die Punkte $x_1, \ldots, x_m$ enthält. Zu dieser Schreibweise $[x_1, \ldots, x_m]$ paßt die in (7.2) eingeführte Schreibweise $[x,y]$ für die Verbindungsgerade zweier verschiedener Punkte x, $y \in \mathbb{E}_n$.

(7.7) Satz: (1) *Es sei $\mathcal{A} \subset \mathbb{E}_n$ eine nichtleere lineare Varietät. Dann gibt es einen eindeutig bestimmten Unterraum $U_\mathcal{A}$ von $\mathbb{E}_n$ mit: Für jedes $x_0 \in \mathcal{A}$ ist*

$$\mathcal{A} = \{x_0 + u \mid u \in U_\mathcal{A}\} =: x_0 + U_\mathcal{A},$$

und zwar ist $U_\mathcal{A} = \{y - z \mid y, z \in \mathcal{A}\}$.
(2) *Es sei $x_0 \in \mathbb{E}_n$, und es sei U ein Unterraum von $\mathbb{E}_n$. Dann ist $\mathcal{A} := x_0 + U = \{x_0 + u \mid u \in U\}$ eine lineare Varietät in $\mathbb{E}_n$, und es ist $x_0 \in \mathcal{A}$ und $U_\mathcal{A} = U$.*
Beweis: (1)(a) Es sei $U_\mathcal{A} := \{y - z \mid y, z \in \mathcal{A}\}$. Es sei $x_0 \in \mathcal{A}$. Wegen $0 = x_0 - x_0 \in U_\mathcal{A}$ ist $U_\mathcal{A} \neq \emptyset$. Für alle u_1, $u_2 \in U_\mathcal{A}$ und für jedes $\lambda \in \mathbb{R}$ gilt: Es existieren y_1, z_1, y_2, $z_2 \in \mathcal{A}$ mit $u_1 = y_1 - z_1$ und $u_2 = y_2 - z_2$, nach (7.4) gilt $y_1 - z_1 + y_2 = 1 \cdot y_1 + (-1) \cdot z_1 + 1 \cdot y_2 \in \mathcal{A}$ und $\lambda y_1 + (1-\lambda)z_1 \in \mathcal{A}$, und daher gilt $u_1 + u_2 = (y_1 - z_1 + y_2) - z_2 \in U_\mathcal{A}$ und $\lambda u_1 = (\lambda y_1 + (1-\lambda)z_1) - z_1 \in U_\mathcal{A}$. Damit ist gezeigt, daß $U_\mathcal{A}$ ein Unterraum von $\mathbb{E}_n$ ist. Für jedes $x \in \mathcal{A}$ ist $x - x_0 \in U_\mathcal{A}$ und daher $x = x_0 + (x - x_0) \in x_0 + U_\mathcal{A}$; für jedes $u \in U_\mathcal{A}$ gilt: Es existieren y, $z \in \mathcal{A}$ mit $u = y - z$, und es folgt $x_0 + u = 1 \cdot x_0 + 1 \cdot y + (-1) \cdot z \in \mathcal{A}$. Also gilt $\mathcal{A} = x_0 + U_\mathcal{A}$.
(b) Es sei $x_1 \in \mathbb{E}_n$, es sei V ein Unterraum von $\mathbb{E}_n$, und es gelte $\mathcal{A} = x_1 + V = \{x_1 + v \mid v \in V\}$. Ist $u \in U_\mathcal{A}$, so existieren y, $z \in \mathcal{A}$ mit $u = y - z$, es existieren v, $w \in V$ mit $y = x_1 + v$ und $z = x_1 + w$, und es folgt $u = (x_1 + v) - (x_1 + w) = v - w \in V$. Also gilt $U_\mathcal{A} \subset V$. Andererseits ist $x_1 = x_1 + 0 \in \mathcal{A}$, und für jedes $v \in V$ ist $x_1 + v \in \mathcal{A}$ und daher $v = (x_1 + v) - x_1 \in U_\mathcal{A}$, d.h. es ist $V \subset U_\mathcal{A}$. Also ist $V = U_\mathcal{A}$.
(2) Es seien x, $y \in \mathcal{A} = x_0 + U$ mit $x \neq y$. Dann existieren u, $v \in U$ mit $x = x_0 + u$ und $y = x_0 + v$. Für jedes $\lambda \in \mathbb{R}$ ist $\lambda u + (1-\lambda)v \in U$ und daher

$\lambda x + (1-\lambda)y = x_0 + \big(\lambda u + (1-\lambda)v\big) \in x_0 + U = \mathcal{A}$, und somit ist $[x,y] \subset \mathcal{A}$. Also ist $\mathcal{A}$ eine lineare Varietät. Es ist $x_0 = x_0 + 0 \in \mathcal{A}$, und aus der Einzigkeitsaussage in (1) folgt $U_{\mathcal{A}} = U$.

(7.8) Definition: Es sei $\mathcal{A}$ eine lineare Varietät in $\mathbb{E}_n$. Ist $\mathcal{A} \neq \emptyset$, so heißt der Unterraum $U_{\mathcal{A}} := \{x - y \mid x,\, y \in \mathcal{A}\}$ von $\mathbb{E}_n$ der zu $\mathcal{A}$ gehörige Unterraum, und $\dim(\mathcal{A}) := \dim(U_{\mathcal{A}})$ heißt die Dimension von $\mathcal{A}$. Ist $\mathcal{A} = \emptyset$, so setzt man $\dim(\mathcal{A}) := -1$.

(7.9) Bemerkung: (1) Die linearen Varietäten der Dimension 0 in $\mathbb{E}_n$ sind genau die einpunktigen Teilmengen von $\mathbb{E}_n$, und die einzige n-dimensionale lineare Varietät in $\mathbb{E}_n$ ist $\mathbb{E}_n$ selbst.
(2) Es seien x und y zwei verschiedene Punkte in $\mathbb{E}_n$. Die Gerade $\mathcal{G} := [x,y]$ ist eine lineare Varietät, und es gilt $U_{\mathcal{G}} = \langle x - y\rangle$, also $\dim(\mathcal{G}) = 1$. Es sei umgekehrt $\mathcal{A}$ eine lineare Varietät der Dimension 1. Dann ist $\dim(U_{\mathcal{A}}) = 1$, und daher gibt es ein $u \in \mathbb{E}_n$ mit $u \neq 0$ und mit $U_{\mathcal{A}} = \langle u\rangle$. Ist $x_0 \in \mathcal{A}$, so ist $x_0 + u \in x_0 + U_{\mathcal{A}} = \mathcal{A}$, und es ist $\mathcal{A} = x_0 + U_{\mathcal{A}} = \{x_0 + \lambda u \mid \lambda \in \mathbb{R}\} = \{(1-\lambda)x_0 + \lambda(x_0 + u) \mid \lambda \in \mathbb{R}\} = [x_0, x_0 + u]$. Die linearen Varietäten der Dimension 1 in $\mathbb{E}_n$ sind also genau die Geraden.
(3) Zweidimensionale lineare Varietäten heißen Ebenen. Ist $\mathcal{E} \subset \mathbb{E}_n$ eine Ebene, so ist $U_{\mathcal{E}} = \langle u, v\rangle$ mit linear unabhängigen $u, v \in \mathbb{E}_n$, und für jedes $x_0 \in \mathcal{E}$ ist $\mathcal{E} = x_0 + U_{\mathcal{E}} = \{x_0 + \lambda u + \mu v \mid \lambda,\, \mu \in \mathbb{R}\}$.

(7.10) Satz: *Es seien $\mathcal{A}$ und $\mathcal{B}$ lineare Varietäten in $\mathbb{E}_n$. Dann sind $\mathcal{D} := \mathcal{A} \cap \mathcal{B}$ und $\mathcal{V} := [\mathcal{A} \cup \mathcal{B}]$ lineare Varietäten, und es gilt:*
(1) *Ist $\mathcal{D} \neq \emptyset$, so gilt $U_{\mathcal{D}} = U_{\mathcal{A}} \cap U_{\mathcal{B}}$ und $U_{\mathcal{V}} = U_{\mathcal{A}} + U_{\mathcal{B}}$ und*

$$\dim(\mathcal{D}) + \dim(\mathcal{V}) = \dim(\mathcal{A}) + \dim(\mathcal{B}).$$

(2) *Gilt $\mathcal{A} \neq \emptyset$ und $\mathcal{B} \neq \emptyset$ und $\mathcal{D} = \emptyset$, so gilt*

$$\dim(\mathcal{V}) = \dim(\mathcal{A}) + \dim(\mathcal{B}) - \dim(U_{\mathcal{A}} \cap U_{\mathcal{B}}) + 1,$$

und für jedes $x_0 \in A$ und jedes $y_0 \in B$ ist

$$U_{\mathcal{V}} = U_{\mathcal{A}} + U_{\mathcal{B}} + \langle x_0 - y_0 \rangle = \{u + v + \lambda(x_0 - y_0) \mid u \in U,\, v \in V,\, \lambda \in \mathbb{R}\}.$$

Beweis: $\mathcal{D}$ ist eine lineare Varietät, denn sind x und y verschiedene Punkte in $\mathcal{D}$, so liegt ihre Verbindungsgerade $[x,y]$ in $\mathcal{A}$ und in $\mathcal{B}$, also auch in $\mathcal{A} \cap \mathcal{B} = \mathcal{D}$. Nach Definition ist $\mathcal{V} = [\mathcal{A} \cup \mathcal{B}]$ eine lineare Varietät in $\mathbb{E}_n$ und zwar die kleinste, die $\mathcal{A}$ und $\mathcal{B}$ enthält.
(1) Es gelte $\mathcal{D} \neq \emptyset$, und es sei $x_0 \in \mathcal{D}$. Dann gilt $x_0 \in \mathcal{A}$ und $x_0 \in \mathcal{B}$ und daher $\mathcal{A} = x_0 + U_{\mathcal{A}}$ und $\mathcal{B} = x_0 + U_{\mathcal{B}}$. Für jedes $u \in U_{\mathcal{D}}$ gilt $x_0 + u \in \mathcal{D} = \mathcal{A} \cap \mathcal{B}$ und daher $u = (x_0 + u) - x_0 \in U_{\mathcal{A}} \cap U_{\mathcal{B}}$, d.h. es ist $U_{\mathcal{D}} \subset U_{\mathcal{A}} \cap U_{\mathcal{B}}$. Für jedes $v \in U_{\mathcal{A}} \cap U_{\mathcal{B}}$ liegt $x_0 + v$ in $\mathcal{A}$ und in $\mathcal{B}$, also in $\mathcal{A} \cap \mathcal{B} = \mathcal{D}$, und daher ist $v = (x_0 + v) - x_0 \in U_{\mathcal{D}}$, d.h. es gilt auch $U_{\mathcal{A}} \cap U_{\mathcal{B}} \subset U_{\mathcal{D}}$. Weil $\mathcal{A}$ in $\mathcal{V}$ enthalten ist, gilt $U_{\mathcal{A}} = \{x - y \mid x,\, y \in \mathcal{A}\} \subset \{x - y \mid x,\, y \in \mathcal{V}\} = U_{\mathcal{V}}$, und ebenso folgt

$U_\mathcal{B} \subset U_\mathcal{V}$. Also ist $\mathcal{C} := x_0 + (U_\mathcal{A} + U_\mathcal{B})$ eine lineare Varietät, die in $\mathcal{V}$ enthalten ist. Weil $U_\mathcal{A}$ und $U_\mathcal{B}$ in $U_\mathcal{A} + U_\mathcal{B} = U_\mathcal{C}$ enthalten sind, gilt andererseits $\mathcal{A} = x_0 + U_\mathcal{A} \subset \mathcal{C}$ und $\mathcal{B} = x_0 + U_\mathcal{B} \subset \mathcal{C}$ und daher auch $\mathcal{V} \subset \mathcal{C}$. Also gilt $\mathcal{V} = \mathcal{C} = x_0 + (U_\mathcal{A} + U_\mathcal{B})$ und daher $U_\mathcal{V} = U_\mathcal{A} + U_\mathcal{B}$. Die behauptete Dimensionsformel ergibt sich jetzt unmittelbar aus (4.19).
(2) Es gelte $\mathcal{A} \neq \emptyset$, $\mathcal{B} \neq \emptyset$ und $\mathcal{D} = \emptyset$. Es seien $x_0 \in \mathcal{A}$ und $y_0 \in \mathcal{B}$. Wegen $\mathcal{D} = \emptyset$ gilt $x_0 \neq y_0$, und es ist $x_0 - y_0 \notin U_\mathcal{A} + U_\mathcal{B}$, denn sonst gäbe es $u \in U_\mathcal{A}$ und $v \in U_\mathcal{B}$ mit $x_0 - y_0 = u + v$, und es wäre $x_0 + (-u) = y_0 + v \in \mathcal{A} \cap \mathcal{B} = \mathcal{D}$, im Widerspruch zur Voraussetzung $\mathcal{D} = \emptyset$. Also gilt $(U_\mathcal{A} + U_\mathcal{B}) \cap \langle x_0 - y_0 \rangle = \{0\}$, und aus (4.19) folgt für den Unterraum $W := (U_\mathcal{A} + U_\mathcal{B}) + \langle x_0 - y_0 \rangle$ von $\mathbb{E}_n$:

$$\begin{aligned} \dim(W) &= \dim(U_\mathcal{A} + U_\mathcal{B}) + \dim(\langle x_0 - y_0 \rangle) \\ &= \dim(U_\mathcal{A}) + \dim(U_\mathcal{B}) - \dim(U_\mathcal{A} \cap U_\mathcal{B}) + 1 \\ &= \dim(\mathcal{A}) + \dim(\mathcal{B}) - \dim(U_\mathcal{A} \cap U_\mathcal{B}) + 1. \end{aligned}$$

Für die lineare Varietät $x_0 + W$ gilt $\mathcal{A} = x_0 + U_\mathcal{A} \subset x_0 + W$ und $\mathcal{B} = y_0 + U_\mathcal{B} = x_0 + \big(-(x_0 - y_0)\big) + U_\mathcal{B} \subset x_0 + W$ und daher $\mathcal{V} \subset x_0 + W$. Auf der anderen Seite gilt offensichtlich $U_\mathcal{A} \subset U_\mathcal{V}$ und $U_\mathcal{B} \subset U_\mathcal{V}$ und $x_0 - y_0 \in U_\mathcal{V}$ und daher $W \subset U_\mathcal{V}$, also $x_0 + W \subset \mathcal{V}$. Also gilt $\mathcal{V} = x_0 + W$ und somit $U_\mathcal{V} = W$. Es folgt:

$$\dim(\mathcal{V}) = \dim(W) = \dim(\mathcal{A}) + \dim(\mathcal{B}) - \dim(U_\mathcal{A} \cap U_\mathcal{B}) + 1.$$

(7.11) BEMERKUNG: (1) Es seien $\mathcal{A}$ und $\mathcal{B}$ lineare Varietäten mit $\mathcal{A} \subset \mathcal{B}$. Dann gilt $\dim(\mathcal{A}) \leq \dim(\mathcal{B})$, und ist $\dim(\mathcal{A}) = \dim(\mathcal{B})$, so ist $\mathcal{A} = \mathcal{B}$.
Beweis: Es sei $x_0 \in \mathcal{A}$. Dann gilt $\mathcal{A} = x_0 + U_\mathcal{A}$ und $\mathcal{B} = x_0 + U_\mathcal{B}$, also $U_\mathcal{A} \subset U_\mathcal{B}$. Die Behauptung folgt aus (4.12)(3).
(2) Es seien $\mathcal{G}$ und $\mathcal{H}$ Geraden in $\mathbb{E}_n$.
(a) Gilt $U_\mathcal{G} = U_\mathcal{H}$, so heißen $\mathcal{G}$ und $\mathcal{H}$ parallel, und es gilt entweder $\mathcal{G} = \mathcal{H}$ oder $\mathcal{G} \cap \mathcal{H} = \emptyset$. Im zweiten Fall ist $[\mathcal{G} \cup \mathcal{H}]$ nach (7.10)(2) eine Ebene.
(b) Gilt $U_\mathcal{G} \neq U_\mathcal{H}$, so haben $\mathcal{G}$ und $\mathcal{H}$ entweder einen eindeutig bestimmten Schnittpunkt, oder $\mathcal{G}$ und $\mathcal{H}$ haben keinen gemeinsamen Punkt. Im ersten Fall ist $[\mathcal{G} \cup \mathcal{H}]$ nach (7.10)(2) eine Ebene, im zweiten Fall ist $\dim([\mathcal{G} \cup \mathcal{H}]) = 3$. Man nennt in diesem zweiten Fall $\mathcal{G}$ und $\mathcal{H}$ windschiefe Geraden.
(3) Es seien $\mathcal{E}$ und $\mathcal{F}$ Ebenen in $\mathbb{E}_3$.
(a) Gilt $U_\mathcal{E} = U_\mathcal{F}$, so heißen $\mathcal{E}$ und $\mathcal{F}$ parallel. Nach (7.10) gilt in diesem Fall entweder $\mathcal{E} = \mathcal{F}$ oder $\mathcal{E} \cap \mathcal{F} = \emptyset$.
(b) Gilt $U_\mathcal{E} \neq U_\mathcal{F}$, so ist $\mathcal{E} \cap \mathcal{F}$ eine Gerade, wie man sich mit Hilfe von (4.19) und (7.10) überlegt.

(7.12) Hilfssatz: *Es seien $x_0, \ldots, x_m \in \mathbb{E}_n$, und es sei $\mathcal{A} := [x_0, \ldots, x_m]$. Dann gilt für jedes $k \in \{0, \ldots, m\}$: Es ist*

$$U_\mathcal{A} = \langle x_0 - x_k, \ldots, x_{k-1} - x_k, x_{k+1} - x_k, \ldots, x_m - x_k \rangle.$$

Beweis: Es sei $k \in \{0, \ldots, m\}$, und es sei

$$U := \langle x_0 - x_k, \ldots, x_{k-1} - x_k, x_{k+1} - x_k, \ldots, x_m - x_k \rangle.$$

Für jedes $i \in \{0, \ldots, k-1, k+1, \ldots, m\}$ ist $x_i - x_k \in \{x - y \mid x, y \in \mathcal{A}\} = U_{\mathcal{A}}$, und daher gilt $U \subset U_{\mathcal{A}}$. Andererseits gilt auch $U_{\mathcal{A}} \subset U$, denn für jedes $u \in U_{\mathcal{A}}$ gilt: Es existieren $x, y \in \mathcal{A}$ mit $u = x - y$, und es existieren $\lambda_0, \ldots, \lambda_m \in \mathbb{R}$ und $\mu_0, \ldots, \mu_m \in \mathbb{R}$ mit $\sum_{i=0}^m \lambda_i = 1$ und $\sum_{i=0}^m \mu_i = 1$ und mit $x = \sum_{i=0}^m \lambda_i x_i$ und $y = \sum_{i=0}^m \mu_i x_i$, und wegen $\sum_{i=0}^m (\lambda_i - \mu_i) = 0$ folgt

$$u = x - y = \sum_{i=0}^{m} (\lambda_i - \mu_i) x_i = \sum_{i=0}^{m} (\lambda_i - \mu_i)(x_i - x_k) = \sum_{\substack{i=0 \\ i \neq k}}^{m} (\lambda_i - \mu_i)(x_i - x_k) \in U.$$

(7.13) DEFINITION: Es sei $m \in \mathbb{N}_0$, und es seien $x_0, \ldots, x_m \in \mathbb{E}_n$. Die Punkte $x_0, \ldots, x_m$ heißen geometrisch unabhängig, wenn die lineare Varietät $[x_0, \ldots, x_m]$ die Dimension m besitzt.

(7.14) Satz: *Es sei $m \in \mathbb{N}_0$, es seien $x_0, \ldots, x_m \in \mathbb{E}_n$, und es sei $[x_0, \ldots, x_m] =: \mathcal{A}$. Die folgenden Aussagen sind äquivalent:*
(1) *$x_0, \ldots, x_m$ sind geometrisch unabhängig.*
(2) *Für jedes $k \in \{0, \ldots, m\}$ sind die m Spalten*

$$x_0 - x_k, \ldots, x_{k-1} - x_k, x_{k+1} - x_k, \ldots, x_m - x_k$$

linear unabhängig.
(3) *Es gibt ein $k \in \{0, \ldots, m\}$, für das die m Spalten*

$$x_0 - x_k, \ldots, x_{k-1} - x_k, x_{k+1} - x_k, \ldots, x_m - x_k$$

linear unabhängig sind.
(4) *Zu jedem Punkt $x \in \mathcal{A}$ gibt es eindeutig bestimmte $\lambda_0, \ldots, \lambda_m \in \mathbb{R}$ mit $\sum_{i=0}^m \lambda_i = 1$ und mit $x = \sum_{i=0}^m \lambda_i x_i$.*
Beweis: Es gilt $\dim(\mathcal{A}) = \dim(U_{\mathcal{A}})$, und nach (7.12) ist für jedes $k \in \{0, \ldots, m\}$

$$U_{\mathcal{A}} = \langle x_0 - x_k, \ldots, x_{k-1} - x_k, x_{k+1} - x_k, \ldots, x_m - x_k \rangle.$$

Hieraus folgt sogleich, daß die Aussagen (1), (2) und (3) äquivalent sind.
(2) $\Rightarrow$ (4): Es sei $x \in \mathcal{A}$. Es existieren $\lambda_0, \ldots, \lambda_m \in \mathbb{R}$ mit $\sum_{i=0}^m \lambda_i = 1$ und mit $x = \sum_{i=0}^m \lambda_i x_i$. Es seien auch $\mu_0, \ldots, \mu_m \in \mathbb{R}$ mit $\sum_{i=0}^m \mu_i = 1$ und mit $x = \sum_{i=0}^m \mu_i x_i$. Dann gilt $x - x_0 = \sum_{i=0}^m \lambda_i (x_i - x_0) = \sum_{i=1}^m \lambda_i (x_i - x_0)$ und ebenso $x - x_0 = \sum_{i=1}^m \mu_i (x_i - x_0)$, und weil nach (2) $x_1 - x_0, \ldots, x_m - x_0$ linear unabhängig sind, folgt daraus $\lambda_i = \mu_i$ für $i = 1, \ldots, m$. Hieraus ergibt sich schließlich auch $\lambda_0 = 1 - \sum_{i=1}^m \lambda_i = 1 - \sum_{i=1}^m \mu_i = \mu_0$.
(4) $\Rightarrow$ (3): Es seien $\lambda_1, \ldots, \lambda_m \in \mathbb{R}$ mit $\sum_{i=1}^m \lambda_i (x_i - x_0) = 0$. Mit $\lambda_0 := 1 - \sum_{i=1}^m \lambda_i$ gilt $\sum_{i=0}^m \lambda_i = 1$ und $\sum_{i=0}^m \lambda_i x_i = x_0 + \sum_{i=1}^m \lambda_i (x_i - x_0) = x_0$, und auf Grund der Einzigkeitsforderung in (4) folgt daraus $\lambda_i = 0$ für $i = 1, \ldots, m$. Also sind $x_1 - x_0, \ldots, x_m - x_0$ linear unabhängig.

(7.15) Es sei $m \in \mathbb{N}_0$, es seien $x_0, \ldots, x_m \in \mathbb{E}_n$, und es sei $\mathcal{A} = [x_0, \ldots, x_m]$. Ist $m = 0$, so gilt $\mathcal{A} = \{ x_0 \}$ und $\dim(\mathcal{A}) = 0$; ist $m \geq 1$ und sind $x_0, \ldots, x_m$ geometrisch unabhängig, so ist $\dim(\mathcal{A}) = m$, und jedes $x \in \mathcal{A}$ hat genau eine Darstellung $x = \sum_{i=0}^m \lambda_i x_i$ mit $\sum_{i=0}^m \lambda_i = 1$. Man nennt dann $\lambda_0, \ldots, \lambda_m$ die baryzentrischen Koordinaten von x bezüglich $x_0, \ldots, x_m$ und sagt, daß $\mathcal{A} = x_0 + \langle x_1 - x_0, \ldots, x_m - x_0 \rangle$ eine Parameterdarstellung von $\mathcal{A}$ ist. Man verwendet diese Sprechweise auch für die Darstellung $\mathcal{A} = y_0 + U$ mit einem $y_0 \in \mathcal{A}$ und einem Unterraum U von $\mathbb{E}_n$. In den folgenden Abschnitten wird gezeigt, wie man lineare Varietäten noch auf eine andere Weise, nämlich mit Hilfe linearer Gleichungssysteme, beschreiben kann.

(7.16) Satz: (1) *Es sei $\mathcal{A}$ eine lineare Varietät in $\mathbb{E}_n$. Dann gibt es $m \in \mathbb{N}$, $A \in M(m,n;\mathbb{R})$ und $b \in M(m,1;\mathbb{R})$ mit $\mathcal{A} = \{x \in \mathbb{E}_n \mid Ax = b\}$.*
(2) *Sind $A \in M(m,n;\mathbb{R})$ und $b \in M(m,1;\mathbb{R})$, so ist $\mathcal{A} := \{x \in \mathbb{E}_n \mid Ax = b\}$ eine lineare Varietät in $\mathbb{E}_n$, und hierfür gilt $U_{\mathcal{A}} = \{ u \in \mathbb{E}_n \mid Au = 0 \} = R_A$.*
Beweis: (1) Ist $\mathcal{A} = \emptyset$, so setzt man $m := n$, $A := 0 \in M(n;\mathbb{R})$ und $b := (1, \ldots, 1) \in M(n,1;\mathbb{R})$. Ist $\dim(\mathcal{A}) = 0$, so besteht $\mathcal{A}$ aus einem einzigen Punkt x_0, und man setzt $m := n$, $A := E_n \in M(n;\mathbb{R})$ und $b := x_0$. Ist $\dim(\mathcal{A}) = n$, so ist $\mathcal{A} = \mathbb{E}_n$, und man setzt $m := n$, $A := 0 \in M(n;\mathbb{R})$ und $b := (0, \ldots, 0) \in M(n,1;\mathbb{R})$.

Es gelte $1 \leq d := \dim(\mathcal{A}) \leq n-1$. Dann ist $U_{\mathcal{A}}$ ein d-dimensionaler Unterraum von $\mathbb{E}_n$, und es gibt eine Basis $\{b_1, \ldots, b_d\}$ von $U_{\mathcal{A}}$. Die Matrix $B \in M(n,d;\mathbb{R})$ mit den Spalten $b_1, \ldots, b_d$ hat nach (4.13) den Rang d, und daher ist nach (5.5)(2) $L_B := \{y \in M(1,n;\mathbb{R}) \mid yB = 0\}$ ein Unterraum der Dimension $n-d$ von $M(1,n;\mathbb{R})$. Es sei $\{a_1, \ldots, a_{n-d}\}$ eine Basis von L_B, und es sei $A \in M(n-d,n;\mathbb{R})$ die Matrix mit den Zeilen $a_1, \ldots, a_{n-d}$. Nach (5.4) ist $\operatorname{rang}(A) = n-d$, und daher ist nach (5.2) $R_A := \{u \in \mathbb{E}_n \mid Au = 0\}$ ein Unterraum von $\mathbb{E}_n$ mit $\dim(R_A) = n-(n-d) = d$. Für jedes $j \in \{1, \ldots, d\}$ gilt $Ab_j = 0$, denn es ist $a_i b_j = a_i B_{\bullet j} = (a_i B)_{\bullet j} = 0$ für $i = 1, \ldots, n-d$. Also gilt $U_{\mathcal{A}} = \langle b_1, \ldots, b_d \rangle \subset R_A$, und wegen $\dim(U_{\mathcal{A}}) = d = \dim(R_A)$ folgt daraus $U_{\mathcal{A}} = R_A$ [vgl. (4.12)(3)]. Es sei $x_0 \in \mathcal{A}$. Dann ist $b := Ax_0 \in M(n-d,1;\mathbb{R})$, und es gilt

$$\begin{aligned} \mathcal{A} &= x_0 + U_{\mathcal{A}} = \{x_0 + u \mid u \in U_{\mathcal{A}}\} = \{x_0 + u \mid u \in \mathbb{E}_n, Au = 0\} \\ &= \{x \in \mathbb{E}_n \mid A(x - x_0) = 0\} = \{x \in \mathbb{E}_n \mid Ax = b\}. \end{aligned}$$

(2) Es seien $A \in M(m,n;\mathbb{R})$ und $b \in M(m,1;\mathbb{R})$; es sei $\mathcal{A}$ die Lösungsmenge von $Ax = b$. Ist $\mathcal{A} = \emptyset$, so ist $\mathcal{A}$ eine lineare Varietät. Andernfalls ist nach (3.5) $\mathcal{A} = x_0 + R_A$ mit einem $x_0 \in \mathbb{E}_n$ und dem Unterraum $R_A = \{u \in \mathbb{E}_n \mid Au = 0\}$ von $\mathbb{E}_n$. $\mathcal{A}$ ist somit nach (7.7)(2) eine lineare Varietät, und es gilt $U_{\mathcal{A}} = R_A$.

(7.17) BEMERKUNG: Es sei $m \in \mathbb{N}$, es seien $x_0, \ldots, x_m \in \mathbb{E}_n$, und es sei $\mathcal{A} = [x_0, \ldots, x_m]$. Der Beweis von (7.16) zeigt, wie man ein lineares Gleichungssystem findet, dessen Lösungsmenge gerade $\mathcal{A}$ ist. Man geht so vor [falls nicht alle x_i gleich sind]:
1. Schritt: Man bestimmt unter $x_1 - x_0, \ldots, x_m - x_0$ eine maximale Anzahl linear unabhängiger Elemente und bezeichnet sie mit $b_1, \ldots, b_d$. Es ist dabei $d = \dim(\mathcal{A})$.

2. Schritt: Man bildet die Matrix $B \in M(n, d; \mathbb{R})$ mit den Spalten $b_1, \ldots, b_d$ und bestimmt eine Basis $\{a_1, \ldots, a_{n-d}\}$ der Lösungsmenge L_B des linearen Gleichungssystems $yB = 0$.
3. Schritt: Man bildet die Matrix $A \in M(d-n, n; \mathbb{R})$ mit den Zeilen $a_1, \ldots, a_{n-d}$ und setzt $b := Ax_0$. Dann gilt: Es ist $\mathcal{A} = \{x \in \mathbb{E}_n \mid Ax = b\}$.

(7.18) BEMERKUNG: Es sei $m \in \mathbb{N}$, es seien $A \in M(m, n; \mathbb{R})$, und $b \in M(m, 1; \mathbb{R})$. Um eine Parameterdarstellung der linearen Varietät $\mathcal{A} = \{x \in \mathbb{E}_n \mid Ax = b\}$ zu bestimmen, geht man folgendermaßen vor:
1. Schritt: Ist das lineare Gleichungssystem $Ax = b$ nicht lösbar, so ist $\mathcal{A} = \emptyset$. In diesem Fall bricht man das Verfahren an dieser Stelle ab. Im anderen Fall bestimmt man eine Lösung x_0 von $Ax = b$.
2. Schritt: Man bestimmt mit dem Verfahren aus (3.7) eine Basis $\{b_1, \ldots, b_d\}$ des Unterraums $U_{\mathcal{A}} = \{u \in \mathbb{E}_n \mid Au = 0\}$ von $\mathbb{E}_n$. Dann ist $\dim(\mathcal{A}) = d$.
3. Schritt: Man setzt $x_i = x_0 + b_i$ für jedes $i \in \{1, \ldots, d\}$. Dann gilt: Es ist $\mathcal{A} = [x_0, \ldots, x_d] = x_0 + \langle b_1, \ldots, b_d \rangle$.

(7.19) BEMERKUNG: Es seien $\mathcal{A}$ und $\mathcal{B}$ lineare Varietäten in $\mathbb{E}_n$.
(1) Um den Durchschnitt $\mathcal{A} \cap \mathcal{B}$ zu ermitteln, geht man so vor: Man beschreibt $\mathcal{A}$ und $\mathcal{B}$ mit Hilfe linearer Gleichungssysteme. Gilt $\mathcal{A} = \{x \in \mathbb{E}_n \mid Ax = a\}$ und $\mathcal{B} = \{x \in \mathbb{E}_n \mid Bx = b\}$, so ist

$$\mathcal{A} \cap \mathcal{B} = \{x \in \mathbb{E}_n \mid Ax = a \text{ und } Bx = b\} = \left\{x \in \mathbb{E}_n \,\middle|\, \begin{pmatrix} A \\ B \end{pmatrix} x = \begin{pmatrix} a \\ b \end{pmatrix}\right\}.$$

(2) Um den sog. Verbindungsraum $[\mathcal{A} \cup \mathcal{B}]$ von $\mathcal{A}$ und $\mathcal{B}$ zu bestimmen, geht man so vor: Gilt $\mathcal{A} = \emptyset$ oder $\mathcal{B} = \emptyset$, so ist nichts tun. Andernfalls ermittelt man Parameterdarstellungen $\mathcal{A} = x_0 + U_{\mathcal{A}}$ und $\mathcal{B} = y_0 + U_{\mathcal{B}}$ von $\mathcal{A}$ und $\mathcal{B}$, setzt $W := U_{\mathcal{A}} + U_{\mathcal{B}} + \langle x_0 - y_0 \rangle = \{u + v + \lambda(x_0 - y_0) \mid u \in U_{\mathcal{A}}, v \in U_{\mathcal{B}}, \lambda \in \mathbb{R}\}$ und erhält nach (7.10) $[\mathcal{A} \cup \mathcal{B}] = x_0 + W$. [Ist $\mathcal{A} \cap \mathcal{B} \neq \emptyset$, so kann man $y_0 = x_0 \in \mathcal{A} \cap \mathcal{B}$ wählen und erhält wie in (7.10)(1) $W = U_{\mathcal{A}} + U_{\mathcal{B}}$.]

(7.20) BEISPIEL: (a) In $\mathbb{E}_3$ seien die Ebenen

$$\begin{aligned} \mathcal{E} &:= \{{}^t(0,1,2) + \lambda\,{}^t(1,-1,1) + \mu\,{}^t(1,1,1) \mid \lambda, \mu \in \mathbb{R}\}, \\ \mathcal{F} &:= \{{}^t(1,-2,0) + \lambda\,{}^t(1,0,-1) + \mu\,{}^t(1,2,3) \mid \lambda, \mu \in \mathbb{R}\} \end{aligned}$$

gegeben. Um $\mathcal{E}$ durch ein lineares Gleichungssystem zu beschreiben, wendet man das Verfahren aus (7.17) an: Mit den dort benützten Bezeichnungen gilt

$$B = \begin{pmatrix} 1 & 1 \\ -1 & 1 \\ 1 & 1 \end{pmatrix}, \quad A = (1, 0, -1) \quad \text{und} \quad b = A \begin{pmatrix} 0 \\ 1 \\ 2 \end{pmatrix} = -2,$$

und daher ist

$$\mathcal{E} = \{x \in \mathbb{E}_3 \mid Ax = -2\} = \{{}^t(\xi_1, \xi_2, \xi_3) \in \mathbb{E}_3 \mid \xi_1 - \xi_3 = -2\}.$$

Entsprechend findet man für $\mathcal{F}$

$$B = \begin{pmatrix} 1 & 1 \\ 0 & 2 \\ -1 & 3 \end{pmatrix}, \quad A = (-1,2,-1) \quad \text{und} \quad b = A\begin{pmatrix} 1 \\ -2 \\ 0 \end{pmatrix} = -5,$$

und daher ist

$$\mathcal{F} = \{x \in \mathbb{E}_3 \mid Ax = -5\} = \{\,{}^t(\xi_1,\xi_2,\xi_3) \in \mathbb{E}_3 \mid -\xi_1 + 2\xi_2 - \xi_3 = -5\}.$$

Die Ebenen $\mathcal{E}$ und $\mathcal{F}$ schneiden sich in der Geraden

$$\mathcal{G} := \mathcal{E} \cap \mathcal{F} = \left\{x \in \mathbb{E}_3 \;\middle|\; \begin{pmatrix} 1 & 0 & -1 \\ -1 & 2 & -1 \end{pmatrix} x = \begin{pmatrix} -2 \\ -5 \end{pmatrix}\right\}.$$

Man findet:

$$x_0 := {}^t(-2,-7/2,0) \in \mathcal{G} \quad \text{und } U_{\mathcal{G}} = \langle\, {}^t(-1,-1,-1)\,\rangle.$$

(b) Es sei $p := {}^t(1,1/2,1)$, und es sei $\mathcal{V} := [\,\mathcal{G} \cup \{p\}\,]$ der Verbindungsraum der Geraden $\mathcal{G}$ und des Punktes p. Nach (7.19) ist $U_{\mathcal{V}} = U_{\mathcal{G}} + U_{\{p\}} + \langle\, x_0 - p\,\rangle = \langle\, {}^t(-1,-1,-1)\,\rangle + \{\,0\,\} + \langle\, {}^t(-3,-4,-1)\,\rangle = \langle\, {}^t(-1,-1,-1), {}^t(-3,-4,-1)\,\rangle$ und $\mathcal{V} = x_0 + U_{\mathcal{V}} = \{{}^t(-2,-7/2,0) + \lambda\,{}^t(-1,-1,-1) + \mu\,{}^t(-3,-4,-1) \mid \lambda, \mu \in \mathbb{R}\}$. Also ist $\mathcal{V}$ eine Ebene, und gemäß (7.17) ergibt sich

$$\mathcal{V} = \{\,{}^t(\xi_1,\xi_2,\xi_3) \in \mathbb{E}_3 \mid 3\xi_1 - 2\xi_2 - \xi_3 = 1\}.$$

(c) Für die Gerade $\mathcal{H} := \{\,{}^t(2,3,-3) + \lambda\,{}^t(1,3,2) \mid \lambda \in \mathbb{R}\}$ ergibt sich gemäß (7.17): Es ist

$$\mathcal{H} = \left\{x \in \mathbb{E}_3 \;\middle|\; \begin{pmatrix} 3 & -1 & 0 \\ 2 & 0 & -1 \end{pmatrix} x = \begin{pmatrix} 3 \\ 7 \end{pmatrix}\right\},$$

und daher ist

$$\mathcal{V} \cap \mathcal{H} = \left\{x \in \mathbb{E}_3 \;\middle|\; \begin{pmatrix} 3 & -2 & -1 \\ 3 & -1 & 0 \\ 2 & 0 & -1 \end{pmatrix} x = \begin{pmatrix} 1 \\ 3 \\ 7 \end{pmatrix}\right\} = \{\,{}^t(12/5, 21/5, -11/5)\,\}.$$

Die Ebene $\mathcal{V}$ und die Gerade $\mathcal{H}$ haben also genau einen Punkt gemeinsam, und dieser Schnittpunkt ist der Punkt ${}^t(12/5, 21/5, -11/5)$.

(7.21) Hilfssatz: *Es sei $\mathcal{A}$ eine nichtleere lineare Varietät in $\mathbb{E}_n$, und es seien $p \in \mathbb{E}_n$ und $q \in \mathcal{A}$. Folgende Aussagen sind äquivalent:*
(1) Für jedes $x \in \mathcal{A}$ ist $\|\,p - q\,\| \le \|\,p - x\,\|$.
(2) Für jedes $x \in \mathcal{A}$ ist $(p - q \mid q - x) = 0$.
Beweis: (a) Für jedes $z \in \mathbb{E}_n$ ist

$$\begin{aligned} \|\,p - z\,\|^2 &= (p - z \mid p - z) = (p - q + q - z \mid p - q + q - z) \\ &= \|\,p - q\,\|^2 + \|\,q - z\,\|^2 + 2(p - q \mid q - z). \end{aligned}$$

(b) Für jedes $x \in \mathcal{A}$ mit $(p-q \mid q-x) = 0$ ist nach (a) $\| p-q \|^2 \le \| p-x \|^2$.
(c) Es gelte: Es gibt ein $y \in \mathcal{A}$ mit $(p-q \mid q-y) \neq 0$. Dann gilt $q \neq y$ und daher $\| q-y \| \neq 0$. Es ist $\alpha := -(p-q \mid q-y)/(2 \cdot \| q-y \|^2) \neq 0$, und für $z := (1-\alpha)q + \alpha y \in \mathcal{A}$ gilt nach (a)

$$\begin{aligned} \| p-z \|^2 &= \| p-q \|^2 + \| q-z \|^2 + 2(p-q \mid q-z) \\ &= \| p-q \|^2 + \alpha^2 \| q-y \|^2 + 2\alpha (p-q \mid q-y) \\ &= \| p-q \|^2 - 3\alpha^2 \| q-y \|^2 \ < \ \| p-q \|^2. \end{aligned}$$

Damit ist gezeigt, daß (2) aus (1) folgt.

(7.22) Satz: *Es sei $\mathcal{A} \subset \mathbb{E}_n$ eine nichtleere lineare Varietät, und es sei $p \in \mathbb{E}_n$. Dann gibt es genau einen Punkt $q \in \mathcal{A}$ mit $\| p-q \| \le \| p-x \|$ für jedes $x \in \mathcal{A}$.*
Beweis: [Existenz] Es sei $x_0 \in \mathcal{A}$, es sei $\{b_1, \ldots, b_d\}$ eine Basis von $U_{\mathcal{A}}$, und es sei $B \in M(n,d;\mathbb{R})$ die Matrix mit den Spalten $b_1, \ldots, b_d$. Nach (6.19) existieren $\eta_1, \ldots, \eta_d \in \mathbb{R}$ mit $\| B^t(\eta_1, \ldots, \eta_d) - (p-x_0) \| \le \| B^t(\zeta_1, \ldots, \zeta_d) - (p-x_0) \|$ für alle $\zeta_1, \ldots, \zeta_d \in \mathbb{R}$. Dann ist $q := x_0 + \sum_{i=1}^d \eta_i b_i \in \mathcal{A}$, und für jedes $x = x_0 + \sum_{i=1}^d \zeta_i b_i \in \mathcal{A}$ gilt $\| p-q \| \le \| p-x \|$. [Ist $d = 0$, so ist $q = x_0$.]
[Einzigkeit] Sind q und q' Punkte in $\mathcal{A}$ mit $\| p-q \| \le \| p-x \|$ und mit $\| p-q' \| \le \| p-x \|$ für jedes $x \in \mathcal{A}$, so gilt nach (7.21) $(p-q \mid q-q') = 0$ und $(p-q' \mid q'-q) = 0$ und daher $(q-q' \mid q-q') = 0$, also $q = q'$.

(7.23) BEMERKUNG: Es sei $\mathcal{A} \subset \mathbb{E}_n$ eine nichtleere lineare Varietät, es sei $p \in \mathbb{E}_n \setminus \mathcal{A}$, und es sei $q \in \mathcal{A}$ der Punkt mit $\| p-q \| \le \| p-x \|$ für jedes $x \in \mathcal{A}$.
(a) Die Gerade $\mathcal{L} := [p,q]$ heißt das Lot von p auf $\mathcal{A}$ oder auch die Senkrechte auf $\mathcal{A}$ durch p, und der Punkt $q \in \mathcal{A}$ heißt der Fußpunkt des Lotes $\mathcal{L}$. Die Zahl $d(p,\mathcal{A}) := \| p-q \|$ nennt man den Abstand von p und $\mathcal{A}$.
(b) Es gilt $U_{\mathcal{L}} = \langle p-q \rangle$ und $U_{\mathcal{A}} = \{q-x \mid x \in \mathcal{A}\}$, und daher ist $(u \mid v) = 0$ für alle $u \in U_{\mathcal{L}}$ und $v \in U_{\mathcal{A}}$. Hieran sieht man, daß im Fall $n = 2$ und $\dim(\mathcal{A}) = 1$, wie auch im Fall $n = 3$ und $\dim(\mathcal{A}) = 2$ die Gerade $\mathcal{L} = [p,q]$ wirklich das aus der anschaulichen Geometrie vertraute Lot von p auf $\mathcal{A}$ ist.

(7.24) Satz: *Es seien $\mathcal{A}$ und $\mathcal{B}$ nichtleere lineare Varietäten in $\mathbb{E}_n$. Dann gibt es Punkte $\hat{x} \in \mathcal{A}$ und $\hat{y} \in \mathcal{B}$ mit $\| \hat{x} - \hat{y} \| \le \| x-y \|$ für alle $x \in \mathcal{A}$ und $y \in \mathcal{B}$.*
Bezeichnung: Man nennt dann $d(\mathcal{A},\mathcal{B}) := \| \hat{x} - \hat{y} \|$ den Abstand von $\mathcal{A}$ und $\mathcal{B}$.
Beweis: Es seien $\mathcal{A} = x_0 + \langle x_1, \ldots, x_r \rangle$ und $\mathcal{B} = y_0 + \langle y_1, \ldots, y_s \rangle$. Mit Hilfe von (6.19) erhält man reelle Zahlen $\hat{\lambda}_1, \ldots, \hat{\lambda}_r$ und $\hat{\mu}_1, \ldots, \hat{\mu}_s$ mit: Für alle $\lambda_1, \ldots, \lambda_r$, $\mu_1, \ldots, \mu_s \in \mathbb{R}$ ist

$$\left\| \sum_{i=1}^r \hat{\lambda}_i x_i - \sum_{j=1}^s \hat{\mu}_j y_j + x_0 - y_0 \right\| \le \left\| \sum_{i=1}^r \lambda_i x_i - \sum_{j=1}^s \mu_j y_j + x_0 - y_0 \right\|.$$

Dann gilt die Behauptung für die beiden Punkte $\hat{x} := x_0 + \sum_{i=1}^r \hat{\lambda}_i x_i \in \mathcal{A}$ und $\hat{y} := y_0 + \sum_{j=1}^s \hat{\mu}_j y_j \in \mathcal{B}$.

(7.25) BEMERKUNG: Die Existenzbeweise in (7.22) und (7.24) liefern mit Hilfe von (6.19) auch Rechenverfahren zur Ermittlung von Loten und Lotfußpunkten und zur Berechnung des Abstandes zweier Varietäten.

(7.26) BEMERKUNG: Es sei $\mathcal{A} \subset \mathbb{E}_n$ eine lineare Varietät der Dimension d, und es gelte $1 \leq d \leq n-1$; es sei $p \in \mathbb{E}_n \setminus \mathcal{A}$. Ist eine Parameterdarstellung von $\mathcal{A}$ bekannt, so wird man das Lot von p auf $\mathcal{A}$ zweckmäßig mit der im Beweis von (7.22) beschriebenen Methode berechnen. Ist aber $\mathcal{A}$ als Lösungsmenge eines linearen Gleichungssystems gegeben, so kann man auch folgendermaßen vorgehen:
(a) Es sei $\mathcal{A} = \{x \in \mathbb{E}_n \mid Ax = b\}$ mit $A \in M(m,n;\mathbb{R})$ und $b \in M(m,1;\mathbb{R})$. Dann ist $U_{\mathcal{A}} = \{\, u \in \mathbb{E}_n \mid Au = 0 \,\}$. Man setzt $v_i := {}^t(A_{i\bullet})$ für jedes $i \in \{1,\ldots,m\}$ und $V := \langle v_1,\ldots,v_m\rangle$. Nach (4.13) und (5.4)(2) ist $\dim(V) = \operatorname{rang}({}^tA) = \operatorname{rang}(A) = n - \dim(U_{\mathcal{A}}) = n-d$, und offensichtlich gilt $(\, v \mid u \,) = 0$ für alle $v \in V$ und $u \in U_{\mathcal{A}}$. Hieraus folgt $U_{\mathcal{A}} \cap V = \{\, 0 \,\}$, denn für jedes $x \in U_{\mathcal{A}} \cap V$ gilt $(\, x \mid x \,) = 0$ und daher $x = 0$. Hieraus und aus (4.19) ergibt sich $\dim(U_{\mathcal{A}} + V) = \dim(U_{\mathcal{A}}) + \dim(V) - \dim(U_{\mathcal{A}} \cap V) = d + (n-d) - 0 = n$.
(b) $\mathcal{B} := p + V$ ist eine lineare Varietät mit $U_{\mathcal{B}} = V$ und mit $\mathcal{A} \cap \mathcal{B} \neq \emptyset$. Wäre nämlich $\mathcal{A} \cap \mathcal{B} = \emptyset$, so wäre nach (7.10)(2) $\mathcal{V} := [\,\mathcal{A} \cup \mathcal{B}\,]$ eine lineare Varietät in $\mathbb{E}_n$ mit $\dim(\mathcal{V}) = \dim(\mathcal{A}) + \dim(\mathcal{B}) - \dim(U_{\mathcal{A}} \cap V) + 1 = d + (n-d) - 0 + 1 = n+1$, aber das ist nicht möglich. Nach (7.10)(1) gilt daher $\dim(\mathcal{V}) = \dim(U_{\mathcal{A}} + V) = n$ und $\dim(\mathcal{A} \cap \mathcal{B}) = \dim(\mathcal{A}) + \dim(\mathcal{B}) - \dim(\mathcal{V}) = d + (n-d) - n = 0$. Also besteht $\mathcal{A} \cap \mathcal{B}$ aus genau einem Punkt q.

Wegen $p, q \in \mathcal{B}$ ist $p - q \in U_{\mathcal{B}} = V$. Für jedes $x \in \mathcal{A}$ gilt $q - x \in U_{\mathcal{A}}$ und daher $(p - q \mid q - x) = 0$. Nach (7.21) ist daher q der Fußpunkt des Lotes von p auf $\mathcal{A}$, und die Gerade $\mathcal{L} := [\,p, q\,]$ ist dieses Lot.
(c) Den Schnittpunkt q von $\mathcal{A}$ und $\mathcal{B}$ berechnet man so: Wegen $q \in \mathcal{B} = p + V$ gibt es $\lambda_1,\ldots,\lambda_m$ mit $q = p + \sum_{i=1}^m \lambda_i v_i$. Durch Einsetzen in $Aq = b$ erhält man ein lineares Gleichungssystem für $\lambda_1,\ldots,\lambda_m$.

§8 Determinanten

(8.1) Die Theorie der Determinanten, die in diesem Paragraphen behandelt wird, ist wohl der älteste Teil der linearen Algebra. Bereits im 18. Jahrhundert verwendeten zuerst Gottfried Wilhelm Leibniz (1646–1716) und dann Gabriel Cramer (1704–1752) Determinanten, um die Lösung eines linearen Gleichungssystems $Ax = b$ mit einer invertierbaren Matrix A durch eine explizite Formel anzugeben. Diese Methode [vgl. (8.29)], lineare Gleichungssysteme zu lösen, ist schon wegen des großen Rechenaufwands, der dabei nötig wird, zum praktischen Rechnen nicht geeignet, aber die Determinantentheorie hat in anderen Fragestellungen der Mathematik eine große Bedeutung gewonnen [vgl. auch Kapitel VIII und IX].

In diesem Paragraphen ist K wieder stets ein Körper, und n ist jeweils eine natürliche Zahl.

(8.2) In I(4.19) wurde die symmetrische Gruppe S_n eingeführt. Die Elemente von S_n sind die bijektiven Abbildungen $\sigma\colon \mathbb{N}_n = \{1,2,\ldots,n\} \to \mathbb{N}_n$, die Verknüpfung ist die Hintereinanderausführung $(\sigma,\tau) \mapsto \sigma\circ\tau : S_n \times S_n \to S_n$, und es gilt $\mathrm{Card}(S_n) = n!$. Zur Vereinfachung schreibt man $\sigma\tau := \sigma\circ\tau$ für alle σ, $\tau \in S_n$, und ist $\sigma \in S_n$, so schreibt man

$$\sigma = \begin{pmatrix} 1 & 2 & \dots & i & \dots & n \\ \sigma(1) & \sigma(2) & \dots & \sigma(i) & \dots & \sigma(n) \end{pmatrix}.$$

Das neutrale Element in der Gruppe S_n ist die Abbildung

$$\varepsilon := \mathrm{id}_{\mathbb{N}_n} = \begin{pmatrix} 1 & 2 & \dots & n \\ 1 & 2 & \dots & n \end{pmatrix},$$

und für jedes $\sigma \in S_n$ gilt: Invers zu σ in der Gruppe S_n ist die Umkehrabbildung σ^{-1} von σ.

(8.3) DEFINITION: Es sei $\sigma \in S_n$. Die Anzahl der Paare $(i,j) \in \mathbb{N}\times\mathbb{N}$ mit $1 \le i < j \le n$ und mit $\sigma(i) > \sigma(j)$ heißt die Inversionszahl von σ und wird mit $a(\sigma)$ bezeichnet, und $\mathrm{sgn}(\sigma) = (-1)^{a(\sigma)}$ heißt die Signatur von σ.

(8.4) BEISPIELE: (1) Für das neutrale Element ε von S_n gilt $a(\varepsilon) = 0$ und folglich $\mathrm{sgn}(\varepsilon) = 1$.
(2) Für

$$\sigma = \begin{pmatrix} 1 & 2 & 3 & 4 & 5 & 6 \\ 5 & 1 & 3 & 6 & 2 & 4 \end{pmatrix} \in S_6$$

sind (1, 2), (1, 3), (1, 5), (1, 6), (3, 5), (4, 5) und (4, 6) die "Inversionspaare", und daher gilt $a(\sigma) = 7$ und $\mathrm{sgn}(\sigma) = -1$.

(8.5) DEFINITION: (1) Eine Permutation $\tau \in S_n$ heißt eine Transposition, wenn es i, $j \in \mathbb{N}_n$ gibt mit $i \ne j$, mit $\tau(i) = j$ und $\tau(j) = i$ und mit $\tau(k) = k$ für jedes $k \in \mathbb{N}_n \setminus \{i,j\}$; man schreibt dann $\tau = (i \quad j) = (j \quad i)$.
(2) Die Transpositionen $(1 \quad 2), (2 \quad 3), \dots, (i \quad i+1), \dots, (n-1 \quad n) \in S_n$ heißen die Standardtranspositionen.

(8.6) Hilfssatz: *Es sei $\tau \in S_n$ eine Transposition. Dann ist τ ein Produkt einer ungeraden Anzahl von Standardtranspositionen.*
Beweis: Es existieren i, $j \in \{1,\dots,n\}$ mit $i < j$ und mit $\tau = (i \quad j)$. Ist $j - i = 1$, so ist $\tau = (i \quad i+1)$ eine Standardtransposition.

Es sei $j - i > 1$, und es sei bereits gezeigt, daß $(i \quad j-1)$ ein Produkt einer ungeraden Anzahl von Standardtranspositionen ist. Es gilt

$$(i \quad j) = (j-1 \quad j)(i \quad j-1)(j-1 \quad j),$$

und daher folgt aus dem bereits Gezeigten: Auch $(i \quad j)$ ist ein Produkt einer ungeraden Anzahl von Standardtranspositionen.

(8.7) Satz: (1) *Jedes $\sigma \in S_n$ ist ein Produkt von Standardtranspositionen.*
(2) *Sind $\tau_1, \ldots, \tau_s \in S_n$ Standardtranspositionen mit $\sigma = \tau_1\tau_2\cdots\tau_s$, so gilt*

$$\mathrm{sgn}(\sigma) = (-1)^s.$$

Beweis: (a) Es wird gezeigt: Jedes $\sigma \in S_n$ ist ein Produkt von Transpositionen. Für jedes $\sigma \in S_n$ sei $M(\sigma) := \{i \in \mathbb{N}_n \mid \sigma(i) \neq i\}$. Es ist $\mathrm{Card}(M(\sigma)) \leq n$. Ist $\mathrm{Card}(\sigma) = 0$, so ist $\sigma = \varepsilon$, und man verabredet: ε ist ein Produkt von null Transpositionen [vgl. ähnliche Verabredungen in I(3.19)(2)].

Es sei $m \in \{0, 1, \ldots, n-1\}$, und es sei bereits bewiesen: Jedes $\rho \in S_n$ mit $\mathrm{Card}(M(\rho)) \leq m$ ist ein Produkt von Transpositionen. Es sei $\sigma \in S_n$, und es gelte $\mathrm{Card}(M(\sigma)) = m+1$; es sei $i \in M(\sigma)$. Dann ist $j := \sigma(i) \neq i$, und daher ist $\sigma(j) \neq \sigma(i) = j$ [da σ injektiv ist], und es folgt $j \in M(\sigma)$. Für die Transposition $\tau := (i \quad j) \in S_n$ gilt $\tau\sigma(i) = \tau(j) = i$, und für jedes $k \in \mathbb{N}_n \setminus M(\sigma)$ gilt $k \neq i$ und $k \neq j$ und daher $\tau\sigma(k) = \tau(k) = k$. Also ist $M(\tau\sigma) \subset M(\sigma) \setminus \{i\}$, und somit ist $\mathrm{Card}(M(\tau\sigma)) \leq \mathrm{Card}(M(\sigma)) - 1 = m$. Nach Voraussetzung existieren daher Transpositionen $\tau_1, \ldots, \tau_r \in S_n$ mit $\tau\sigma = \tau_1\tau_2\cdots\tau_r$. Wegen $\tau^{-1} = (i \quad j)^{-1} = (i \quad j) = \tau$ folgt daraus $\sigma = \tau\tau_1\tau_2\cdots\tau_r$, und somit ist σ ein Produkt von Transpositionen.
(b) Nach (a) ist jedes $\sigma \in S_n$ ein Produkt von Transpositionen und nach (8.6) daher auch ein Produkt von Standardtranspositionen.
(c) Es sei $\sigma \in S_n$, es sei $i \in \{1, \ldots, n-1\}$, und es sei $\tau := (i \quad i+1)$. Dann ist

$$\sigma\tau = \begin{pmatrix} 1 & 2 & \ldots & i-1 & i & i+1 & i+2 & \ldots & n \\ \sigma(1) & \sigma(2) & \ldots & \sigma(i-1) & \sigma(i+1) & \sigma(i) & \sigma(i+2) & \ldots & \sigma(n) \end{pmatrix},$$

und es gilt

$$a(\sigma\tau) = \begin{cases} a(\sigma) + 1, & \text{falls } \sigma(i) < \sigma(i+1) \text{ ist,} \\ a(\sigma) - 1, & \text{falls } \sigma(i) > \sigma(i+1) \text{ ist.} \end{cases}$$

Denn ist $\sigma(i) < \sigma(i+1)$, so ist $(i, i+1)$ kein Inversionspaar für σ, aber eines für $\sigma\tau$, und ist $\sigma(i) > \sigma(i+1)$, so ist $(i, i+1)$ ein Inversionspaar für σ, aber keines für $\sigma\tau$.
(d) Es sei $\sigma \in S_n$, und es seien $\tau_1, \ldots, \tau_s \in S_n$ Standardtranspositionen mit $\sigma = \tau_1\tau_2\cdots\tau_s$. Es wird gezeigt: Für jedes $k \in \{0, 1, \ldots, s\}$ gilt $\mathrm{sgn}(\tau_1\cdots\tau_k) = (-1)^k$. Ist $k = 0$, so ist $\mathrm{sgn}(\tau_1\cdots\tau_k) = \mathrm{sgn}(\varepsilon) = 1 = (-1)^0$. Ist $k \leq s-1$ und gilt $\mathrm{sgn}(\tau_1\cdots\tau_k) = (-1)^k$, so gilt nach (c) $a(\tau_1\cdots\tau_k\tau_{k+1}) = a(\tau_1\cdots\tau_k) \pm 1$, und es folgt

$$\mathrm{sgn}(\tau_1\cdots\tau_{k+1}) = (-1)^{a(\tau_1\cdots\tau_k)} \cdot (-1)^{\pm 1} = -\mathrm{sgn}(\tau_1\cdots\tau_k) = -(-1)^k = (-1)^{k+1}.$$

Insbesondere gilt also $\mathrm{sgn}(\sigma) = \mathrm{sgn}(\tau_1\cdots\tau_s) = (-1)^s$.

(8.8) Satz: (1) *Für alle $\rho, \sigma \in S_n$ gilt $\mathrm{sgn}(\rho\sigma) = \mathrm{sgn}(\rho)\,\mathrm{sgn}(\sigma)$.*
(2) *Für jedes $\sigma \in S_n$ gilt $\mathrm{sgn}(\sigma^{-1}) = \mathrm{sgn}(\sigma)$.*
Beweis: (1) Nach (8.7) existieren Standardtranspositionen $\tau'_1, \ldots, \tau'_r, \tau_1, \ldots, \tau_s$ in S_n mit $\rho = \tau'_1\cdots\tau'_r$ und mit $\sigma = \tau_1\cdots\tau_s$. Nach (8.7) gilt $\mathrm{sgn}(\rho) = (-1)^r$ und

$\operatorname{sgn}(\sigma) = (-1)^s$. Es ist $\rho\sigma = \tau_1' \cdots \tau_r' \tau_1 \cdots \tau_s$, und daher gilt wiederum nach (8.7) $\operatorname{sgn}(\rho\sigma) = (-1)^{r+s} = (-1)^r(-1)^s = \operatorname{sgn}(\rho)\operatorname{sgn}(\sigma)$.
(2) Es gilt $\sigma \cdot \sigma^{-1} = \varepsilon$, also nach (a) $\operatorname{sgn}(\sigma) \cdot \operatorname{sgn}(\sigma^{-1}) = 1$, woraus die Behauptung folgt.

(8.9) Folgerung: (1) *Für jede Transposition* $\tau \in S_n$ *gilt* $\operatorname{sgn}(\tau) = -1$.
(2) *Sind* $\tau_1, \ldots, \tau_m \in S_n$ *Transpositionen, so ist* $\operatorname{sgn}(\tau_1 \cdots \tau_m) = (-1)^m$.
(3) *Es seien* $A_n := \{\sigma \in S_n \mid \operatorname{sgn}(\sigma) = 1\}$ *und* $B_n := \{\sigma \in S_n \mid \operatorname{sgn}(\sigma) = -1\}$.
(a) *Für jede Transposition* $\tau \in S_n$ *sind die Abbildungen* $\sigma \mapsto \sigma\tau : A_n \to B_n$ *und* $\sigma \mapsto \sigma\tau : B_n \to A_n$ *bijektiv.*
(b) *Es gilt* $S_n = A_n \uplus B_n$, *und ist* $n \geq 2$, *so gilt* $\operatorname{Card}(A_n) = n!/2 = \operatorname{Card}(B_n)$.
Beweis: (1) folgt aus (8.6) und (8.7), und (2) folgt aus (1) und (8.8)(1).
(3)(a) Es sei $\tau \in S_n$ eine Transposition. Für jedes $\sigma \in A_n$ gilt nach (8.8)(1) $\operatorname{sgn}(\sigma\tau) = \operatorname{sgn}(\sigma)\operatorname{sgn}(\tau) = 1 \cdot (-1) = -1$, d.h. es ist $\sigma\tau \in B_n$. Für jedes $\rho \in B_n$ ist $\operatorname{sgn}(\rho\tau) = \operatorname{sgn}(\rho)\operatorname{sgn}(\tau) = (-1) \cdot (-1) = 1$, d.h. es ist $\rho\tau \in A_n$.

Es seien $f\colon A_n \to B_n$ und $g\colon B_n \to A_n$ die Abbildungen mit $f(\sigma) = \sigma\tau$ für jedes $\sigma \in A_n$ und mit $g(\rho) = \rho\tau$ für jedes $\rho \in B_n$. Für jedes $\sigma \in A_n$ gilt $g \circ f(\sigma) = g(\sigma\tau) = \sigma\tau\tau = \sigma\varepsilon = \sigma$, und daher ist $g \circ f = \mathrm{id}_{A_n}$. Ebenso folgt $f \circ g = \mathrm{id}_{B_n}$. Also sind f und g bijektiv [und es ist $g = f^{-1}$ und $f = g^{-1}$; vgl. I(2.12)(2)].
(b) Daß $S_n = A_n \uplus B_n$ gilt, ist klar. – Ist $n \geq 2$, so gibt es eine Transposition $\tau \in S_n$, und nach (a) gilt daher $\operatorname{Card}(A_n) = \operatorname{Card}(B_n) = \operatorname{Card}(S_n)/2 = n!/2$. [$S_1 = \{\varepsilon\}$ enthält keine Transposition; es ist $A_1 = \{\varepsilon\}$ und $B_1 = \emptyset$.]

(8.10) DEFINITION: Es sei $A = (\alpha_{ij})_{1 \leq i \leq n, 1 \leq j \leq n} \in M(n; K)$. Dann heißt

$$\det(A) = \begin{vmatrix} \alpha_{11} & \alpha_{12} & \cdots & \alpha_{1n} \\ \alpha_{21} & \alpha_{22} & \cdots & \alpha_{2n} \\ \cdots & \cdots & \cdots & \cdots \\ \alpha_{n1} & \alpha_{n2} & \cdots & \alpha_{nn} \end{vmatrix} := \sum_{\sigma \in S_n} \operatorname{sgn}(\sigma) \cdot \prod_{i=1}^{n} \alpha_{i,\sigma(i)} \in K$$

die Determinante der Matrix A.
(8.11) BEMERKUNG: (1) Es ist $S_1 = \{\varepsilon\}$, und für jedes $A = (\alpha_{11}) \in M(1; K)$ gilt $\det(A) = \alpha_{11}$.
(2) Es ist $S_2 = \{\varepsilon, \tau\}$ mit $\tau = (1 \quad 2)$, und für jede Matrix

$$A = \begin{pmatrix} \alpha_{11} & \alpha_{12} \\ \alpha_{21} & \alpha_{22} \end{pmatrix} \in M(2; K)$$

gilt

$$\det(A) = \operatorname{sgn}(\varepsilon) \cdot \alpha_{11}\alpha_{22} + \operatorname{sgn}(\tau) \cdot \alpha_{12}\alpha_{21} = \alpha_{11}\alpha_{22} - \alpha_{12}\alpha_{21}.$$

(3) Es ist $S_3 = \{\varepsilon, \rho, \sigma, \tau_1, \tau_2, \tau_3\}$ mit

$$\rho = \begin{pmatrix} 1 & 2 & 3 \\ 2 & 3 & 1 \end{pmatrix} = (1 \quad 3)(1 \quad 2), \quad \sigma = \begin{pmatrix} 1 & 2 & 3 \\ 3 & 1 & 2 \end{pmatrix} = (1 \quad 2)(1 \quad 3),$$

$$\tau_1 = (1 \quad 3),\ \tau_2 = (2 \quad 3) \text{ und } \tau_3 = (1 \quad 2).$$

Es gilt $\operatorname{sgn}(\varepsilon) = \operatorname{sgn}(\rho) = \operatorname{sgn}(\sigma) = 1$ und $\operatorname{sgn}(\tau_1) = \operatorname{sgn}(\tau_2) = \operatorname{sgn}(\tau_3) = -1$, und daher gilt für jedes $A = (\alpha_{ij}) \in M(3, K)$: Es ist

$$\begin{aligned}\det(A) &= \alpha_{11}\alpha_{22}\alpha_{33} + \alpha_{12}\alpha_{23}\alpha_{31} + \alpha_{13}\alpha_{21}\alpha_{32} \\ &\quad - \alpha_{31}\alpha_{22}\alpha_{13} - \alpha_{32}\alpha_{23}\alpha_{11} - \alpha_{33}\alpha_{21}\alpha_{12}.\end{aligned}$$

Merkregel ["Regel von Sarrus"]: Man bilde aus der gegebenen (3,3)-Matrix A eine (3,5)-Matrix dadurch, daß man die beiden ersten Spalten von A als vierte und fünfte Spalte zu A hinzunimmt, so daß also die neue Matrix die Gestalt

$$\begin{pmatrix} \alpha_{11} & \alpha_{12} & \alpha_{13} & \alpha_{11} & \alpha_{12} \\ \alpha_{21} & \alpha_{22} & \alpha_{23} & \alpha_{21} & \alpha_{22} \\ \alpha_{31} & \alpha_{32} & \alpha_{33} & \alpha_{31} & \alpha_{32} \end{pmatrix}$$

hat; dann subtrahiere man von der Summe der drei von links oben nach rechts unten zu bildenden "Diagonalprodukte" die Summe der drei von links unten nach rechts oben zu bildenden "Diagonalprodukte".

(4) Für $n \geq 4$ ist die Formel in (8.10) zur Berechnung der Determinante einer Matrix $A \in M(n; K)$ wenig brauchbar, denn $\operatorname{Card}(S_n) = n!$ wächst sehr schnell [man vgl. dazu I(4.21)].

(8.12) Satz: *Es sei* $A = (\alpha_{ij})_{1\leq i\leq n, 1\leq j\leq n} \in M(n; K)$. *Dann gilt*

$$\det(A) = \sum_{\sigma\in S_n} \operatorname{sgn}(\sigma) \cdot \prod_{j=1}^{n} \alpha_{\sigma(j),j} = \det({}^tA).$$

Beweis: Für jedes $\sigma \in S_n$ gilt $\{\sigma(j) \mid 1 \leq j \leq n\} = \{1, 2, \ldots, n\}$. Die Abbildung $\sigma \mapsto \sigma^{-1} : S_n \to S_n$ ist bijektiv. Es gilt ${}^tA = (\alpha_{ji})_{1\leq i\leq n, 1\leq j\leq n}$ und [vgl. (8.8)(2)]

$$\begin{aligned}\det({}^tA) &= \sum_{\sigma\in S_n} \operatorname{sgn}(\sigma) \cdot \prod_{j=1}^{n} ({}^tA)[j, \sigma(j)] = \sum_{\sigma\in S_n} \operatorname{sgn}(\sigma^{-1}) \cdot \prod_{j=1}^{n} \alpha_{\sigma(j),j} \\ &= \sum_{\sigma\in S_n} \operatorname{sgn}(\sigma^{-1}) \cdot \prod_{i=1}^{n} \alpha_{i,\sigma^{-1}(i)} \qquad [\text{setze } i = \sigma(j)] \\ &= \sum_{\rho^{-1}\in S_n} \operatorname{sgn}(\rho) \cdot \prod_{i=1}^{n} \alpha_{i,\rho(i)} \qquad [\text{setze } \rho = \sigma^{-1}] \\ &= \sum_{\rho\in S_n} \operatorname{sgn}(\rho) \cdot \prod_{i=1}^{n} \alpha_{i,\rho(i)} = \det(A).\end{aligned}$$

(8.13) BEMERKUNG: (1) Es seien $a_1, \ldots, a_n \in M(n, 1; K)$, und zwar sei $a_j = {}^t(\alpha_{1j}, \ldots, \alpha_{nj})$ für jedes $j \in \{1, \ldots, n\}$. Für die Matrix $A := (\alpha_{ij})_{1\leq i\leq n, 1\leq j\leq n} \in M(n; K)$ schreibt man $A = (a_1, \ldots, a_n)$ und $\det(A) = \det(a_1, \ldots, a_n)$.

(2) Es seien $b_1, \ldots, b_n \in M(1, n; K)$, und zwar sei $b_i = (\beta_{i1}, \ldots, \beta_{in})$ für jedes $i \in \{1, \ldots, n\}$. Für die Matrix $B := (\beta_{ij})_{1\leq i\leq n, 1\leq j\leq n} \in M(n; K)$ schreibt man $B = {}^t({}^tb_1, \ldots, {}^tb_n)$ und $\det(B) = \det({}^t({}^tb_1, \ldots, {}^tb_n))$.

(8.14) Hilfssatz: *Es seien* $a_1, \ldots, a_n$, $x \in M(n,1;K)$; *es seien* $k \in \{1,\ldots,n\}$ *und* λ, $\mu \in K$. *Dann gilt*

$$\det(a_1,\ldots,\underset{\substack{\uparrow\\ k\text{-te Spalte}}}{\lambda a_k + \mu x},\ldots,a_n)$$

$$= \lambda\det(a_1,\ldots,\underset{\substack{\uparrow\\ k\text{-te Spalte}}}{a_k},\ldots,a_n) + \mu\det(a_1,\ldots,\underset{\substack{\uparrow\\ k\text{-te Spalte}}}{x},\ldots,a_n).$$

Beweis: Es sei $a_j = {}^t(\alpha_{1j},\ldots,\alpha_{nj})$ für jedes $j \in \{1,\ldots,n\}$, und es sei $x = {}^t(\xi_1,\ldots,\xi_n)$. Dann ist nach (8.12)

$$\begin{aligned}
&\det(a_1,\ldots,a_{k-1},\lambda a_k + \mu x, a_{k+1},\ldots,a_n)\\
= &\sum_{\sigma\in S_n}\operatorname{sgn}(\sigma)\cdot\left(\left(\lambda\,\alpha_{\sigma(k),k} + \mu\,\xi_{\sigma(k)}\right)\prod_{\substack{j=1\\ j\neq k}}^{n}\alpha_{\sigma(j),j}\right)\\
= &\lambda\sum_{\sigma\in S_n}\operatorname{sgn}(\sigma)\cdot\prod_{j=1}^{n}\alpha_{\sigma(j),j} + \mu\sum_{\sigma\in S_n}\operatorname{sgn}(\sigma)\cdot\xi_{\sigma(k)}\prod_{\substack{j=1\\ j\neq k}}^{n}\alpha_{\sigma(j),j}\\
= &\lambda\det(a_1,\ldots,a_k,\ldots,a_n) + \mu\det(a_1,\ldots,a_{k-1},x,a_{k+1},\ldots,a_n).
\end{aligned}$$

(8.15) Satz: *Es sei* $A = (\alpha_{ij})_{1\le i\le n, 1\le j\le n} \in M(n;K)$; *es seien* $A_{\bullet 1},\ldots,A_{\bullet n} \in M(n,1;K)$ *die Spalten von* A.
(1) *Wenn es ein* $k \in \{1,\ldots,n\}$ *mit* $A_{\bullet k} = 0$ *gibt, so ist* $\det(A) = 0$.
(2) *Wenn es* k, $l \in \{1,\ldots,n\}$ *mit* $k \neq l$ *und* $A_{\bullet k} = A_{\bullet l}$ *gibt, so ist* $\det(A) = 0$.
(3) *Es seien* k, $l \in \{1,\ldots,n\}$ *mit* $k \neq l$, *es sei* $\lambda \in K$. *Dann gilt*

$$\det(A_{\bullet 1},\ldots,\underset{\substack{\uparrow\\ k\text{-te Spalte}}}{A_{\bullet k} + \lambda A_{\bullet l}},\ldots,A_{\bullet n}) = \det(A).$$

(4) *Es sei* $k \in \{1,\ldots,n\}$, *und es sei* $\lambda \in K$. *Dann gilt*

$$\det(A_{\bullet 1},\ldots,A_{\bullet k-1},\lambda A_{\bullet k},A_{\bullet k+1},\ldots,A_{\bullet n}) = \lambda\det(A).$$

(5) *Es sei* $\rho \in S_n$. *Dann gilt* $\det(A_{\bullet\rho(1)},\ldots,A_{\bullet\rho(n)}) = \operatorname{sgn}(\rho)\det(A)$.
(6) *Es sei* $\lambda \in K$. *Dann gilt* $\det(\lambda A) = \lambda^n\det(A)$.
Beweis: (1) Es sei $k \in \{1,\ldots,n\}$ mit $A_{\bullet k} = 0$. Dann gilt nach (8.12)

$$\det(A) = \sum_{\sigma\in S_n}\operatorname{sgn}(\sigma)\cdot\alpha_{\sigma(k),k}\prod_{\substack{j=1\\ j\neq k}}^{n}\alpha_{\sigma(j),j} = 0,$$

denn für jedes $\sigma \in S_n$ ist $\alpha_{\sigma(k),k} = 0$.

(2) Es seien $k,\ l \in \{1,\ldots,n\}$ mit $k \neq l$ und mit $A_{\bullet k} = A_{\bullet l}$. Es seien A_n, B_n wie in (8.9)(3). Dann gilt nach (8.9)(3) $S_n = A_n \uplus B_n$, und mit der Transposition $\tau := (k\quad l) \in S_n$ ist $B_n = \{\sigma\tau \mid \sigma \in A_n\}$. Es gilt

$$\begin{aligned}\det(A) &= \sum_{\sigma\in A_n} \operatorname{sgn}(\sigma)\cdot\prod_{j=1}^{n}\alpha_{\sigma(j),j} + \sum_{\sigma\in B_n} \operatorname{sgn}(\sigma)\cdot\prod_{j=1}^{n}\alpha_{\sigma(j),j}\\ &= \sum_{\sigma\in A_n} \operatorname{sgn}(\sigma)\cdot\prod_{j=1}^{n}\alpha_{\sigma(j),j} - \sum_{\sigma\in A_n} \operatorname{sgn}(\sigma)\cdot\prod_{j=1}^{n}\alpha_{\sigma\tau(j),j} = 0,\end{aligned}$$

denn für jedes $\sigma \in A_n$ ist

$$\begin{aligned}\prod_{j=1}^{n}\alpha_{\sigma\tau(j),j} &= \alpha_{\sigma\tau(k),k}\cdot\alpha_{\sigma\tau(l),l}\prod_{\substack{j=1\\ j\neq k,l}}^{n}\alpha_{\sigma\tau(j),j}\\ &= \alpha_{\sigma(l),k}\cdot\alpha_{\sigma(k),l}\prod_{\substack{j=1\\ j\neq k,l}}^{n}\alpha_{\sigma(j),j} && [\text{für } j\neq k \text{ und } j \neq l \text{ ist } \tau(j)=j\,]\\ &= \alpha_{\sigma(l),l}\cdot\alpha_{\sigma(k),k}\prod_{\substack{j=1\\ j\neq k,l}}^{n}\alpha_{\sigma(j),j} && [\text{wegen } A_{\bullet k}=A_{\bullet l}\,]\\ &= \prod_{j=1}^{n}\alpha_{\sigma(j),j}.\end{aligned}$$

(3) Es seien $k, l \in \{1,\ldots,n\}$ mit $k < l$, und es sei $\lambda \in K$. Dann gilt wegen (2) und (8.14)

$$\begin{aligned}&\det(A_{\bullet 1},\ldots,\underset{\substack{\uparrow\\ k\text{-te Spalte}}}{A_{\bullet k}+\lambda A_{\bullet l}},\ldots,A_{\bullet n})\\ =\;& \det(A_{\bullet 1},\ldots,\underset{\substack{\uparrow\\ k\text{-te Spalte}}}{A_{\bullet k}},\ldots,A_{\bullet n}) + \lambda\det(A_{\bullet 1},\ldots,\underset{\substack{\uparrow\\ k}}{A_{\bullet l}},\ldots,\underset{\substack{\uparrow\\ l}}{A_{\bullet l}},\ldots,A_{\bullet n})\\ =\;& \det(A).\end{aligned}$$

(4) folgt unmittelbar aus (8.14) und (1).
(5) Es sei $\rho \in S_n$. Dann gilt

$$\begin{aligned}\det(A_{\bullet\rho(1)},\ldots,A_{\bullet\rho(n)}) &= \det\big((\alpha_{i,\rho(j)})\big)\\ &= \sum_{\sigma\in S_n}\operatorname{sgn}(\sigma)\cdot\prod_{i=1}^{n}\alpha_{\sigma(i),\rho(i)} \quad [\text{setze } j=\rho(i)\,]\end{aligned}$$

$$= \sum_{\sigma \in S_n} \operatorname{sgn}(\sigma) \cdot \prod_{j=1}^{n} \alpha_{\sigma\rho^{-1}(j),j} \quad [\text{setze } \tau = \sigma\rho^{-1}]$$
$$= \sum_{\tau \in S_n} \operatorname{sgn}(\tau\rho) \cdot \prod_{j=1}^{n} \alpha_{\tau(j),j}$$
$$= \operatorname{sgn}(\rho) \det(A).$$

(6) folgt aus (4).

(8.16) Satz: *Es sei* $A = (\alpha_{ij})_{1 \le i \le n, 1 \le j \le n} \in M(n;K)$; *es seien* $A_{1\bullet}, \ldots, A_{n\bullet} \in M(1,n;K)$ *die Zeilen von* A.
(1) *Wenn es ein* $k \in \{1,\ldots,n\}$ *mit* $A_{k\bullet} = 0$ *gibt, so ist* $\det(A) = 0$.
(2) *Wenn es* $k, l \in \{1,\ldots,n\}$ *mit* $k \neq l$ *und* $A_{k\bullet} = A_{l\bullet}$ *gibt, so ist* $\det(A) = 0$.
(3) *Es seien* $k, l \in \{1,\ldots,n\}$ *mit* $k \neq l$, *und es sei* $\lambda \in K$. *Dann gilt*

$$\det\left({}^t({}^tA_{1\bullet},\ldots,{}^t(A_{k\bullet} + \lambda A_{l\bullet}),\ldots,{}^tA_{n\bullet})\right) = \det(A).$$

↑
k-te Zeile

(4) *Es sei* $k \in \{1,\ldots,n\}$, *und es sei* $\lambda \in K$. *Dann gilt*

$$\det\left({}^t({}^tA_{1\bullet},\ldots,{}^tA_{k-1\bullet},\lambda{}^tA_{k\bullet},{}^tA_{k+1\bullet},\ldots,{}^tA_{n\bullet})\right) = \lambda \cdot \det(A).$$

(5) *Es sei* $\rho \in S_n$. *Dann gilt* $\det\left({}^t({}^tA_{\rho(1)\bullet},\ldots,{}^tA_{\rho(n)\bullet})\right) = \operatorname{sgn}(\rho)\det(A)$.
Beweis: Jede der fünf Behauptungen folgt mit Hilfe von (8.12) aus der entsprechenden Aussage in (8.15).

(8.17) BEISPIELE: (1) Es sei $A = (\alpha_{ij}) \in M(n;K)$ eine linke oder eine rechte Dreiecksmatrix. Dann gilt

$$\det(A) = \alpha_{11}\alpha_{22}\cdots\alpha_{nn}.$$

Beweis: Es sei $A \in \nabla(n;K)$. Zu jedem $\sigma \in S_n$ mit $\sigma \neq \varepsilon$ existiert ein Index $i \in \{1,\ldots,n\}$ mit $\sigma(i) < i$, also mit $\alpha_{i,\sigma(i)} = 0$. Daher gilt

$$\det(A) = \sum_{\sigma \in S_n} \operatorname{sgn}(\sigma) \cdot \prod_{i=1}^{n} \alpha_{i,\sigma(i)} = \operatorname{sgn}(\varepsilon) \cdot \prod_{i=1}^{n} \alpha_{i,\varepsilon(i)} + 0 = \alpha_{11}\alpha_{22}\cdots\alpha_{nn}.$$

Ist $A \in \Delta(n;K)$, so ist ${}^tA \in \nabla(n,K)$, und es folgt

$$\det(A) = \det({}^tA) = \alpha_{11}\alpha_{22}\cdots\alpha_{nn}.$$

(2) Nach (1) gilt für alle $\alpha_1,\ldots,\alpha_n \in K$: Es ist $\det(\operatorname{diag}(\alpha_1,\alpha_2,\ldots,\alpha_n)) = \alpha_1\alpha_2\cdots\alpha_n$.
(3) Nach (1) gilt für jede Additionsmatrix $A \in M(n;K)$: Es ist $\det(A) = 1$.

(4) Es sei $P = (\pi_{ij}) \in M(n;K)$ eine Permutationsmatrix. Dann gibt es ein $\rho \in S_n$ mit: Für jedes $i \in \{1,\dots,n\}$ gilt $\pi_{i,\rho(i)} = 1$ und $\pi_{ij} = 0$ für alle $j \in \{1,\dots,n\}$ mit $j \neq \rho(i)$, und es folgt

$$\det(P) = \sum_{\sigma\in S_n} \operatorname{sgn}(\sigma)\cdot\prod_{i=1}^{n}\pi_{i,\sigma(i)} = \operatorname{sgn}(\rho)\cdot\prod_{i=1}^{n}\pi_{i,\rho(i)} + 0 = \operatorname{sgn}(\rho).$$

(5) Es seien $k, l \in \{1,\dots,n\}$ mit $k \neq l$. Nach (4) gilt für die Vertauschungsmatrix $V_{kl} \in M(n;K)$: Es ist $\det(V_{kl}) = \operatorname{sgn}\big((k\ \ l)\big) = -1$.
(6) Es gilt (über $\mathbb{R}$)

$$\begin{vmatrix} 0 & 2 & -1 & 2 \\ 2 & 1 & 3 & -5 \\ -1 & 4 & 2 & 1 \\ 3 & 0 & 2 & 0 \end{vmatrix} = (-1)\cdot\begin{vmatrix} -1 & 4 & 2 & 1 \\ 2 & 1 & 3 & -5 \\ 0 & 2 & -1 & 2 \\ 3 & 0 & 2 & 0 \end{vmatrix}$$

$$= -(-1)\cdot\begin{vmatrix} -1 & 4 & 2 & 1 \\ 0 & 2 & -1 & 2 \\ 0 & 0 & 11 & -11 \\ 0 & 0 & 14 & 9 \end{vmatrix} = 11\cdot\begin{vmatrix} -1 & 4 & 2 & 1 \\ 0 & 2 & -1 & 2 \\ 0 & 0 & 1 & -1 \\ 0 & 0 & 0 & 5 \end{vmatrix}$$

$$= 11\cdot(-1)\cdot 2\cdot 1\cdot 5 = -110.$$

(8.18) Satz: *Es seien $A = (\alpha_{ij})$, $B = (\beta_{ij}) \in M(n;K)$. Dann gilt*

$$\det(A\,B) = \det(A)\det(B).$$

Beweis: Es sei $C := AB$. Für jedes $j \in \{1,\dots,n\}$ ist $C_{\bullet j} = \sum_{k=1}^{n} A_{\bullet k}\beta_{kj}$, und daher ist

$$\begin{aligned}
\det(C) &= \det(C_{\bullet 1},\dots,C_{\bullet n}) = \det\Big(\sum_{k=1}^{n} A_{\bullet k}\beta_{k1}, C_{\bullet 2},\dots,C_{\bullet n}\Big) \\
&= \sum_{k=1}^{n}\beta_{k1}\det(A_{\bullet k}, C_{\bullet 2},\dots,C_{\bullet n}) \\
&= \sum_{k_1=1}^{n}\sum_{k_2=1}^{n}\beta_{k_1,1}\beta_{k_2,2}\det(A_{\bullet k_1},A_{\bullet k_2},C_{\bullet 3},\dots,C_{\bullet n}) \\
&= \dots\dots\dots\dots\dots\dots\dots\dots \\
&= \sum_{k_1=1}^{n}\sum_{k_2=1}^{n}\cdots\sum_{k_n=1}^{n}\beta_{k_1,1}\beta_{k_2,2}\cdots\beta_{k_n,n}\det(A_{\bullet k_1},A_{\bullet k_2},\dots,A_{\bullet k_n}) \\
&\overset{(*)}{=} \sum_{\sigma\in S_n}\beta_{\sigma(1),1}\cdots\beta_{\sigma(n),n}\det(A_{\bullet\sigma(1)},\dots,A_{\bullet\sigma(n)})
\end{aligned}$$

$$= \sum_{\sigma \in S_n} \left(\prod_{i=1}^{n} \beta_{\sigma(i),i} \right) \cdot \mathrm{sgn}(\sigma) \det(A)$$

$$= \left(\sum_{\sigma \in S_n} \mathrm{sgn}(\sigma) \cdot \prod_{i=1}^{n} \beta_{\sigma(i),i} \right) \det(A) = \det(B) \det(A).$$

[Bei (*) wurde (8.15)(2) verwendet: In jedem Summanden, in dem zwei der Indizes $k_1, \ldots, k_n$ gleich sind, ist die darin vorkommende Determinante Null.]

(8.19) Folgerung: *Es sei* $A \in M(n; K)$ *invertierbar. Dann ist* $\det(A) \neq 0$, *und es gilt*

$$\det(A^{-1}) = \frac{1}{\det(A)}.$$

Beweis: Es gilt $\det(A^{-1}) \det(A) = \det(A^{-1}A) = \det(E_n) = 1 \neq 0$.

(8.20) BEMERKUNG: Es sei $A \in M(n; K)$. Bei der Berechnung von $\det(A)$ kann man so vorgehen:
(1) Man findet Matrizen G, $H \in M(n; K)$, die Produkte von Elementarmatrizen sind und für die sich die Determinante von $B := GAH$ einfach ausrechnen läßt. Dann berechnet man $\det(G)$ und $\det(H)$ [mit Hilfe von (8.17)(1)–(5) und (8.18)] und erhält mittels (8.18) $\det(A) = \det(B) \det(G)^{-1} \det(H)^{-1}$. [Man vgl. dazu das Beispiel (6) in (8.17).]
(2) Man stellt eine LR-Zerlegung $A = PLRQ$ von A her. Nach (8.18) gilt dann $\det(A) = \det(P) \det(L) \det(R) \det(Q) = \det(P) \det(R) \det(Q)$. Aus (8.17)(1) und aus (8.17)(5) ergibt sich: Weil R eine Dreiecksmatrix ist, ist $\det(R)$ das Produkt der Hauptdiagonalelemente $R[1,1], \ldots, R[n,n]$ von R, und es gilt $\det(P) = (-1)^\alpha$ und $\det(Q) = (-1)^\beta$, wenn bei der Berechnung der LR-Zerlegung gemäß (6.10) α-mal jeweils zwei Zeilen und β-mal jeweils zwei Spalten vertauscht wurden.

(8.21) BEZEICHNUNG: Es sei $A \in M(n; K)$; es seien k, $l \in \{1, \ldots, n\}$. Die Matrix, die aus A durch Streichen der k-ten Zeile und der l-ten Spalte entsteht, wird mit $A(k \mid l)$ bezeichnet; es gilt $A(k \mid l) \in M(n-1; K)$.

(8.22) Hilfssatz: *Es sei* $A = (\alpha_{ij}) \in M(n; K)$; *es seien* k, $l \in \{1, \ldots, n\}$, *und es gelte* $\alpha_{il} = 0$ *für jedes* $i \in \{1, \ldots, n\}$ *mit* $i \neq k$. *Dann ist*

$$\det(A) = (-1)^{k+l} \alpha_{kl} \det\big(A(k \mid l)\big).$$

Beweis: Für die Permutation

$$\rho := \begin{pmatrix} 1 & \ldots & k-1 & k & k+1 & \ldots & n \\ 1 & \ldots & k-1 & n & k & \ldots & n-1 \end{pmatrix} \in S_n$$

und die Matrix $B := {}^t({}^tA_{\rho(1)\bullet}, \ldots, {}^tA_{\rho(n)\bullet}) \in M(n; K)$ gilt $\mathrm{sgn}(\rho) = (-1)^{n-k}$ und daher $\det(B) = (-1)^{n-k} \det(A)$ [vgl. (8.16)(5)]. Für die Permutation

$$\tau := \begin{pmatrix} 1 & \ldots & l-1 & l & l+1 & \ldots & n \\ 1 & \ldots & l-1 & n & l & \ldots & n-1 \end{pmatrix} \in S_n$$

und die Matrix $C = (B_{\bullet\tau(1)}, \dots, B_{\bullet\tau(n)}) \in M(n;K)$ gilt $\operatorname{sgn}(\tau) = (-1)^{n-l}$ und $\det(C) = (-1)^{n-l}\det(B)$ [vgl. (8.15)(5)]. Also gilt $\det(A) = (-1)^{k+l}\det(C)$. In $C = (\gamma_{ij})$ gilt $\gamma_{1n} = \dots = \gamma_{n-1,n} = 0$ und $\gamma_{nn} = \alpha_{kl}$. Es folgt nach (8.12)

$$\det(C) = \sum_{\sigma\in S_n} \operatorname{sgn}(\sigma) \cdot \prod_{i=1}^{n} \gamma_{\sigma(i),i} = \sum_{\sigma\in T_n} \operatorname{sgn}(\sigma) \cdot \left(\prod_{i=1}^{n-1} \gamma_{\sigma(i),i}\right) \cdot \gamma_{nn}$$

mit $T_n := \{\sigma \in S_n \mid \sigma(n) = n\}$ [denn für jedes $\sigma \in S_n \setminus T_n$ ist $\gamma_{\sigma(n),n} = 0$ und daher $\prod_{i=1}^{n} \gamma_{\sigma(i),i} = 0$]. Für jedes $\sigma \in T_n$ gilt offensichtlich: Die Einschränkung $\overline{\sigma}\colon \mathbb{N}_{n-1} \to \mathbb{N}_{n-1}$ von σ auf $\{1,\dots,n-1\}$ ist ein Element von S_{n-1}, und es gilt $\operatorname{sgn}(\overline{\sigma}) = \operatorname{sgn}(\sigma)$; außerdem ist die Abbildung $\sigma \mapsto \overline{\sigma} : T_n \to S_{n-1}$ bijektiv. Es folgt

$$\det(C) = \gamma_{nn} \sum_{\overline{\sigma}\in S_{n-1}} \operatorname{sgn}(\overline{\sigma}) \cdot \prod_{i=1}^{n-1} \gamma_{\overline{\sigma}(i),i} = \gamma_{nn} \det\big(C(n \mid n)\big),$$

und wegen $\gamma_{nn} = \alpha_{kl}$ und $C(n \mid n) = A(k \mid l)$ folgt

$$\det(A) = (-1)^{k+l}\alpha_{kl} \det\big(A(k \mid l)\big).$$

(8.23) Satz: [P. S. de Laplace, 1749–1827] *Es sei $A = (\alpha_{ij}) \in M(n;K)$; es seien $k, l \in \{1,\dots,n\}$.*
(2) *"Entwicklung nach der l-ten Spalte": Es gilt*

$$\det(A) = \sum_{i=1}^{n}(-1)^{i+l}\alpha_{il} \cdot \det\big(A(i \mid l)\big).$$

(2) *"Entwicklung nach der k-ten Zeile": Es gilt*

$$\det(A) = \sum_{j=1}^{n}(-1)^{k+j}\alpha_{kj} \cdot \det\big(A(k \mid j)\big).$$

Beweis: (1) Es sei $\{e_1,\dots,e_n\}$ die Standardbasis von $M(n,1;K)$. Dann gilt $A_{\bullet l} = \sum_{i=1}^{n} \alpha_{il} e_i$, und mit Hilfe von (8.22) erhält man

$$\begin{aligned} \det(A) &= \det\left(A_{\bullet 1},\dots,A_{\bullet l-1},\sum_{i=1}^{n} \alpha_{il}e_i, A_{\bullet l+1},\dots,A_{\bullet n}\right) \\ &= \sum_{i=1}^{n} \alpha_{il} \det(A_{\bullet 1},\dots,e_i,\dots,A_{\bullet n})) = \sum_{i=1}^{n} \alpha_{il}(-1)^{i+l}\det\big(A(i \mid l)\big). \end{aligned}$$

(2) folgt mit Hilfe von (8.12) aus (1).

(8.24) Bemerkung: Es sei $n \geq 4$, und es sei $A \in M(n;K)$. Man kann (8.23) bei der Berechnung von $\det(A)$ verwenden, insbesondere dann, wenn in einer Zeile von A oder in einer Spalte von A mehrere Nullen stehen.

(8.25) Beispiel: Durch Entwicklung nach der 3. Zeile erhält man

$$\begin{vmatrix} 2 & 1 & 1 & -2 \\ 4 & -1 & 2 & 0 \\ 2 & 1 & 0 & -1 \\ 2 & 0 & 3 & -5 \end{vmatrix} =$$

$$= 2 \cdot \begin{vmatrix} 1 & 1 & -2 \\ -1 & 2 & 0 \\ 0 & 3 & -5 \end{vmatrix} - 1 \cdot \begin{vmatrix} 2 & 1 & -2 \\ 4 & 2 & 0 \\ 2 & 3 & -5 \end{vmatrix} - (-1) \cdot \begin{vmatrix} 2 & 1 & 1 \\ 4 & -1 & 2 \\ 2 & 0 & 3 \end{vmatrix}$$

$$= 2 \cdot (-9) - 1 \cdot (-16) - (-1) \cdot (-12) = -14.$$

(8.26) Definition: Es sei $A = (\alpha_{ij}) \in M(n; K)$. Für alle $i, j \in \{1, \dots, n\}$ setzt man $\operatorname{adj}(\alpha_{ij}) := (-1)^{i+j} \det\big(A(i \mid j)\big)$ und nennt die Matrix

$$\operatorname{adj}(A) := \big(\operatorname{adj}(\alpha_{ji})\big)_{1 \le i \le n, 1 \le j \le n} \in M(n; K)$$

die zu A adjungierte Matrix.

(8.27) Satz: *Es sei $A = (\alpha_{ij}) \in M(n; K)$. Dann gilt*

$$\operatorname{adj}(A)\, A = A \operatorname{adj}(A) = \det(A)\, E_n.$$

Beweis: Für alle $i, j \in \{1, \dots, n\}$ gilt

$$\begin{aligned} (\operatorname{adj}(A)A)[i,j] &= \sum_{k=1}^{n} \operatorname{adj}(\alpha_{ki})\alpha_{kj} = \sum_{k=1}^{n} (-1)^{k+i} \det\big(A(k \mid i)\big)\alpha_{kj} \\ &\overset{(*)}{=} \det(A_{\bullet 1}, \dots, A_{\bullet i-1}, A_{\bullet j}, A_{\bullet i+1}, \dots, A_{\bullet n}) \\ &= \begin{cases} \det(A), & \text{falls } i = j \text{ ist,} \\ 0, & \text{falls } i \neq j \text{ ist} \quad [\text{vgl. } (8.15)(2)] \end{cases} \end{aligned}$$

[bei $(*)$ wurde die rechts stehende Determinante nach der i-ten Spalte entwickelt, vgl. (8.23)(1)]. Also gilt $\operatorname{adj}(A)A = (\det(A)\,\delta_{ij}) = \det(A)E_n$. Analog folgt mit Hilfe von (8.23)(2), daß $A \operatorname{adj}(A) = \det(A)E_n$ ist.

(8.28) Satz: *Es sei $A \in M(n; K)$. Die folgenden Aussagen sind äquivalent.*
(1) *Es gilt* $\operatorname{rang}(A) = n$.
(2) *A ist invertierbar.*
(3) *Für jedes $b \in M(n, 1; K)$ hat das lineare Gleichungssytem $Ax = b$ genau eine Lösung.*
(4) *Es gilt* $\det(A) \neq 0$.
Sind diese Bedingungen erfüllt, so ist

$$A^{-1} = \frac{1}{\det(A)} \cdot \operatorname{adj}(A).$$

Beweis: (a) Die Äquivalenz der Aussagen (1), (2) und (3) folgt aus (2.15) und aus (5.10).
(b) Ist A invertierbar, so gilt nach (8.19) $\det(A) \neq 0$, also folgt (4) aus (2).
(c) Es gelte $\det(A) \neq 0$. Für die Matrix $C := \big(1/\det(A)\big) \cdot \operatorname{adj}(A) \in M(n;K)$ gilt nach (8.27)

$$AC = A \cdot \Big(\frac{1}{\det(A)}\operatorname{adj}(A)\Big) = \frac{1}{\det(A)}\det(A) \cdot E_n = E_n,$$

und daher ist nach (5.11)(3) A invertierbar und $A^{-1} = C$. Damit folgt (2) aus (4).

(8.29) Die Cramersche Regel [G. Cramer]: Es sei $A = (\alpha_{ij}) \in M(n;K)$ mit $\det(A) \neq 0$, und es sei $b = {}^t(\beta_1, \dots, \beta_n) \in M(n,1;K)$. Das lineare Gleichungssystem $Ax = b$ besitzt eine eindeutig bestimmte Lösung $x = {}^t(\xi_1, \dots, \xi_n) \in M(n,1;K)$, und dabei gilt für jedes $j \in \{1, \dots, n\}$

$$\xi_j = \frac{1}{\det(A)} \cdot \begin{vmatrix} \alpha_{11} & \dots & \alpha_{1,j-1} & \beta_1 & \alpha_{1,j+1} & \dots & \alpha_{1n} \\ \alpha_{21} & \dots & \alpha_{2,j-1} & \beta_2 & \alpha_{2,j+1} & \dots & \alpha_{2n} \\ \cdots & \cdots & \cdots & \cdots & \cdots & \cdots & \cdots \\ \alpha_{n1} & \dots & \alpha_{n,j-1} & \beta_n & \alpha_{n,j+1} & \dots & \alpha_{nn} \end{vmatrix}.$$

Beweis: Nach (8.28) ist A invertierbar, und daher gibt es nach (8.28) genau ein $x \in M(n,1;K)$ mit $Ax = b$, nämlich $x = A^{-1}b = \big(1/\det(A)\big) \cdot \operatorname{adj}(A)\, b$. In $x = {}^t(\xi_1, \dots, \xi_n)$ gilt für jedes $j \in \{1, \dots, n\}$

$$\begin{aligned} \xi_j &= \frac{1}{\det(A)} \sum_{i=1}^{n} \operatorname{adj}(\alpha_{ij})\beta_i = \frac{1}{\det(A)} \sum_{i=1}^{n} (-1)^{i+j}\beta_i \det\big(A(i \mid j)\big) \\ &\overset{(*)}{=} \frac{1}{\det(A)} \det(A_{\bullet 1}, \dots, A_{\bullet j-1}, b, A_{\bullet j+1}, \dots, A_{\bullet n}), \end{aligned}$$

und das war zu zeigen [(*) folgt, indem $\det(A_{\bullet 1}, \dots, A_{\bullet j-1}, b, A_{\bullet j+1}, \dots, A_{\bullet n})$ nach der j-ten Spalte entwickelt wird].

Bemerkung: Als Methode zur praktischen Rechnung ist die Cramersche Regel nicht zu empfehlen!

(8.30) BEISPIEL: (1) Es seien $x_0, x_1, \dots, x_n \in K$. Für die Vandermondesche Matrix [nach A. Th. Vandermonde, 1735–1796]

$$V_n(x_0, x_1, \dots, x_n) := \begin{pmatrix} 1 & x_0 & x_0^2 & \dots & x_0^n \\ 1 & x_1 & x_1^2 & \dots & x_1^n \\ \cdots & \cdots & \cdots & \cdots & \cdots \\ 1 & x_n & x_n^2 & \dots & x_n^n \end{pmatrix} \in M(n+1;K)$$

gilt

$$\det\big(V_n(x_0, x_1, \dots, x_n)\big) = \prod_{0 \le i < j \le n} (x_j - x_i).$$

Beweis: Es ist

$$\det\big(V_n(x_0,x_1,\dots,x_n)\big) = \begin{vmatrix} 1 & x_0 & x_0^2 & \dots & x_0^n \\ 1 & x_1 & x_1^2 & \dots & x_1^n \\ \dots & \dots & \dots & \dots & \dots \\ 1 & x_n & x_n^2 & \dots & x_n^n \end{vmatrix}.$$

Für $k = n+1, n, \dots, 3, 2$ subtrahiert man das x_0-fache der $(k-1)$-ten Spalte von der k-ten Spalte. Man erhält damit [vgl. (8.15)(3) und (4) sowie (8.16)(4)]

$$\begin{aligned}
\det\big(V_n(x_0,\dots,x_n)\big) &= \begin{vmatrix} 1 & 0 & 0 & \dots & 0 \\ 1 & x_1-x_0 & x_1^2-x_0x_1 & \dots & x_1^n-x_0x_1^{n-1} \\ \dots & \dots & \dots & \dots & \dots \\ 1 & x_n-x_0 & x_n^2-x_0x_n & \dots & x_n^n-x_0x_n^{n-1} \end{vmatrix} \\
&= \begin{vmatrix} x_1-x_0 & (x_1-x_0)x_1 & \dots & (x_1-x_0)x_1^{n-1} \\ x_2-x_0 & (x_2-x_0)x_2 & \dots & (x_2-x_0)x_2^{n-1} \\ \dots & \dots & \dots & \dots \\ x_n-x_0 & (x_n-x_0)x_n & \dots & (x_n-x_0)x_n^{n-1} \end{vmatrix} \\
&= \left(\prod_{j=1}^{n}(x_j-x_0)\right)\cdot \begin{vmatrix} 1 & x_1 & x_1^2 & \dots & x_1^{n-1} \\ 1 & x_2 & x_2^2 & \dots & x_2^{n-1} \\ \dots & \dots & \dots & \dots & \dots \\ 1 & x_n & x_n^2 & \dots & x_n^{n-1} \end{vmatrix} \\
&= \left(\prod_{j=1}^{n}(x_j-x_0)\right)\cdot \det\big(V_{n-1}(x_1,x_2,\dots,x_n)\big) \\
&= \prod_{0\le i<j\le n}(x_j-x_i) \quad \text{[durch Induktion]}.
\end{aligned}$$

(2) Eine Interpolationsaufgabe: Es seien $x_0, x_1, \dots, x_n \in K$ paarweise verschieden; es seien $y_0, y_1, \dots, y_n \in K$. Dann gibt es ein eindeutig bestimmtes Polynom $f = \sum_{j=0}^{n} a_jT^j \in K[T]$ mit $f(x_0) = y_0$, $f(x_1) = y_1, \dots, f(x_n) = y_n$. Man nennt f das Interpolationspolynom zu den Daten $x_0, \dots, x_n, y_0, \dots, y_n$.
Beweis: Es sei $f = \sum_{j=0}^{n} a_jT^j \in K[T]$. Es gilt $f(x_i) = y_i$ für $i = 0, 1, \dots, n$ genau dann, wenn $\sum_{j=0}^{n} x_i^j a_j = y_i$ für $i = 0, 1, \dots, n$ ist, also genau dann, wenn gilt: ${}^t(a_0, a_1, \dots, a_n)$ ist eine Lösung des linearen Gleichungssystems

$$V_n(x_0,x_1,\dots,x_n)\cdot w = {}^t(y_0,y_1,\dots,y_n).$$

Weil $x_0, x_1, \dots, x_n$ paarweise verschieden sind, ist

$$\det\big(V_n(x_0,x_1,\dots,x_n)\big) = \prod_{0\le i<j\le n}(x_j-x_i) \neq 0,$$

also ist $V_n(x_0, x_1, \ldots, x_n)$ invertierbar [vgl. (8.28)], und daher besitzt dieses lineare Gleichungssystem genau eine Lösung $w = {}^t(a_0, a_1, \ldots, a_n) \in M(n+1, 1; K)$ [vgl. (8.28)]. Hiermit gilt dann: Das Polynom $f := \sum_{j=0}^{n} a_j T^j \in K[T]$ ist die eindeutig bestimmte Lösung der gestellten Interpolationsaufgabe.

(8.31) In (1.19) wurden Matrizen in Kästchen eingeteilt. Diese Einteilung erweist sich manchmal als recht nützlich bei der Berechnung von Determinanten.
(1) Es seien p, $q \in \mathbb{N}$ und $A \in M(p; K)$, $B \in M(p, q; K)$, $C \in M(q; K)$, und es sei

$$F := \begin{pmatrix} A & B \\ 0 & C \end{pmatrix} \in M(p+q; K).$$

Dann ist $\det(F) = \det(A)\det(C)$.
Beweis durch Induktion nach p: Für $p = 1$ erhält man die Behauptung durch Entwickeln nach der ersten Spalte. Es sei $p > 1$, und es sei (1) für Matrizen, in denen das Kästchen links oben eine $(p-1, p-1)$-Matrix ist, bereits bewiesen. Berechnet man $\det(F)$ durch Entwickeln nach der ersten Spalte, so erhält man aus (8.23)(1) und aus der Induktionsvoraussetzung

$$\det(F) = \sum_{i=1}^{p} (-1)^{i+1} \alpha_{i1} \det\bigl(A(i \mid 1)\bigr) \det(C) = \det(A)\det(C).$$

(2) Es seien $n_1, \ldots, n_h \in \mathbb{N}$, und es sei $n = n_1 + \cdots + n_h$. Für jedes $k \in \{1, \ldots, h\}$ sei $A_k \in M(n_k; K)$. Dann ist

$$\det \begin{pmatrix} A_1 & & & \\ & A_2 & & \\ & & \ddots & \\ & & & A_h \end{pmatrix} = \det(A_1)\det(A_2)\cdots\det(A_h).$$

Dies folgert man leicht durch Induktion nach h aus (1). [Die Matrix, deren Determinante hier berechnet wird, ist eine Matrix mit n Zeilen und Spalten.]

Kapitel III Folgen und Reihen

§1 Folgen

(1.1) BEZEICHNUNG: (1) Unter einer Folge in $\mathbb{C}$ versteht man eine Abbildung $f: \mathbb{N}_0 \to \mathbb{C}$ [bzw. $f: \mathbb{N} \to \mathbb{C}$] [vgl. auch I(7.1)].
(2) Ist f eine Folge in $\mathbb{C}$ und ist $f(n) = a_n$ für jedes $n \in \mathbb{N}_0$ [bzw. für jedes $n \in \mathbb{N}$], so schreibt man $f = (a_n)_{n\geq 0} = (a_n)$ [bzw. $f = (a_n)_{n\geq 1} = (a_n)$].
(3) Ist $(a_n)_{n\geq 0}$ eine Folge in $\mathbb{C}$ mit $a_n \in \mathbb{R}$ für jedes $n \in \mathbb{N}_0$, so sagt man: $(a_n)_{n\geq 0}$ ist eine Folge in $\mathbb{R}$.

(1.2) DEFINITION: Eine Folge $(a_n)_{n\geq 0}$ in $\mathbb{C}$ konvergiert gegen $a \in \mathbb{C}$, wenn es zu jedem positiven $\varepsilon \in \mathbb{R}$ ein $n_0(\varepsilon) \in \mathbb{N}_0$ mit der folgenden Eigenschaft gibt: Für jedes $n \in \mathbb{N}_0$ mit $n \geq n_0(\varepsilon)$ gilt $|a_n - a| < \varepsilon$.

(1.3) Satz: *Es sei (a_n) eine Folge in $\mathbb{C}$. Dann konvergiert (a_n) gegen höchstens ein $a \in \mathbb{C}$.*
Beweis: Angenommen, es gibt $a, a' \in \mathbb{C}$ mit $a \neq a'$ und mit: (a_n) konvergiert gegen a und gegen a'. Dann ist $\varepsilon := \frac{1}{2} \cdot |a - a'| > 0$, und es existieren ein $n_0 \in \mathbb{N}_0$ mit $|a_n - a| < \varepsilon$ für jedes $n \geq n_0$ und ein $n_0' \in \mathbb{N}_0$ mit $|a_n - a'| < \varepsilon$ für jedes $n \geq n_0'$. Für $n := \max\{n_0, n_0'\}$ gilt dann

$$|a - a'| = |(a - a_n) + (a_n - a')| \leq |a - a_n| + |a_n - a'| < \varepsilon + \varepsilon = |a - a'|,$$

und das ist Unsinn.

(1.4) Folgerung: *Es sei (a_n) eine Folge in $\mathbb{R}$, die gegen ein $a \in \mathbb{C}$ konvergiert. Dann ist $a \in \mathbb{R}$.*
Beweis: Es ist $a = x + iy$ mit $x = \mathrm{Re}(a) \in \mathbb{R}$ und $y = \mathrm{Im}(a) \in \mathbb{R}$. Zu jedem $\varepsilon > 0$ gibt es ein $n_0(\varepsilon) \in \mathbb{N}_0$ mit: Für jedes $n \geq n_0(\varepsilon)$ gilt $|a_n - a| < \varepsilon$ und daher auch $|a_n - x| = |\mathrm{Re}(a_n) - \mathrm{Re}(a)| = |\mathrm{Re}(a_n - a)| \leq |a_n - a| < \varepsilon$. Also konvergiert (a_n) gegen x, und nach (1.3) folgt $a = x \in \mathbb{R}$.

(1.5) DEFINITION: Es sei (a_n) eine Folge in $\mathbb{C}$.
(1) Konvergiert (a_n) gegen $a \in \mathbb{C}$, so heißt a der Grenzwert von (a_n), und man schreibt: $a = \lim_{n\to\infty}(a_n) = \lim_{n\to\infty} a_n$.
(2) Konvergiert (a_n) gegen kein $a \in \mathbb{C}$, so heißt (a_n) divergent.
(3) Konvergiert (a_n) gegen 0, so heißt (a_n) eine Nullfolge.
(4) (a_n) heißt beschränkt, wenn es ein $M > 0$ gibt mit $|a_n| \leq M$ für jedes $n \in \mathbb{N}_0$.

(1.6) BEMERKUNG: (1) Es sei (a_n) eine Folge in $\mathbb{C}$, und es sei $a \in \mathbb{C}$. Es gilt: (a_n) konvergiert gegen $a \Leftrightarrow (a_n - a)$ ist eine Nullfolge $\Leftrightarrow (|a_n - a|)$ ist eine Nullfolge.
(2) Es sei (a_n) eine Folge in $\mathbb{C}$, die gegen $a \in \mathbb{C}$ konvergiert, es sei (b_n) eine Folge in $\mathbb{C}$, und es gebe ein $n^* \in \mathbb{N}_0$ mit $b_n = a_n$ für jedes $n \geq n^*$. Dann konvergiert auch die Folge (b_n) gegen a.
Beweis: Es sei $\varepsilon > 0$. Dann gibt es ein $n_0(\varepsilon) \in \mathbb{N}_0$ mit $|a_n - a| < \varepsilon$ für jedes $n \geq n_0(\varepsilon)$. Für jedes $n \geq n_0^*(\varepsilon) := \max\{n^*, n_0(\varepsilon)\}$ gilt $|b_n - a| = |a_n - a| < \varepsilon$.

(3) Es sei (a_n) eine Nullfolge in $\mathbb{C}$, und es sei (b_n) eine Folge in $\mathbb{C}$. Ist $|b_n| \leq |a_n|$ für jedes $n \in \mathbb{N}_0$, so ist auch (b_n) eine Nullfolge. [Aus (2) folgt: Dies gilt auch, wenn es ein $n^* \in \mathbb{N}_0$ gibt mit $|b_n| \leq |a_n|$ für jedes $n \geq n^*$.]
(4) Es sei (a_n) eine Nullfolge in $\mathbb{C}$, und es sei (b_n) eine beschränkte Folge in $\mathbb{C}$. Dann ist $(a_n b_n)$ eine Nullfolge.
Beweis: Es gibt ein $M > 0$ mit $|b_n| \leq M$ für jedes $n \in \mathbb{N}_0$. Zu jedem $\varepsilon > 0$ gibt es ein $n_0(\varepsilon) \in \mathbb{N}_0$ mit $|a_n| < \varepsilon/M$ für jedes $n \geq n_0(\varepsilon)$, also mit $|a_n b_n| = |a_n| \cdot |b_n| < (\varepsilon/M) \cdot M = \varepsilon$ für jedes $n \geq n_0(\varepsilon)$.
(5) Es sei $(a_n)_{n\geq 0}$ eine konvergente Folge in $\mathbb{C}$ mit dem Grenzwert a, und es sei $(k(n))_{n\geq 0}$ eine Folge ganzer Zahlen mit $k(0) = 0$ und $k(n) < k(n+1)$ für jedes $n \in \mathbb{N}_0$ [weshalb $n \leq k(n)$ für jedes $n \in \mathbb{N}_0$ gilt]. Dann ist die Folge $(a_{k(n)})_{n\geq 0}$ konvergent mit dem Grenzwert a. [Die Folge $(a_{k(n)})_{n\geq 0}$ heißt eine Teilfolge der Folge $(a_n)_{n\geq 0}$; die Aussage kann also so formuliert werden: Jede Teilfolge einer konvergenten Folge ist konvergent mit dem gleichen Grenzwert.]
Beweis: Zu jedem $\varepsilon > 0$ gibt es ein $n_0(\varepsilon) \in \mathbb{N}_0$ mit $|a_n - a| < \varepsilon$ für jedes $n \geq n_0(\varepsilon)$. Für jedes $n \geq n_0(\varepsilon)$ ist $k(n) \geq n \geq n_0(\varepsilon)$ und daher $|a_{k(n)} - a| < \varepsilon$.

(1.7) [Die Ungleichung von Jakob Bernoulli, 1654–1705]: *Es sei $x \in \mathbb{R}$ mit $x > -1$. Für jedes $n \in \mathbb{N}_0$ gilt $(1+x)^n \geq 1 + nx$, und sogar $(1+x)^n > 1 + nx$, falls $n \geq 2$ und $x \neq 0$ gilt.*
Beweis: Gilt $n = 0$ oder $n = 1$ oder $x = 0$, so ist nichts zu beweisen. Ist $x \neq 0$ und ist $n \in \mathbb{N}$ mit $(1+x)^n \geq 1 + nx$, so gilt

$$\begin{aligned}(1+x)^{n+1} &= (1+x)^n \cdot (1+x) \geq (1+nx) \cdot (1+x) \\ &= 1 + (n+1)x + nx^2 > 1 + (n+1)x.\end{aligned}$$

(1.8) BEISPIELE: (1) Es sei $a \in \mathbb{C}$. Die Folge $\underline{a} = (a_n)_{n\geq 0}$ mit $a_n = a$ für jedes $n \in \mathbb{N}_0$ heißt die konstante Folge mit dem Wert a. $\underline{a}$ konvergiert offensichtlich gegen a.
(2) Es sei $k \in \mathbb{N}$. Die Folge $(1/n^k)_{n\geq 1}$ ist eine Nullfolge.
Beweis: Es sei $\varepsilon > 0$. Für jedes $n \geq \lfloor 1/\varepsilon \rfloor + 1 =: n_0(\varepsilon)$ gilt

$$\left|\frac{1}{n^k}\right| = \frac{1}{n^k} \leq \frac{1}{n} \leq \frac{1}{n_0(\varepsilon)} < \varepsilon.$$

(3) Die Folge $(\frac{2n}{1+n})_{n\geq 0}$ konvergiert gegen 2.
Beweis: Es sei $\varepsilon > 0$. Für jedes $n \geq \lfloor 2/\varepsilon \rfloor =: n_0(\varepsilon)$ gilt

$$\left|\frac{2n}{1+n} - 2\right| = \frac{2}{1+n} < \varepsilon.$$

(4) Es sei $z \in \mathbb{C}$ mit $|z| < 1$. Die Folge $(z^n)_{n\geq 0}$ ist eine Nullfolge.

Beweis: Ist $z = 0$, so ist nichts zu beweisen. Ist $z \neq 0$, so ist $x := 1/|z| - 1 > 0$, und für jedes $n \in \mathbb{N}$ gilt $(1+x)^n \geq 1 + nx$ [vgl. (1.7)] und daher

$$|z^n| = |z|^n = \frac{1}{(1+x)^n} \leq \frac{1}{1+nx} < \frac{1}{x} \cdot \frac{1}{n}.$$

Hieraus folgt [wegen (2) und wegen (1.6)(4) und (3)]: (z^n) ist eine Nullfolge.
(5) Die Folge $((-1)^n)_{n\geq 0}$ divergiert.
Beweis: Angenommen, die Folge $((-1)^n)_{n\geq 0}$ konvergiert gegen $a \in \mathbb{C}$. Dann gibt es ein $n_0 \in \mathbb{N}_0$ mit $|(-1)^n - a| < 1$ für jedes $n \geq n_0$. Ist $n \geq n_0$ und gerade, so gilt

$$\begin{aligned} 2 &= |(1-a) - (-1-a)| \leq |1-a| + |(-1)-a| \\ &= |(-1)^n - a| + |(-1)^{n+1} - a| < 1 + 1 = 2, \end{aligned}$$

und das ist Unsinn.

(1.9) Satz: *Es sei (a_n) eine konvergente Folge in $\mathbb{C}$. Dann ist (a_n) beschränkt.*
Beweis: Es sei $a := \lim_{n\to\infty}(a_n)$. Es gibt ein $N \in \mathbb{N}_0$ mit: Für jedes $n \geq N$ gilt $|a_n - a| < 1$, also $|a_n| = |a_n - a + a| \leq |a_n - a| + |a| < 1 + |a|$. Es ist

$$M := \max\{|a_0|, |a_1|, \ldots, |a_{N-1}|, 1 + |a|\} > 0,$$

und für jedes $n \in \mathbb{N}_0$ gilt $|a_n| \leq M$.

(1.10) BEMERKUNG: (1) Eine nicht beschränkte Folge in $\mathbb{C}$ ist nach (1.9) divergent.
(2) Eine beschränkte Folge in $\mathbb{C}$ braucht nicht zu konvergieren [vgl. (1.8)(5)].

(1.11) Satz: *Es seien $(a_n)_{n\geq 0}$ und $(b_n)_{n\geq 0}$ konvergente Folgen in $\mathbb{C}$, es sei $a := \lim_{n\to\infty}(a_n)$, und es sei $b := \lim_{n\to\infty}(b_n)$.*
(1) *$(a_n + b_n)_{n\geq 0}$ konvergiert gegen $a + b$.*
(2) *$(a_n b_n)_{n\geq 0}$ konvergiert gegen ab.*
(3) *$(|a_n|)_{n\geq 0}$ konvergiert gegen $|a|$.*
(4) *Ist $b_n \neq 0$ für jedes $n \in \mathbb{N}_0$ und ist $b \neq 0$, so konvergieren $\left(1/b_n\right)_{n\geq 0}$ gegen $1/b$ und $\left(a_n/b_n\right)_{n\geq 0}$ gegen a/b.*
Beweis: (1) und (2): Nach (1.9) existiert ein $M > 0$ mit $|b_n| \leq M$ für jedes $n \in \mathbb{N}_0$. Es sei $\varepsilon > 0$. Dann existieren $n_1(\varepsilon), n_2(\varepsilon) \in \mathbb{N}_0$ mit

$$\begin{aligned} |a_n - a| &< \frac{\varepsilon}{2(M+1)} && \text{für jedes } n \geq n_1(\varepsilon) \text{ und mit} \\ |b_n - b| &< \frac{\varepsilon}{2(|a|+1)} && \text{für jedes } n \geq n_2(\varepsilon). \end{aligned}$$

Für jedes $n \geq n_0(\varepsilon) := \max\{n_1(\varepsilon), n_2(\varepsilon)\}$ gilt

$$\begin{aligned} |(a_n + b_n) - (a+b)| &\leq |a_n - a| + |b_n - b| < \frac{\varepsilon}{2(M+1)} + \frac{\varepsilon}{2(|a|+1)} \\ &< \frac{\varepsilon}{2} + \frac{\varepsilon}{2} = \varepsilon, \end{aligned}$$

und

$$\begin{aligned} |a_n b_n - ab| &= |(a_n - a) \cdot b_n + a \cdot (b_n - b)| \\ &\le |a_n - a| \cdot M + |a| \cdot |b_n - b| \\ &< \frac{M}{M+1} \cdot \frac{\varepsilon}{2} + \frac{|a|}{|a|+1} \cdot \frac{\varepsilon}{2} \quad < \frac{\varepsilon}{2} + \frac{\varepsilon}{2} = \varepsilon. \end{aligned}$$

(3) Nach I(3.21)(4) gilt $\big|\,|a_n| - |a|\,\big| \le |a_n - a|$ für jedes $n \in \mathbb{N}_0$.
(4) Es gelte $b_n \neq 0$ für jedes $n \in \mathbb{N}_0$ und $b \neq 0$. Es existiert ein $n^* \in \mathbb{N}_0$ mit: Für jedes $n \ge n^*$ ist $|b_n - b| < |b|/2$, also $|b_n| = |(b_n - b) + b| \ge |b| - |b_n - b| > |b| - |b|/2 = |b|/2$.

Es sei $\varepsilon > 0$. Es gibt ein $n_1(\varepsilon) \in \mathbb{N}_0$ mit $|b_n - b| < \varepsilon \cdot |b|^2/2$ für jedes $n \ge n_1(\varepsilon)$. Dann gilt für jedes $n \ge n_0(\varepsilon) := \max\{n^*, n_1(\varepsilon)\}$:

$$\left|\frac{1}{b_n} - \frac{1}{b}\right| = \frac{|b - b_n|}{|b_n| \cdot |b|} < \frac{\varepsilon}{2} \cdot |b|^2 \cdot \frac{2}{|b|^2} = \varepsilon.$$

Es folgt: $(1/b_n)$ konvergiert gegen $1/b$. Hieraus und aus (2) folgt: (a_n/b_n) konvergiert gegen a/b.

(1.12) BEISPIELE: (1) Die Folge

$$\left(\frac{(n+1)^2 \cdot (3n^3 - 2)}{2n^5 + 4n + 1}\right)_{n\ge 1} = \left(\frac{\left(1 + \frac{1}{n}\right)^2 \cdot \left(3 - \frac{2}{n^3}\right)}{2 + 4 \cdot \frac{1}{n^4} + \frac{1}{n^5}}\right)_{n \ge 1}$$

konvergiert nach (1.11) und (1.8)(2) gegen $\frac{3}{2}$.
(2) Es sei $k \in \mathbb{N}$, und es sei $z \in \mathbb{C}$ mit $|z| < 1$. Dann ist $(n^k z^n)_{n \ge 0}$ eine Nullfolge.
Beweis: Für $z = 0$ ist nichts zu beweisen. Es sei $z \neq 0$. Dann ist $0 < q := |z| < 1$, und für jedes $n \in \mathbb{N}$ ist $a_n := n^k q^n > 0$ und

$$\frac{a_{n+1}}{a_n} = q \cdot \left(\frac{n+1}{n}\right)^k = q \cdot \left(1 + \frac{1}{n}\right)^k > q.$$

Nach (1.11) konvergiert (a_{n+1}/a_n) gegen q. Zu $\varepsilon = \frac{1}{2}(1-q) > 0$ gibt es daher ein $n_0 \in \mathbb{N}$ mit

$$0 < \frac{a_{n+1}}{a_n} - q < \varepsilon = \frac{1}{2}(1-q) \quad \text{für jedes } n \ge n_0.$$

Für jedes $n \in \mathbb{N}$ mit $n > n_0$ gilt

$$\frac{a_{n_0+j+1}}{a_{n_0+j}} < \frac{1}{2}(1-q) + q = \frac{1+q}{2} \quad \text{für } j = 0, 1, \ldots, n - n_0 - 1$$

und daher

$$\begin{aligned} 0 &< |n^k z^n| = a_n = a_{n_0} \prod_{j=0}^{n-n_0-1} \frac{a_{n_0+j+1}}{a_{n_0+j}} \\ &\le a_{n_0} \left(\frac{1+q}{2}\right)^{n-n_0} = a_{n_0} \left(\frac{1+q}{2}\right)^{-n_0} \left(\frac{1+q}{2}\right)^n. \end{aligned}$$

Wegen $0 < (1+q)/2 < 1$ ist $\left(((1+q)/2)^n\right)$ nach (1.8)(4) eine Nullfolge. Hieraus und aus (1.6)(3) folgt, daß auch $(n^k z^n)$ eine Nullfolge ist.

(1.13) BEMERKUNG: Es sei $(a_n)_{n\geq 0}$ eine Folge in $\mathbb{C}$, und es sei $a \in \mathbb{C}$. Es seien $x := \mathrm{Re}(a)$, $y := \mathrm{Im}(a)$, $x_n := \mathrm{Re}(a_n)$ und $y_n := \mathrm{Im}(a_n)$ für jedes $n \in \mathbb{N}_0$. Es gilt: (a_n) konvergiert genau dann gegen a, wenn (x_n) gegen x und (y_n) gegen y konvergieren.
Beweis: (1) Es gelte: (a_n) konvergiert gegen a. Für jedes $n \in \mathbb{N}_0$ gilt

$$|x_n - x| = |\mathrm{Re}(a_n - a)| \;\leq\; |a_n - a| \quad \text{und} \quad |y_n - y| = |\mathrm{Im}(a_n - a)| \;\leq\; |a_n - a|.$$

Es folgt: (x_n) konvergiert gegen x, und (y_n) konvergiert gegen y.
(2) Es gelte: (x_n) konvergiert gegen x, und (y_n) konvergiert gegen y. Aus (1.11)(1) und (2) folgt: Dann konvergiert $(a_n) = (x_n + iy_n)$ gegen $x + iy = a$.

(1.14) Satz: (1) *Es seien (a_n) und (b_n) konvergente Folgen in $\mathbb{R}$ mit $a_n \leq b_n$ für jedes $n \in \mathbb{N}_0$. Dann gilt $\lim_{n\to\infty}(a_n) \leq \lim_{n\to\infty}(b_n)$.*
(2) *Es sei (a_n) eine konvergente Folge in $\mathbb{R}$, es seien $b, c \in \mathbb{R}$ mit $b \leq a_n \leq c$ für jedes $n \in \mathbb{N}_0$. Dann gilt $b \leq \lim_{n\to\infty}(a_n) \leq c$.*
Beweis: (1) Annahme: Es gilt $a := \lim_{n\to\infty}(a_n) > \lim_{n\to\infty}(b_n) =: b$. Zu $\varepsilon := (a-b)/2$ gibt es $n_0, n_1 \in \mathbb{N}_0$ mit $|a_n - a| < \varepsilon$ für jedes $n \geq n_0$ und $|b_n - b| < \varepsilon$ für jedes $n \geq n_1$. Für $m := \max\{n_0, n_1\}$ gilt $b_m - a_m \geq 0$ und

$$\begin{aligned} a - b &= (a - a_m) + (b_m - b) - (b_m - a_m) \\ &\leq (a - a_m) + (b_m - b) \\ &\leq |a - a_m| + |b_m - b| < \varepsilon + \varepsilon \;=\; a - b, \end{aligned}$$

und das ist Unsinn.
(2) Mit den konstanten Folgen $\underline{b}$ und $\underline{c}$ folgt aus (1):

$$b \;=\; \lim_{n\to\infty} \underline{b} \;\leq\; \lim_{n\to\infty}(a_n) \;\leq\; \lim_{n\to\infty} \underline{c} \;=\; c.$$

(1.15) Satz: *Es seien (a_n) und (b_n) konvergente Folgen in $\mathbb{R}$, und es gelte $\lim_{n\to\infty}(a_n) = \lim_{n\to\infty}(b_n)$; es sei (c_n) eine Folge in $\mathbb{R}$ mit $a_n \leq c_n \leq b_n$ für jedes $n \in \mathbb{N}_0$. Dann konvergiert auch (c_n), und es gilt $\lim_{n\to\infty}(c_n) = \lim_{n\to\infty}(a_n)$.*
Beweis: Es sei $a := \lim_{n\to\infty}(a_n)$. Für jedes $\varepsilon > 0$ gilt: Es gibt $n_1(\varepsilon)$, $n_2(\varepsilon) \in \mathbb{N}_0$ mit $|a_n - a| < \varepsilon$ für jedes $n \geq n_1(\varepsilon)$ und $|b_n - a| < \varepsilon$ für jedes $n \geq n_2(\varepsilon)$, und für jedes $n \geq \max\{n_1(\varepsilon), n_2(\varepsilon)\} =: n_0(\varepsilon)$ gilt $-\varepsilon < a_n - a \leq c_n - a \leq b_n - a < \varepsilon$, also $|c_n - a| < \varepsilon$.

(1.16) DEFINITION: Es sei $(a_n)_{n\geq 0}$ eine Folge in $\mathbb{R}$.
(1) Die Folge (a_n) heißt monoton wachsend, wenn $a_n \leq a_{n+1}$ für jedes $n \in \mathbb{N}_0$ gilt.
(2) Die Folge (a_n) heißt monoton fallend, wenn $a_n \geq a_{n+1}$ für jedes $n \in \mathbb{N}_0$ gilt.
(3) Die Folge (a_n) heißt monoton, wenn sie monoton wachsend oder monoton fallend ist.

(1.17) Der Körpers $\mathbb{R}$ der reellen Zahlen hat die folgende fundamentale Eigenschaft:

- *Zu jeder monotonen und beschränkten Folge (a_n) in $\mathbb{R}$ gibt es ein $a \in \mathbb{R}$ mit: (a_n) konvergiert gegen a.*

Diese Eigenschaft von $\mathbb{R}$ wird künftig benutzt werden.

(1.18) BEISPIELE: (1) Es sei $p \in \mathbb{N}$, und es sei $b \in \mathbb{R}$ mit $b \geq 0$. Dann gibt es ein eindeutig bestimmtes $a \in \mathbb{R}$ mit $a \geq 0$ und mit $a^p = b$. Man setzt $a = \sqrt[p]{b}$ und nennt diese Zahl die p-te Wurzel aus b. [Für $p = 2$ erhält man so die bereits in Kapitel I verwendete Quadratwurzel $\sqrt{b}$ aus b.]
Beweis [Einzigkeit von a]: Es gibt höchstens ein $a \in \mathbb{R}$ mit $a \geq 0$ und mit $a^p = b$, denn sind x_1, x_2 nichtnegative reelle Zahlen mit $x_1 < x_2$, so gilt $x_1^p < x_2^p$.
[Existenz von a]: (a) Ist $p = 1$ oder gilt $p \geq 2$ und $b = 0$ oder 1, so kann man $a := b$ setzen.
(b) Es gelte $p \geq 2$ und $b > 1$. Man wählt ein $a_0 \in \mathbb{R}$ mit $a_0 > 0$ und $a_0^p > b$ [man kann zum Beispiel $a_0 := b$ wählen] und setzt

$$a_{n+1} = a_n \cdot \left(1 - \frac{1}{p} \cdot \left(1 - \frac{b}{a_n^p}\right)\right) = \left(1 - \frac{1}{p}\right) a_n + \frac{b}{p a_n^{p-1}} \qquad \text{für jedes } n \in \mathbb{N}_0. \quad (*)$$

Für jedes $n \in \mathbb{N}_0$ gilt $a_n > 0$ und $a_n^p > b$. Denn dies ist richtig für $n = 0$, und ist für ein $n \in \mathbb{N}_0$ schon bewiesen, daß $a_n > 0$ und $a_n^p > b$ gilt, so folgt aus $(*)$ $a_{n+1} > 0$ und aus (1.7) wegen $-(1 - b/a_n^p) > -1$

$$a_{n+1}^p = a_n^p \cdot \left(1 - \frac{1}{p} \cdot \left(1 - \frac{b}{a_n^p}\right)\right)^p > a_n^p \cdot \left(1 - p \cdot \frac{1}{p} \cdot \left(1 - \frac{b}{a_n^p}\right)\right) = b.$$

Für jedes $n \in \mathbb{N}_0$ gilt also

$$1 - \frac{1}{p} < 1 - \frac{1}{p} \cdot \left(1 - \frac{b}{a_n^p}\right) < 1$$

und daher $a_{n+1} < a_n$. Die Folge (a_n) ist also monoton fallend, und außerdem ist sie beschränkt, denn für jedes $n \in \mathbb{N}_0$ gilt $0 < a_n \leq a_0$. Nach (1.17) konvergiert somit (a_n) gegen ein $a \in \mathbb{R}$, und hierfür gilt nach (1.14)(2) $a \geq 0$, und aus $(*)$ folgt mit Hilfe von (1.11), daß $a = a \cdot \left(1 - \frac{1}{p} \cdot \left(1 - \frac{b}{a^p}\right)\right)$ gilt, also daß $a^p = b$ ist.
(c) Es gelte $p \geq 2$ und $0 < b < 1$. Dann ist $1/b > 1$, und nach (b) existiert ein $x \in \mathbb{R}$ mit $x \geq 0$ und $x^p = 1/b$. Es gilt $x > 0$ und $a := 1/x > 0$ und $a^p = 1/x^p = b$.
(2) Es sei $p \in \mathbb{N}$ mit $p \geq 2$, es sei $b \in \mathbb{R}$ mit $b > 1$, und es sei $a := \sqrt[p]{b}$. Der Beweis in (1) zeigt, wie man a näherungsweise berechnen kann. Man wählt ein $a_0 \in \mathbb{R}$ mit $a_0^p > b$ und definiert wie in (1) mittels der Rekursionsformel in $(*)$ eine Folge (a_n), die gegen a konvergiert. Für jedes $n \in \mathbb{N}_0$ gilt: Wegen $a_n^p > b = a^p$ ist $a_n > a$, wegen $0 = a^p - b = (a - a_n + a_n)^p - b$ folgt

$$a_n - a = \frac{1}{p a_n^{p-1}} \cdot \left(a_n^p - b + \binom{p}{2}(a - a_n)^2 a_n^{p-2} + \sum_{\nu=3}^{p} \binom{p}{\nu}(a - a_n)^\nu a_n^{p-\nu}\right),$$

und hieraus und aus (*) folgt

$$a_{n+1} - a = (a_n - a)^2 \left(\frac{p-1}{2a_n} + \frac{1}{p} \sum_{\nu=3}^{p} \binom{p}{\nu} (a - a_n)^{\nu-2} a_n^{-\nu+1} \right).$$

Weil $\left((a - a_n)^{\nu-2}\right)_{n\geq 0}$ für jedes $\nu \in \{3, \dots, p\}$ eine Nullfolge ist, folgt hieraus und aus (1.11): Es gilt

$$\lim_{n\to\infty} \frac{a_{n+1} - a}{(a_n - a)^2} = \frac{p-1}{2a}.$$

Wie man daran sieht, konvergiert die Folge (a_n) recht schnell gegen ihren Grenzwert a. Man vergleiche dazu den folgenden Abschnitt (1.20)(5).

(3) Für $p = 2$ und $b = 2$ erhält man aus dem Beweis in (1): Die Folge $(a_n)_{n\geq 0}$ mit $a_0 = 2$ und mit $a_{n+1} = (a_n^2 + 2)/(2a_n)$ für jedes $n \in \mathbb{N}_0$ konvergiert gegen $\sqrt{2}$. Es ist

$$\begin{aligned} a_0 &= 2, & a_1 &= 1.5, \\ a_2 &= 1.416\,666\,666\,666..., & a_3 &= 1.414\,215\,686\,274..., \\ a_4 &= 1.414\,213\,562\,374... \quad \text{und} & a_5 &= 1.414\,213\,562\,373.... \end{aligned}$$

(1.19) BEMERKUNG: Es sei $p \in \mathbb{N}$.

(1) Sind a, $b \in \mathbb{R}$ mit $0 \leq a < b$, so gilt $\sqrt[p]{a} < \sqrt[p]{b}$, denn aus $\sqrt[p]{b} \leq \sqrt[p]{a}$ würde $b = \left(\sqrt[p]{b}\right)^p \leq \left(\sqrt[p]{a}\right)^p = a$ folgen.

(2) Ist $a \in \mathbb{R}$ mit $a > 0$, so ist $\sqrt[p]{1/a} = 1/\sqrt[p]{a}$, denn es gilt $1/\sqrt[p]{a} > 0$ und $\left(1/\sqrt[p]{a}\right)^p = 1/\left(\sqrt[p]{a}\right)^p = 1/a$.

(1.20) Es sei $(a_n)_{n\geq 0}$ eine konvergente Folge in $\mathbb{C}$ mit dem Grenzwert a und mit $r_n := |\,a_n - a\,| > 0$ für jedes $n \in \mathbb{N}_0$.

(1) Gibt es reelle Zahlen $\delta_1 > 0$, $\delta_2 > 0$ und $\alpha \geq 1$ mit $\delta_1 \leq r_{n+1}/r_n^\alpha \leq \delta_2$ für jedes $n \in \mathbb{N}_0$, so sagt man: $(a_n)_{n\geq 0}$ konvergiert mit der (Konvergenz-) Ordnung α gegen a.

(2) Die Konvergenzordnung von $(a_n)_{n\geq 0}$ wird, falls sie existiert, durch (1) eindeutig festgelegt: Sind δ_1, δ_2, δ_1', $\delta_2' \in \mathbb{R}$ positiv und sind α, $\beta \in \mathbb{R}$ mit $\alpha \geq 1$, $\beta \geq 1$ und mit $\delta_1 \leq r_{n+1}/r_n^\alpha \leq \delta_2$ und $\delta_1' \leq r_{n+1}/r_n^\beta \leq \delta_2'$ für jedes $n \in \mathbb{N}_0$, so ist $\alpha = \beta$. Denn wäre etwa $\beta > \alpha$, so wäre die positive reelle Zahl $\varepsilon_0 := (\delta_1/\delta_2')^{1/(\beta-\alpha)}$ definiert [vgl. IV(3.7)], und es wäre $r_n \geq \varepsilon_0$ für jedes $n \in \mathbb{N}_0$ [vgl. dazu die Rechenregeln in IV(3.8)(3)], im Widerspruch dazu, daß $(r_n)_{n\geq 0}$ eine Nullfolge ist.

(3) Die Folge $(a_n)_{n\geq 0}$ konvergiert insbesondere dann mit der Ordnung $\alpha \geq 1$ gegen a, wenn die Folge $(r_{n+1}/r_n^\alpha)_{n\geq 0}$ mit einem von Null verschiedenen Grenzwert konvergiert.

(4) Es gelte: $(a_n)_{n\geq 0}$ konvergiert linear (d.h. von der Ordnung 1) gegen a. Dann gibt es ein $M > 0$ mit $r_{n+1} < r_n M$ für jedes $n \in \mathbb{N}_0$, und durch Induktion folgt daraus $r_n < r_0 M^n$ für jedes $n \in \mathbb{N}_0$. Ist dabei $M < 1$, so kann man zu einem gegebenen $\varepsilon > 0$ ohne weiteres ein $n_0 \in \mathbb{N}_0$ mit $|\,a_n - a\,| < \varepsilon$ für jedes $n \geq n_0$ finden, d.h. man kann abschätzen, von welchem Index n_0 an die Terme a_n der Folge den Grenzwert a mit einer vorgegebenen Genauigkeit ε approximieren. Gilt

nämlich $M < 1$ und ist $m \in \mathbb{N}$ gegeben, so gilt $|a_n - a| < 10^{-m}$ für jedes $n \in \mathbb{N}_0$ mit $n \geq \lceil (m + \log_{10} r_0)/|\log_{10} M| \rceil$.
(5) Es gelte jetzt: $(a_n)_{n\geq 0}$ konvergiert quadratisch (d.h. von der Ordnung 2) gegen a. Dann gibt es ein $M > 0$ mit $r_{n+1} < r_n^2 M$ für jedes $n \in \mathbb{N}_0$. Auch jetzt kann man abschätzen, von welchem Index n_0 an die Terme a_n der Folge den Grenzwert a mit einer vorgegebenen Genauigkeit approximieren. Es sei dazu ein $m \in \mathbb{N}$ gegeben. Weil $(r_n)_{n\geq 0}$ eine Nullfolge ist, gibt es ein $q \in \mathbb{N}_0$ mit $r_q M < 1$. Man sieht: Für jedes $n > q$ ist $r_n < r_q (r_q M)^{2^{n-q}-1}$, und es ist $|a_n - a| < 10^{-m}$ für jedes $n \in \mathbb{N}_0$ mit

$$n \;\geq\; n_0 \;:=\; q + \left\lceil \log_2 \left(\frac{m + \log_{10} r_q}{|\log_{10}(r_q M)|} + 1 \right) \right\rceil .$$

(1.21) BEISPIELE: (1) Die Folgen $(1/n)$ und $(1/n^2)$ konvergieren linear gegen ihren Grenzwert 0.
(2) (a) Es sei $b \in \mathbb{R}$ mit $b > 1$, und es sei $p \in \mathbb{N}$ mit $p \geq 2$; es sei $a_0 \in \mathbb{R}$ mit $a_0 > 0$ und mit $a_0^p > b$. Für die in (1.18)(1) definierte Folge $(a_n)_{n\geq 0}$, die gegen $a := \sqrt[p]{b}$ konvergiert, gilt: Für jedes $n \in \mathbb{N}_0$ ist $r_n := |a_n - a| > 0$, und die Folge (r_{n+1}/r_n^2) konvergiert gegen $(p-1)/(2a) \neq 0$. Also konvergiert (a_n) quadratisch gegen a.
(b) Im Fall $b = 2$, $p = 2$ und $a_0 = 2$ [vgl. (1.18)(3)] ergibt sich $r_0 < 0.6$, und für jedes $n \in \mathbb{N}_0$ gilt $a_n^2 > b = 2 > 1.96$ und daher $a_n > 1.4$ und $r_{n+1}/r_n^2 = 1/(2a_n) < 0.4 =: M$. Es ist $\log_{10} r_0 < \log_{10} 0.6 = -0.221... < -0.2$ und $|\log_{10}(r_0 M)| > |\log_{10} 0.24| = |-0.619...| > 0.6$, und daher ergibt sich aus (1.20)(5) für jedes $m \in \mathbb{N}$: Für jedes

$$n \geq n_0 := \left\lceil \log_2 \left(\frac{m - 0.2}{0.6} + 1 \right) \right\rceil = \left\lceil \log_2 \left(\frac{5m + 2}{3} \right) \right\rceil$$

gilt $|a_n - a| < 10^{-m}$.
Für $m = 10$ ergibt sich $n_0 = 5$, und daher gilt für $a_5 = 1.414\,213\,562\,373...$: Es ist $|a_5 - \sqrt{2}| < 10^{-10}$, d.h. es gilt

$$1.414\,213\,562\,273... < \sqrt{2} < 1.414\,213\,562\,473... .$$

(1.22) BEISPIELE: (1) Es seien $(a_n)_{n\geq 1}$ und $(b_n)_{n\geq 1}$ die Folgen mit

$$a_n = \left(1 + \frac{1}{n}\right)^n \quad \text{und} \quad b_n = \left(1 + \frac{1}{n}\right)^{n+1} \quad \text{für jedes } n \in \mathbb{N}. \qquad (1.22.1)$$

Für jedes $n \in \mathbb{N}$ gilt $b_n = a_n \cdot (1 + 1/n) > a_n > 1$ und [nach (1.7)]

$$\begin{aligned} \frac{a_{n+1}}{a_n} &= \frac{n^n \cdot (n+2)^{n+1}}{(n+1)^{2n+1}} = \frac{n+1}{n} \cdot \left(\frac{n \cdot (n+2)}{(n+1)^2} \right)^{n+1} \\ &= \frac{n+1}{n} \cdot \left(1 - \frac{1}{(n+1)^2}\right)^{n+1} > \frac{n+1}{n} \cdot \left(1 - \frac{1}{n+1}\right) = 1, \end{aligned}$$

$$\frac{b_n}{b_{n+1}} = \frac{a_n}{a_{n+1}} \cdot \frac{(n+1)^2}{n\cdot(n+2)} = \frac{n}{n+1}\cdot\left(\frac{(n+1)^2}{n\cdot(n+2)}\right)^{n+2}$$
$$= \frac{n}{n+1}\cdot\left(1+\frac{1}{n(n+2)}\right)^{n+2} > \frac{n}{n+1}\cdot\left(1+\frac{1}{n}\right) = 1.$$

(a_n) ist also monoton wachsend, und (b_n) ist monoton fallend, und beide Folgen sind beschränkt, denn für jedes $n \in \mathbb{N}$ gilt

$$2 = a_1 \leq a_n < b_n \leq b_1 = 4.$$

Nach (1.17) konvergieren daher (a_n) und (b_n). Der Grenzwert

$$e := \lim_{n\to\infty}(a_n) = \lim_{n\to\infty}\left(\left(1+\frac{1}{n}\right)^n\right) \tag{1.22.2}$$

heißt die Eulersche Zahl. Wegen $b_n = a_n\cdot(1+1/n)$ für jedes $n \in \mathbb{N}$ gilt nach (1.11) auch

$$e = \lim_{n\to\infty}(b_n) = \lim_{n\to\infty}\left(\left(1+\frac{1}{n}\right)^{n+1}\right).$$

Es gilt

$$\begin{array}{lllll} a_1 = 2, & a_2 = 2.250, & a_3 = 2.370..., & a_{10} = 2.593..., & a_{100} = 2.704..., \\ b_1 = 4, & b_2 = 3.375, & b_3 = 3.160..., & b_{10} = 2.853..., & b_{100} = 2.731.... \end{array}$$

Für jedes $n \in \mathbb{N}$ gilt $a_n < a_{n+1} < b_{n+1} < b_n$ und daher nach (1.14)(2) $a_n \leq e \leq b_n$. Also gilt z.B. $2.704 < e < 2.732$. Wie man sieht, kann man auf diese Weise brauchbare Näherungen für e nicht mit vernünftigem Aufwand berechnen. Dies liegt daran, daß die Folgen (a_n) und (b_n) nur linear gegen ihren Grenzwert e konvergieren, also etwa so langsam, wie die Folge $(1/n)$ gegen 0 konvergiert [vgl. (1.20)(4)]. Es gilt nämlich [vgl. V(1.26)(4)] $\lim_{n\to\infty}(n(e-a_n)) = e/2$, also

$$\lim_{n\to\infty}\frac{e-a_{n+1}}{e-a_n} = 1.$$

Man erhält auf andere Weise [vgl. IV(3.3)]

$$e = 2.718\,281\,828\,459\,045\,235\,3\ldots.$$

(2) Die Folge $\left(\sqrt[n]{n}\right)_{n\geq 1}$ konvergiert gegen 1.
Beweis: Es sei $\varepsilon > 0$. Dann ist $0 < 1/(1+\varepsilon) < 1$, und daher ist $\left(n/(1+\varepsilon)^n\right)_{n\geq 1}$ eine Nullfolge [vgl. (1.12)(2)]. Also gibt es ein $n_0(\varepsilon) \in \mathbb{N}$ mit $n/(1+\varepsilon)^n < 1$ für jedes $n \geq n_0(\varepsilon)$. Für jedes $n \geq n_0(\varepsilon)$ ist $1 \leq n < (1+\varepsilon)^n$ und daher $1 \leq \sqrt[n]{n} < 1+\varepsilon$ [vgl. (1.19)(1)], also $0 \leq \sqrt[n]{n} - 1 < \varepsilon$.
(3) Es sei $a \in \mathbb{R}$ mit $a > 0$. Dann konvergiert die Folge $\left(\sqrt[n]{a}\right)_{n\geq 1}$ gegen 1.
Beweis: Für jedes $n \in \mathbb{N}$ mit $n \geq \max\{a, a^{-1}\}$ gilt $1/n \leq a \leq n$ und daher $1/\sqrt[n]{n} \leq \sqrt[n]{a} \leq \sqrt[n]{n}$. Nach (2) und nach (1.11) konvergiert $(1/\sqrt[n]{n})$ gegen 1, und hieraus folgt [mit (1.15) und (1.6)(2)], daß $(\sqrt[n]{a})$ gegen 1 konvergiert.

(1.23) BEMERKUNG: Es seien a, $b \in \mathbb{R}$ mit $0 < a < b$. Dann heißen $\sqrt{ab}$ das geometrische Mittel und $\dfrac{a+b}{2}$ das arithmetische Mittel der Zahlen a und b. Es gilt $\left((a+b)/2\right)^2 - \left(\sqrt{ab}\right)^2 = (a-b)^2/4 > 0$ und daher

$$0 < a < \sqrt{ab} < \frac{a+b}{2} < b\,.$$

(1.24) BEISPIEL [Das arithmetisch-geometrische Mittel]: (a) Es seien a, $b \in \mathbb{R}$ mit $0 < a < b$, und es seien $(a_n)_{n\geq 0}$ und $(b_n)_{n\geq 0}$ die Folgen mit

$$a_0 := a,\ b_0 := b \text{ und } a_{n+1} := \sqrt{a_n b_n},\ b_{n+1} := \frac{a_n + b_n}{2} \quad \text{für jedes } n \in \mathbb{N}_0.$$

Dann gilt für jedes $n \in \mathbb{N}_0$

$$0 < a = a_0 \leq a_n < \sqrt{a_n b_n} = a_{n+1} < b_{n+1} = \frac{a_n + b_n}{2} < b_n \leq b_0 = b.$$

Die Folge $(a_n)_{n>0}$ ist also monoton wachsend, die Folge $(b_n)_{n\geq 0}$ ist monoton fallend, und beide Folgen sind beschränkt und konvergieren daher nach (1.17). Für jedes $n \in \mathbb{N}$ gilt $0 < b_n - a_n < b_n - a_{n-1} = (b_{n-1} - a_{n-1})/2$, und durch Induktion folgt daraus

$$0 < b_n - a_n < (b_0 - a_0)/2^n = (b-a)/2^n \quad \text{für jedes } n \in \mathbb{N}.$$

Also ist $(b_n - a_n)_{n\geq 0}$ eine Nullfolge, und daher haben $(a_n)_{n\geq 0}$ und $(b_n)_{n\geq 0}$ denselben Grenzwert. Dieser gemeinsame Grenzwert

$$M(a,b) := \lim_{n\to\infty}(a_n) = \lim_{n\to\infty}(b_n)$$

heißt das arithmetisch-geometrische Mittel der Zahlen a und b.
(b) Die Zahl $M(a,b)$ läßt sich mit Hilfe der Folgen $(a_n)_{n\geq 0}$ und $(b_n)_{n\geq 0}$ sehr gut näherungsweise berechnen: Für jedes $n \in \mathbb{N}_0$ gilt

$$a_n < a_{n+1} \leq M(a,b) \leq b_{n+1} < b_n \quad \text{und} \quad 0 < b_n - a_n \leq (b-a)/2^n$$

und daher

$$\begin{array}{ccccccl} 0 & < & M(a,b) - a_n & < & b_n - a_n & \leq & (b-a)/2^n \quad \text{und} \\ 0 & < & b_n - M(a,b) & < & b_n - a_n & \leq & (b-a)/2^n. \end{array}$$

Eine präzise Formulierung für die Güte der Konvergenz von $(a_n)_{n\geq 0}$ und $(b_n)_{n\geq 0}$ gegen $M(a,b)$ wird sich später in (2.11)(6) ergeben: Dort wird gezeigt, daß die beiden Folgen quadratisch gegen $M(a,b)$ konvergieren.
(c) Die folgende Tabelle zeigt für $a := 1$ und $b := \sqrt{2}$, wie rasch die Folgen $(a_n)_{n\geq 0}$ und $(b_n)_{n\geq 0}$ gegen $M(a,b) = M(1,\sqrt{2})$ konvergieren. Sie enthält, auf 21 Nachkommastellen gerundet, die Zahlen a_n und b_n für $0 \leq n \leq 4$:

n	a_n	b_n
0	1.000 000 000 000 000 000 000	1.414 213 562 373 095 048 802
1	1.189 207 115 002 721 066 717	1.207 106 781 186 547 524 401
2	1.198 123 521 493 120 122 607	1.198 156 948 094 634 295 559
3	1.198 140 234 677 307 205 798	1.198 140 234 793 877 209 083
4	1.198 140 234 735 592 207 439	1.198 140 234 735 592 207 441

Es ist also auf 19 Nachkommastellen genau

$$M(1, \sqrt{2}) = 1.198\,140\,234\,735\,592\,207\,4\ldots.$$

Mit dem arithmetisch-geometrischen Mittel hat sich C. F. Gauß schon als Vierzehnjähriger beschäftigt; er hat 1791 mittels der obenstehenden Tabelle den angegebenen Näherungswert für $M(1, \sqrt{2})$ berechnet.

(1.25) DEFINITION: Eine Folge $(a_n)_{n\geq 0}$ in $\mathbb{C}$ heißt eine Cauchyfolge [nach A. Cauchy, 1789–1857], wenn es zu jedem positiven $\varepsilon \in \mathbb{R}$ ein $n_0(\varepsilon) \in \mathbb{N}_0$ mit der folgenden Eigenschaft gibt: Für alle m, $n \in \mathbb{N}_0$ mit m, $n \geq n_0(\varepsilon)$ ist $|a_n - a_m| < \varepsilon$.

(1.26) BEMERKUNG: Es sei (a_n) eine Folge in $\mathbb{C}$, die gegen ein $a \in \mathbb{C}$ konvergiert. Dann ist (a_n) eine Cauchyfolge.
Beweis: Zu jedem $\varepsilon > 0$ gibt es ein $n_0(\varepsilon) \in \mathbb{N}_0$ mit $|a_k - a| < \varepsilon/2$ für jedes $k \geq n_0(\varepsilon)$, also mit $|a_n - a_m| \leq |a_n - a| + |a - a_m| < \varepsilon/2 + \varepsilon/2 = \varepsilon$ für alle m, $n \geq n_0(\varepsilon)$.

(1.27) Satz: *Jede Cauchyfolge in* $\mathbb{R}$ *konvergiert gegen ein* $a \in \mathbb{R}$.
Beweis: Dies kann man aus der in (1.17) angegebenen Eigenschaft von $\mathbb{R}$ herleiten; der Beweis wird hier nicht geführt.

(1.28) Folgerung: *Jede Cauchyfolge in* $\mathbb{C}$ *konvergiert gegen ein* $a \in \mathbb{C}$.
Beweis: Es sei $(a_n)_{n\geq 0}$ eine Cauchyfolge in $\mathbb{C}$. Für jedes $n \in \mathbb{N}_0$ seien $x_n := \mathrm{Re}(a_n)$ und $y_n := \mathrm{Im}(a_n)$. Zu jedem $\varepsilon > 0$ existiert ein $n_0(\varepsilon) \in \mathbb{N}_0$ mit: Für alle m, $n \geq n_0(\varepsilon)$ gilt $|a_n - a_m| < \varepsilon$ und daher auch

$$\begin{aligned} |x_n - x_m| &= |\mathrm{Re}(a_n - a_m)| \leq |a_n - a_m| < \varepsilon \quad \text{und} \\ |y_n - y_m| &= |\mathrm{Im}(a_n - a_m)| \leq |a_n - a_m| < \varepsilon. \end{aligned}$$

Also sind (x_n) und (y_n) Cauchyfolgen in $\mathbb{R}$. Nach (1.27) existieren daher $x := \lim_{n\to\infty}(x_n) \in \mathbb{R}$ und $y := \lim_{n\to\infty}(y_n) \in \mathbb{R}$, und nach (1.13) konvergiert somit (a_n) gegen $x + iy$.

(1.29) (1) Die nachstehend aufgeführten Eigenschaften von Teilmengen von $\mathbb{R}$ haben keinen direkten Zusammenhang mit Folgen. Sie finden hier ihren Platz, da (1.30) aus (1.17) gefolgert werden kann.
(2) Es sei A eine nichtleere Teilmenge von $\mathbb{R}$.
(a) A heißt nach oben beschränkt, wenn es eine obere Schranke $c \in \mathbb{R}$ von A gibt, d.h. ein $c \in \mathbb{R}$ mit $x \leq c$ für jedes $x \in A$.

(b) A heißt nach unten beschränkt, wenn es eine untere Schranke $c' \in \mathbb{R}$ von A gibt, d.h. ein $c' \in \mathbb{R}$ mit $x \geq c'$ für jedes $x \in A$.
(c) A heißt beschränkt, wenn A nach oben und nach unten beschränkt ist.
(d) $\gamma \in \mathbb{R}$ heißt Supremum von A oder kleinste obere Schranke von A, wenn gilt:

- γ ist eine obere Schranke von A, d.h. für jedes $x \in A$ ist $x \leq \gamma$,
- für jede obere Schranke $c \in \mathbb{R}$ von A gilt $\gamma \leq c$.

(e) $\gamma' \in \mathbb{R}$ heißt Infimum von A oder größte untere Schranke von A, wenn gilt:

- γ' ist eine untere Schranke von A, d.h. für jedes $x \in A$ ist $x \geq \gamma'$,
- für jede untere Schranke $c' \in \mathbb{R}$ von A gilt $c' \leq \gamma'$.

(1.30) Satz: *Es sei A eine nichtleere Teilmenge von $\mathbb{R}$.*
(1) *Ist A nach oben beschränkt, so gibt es ein eindeutig bestimmtes Supremum $\gamma =: \sup(A) \in \mathbb{R}$ von A.*
(2) *Ist A nach unten beschränkt, so gibt es ein eindeutig bestimmtes Infimum $\gamma' =: \inf(A) \in \mathbb{R}$ von A.*
Beweis: Wie (1.27) kann man auch dies aus der in (1.17) angegebenen Eigenschaft von $\mathbb{R}$ herleiten; der Beweis wird hier nicht geführt.

(1.31) BEMERKUNG: Es sei A eine nichtleere Teilmenge von $\mathbb{R}$.
(1) Ist A nicht nach oben beschränkt, so setzt man $\sup(A) = \infty$; ist A nicht nach unten beschränkt, so setzt man $\inf(A) = -\infty$. Man vereinbart: Für jedes $a \in \mathbb{R}$ gilt $a < \infty$ und $a > -\infty$; für jedes $a \in \mathbb{R} \cup \{\infty, -\infty\}$ gilt $\max\{a, \infty\} = \infty$ und $\min\{a, -\infty\} = -\infty$.
(2) Zu jedem $a \in \mathbb{R}$ mit $a < \sup(A)$ $[\in \mathbb{R} \cup \{\infty\}]$ gibt es ein $x \in A$ mit $a < x$, denn sonst wäre a eine obere Schranke von A, und es wäre daher $a \geq \sup(A)$.
(3) Zu jedem $a \in \mathbb{R}$ mit $a > \inf(A)$ $[\in \mathbb{R} \cup \{-\infty\}]$ gibt es ein $y \in A$ mit $y < a$.
(4) Ist A nach oben beschränkt und ist $\gamma := \sup(A) \in A$, so ist γ das Maximum von A, und man schreibt $\gamma = \max(A)$ [vgl. I(1.21)(2)].
(5) Ist A nach unten beschränkt und ist $\gamma' := \inf(A) \in A$, so ist γ' das Minimum von A, und man schreibt $\gamma' = \min(A)$ [vgl. I(1.21)(1)].

(1.32) BEISPIELE: Für die Menge $A := \{x \in \mathbb{R} \mid x \leq 2\}$ gilt $\inf(A) = -\infty$ und $\sup(A) = 2$; wegen $2 \in A$ gilt $\max(A) = 2$.
Für die Menge $B := \{x \in \mathbb{R} \mid -1 \leq x < 2\}$ gilt $\inf(B) = -1$ und $\sup(B) = 2$. Wegen $-1 \in B$ ist $\min(B) = -1$; wegen $2 \notin B$ besitzt B kein Maximum.

§2 Reihen

(2.1) DEFINITION: Es sei $(a_\nu)_{\nu \geq 0}$ eine Folge in $\mathbb{C}$, und für jedes $n \in \mathbb{N}_0$ sei $s_n := \sum_{\nu=0}^{n} a_\nu$. Wenn die Folge $(s_n)_{n \geq 0}$ gegen $s \in \mathbb{C}$ konvergiert, so sagt man: Die (unendliche) Reihe $\sum_{\nu=0}^{\infty} a_\nu$ konvergiert mit der Summe s. Man schreibt dann $\sum_{\nu=0}^{\infty} a_\nu = s$. Wenn die Folge $(s_n)_{n \geq 0}$ divergiert, so sagt man: Die Reihe $\sum_{\nu=0}^{\infty} a_\nu$ divergiert.

(2.2) BEMERKUNG: Es sei $(a_\nu)_{\nu\geq 0}$ eine Folge in $\mathbb{C}$.
(1) Für $n \in \mathbb{N}_0$ heißt $s_n := \sum_{\nu=0}^{n} a_\nu$ die n-te Partialsumme der Reihe $\sum_{\nu=0}^{\infty} a_\nu$.
(2) Es sei $\sum_{\nu=0}^{\infty} a_\nu$ konvergent mit der Summe s, es sei $\big(k(\mu)\big)_{\mu\geq 0}$ eine Folge ganzer Zahlen mit $k(0) = 0$ und $k(\mu) < k(\mu+1)$ für jedes $\mu \in \mathbb{N}_0$ [weshalb $\mu \leq k(\mu)$ für jedes $\mu \in \mathbb{N}_0$ gilt], und es sei $b_\mu := \sum_{\nu=k(\mu)}^{k(\mu+1)-1} a_\nu$ für jedes $\mu \in \mathbb{N}_0$. Dann konvergiert auch die Reihe

$$\sum_{\mu=0}^{\infty} b_\mu = \sum_{\mu=0}^{\infty}\Big(\sum_{\nu=k(\mu)}^{k(\mu+1)-1} a_\nu\Big) = \sum_{\mu=0}^{\infty}\big(a_{k(\mu)} + a_{k(\mu)+1} + \cdots + a_{k(\mu+1)-1}\big)$$

mit der Summe s. [In einer konvergenten Reihe darf man also "Klammern setzen", ohne das Konvergenzverhalten zu ändern.]
Beweis: Für jedes $n \in \mathbb{N}_0$ sei $s_n := \sum_{\nu=0}^{n} a_\nu$ die n-te Partialsumme der Reihe $\sum_{\nu=0}^{\infty} a_\nu$, und für jedes $m \in \mathbb{N}_0$ sei $t_m := \sum_{\mu=0}^{m} b_\mu$ die m-te Partialsumme der Reihe $\sum_{\mu=0}^{\infty} b_\mu$. Für jedes $m \in \mathbb{N}_0$ ist $t_m = s_{k(m+1)-1}$, und daher ist $(t_m)_{m\geq 0}$ eine Teilfolge der Folge $(s_n)_{n\geq 0}$ und konvergiert deshalb nach (1.6)(5) ebenfalls mit dem Grenzwert s. Also konvergiert die Reihe $\sum_{\mu=0}^{\infty} b_\mu$ mit der Summe s.
(3) Ist $\sum_{\nu=0}^{\infty} a_\nu$ konvergent mit der Summe s und ist $a_\nu \in \mathbb{R}$ für jedes $\nu \in \mathbb{N}_0$, so gilt $s \in \mathbb{R}$ [vgl. (1.4)].
(4) Es gelte $a_\nu \geq 0$ für jedes $\nu \in \mathbb{N}_0$. Die Reihe $\sum_{\nu=0}^{\infty} a_\nu$ konvergiert genau dann, wenn es ein $M > 0$ gibt mit $s_n := \sum_{\nu=0}^{n} a_\nu \leq M$ für jedes $n \in \mathbb{N}_0$.
Beweis: Die Folge $(s_n)_{n\geq 0}$ ist monoton wachsend und konvergiert daher genau dann, wenn sie beschränkt ist [vgl. (1.17) und (1.9)].

(2.3) BEISPIELE: (1) Es sei $z \in \mathbb{C}$ mit $|z| < 1$. Für jedes $n \in \mathbb{N}_0$ gilt dann $\sum_{\nu=0}^{n} z^\nu = (1 - z^{n+1})/(1-z)$ [vgl. I(4.3)(2)], und weil (z^{n+1}) nach (1.8)(4) eine Nullfolge ist, folgt

$$\sum_{\nu=0}^{\infty} z^\nu = \frac{1}{1-z}.$$

Man nennt diese Reihe die geometrische Reihe.
(2) Für jedes $n \in \mathbb{N}$ gilt

$$\sum_{\nu=1}^{n} \frac{1}{\nu^2} \leq 1 + \sum_{\nu=2}^{n} \frac{1}{\nu\cdot(\nu-1)} = 1 + \sum_{\nu=2}^{n}\Big(\frac{1}{\nu-1} - \frac{1}{\nu}\Big) = 1 + 1 - \frac{1}{n} < 2.$$

Nach (2.2)(4) konvergiert daher die Reihe $\sum_{\nu=1}^{\infty} 1/\nu^2$. Ihre Summe ist $\pi^2/6$, was hier aber noch nicht bewiesen werden kann.
(3) Für jedes $n \in \mathbb{N}$ sei $H_n := \sum_{\nu=1}^{n} 1/\nu$. Für jedes $n \in \mathbb{N}$ gilt

$$H_{2n} - H_n = \sum_{\nu=n+1}^{2n} \frac{1}{\nu} \geq n \cdot \frac{1}{2n} = \frac{1}{2},$$

und hieraus folgt sofort durch Induktion: Für jedes $q \in \mathbb{N}_0$ ist $H_{2^q} \geq 1 + q/2$. Die Folge $(H_n)_{n\geq 0}$ ist also nicht beschränkt und damit divergent. Also divergiert die Reihe $\sum_{\nu=1}^{\infty} 1/\nu$. Diese Reihe heißt die harmonische Reihe .
(4) Es sei $g \in \mathbb{N}$, und es gelte $g \geq 2$.
(a) Es sei $x \in \mathbb{R}$ und $0 < x < 1$. Dann gibt es genau eine Folge $(b_\nu)_{\nu\geq 1}$ in $\{0, \ldots, g-1\}$ mit

$$x = \sum_{\nu=1}^{\infty} \frac{b_\nu}{g^\nu} \tag{$*$}$$

und mit: Es gibt kein $n_0 \in \mathbb{N}$ mit $b_\nu = g - 1$ für jedes $\nu \in \mathbb{N}$ mit $\nu > n_0$. Man nennt $(*)$ die g-adische Entwicklung von x.
Beweis [Existenz]: Nach I(3.24) gibt es eine Folge $(b_\nu)_{\nu\geq 1}$ in $\{0, 1, \ldots, g-1\}$ mit $\sum_{\nu=1}^{n} b_\nu g^{-\nu} \leq x < \sum_{\nu=1}^{n} b_\nu g^{-\nu} + g^{-n}$ für jedes $n \in \mathbb{N}$. [Wegen $0 < x < 1$ beginnt die Summation bei $\nu = 1$.] Es ist $x = \sum_{\nu=1}^{\infty} b_\nu g^{-\nu}$, und gäbe es ein $n_0 \in \mathbb{N}$ mit $b_\nu = g - 1$ für jedes $\nu > n_0$, so wäre

$$x = \sum_{\nu=1}^{n_0} b_\nu g^{-\nu} + \sum_{\nu=n_0+1}^{\infty} (g-1) \cdot g^{-\nu} = \sum_{\nu=1}^{n_0} a_\nu g^{-\nu} + g^{-n_0}.$$

[Einzigkeit]: Es seien $x = \sum_{\nu=1}^{\infty} b_\nu/g^\nu = \sum_{\nu=1}^{\infty} c_\nu/g^\nu$ zwei g-adische Entwicklungen von x. Es gebe $n \in \mathbb{N}$ mit $b_n \neq c_n$, und es sei n_0 das kleinste solche n. Es gelte $b_{n_0} < c_{n_0}$. Für jedes $\nu \in \mathbb{N}$ gilt $c_\nu - b_\nu \geq -(g-1)$, es gibt mindestens ein $n_1 \in \mathbb{N}$ mit $n_1 > n_0$ und mit $b_{n_1} < g - 1$, also mit $c_{n_1} - b_{n_1} > -(g-1)$, und es folgt

$$\begin{aligned} 0 = x - x &= \frac{c_{n_0} - b_{n_0}}{g^{n_0}} + \sum_{\nu=n_0+1}^{n_1} \frac{c_\nu - b_\nu}{g^\nu} + \sum_{\nu=n_1+1}^{\infty} \frac{c_\nu - b_\nu}{g^\nu} \\ &> \frac{c_{n_0} - b_{n_0}}{g^{n_0}} - \left(\frac{1}{g^{n_0}} - \frac{1}{g^{n_1}}\right) - \frac{1}{g^{n_1}} \\ &= \frac{c_{n_0} - b_{n_0}}{g^{n_0}} - \frac{1}{g^{n_0}} \geq 0 \end{aligned}$$

und das ist Unsinn. Entsprechend schließt man, wenn $c_{n_0} < b_{n_0}$ ist.
(b) Es sei $x \in \mathbb{R}$ mit $0 < x < 1$. Es heißt x eine dyadische rationale Zahl, wenn es eine ungerade natürliche Zahl v und ein $k \in \mathbb{N}$ gibt mit $x = v/2^k$. Dann hat die 2-adische Entwicklung von x die Form $x = \sum_{\nu=1}^{k} b_\nu/2^\nu$; man sagt: "Die Entwicklung bricht ab". Sind umgekehrt $k \in \mathbb{N}$ und $b_1, \ldots, b_k$ Zahlen in $\{0, 1\}$, so ist $\sum_{\nu=1}^{k} b_\nu/2^\nu$ eine dyadische rationale Zahl.
(c) Es sei $x \in \mathbb{R}$ mit $0 < x < 1$ keine dyadische rationale Zahl. Dann hat x genau eine Darstellung

$$x = \frac{1}{2} + \sum_{\nu=2}^{\infty} \frac{u_\nu}{2^\nu} \quad \text{mit } u_\nu \in \{-1, 1\} \text{ für jedes } \nu \in \mathbb{N} \text{ mit } \nu \geq 2$$

und mit: Die Mengen $\{\nu \mid u_\nu = 1\}$ und $\{\nu \mid u_\nu = -1\}$ sind nicht endlich. Diese Darstellung erhält man aus der 2-adischen Entwicklung $x = \sum_{\nu=1}^{\infty} b_\nu/2^\nu$, wenn man $u_{\nu+1} = 2a_\nu - 1$ für jedes $\nu \in \mathbb{N}$ setzt.

(2.4) Satz: *[Cauchykriterium] Eine Reihe $\sum_{\nu=0}^{\infty} a_\nu$ in $\mathbb{C}$ konvergiert dann und nur dann, wenn es zu jedem $\varepsilon > 0$ ein $n_0(\varepsilon) \in \mathbb{N}_0$ mit der folgenden Eigenschaft gibt: Für alle $m, n \in \mathbb{N}_0$ mit $n \geq m \geq n_0(\varepsilon)$ gilt $|\sum_{\nu=m}^{n} a_\nu| < \varepsilon$.*
Beweis: Die im Satz angegebene Bedingung für die Reihe $\sum_{\nu=0}^{\infty} a_\nu$ besagt offensichtlich, daß die Folge ihrer Partialsummen eine Cauchyfolge ist. Daher folgt die Aussage des Satzes aus (1.26) und (1.28).

(2.5) Folgerung: *Es sei $\sum_{\nu=0}^{\infty} a_\nu$ eine konvergente Reihe in $\mathbb{C}$. Dann ist (a_n) eine Nullfolge.*
Beweis: Nach (2.4) gibt es zu jedem $\epsilon > 0$ ein $n_0(\varepsilon) \in \mathbb{N}_0$ mit: Für jedes $n \geq n_0(\varepsilon)$ ist $|a_n| = \left|\sum_{\nu=n}^{n} a_\nu\right| < \varepsilon$.

(2.6) Rechenregeln für konvergente Reihen:
(1) Es seien $\sum_{\nu=0}^{\infty} a_\nu$ und $\sum_{\nu=0}^{\infty} b_\nu$ konvergente Reihen in $\mathbb{C}$, es seien s die Summe von $\sum_{\nu=0}^{\infty} a_\nu$ und t die Summe von $\sum_{\nu=0}^{\infty} b_\nu$, und es seien $\alpha, \beta \in \mathbb{C}$. Dann konvergiert auch die Reihe $\sum_{\nu=0}^{\infty}(\alpha a_\nu + \beta b_\nu)$, und zwar mit der Summe $\alpha s + \beta t$.
Beweis: Die Behauptung folgt aus (1.11).
(2) Es seien $\sum_{\nu=0}^{\infty} a_\nu$ und $\sum_{\nu=0}^{\infty} b_\nu$ Reihen in $\mathbb{C}$, und es existiere ein $n^* \in \mathbb{N}_0$ mit $a_\nu = b_\nu$ für jedes $\nu > n^*$. Ist die Reihe $\sum_{\nu=0}^{\infty} a_\nu$ konvergent, so konvergiert auch die Reihe $\sum_{\nu=0}^{\infty} b_\nu$, und es gilt

$$\sum_{\nu=0}^{\infty} b_\nu = \sum_{\nu=0}^{\infty} a_\nu + \sum_{\nu=0}^{n^*}(b_\nu - a_\nu).$$

Beweis: Für jedes $n \geq n^*$ gilt $\sum_{\nu=0}^{n} b_\nu = \sum_{\nu=0}^{n} a_\nu + \sum_{\nu=0}^{n^*}(b_\nu - a_\nu)$.
(3) Es sei $\sum_{\nu=0}^{\infty} a_\nu$ eine konvergente Reihe in $\mathbb{C}$, und es sei s ihre Summe. Für jedes $n \in \mathbb{N}_0$ gilt nach (2): Die Reihe $\sum_{\nu=n+1}^{\infty} a_\nu$ konvergiert, und für ihre Summe r_n und für $s_n = \sum_{\nu=0}^{n} a_\nu$ gilt $s = s_n + r_n$. Weil die Folge (s_n) gegen s konvergiert, ist (r_n) eine Nullfolge.
(4) Es sei $\sum_{\nu=0}^{\infty} a_\nu$ eine Reihe in $\mathbb{C}$, und es sei $s \in \mathbb{C}$; es seien $x := \mathrm{Re}(s)$ und $y := \mathrm{Im}(s)$ und $x_\nu := \mathrm{Re}(a_\nu)$ und $y_\nu := \mathrm{Im}(a_\nu)$ für jedes $\nu \in \mathbb{N}_0$. Die Reihe $\sum_{\nu=0}^{\infty} a_\nu$ konvergiert genau dann mit der Summe s, wenn die Reihe $\sum_{\nu=0}^{\infty} x_\nu$ mit der Summe x konvergiert und die Reihe $\sum_{\nu=0}^{\infty} y_\nu$ mit der Summe y.
Beweis: Die Behauptung folgt aus (1.13).

(2.7) DEFINITION: Eine Reihe $\sum_{\nu=0}^{\infty} a_\nu$ in $\mathbb{C}$ heißt absolut konvergent, wenn die Reihe $\sum_{\nu=0}^{\infty} |a_\nu|$ konvergiert.

(2.8) Satz: *Es sei $\sum_{\nu=0}^{\infty} a_\nu$ eine absolut konvergente Reihe in $\mathbb{C}$. Dann konvergiert $\sum_{\nu=0}^{\infty} a_\nu$.*
Beweis: Es sei $\varepsilon > 0$. Weil $\sum_{\nu=0}^{\infty} |a_\nu|$ konvergiert, existiert nach (2.4) ein $n_0(\varepsilon) \in \mathbb{N}_0$ mit $\sum_{\nu=m}^{n} |a_\nu| < \epsilon$ für alle $m, n \in \mathbb{N}_0$ mit $n \geq m \geq n_0(\varepsilon)$. Dann gilt für alle

$m, n \in \mathbb{N}_0$ mit $n \geq m \geq n_0(\varepsilon)$: Es ist

$$\left| \sum_{\nu=m}^{n} a_\nu \right| \leq \sum_{\nu=m}^{n} |a_\nu| < \varepsilon.$$

Aus (2.4) folgt, daß $\sum_{\nu=0}^{\infty} a_\nu$ konvergiert.

(2.9) Satz: *Es seien $\sum_{\nu=0}^{\infty} a_\nu$ und $\sum_{\nu=0}^{\infty} b_\nu$ Reihen in $\mathbb{C}$.*
(1) Majorantenkriterium: Es gelte: Die Reihe $\sum_{\nu=0}^{\infty} b_\nu$ konvergiert, es ist $b_\nu \in \mathbb{R}$ und $b_\nu \geq 0$ für jedes $\nu \in \mathbb{N}_0$, und es gibt ein $n^* \in \mathbb{N}_0$ mit $|a_\nu| \leq b_\nu$ für jedes $\nu \geq n^*$. Dann ist $\sum_{\nu=0}^{\infty} a_\nu$ absolut konvergent und daher konvergent. (Man sagt: $\sum_{\nu=0}^{\infty} b_\nu$ ist eine konvergente Majorante für $\sum_{\nu=0}^{\infty} a_\nu$.)
(2) Minorantenkriterium: Es gelte: Die Reihe $\sum_{\nu=0}^{\infty} b_\nu$ divergiert, es sind $a_\nu, b_\nu \in \mathbb{R}$ für jedes $\nu \in \mathbb{N}_0$, und es gibt ein $n^* \in \mathbb{N}_0$ mit $0 \leq b_\nu \leq a_\nu$ für jedes $\nu \geq n^*$. Dann divergiert auch $\sum_{\nu=0}^{\infty} a_\nu$. (Man sagt: $\sum_{\nu=0}^{\infty} b_\nu$ ist eine divergente Minorante für $\sum_{\nu=0}^{\infty} a_\nu$.)
Beweis: (1) Nach (2.2)(4) gibt es ein $M > 0$ mit $\sum_{\nu=0}^{n} b_\nu \leq M$ für jedes $n \in \mathbb{N}_0$. Dann ist $M' := M + \sum_{\nu=0}^{n^*-1} |a_\nu| > 0$, und für jedes $n \in \mathbb{N}_0$ gilt

$$\sum_{\nu=0}^{n} |a_\nu| \leq \sum_{\nu=0}^{n} b_\nu + \sum_{\nu=0}^{n^*-1} |a_\nu| \leq M'.$$

Nach (2.2)(4) konvergiert daher $\sum_{\nu=0}^{\infty} |a_\nu|$.
(2) folgt direkt aus (1) und (2.6)(2).

(2.10) Satz: *Es sei $\sum_{\nu=0}^{\infty} a_\nu$ eine Reihe in $\mathbb{C}$.*
(1) Wurzelkriterium: Es gelte: Es gibt ein $q \in \mathbb{R}$ und ein $n^* \in \mathbb{N}_0$ mit $0 \leq q < 1$ und mit $\sqrt[\nu]{|a_\nu|} \leq q$ für jedes $\nu \geq n^*$. Dann konvergiert $\sum_{\nu=0}^{\infty} a_\nu$ absolut.
(2) Quotientenkriterium: Es gelte: Es gibt ein $q \in \mathbb{R}$ und ein $n^* \in \mathbb{N}_0$ mit $0 < q < 1$ und mit $a_\nu \neq 0$ und $|a_{\nu+1}|/|a_\nu| \leq q$ für jedes $\nu \geq n^*$. Dann konvergiert $\sum_{\nu=0}^{\infty} a_\nu$ absolut.
Beweis: (1) Für jedes $\nu \geq n^*$ gilt $|a_\nu| \leq q^\nu$, und $\sum_{\nu=0}^{\infty} q^\nu$ konvergiert nach (2.3)(1). Also konvergiert $\sum_{\nu=0}^{\infty} a_\nu$ nach (2.9)(1) absolut.
(2) Für jedes $\nu \geq n^*$ gilt $|a_{\nu+1}| \leq q \cdot |a_\nu|$ und daher $|a_\nu| \leq q^{\nu-n^*} \cdot |a_{n^*}| = (q^{-n^*} \cdot |a_{n^*}|) \cdot q^\nu$. Wie in (1) folgt, daß $\sum_{\nu=0}^{\infty} a_\nu$ absolut konvergiert.

(2.11) BEISPIELE: (1) Für jedes $z \in \mathbb{C}$ konvergiert $\sum_{\nu=0}^{\infty} z^\nu/\nu!$ absolut.
Beweis: Für $z = 0$ ist nichts zu beweisen. Es sei $z \in \mathbb{C} \setminus \{0\}$, und es sei $n^* \in \mathbb{N}_0$ mit $q := |z|/(n^* + 1) < 1$. Dann gilt für jedes $\nu \geq n^*$

$$\left|\frac{z^{\nu+1}}{(\nu+1)!}\right| \cdot \left|\frac{\nu!}{z^\nu}\right| = \frac{|z|}{\nu+1} \leq \frac{|z|}{n^*+1} = q.$$

Nach (2.10)(2) konvergiert daher $\sum_{\nu=0}^{\infty} z^\nu/\nu!$ absolut.

(2) Die Reihe $\sum_{\nu=0}^{\infty} 2^{-\nu} \cdot \nu^2$ konvergiert nach (2.10)(1), denn wegen

$$\lim_{\nu\to\infty}\left(\sqrt[\nu]{2^{-\nu}\cdot\nu^2}\right) = \lim_{\nu\to\infty}\left(\frac{1}{2}\cdot\left(\sqrt[\nu]{\nu}\right)^2\right) = \frac{1}{2}$$

[vgl. (1.22)(2)] gibt es ein $n^* \in \mathbb{N}$ mit $\sqrt[\nu]{2^{-\nu}\cdot\nu^2} < 3/4$ für jedes $\nu \geq n^*$.
(3) Die Reihe $\sum_{\nu=1}^{\infty} 1/\nu^2$ konvergiert [vgl. (2.3)(2)]. Dies kann man aber nicht mit (2.10) beweisen, denn es gilt

$$\lim_{\nu\to\infty}\left(\sqrt[\nu]{1/\nu^2}\right) = 1 \quad \text{und} \quad \lim_{\nu\to\infty}\left(\frac{1/(\nu+1)^2}{1/\nu^2}\right) = 1.$$

(4) Für jedes $k \in \mathbb{N}$ mit $k \geq 3$ gilt: $\sum_{\nu=1}^{\infty} 1/\nu^k$ hat die konvergente Majorante $\sum_{\nu=1}^{\infty} 1/\nu^2$ und konvergiert daher nach (2.9)(1).
(5) Es sei $\sum_{\nu=0}^{\infty} a_\nu$ eine absolut konvergente Reihe in $\mathbb{C}$ mit der Summe s, es sei $(b_\nu)_{\nu\geq 0}$ eine konvergente Folge in $\mathbb{C}$ mit dem Grenzwert b, und für jedes $\nu \in \mathbb{N}_0$ sei $c_\nu := \sum_{\kappa=0}^{\nu} a_\kappa b_{\nu-\kappa}$. *Dann konvergiert die Folge* (c_ν) *gegen* sb.
Beweis: Es sei $t := \sum_{\kappa=0}^{\infty} |a_\kappa|$. Die Folge $(b_\nu)_{\nu\geq 0}$ ist beschränkt [vgl. (1.9)], und daher gibt es ein positives $B \in \mathbb{R}$ mit $|b_\nu| \leq B$ für jedes $\nu \in \mathbb{N}_0$. Wegen (1.14)(2) gilt dann auch $|b| \leq B$. Es sei $\varepsilon > 0$. Weil $(b_\nu - b)_{\nu\geq 0}$ und $\left(\sum_{\kappa=\nu+1}^{\infty} |a_\kappa|\right)_{\nu\geq 0}$ Nullfolgen sind, gibt es ein $m \in \mathbb{N}_0$ mit $|b_\nu - b| < \varepsilon/(2+2t)$ für jedes $\nu \geq m$ und mit $\sum_{\kappa=\nu+1}^{\infty} |a_\kappa| < \varepsilon/(6B)$ für jedes $\nu \geq m$. Für jedes $\nu \in \mathbb{N}_0$ mit $\nu \geq 2m$ gilt

$$\begin{aligned}
|c_\nu - sb| &= \left|\sum_{\kappa=0}^{\nu} a_\kappa(b_{\nu-\kappa} - b) - b\sum_{\kappa=\nu+1}^{\infty} a_\kappa\right| \\
&\leq \sum_{\kappa=0}^{m} |a_\kappa|\cdot|b_{\nu-\kappa} - b| + \sum_{\kappa=m+1}^{\nu} |a_\kappa|\cdot|b_{\nu-\kappa} - b| + |b|\sum_{\kappa=\nu+1}^{\infty} |a_\kappa| \\
&< \frac{\varepsilon}{2(1+t)}\sum_{\kappa=0}^{m} |a_\kappa| + 2B\sum_{\kappa=m+1}^{\nu} |a_\kappa| + B\sum_{\kappa=\nu+1}^{\infty} |a_\kappa| \\
&\leq \frac{\varepsilon}{2(1+t)}\cdot t + 3B\cdot\frac{\varepsilon}{6B} < \varepsilon.
\end{aligned}$$

Es folgt, daß $(c_\nu)_{\nu\geq 0}$ gegen sb konvergiert.
(6) Es seien $a, b \in \mathbb{R}$, und es gelte $0 < a < b$. Es seien (a_n), (b_n) die in (1.24) definierten Folgen, die bei der Berechnung des arithmetisch-geometrischen Mittels $\mu := M(a,b)$ der Zahlen a und b auftreten. Es wird gezeigt, daß die Folge (a_n) quadratisch gegen μ konvergiert; ähnliche Rechnungen, die hier nicht vorgeführt werden, zeigen, daß auch die Folge (b_n) quadratisch gegen μ konvergiert.
(a) Aus der Definition folgt: Für jedes $n \in \mathbb{N}$ gilt

$$a_{n+1} = \sqrt{a_n\frac{a_{n-1} + b_{n-1}}{2}} = \sqrt{\frac{a_n}{2a_{n-1}}\left(a_{n-1}^2 + a_n^2\right)},$$

und daher

$$0 < a_{n+1} - a_n = \frac{a_{n+1}^2 - a_n^2}{a_{n+1} + a_n} = \frac{a_n}{2a_{n-1}(a_{n+1} + a_n)}(a_n - a_{n-1})^2. \qquad (*)$$

Hieraus folgt nach (1.11)

$$\lim_{n\to\infty} \frac{a_{n+1} - a_n}{(a_n - a_{n-1})^2} = \frac{1}{4\mu}. \qquad (**)$$

(b) Aus $(*)$ in (a) erhält man, da die Folge (a_n) monoton wächst, für jedes $n \in \mathbb{N}$

$$0 < a_{n+1} - a_n < 4\mu\left(\frac{a_n - a_{n-1}}{4a_{n-1}}\right)^2$$

und hieraus durch vollständige Induktion für jedes $k \in \mathbb{N}_0$ und jedes $n \in \mathbb{N}$

$$0 < a_{n+k+1} - a_{n+k} < 4\mu\left(\frac{a_n - a_{n-1}}{4a_{n-1}}\right)^{2^{k+1}}.$$

Es sei $q \in \mathbb{R}$ mit $0 < q < 1$. Es wird $n_0 \in \mathbb{N}$ so gewählt, daß

$$(a_n - a_{n-1})/(4a_{n-1}) < q \quad \text{für jedes } n \geq n_0$$

gilt. Es ist für jedes $n \in \mathbb{N}$ und $m \in \mathbb{N}_0$

$$\mu - a_n = \sum_{k=0}^{m}(a_{n+k+1} - a_{n+k}) + \mu - a_{n+m+1}.$$

Für jedes $n \geq n_0$ gilt

$$\begin{aligned}
\mu - a_n &= \lim_{m\to\infty}\left(\sum_{k=0}^{m}(a_{n+k+1} - a_{n+k})\right) + \lim_{m\to\infty}(\mu - a_{n+m+1}) \\
&= \sum_{k=0}^{\infty}(a_{n+k+1} - a_{n+k}) \leq 4\mu\sum_{k=0}^{\infty}\left(\frac{a_n - a_{n-1}}{4a_{n-1}}\right)^{2^{k+1}} \\
&\leq 4\mu\left(\frac{a_n - a_{n-1}}{4a_{n-1}}\right)^2\sum_{k=0}^{\infty}\left(\frac{a_n - a_{n-1}}{4a_{n-1}}\right)^k \\
&= \gamma_n(a_n - a_{n-1})^2
\end{aligned}$$

mit

$$\gamma_n := \frac{\mu}{4a_{n-1}^2}\frac{1}{1 - \dfrac{a_n - a_{n-1}}{4a_{n-1}}}.$$

[Die auftretenden Reihen haben die geometrische Reihe $\sum_{k=0}^{\infty} q^k$ als konvergente Majorante.] Nun ist nach (1.24) $0 < a_n - a_{n-1} < \mu - a_{n-1}$ und daher für jedes $n \geq n_0$

$$\frac{\mu - a_n}{(\mu - a_{n-1})^2} < \gamma_n.$$

Andererseits ist für jedes $n > n_0$

$$\frac{\mu - a_n}{(\mu - a_{n-1})^2} > \frac{a_{n+1} - a_n}{\gamma_{n-1}^2 (a_{n-1} - a_{n-2})^4} = \frac{a_{n+1} - a_n}{(a_n - a_{n-1})^2} \frac{(a_n - a_{n-1})^2}{\gamma_{n-1}^2 (a_{n-1} - a_{n-2})^4} =: \delta_n.$$

Für jedes $n \in \mathbb{N}$ mit $n > n_0$ gilt also

$$\gamma_n > \frac{\mu - a_n}{(\mu - a_{n-1})^2} > \delta_n.$$

Nun ist $\lim_{n\to\infty}(\gamma_n) = \lim_{n\to\infty}(\delta_n) = 1/(4\mu)$, und daher gilt nach (1.14)

$$\lim_{n\to\infty} \frac{\mu - a_n}{(\mu - a_{n-1})^2} = \frac{1}{4\mu}.$$

Die Folge (a_n) konvergiert also quadratisch gegen ihren Grenzwert $\mu = M(a, b)$.

(2.12) Satz: *[Kriterium von G. W. Leibniz] Es sei $(a_\nu)_{\nu\geq 0}$ eine Nullfolge in $\mathbb{R}$ mit $a_\nu \geq a_{\nu+1} \geq 0$ für jedes $\nu \in \mathbb{N}_0$. Dann konvergiert die "alternierende" Reihe $\sum_{\nu=0}^{\infty}(-1)^\nu a_\nu$. Genauer gilt für ihre Summe s und für die Folge $(s_n)_{n\geq 0}$ ihrer Partialsummen:*
(a) *$(s_{2n})_{n\geq 0}$ konvergiert monoton fallend gegen s, und $(s_{2n+1})_{n\geq 0}$ konvergiert monoton wachsend gegen s.*
(b) *Für jedes $n \in \mathbb{N}_0$ gilt*

$$0 \leq s - s_{2n+1} \leq a_{2n+2} \quad \text{und} \quad 0 \leq s_{2n} - s \leq a_{2n+1}.$$

(c) *Für jedes $n \in \mathbb{N}_0$ gilt $|s_n - s| \leq a_{n+1}$.*
Beweis: Für jedes $n \in \mathbb{N}_0$ gilt

$$\begin{aligned} s_{2n+2} &= s_{2n} - \underbrace{(a_{2n+1} - a_{2n+2})}_{\geq 0} &\leq s_{2n}, \\ s_{2n+3} &= s_{2n+1} + \underbrace{(a_{2n+2} - a_{2n+3})}_{\geq 0} &\geq s_{2n+1}. \end{aligned}$$

Also ist (s_{2n}) monoton fallend, und (s_{2n+1}) ist monoton wachsend. Für jedes $n \in \mathbb{N}_0$ gilt

$$s_1 \leq s_{2n+1} = s_{2n} - a_{2n+1} \leq s_{2n} \leq s_0.$$

Die Folgen (s_{2n}) und (s_{2n+1}) sind also beschränkt und daher nach (1.17) konvergent. Also existiert $s := \lim_{n\to\infty}(s_{2n})$, und es gilt

$$\lim_{n\to\infty}(s_{2n+1}) = \lim_{n\to\infty}(s_{2n} - a_{2n+1}) = \lim_{n\to\infty}(s_{2n}) - \lim_{n\to\infty}(a_{2n+1}) = s.$$

Es folgt: Die Folge (s_n) konvergiert gegen s, d.h. $\sum_{\nu=0}^{\infty}(-1)^\nu a_\nu$ konvergiert mit der Summe s. Für jedes $n \in \mathbb{N}_0$ gilt $s_{2n+1} \leq s \leq s_{2n+2} \leq s_{2n}$ und daher

$$\begin{aligned} 0 &\leq s - s_{2n+1} &\leq s_{2n+2} - s_{2n+1} &= a_{2n+2}, \\ 0 &\leq s_{2n} - s &\leq s_{2n} - s_{2n+1} &= a_{2n+1}. \end{aligned}$$

Damit ist der Satz bewiesen.

(2.13) BEISPIEL: Nach (2.12) konvergiert die Reihe $\sum_{\nu=1}^{\infty}(-1)^{\nu}/\nu$. Diese Reihe ist nicht absolut konvergent [vgl. (2.3)(3)]. Ihre Summe ist übrigens $-\ln 2$, wie sich später in V(3.2)(3) ergeben wird.

(2.14) Satz: *Es sei $\sum_{\nu=0}^{\infty} a_\nu$ eine absolut konvergente Reihe in $\mathbb{C}$ mit der Summe s, und es sei $\varphi\colon \mathbb{N}_0 \to \mathbb{N}_0$ eine bijektive Abbildung. Dann ist die Reihe $\sum_{\nu=0}^{\infty} a_{\varphi(\nu)}$ absolut konvergent und hat die Summe s.*
Sprechweise: Man nennt die Reihe $\sum_{\nu=0}^{\infty} a_{\varphi(\nu)}$ eine Umordnung von $\sum_{\nu=0}^{\infty} a_\nu$. Dann besagt der Satz: Jede Umordnung einer absolut konvergenten Reihe ist absolut konvergent und hat die gleiche Summe.
Beweis: (1) (a) Es sei $\varepsilon > 0$. Weil die Reihe $\sum_{\nu=0}^{\infty} a_\nu$ absolut konvergiert, gibt es ein $n_0(\varepsilon) \in \mathbb{N}_0$ mit

$$|a_{n_0(\varepsilon)+1}| + \cdots + |a_n| < \varepsilon/2 \quad \text{für jedes } n \geq n_0(\varepsilon). \tag{$*$}$$

Es sei $n_1(\varepsilon) := \max\{\varphi^{-1}(i) \mid 0 \leq i \leq n_0(\varepsilon)\}$. Dann ist $n_1(\varepsilon) \geq n_0(\varepsilon)$, und zu jedem $i \in \{0, 1, \ldots, n_0(\varepsilon)\}$ gibt es genau ein $j \in \{0, 1, \ldots, n_1(\varepsilon)\}$ mit $i = \varphi(j)$. Also gilt

$$\{0, 1, \ldots, n_0(\varepsilon)\} \subset \{\varphi(0), \varphi(1), \ldots, \varphi(n_1(\varepsilon))\}. \tag{$**$}$$

Für jedes $n \in \mathbb{N}_0$ seien $s_n := \sum_{\nu=0}^{n} a_\nu$ und $t_n := \sum_{\nu=0}^{n} a_{\varphi(\nu)}$. Wegen $(**)$ gilt für jedes $n \geq n_1(\varepsilon)$: In $s_n - t_n$ heben sich alle Summanden a_ν mit $0 \leq \nu \leq n_0(\varepsilon)$ heraus, und daher folgt aus $(*)$, daß $|s_n - t_n| < \varepsilon/2 + \varepsilon/2 = \varepsilon$ ist.
(b) Nach (a) ist $(s_n - t_n)_{n\geq 0}$ eine Nullfolge, und daher konvergiert die Folge $(t_n)_{n\geq 0} = \big(s_n - (s_n - t_n)\big)_{n\geq 0}$ gegen $\lim_{n\to\infty}(s_n) = s$. Also konvergiert die Reihe $\sum_{\nu=0}^{\infty} a_{\varphi(\nu)}$ mit der Summe s.
(2) Mit demselben Beweis wie in (1) ergibt sich, daß auch die Reihe $\sum_{\nu=0}^{\infty} |a_{\varphi(\nu)}|$ konvergiert, daß also die Reihe $\sum_{\nu=0}^{\infty} a_{\varphi(\nu)}$ absolut konvergiert.

(2.15) Für jedes Paar $(\kappa, \lambda) \in \mathbb{N}_0 \times \mathbb{N}_0$ sei eine komplexe Zahl $a_{\kappa\lambda}$ gegeben. Diese Zahlen kann man in eine unendliche Matrix eintragen

$$\begin{array}{cccccc}
a_{00} & a_{01} & a_{02} & \cdots & a_{0\lambda} & \cdots \\
a_{10} & a_{11} & a_{12} & \cdots & a_{1\lambda} & \cdots \\
a_{20} & a_{21} & a_{22} & \cdots & a_{2\lambda} & \cdots \\
\vdots & \vdots & \vdots & & \vdots & \\
a_{\kappa 0} & a_{\kappa 1} & a_{\kappa 2} & \cdots & a_{\kappa\lambda} & \cdots \\
\vdots & \vdots & \vdots & & \vdots &
\end{array},$$

und man kann aus ihnen auf verschiedene Weise Reihen bilden:

- für jedes $\kappa \in \mathbb{N}_0$ die κ-te Zeilenreihe $\sum_{\lambda=0}^{\infty} a_{\kappa\lambda}$
- für jedes $\lambda \in \mathbb{N}_0$ die λ-te Spaltenreihe $\sum_{\kappa=0}^{\infty} a_{\kappa\lambda}$
- für jede bijektive Abbildung $\psi\colon \mathbb{N}_0 \to \mathbb{N}_0 \times \mathbb{N}_0$ die Reihe $\sum_{\nu=0}^{\infty} a_{\psi(\nu)}$, deren Summanden also gerade die Einträge in der obenstehenden Matrix sind, und zwar in der durch die Abbildung ψ festgelegten Reihenfolge.

Sind $\psi\colon \mathbb{N}_0 \to \mathbb{N}_0 \times \mathbb{N}_0$ und $\vartheta\colon \mathbb{N}_0 \to \mathbb{N}_0 \times \mathbb{N}_0$ bijektive Abbildungen, so ist $\varphi := \psi^{-1} \circ \vartheta\colon \mathbb{N}_0 \to \mathbb{N}_0$ bijektiv, und $\sum_{\nu=0}^{\infty} a_{\vartheta(\nu)} = \sum_{\nu=0}^{\infty} a_{\psi(\varphi(\nu))}$ ist daher eine Umordnung der Reihe $\sum_{\nu=0}^{\infty} a_{\psi(\nu)}$ im Sinn von (2.14).
Der folgende Satz, den man als den großen Umordnungssatz oder auch als den Doppelreihensatz bezeichnet, bringt unter geeigneten Voraussetzungen das Konvergenzverhalten der verschiedenen eben erwähnten Reihen in einen Zusammenhang.

(2.16) Satz: *Für jedes Paar* $(\kappa, \lambda) \in \mathbb{N}_0 \times \mathbb{N}_0$ *sei eine komplexe Zahl* $a_{\kappa\lambda}$ *gegeben, und es gelte: Es gibt ein* $M > 0$ *mit*

$$\sum_{\kappa=0}^{k} \sum_{\lambda=0}^{l} |a_{\kappa\lambda}| \leq M \quad \text{für jedes } (k, l) \in \mathbb{N}_0 \times \mathbb{N}_0.$$

Dann gelten die folgenden Aussagen.
(1) *Für jede bijektive Abbildung* $\psi\colon \mathbb{N}_0 \to \mathbb{N}_0 \times \mathbb{N}_0$ *ist die Reihe* $\sum_{\nu=0}^{\infty} a_{\psi(\nu)}$ *absolut konvergent.*
(2) *Für alle bijektiven Abbildungen* $\psi\colon \mathbb{N}_0 \to \mathbb{N}_0 \times \mathbb{N}_0$ *und* $\vartheta\colon \mathbb{N}_0 \to \mathbb{N}_0 \times \mathbb{N}_0$ *gilt* $\sum_{\nu=0}^{\infty} a_{\psi(\nu)} = \sum_{\nu=0}^{\infty} a_{\vartheta(\nu)}$.
(3) *Für jedes* $\kappa \in \mathbb{N}_0$ *konvergiert die Reihe* $\sum_{\lambda=0}^{\infty} a_{\kappa\lambda}$ *absolut; für jedes* $\lambda \in \mathbb{N}_0$ *konvergiert die Reihe* $\sum_{\kappa=0}^{\infty} a_{\kappa\lambda}$ *absolut.*
(4) *Mit* $z_\kappa := \sum_{\lambda=0}^{\infty} a_{\kappa\lambda}$ *für jedes* $\kappa \in \mathbb{N}_0$ *und mit* $s_\lambda := \sum_{\kappa=0}^{\infty} a_{\kappa\lambda}$ *für jedes* $\lambda \in \mathbb{N}_0$ *gilt: Die Reihen* $\sum_{\kappa=0}^{\infty} z_\kappa$ *und* $\sum_{\lambda=0}^{\infty} s_\lambda$ *konvergieren absolut, und für jede bijektive Abbildung* $\psi\colon \mathbb{N}_0 \to \mathbb{N}_0 \times \mathbb{N}_0$ *gilt*

$$\sum_{\kappa=0}^{\infty} \Bigl(\sum_{\lambda=0}^{\infty} a_{\kappa\lambda} \Bigr) = \sum_{\kappa=0}^{\infty} z_\kappa = \sum_{\nu=0}^{\infty} a_{\psi(\nu)} = \sum_{\lambda=0}^{\infty} s_\lambda = \sum_{\lambda=0}^{\infty} \Bigl(\sum_{\kappa=0}^{\infty} a_{\kappa\lambda} \Bigr).$$

Beweis: (1) und (2): Es sei $\psi\colon \mathbb{N}_0 \to \mathbb{N}_0 \times \mathbb{N}_0$ eine bijektive Abbildung. Für jedes $n \in \mathbb{N}_0$ gilt: Es gibt Zahlen $k, l \in \mathbb{N}_0$ mit

$$\{\psi(0), \psi(1), \ldots, \psi(n)\} \subset \{(\kappa, \lambda) \in \mathbb{N}_0 \times \mathbb{N}_0 \mid 0 \leq \kappa \leq k \text{ und } 0 \leq \lambda \leq l\},$$

und daher gilt

$$\sum_{\nu=0}^{n} |a_{\psi(\nu)}| \leq \sum_{\kappa=0}^{k} \sum_{\lambda=0}^{l} |a_{\kappa\lambda}| \leq M.$$

Nach (2.2)(4) ist daher die Reihe $\sum_{\nu=0}^{\infty} a_{\psi(\nu)}$ absolut konvergent. Ist auch $\vartheta\colon \mathbb{N}_0 \to \mathbb{N}_0 \times \mathbb{N}_0$ eine bijektive Abbildung, so ist $\sum_{\nu=0}^{\infty} a_{\vartheta(\nu)}$ eine Umordnung der Reihe $\sum_{\nu=0}^{\infty} a_{\psi(\nu)}$ [vgl. (2.15)] und konvergiert daher nach (2.14) ebenfalls absolut und mit derselben Summe.
(3) Für jedes $k \in \mathbb{N}_0$ gilt: Für jedes $l \in \mathbb{N}_0$ ist $\sum_{\lambda=0}^{l} |a_{k\lambda}| \leq M$, und daher ist nach (2.2)(4) $\sum_{\lambda=0}^{\infty} a_{k\lambda}$ absolut konvergent. Ebenso folgt, daß für jedes $l \in \mathbb{N}_0$ die Spaltenreihe $\sum_{\kappa=0}^{\infty} a_{\kappa l}$ absolut konvergiert.

(4) Es sei $\psi\colon \mathbb{N}_0 \to \mathbb{N}_0 \times \mathbb{N}_0$ die Abbildung mit

$$\psi(n) := \begin{cases} (n - \lfloor\sqrt{n}\rfloor^2, \lfloor\sqrt{n}\rfloor), & \text{falls } n \le \lfloor\sqrt{n}\rfloor + \lfloor\sqrt{n}\rfloor^2 \text{ gilt,} \\ (\lfloor\sqrt{n}\rfloor, \lfloor\sqrt{n}\rfloor^2 + 2\lfloor\sqrt{n}\rfloor - n) & \text{sonst}. \end{cases}$$

Für die Abbildung $\varphi\colon \mathbb{N}_0 \times \mathbb{N}_0 \to \mathbb{N}_0$ mit

$$\varphi(i,j) := \begin{cases} j^2 + i, & \text{falls } 0 \le i \le j \text{ gilt,} \\ i(i+2) - j & \text{sonst,} \end{cases}$$

gilt $\varphi \circ \psi = \mathrm{id}_{\mathbb{N}_0}$ und $\psi \circ \varphi = \mathrm{id}_{\mathbb{N}_0 \times \mathbb{N}_0}$, und daher ist ψ bijektiv, und φ ist die Umkehrabbildung von ψ [vgl. I(2.12)(1)].

Das nebenstehende Schema zeigt, wie die Elemente von $\mathbb{N}_0 \times \mathbb{N}_0$ durch φ "quadratweise" abgezählt werden; in ihm steht an der Stelle mit dem Zeilenindex $i \in \mathbb{N}_0$ und dem Spaltenindex $j \in \mathbb{N}_0$ die Zahl $\varphi(i,j)$.

$$\begin{matrix} 0 & 1 & 4 & 9 & 16 & \dots \\ 3 & 2 & 5 & 10 & 17 & \dots \\ 8 & 7 & 6 & 11 & 18 & \dots \\ 15 & 14 & 13 & 12 & 19 & \dots \\ 24 & 23 & 22 & 21 & 20 & \dots \\ \vdots & \vdots & \vdots & \vdots & \vdots & \end{matrix}$$

Es sei $\varepsilon > 0$. Weil die Reihe $\sum_{\nu=0}^{\infty} a_{\psi(\nu)}$ absolut konvergiert, gibt es ein $m \in \mathbb{N}_0$ mit $\sum_{\nu=m}^{\infty} |\, a_{\psi(\nu)} \,| < \varepsilon/2$. Es sei $k \in \mathbb{N}_0$ mit $k \ge m$, und es sei $l \in \mathbb{N}_0$ mit $l > k$; es sei

$$x_l := \sum_{\kappa=0}^{k} \sum_{\lambda=0}^{l} a_{\kappa\lambda} - \sum_{\nu=0}^{(k+1)^2-1} a_{\psi(\nu)} . \tag{$*$}$$

Für jedes $\nu \in \{0,1,\dots,(k+1)^2 - 1\}$ ist $\psi(\nu) \in \{0,1,\dots,k\} \times \{0,1,\dots,k\} \subset \{0,1,\dots,k\} \times \{0,1,\dots,l\}$, und daher kommen alle Summanden der zweiten Summe in $(*)$ unter den Summanden der ersten Summe in $(*)$ vor. Also ist x_l eine Summe von Zahlen $a_{\psi(\nu)}$ mit $\nu \in \mathbb{N}_0$ und mit $\psi(\nu) \ge (k+1)^2 > m$, und es folgt $|\, x_l \,| < \varepsilon/2$.

Dies gilt für jedes $l > k$, und daher ist [nach (1.11)]

$$\begin{aligned} \left| \sum_{\kappa=0}^{k} z_\kappa - \sum_{\nu=0}^{(k+1)^2-1} a_{\psi(\nu)} \right| &= \left| \sum_{\kappa=0}^{k} \left(\lim_{l\to\infty} \left(\sum_{\lambda=0}^{l} a_{\kappa\lambda} \right) \right) - \sum_{\nu=0}^{(k+1)^2-1} a_{\psi(\nu)} \right| \\ &= \lim_{l\to\infty} \left(\left| \sum_{\kappa=0}^{k} \sum_{\lambda=0}^{l} a_{\kappa\lambda} - \sum_{\nu=0}^{(k+1)^2-1} a_{\psi(\nu)} \right| \right) \\ &= \lim_{l\to\infty} (|\, x_l \,|) \le \varepsilon/2. \end{aligned}$$

Es folgt

$$\begin{aligned} \left| \sum_{\kappa=0}^{k} z_\kappa - \sum_{\nu=0}^{\infty} a_{\psi(\nu)} \right| &\le \left| \sum_{\kappa=0}^{k} z_\kappa - \sum_{\nu=0}^{(k+1)^2-1} a_{\psi(\nu)} \right| + \left| \sum_{\nu=(k+1)^2}^{\infty} a_{\psi(\nu)} \right| \\ &\le \frac{\varepsilon}{2} + \sum_{\nu=(k+1)^2}^{\infty} |\, a_{\psi(\nu)} \,| < \frac{\varepsilon}{2} + \frac{\varepsilon}{2} = \varepsilon. \end{aligned}$$

Zu jedem $\varepsilon > 0$ gibt es also ein $m \in \mathbb{N}_0$ mit

$$\left| \sum_{\kappa=0}^{k} z_\kappa - \sum_{\nu=0}^{\infty} a_{\psi(\nu)} \right| < \varepsilon \quad \text{für jedes} \quad k \geq m,$$

und daher konvergiert die Reihe $\sum_{\kappa=0}^{\infty} z_\kappa$ mit derselben Summe wie die Reihe $\sum_{\nu=0}^{\infty} a_{\psi(\nu)}$.

Auf dieselbe Weise ergibt sich, daß auch $\sum_{\lambda=0}^{\infty} s_\lambda$ mit derselben Summe wie die Reihe $\sum_{\nu=0}^{\infty} a_{\psi(\nu)}$ konvergiert.

Ersetzt man in den eben durchgeführten Überlegungen die Zahl $a_{\kappa\lambda}$ für jedes $(\kappa, \lambda) \in \mathbb{N}_0 \times \mathbb{N}_0$ durch $|a_{\kappa\lambda}|$, so folgt auf dieselbe Weise, daß auch die Reihe $\sum_{\kappa=0}^{\infty} z'_\kappa$ mit $z'_\kappa := \sum_{\lambda=0}^{\infty} |a_{\kappa\lambda}|$ für jedes $\kappa \in \mathbb{N}_0$ konvergiert. Für jedes $\kappa \in \mathbb{N}_0$ ist $|z_\kappa| \leq z'_\kappa$, und somit folgt aus dem Majorantenkriterium in (2.9), daß die Reihe $\sum_{\kappa=0}^{\infty} z_\kappa$ auch absolut konvergiert. Auf analoge Weise ergibt sich die absolute Konvergenz der Reihe $\sum_{\lambda=0}^{\infty} s_\lambda$.

(2.17) BEMERKUNG: Es sei wie in (2.16) für jedes $(\kappa, \lambda) \in \mathbb{N}_0 \times \mathbb{N}_0$ eine Zahl $a_{\kappa\lambda} \in \mathbb{C}$ gegeben.

(1) Die Voraussetzung aus Satz (2.16) ist insbesondere dann erfüllt, wenn für jedes $\kappa \in \mathbb{N}_0$ die κ-te Zeilenreihe $\sum_{\lambda=0}^{\infty} a_{\kappa\lambda}$ absolut konvergiert und wenn auch die Reihe $\sum_{\kappa=0}^{\infty} \left(\sum_{\lambda=0}^{\infty} |a_{\kappa\lambda}| \right)$ konvergiert. Ist nämlich M die Summe dieser Reihe, so gilt $\sum_{\kappa=0}^{k} \sum_{\lambda=0}^{l} |a_{\kappa\lambda}| \leq M$ für jedes $(k, l) \in \mathbb{N}_0 \times \mathbb{N}_0$.

(2) Die Voraussetzung aus Satz (2.16) ist auch dann erfüllt, wenn für jedes $\lambda \in \mathbb{N}_0$ die λ-te Spaltenreihe $\sum_{\kappa=0}^{\infty} a_{\kappa\lambda}$ absolut konvergiert und wenn auch die Reihe $\sum_{\lambda=0}^{\infty} \left(\sum_{\kappa=0}^{\infty} |a_{\kappa\lambda}| \right)$ konvergiert. Ist nämlich M' die Summe dieser Reihe, so gilt $\sum_{\kappa=0}^{k} \sum_{\lambda=0}^{l} |a_{\kappa\lambda}| \leq M'$ für jedes $(k, l) \in \mathbb{N}_0 \times \mathbb{N}_0$.

(2.18) Es seien $\sum_{\nu=0}^{\infty} a_\nu$ und $\sum_{\nu=0}^{\infty} b_\nu$ Reihen in $\mathbb{C}$.

(1) Für jedes $(\kappa, \lambda) \in \mathbb{N}_0 \times \mathbb{N}_0$ sei $p_{\kappa\lambda} := a_\kappa b_\lambda$. Ist $\psi: \mathbb{N}_0 \to \mathbb{N}_0 \times \mathbb{N}_0$ eine bijektive Abbildung, so heißt $\sum_{\nu=0}^{\infty} p_{\psi(\nu)}$ eine Produktreihe der Reihen $\sum_{\nu=0}^{\infty} a_\nu$ und $\sum_{\nu=0}^{\infty} b_\nu$. Die Summanden in dieser Produktreihe sind also genau alle Produkte $a_\kappa b_\lambda$ mit κ, $\lambda \in \mathbb{N}_0$ und zwar in der durch ψ festgelegten Reihenfolge.

(2) Es sei für jedes $\nu \in \mathbb{N}_0$

$$c_\nu := \sum_{\kappa=0}^{\nu} a_\kappa b_{\nu-\kappa} = \sum_{\lambda=0}^{\nu} a_{\nu-\lambda} b_\lambda = \sum_{\kappa+\lambda=\nu} a_\kappa b_\lambda.$$

Die Reihe $\sum_{\nu=0}^{\infty} c_\nu$ heißt das Cauchy-Produkt der Reihen $\sum_{\nu=0}^{\infty} a_\nu$ und $\sum_{\nu=0}^{\infty} b_\nu$.

(2.19) Satz: *Es seien $\sum_{\nu=0}^{\infty} a_\nu$ und $\sum_{\nu=0}^{\infty} b_\nu$ absolut konvergente Reihen in $\mathbb{C}$, und es seien s die Summe von $\sum_{\nu=0}^{\infty} a_\nu$ und t die Summe von $\sum_{\nu=0}^{\infty} b_\nu$. Dann gelten:*

(1) Jede Produktreihe der beiden Reihen $\sum_{\nu=0}^{\infty} a_\nu$ und $\sum_{\nu=0}^{\infty} b_\nu$ konvergiert absolut mit der Summe st.

(2) Das Cauchy-Produkt der beiden Reihen $\sum_{\nu=0}^{\infty} a_\nu$ und $\sum_{\nu=0}^{\infty} b_\nu$ konvergiert absolut mit der Summe st.

Beweis: Für jedes $(\kappa, \lambda) \in \mathbb{N}_0 \times \mathbb{N}_0$ sei $p_{\kappa\lambda} := a_\kappa b_\lambda$.

(1) Es sei $\sum_{\nu=0}^{\infty} q_\nu$ eine Produktreihe von $\sum_{\nu=0}^{\infty} a_\nu$ und $\sum_{\nu=0}^{\infty} b_\nu$. Dann gibt es eine bijektive Abbildung $\psi: \mathbb{N}_0 \to \mathbb{N}_0 \times \mathbb{N}_0$ mit $q_\nu = p_{\psi(\nu)}$ für jedes $\nu \in \mathbb{N}_0$. Für jedes $\kappa \in \mathbb{N}_0$ konvergiert die Reihe $\sum_{\lambda=0}^{\infty} p_{\kappa\lambda} = \sum_{\lambda=0}^{\infty} a_\kappa b_\lambda$ absolut, und zwar mit dem Wert $a_\kappa t$, und die Reihe $\sum_{\kappa=0}^{\infty}\left(\sum_{\lambda=0}^{\infty} p_{\kappa\lambda}\right) = \sum_{\kappa=0}^{\infty} a_\kappa t$ konvergiert absolut mit dem Wert st. Nach (2.17) und (2.16) konvergiert daher die Produktreihe $\sum_{\nu=0}^{\infty} q_\nu = \sum_{\nu=0}^{\infty} p_{\psi(\nu)}$ absolut mit dem Wert st.

(2) Es sei jetzt $\psi: \mathbb{N}_0 \to \mathbb{N}_0 \times \mathbb{N}_0$ die Abbildung mit: Für jedes $n \in \mathbb{N}_0$ ist $\psi\left(\frac{1}{2}n(n+1)+j\right) = (j, n-j)$ für $j = 0, \ldots, n$. Die Abbildung ψ ist bijektiv. Das nebenstehende Schema zeigt, wie ψ die Elemente von $\mathbb{N}_0 \times \mathbb{N}_0$ längs der von rechts oben nach links unten laufenden Diagonalen abzählt; in ihm steht an der Stelle mit dem Zeilenindex $\kappa \in \mathbb{N}_0$ und dem Spaltenindex $\lambda \in \mathbb{N}_0$ die Zahl $\psi^{-1}(\kappa, \lambda) \in \mathbb{N}_0$.

$$\begin{matrix} 0 & 1 & 3 & 6 & 10 & \cdots \\ 2 & 4 & 7 & 11 & \vdots & \\ 5 & 8 & 12 & \vdots & & \\ 9 & 13 & \vdots & & & \\ 14 & \vdots & & & & \\ \vdots & & & & & \end{matrix}$$

Für jedes $\nu \in \mathbb{N}_0$ gilt

$$c_\nu := \sum_{\kappa=0}^{\nu} p_{\psi(\nu(\nu+1)/2+\kappa)} = \sum_{\kappa=0}^{\nu} a_\kappa b_{\nu-\kappa},$$

und nach (1) konvergiert die Reihe $\sum_{\nu=0}^{\infty} p_{\psi(\nu)}$ absolut mit der Summe st. Nach (2.2)(2) konvergiert daher die Reihe $\sum_{\nu=0}^{\infty}\left(\sum_{\kappa=0}^{\nu} |p_{\psi(\nu(\nu+1)/2+\kappa)}|\right)$. Diese Reihe ist eine konvergente Majorante des Cauchy-Produkts

$$\sum_{\nu=0}^{\infty} c_\nu = \sum_{\nu=0}^{\infty}\left(\sum_{\kappa=0}^{\nu} p_{\psi(\nu(\nu+1)/2+\kappa)}\right)$$

der Reihen $\sum_{\nu=0}^{\infty} a_\nu$ und $\sum_{\nu=0}^{\infty} b_\nu$, und daher konvergiert nach dem Majorantenkriterium in (2.9) die Reihe $\sum_{\nu=0}^{\infty} c_\nu$ absolut. Nach (2.2)(2) ist deren Summe gleich der Summe st der Reihe $\sum_{\nu=0}^{\infty} p_{\psi(\nu)}$.

(2.20) Beispiel: Für jedes $z \in \mathbb{C}$ konvergiert die Reihe $\sum_{\nu=0}^{\infty} z^\nu/\nu!$ absolut [vgl. (2.11)(1)]. Die Funktion

$$\begin{cases} \exp\colon \mathbb{C} \to \mathbb{C} \\ \text{mit} \quad \exp(z) = \displaystyle\sum_{\nu=0}^{\infty} \frac{1}{\nu!} z^\nu \quad \text{für jedes } z \in \mathbb{C} \end{cases}$$

heißt die Exponentialfunktion. Hierfür gilt: Es ist

$$\exp(z+w) = \exp(z) \cdot \exp(w) \quad \text{für alle } z,\, w \in \mathbb{C}.$$

Beweis: Für alle $z,\, w \in \mathbb{C}$ gilt

$$\begin{aligned}
\exp(z+w) &= \sum_{\nu=0}^{\infty} \frac{1}{\nu!}\cdot (z+w)^{\nu} = \sum_{\nu=0}^{\infty} \frac{1}{\nu!}\cdot \left(\sum_{\kappa=0}^{\nu} \binom{\nu}{\kappa}\cdot z^{\kappa}\cdot w^{\nu-\kappa}\right) \\
&= \sum_{\nu=0}^{\infty} \left[\sum_{\kappa=0}^{\nu} \left(\frac{1}{\kappa!}\cdot z^{\kappa}\right)\cdot\left(\frac{1}{(\nu-\kappa)!}\cdot w^{\nu-\kappa}\right)\right] \\
&= \left(\sum_{\nu=0}^{\infty} \frac{1}{\nu!}\cdot z^{\nu}\right)\cdot\left(\sum_{\nu=0}^{\infty}\frac{1}{\nu!}\cdot w^{\nu}\right) \qquad [\text{nach } (2.19)(2)] \\
&= \exp(z)\cdot\exp(w)\,.
\end{aligned}$$

Die Exponentialfunktion wird in Kapitel IV, §3 ausführlich behandelt.

(2.21) PRODUKTE: (1) Es sei $(a_n)_{n\geq 1}$ eine Folge von Null verschiedener reeller Zahlen. Für jedes $n \in \mathbb{N}$ wird $p_n := \prod_{i=1}^{n} a_i$ gesetzt. Konvergiert die Folge (p_n) und ist der Grenzwert $p := \lim_{n\to\infty}(p_n) \neq 0$, so sagt man: Das Produkt $\prod_{n=1}^{\infty} a_n$ konvergiert und hat den Wert p.
(2) Solche Produkte werden nur in Beispielen auftreten, wo sich die Konvergenz aus dem Zusammenhang ergibt; es wird deshalb auf den Beweis der folgenden Kriterien verzichtet.
(3) Konvergiert das Produkt $\prod_{n=1}^{\infty} a_n$, so gilt $\lim_{n\to\infty}(a_n) = 1$.
(4) Es sei (b_n) eine Folge reeller Zahlen mit $0 \leq b_n < 1$ für jedes $n \in \mathbb{N}$. Dann konvergiert jedes der Produkte $\prod_{n=1}^{\infty}(1+b_n)$, $\prod_{n=1}^{\infty}(1-b_n)$ genau dann, wenn die Reihe $\sum_{n=1}^{\infty} b_n$ konvergiert.

§3 Potenzreihen

(3.1) DEFINITION: Es sei $f = \sum_{\nu=0}^{\infty} a_\nu T^\nu \in \mathbb{C}[[T]]$, es sei $z \in \mathbb{C}$. Die formale Potenzreihe f konvergiert in z, falls die Reihe $\sum_{\nu=0}^{\infty} a_\nu z^\nu$ konvergiert; sie konvergiert absolut in z, falls die Reihe $\sum_{\nu=0}^{\infty} a_\nu z^\nu$ absolut konvergiert.

(3.2) BEISPIELE: (1) Die Reihe $\sum_{\nu=0}^{\infty} T^\nu$ konvergiert absolut in jedem $z \in \mathbb{C}$ mit $|z| < 1$ [vgl. (2.3)(1)].
(2) Die Reihe $\sum_{\nu=0}^{\infty} T^\nu/\nu!$ konvergiert in jedem $z \in \mathbb{C}$ absolut [vgl. (2.11)(1)].
(3) Jedes $f \in \mathbb{C}[[T]]$ konvergiert in $z = 0$.

(3.3) Hilfssatz: *Es sei* $f = \sum_{\nu=0}^{\infty} a_\nu T^\nu \in \mathbb{C}[[T]]$.
(1) Es sei $z_0 \in \mathbb{C}$ mit $z_0 \neq 0$, und es gelte: Es gibt ein $M > 0$ mit $|a_\nu z_0^\nu| \leq M$ für jedes $\nu \in \mathbb{N}_0$. Dann konvergiert f in jedem $z \in \mathbb{C}$ mit $|z| < |z_0|$ absolut.
(2) Es sei $z_1 \in \mathbb{C}$, und es gelte: f divergiert in z_1. Dann divergiert f in jedem $z \in \mathbb{C}$ mit $|z| > |z_1|$.
Beweis: (1) Es sei $z \in \mathbb{C}$ mit $|z| < |z_0|$. Dann ist $0 \leq q := |z/z_0| < 1$, und für jedes $\nu \in \mathbb{N}_0$ gilt $|a_\nu z^\nu| = |a_\nu z_0^\nu|\cdot|z/z_0|^\nu \leq M\cdot q^\nu$. Mit dem Majorantenkriterium (2.9)(1) folgt daher: $\sum_{\nu=0}^{\infty} a_\nu z^\nu$ konvergiert absolut.

(2) Es sei $z \in \mathbb{C}$ mit $|z| > |z_1|$. Wäre f in z konvergent, so wäre $(a_\nu z^\nu)_{\nu \geq 0}$ eine Nullfolge [vgl. (2.5)] und daher beschränkt, und nach (1) wäre daher f in z_1 konvergent.

(3.4) Satz: *Es sei $f \in \mathbb{C}[[T]]$. Dann gibt es ein eindeutig bestimmtes $\rho(f) \in \mathbb{R}_{\geq 0} \cup \{\infty\}$, für das gilt: f konvergiert in jedem $z \in \mathbb{C}$ mit $|z| < \rho(f)$ und divergiert in jedem $z \in \mathbb{C}$ mit $|z| > \rho(f)$.*

Bezeichnung: $\rho(f)$ heißt der Konvergenzradius von f.

Beweis [Existenz von $\rho(f)$]: (a) Wenn f in jedem $z \in \mathbb{C} \setminus \{0\}$ divergiert, wird $\rho(f) = 0$ gesetzt.

(b) Es gelte: Es gibt ein $z_0 \in \mathbb{C} \setminus \{0\}$, in dem f konvergiert. Es ist

$$A := \{ r \in \mathbb{R} \mid r > 0;\ f \text{ konvergiert in jedem } z \in \mathbb{C} \text{ mit } |z| < r \} \neq \emptyset,$$

denn nach (3.3)(1) ist $|z_0| \in A$. Es sei $\rho(f) := \sup(A) \in \mathbb{R}_{\geq 0} \cup \{\infty\}$. Für jedes $z \in \mathbb{C}$ mit $|z| < \rho(f)$ gilt: Es existiert ein $r \in A$ mit $|z| < r$ [vgl. (1.31)(2)], und daher konvergiert f in z.

Es sei $z \in \mathbb{C}$ mit $|z| > \rho(f)$. Dann ist f in z divergent. [Wäre nämlich f in z konvergent, so nach (3.3)(1) auch in jedem $z' \in \mathbb{C}$ mit $|z'| < |z|$, und daher wäre $|z| \in A$, im Widerspruch zur Voraussetzung $|z| > \rho(f) = \sup(A)$.]

[Einzigkeit von $\rho(f)$]: Angenommen, es gibt ρ, $\rho' \in \mathbb{R}_{\geq 0} \cup \{\infty\}$ mit $\rho < \rho'$ und mit den im Satz genannten Eigenschaften. Dann gibt es ein $x \in \mathbb{R}$ mit $\rho < x < \rho'$, und hierfür gilt: Wegen $x < \rho'$ konvergiert f in x, aber wegen $x > \rho$ divergiert f in x.

(3.5) BEMERKUNG: Es sei $f = \sum_{\nu=0}^{\infty} a_\nu T^\nu \in \mathbb{C}[[T]]$, es sei $\rho(f)$ der Konvergenzradius von f.

(1) Ist $\rho(f) = 0$, so divergiert f in jedem $z \in \mathbb{C}$ mit $z \neq 0$.

(2) Ist $\rho(f) > 0$, so konvergiert f in jedem $z \in \mathbb{C}$ mit $|z| < \rho(f)$ absolut.

Beweis: Es sei $z \in \mathbb{C}$ mit $|z| < \rho(f)$. Dann gibt es ein $x \in \mathbb{R}$ mit $|z| < x < \rho(f)$. Weil f in x konvergiert, konvergiert f nach (3.3)(1) in z absolut.

(3) Ist $\rho(f) = \infty$, so konvergiert f in jedem $z \in \mathbb{C}$ absolut.

(4) Es sei $\rho(f) > 0$, und es sei $r \in \mathbb{R}$ mit $0 < r < \rho(f)$. Weil $(a_\nu r^\nu)$ eine Nullfolge ist [vgl. (2.5)], gibt es eine positive Zahl M mit $|a_\nu| \leq M r^{-\nu}$ für jedes $\nu \in \mathbb{N}_0$.

(5) Es sei $\kappa \in \mathbb{N}_0$, und es sei $g := \sum_{\nu=0}^{\infty} a_{\nu+\kappa} T^\nu \in \mathbb{C}[[T]]$. Für $z \in \mathbb{C}$ gilt: g konvergiert in z genau dann, wenn die Reihe $\sum_{\nu=0}^{\infty} a_{\nu+\kappa} z^{\nu+\kappa}$ konvergiert, und nach (2.6)(2) ist dies genau dann der Fall, wenn f in z konvergiert. Also gilt $\rho(f) = \rho(g)$.

(3.6) Satz: [A. Cauchy 1821] *Es sei $\sum_{\nu=0}^{\infty} a_\nu T^\nu \in \mathbb{C}[[T]]$.*

(1) *Ist die Folge $\left(\sqrt[n]{|a_n|}\right)_{n \geq 1}$ konvergent und ist $\sigma \in \mathbb{R}$ ihr Grenzwert, so gilt*

$$\rho(f) = \begin{cases} 1/\sigma, & \text{falls } \sigma \neq 0 \text{ ist}, \\ \infty, & \text{falls } \sigma = 0 \text{ ist}. \end{cases}$$

(2) *Ist die Folge $\left(\sqrt[n]{|a_n|}\right)_{n \geq 1}$ nicht beschränkt, so ist $\rho(f) = 0$.*

Beweis: (1) Es gelte: $\left(\sqrt[n]{|a_n|}\right)_{n\geq 1}$ konvergiert gegen $\sigma \in \mathbb{R}$. Dann ist $\sigma \geq 0$. Es sei

$$\rho := \begin{cases} 1/\sigma, & \text{falls } \sigma \neq 0 \text{ ist,} \\ \infty, & \text{falls } \sigma = 0 \text{ ist.} \end{cases}$$

(a) Es sei $z \in \mathbb{C}$ mit $0 < |z| < \rho$. Dann gibt es ein $\varepsilon \in \mathbb{R}$ mit $0 < \varepsilon < 1/|z| - \sigma$. Für $q := |z| \cdot (\varepsilon + \sigma)$ gilt $0 < q < 1$. Es existiert ein $n_0 \in \mathbb{N}$ mit: Für jedes $n \geq n_0$ gilt $\left|\sqrt[n]{|a_n|} - \sigma\right| < \varepsilon$, also $\sqrt[n]{|a_n|} < \varepsilon + \sigma$ und daher $\sqrt[n]{|a_n z^n|} = |z| \cdot \sqrt[n]{|a_n|} < |z| \cdot (\varepsilon + \sigma) = q$. Mit dem Wurzelkriterium (2.10)(1) folgt: f konvergiert in z.
(b) Es sei $z \in \mathbb{C}$ mit $|z| > \rho$. Dann gilt $\sigma > 0$, $\rho = 1/\sigma$ und $\sigma > 1/|z| > 0$. Man wählt ein $\varepsilon \in \mathbb{R}$ mit $0 < \varepsilon < \sigma - 1/|z|$ und ein $n_1 \in \mathbb{N}$ mit: Für jedes $n \geq n_1$ gilt $\left|\sqrt[n]{|a_n|} - \sigma\right| < \varepsilon$, also $\sqrt[n]{|a_n|} > \sigma - \varepsilon > 1/|z|$, also $|a_n z^n| > 1$. Aus (2.5) folgt, daß f in z divergiert.
(c) Aus (a) folgt: Ist $\sigma = 0$, so konvergiert f in jedem $z \in \mathbb{C}$, d.h. es ist $\rho(f) = \infty$. – Aus (a) und (b) folgt: Ist $\sigma > 0$, so konvergiert f in jedem $z \in \mathbb{C}$ mit $|z| < 1/\sigma$ und divergiert in jedem $z \in \mathbb{C}$ mit $|z| > 1/\sigma$, d.h. es ist $\rho(f) = 1/\sigma$.
(2) Es sei $z \in \mathbb{C} \setminus \{0\}$ mit: f konvergiert in z. Dann ist $(a_n z^n)_{n\geq 0}$ eine Nullfolge [vgl. (2.5)], und daher existiert ein $M > 0$ mit $|a_n z^n| < M$ für jedes $n \in \mathbb{N}_0$. Für jedes $n \in \mathbb{N}$ gilt $\sqrt[n]{M} \leq \max\{1, M\} =: M_1$ und daher $\sqrt[n]{|a_n|} \leq \sqrt[n]{M}/|z| \leq M_1/|z|$, und somit ist die Folge $(\sqrt[n]{|a_n|})_{n\geq 1}$ beschränkt.

Damit ist gezeigt: Ist $(\sqrt[n]{|a_n|})_{n\geq 1}$ nicht beschränkt, so divergiert f in jedem $z \in \mathbb{C} \setminus \{0\}$, d.h. es ist $\rho(f) = 0$.

(3.7) Beispiele: (1) Für $f = \sum_{\nu=0}^{\infty} T^\nu/\nu! \in \mathbb{C}[[T]]$ gilt $\rho(f) = \infty$ [vgl. (3.2)(2)].
(2) Für $f = \sum_{\nu=0}^{\infty} T^\nu \in \mathbb{C}[[T]]$ gilt nach (3.6) $\rho(f) = 1$.
(3) Für $f = \sum_{\nu=0}^{\infty} \nu^\nu T^\nu \in \mathbb{C}[[T]]$ gilt $\rho(f) = 0$, denn die Folge $\left(\sqrt[n]{n^n}\right)_{n\geq 1} = (n)_{n\geq 1}$ ist nicht beschränkt.
(4) Für $f = \sum_{\nu=0}^{\infty} (\nu!/\nu^\nu) T^\nu \in \mathbb{C}[[T]]$ gilt $\rho(f) = e$.
Beweis: (a) Es sei $z \in \mathbb{C}$ mit $0 < |z| < e = \lim_{n\to\infty}((1 + \frac{1}{n})^n)$. Dann gibt es ein $n_0 \in \mathbb{N}$ mit $|z| < (1 + \frac{1}{n_0})^{n_0}$, also mit $0 < q := |z|/(1 + \frac{1}{n_0})^{n_0} < 1$. Für jedes $\nu \geq n_0$ gilt

$$\left|\frac{(\nu+1)! \cdot z^{\nu+1}}{(\nu+1)^{\nu+1}} \cdot \frac{\nu^\nu}{\nu! \cdot z^\nu}\right| = \frac{|z|}{(1 + \frac{1}{\nu})^\nu} \leq \frac{|z|}{(1 + \frac{1}{n_0})^{n_0}} = q,$$

denn die Folge $\left((1 + \frac{1}{\nu})^\nu\right)_{\nu\geq 1}$ ist monoton wachsend. Nach (2.10)(2) konvergiert daher f in z.
(b) Es sei $z \in \mathbb{C}$ mit $|z| > e$. Für jedes $\nu \in \mathbb{N}$ gilt $(1 + \frac{1}{\nu})^\nu \leq e$ und daher

$$\left|\frac{(\nu+1)!}{(\nu+1)^{\nu+1}} \cdot z^{\nu+1}\right| = \frac{|z|}{(1 + \frac{1}{\nu})^\nu} \cdot \left|\frac{\nu!}{\nu^\nu} \cdot z^\nu\right| \geq \frac{|z|}{e} \cdot \left|\frac{\nu!}{\nu^\nu} \cdot z^\nu\right| > \left|\frac{\nu!}{\nu^\nu} \cdot z^\nu\right|.$$

Also ist die Folge $\left((\nu!/\nu^\nu) z^\nu\right)_{\nu\geq 0}$ monoton wachsend, und daher gilt für jedes $\nu \in \mathbb{N}$

$$\left|\frac{\nu!}{\nu^\nu} \cdot z^\nu\right| \geq \left|\frac{1!}{1^1} \cdot z^1\right| = |z| > e.$$

Also ist $\left((\nu!/\nu^\nu)\cdot z^\nu\right)_{\nu\geq 0}$ keine Nullfolge, und nach (2.5) divergiert f somit in z.

(3.8) BEMERKUNG: (1) Es sei $f = \sum_{\nu=0}^{\infty} a_\nu T^\nu \in \mathbb{C}[[T]]$ mit $\rho(f) > 0$. Dann ist die Funktion

$$z \mapsto \sum_{\nu=0}^{\infty} a_\nu z^\nu : \{z \in \mathbb{C} \mid |z| < \rho(f)\} \to \mathbb{C}$$

erklärt. Diese Funktion wird meistens ebenfalls mit f bezeichnet. Für jedes $z \in \mathbb{C}$ mit $|z| < \rho(f)$ gilt dann $f(z) = \sum_{\nu=0}^{\infty} a_\nu z^\nu$.
(2) Es seien $f = \sum_{\nu=0}^{\infty} a_\nu T^\nu$, $g = \sum_{\nu=0}^{\infty} b_\nu T^\nu \in \mathbb{C}[[T]]$, und es gelte $\rho(f) > 0$ und $\rho(g) > 0$. Dann sind im Ring $\mathbb{C}[[T]]$ die formalen Potenzreihen

$$f + g = \sum_{\nu=0}^{\infty}(a_\nu + b_\nu)\cdot T^\nu \quad \text{und} \quad fg = \sum_{\nu=0}^{\infty}\left(\sum_{\lambda=0}^{\nu} a_\lambda b_{\nu-\lambda}\right)\cdot T^\nu$$

definiert [vgl. I(7.2)]. Es sei $z \in \mathbb{C}$ mit $|z| < r := \min\{\rho(f), \rho(g)\}$. Dann konvergieren die Reihen $\sum_{\nu=0}^{\infty} a_\nu z^\nu$ und $\sum_{\nu=0}^{\infty} b_\nu z^\nu$ absolut. Nach (2.6)(1) konvergiert daher die Reihe $\sum_{\nu=0}^{\infty}(a_\nu + b_\nu)z^\nu$ und zwar mit der Summe

$$\left(\sum_{\nu=0}^{\infty} a_\nu z^\nu\right) + \left(\sum_{\nu=0}^{\infty} b_\nu z^\nu\right) = f(z) + g(z);$$

nach (2.19)(2) konvergiert auch die Reihe

$$\sum_{\nu=0}^{\infty}\left(\sum_{\lambda=0}^{\nu} a_\lambda b_{\nu-\lambda}\right) z^\nu = \sum_{\nu=0}^{\infty}\left(\sum_{\lambda=0}^{\nu}(a_\lambda z^\lambda)\cdot(b_{\nu-\lambda} z^{\nu-\lambda})\right)$$

und zwar mit der Summe

$$\left(\sum_{\nu=0}^{\infty} a_\nu z^\nu\right)\cdot\left(\sum_{\nu=0}^{\infty} b_\nu z^\nu\right) = f(z)g(z).$$

Für die formalen Potenzreihen $f + g$ und fg gilt also $\rho(f + g) \geq r > 0$ und $\rho(fg) \geq r > 0$, und für jedes $z \in \mathbb{C}$ mit $|z| < r$ gilt $(f + g)(z) = f(z) + g(z)$ und $(fg)(z) = f(z)g(z)$.

(3.9) BEISPIELE: (1) In (2.20) wurde mit Hilfe der formalen Potenzreihe $E := \sum_{\nu=0}^{\infty}(1/\nu!)T^\nu \in \mathbb{C}[[T]]$, für die $\rho(E) = \infty$ gilt, die Exponentialfunktion

$$\begin{cases} \exp: & \mathbb{C} \to \mathbb{C} \\ \text{mit} & \exp(z) = \sum_{\nu=0}^{\infty} \frac{1}{\nu!} z^\nu \quad \text{für jedes } z \in \mathbb{C} \end{cases}$$

definiert.

(2) Für die formalen Potenzreihen

$$C := \sum_{\nu=0}^{\infty} \frac{(-1)^\nu}{(2\nu)!} \cdot T^{2\nu} \in \mathbb{C}[[T]], \quad S := \sum_{\nu=0}^{\infty} \frac{(-1)^\nu}{(2\nu+1)!} \cdot T^{2\nu+1} \in \mathbb{C}[[T]]$$

gilt $\rho(C) = \infty$ und $\rho(S) = \infty$, denn für jedes $z \in \mathbb{C}$ ist $\sum_{\nu=0}^{\infty}(1/\nu!) \cdot |z|^\nu$ eine konvergente Majorante sowohl für die Reihe $\sum_{\nu=0}^{\infty}((-1)^\nu/(2\nu)!)\, z^{2\nu}$ als auch für die Reihe $\sum_{\nu=0}^{\infty}((-1)^\nu/(2\nu+1)!)\, z^{2\nu+1}$.
Die formale Potenzreihe C definiert die Cosinus-Funktion

$$\begin{cases} \cos: & \mathbb{C} \to \mathbb{C} \\ \text{mit} & \cos z := \displaystyle\sum_{\nu=0}^{\infty}(-1)^\nu \frac{1}{(2\nu)!} z^{2\nu} \qquad \text{für jedes } z \in \mathbb{C}, \end{cases}$$

und die formale Potenzreihe S definiert die Sinus-Funktion

$$\begin{cases} \sin: & \mathbb{C} \to \mathbb{C} \\ \text{mit} & \sin z := \displaystyle\sum_{\nu=0}^{\infty}(-1)^\nu \frac{1}{(2\nu+1)!} z^{2\nu+1} \qquad \text{für jedes } z \in \mathbb{C}. \end{cases}$$

Diese Funktionen werden in Kapitel IV, §4 ausführlich behandelt; diejenigen ihrer Eigenschaften aber, die sich unmittelbar aus ihrer Definition und aus den Sätzen über Reihen ergeben, sollen bereits jetzt hergeleitet werden:
(a) Für jedes $z \in \mathbb{C}$ gilt offensichtlich $\cos(-z) = \cos z$ und $\sin(-z) = -\sin z$.
(b) Für jedes $z \in \mathbb{C}$ gilt $\cos z + i \sin z = \exp(iz)$.
Beweis: Für jedes $z \in \mathbb{C}$ gilt nach (2.6)(1)

$$\cos z + i \sin z = \sum_{\nu=0}^{\infty} \frac{(-1)^\nu}{(2\nu)!} \cdot z^{2\nu} + \sum_{\nu=0}^{\infty} \frac{i \cdot (-1)^\nu}{(2\nu+1)!} \cdot z^{2\nu+1} = \sum_{\lambda=0}^{\infty} a_\lambda z^\lambda$$

mit

$$a_\lambda = \begin{cases} \dfrac{(-1)^{\lambda/2}}{\lambda!} = \dfrac{i^\lambda}{\lambda!} & \text{für jedes gerade } \lambda \in \mathbb{N}_0, \\[2ex] \dfrac{(-1)^{(\lambda-1)/2} \cdot i}{\lambda!} = \dfrac{i^\lambda}{\lambda!} & \text{für jedes ungerade } \lambda \in \mathbb{N}_0 \end{cases}$$

und daher $\cos z + i \sin z = \sum_{\lambda=0}^{\infty}(1/\lambda!)(iz)^\lambda = \exp(iz)$.
(c) Für jedes $z \in \mathbb{C}$ gilt $(\cos z)^2 + (\sin z)^2 = 1$.
Beweis: Für jedes $z \in \mathbb{C}$ gilt nach (b) und (a) $\exp(iz) = \cos z + i \sin z$ und $\exp(-iz) = \cos(-z) + i \sin(-z) = \cos z - i \sin z$ und daher $(\cos z)^2 + (\sin z)^2 = (\cos z + i \sin z) \cdot (\cos z - i \sin z) = \exp(iz) \cdot \exp(-iz) = \exp(0) = 1$ [vgl. (2.20)].
(d) Aus (b) folgt: Für jedes $z \in \mathbb{C}$ ist

$$\cos z = \frac{1}{2}(\exp(iz) + \exp(-iz)) \quad \text{und} \quad \sin z = \frac{1}{2i}(\exp(iz) - \exp(-iz)).$$

(e) Für alle $z, w \in \mathbb{C}$ gilt nach (2.20) $\exp(i(z+w)) = \exp(iz)\exp(iw)$, und hieraus und aus (b) folgt

$$\begin{aligned} \cos(z+w) &= \cos z \cdot \cos w - \sin z \cdot \sin w, \\ \sin(z+w) &= \sin z \cdot \cos w + \cos z \cdot \sin w. \end{aligned}$$

(3.10) BEMERKUNG: Es sei $f = \sum_{\nu=0}^{\infty} a_\nu T^\nu \in \mathbb{C}[[T]]$ mit $a_0 \neq 0$. Nach I(7.4) ist dann f eine Einheit im Ring $\mathbb{C}[[T]]$, d.h. es existiert eine (eindeutig bestimmte) formale Potenzreihe $1/f \in \mathbb{C}[[T]]$ mit $f \cdot (1/f) = 1$. Für die Folge $(b_\nu)_{\nu \geq 0}$ in $\mathbb{C}$ mit $1/f = \sum_{\nu=0}^{\infty} b_\nu T^\nu$ gilt, wie in I(7.4) gezeigt wurde: Es ist $a_0 b_0 = 1$ und $\sum_{\lambda=0}^{\nu} a_\lambda b_{\nu-\lambda} = 0$ für jedes $\nu \in \mathbb{N}$. Es gelte $\rho(f) > 0$. Dann ist, wie im nächsten Satz gezeigt wird, auch $\rho(1/f) > 0$. Für jedes $z \in \mathbb{C}$ mit $|z| < \min\{\rho(f), \rho(1/f)\}$ ist dann

$$f(z) \cdot \frac{1}{f}(z) = \Big(f \cdot \frac{1}{f}\Big)(z) = 1,$$

d.h. es ist

$$f(z) = \sum_{\nu=0}^{\infty} a_\nu z^\nu \neq 0 \quad \text{und} \quad \sum_{\nu=0}^{\infty} b_\nu z^\nu = \frac{1}{f}(z) = \frac{1}{f(z)} = \frac{1}{\sum\limits_{\nu=0}^{\infty} a_\nu z^\nu}.$$

(3.11) Satz: *Es sei $f = \sum_{\nu=0}^{\infty} a_\nu T^\nu \in \mathbb{C}[[T]]$ mit $a_0 \neq 0$ und mit $\rho(f) > 0$. Dann gilt auch $\rho(1/f) > 0$.*

Beweis: (1) Es sei $r \in \mathbb{R}$ mit $0 < r < \rho(f)$. Nach (3.5)(4) gibt es ein $M \geq 1$ mit $|a_\nu/a_0 \cdot r^\nu| \leq M$ für jedes $\nu \in \mathbb{N}_0$. Mit $q := M/r > 0$ gilt für jedes $\nu \in \mathbb{N}_0$: Es ist $|a_\nu| \leq |a_0| \cdot M r^{-\nu} \leq |a_0| \cdot q^\nu$.

(2) Es ist $1/f = \sum_{\nu=0}^{\infty}$ mit $b_0 = 1/a_0$ und mit $b_\nu = -\big(\sum_{\lambda=1}^{\nu} a_\lambda b_{\nu-\lambda}\big)/a_0$ für jedes $\nu \in \mathbb{N}$. Für jedes $\nu \in \mathbb{N}_0$ gilt: Es ist $|b_\nu| \leq 2^\nu q^\nu / |a_0|$.

Dies beweist man durch Induktion: Es gilt $|b_0| = 1/|a_0|$, und ist $\nu \in \mathbb{N}$ mit $|b_\mu| \leq 2^\mu q^\mu / |a_0|$ für jedes $\mu \in \{0, 1, \ldots, \nu-1\}$, so gilt

$$\begin{aligned} |b_\nu| &\leq \frac{1}{|a_0|} \sum_{\lambda=1}^{\nu} |a_\lambda| |b_{\nu-\lambda}| \leq \frac{1}{|a_0|} \sum_{\lambda=1}^{\nu} |a_0| q^\lambda \cdot \frac{1}{|a_0|} 2^{\nu-\lambda} q^{\nu-\lambda} \\ &= \frac{1}{|a_0|} \cdot q^\nu \sum_{\lambda=1}^{\nu} 2^{\nu-\lambda} < \frac{1}{|a_0|} \cdot q^\nu \sum_{\lambda=1}^{\infty} 2^{\nu-\lambda} = \frac{1}{|a_0|} 2^\nu q^\nu. \end{aligned}$$

(3) Es sei $z \in \mathbb{C}$ mit $|z| < 1/(4q)$. Dann gilt für jedes $\nu \in \mathbb{N}_0$: Es ist

$$|b_\nu z^\nu| \leq \frac{1}{|a_0|} 2^\nu q^\nu \Big(\frac{1}{4q}\Big)^\nu = \frac{2^{-\nu}}{|a_0|}.$$

Die Reihe $\sum_{\nu=0}^{\infty} 2^{-\nu}/|a_0|$ ist eine konvergente Majorante von $\sum_{\nu=0}^{\infty} b_\nu z^\nu$. Nach dem Majorantenkriterium (2.9)(1) konvergiert somit die formale Potenzreihe $1/f$ in z.

Damit ist gezeigt, daß $\rho(1/f) \geq 1/(4q) > 0$ ist.

(3.12) Satz: *Es seien* $f = \sum_{\nu=0}^{\infty} a_\nu T^\nu$, $g = \sum_{\nu=1}^{\infty} b_\nu T^\nu \in \mathbb{C}[[T]]$, *und es gelte* $\rho(f) > 0$ *und* $\rho(g) > 0$. *Für die formale Potenzreihe* $h := f \circ g \in \mathbb{C}[[T]]$ *gilt dann: Es ist* $\rho(h) > 0$, *und es gibt ein* $\rho_0 \in \mathbb{R}$ *mit* $0 < \rho_0 < \min\{\rho(f), \rho(g)\}$ *und mit: Es ist* $\rho(h) \geq \rho_0$, *und für jedes* $z \in \mathbb{C}$ *mit* $|z| < \rho_0$ *ist* $|g(z)| < \rho(f)$ *und* $h(z) = f(g(z))$.

Beweis: (1) Es ist

$$1 = g^0 = \sum_{\lambda=0}^{\infty} b_{0\lambda} T^\lambda \qquad \text{mit } b_{00} = 1 \text{ und } b_{0\lambda} = 0 \text{ für jedes } \lambda \geq 1,$$

$$g = g^1 = \sum_{\lambda=0}^{\infty} b_{1\lambda} T^\lambda \qquad \text{mit } b_{10} = 0 \text{ und } b_{1\lambda} = b_\lambda \text{ für jedes } \lambda \geq 1,$$

und für jedes $\kappa \geq 2$ ist

$$g^\kappa = \sum_{\lambda=0}^{\infty} b_{\kappa\lambda} T^\lambda \qquad \text{mit} \quad b_{\kappa\lambda} = 0 \quad \text{für } 0 \leq \lambda \leq \kappa - 1$$

$$\text{und} \quad b_{\kappa\lambda} = \sum_{\mu=0}^{\lambda-1} b_{\kappa-1,\mu} b_{\lambda-\mu} \quad \text{für jedes } \lambda \geq \kappa.$$

Nach I(7.8) gilt dann

$$h = \sum_{\lambda=0}^{\infty} c_\lambda T^\lambda \quad \text{mit} \quad c_\lambda = \sum_{\kappa=0}^{\lambda} a_\kappa b_{\kappa\lambda} \quad \text{für jedes } \lambda \in \mathbb{N}_0.$$

(2) Es sei $r \in \mathbb{R}$ mit $0 < r < \min\{\rho(f), \rho(g)\}$. Nach (3.5)(4) gibt es ein $M > 0$ mit $|b_\nu r^\nu| \leq M$ für jedes $\nu \in \mathbb{N}$. Für $\rho_0 := r^2/(r+M)$ gilt $0 < \rho_0 < r < \min\{\rho(f), \rho(g)\}$. Es sei $z \in \mathbb{C}$ mit $|z| < \rho_0$. Dann konvergiert g in z absolut mit der Summe $g(z)$, und aus (3.8)(2) folgt: Für jedes $\kappa \in \mathbb{N}_0$ konvergiert g^κ in z absolut mit der Summe $g(z)^\kappa$. Außerdem gilt

$$\begin{aligned} |g(z)| &= \left|\sum_{\nu=1}^{\infty} b_\nu z^\nu\right| \leq \sum_{\nu=1}^{\infty} |b_\nu r^\nu| \cdot (|z|/r)^\nu \\ &\leq M \sum_{\nu=1}^{\infty} (|z|/r)^\nu = M \cdot \frac{|z|}{r} \cdot \frac{1}{1 - |z|/r} \\ &= M \cdot \frac{|z|}{r - |z|} < M \cdot \frac{\rho_0}{r - \rho_0} = r < \rho(f), \end{aligned}$$

und daher konvergiert f in $g(z)$ absolut, und es ist $\sum_{\nu=0}^{\infty} a_\nu g(z)^\nu = f(g(z))$.

Man ordnet nun die Zahlen $a_\kappa b_{\kappa\lambda} z^\lambda$ mit $\kappa, \lambda \in \mathbb{N}_0$ in einer unendlichen Matrix an:

$$\begin{array}{llll} a_0 b_{00} z^0 & a_0 b_{01} z^1 & a_0 b_{02} z^2 & \dots \\ a_1 b_{10} z^0 & a_1 b_{11} z^1 & a_1 b_{12} z^2 & \dots \\ a_2 b_{20} z^0 & a_2 b_{21} z^1 & a_2 b_{22} z^2 & \dots \, . \\ \vdots & \vdots & \vdots & \end{array}$$

Es wurde gezeigt: Für jedes $\kappa \in \mathbb{N}_0$ konvergiert die κ-te Zeilenreihe $\sum_{\lambda=0}^{\infty} a_\kappa b_{\kappa\lambda} z^\lambda$ dieser Matrix absolut, und zwar mit der Summe $z_\kappa := a_\kappa g(z)^\kappa$, weiter konvergiert auch die Reihe $\sum_{\kappa=0}^{\infty} z_\kappa = \sum_{\kappa=0}^{\infty} a_\kappa g(z)^\kappa$ absolut, und zwar mit der Summe $f(g(z))$. Nach (2.17)(1) ist folglich die Voraussetzung von Satz (2.16) erfüllt und daher konvergiert zunächst für jedes $\lambda \in \mathbb{N}_0$ die λ-te Spaltenreihe der obigen Matrix absolut, und zwar gilt für ihre Summe s_λ: Es ist $s_\lambda = \sum_{\kappa=0}^{\infty} a_\kappa b_{\kappa\lambda} z^\lambda = \sum_{\kappa=0}^{\lambda} a_\kappa b_{\kappa\lambda} z^\lambda = c_\lambda z^\lambda$. Weiter konvergiert nach demselben Satz auch die Reihe $\sum_{\lambda=0}^{\infty} c_\lambda z^\lambda$ absolut, und zwar ebenfalls mit der Summe $f(g(z))$.

(3) Damit ist gezeigt: Die formale Potenzreihe h konvergiert in jedem $z \in \mathbb{C}$ mit $|z| < \rho_0$, und zwar mit der Summe $f(g(z))$. Also ist einerseits $\rho(h) \geq \rho_0 > 0$, und andererseits ist $h(z) = f(g(z))$ für jedes $z \in \mathbb{C}$ mit $|z| < \rho_0$.

(3.13) BEMERKUNG: Die Bemerkung (3.8)(2) und die Sätze (3.11) und (3.12) zeigen, daß die in Kapitel I, §7 definierten Manipulationen an formalen Potenzreihen aus $\mathbb{C}[[T]]$ stets zu Reihen mit positiven Konvergenzradien führen, wenn man sie an Reihen mit positiven Konvergenzradien ausübt. Hierzu gehört auch der folgende Satz, dessen Beweis hier aber nicht vorgeführt werden soll [vgl. [2], Theorem 2.4b].

(3.14) Satz: *Es sei* $f = \sum_{\nu=1}^{\infty} a_\nu T^\nu \in \mathbb{C}[[T]]$ *mit* $a_1 \neq 0$ *und mit* $\rho(f) > 0$. *Für die formale Potenzreihe* $g \in \mathbb{C}[[T]]$ *mit* $f \circ g = T = g \circ f$ *[vgl. I(7.10)] gelten dann die folgenden Aussagen.*

(1) *Es ist* $\rho(g) > 0$.

(2) *Es gibt ein* $\rho_0 \in \mathbb{R}$ *mit* $0 < \rho_0 \leq \rho(g)$ *und mit: Für jedes* $z \in \mathbb{C}$ *mit* $|z| < \rho_0$ *gilt* $|g(z)| < \rho(f)$ *und* $f(g(z)) = z$.

(3) *Es gibt ein* $\rho_1 \in \mathbb{R}$ *mit* $0 < \rho_1 \leq \rho(f)$ *und mit: Für jedes* $z \in \mathbb{C}$ *mit* $|z| < \rho_1$ *gilt* $|f(z)| < \rho(g)$ *und* $g(f(z)) = z$.

(3.15) BEZEICHNUNG: Für $z_0 \in \mathbb{C}$ und $\rho \in \{ x \in \mathbb{R} \,|\, x > 0 \} \cup \{\infty\}$ nennt man

$$K_\rho(z_0) := \begin{cases} \{ z \in \mathbb{C} \,|\, |z - z_0| < \rho \}, & \text{falls } \rho < \infty \text{ ist,} \\ \mathbb{C}, & \text{falls } \rho = \infty \text{ ist,} \end{cases}$$

die offene Kreisscheibe um z_0 mit dem Radius ρ.

(3.16) Satz: *Es sei* $f = \sum_{\nu=0}^{\infty} a_\nu T^\nu \in \mathbb{C}[[T]]$, *und es gelte* $\rho(f) > 0$.

(1) *Für jedes* $\lambda \in \mathbb{N}_0$ *gilt: Die formale Potenzreihe* $f_\lambda := \sum_{\nu=0}^{\infty} \binom{\nu+\lambda}{\lambda} a_{\nu+\lambda} T^\nu$ *hat den Konvergenzradius* $\rho(f)$.

(2) *Die formale Ableitung* $D(f)$ *von* f *[vgl. I(7.13)] hat den Konvergenzradius* $\rho(f)$.

(3) *Es sei* $z_0 \in K_{\rho(f)}(0)$. *Für die formale Potenzreihe* $g := \sum_{\lambda=0}^{\infty} f_\lambda(z_0) T^\lambda$ *gilt:*

Es ist $\rho(g) \geq \rho(f) - |z_0|$ [$= \infty$, falls $\rho(f) = \infty$ ist], und für jedes $z \in \mathbb{C}$ mit $|z - z_0| < \rho(f) - |z_0|$ ist $f(z) = g(z - z_0)$.

Beweis: (a) Es sei $z_0 \in K_{\rho(f)}(0)$, und es sei $z \in \mathbb{C}$ mit $z \neq z_0$ und mit $|z| < \rho(f) - |z_0|$. Man wendet den Doppelreihensatz (2.16) auf die Zahlen

$$a_{\kappa\lambda} := \begin{cases} \binom{\kappa}{\lambda} a_\kappa z_0^{\kappa-\lambda}(z - z_0)^\lambda & \text{für jedes } (\kappa, \lambda) \in \mathbb{N}_0 \times \mathbb{N}_0 \text{ mit } \lambda \leq \kappa \\ 0 & \text{für jedes } (\kappa, \lambda) \in \mathbb{N}_0 \times \mathbb{N}_0 \text{ mit } \lambda > \kappa \end{cases}$$

an: Für jedes $\kappa \in \mathbb{N}_0$ konvergiert trivialerweise die Reihe $\sum_{\lambda=0}^\infty a_{\kappa\lambda}$ absolut mit der Summe $b_\kappa := \sum_{\lambda=0}^\kappa \binom{\kappa}{\lambda} a_\kappa z_0^{\kappa-\lambda}(z - z_0)^\lambda = a_\kappa(z_0 + (z - z_0))^\kappa = a_\kappa z^\kappa$, und wegen $|z| < \rho(f) - |z_0| \leq \rho(f)$ konvergiert die Reihe $\sum_{\kappa=0}^\infty b_\kappa = \sum_{\kappa=0}^\infty a_\kappa z^\kappa$ absolut mit der Summe $f(z)$. Nach (2.17)(1) ist daher die Voraussetzung von Satz (2.16) erfüllt. Aus diesem Satz folgt zunächst für jedes $\lambda \in \mathbb{N}_0$: Die Reihe

$$\sum_{\kappa=0}^\infty a_{\kappa\lambda} = \sum_{\kappa=\lambda}^\infty \binom{\kappa}{\lambda} a_\kappa z_0^{\kappa-\lambda}(z - z_0)^\lambda = \sum_{\nu=0}^\infty \binom{\nu+\lambda}{\lambda} a_{\nu+\lambda} z_0^\nu (z - z_0)^\lambda$$

konvergiert, und wegen $z \neq z_0$ konvergiert daher die formale Potenzreihe f_λ in z_0. Für jedes $\lambda \in \mathbb{N}_0$ hat somit die Reihe $\sum_{\kappa=0}^\infty a_{\kappa\lambda}$ die Summe $f_\lambda(z_0)(z - z_0)^\lambda$. Schließlich folgt aus (2.16) noch, daß die Reihe $\sum_{\lambda=0}^\infty f_\lambda(z_0)(z - z_0)^\lambda$ konvergiert, und zwar mit der Summe $f(z)$. Dies gilt trivialerweise auch im Falle $z = z_0$, denn es ist $f_0 = f$.

(b) Es sei $z_0 \in K_{\rho(f)}(0)$, und es sei $w \in \mathbb{C}$ mit $|w| < \rho(f) - |z_0|$. Dann konvergiert nach (a) f_λ in z_0. Für $z := z_0 + w$ gilt $|z - z_0| = |w| < \rho(f) - |z_0|$, und daher konvergiert nach (a) $g = \sum_{\lambda=0}^\infty f_\lambda(z_0)T^\lambda$ in w, und zwar mit der Summe $g(z) = f(z_0 + w)$. g konvergiert also in jedem $w \in \mathbb{C}$ mit $|w| < \rho(f) - |z_0|$, und daher ist $\rho(g) \geq \rho(f) - |z_0|$. Außerdem gilt $g(w) = f(z_0 + w)$ für jedes $w \in \mathbb{C}$ mit $|w| < \rho(f) - |z_0|$ und $f(z) = g(z - z_0)$ für jedes $z \in \mathbb{C}$ mit $|z - z_0| < \rho(f) - |z_0|$.

(c) Es sei $\lambda \in \mathbb{N}_0$. Nach (a) konvergiert $f_\lambda = \sum_{\nu=0}^\infty \binom{\nu+\lambda}{\lambda} a_{\nu+\lambda} T^\nu$ in jedem $z_0 \in \mathbb{C}$ mit $|z_0| < \rho(f)$, und daher ist $\rho(f_\lambda) \geq \rho(f)$.

Angenommen, es ist $\rho(f) < \rho(f_\lambda)$. Dann gibt es ein $x \in \mathbb{R}$ mit $\rho(f) < x < \rho(f_\lambda)$. Die Reihe $\sum_{\nu=0}^\infty \binom{\nu+\lambda}{\lambda} a_{\nu+\lambda} x^\nu$ konvergiert absolut und ist offensichtlich eine Majorante der Reihe $\sum_{\nu=0}^\infty a_{\nu+\lambda} x^\nu$. Nach dem Majorantenkriterium konvergiert also diese Reihe, und daher konvergiert f in x. Aber dies ist ein Widerspruch gegen $x > \rho(f)$. – Also ist $\rho(f_\lambda) = \rho(f)$. Wegen $D(f) = f_1$ ist damit auch (2) bewiesen.

(3.17) BEMERKUNG: Es sei $f \in \mathbb{C}[[T]]$ mit $\rho(f) > 0$, es sei $z_0 \in K_{\rho(f)}$, und es sei $\rho := \rho(f) - |z_0|$ [$= \infty$, falls $\rho(f) = \infty$ ist]. Dann ist $K_\rho(z_0)$ die größte offene Kreisscheibe um z_0, die ganz in der offenen Kreisscheibe $K_{\rho(f)}(0)$ enthalten ist.

(3.18) BEISPIEL: Die formale Potenzreihe $f := \sum_{\nu=0}^\infty T^\nu \in \mathbb{C}[[T]]$ hat den Konvergenzradius 1, und für jedes $z \in K_1(0)$ ist $f(z) = (1 - z)^{-1}$. Für jedes $\lambda \in \mathbb{N}_0$ hat nach (3.16) die formale Potenzreihe $f_\lambda = \sum_{\nu=0}^\infty \binom{\nu+\lambda}{\lambda} T^\nu$ ebenfalls den Konvergenzradius 1. Nach I(7.6)(2) ist $f_\lambda = f^{\lambda+1}$ für jedes $\lambda \in \mathbb{N}_0$.

Es sei $z_0 \in K_1(0)$. Die formale Potenzreihe

$$g := \sum_{\lambda=0}^{\infty} f_\lambda(z_0)T^\lambda = (1-z_0)^{-1}\sum_{\lambda=0}^{\infty}(1-z_0)^{-\lambda}T^\lambda$$

hat den Konvergenzradius $\rho(g) = |1-z_0|$, wie sich sogleich aus (3.6) ergibt, und für jedes $z \in K_{\rho(g)}(z_0)$ konvergiert die Reihe $\sum_{\lambda=0}^{\infty} f_\lambda(z_0)(z-z_0)^\lambda$, und zwar ist

$$\begin{aligned}\sum_{\lambda=0}^{\infty} f_\lambda(z_0)(z-z_0)^\lambda &= \sum_{\lambda=0}^{\infty}\frac{1}{1-z_0}\cdot\left(\frac{z-z_0}{1-z_0}\right)^\lambda \\ &= \frac{1}{1-z_0}\cdot\frac{1}{1-(z-z_0)/(1-z_0)} = \frac{1}{1-z},\end{aligned}$$

wie es nach (3.16) auch sein muß.

Nach (3.16) gilt

$$f(z) = \sum_{\lambda=0}^{\infty} f_\lambda(z_0)(z-z_0)^\lambda \quad \text{für jedes } z \in K_{\rho(g)}(z_0).$$

Kapitel IV Stetige Funktionen

§1 Grenzwerte von Funktionen

(1.0) In Kapitel III wurden Grenzwerte von Folgen behandelt. In diesem Paragraphen wird eine Verallgemeinerung, der Begriff des Grenzwerts einer Funktion an einer Stelle, eingeführt. Es werden in diesem Paragraphen alle später benötigten Varianten dieses Grenzwertbegriffs zusammengestellt. Die dabei notwendigen Fallunterscheidungen wirken ermüdend; es sei dem Leser empfohlen, zunächst nur den Fall eines endlichen Grenzwerts an einer Stelle $a \in \mathbb{C}$ zu betrachten, sich also bei den Nummern (1.1)–(1.11) zunächst auf (1.1), (1.2)(1), (1.3)(1)–(4), (1.3)(7), (1.4)–(1.7), (1.8)(1), (1.9)(1)–(6), (1.9)(8), (1.11)(2)(a), (1.11)(3)(a) und (1.11)(4) zu beschränken und erst dann die übrigen Aussagen zu studieren.

(1.1) BEZEICHNUNG: (1)(a) Für $a, b \in \mathbb{R}$ mit $a < b$ setzt man

$$[a,b] := \{x \in \mathbb{R} \mid a \le x \le b\}, \qquad (a,b) := \{x \in \mathbb{R} \mid a < x < b\},$$
$$[a,b) := \{x \in \mathbb{R} \mid a \le x < b\}, \qquad (a,b] := \{x \in \mathbb{R} \mid a < x \le b\}.$$

[Jede dieser Mengen hat das Infimum a und das Supremum b.]
(b) Für $a \in \mathbb{R}$ setzt man

$$(-\infty,a] := \{x \in \mathbb{R} \mid x \le a\}, \qquad (-\infty,a) := \{x \in \mathbb{R} \mid x < a\},$$
$$[a,\infty) := \{x \in \mathbb{R} \mid a \le x\}, \qquad (a,\infty) := \{x \in \mathbb{R} \mid a < x\}.$$

[Die beiden ersten Mengen haben das Infimum $-\infty$ und das Supremum a, die beiden letzten Mengen haben das Infimum a und das Supremum ∞.]
(c) Man setzt $(-\infty, \infty) := \mathbb{R}$.
(d) Die in (a)–(c) beschriebenen Mengen heißen Intervalle, a und b ihre Endpunkte. Für $a, b \in \mathbb{R}$ mit $a < b$ heißt (a,b) das offene Intervall mit den Endpunkten a und b, $[a,b]$ das abgeschlossene Intervall mit den Endpunkten a und b. Solche Intervalle heißen endliche Intervalle. Bei Intervallen der Form (a,b) [bzw. $(a,b]$ bzw. $[a,b)$] ist $a = -\infty$, $b = \infty$ [bzw. $a = -\infty$ bzw. $b = \infty$] zugelassen. Auch hier heißt $-\infty$ bzw. ∞ ein Endpunkt des Intervalls.
(2) Die Definition der offenen Kreisscheibe $K_r(z_0)$ um $z_0 \in \mathbb{C}$ vom Radius r wurde in III(3.15) gegeben.

(1.2) DEFINITION: (1) Es sei $A \subset \mathbb{C}$ [bzw. $A \subset \mathbb{R}$]. Ein Punkt $a \in \mathbb{C}$ [bzw. $a \in \mathbb{R}$] heißt (endlicher) Häufungspunkt von A, wenn es zu jedem (kleinen) $\varepsilon > 0$ ein $z \in A$ mit $0 < |z - a| < \varepsilon$ gibt.
(2) Es sei $A \subset \mathbb{C}$. Es heißt ∞ ein Häufungspunkt von A, wenn es zu jedem (großen) $\kappa > 0$ ein $z \in A$ mit $|z| > \kappa$ gibt.
(3) Es sei $A \subset \mathbb{R}$. Es heißt ∞ [bzw. $-\infty$] ein Häufungspunkt von A, wenn es zu jedem $\kappa > 0$ ein $x \in A$ mit $x > \kappa$ [bzw. $x < -\kappa$] gibt.

(1.3) BEMERKUNG: (1) Es sei $A \subset \mathbb{R}$. Ein Punkt $a \in \mathbb{R}$ ist genau dann ein Häufungspunkt von A, wenn in jedem offenen Intervall $I \subset \mathbb{R}$ mit $a \in I$ mindestens ein $x \in A$ mit $x \neq a$ liegt.
(2) Es sei I ein Intervall. Die Menge der Häufungspunkte von I besteht aus I und den Endpunkten von I.
(3) Es sei $r \in \mathbb{R}$ mit $r > 0$. Die Menge der Häufungspunkte der offenen Kreisscheibe $K_r(z_0)$ ist $\{z \in \mathbb{C} \mid |z - z_0| \leq r\}$. Es sei nämlich $w \in \mathbb{C}$, und es sei $r' := |w - z_0|$. Ist $r' > r$ und wird $\rho := (r' - r)/2$ gesetzt, so ist $K_\rho(w) \cap K_r(z_0) = \emptyset$, denn für jedes $z \in K_\rho(w)$ ist $|z - z_0| = |z - w + w - z_0| \geq |w - z_0| - |z - w| > (r' + r)/2 > r$; folglich ist w kein Häufungspunkt von $K_r(z_0)$. Ist hingegen $0 < r' \leq r$, ist $\varepsilon > 0$ und $\lambda \in \mathbb{R}$ mit $\max\{0, 1 - \varepsilon/r'\} < \lambda < 1$, so gilt für $z_\lambda := z_0 + \lambda(w - z_0)$: Es ist

$$|z_\lambda - z_0| = |\lambda|\,|w - z_0| < r' < r, \quad 0 < |z_\lambda - w| = |1 - \lambda|\,|w - z_0| < \varepsilon.$$

Also ist w ein Häufungspunkt von $K_r(z_0)$. [Es ist klar, daß z_0 ein Häufungspunkt von $K_r(z_0)$ ist.]
(4) Die Menge der Häufungspunkte von $K_\infty(z_0) = \mathbb{C}$ ist $\mathbb{C} \cup \{\infty\}$.
(5) Es ist ∞ ein Häufungspunkt von $\mathbb{N}$.
(6) Ist $A \subset B \subset \mathbb{C}$ und ist a ein Häufungspunkt von A, so ist a auch ein Häufungspunkt von B.
(7) Es sei $A \subset \mathbb{C}$, und es sei $a \in \mathbb{C}$ ein Häufungspunkt von A. Dann gibt es konvergente Folgen $(z_n)_{n\geq 1}$ in A mit $\lim_{n\to\infty}(z_n) = a$.
Beweis: Zu jedem $n \in \mathbb{N}$ gibt es ein $z_n \in A$ mit $|z_n - a| < 1/n$. Die Folge $(z_n)_{n\geq 1}$ konvergiert offensichtlich gegen a.
(8) Es sei $A \subset \mathbb{R}$, und es sei $a \in \mathbb{R}$ ein Häufungspunkt von A. Dann gibt es konvergente Folgen $(a_n)_{n\geq 1}$ in A mit $\lim_{n\to\infty}(a_n) = a$. Das beweist man wie eben.

(1.4) Im folgenden werden Funktionen [Abbildungen, vgl. I(2.2)(5)] $f: A \to \mathbb{C}$ betrachtet; hier ist $A \subset \mathbb{C}$ stets eine nichtleere Menge, der Definitionsbereich der Funktion f. Es heißt $f(A)$ der Wertebereich von f; ist $f(A) \subset \mathbb{R}$, so heißt f eine reellwertige Funktion.
(1) Es sei $f: A \to \mathbb{C}$ eine Funktion. Für jedes $z \in A$ setzt man

$$\mathrm{Re}(f)(z) := \mathrm{Re}(f(z)),\ \mathrm{Im}(f)(z) := \mathrm{Im}(f(z)),\ |f|(z) := |f(z)|,\ \overline{f}(z) := \overline{f(z)}$$

und erhält so Funktionen

$$\mathrm{Re}(f): A \to \mathbb{R}, \quad \mathrm{Im}(f): A \to \mathbb{R}, \quad |f|: A \to \mathbb{R}, \quad \overline{f}: A \to \mathbb{C}.$$

(2) Es seien $f: A \to \mathbb{C}$, $g: A \to \mathbb{C}$ Funktionen, es sei $\alpha \in \mathbb{C}$. Für jedes $z \in A$ setzt man $(f+g)(z) := f(z) + g(z)$, $(fg)(z) := f(z)g(z)$, $(\alpha f)(z) := \alpha f(z)$ und erhält so Funktionen $f + g: A \to \mathbb{C}$, $fg: A \to \mathbb{C}$, $\alpha f: A \to \mathbb{C}$.

Ist dabei $g(z) \neq 0$ für jedes $z \in A$, so setzt man $(f/g)(z) := f(z)/g(z)$ für jedes $z \in A$ und erhält so eine Funktion $f/g: A \to \mathbb{C}$.
(3) Es seien $f: A \to \mathbb{R}$, $g: A \to \mathbb{R}$ Funktionen. Für jedes $z \in A$ setzt man

$$\max\{f,g\}(z) := \max\{f(z), g(z)\}, \quad \min\{f,g\}(z) := \min\{f(z), g(z)\}$$

und erhält so Funktionen $\max\{f,g\}: A \to \mathbb{R}$, $\min\{f,g\}: A \to \mathbb{R}$.
(4) Es seien $f: A \to \mathbb{R}$, $g: A \to \mathbb{R}$ Funktionen. Gilt $f(z) \leq g(z)$ für jedes $z \in A$, so schreibt man $f \leq g$. Die dadurch auf der Menge der Funktionen $f: A \to \mathbb{R}$ definierte Relation $\leq$ ist eine Ordnung im Sinne von I(1.15)(2), aber keine lineare Ordnung, denn für die durch $x \mapsto x^2 : \mathbb{R} \to \mathbb{R}$ definierte Funktion f gilt weder $x \leq f(x)$ für jedes $x \in \mathbb{R}$ noch $f(x) \leq x$ für jedes $x \in \mathbb{R}$, d.h. es gilt weder $\mathrm{id}_{\mathbb{R}} \leq f$ noch $f \leq \mathrm{id}_{\mathbb{R}}$.

(1.5) BEISPIELE: Es sei $\emptyset \neq A \subset \mathbb{C}$.
(1) Die Funktion $z \mapsto z: A \to \mathbb{C}$ heißt die identische Funktion auf A.
(2) Es sei $\alpha \in \mathbb{C}$. Die Funktion $z \mapsto \alpha: A \to \mathbb{C}$ heißt die konstante Funktion mit dem Wert α. Die Funktion $z \mapsto 0: A \to \mathbb{C}$ heißt auch die Nullfunktion.
(3) Eine Funktion $f: A \to \mathbb{C}$ heißt Polynomfunktion, wenn es ein Polynom $F \in \mathbb{C}[T]$ gibt mit $f(z) = F(z)$ für jedes $z \in A$. Die identische Funktion auf A und alle konstanten Funktionen sind Polynomfunktionen.
(4) Eine Funktion $f: A \to \mathbb{C}$ heißt rationale Funktion, wenn es Polynomfunktionen $p: A \to \mathbb{C}$ und $q: A \to \mathbb{C}$ gibt mit $q(z) \neq 0$ für jedes $z \in A$ und mit $f = p/q$.
(5) Es sei $f: A \to \mathbb{R}$ eine Funktion. Man setzt $f^+ := \max\{f,0\}$, $f^- := -\min\{f,0\}$. Dann gilt $f^+ \geq 0$, $f^- \geq 0$, $f = f^+ - f^-$ und $|f| = f^+ + f^-$.
(6) Eine Funktion $f: A \to \mathbb{C}$ heißt gerade (bzw. ungerade), wenn $f(-z) = f(z)$ (bzw. $f(-z) = -f(z)$) für jedes $z \in A$ gilt. Ist $f: A \to \mathbb{C}$ eine Funktion, so gilt für die Funktionen $f_1: A \to \mathbb{C}$ und $f_2: A \to \mathbb{C}$ mit

$$f_1(z) := \frac{1}{2}(f(z) + f(-z)), \quad f_2(z) := \frac{1}{2}(f(z) - f(-z)) \quad \text{für jedes } z \in A:$$

f_1 ist gerade, f_2 ist ungerade, und es ist $f = f_1 + f_2$.
(7) Die Funktion sign: $\mathbb{R} \to \mathbb{R}$ wird so definiert:

$$\mathrm{sign}(x) := \begin{cases} 1, & \text{falls } x > 0 \text{ ist,} \\ 0, & \text{falls } x = 0 \text{ ist,} \\ -1, & \text{falls } x < 0 \text{ ist.} \end{cases}$$

(1.6) BEMERKUNG: (1) Es sei $A \subset \mathbb{C}$ eine nicht endliche Menge, es sei $f: A \to \mathbb{C}$ eine Polynomfunktion. Dann gibt es genau ein Polynom $F \in \mathbb{C}[T]$ mit $f(z) = F(z)$ für jedes $z \in A$. [Das folgt aus I(8.13).]
(2) Es sei $A \subset \mathbb{R}$ eine nicht endliche Menge, es sei $f: A \to \mathbb{R}$ eine Polynomfunktion. Dann gibt es genau ein Polynom $F \in \mathbb{R}[T]$ mit $f(x) = F(x)$ für jedes $x \in A$.
Beweis: Nach (1) gibt es ein eindeutig bestimmtes Polynom $F \in \mathbb{C}[T]$ mit $F(x) = f(x)$ für jedes $x \in A$. Ist f die Nullfunktion, so ist F das Nullpolynom. Ist $f \neq 0$, so ist $F \neq 0$. In diesem Fall setzt man $n := \mathrm{grad}(F)$ und wählt paarweise verschiedene $x_0, \ldots, x_n \in A$. Nach II(8.30)(2) gibt es ein Polynom $G \in \mathbb{R}[T]$ mit $\mathrm{grad}(G) \leq n$ und mit $G(x_j) = f(x_j)$ für jedes $j \in \{0, 1, \ldots, n\}$. Dann hat $F - G$ mindestens $n+1$ verschiedene Nullstellen, also ist $F = G$ [vgl. I(8.11)]. In jedem Fall ist somit $F \in \mathbb{R}[T]$.

(1.7) Die folgende Abschätzung ist sehr nützlich: Es sei $F = \sum_{i=0}^{n} a_i T^i \in \mathbb{C}[T]$ mit $F \neq 0$; es sei $n := \text{grad}(F)$. Dann gibt es ein $r > 0$ mit

$$\frac{1}{2}|a_n||z|^n \leq |F(z)| \leq 2|a_n||z|^n \text{ für jedes } z \in \mathbb{C} \text{ mit } |z| \geq r. \qquad (*)$$

Beweis: Ist $n = 0$, so ist nichts zu zeigen. Es sei $n \geq 1$, und es sei $g(z) := \sum_{i=0}^{n-1} |a_i||z|^i$ für jedes $z \in \mathbb{C}$. Für jedes $z \in \mathbb{C}$ mit $|z| \geq 1$ gilt $|z|^i \leq |z|^{n-1}$ für jedes $i \in \{0, \ldots, n-1\}$, also $g(z) \leq k|z|^{n-1}$ mit $k := \sum_{i=0}^{n-1} |a_i|$, und daher gilt

$$g(z) \leq \frac{1}{2}|a_n|\,|z|^n \quad \text{für jedes } z \in \mathbb{C} \text{ mit } |z| \geq r := \max\{\,1, 2k/|a_n|\,\}, \qquad (**)$$

und aus $|a_n|\,|z|^n - g(z) \leq |F(z)| \leq |a_n|\,|z|^n + g(z)$ für jedes $z \in \mathbb{C}$ folgt $(*)$. Ist $F \in \mathbb{R}[T]$ und ist $a_n > 0$, so bleibt $(**)$ richtig, wenn darin $|z|$ durch x ersetzt wird, und daher gilt dann

$$\frac{1}{2}a_n x^n \leq F(x) \leq 2a_n x^n \quad \text{für jedes } x \in \mathbb{R} \text{ mit } x \geq r. \qquad (***)$$

Zu $(***)$ analoge Ungleichungen gelten, wenn $a_n < 0$ oder wenn $x < -r$ gilt.

(1.8) Definition: (1) Es sei $f: A \to \mathbb{C}$ eine Funktion, es sei $a \in \mathbb{C}$ ein Häufungspunkt von A, und es sei $b \in \mathbb{C}$. f hat in a den Grenzwert b, wenn gilt: Zu jedem positiven ε gibt es ein positives δ mit $|f(z) - b| < \varepsilon$ für jedes $z \in A$ mit $|z - a| < \delta$.
(2) Es sei $f: A \to \mathbb{C}$ eine Funktion, es sei ∞ ein Häufungspunkt von A, und es sei $b \in \mathbb{C}$. f hat in ∞ den Grenzwert b, wenn gilt: Zu jedem positiven ε gibt es ein positives κ mit $|f(z) - b| < \varepsilon$ für jedes $z \in A$ mit $|z| > \kappa$.
(3) Es sei $f: A \to \mathbb{C}$ eine Funktion, es sei $a \in \mathbb{C}$ ein Häufungspunkt von A. f hat in a den Grenzwert ∞, wenn gilt: Zu jedem positiven κ gibt es ein positives δ mit $|f(z)| > \kappa$ für jedes $z \in A$ mit $|z - a| < \delta$.
(4) Es sei $f: A \to \mathbb{R}$ eine Funktion, es sei $a \in \mathbb{C}$ ein Häufungspunkt von A. f hat in a den Grenzwert ∞ [bzw. $-\infty$], wenn gilt: Zu jedem positiven κ gibt es ein positives δ mit $f(z) > \kappa$ [bzw. $f(z) < -\kappa$] für jedes $z \in A$ mit $|z - a| < \delta$.
(5) Es bleibe dem Leser überlassen, entsprechende Definitionen für die übrigen Fälle zu formulieren.

(1.9) Bemerkung: (1) Ist $f: A \to \mathbb{C}$ eine Funktion, ist a ein Häufungspunkt von A und hat f in a den Grenzwert b, so ist b der einzige Grenzwert von f in a. Der Beweis hierfür wird nur für den Fall (1) der Definition (1.8) geführt; die übrigen Fälle seien dem Leser als Übung überlassen. Es sei also $b \in \mathbb{C}$. Dann kann ∞ kein Grenzwert von f in a sein, denn zu $\varepsilon = 1$ gibt es ein $\delta > 0$ mit $|f(z) - b| < 1$ für jedes $z \in A$ mit $|z - a| < \delta$; für diese z ist $|f(z)| = |f(z) - b + b| \leq |f(z) - b| + |b| < 1 + |b|$.

Annahme: Es hat f in a einen weiteren Grenzwert $b' \in \mathbb{C}$ mit $b' \neq b$. Zu $\varepsilon := |b - b'|/2$ gibt es ein $\delta > 0$ mit $|f(z) - b| < \varepsilon$, $|f(z) - b'| < \varepsilon$ für jedes $z \in A$ mit $|z - a| < \delta$; für diese z ist $|b - b'| = |b - f(z) + f(z) - b'| < \varepsilon + \varepsilon = |b - b'|$, und das ist Unsinn.

(2) Es sei $f: A \to \mathbb{C}$ eine Funktion, es sei a ein Häufungspunkt von A. Hat f in a den Grenzwert b, so schreibt man

$$\lim_{z \to a} f(z) = b \quad \text{für } z \in A;$$

hier sind für a und b auch ∞ und $-\infty$ zugelassen [letzteres natürlich nur, falls $A \subset \mathbb{R}$ bzw. $f(A) \subset \mathbb{R}$ gilt]. [Der Zusatz $z \in A$ wird weggelassen, wenn er sich aus dem Zusammenhang ergibt.]
(3) Es sei $f: A \to \mathbb{C}$ eine Funktion, es sei $a \in \mathbb{C}$ ein Häufungspunkt von A, und es existiere $b := \lim_{z \to a} f(z) \in \mathbb{C}$. Dann gibt es ein $\delta > 0$ und ein $M > 0$ mit $|f(z)| < M$ für jedes $z \in A$ mit $|z - a| < \delta$. Das folgt wie im Beweis von (1). Ist $a = \infty$, so folgt auf ähnliche Weise: Es gibt ein $\kappa > 0$ und ein $M > 0$ mit $|f(z)| < M$ für jedes $z \in A$ mit $|z| > \kappa$.
(4) Es sei $I \subset \mathbb{R}$ ein Intervall mit dem linken Endpunkt a und dem rechten Endpunkt b; es sei $f: I \to \mathbb{C}$ eine Funktion. Wenn a eine reelle Zahl ist und nicht zu I gehört und wenn $\alpha := \lim_{x \to a} f(x)$ existiert, so nennt man α den rechtsseitigen Grenzwert von f in a und schreibt $\alpha = \lim_{x \to a^+} f(x)$. Wenn b eine reelle Zahl ist und nicht zu I gehört und wenn $\beta := \lim_{x \to b} f(x)$ existiert, so nennt man β den linksseitigen Grenzwert von f in b und schreibt $\beta = \lim_{x \to b^-} f(x)$.
(5) Es sei $I \subset \mathbb{R}$ ein Intervall mit dem linken Endpunkt a und dem rechten Endpunkt b, und es sei $f: I \to \mathbb{C}$ eine Funktion; es sei $x_0 \in I$ von den Endpunkten von I verschieden. Wenn die Funktion $f|(a, x_0)$ in x_0 den Grenzwert γ_1 besitzt, so sagt man: f hat in x_0 den linksseitigen Grenzwert γ_1; man schreibt dann $\gamma_1 = \lim_{x \to x_0^-} f(x)$. Wenn die Funktion $f|(x_0, b)$ in x_0 den Grenzwert γ_2 besitzt, so sagt man: f hat in x_0 den rechtsseitigen Grenzwert γ_2; man schreibt dann $\gamma_2 = \lim_{x \to x_0^+} f(x)$.

Unmittelbar aus den Definitionen ergibt sich: f hat in x_0 genau dann einen Grenzwert, wenn der linksseitige und der rechtsseitige Grenzwert von f in x_0 existieren und gleich $f(x_0)$ sind.
(6) Es sei $f: A \to \mathbb{C}$ eine Funktion, es sei $a \in \mathbb{C}$ ein Häufungspunkt von A, und es sei $b \in \mathbb{C}$. *Die folgenden Aussagen sind äquivalent:*
(i) *f hat in a den Grenzwert b.*
(ii) *Für jede Folge $(z_n)_{n \geq 1}$ in A, die gegen a konvergiert, konvergiert die Folge $(f(z_n))_{n \geq 1}$ gegen b.*
Beweis: (i) $\Rightarrow$ (ii): Es habe f in a den Grenzwert b, es sei (z_n) eine Folge in A, die gegen a konvergiert. Es sei $\varepsilon > 0$. Dann gibt es ein $\delta > 0$ mit $|f(z) - b| < \varepsilon$ für jedes $z \in A$ mit $|z - a| < \delta$. Weil (z_n) gegen a konvergiert, gibt es ein $n_0 \in \mathbb{N}$ mit $|z_n - a| < \delta$ für jedes $n \in \mathbb{N}$ mit $n \geq n_0$, also mit $|f(z_n) - b| < \varepsilon$ für jedes $n \in \mathbb{N}$ mit $n \geq n_0$. Es folgt: $(f(z_n))$ konvergiert gegen b.
(ii) $\Rightarrow$ (i): Es gelte (ii). Annahme: f hat in a nicht den Grenzwert b. Dann gibt es ein $\varepsilon_0 > 0$ mit: Zu jedem $\delta > 0$ gibt es $z \in A$ mit $|z - a| < \delta$ und $|f(z) - b| \geq \varepsilon_0$. Folglich gibt es zu jedem $n \in \mathbb{N}$ ein $z_n \in A$ mit $|z_n - a| < \frac{1}{n}$ und $|f(z_n) - b| \geq \varepsilon_0$. Die Folge $(z_n)_{n \geq 1}$ konvergiert gegen a, aber die Folge $(f(z_n))_{n \geq 1}$ konvergiert nicht gegen b.

(7) Es sei $f: A \to \mathbb{C}$ eine Funktion, und es sei a ein Häufungspunkt von A. Dann hat f in a den Grenzwert ∞ genau dann, wenn die Funktion $|f|: A \to \mathbb{R}$ in a den Grenzwert ∞ hat.

(8) [Cauchykriterium] Es sei $f: A \to \mathbb{C}$ eine Funktion, und es sei $a \in \mathbb{C}$ ein Häufungspunkt von A. Genau dann hat f in a einen endlichen Grenzwert, wenn gilt: Zu jedem $\varepsilon > 0$ gibt es ein $\delta > 0$ mit $|f(z) - f(z')| < \varepsilon$ für alle z, $z' \in A$ mit z, $z' \in K_\delta(a)$.

Beweis: Es existiere $\lim_{z \to a} f(z) =: b$ mit $b \in \mathbb{C}$. Es sei $\varepsilon > 0$. Dann gibt es ein $\delta > 0$ mit $|f(z) - b| < \varepsilon/2$ für jedes $z \in A$ mit $|z - a| < \delta$. Für alle z, $z' \in A \cap K_\delta(a)$ gilt $|f(z) - f(z')| \leq |f(z) - b| + |f(z') - b| < \varepsilon/2 + \varepsilon/2 = \varepsilon$.

Es sei die Bedingung des Kriteriums erfüllt. Es sei $\varepsilon > 0$, und es sei $\delta > 0$ so gewählt, daß $|f(z) - f(z')| < \varepsilon/2$ für alle z, $z' \in A \cap K_\delta(a)$ gilt. Zu jedem $n \in \mathbb{N}$ gibt es ein $z_n \in A$ mit $|z_n - a| < 1/(2n)$. Es sei $n_0 := \lceil 1/\delta \rceil$. Für alle m, $n \in \mathbb{N}$ mit $m \geq n_0$, $n \geq n_0$ gilt dann $|z_n - z_m| \leq |z_n - a| + |a - z_m| < 1/n_0 \leq \delta$ und daher $|f(z_n) - f(z_m)| < \varepsilon/2$. Also ist $(f(z_n))$ eine Cauchyfolge, und daher existiert $b := \lim_{n \to \infty}(f(z_n))$ [vgl. III(1.28)].

Es sei (w_n) eine Folge in A mit $\lim_{n \to \infty}(w_n) = a$. Dann konvergiert die Folge $(f(w_n))$ ebenfalls gegen b. Es sei dazu $\varepsilon > 0$, und es sei $\delta > 0$ so gewählt, daß $|f(z) - f(z')| < \varepsilon/2$ für alle z, $z' \in A \cap K_\delta(a)$ gilt. Es gibt ein $n_1 \in \mathbb{N}$ mit: Für jedes $n \in \mathbb{N}$ mit $n \geq n_1$ ist $|z_n - a| < \delta/2$, $|w_n - a| < \delta/2$ und $|f(z_n) - b| < \varepsilon/2$ und daher $|w_n - z_n| \leq |w_n - a| + |a - z_n| < \delta/2 + \delta/2 = \delta$ und schließlich $|f(w_n) - b| \leq |f(w_n) - f(z_n)| + |f(z_n) - b| < \varepsilon/2 + \varepsilon/2 = \varepsilon$. Damit ist gezeigt: Für jede Folge (w_n) in A, die gegen a konvergiert, konvergiert die Folge $(f(w_n))$ gegen b. Nach (6) hat daher f in a den Grenzwert b.

(9) Es sei $A \subset \mathbb{C}$, es sei ∞ ein Häufungspunkt von A, und es sei $f: A \to \mathbb{C}$ eine Funktion. Genau dann hat f in ∞ einen endlichen Grenzwert, wenn gilt: Zu jedem $\varepsilon > 0$ gibt es ein $\kappa > 0$ mit $|f(z) - f(z')| < \varepsilon$ für alle z, $z' \in A$ mit $|z| > \kappa$ und $|z'| > \kappa$. Das beweist man ähnlich wie die Aussage in (8).

(10) Ist $A \subset \mathbb{R}$ und ist ∞ oder $-\infty$ ein Häufungspunkt von A, so kann man ein ähnliches Kriterium wie in (9) formulieren. Es sei dem Leser empfohlen, das zu tun.

(1.10) BEISPIELE: (1) Es sei $(a_n)_{n \geq 0}$ eine konvergente Folge in $\mathbb{C}$ mit dem Grenzwert b. Es ist ∞ ein Häufungspunkt von $\mathbb{N}_0$ [vgl. (1.3)(5)], und die Funktion $n \mapsto a_n: \mathbb{N}_0 \to \mathbb{C}$ hat in ∞ den Grenzwert b [vgl. III(1.2)].

(2) Es sei $f: (0, \infty) \to \mathbb{C}$ eine Funktion; für jedes $n \in \mathbb{N}$ wird $a_n := f(n)$ gesetzt. Existiert der Grenzwert $\lim_{x \to \infty} f(x)$, so existiert der Grenzwert der Folge (a_n), und beide Grenzwerte sind gleich. Das folgt unmittelbar aus den Definitionen. Existiert der Grenzwert der Folge (a_n), so braucht $\lim_{x \to \infty} f(x)$ nicht zu existieren, wie das Beispiel der Funktion $f: (0, \infty) \to \mathbb{R}$ mit $f(x) := 0$ für jedes $x \in (0, \infty) \setminus \mathbb{N}$ und $f(n) := 1$ für jedes $n \in \mathbb{N}$ zeigt.

(3) Es sei $f: \mathbb{C} \to \mathbb{C}$ eine nichtkonstante Polynomfunktion. Dann ist nach (1.7) $\lim_{z \to \infty} f(z) = \infty$.

(4) Es sei $f: \mathbb{R} \to \mathbb{R}$ eine nichtkonstante Polynomfunktion. Dann gibt es ein

$n \in \mathbb{N}$ und $a_0, \ldots, a_n \in \mathbb{R}$ mit $a_n \neq 0$ und mit $f(x) = \sum_{i=0}^n a_i x^i$ für jedes $x \in \mathbb{R}$ [vgl. (1.6)(2)]. Ist n gerade, so ergibt sich nach (1.7): Ist $a_n > 0$, so gilt $\lim_{x\to\infty} f(x) = \infty$ und $\lim_{x\to-\infty} f(x) = \infty$; ist $a_n < 0$, so gilt $\lim_{x\to\infty} f(x) = -\infty$ und $\lim_{x\to-\infty} f(x) = -\infty$. Ist n ungerade, so ergibt sich auf dieselbe Weise: Ist $a_n > 0$, so gilt $\lim_{x\to\infty} f(x) = \infty$ und $\lim_{x\to-\infty} f(x) = -\infty$; ist $a_n < 0$, so gilt $\lim_{x\to\infty} f(x) = -\infty$ und $\lim_{x\to-\infty} f(x) = \infty$.

(1.11) RECHENREGELN: Es seien $f: A \to \mathbb{C}$, $g: A \to \mathbb{C}$ Funktionen, es sei a ein Häufungspunkt von A, und es gelte: Es existieren die Grenzwerte $\lim_{z\to a} f(z) =: b$ und $\lim_{z\to a} g(z) =: c$. Die Beweise für die folgenden Aussagen werden nur für den Fall gegeben, daß a ein endlicher Häufungspunkt von A ist; die anderen Fälle, nämlich $a = \infty$ bzw. $a \in \{-\infty, \infty\}$, falls $A \subset \mathbb{R}$ ist, können ähnlich behandelt werden [man vgl. die Beweise zu III(1.11)].

(1) Es gelte $c \in \mathbb{C}$ und $c \neq 0$. Dann gibt es ein $\delta > 0$ und ein $m > 0$ mit $|g(z)| \geq m$ für jedes $z \in A$ mit $|z-a| < \delta$.

Beweis: Zu $\varepsilon := |c|/2$ gibt es ein $\delta > 0$ mit: Für jedes $z \in A$ mit $|z-a| < \delta$ ist $|g(z) - c| < \varepsilon$ und daher

$$|g(z)| = |g(z) - c + c| \geq |c| - |g(z) - c| > |c| - \frac{|c|}{2} = \frac{|c|}{2} > 0.$$

(2) Gilt $b, c \in \mathbb{C}$, so gilt $\lim_{z\to a}(f+g)(z) = b + c = \lim_{z\to a} f(z) + \lim_{z\to a} g(z)$; gilt $b = \infty$ und $c \in \mathbb{C}$, so gilt $\lim_{z\to a}(f+g)(z) = \infty$.

Beweis: (a) Es gelte $b, c \in \mathbb{C}$. Für jedes $\varepsilon > 0$ gilt: Es gibt $\delta_1 > 0$, $\delta_2 > 0$ mit $|f(z) - b| < \varepsilon/2$ für jedes $z \in A$ mit $|z-a| < \delta_1$ und $|g(z) - c| < \varepsilon/2$ für jedes $z \in A$ mit $|z-a| < \delta_2$, und für jedes $z \in A$ mit $|z-a| < \delta := \min\{\delta_1, \delta_2\}$ ist

$$|(f+g)(z) - (b+c)| \leq |f(z) - b| + |g(z) - c| < \frac{\varepsilon}{2} + \frac{\varepsilon}{2} = \varepsilon.$$

(b) Es gelte $b = \infty$ und $c \in \mathbb{C}$. Nach (1.9)(3) gibt es ein $M > 0$ und ein $\delta_1 > 0$ mit $|g(z)| < M$ für jedes $z \in A$ mit $|z-a| < \delta_1$. Für jedes $\kappa > 0$ gilt: Es gibt ein $\delta_2 > 0$ mit $|f(z)| > \kappa + M$ für jedes $z \in A$ mit $|z-a| < \delta_2$, und für jedes $z \in A$ mit $|z-a| < \delta := \min\{\delta_1, \delta_2\}$ ist

$$|f(z) + g(z)| \geq |f(z)| - |g(z)| > (\kappa + M) - M = \kappa.$$

(3) Gilt $b, c \in \mathbb{C}$, so gilt $\lim_{z\to a}(fg)(z) = bc = \lim_{z\to a} f(z) \cdot \lim_{z\to a} g(z)$; gilt $b = \infty$ und $c \in \mathbb{C}$ mit $c \neq 0$, so gilt $\lim_{z\to a}(fg)(z) = \infty$.

Beweis: (a) Es gelte $b, c \in \mathbb{C}$. Nach (1.9)(3) gibt es ein $\delta_1 > 0$ und ein $M > 0$ mit $|g(z)| < M$ für jedes $z \in A$ mit $|z-a| < \delta_1$. Zu jedem $\varepsilon > 0$ gibt es ein $\delta \in \mathbb{R}$ mit $0 < \delta < \delta_1$ und mit: Für jedes $z \in A$ mit $|z-a| < \delta$ gilt

$$|f(z) - b| < \frac{\varepsilon}{2M}, \quad |b \cdot (g(z) - c)| < \frac{\varepsilon}{2}$$

und daher

$$|f(z)g(z) - bc| = |(f(z) - b)g(z) + b \cdot (g(z) - c)| < M\frac{\varepsilon}{2M} + \frac{\varepsilon}{2} = \varepsilon.$$

(b) Es gelte $b = \infty$ und $c \in \mathbb{C}$ mit $c \neq 0$. Nach (1) gibt es ein $\delta_1 > 0$ und ein $m > 0$ mit $|g(z)| > m$ für jedes $z \in A$ mit $|z - a| < \delta_1$. Zu jedem $\kappa > 0$ gibt es ein $\delta \in \mathbb{R}$ mit $0 < \delta < \delta_1$ und mit: Für jedes $z \in A$ mit $|z - a| < \delta$ gilt $|f(z)| > \kappa/m$ und daher $|f(z)g(z)| > \kappa$.
(4) Es gelte $c \in \mathbb{C}$ und $c \neq 0$, und es sei $g(z) \neq 0$ für jedes $z \in A$. Dann gilt

$$\lim_{z \to a} \frac{1}{g}(z) = \frac{1}{c} = \frac{1}{\lim\limits_{z \to a} g(z)}.$$

Beweis: Nach (1) gibt es ein $\delta_1 > 0$ und ein $m > 0$ mit $|g(z)| \geq m$ für jedes $z \in A$ mit $|z - a| < \delta_1$. Zu jedem $\varepsilon > 0$ gibt es ein $\delta \in \mathbb{R}$ mit $0 < \delta < \delta_1$ und mit: Für jedes $z \in A$ mit $|z - a| < \delta$ ist $|g(z) - c| < m\,|c|\,\varepsilon$ und daher

$$\left|\frac{1}{g(z)} - \frac{1}{c}\right| = \left|\frac{g(z) - c}{g(z)c}\right| \leq \frac{1}{m\,|c|}\,|g(z) - c| < \frac{1}{m\,|c|}\,m\,|c|\,\varepsilon = \varepsilon.$$

(1.12) Rechenregeln: Es seien $f\colon A \to \mathbb{R}$, $g\colon A \to \mathbb{R}$ Funktionen, es sei a ein Häufungspunkt von A, und es gelte: Es existieren die Grenzwerte $\lim_{z \to a} f(z) =: b$ und $\lim_{z \to a} g(z) =: c$. Die Beweise für die folgenden Aussagen werden wieder nur für den Fall gegeben, daß a ein endlicher Häufungspunkt von A ist; die anderen Fälle, nämlich $a = \infty$ bzw. $a \in \{-\infty, \infty\}$, falls $A \subset \mathbb{R}$ ist, können ähnlich behandelt werden.
(1) Es gelte $c \in \mathbb{R}$. Ist $c > 0$, so gibt es ein $\delta > 0$ und ein $m > 0$ mit $g(z) \geq m$ für jedes $z \in A$ mit $|z - a| < \delta$; ist $c < 0$, so gibt es ein $\delta > 0$ und ein $m > 0$ mit $g(z) \leq -m$ für jedes $z \in A$ mit $|z - a| < \delta$.
Beweis: Ist $c > 0$, so gibt es ein $\delta > 0$ mit: Für jedes $z \in A$ mit $|z - a| < \delta$ ist $|g(z) - c| < c/2$ und daher $g(z) = c + \big(g(z) - c\big) \geq c - c/2 = c/2 > 0$. Ist $c < 0$, so wendet man dieselbe Überlegung auf die Funktion $-g$ an.
(2) Gilt $b = \infty$ und $c = \infty$, so ist $\lim_{z \to a}(f + g)(z) = \infty$; gilt $b = -\infty$ und $c = -\infty$, so ist $\lim_{z \to a}(f + g)(z) = -\infty$.
Beweis: Es gelte $b = c = \infty$. Für jedes $\kappa > 0$ gilt: Es gibt ein $\delta_1 > 0$ und ein $\delta_2 > 0$ mit $f(z) > \kappa/2$ für jedes $z \in A$ mit $|z - a| < \delta_1$ und mit $g(z) > \kappa/2$ für jedes $z \in A$ mit $|z - a| < \delta_2$, und für jedes $z \in A$ mit $|z - a| < \delta := \min\{\delta_1, \delta_2\}$ gilt

$$(f + g)(z) = f(z) + g(z) > \frac{\kappa}{2} + \frac{\kappa}{2} = \kappa.$$

Die zweite Aussage ergibt sich auf ähnliche Weise.
(3) Gilt $b = c = \infty$ oder $b = c = -\infty$, so ist $\lim_{z \to a}(fg)(z) = \infty$; gilt $b = \infty$, $c = -\infty$, so ist $\lim_{z \to a}(fg)(z) = -\infty$.
Beweis: Die Behauptungen ergeben sich direkt aus den Definitionen.
(4) Es gelte $f \leq g$. Dann gilt $\lim_{z \to a} f(z) = b \leq c = \lim_{z \to a} g(z)$.
Beweis: Es gelte b, $c \in \mathbb{R}$. Für jedes $\varepsilon > 0$ gilt: Es gibt ein $\delta_1 > 0$ und ein $\delta_2 > 0$ mit $|f(z) - b| < \varepsilon/2$ für jedes $z \in A$ mit $|z - a| < \delta_1$ und $|g(z) - c| < \varepsilon/2$ für jedes $z \in A$ mit $|z - a| < \delta_2$, und für jedes $z \in A$ mit $|z - a| < \delta := \min\{\delta_1, \delta_2\}$ gilt

$f(z)-b > -\varepsilon/2$ und $g(z)-c < \varepsilon/2$, also $b-c < (f(z)+\varepsilon/2)-(g(z)-\varepsilon/2) \le \varepsilon$. Also gilt $b-c \le 0$. Der Beweis der übrigen möglichen Fälle bleibt dem Leser überlassen.
(5) Es gilt

$$\lim_{z\to a} \max\{f,g\}(z) = \max\{b,c\}, \quad \lim_{z\to a} \min\{f,g\}(z) = \min\{b,c\}.$$

Beweis: Es gelte b, $c \in \mathbb{R}$, und es sei ohne Einschränkung $b \le c$. Ist $b < c$, so ist $\varepsilon := c-b > 0$, und es gibt dazu ein $\delta > 0$ mit: Für jedes $z \in A$ mit $|z-a| < \delta$ ist $|f(z)-b| < \varepsilon/2$ und $|g(z)-c| < \varepsilon/2$ und daher $f(z) < b+\varepsilon/2 = c-\varepsilon/2 < g(z)$, also $\max\{f,g\}(z) = g(z)$. Ist $b = c$, so gibt es zu jedem $\varepsilon > 0$ ein $\delta > 0$ mit: Für jedes $z \in A$ mit $|z-a| < \delta$ gilt $-\varepsilon+b \le f(z) \le \varepsilon+b$ und $-\varepsilon+b \le g(z) \le \varepsilon+b$ und daher $-\varepsilon+b \le \max\{f,g\}(z) \le \varepsilon+b$. In beiden Fällen folgt die Behauptung für die Funktion $\max\{f,g\}$; wegen $\min\{f,g\} = -\max\{-f,-g\}$ ergibt sich daraus dann die Behauptung für die Funktion $\min\{f,g\}$. Der Beweis der übrigen möglichen Fälle bleibt dem Leser überlassen.
(6) Aus (5) ergibt sich: Es gilt

$$\lim_{z\to a} f^+(z) = \max\{b,0\}, \quad \lim_{z\to a} f^-(z) = -\min\{b,0\}, \quad \lim_{z\to a} |f|(z) = |b|.$$

[Hier wird $|\infty| = \infty$ und $|-\infty| = \infty$ gesetzt.]

(1.13) Es sei $f\colon A \to \mathbb{C}$ eine Funktion, und es sei a ein Häufungspunkt von A.
(1) Es hat f in a genau dann einen Grenzwert in $\mathbb{C}$, wenn $\mathrm{Re}(f)\colon A \to \mathbb{R}$ und $\mathrm{Im}(f)\colon A \to \mathbb{R}$ in a reelle Grenzwerte besitzen. Es gilt dann

$$\lim_{z\to a} f(z) = \lim_{z\to a} \mathrm{Re}(f)(z) + i \lim_{z\to a} \mathrm{Im}(f)(z).$$

Beweis: Es gelte $a \in \mathbb{C}$. [Der Beweis in den übrigen möglichen Fällen bleibt dem Leser überlassen.] Es sei $b \in \mathbb{C}$ der Grenzwert von f in a; es seien $b_1 := \mathrm{Re}(b)$ und $b_2 := \mathrm{Im}(b)$. Zu jedem $\varepsilon > 0$ existiert ein $\delta > 0$ mit: Für jedes $z \in A$ mit $|z-a| < \delta$ gilt $|f(z)-b| < \varepsilon$ und daher

$$\max\{\, |\mathrm{Re}(f)(z)-b_1|\,, |\mathrm{Im}(f)(z)-b_2|\,\} \le |f(z)-b| < \varepsilon.$$

Also hat $\mathrm{Re}(f)$ in a den Grenzwert $b_1 \in \mathbb{R}$ und $\mathrm{Im}(f)$ in a den Grenzwert $b_2 \in \mathbb{R}$. Es habe umgekehrt $\mathrm{Re}(f)$ in a den Grenzwert $b_1 \in \mathbb{R}$ und $\mathrm{Im}(f)$ in a den Grenzwert $b_2 \in \mathbb{R}$. Dann gibt es zu jedem $\varepsilon > 0$ ein $\delta > 0$ mit: Für jedes $z \in A$ mit $|z-a| < \delta$ ist $|\mathrm{Re}(f)(z)-b_1| < \varepsilon/\sqrt{2}$ und $|\mathrm{Im}(f)(z)-b_2| < \varepsilon/\sqrt{2}$ und daher

$$|f(z)-(b_1+ib_2)| = \sqrt{|\mathrm{Re}(f)(z)-b_1|^2 + |\mathrm{Im}(f)(z)-b_2|^2} < \varepsilon.$$

(2) Hat f in a den Grenzwert b, so hat $|f|$ in a den Grenzwert $|b|$.
Beweis: Es gelte $a \in \mathbb{C}$ und $b \in \mathbb{C}$. Dann gibt es zu jedem $\varepsilon > 0$ ein $\delta > 0$ mit: Für jedes $z \in A$ mit $|z-a| < \delta$ ist $|f(z)-b| < \varepsilon$ und daher auch $\big||f(z)|-|b|\big| \le |f(z)-b| < \varepsilon$. Der Beweis in den übrigen möglichen Fällen bleibt wieder dem Leser überlassen.

(3) Hat f in a den Grenzwert b, so hat $\overline{f}$ in a den Grenzwert $\overline{b}$. [Hier wird im Falle $b = \infty$ auch $\overline{b} = \infty$ gesetzt.]
Beweis: Ist $b \in \mathbb{C}$, so ergibt sich die Behauptung wegen $\overline{f} = \mathrm{Re}(f) - i\,\mathrm{Im}(f)$ aus (1); im Fall $b = \infty$ ist die Aussage klar.

(1.14) BEMERKUNG: (1) Die Funktion $\mathrm{id}_{\mathbb{C}}$ hat in jedem $a \in \mathbb{C}$ den Grenzwert a. Eine entsprechende Aussage gilt für die Funktion $\mathrm{id}_{\mathbb{R}}$.
(2) Eine Polynomfunktion $f: \mathbb{C} \to \mathbb{C}$ hat in jedem $a \in \mathbb{C}$ den Grenzwert $f(a)$, wie aus (1.11)(2) und (3) folgt. Ebenso hat eine Polynomfunktion $f: \mathbb{R} \to \mathbb{R}$ in jedem $a \in \mathbb{R}$ den Grenzwert $f(a)$.
(3) Es sei $\alpha \in \mathbb{C}$. Die Funktionen $\mathrm{id}_{\mathbb{C}} + \alpha$ und $-\mathrm{id}_{\mathbb{C}}$ haben in ∞ den Grenzwert ∞, ihre Summe ist die konstante Funktion mit dem Wert α und hat in ∞ den Grenzwert α. Über den Grenzwert einer Summe $f + g$ zweier Funktionen $f, g: A \to \mathbb{C}$, die beide in einem Häufungspunkt von A den Grenzwert ∞ haben, kann man also i.a. keine Aussagen machen.
(4) Es sei $\alpha \in \mathbb{R}$. Die Funktion $\mathrm{id}_{\mathbb{R}} + \alpha$ hat in ∞ den Grenzwert ∞, die Funktion $-\mathrm{id}_{\mathbb{R}}$ hat in ∞ den Grenzwert $-\infty$, die Summe dieser Funktionen hat in ∞ den Grenzwert α. Man kann also über den Grenzwert einer Summe $f+g$ zweier Funktionen $f, g: A \to \mathbb{R}$, von denen die eine in einem Häufungspunkt von A den Grenzwert ∞ und die andere den Grenzwert $-\infty$ besitzt, i.a. keine Aussagen machen.

(1.15) BEISPIELE: (1) Es seien $p = \sum_{i=0}^{m} a_i T^i$, $q = \sum_{i=0}^{n} b_i T^i \in \mathbb{C}[T]$ mit $a_m \neq 0$ und $b_n \neq 0$. Dann ist ∞ ein Häufungspunkt der Menge $A := \{ z \in \mathbb{C} \mid q(z) \neq 0 \}$, und für die rationale Funktion $f := p/q: A \to \mathbb{C}$ gilt: Es ist

$$\lim_{z \to \infty} f(z) = \lim_{z \to \infty} \frac{p}{q}(z) = \begin{cases} 0, & \text{falls } m < n \text{ ist,} \\ \frac{a_m}{b_n}, & \text{falls } m = n \text{ ist,} \\ \infty, & \text{falls } m > n \text{ ist.} \end{cases}$$

Beweis: Es sei $m < n$. Dann ist nach (1.7) $\lim_{z \to \infty} z^i/q(z) = 0$ für jedes $i \in \{0, \ldots, m\}$, und die Behauptung folgt aus (1.11)(2) und (3).

Es sei $m = n$. Für jedes $z \in A$ mit $z \neq 0$ ist $f(z) = (a_m/b_n) \cdot p_1(z)/q_1(z)$ mit

$$p_1(z) = 1 + \frac{a_{m-1}}{a_m}\frac{1}{z} + \cdots + \frac{a_0}{a_m}\frac{1}{z^m}, \quad q_1(z) = 1 + \frac{b_{n-1}}{b_n}\frac{1}{z} + \cdots + \frac{b_0}{b_n}\frac{1}{z^n}.$$

Für die so erklärten Funktionen $p_1, q_1: \{ z \in A \mid z \neq 0 \} \to \mathbb{C}$ gilt $\lim_{z \to \infty} p_1(z) = 1$ und $\lim_{z \to \infty} q_1(z) = 1$.

Es sei $m > n$. Nach (1.7) gibt es ein $r > 0$ mit: Für jedes $z \in \mathbb{C}$ mit $|z| \geq r$ ist $|p(z)| \geq \frac{1}{2}|a_m||z|^m$ und $|q(z)| \leq 2|b_n||z|^n$ und daher

$$|f(z)| = \frac{|p(z)|}{|q(z)|} \geq \frac{1}{4}\frac{|a_m|}{|b_n|}|z|^{m-n},$$

woraus die Behauptung folgt.

(2) Sind $p, q \in \mathbb{R}[T]$ und ist $q \neq 0$, so gelten entsprechende Aussagen für die Grenzwerte der rationalen Funktion $p/q: \{x \in \mathbb{R} \mid q(x) \neq 0\} \to \mathbb{R}$ in ∞ und in $-\infty$.
(3) Es sei $f = \sum_{\nu=0}^{\infty} a_\nu T^\nu \in \mathbb{C}[[T]]$ eine formale Potenzreihe mit positivem Konvergenzradius $\rho := \rho(f)$.
(a) Es gilt $\lim_{z\to 0} f(z) = a_0$.
Beweis: Es sei $r \in \mathbb{R}$ mit $0 < r < \rho$. Nach III(3.5)(4) gibt es ein $M > 0$ mit $|a_\nu| \leq Mr^{-\nu}$ für jedes $\nu \in \mathbb{N}_0$. Für jedes $z \in \mathbb{C}$ mit $0 < |z| < r/2$ gilt

$$|f(z) - a_0| = \left|\sum_{\nu=1}^{\infty} a_\nu z^\nu\right| \leq |z| \sum_{\nu=0}^{\infty} |a_{\nu+1}| \left(\frac{r}{2}\right)^\nu \leq \frac{|z| M}{r} \sum_{\nu=0}^{\infty} \left(\frac{1}{2}\right)^\nu = |z| \frac{2M}{r}.$$

Das liefert die Behauptung.
(b) Es sei $m \in \mathbb{N}_0$, und es sei $g_m: K_\rho(0) \setminus \{0\} \to \mathbb{C}$ definiert durch

$$g_m(z) := \frac{1}{z^m}\left(f(z) - \sum_{\nu=0}^{m-1} a_\nu z^\nu\right) = \sum_{\nu=0}^{\infty} a_{\nu+m} z^\nu \quad \text{für jedes } z \in K_\rho(0) \setminus \{0\}.$$

Es gilt $\lim_{z\to 0} g_m(z) = a_m$. [Es ist 0 ein Häufungspunkt von $K_\rho(0) \setminus \{0\}$.]
Beweis: Die formale Potenzreihe $h_m := \sum_{\nu=0}^{\infty} a_{\nu+m} T^\nu \in \mathbb{C}[[T]]$ hat den Konvergenzradius ρ [vgl. III(3.5)(5)], und nach (a) gilt $\lim_{z\to 0} h_m(z) = a_m$.
(4) (Identitätssatz für Potenzreihen) Es seien

$$f := \sum_{\nu=0}^{\infty} a_\nu T^\nu, \quad g := \sum_{\nu=0}^{\infty} b_\nu T^\nu \in \mathbb{C}[[T]]$$

formale Potenzreihen mit den positiven Konvergenzradien $\rho(f)$, $\rho(g)$; es sei $\sigma \in \mathbb{R}$ mit $0 < \sigma \leq \min\{\rho(f), \rho(g)\}$, und es gelte $f(z) = g(z)$ für jedes $z \in \mathbb{C}$ mit $|z| < \sigma$. Dann ist $a_\nu = b_\nu$ für jedes $\nu \in \mathbb{N}_0$.
Beweis: Nach (3)(a) ist $a_0 = \lim_{z\to 0} f(z) = \lim_{z\to 0} g(z) = b_0$. Es sei $m \in \mathbb{N}$, und es sei bereits bewiesen, daß $a_\nu = b_\nu$ für jedes $\nu \in \{0, 1, \ldots, m-1\}$ ist. Nach (3)(b) gilt

$$\lim_{z\to 0} \frac{1}{z^m}\left(f(z) - \sum_{\nu=0}^{m-1} a_\nu z^\nu\right) = a_m, \quad \lim_{z\to 0} \frac{1}{z^m}\left(g(z) - \sum_{\nu=0}^{m-1} b_\nu z^\nu\right) = b_m.$$

Für jedes $z \in \mathbb{C}$ mit $|z| < \sigma$ gilt $f(z) = g(z)$, für jedes $\nu \in \{0, \ldots, m-1\}$ ist nach Induktionsvoraussetzung $a_\nu = b_\nu$, und daher folgt $a_m = b_m$.
(5) Es gilt $\lim_{x\to 0^+} \operatorname{sign}(x) = 1$, $\lim_{x\to 0^-} \operatorname{sign}(x) = -1$.

(1.16) Für das Rechnen mit Grenzwerten ist folgende Notation sehr nützlich – sie geht auf P. Bachmann [1837–1920] zurück; die dabei benutzten Symbole o und O werden meistens nach E. Landau [1877–1938] benannt.

(1) Es sei $A \subset \mathbb{R}$, es sei a ein Häufungspunkt von A, es seien f, $g: A \to \mathbb{R}$ Funktionen, und es sei $g(x) \neq 0$ für jedes $x \in A$. Gilt $\lim_{x\to a} f(x)/g(x) = 0$, so schreibt man

$$f(x) = o(g(x)) \quad \text{für } x \to a \text{ in } A;$$

gibt es ein $M > 0$ mit $|f(x)/g(x)| \leq M$ für jedes $x \in A$, so schreibt man

$$f(x) = O(g(x)) \quad \text{für } x \in A.$$

Ist $h: A \to \mathbb{R}$ eine Funktion und gilt $f(x) - h(x) = o(g(x))$ [bzw. $f(x) - h(x) = O(g(x))$], so schreibt man $f(x) = h(x) + o(g(x))$ [bzw. $f(x) = h(x) + O(g(x))$]. Den Zusatz "für $x \to a$ in A" bzw. "für $x \in A$" läßt man häufig weg, wenn aus dem Zusammenhang klar ist, um welche Menge A und welches a es sich handelt.
(2) Es seien (x_n), (y_n) Folgen in $\mathbb{R}$. Gibt es ein $n_0 \in \mathbb{N}$ mit $y_n \neq 0$ für jedes $n \in \mathbb{N}$ mit $n \geq n_0$ und ist $\lim_{n\to\infty}(x_n/y_n) = 0$, so schreibt man

$$(x_n) = o(y_n);$$

gibt es ein $n_0 \in \mathbb{N}$ und ein $M > 0$ mit $|x_n| \leq M|y_n|$ für jedes $n \in \mathbb{N}$ mit $n \geq n_0$, so schreibt man

$$(x_n) = O(y_n).$$

(1.17) Beispiele: (1) Es sei $m \in \mathbb{N}_0$, und es sei $f \in \mathbb{R}[T]$ ein Polynom vom Grad m. Dann gilt [vgl. (1.15)(1)]

$$f(x) = O(x^m), \quad f(x) = o(x^{m+1}) \quad \text{für } x \to \infty \text{ in } \mathbb{R}.$$

(2) Für jedes $n \in \mathbb{N}$ ist, wie man mittels Induktion sofort zeigt,

$$\sum_{i=1}^{n} i^2 = \frac{n(n+1)(2n+1)}{6},$$

also ist

$$\sum_{i=1}^{n} i^2 = O(n^3), \qquad \sum_{i=1}^{n} i^2 = \frac{1}{3}n^3 + O(n^2).$$

(3) Es sei $f = \sum_{\nu=0}^{\infty} a_\nu T^\nu \in \mathbb{R}[[T]]$ eine formale Potenzreihe mit positivem Konvergenzradius $\rho(f)$, und es seien r, $r' \in \mathbb{R}$ mit $0 < r' < r < \rho(f)$. Dann ist für jedes $m \in \mathbb{N}_0$

$$f(x) = \sum_{\nu=0}^{m} a_\nu x^\nu + O(x^{m+1}) \quad \text{für } x \in (0, r').$$

Es gibt nämlich ein $M > 0$ mit $|a_\nu| \leq Mr^{-\nu}$ für jedes $\nu \in \mathbb{N}_0$ [vgl. III(3.5)(4)], und hiermit gilt für jedes $m \in \mathbb{N}_0$ und jedes $x \in (0, r')$: Es ist

$$\frac{1}{|x|^{m+1}} \cdot \left| f(x) - \sum_{\nu=0}^{m} a_\nu x^\nu \right| = \left| \sum_{\nu=m+1}^{\infty} a_\nu x^{\nu-m-1} \right| < \frac{M}{r^m} \frac{1}{r - r'}.$$

§2 Stetige Funktionen

(2.1) Im folgenden sei A entweder ein Intervall oder eine Vereinigung von Intervallen in $\mathbb{R}$ oder eine offene Kreisscheibe in $\mathbb{C}$. Nach (1.3) ist dann jeder Punkt $a \in A$ ein Häufungspunkt von A.

(2.2) DEFINITION: Es sei $f: A \to \mathbb{C}$ eine Funktion, es sei $a \in A$. Es heißt f stetig in a, wenn $\lim_{z \to a} f(z) = f(a)$ ist.

(2.3) Es sei $A \subset \mathbb{C}$, es sei $a \in A$. Aus den Resultaten in §1 ergeben sich folgende Regeln:
(1) Eine Funktion $f: A \to \mathbb{C}$ ist genau dann stetig in a, wenn für jede Folge $(a_n)_{n \geq 1}$ in A, die gegen a konvergiert, die Folge $(f(a_n))_{n \geq 1}$ gegen $f(a)$ konvergiert [vgl. (1.9)(6)].
(2) Eine Funktion $f: A \to \mathbb{C}$ ist genau dann stetig in a, wenn die Funktionen $\mathrm{Re}(f)$ und $\mathrm{Im}(f)$ stetig in a sind [vgl. (1.13)(1)].
(3) Es sei $f: A \to \mathbb{C}$ stetig in a. Dann sind die Funktionen $|f|$ und $\overline{f}$ stetig in a [vgl. (1.13)(2) und (3)].
(4) Es sei $f: A \to \mathbb{C}$ stetig in a, und es gelte $f(a) \neq 0$. Dann gibt es ein $\delta > 0$ und ein $m > 0$ mit $|f(z)| \geq m$ für jedes $z \in A$ mit $|z - a| < \delta$ [vgl. (1.11)(1)].
(5) Es sei $f: A \to \mathbb{R}$ stetig in a. Dann sind f^+ und f^- stetig in a [vgl. (1.12)(6)].
(6) Es sei $f: A \to \mathbb{R}$ stetig in a. Ist $f(a) > 0$, so gibt es ein $\delta > 0$ und ein $m > 0$ mit $f(z) \geq m$ für jedes $z \in A$ mit $|z - a| < \delta$; ist $f(a) < 0$, so gibt es ein $\delta > 0$ und ein $m > 0$ mit $f(z) \leq -m$ für jedes $z \in A$ mit $|z - a| < \delta$ [vgl. (1.12)(1)].

(2.4) Es sei $A \subset \mathbb{C}$, und es sei $a \in A$.
(1) Es seien $f: A \to \mathbb{C}$ und $g: A \to \mathbb{C}$ in a stetige Funktionen. Dann sind $f + g$ und fg stetig in a [vgl. (1.11)(2) und (3)].
(2) Sind $f: A \to \mathbb{R}$ und $g: A \to \mathbb{R}$ stetig in a, so sind die Funktionen $\max\{f, g\}$ und $\min\{f, g\}$ stetig in a [vgl. (1.12)(5)].

(2.5) DEFINITION: Eine Funktion $f: A \to \mathbb{C}$ heißt stetig auf A, wenn f in jedem Punkt $a \in A$ stetig ist.

(2.6) BEMERKUNG: (1) Die in (2.3) und (2.4) formulierten Regeln über Stetigkeit in einem Punkt ziehen entsprechende Aussagen über Stetigkeit auf einer Menge nach sich.
(2) Es seien $f: A \to \mathbb{C}$, $g: A \to \mathbb{C}$ Funktionen. Sind f und g stetig auf A und ist $g(z) \neq 0$ für jedes $z \in A$, so ist f/g stetig auf A [(vgl. (1.11)(4)].
(3) Die Menge der auf A stetigen reellwertigen Funktionen wird mit $\mathcal{C}(A)$ oder $\mathcal{E}^{(0)}(A)$, die Menge der auf A stetigen komplexwertigen Funktionen wird mit $\mathcal{C}_{\mathbb{C}}(A)$ oder $\mathcal{E}_{\mathbb{C}}^{(0)}(A)$ bezeichnet. Nach (2.4) sind $\mathcal{C}(A)$ und $\mathcal{C}_{\mathbb{C}}(A)$ kommutative Ringe mit der konstanten Funktion $z \mapsto 0 : A \to \mathbb{R}$ bzw. $z \mapsto 0 : A \to \mathbb{C}$ als Nullelement und der konstanten Funktion $z \mapsto 1 : A \to \mathbb{R}$ bzw. $z \mapsto 1 : A \to \mathbb{C}$ als Einselement [vgl. I(3.6)]. Der Ring $\mathcal{C}(A)$ enthält den Körper $\mathbb{R}$ in Form der konstanten Funktionen $z \mapsto \alpha : A \to \mathbb{R}$ für jedes $\alpha \in \mathbb{R}$; der Ring $\mathcal{C}_{\mathbb{C}}(A)$ enthält den Körper $\mathbb{C}$ in Form der konstanten Funktionen $z \mapsto \alpha : A \to \mathbb{C}$ für jedes $\alpha \in \mathbb{C}$.

(2.7) BEISPIELE: (1) Polynomfunktionen sind stetig. Das folgt aus (1.14)(2).
(2) Es seien $f: A \to \mathbb{C}$, $g: A \to \mathbb{C}$ Polynomfunktionen, es sei $g(z) \neq 0$ für jedes $z \in A$. Dann ist die rationale Funktion $f/g: A \to \mathbb{C}$ stetig auf A.
(3) Die Funktion sign: $\mathbb{R} \to \mathbb{R}$ ist jedem Punkt von $\mathbb{R}$ mit Ausnahme des Punktes $a = 0$ stetig [vgl. (1.15)(5)].
(4) Es sei $I \subset \mathbb{R}$ ein Intervall, es sei $f: I \to \mathbb{C}$ eine Funktion, und es sei $x_0 \in I$ von den Endpunkten von I verschieden. Dann gilt: f ist genau dann in x_0 stetig, wenn die Grenzwerte $\lim_{x \to x_0^+} f(x)$ und $\lim_{x \to x_0^-} f(x)$ existieren und gleich $f(x_0)$ sind [vgl. (1.9)(5)].
(5) Es sei $I = [0,1]$, es seien f, $g: I \to \mathbb{R}$ definiert durch

$$f(x) = \begin{cases} x - \frac{1}{2} & \text{für } x \in [0, 1/2), \\ 0 & \text{für } x \in [1/2, 1], \end{cases} \qquad g(x) = \begin{cases} 0 & \text{für } x \in [0, 1/2), \\ x - \frac{1}{2} & \text{für } x \in [1/2, 1]. \end{cases}$$

Dann gilt f, $g \in \mathcal{C}(I)$, $f \neq 0$, $g \neq 0$, aber $fg = 0$, und daher ist $\mathcal{C}(I)$ kein Integritätsring [vgl. I(3.11)(2)].

(2.8) Satz: *Es sei* $f \in \mathbb{C}[[T]]$ *eine formale Potenzreihe mit positivem Konvergenzradius* $\rho(f)$. *Dann ist die Funktion* $f: K_{\rho(f)}(0) \to \mathbb{C}$ *[vgl.* III(3.8)(1)*] auf* $K_{\rho(f)}(0)$ *stetig.*
Beweis: Mit den Bezeichungen aus III(3.16) gilt für jedes $z_0 \in K_{\rho(f)}(0)$: Es ist $f(z) - f(z_0) = g(z - z_0) - g(0)$ für jedes $z \in \mathbb{C}$ mit $|z - z_0| < \rho(f) - |z_0|$, und nach (1.15)(3) gilt $\lim_{z \to z_0} g(z - z_0) = \lim_{z \to 0} g(z) = g(0)$.

(2.9) Folgerung: *Die in* III(3.9) *definierten Funktionen* exp, cos, sin *sind auf* $\mathbb{C}$ *stetig.*

(2.10) Satz: *Es seien* $f: A \to \mathbb{C}$, $g: B \to \mathbb{C}$ *Funktionen, und es gelte* $f(A) \subset B$; *es sei* $a \in A$, *es sei* f *stetig in* a, *und es sei* g *stetig in* $b := f(a) \in B$. *Dann ist* $g \circ f: A \to \mathbb{C}$ *stetig in* a.
Beweis: Es sei $\varepsilon > 0$. Weil g in b stetig ist, gibt es ein $\delta' > 0$ mit $|g(w) - g(b)| < \varepsilon$ für jedes $w \in B$ mit $|w - b| < \delta'$. Wegen der Stetigkeit von f in a gibt es zu diesem δ' ein $\delta > 0$ mit $|f(z) - f(a)| < \delta'$ für jedes $z \in A$ mit $|z - a| < \delta$. Für solche z ist $f(z) \in B$ und $|g \circ f(z) - g \circ f(a)| = |g(f(z)) - g(f(a))| < \varepsilon$.

(2.11) Folgerung: *Es sei* $f: A \to \mathbb{C}$ *stetig auf* A, *es sei* $g: B \to \mathbb{C}$ *stetig auf* B, *und es gelte* $f(A) \subset B$. *Dann ist* $g \circ f: A \to \mathbb{C}$ *stetig auf* A.

(2.12) Das folgende Resultat ist einer der wichtigsten Sätze über stetige Funktionen. Zu seinem Beweis, der hier nicht gebracht wird, benötigt man wieder die in III(1.17) formulierte fundamentale Eigenschaft von $\mathbb{R}$.

(2.13) Satz: *Es seien* a, $b \in \mathbb{R}$ *mit* $a < b$, *es sei* $f: [a,b] \to \mathbb{R}$ *stetig auf* $[a,b]$. *Dann hat die Menge* $f([a,b])$ *ein kleinstes und ein größtes Element.*

(2.14) BEMERKUNG: (1) Es seien a, $b \in \mathbb{R}$ mit $a < b$, es sei $f: [a,b] \to \mathbb{R}$ stetig auf $[a,b]$. Die Aussage in (2.13) besagt: Es existieren x_1, $x_2 \in [a,b]$ mit $f(x_1) \leq f(x) \leq f(x_2)$ für jedes $x \in [a,b]$. Die Funktion f nimmt also auf $[a,b]$ ihr Maximum

an, nämlich in x_2, und ihr Minimum, nämlich in x_1. Daher heißt (2.13) auch der Satz vom Maximum (und Minimum).
(2) Wie das Beispiel der Funktion $x \mapsto 1/x : (0,1] \to \mathbb{R}$ zeigt, ist die Aussage von (2.13) nicht richtig, wenn der Definitionsbereich der stetigen Funktion f kein abgeschlossenes Intervall ist.

(2.15) Satz: *(Zwischenwertsatz, 1. Fassung) Es seien $a, b \in \mathbb{R}$ mit $a < b$, es sei $f: [a,b] \to \mathbb{R}$ stetig, und es sei $f(a) < 0$ und $f(b) > 0$. Dann gibt es ein $x_0 \in [a,b]$ mit $f(x_0) = 0$.*
Beweis: Es sei $E := \{x \in [a,b] \mid f(x) \leq 0\}$. Wegen $a \in E$ ist $E \neq \emptyset$; wegen $E \subset [a,b]$ ist E nach oben beschränkt. Also existiert $x_0 := \sup(E)$ [vgl. III(1.30)(1)]. Es gilt $a \leq x_0 \leq b$, und nach III(1.31)(2) gibt es zu jedem $n \in \mathbb{N}$ ein $x_n \in E$ mit $x_0 - 1/n < x_n$. Es ist also $x_0 - 1/n < x_n \leq x_0$ für jedes $n \in \mathbb{N}$, und daher ist die Folge $(x_n)_{n\geq 1}$ konvergent mit dem Grenzwert x_0 [vgl. III(1.15)]. Nach (2.3)(1) gilt $\lim_{n\to\infty} f(x_n) = f(x_0)$, und für jedes $n \in \mathbb{N}$ ist $x_n \in E$ und daher $f(x_n) \leq 0$, und somit gilt nach III(1.14) $f(x_0) \leq 0$. Also ist $x_0 < b$. Für jedes $x \in (x_0, b]$ gilt $x > \sup(E)$ und daher $f(x) > 0$. Nach (2.7)(4) ist $f(x_0) = \lim_{x\to x_0^+} f(x)$, und nach (1.12)(4) ist somit $f(x_0) \geq 0$. Also ist $f(x_0) = 0$.

(2.16) Satz: *(Zwischenwertsatz, allgemeine Fassung) (1) Es sei $I := (a,b) \subset \mathbb{R}$ ein Intervall, es sei $f: (a,b) \to \mathbb{R}$ auf I stetig und nicht konstant; es seien $\alpha := \inf(f(I))$ und $\beta := \sup(f(I))$. Dann ist $\alpha < \beta$, und zu jedem $y \in (\alpha,\beta)$ gibt es ein $x \in I$ mit $f(x) = y$.*
(2) Es sei $I := [a,b] \subset \mathbb{R}$ ein abgeschlossenes Intervall, es sei $f: I \to \mathbb{R}$ stetig auf I und nicht konstant, und es seien $\alpha := \min(f(I))$ und $\beta := \max(f(I))$. Dann ist $f(I) = [\alpha,\beta]$.
Beweis: (1) Weil f nicht konstant ist, ist $\alpha < \beta$. Es sei $y \in (\alpha,\beta)$. Dann gibt es x_1, $x_2 \in (a,b)$ mit $\alpha < f(x_1) < y < f(x_2) < \beta$ [vgl. III(1.31)(2) und (3)]. Ist nun $x_1 < x_2$, so erfüllt die Funktion $x \mapsto f(x) - y : [x_1,x_2] \to \mathbb{R}$ die Voraussetzungen von (2.15), also gibt es ein $x_0 \in [x_1,x_2] \subset I$ mit $f(x_0) = y$. Ist $x_1 > x_2$, so erfüllt die Funktion $x \mapsto -f(x) + y : [x_2,x_1] \to \mathbb{R}$ die Voraussetzungen von (2.15), und daher gibt es ein $x_0 \in [x_2,x_1] \subset I$ mit $f(x_0) = y$.
(2) Für jedes $x \in I$ gilt $\alpha \leq f(x) \leq \beta$ und daher $f(x) \in [\alpha,\beta]$, d.h. es ist $f(I) \subset [\alpha,\beta]$. Nach (2.13) gilt $\alpha \in f(I)$ und $\beta \in f(I)$, und nach (1) ist $(\alpha,\beta) \subset f(I)$, d.h. es ist $[\alpha,\beta] \subset f(I)$.

(2.17) DEFINITION: Es sei $I \subset \mathbb{R}$ ein Intervall, es sei $f: I \to \mathbb{R}$ eine Funktion.
(1) f heißt streng monoton wachsend, wenn für alle x, $x' \in I$ mit $x < x'$ gilt: Es ist $f(x) < f(x')$.
(2) f heißt streng monoton fallend, wenn für alle x, $x' \in I$ mit $x < x'$ gilt: Es ist $f(x) > f(x')$.
(3) f heißt streng monoton, wenn f streng monoton wachsend oder streng monoton fallend ist.
(4) f heißt monoton wachsend, wenn für alle x, $x' \in I$ mit $x < x'$ gilt: Es ist $f(x) \leq f(x')$.

(5) f heißt monoton fallend, wenn für alle $x, x' \in I$ mit $x < x'$ gilt: Es ist $f(x) \geq f(x')$.
(6) f heißt monoton, wenn f monoton wachsend oder monoton fallend ist.

(2.18) BEMERKUNG UND BEISPIELE: (1) Ist $I \subset \mathbb{R}$ ein Intervall und ist die Funktion $f\colon (a,b) \to \mathbb{R}$ (streng) monoton wachsend, so ist $-f\colon I \to \mathbb{R}$ (streng) monoton fallend.
(2) Für jedes $n \in \mathbb{N}$ ist $x \mapsto x^n : [0,\infty) \to \mathbb{R}$ streng monoton wachsend.
(3) Es sei $p \in \mathbb{N}$. Die Funktion $x \mapsto \sqrt[p]{x} : (0,\infty) \to \mathbb{R}$ ist streng monoton wachsend, und die Funktion $x \mapsto 1/\sqrt[p]{x} : (0,\infty) \to \mathbb{R}$ ist streng monoton fallend. [Zur Definition der p-ten Wurzel aus einer nichtnegativen reellen Zahl vgl. III(1.18).]

(2.19) Satz: *Es sei $I := (a,b)$ ein offenes Intervall, es sei $f\colon I \to \mathbb{R}$ eine monotone Funktion.*
(1) *Ist f monoton wachsend, so existieren $\lim_{x\to a^+} f(x)$, $\lim_{x\to b^-} f(x)$, und zwar gilt*

$$\lim_{x\to a^+} f(x) = \inf(f(I)), \qquad \lim_{x\to b^-} f(x) = \sup(f(I)).$$

(2) *Ist f monoton fallend, so existieren $\lim_{x\to a^+} f(x)$, $\lim_{x\to b^-} f(x)$, und zwar gilt*

$$\lim_{x\to a^+} f(x) = \sup(f(I)), \qquad \lim_{x\to b^-} f(x) = \inf(f(I)).$$

Beweis: Es sei f monoton wachsend, und es gelte $a \in \mathbb{R}$ und $\alpha := \inf(f(I)) \in \mathbb{R}$. Für jedes $\varepsilon > 0$ gilt: Nach III(1.31)(3) gibt es ein $x_\varepsilon \in I$ mit $f(x_\varepsilon) < \alpha + \varepsilon$, es ist $\delta := x_\varepsilon - a > 0$, und für jedes $x \in I$ mit $|x - a| < \delta$ gilt $\alpha \leq f(x) \leq f(x_\varepsilon) < \alpha + \varepsilon$, also $|f(x) - \alpha| < \varepsilon$. Also gilt $\lim_{x\to a^+} f(x) = \alpha$. Analog beweist man: Gilt $b \in \mathbb{R}$ und $\beta := \sup(f(I)) \in \mathbb{R}$, so existiert der linksseitige Grenzwert von f in b und hat den Wert β. Der Beweis in den übrigen möglichen Fällen bleibt dem Leser überlassen.

(2.20) BEMERKUNG: Es sei $I \subset \mathbb{R}$ ein Intervall, und es sei $f\colon A \to \mathbb{R}$ eine streng monotone Funktion, für die gilt: $J := f(I)$ ist ein Intervall. Dann gilt:
(1) Die Abbildung $\varphi\colon I \to J$ mit $\varphi(x) = f(x)$ für jedes $x \in I$ ist bijektiv.
(2) Es gibt eine eindeutig bestimmte Funktion $g\colon J \to \mathbb{R}$ mit $g(J) = I$ und mit: $g \circ f(x) = x$ für jedes $x \in I$ und $f \circ g(y) = y$ für jedes $y \in J$.
(3) Ist f streng monoton wachsend, so ist auch g streng monoton wachsend; ist f streng monoton fallend, so ist auch g streng monoton fallend.
Bezeichnung: Die Funktion $g\colon J \to \mathbb{R}$ heißt die Umkehrfunktion von f.
Beweis: (1) Wegen $f(I) = J$ ist $\varphi\colon I \to J$ surjektiv, und weil f streng monoton ist, ist φ injektiv. Also ist φ bijektiv. Es sei $\psi\colon J \to I$ die Umkehrabbildung von φ [vgl. I(2.11)]. Hierfür gilt $\psi \circ \varphi = \mathrm{id}_I$ und $\varphi \circ \psi = \mathrm{id}_J$.
(2) Es sei $g\colon J \to \mathbb{R}$ die Funktion mit $g(y) := \psi(y)$ für jedes $y \in J$. Für jedes $x \in I$ ist $f(x) \in J$ und $g \circ f(x) = \psi(f(x)) = \psi(\varphi(x)) = x$, also gilt $g(J) = I$. Für jedes $y \in J$ ist $g(y) = \psi(y) \in I$ und $f \circ g(y) = \varphi \circ \psi(y) = y$. Es sei auch $g_1\colon J \to \mathbb{R}$ eine Funktion mit $g_1(J) = I$ und mit: $g_1 \circ f(x) = x$ für jedes

$x \in I$ und $f \circ g_1(y) = y$ für jedes $y \in J$. Dann gilt für jedes $y \in J$: Es ist $g_1(y) = (g \circ f)(g_1(y)) = g(f \circ g_1(y)) = g(y)$, d.h. es ist $g_1 = g$.
(3) Es sei f streng monoton wachsend. Dann gilt für alle $y, y' \in J$ mit $y < y'$: Es ist $g(y) < g(y')$, denn sonst wäre $g(y) \geq g(y')$ und daher $y = f(g(y)) \geq f(g(y')) = y'$. Also ist auch g streng monoton wachsend. Ebenso ergibt sich: g ist streng monoton fallend, wenn f streng monoton fällt.

(2.21) Satz: *Es sei $I := (a, b)$ ein offenes Intervall, es sei $f: I \to \mathbb{R}$ auf I stetig und streng monoton; es seien $\alpha := \inf(f(I))$ und $\beta := \sup(f(I))$. Dann gilt: Es ist $f(I) = (\alpha, \beta)$, und die Umkehrfunktion $g: (\alpha, \beta) \to \mathbb{R}$ ist auf (α, β) stetig. Es gilt $g((\alpha, \beta)) = I$, $a = \inf(g((\alpha, \beta)))$ und $b = \sup(g((\alpha, \beta)))$.*
Beweis: (a) Nach (2.16)(1) ist $f(I) = (\alpha, \beta) =: J$, und daher existiert nach (2.20) die Umkehrfunktion $g: J \to \mathbb{R}$ und ist streng monoton; außerdem ist $g(J) = I$.
(b) Es gelte jetzt: f ist streng monoton wachsend. Dann ist auch g streng monoton wachsend. Es sei $y_0 \in J$. Es wird jetzt gezeigt, daß g in y_0 stetig ist. Nach (2.19) existieren die einseitigen Grenzwerte $x_1 := \lim_{y \to y_0^-} g(y)$ und $x_2 := \lim_{y \to y_0^+} g(y)$, und nach (2.7)(4) genügt es zu zeigen, daß $x_1 = x_2 = g(y_0) =: x_0$ gilt. Für jedes $y \in J$ mit $a < y \leq y_0$ gilt $a < g(y) \leq g(y_0)$, und daher ist $a < x_1 \leq x_0 < b$. Wäre $x_1 < x_0$, so wäre $f(x_1) < f(x_0) = y_0$, und für jedes $y \in I$ mit $f(x_1) < y < y_0$ wäre $x_1 = g(f(x_1)) < g(y) < g(y_0) = x_0$, aber es ist $x_1 = \sup(\{ g(y) \mid \alpha < y < y_0 \})$ [vgl. (2.19)(1)]. Also ist $x_1 = x_0$, und ganz analog ergibt sich $x_2 = x_0$.

Auf ähnliche Weise ergibt sich: Ist f streng monoton fallend, so ist g auf J stetig. Der Rest ist klar.

(2.22) Folgerung: *Es sei $I := [a, b] \subset \mathbb{R}$ ein abgeschlossenes Intervall, es sei $f: I \to \mathbb{R}$ auf I stetig und streng monoton; es sei $\alpha := \min(f(I)) = \min\{f(a), f(b)\}$, und es sei $\beta := \sup(f(I)) = \max\{f(a), f(b)\}$. Dann gilt $f(I) = [\alpha, \beta]$, die Umkehrfunktion $g: [\alpha, \beta] \to \mathbb{R}$ ist auf $[\alpha, \beta]$ stetig, und es gilt $g([\alpha, \beta]) = I$, $a = \min(g([\alpha, \beta])$ und $b = \max(g([\alpha, \beta])$.*
Beweis: (a) Nach (2.16)(2) ist $f(I) = [\alpha, \beta]$, und daher existiert nach (2.20) die Umkehrfunktion $g: [\alpha, \beta] \to \mathbb{R}$ und ist streng monoton; außerdem ist $g([\alpha, \beta]) = I$.
(b) Die Funktion $x \mapsto f(x) : (a, b) \to \mathbb{R}$ ist auf (a, b) streng monoton und stetig, besitzt den Wertebereich (α, β), und $y \mapsto g(y) : (\alpha, \beta) \to \mathbb{R}$ ist ihre Umkehrfunktion. Aus (2.21) ergibt sich daher: g ist in jedem $x_0 \in (a, b)$ stetig, und es ist $g((\alpha, \beta)) = (a, b)$. Es gelte jetzt, daß f streng monoton wachsend ist. Dann ist auch g streng monoton wachsend, und nach (2.19)(1) gilt $\lim_{y \to \alpha} g(y) = \inf(g((\alpha, \beta))) = \inf((a, b)) = a = g(\alpha)$. Hieraus folgt, daß g in α stetig ist. Ebenso ergibt sich die Stetigkeit von g in β. Also ist g auf $[\alpha, \beta]$ stetig. Auf dieselbe Weise zeigt man die Stetigkeit von g in α und β, falls f streng monoton fällt.

(2.23) BERMERKUNG: (1) Es sei $I := [a, b)$ ein Intervall, es sei $f: I \to \mathbb{R}$ auf I stetig und streng monoton wachsend; es seien $\alpha := \min(f(I))$ und $\beta := \sup(f(I))$. Dann gilt: Es ist $f(I) = [\alpha, \beta)$, und die Umkehrfunktion $g: [\alpha, \beta) \to \mathbb{R}$ ist auf $[\alpha, \beta)$ stetig. Es gilt $g([\alpha, \beta)) = I$, $a = \min(g([\alpha, \beta)))$ und $b = \sup(g([\alpha, \beta)))$.

Beweis: Das folgt leicht aus (2.21) und (2.22)
(2) Ein zu (1) entsprechendes Resultat gilt, falls f streng monoton fallend ist.
(3) Ein zu (1) und (2) entsprechendes Resultat gilt auch für den Fall eines Intervalls der Form $I := (a, b]$.

(2.24) BEISPIEL: Es sei $p \in \mathbb{N}$. Die Funktion $x \mapsto x^p : [0,\infty) \to \mathbb{R}$ ist auf $[0,\infty)$ stetig und streng monoton wachsend, und ihr Wertebereich ist $[0,\infty)$. Ihre Umkehrfunktion ist die Funktion $x \mapsto \sqrt[p]{x} : [0,\infty) \to \mathbb{R}$. Nach (2.23)(1) ist diese Funktion auf $[0,\infty)$ stetig.

§3 Die Exponentialfunktion und die Logarithmusfunktion

(3.1) (1) Die Exponentialfunktion

$$\begin{cases} \exp : & \mathbb{C} \to \mathbb{C} \\ \text{mit} & \exp(z) = \sum_{\nu=0}^{\infty} \frac{1}{\nu!} z^\nu \quad \text{für jedes } z \in \mathbb{C} \end{cases}$$

ist nach (2.9) auf $\mathbb{C}$ stetig.
(2) Nach III(2.20) gilt für alle $z, w \in \mathbb{C}$: Es ist

$$\exp(z) \cdot \exp(w) = \exp(z + w).$$

Für jedes $z \in \mathbb{C}$ gilt daher $\exp(z)\exp(-z) = \exp(0) = 1$ und somit $\exp(z) \neq 0$ und $\exp(-z) = 1/\exp(z)$. Durch Induktion ergibt sich außerdem: Für jedes $n \in \mathbb{Z}$ und für jedes $z \in \mathbb{C}$ ist $\left(\exp(z)\right)^n = \exp(nz)$.
(3) Für jedes $x \in \mathbb{R}$ gilt $\exp(x) \in \mathbb{R}$, für jedes $x \in \mathbb{R}$ mit $x > 0$ ist $\exp(x) = 1 + x + \sum_{\nu=2}^{\infty} x^\nu/\nu! > 1 + x > 1$, es ist $\exp(0) = 1$, und für jedes $x \in \mathbb{R}$ mit $x < 0$ ist $-x > 0$ und daher $0 < \exp(x) = 1/\exp(-x) < 1$.
(4) Für jedes $z \in \mathbb{C}$ gilt $|\exp(z)| \leq \exp(|z|)$, denn es ist

$$|\exp(z)| \leq \sum_{\nu=0}^{\infty} \frac{1}{\nu!} |z|^\nu = \exp(|z|).$$

(3.2) Satz: *Es sei* $z \in \mathbb{C}$.
(1) *Für jedes* $n \in \mathbb{N}_0$ *mit* $n \geq 2|z| - 2$ *gilt*

$$\exp(z) = \sum_{\nu=0}^{n} \frac{1}{\nu!} z^\nu + r_n(z) \quad \textit{mit} \quad r_n(z) = \sum_{\nu=n+1}^{\infty} \frac{1}{\nu!} z^\nu,$$

und dabei gilt

$$|r_n(z)| \leq \frac{2}{(n+1)!} \cdot |z|^{n+1}.$$

(2) *Die Folge* $\left((1+\frac{z}{n})^n\right)_{n\geq 1}$ *konvergiert gegen* $\exp(z)$.

Beweis: (1) Es sei $n \in \mathbb{N}_0$ mit $n \geq 2|z|-2$. Für jedes $\nu \in \mathbb{N}$ mit $\nu \geq n+1$ gilt

$$\begin{aligned} \frac{1}{\nu!}|z|^\nu &= \frac{|z|^{n+1}\cdot|z|^{\nu-(n+1)}}{(n+1)!\cdot(n+2)\cdots(\nu-1)\cdot\nu} \leq \frac{|z|^{n+1}}{(n+1)!}\cdot\left(\frac{|z|}{n+2}\right)^{\nu-(n+1)} \\ &\leq \frac{|z|^{n+1}}{(n+1)!}\cdot\left(\frac{1}{2}\right)^{\nu-(n+1)}, \end{aligned}$$

und daher gilt

$$\begin{aligned} |r_n(z)| &= \left|\sum_{\nu=n+1}^{\infty}\frac{1}{\nu!}z^\nu\right| \leq \sum_{\nu=n+1}^{\infty}\frac{1}{\nu!}|z|^\nu \\ &\leq \frac{|z|^{n+1}}{(n+1)!}\cdot\sum_{\nu=0}^{\infty}\left(\frac{1}{2}\right)^\nu = \frac{2}{(n+1)!}\cdot|z|^{n+1}. \end{aligned}$$

(2) Es sei $n \in \mathbb{N}$ mit $n > |z|$. Es gilt $|1+z/n| \leq 1+|z|/n < \exp(|z|/n)$ [vgl. (3.1)(3)], und wegen $2|z/n|-2 \leq 1$ folgt aus (1)

$$|(1+z/n)-\exp(z/n)| = |r_1(z/n)| \leq \frac{2}{2!}\cdot\left|\frac{z}{n}\right|^2 = \frac{1}{n^2}\cdot|z|^2.$$

Also gilt

$$\begin{aligned} &|(1+z/n)^n-\exp(z)| = |(1+z/n)^n-(\exp(z/n))^n| \\ =\ & |(1+z/n)-\exp(z/n)|\cdot\left|\sum_{j=0}^{n-1}(1+z/n)^j\cdot(\exp(z/n))^{n-1-j}\right| \\ \leq\ & \frac{1}{n^2}|z|^2\cdot\sum_{j=0}^{n-1}(1+|z|/n)^j\cdot|\exp(z/n)|^{n-1-j} \\ \leq\ & \frac{1}{n^2}|z|^2\cdot n\cdot(\exp(|z|/n))^{n-1} && \text{[nach (3.1)(3) und (4)]} \\ \leq\ & \frac{1}{n}|z|^2\cdot(\exp(|z|/n))^n && \text{[nach (3.1)(3)]} \\ =\ & \frac{1}{n}|z|^2\exp(|z|) && \text{[nach (3.1)(2)]}. \end{aligned}$$

Es folgt: $((1+z/n)^n)_{n\geq 1}$ konvergiert gegen $\exp(z)$.

(3.3) BEMERKUNG: Mit Hilfe von (3.2)(1) kann man Funktionswerte der Exponentialfunktion mit jeder gewünschten Genauigkeit berechnen.

BEISPIEL: Für die in III(1.22)(1) definierte Eulersche Zahl e gilt nach (3.2)(2)

$$e = \lim_{n\to\infty}\left((1+\frac{1}{n})^n\right) = \exp(1) = \sum_{\nu=0}^{\infty}\frac{1}{\nu!}.$$

Für jedes $n \in \mathbb{N}_0$ gilt daher nach (3.2)(1) $e = \sum_{\nu=0}^{n} 1/\nu! + r_n(1)$ mit $r_n(1) = \sum_{\nu=n+1}^{\infty} 1/\nu!$ und $0 < r_n(1) \le 2/(n+1)!$ und daher

$$\sum_{\nu=0}^{n} \frac{1}{\nu!} < e \le \sum_{\nu=0}^{n} \frac{1}{\nu!} + \frac{2}{(n+1)!}.$$

Mit $n = 20$ erhält man auf diese Weise: Es ist

$$2.718\,281\,828\,459\,045\,235\,339\,784... < e \le 2.718\,281\,828\,459\,045\,235\,378\,930...$$

und daher $e = 2.718\,281\,828\,459\,045\,235\,3...$.

(3.4) Satz: (1) *Die Exponentialfunktion* $\exp\colon \mathbb{R} \to \mathbb{R}$ *ist auf* $\mathbb{R}$ *stetig und streng monoton wachsend, und es gilt* $\exp(\mathbb{R}) = (0, \infty)$.
(2) *Für jedes* $n \in \mathbb{Z}$ *gilt* $\exp(n) = e^n$, *und für jedes* $n \in \mathbb{N}$ *ist* $\exp(1/n) = \sqrt[n]{e}$.
Beweis: (1) Die Stetigkeit von exp auf $\mathbb{R}$ folgt direkt aus (3.1)(1). – Für alle x', $x'' \in \mathbb{R}$ mit $x' < x''$ gilt $\exp(x') > 0$ und $\exp(x'' - x') > 1$ und daher $\exp(x') < \exp(x')\exp(x'' - x') = \exp(x' + (x'' - x')) = \exp(x'')$, und somit ist $\exp\colon \mathbb{R} \to \mathbb{R}$ streng monoton wachsend. – Für jedes $x \in \mathbb{R}$ ist $\exp(x) > 0$, und daher gilt $\exp(\mathbb{R}) \subset (0, \infty)$. Für jedes $M > 0$ gilt $\exp(M) > 1 + M > M$ und $\exp(-M) = 1/\exp(M) < 1/M$, und somit ist $\sup(\exp(\mathbb{R})) = \infty$ und $\inf(\exp(\mathbb{R})) = 0$. Nach (2.21) gilt daher $\exp(\mathbb{R}) = (0, \infty)$.
(2) Es ist $\exp(0) = 1 = e^0$, und für jedes $n \in \mathbb{N}$ gilt $\exp(n) = \exp(n \cdot 1) = \left(\exp(1)\right)^n = e^n$ und $\exp(-n) = 1/\exp(n) = 1/e^n = e^{-n}$. – Für jedes $n \in \mathbb{N}$ gilt $\exp(1/n) > 0$ und $\left(\exp(1/n)\right)^n = \exp(n \cdot (1/n)) = \exp(1) = e$, und daher gilt $\exp(1/n) = \sqrt[n]{e}$.

(3.5) (1) Nach (3.4)(1) ist die Funktion $\exp\colon \mathbb{R} \to \mathbb{R}$ streng monoton wachsend, und es ist $\exp(\mathbb{R}) = (0, \infty)$. Die Exponentialfunktion besitzt also eine Umkehrfunktion. Diese Umkehrfunktion ist der (natürliche) Logarithmus

$$\ln : (0, \infty) \to \mathbb{R}.$$

ln ist in $(0, \infty)$ streng monoton wachsend, für jedes $x \in (0, \infty)$ ist $\exp(\ln x) = x$, für jedes $x \in \mathbb{R}$ ist $\ln(\exp(x)) = x$, und es ist $\ln((0, \infty)) = \mathbb{R}$ [vgl. (2.21)]. Wegen $\exp(0) = 1$ ist $\ln 1 = 0$, wegen $\exp(1) = e$ ist $\ln e = 1$. Nach (2.21) ist ln auf $(0, \infty)$ stetig.
(2) Für alle x', $x'' \in (0, \infty)$ gilt $\exp(\ln x' + \ln x'') = \exp(\ln x')\exp(\ln x'') = x'x''$ und daher $\ln(x'x'') = \ln x' + \ln x''$.
(3) Für jedes $x \in (0, \infty)$ gilt $\ln x + \ln(1/x) = \ln 1 = 0$ und daher $\ln(1/x) = -\ln x$.
(4) Aus (2) und (3) ergibt sich (durch Induktion): Für jedes $x \in (0, \infty)$ und jedes $n \in \mathbb{Z}$ ist $\ln(x^n) = n \cdot \ln x$.
(5) Für jedes $x \in (0, \infty)$ und jedes $n \in \mathbb{N}$ ist $n \cdot \ln(\sqrt[n]{x}) = \ln((\sqrt[n]{x})^n) = \ln x$ und daher $\ln(\sqrt[n]{x}) = \dfrac{1}{n} \cdot \ln x$.

(3.6) Es sei $a \in \mathbb{R}$ mit $a > 0$. Die Funktion

$$\begin{cases} {}^a\exp: & \mathbb{R} \to \mathbb{R} \\ \text{mit} & {}^a\exp(x) := \exp(x \ln a) \quad \text{für jedes } x \in \mathbb{R} \end{cases}$$

heißt die Exponentialfunktion zur Basis a.
Nach (3.4)(1) und (3.5)(1) ist ${}^a\exp$ auf $\mathbb{R}$ stetig und streng monoton fallend, falls $a < 1$ ist, bzw. streng monoton wachsend, falls $a > 1$ ist. Außerdem folgt: Ist $a \neq 1$, so ist ${}^a\exp(\mathbb{R}) = (0, \infty)$. – Für jedes $x \in \mathbb{R}$ ist ${}^1\exp(x) = \exp(0) = 1$.

(3.7) DEFINITION: Es sei $a \in \mathbb{R}$ mit $a > 0$. Für jedes $x \in \mathbb{R}$ definiert man

$$a^x \;:=\; {}^a\exp(x) \;=\; \exp(x \ln a).$$

(3.8) BEMERKUNG: (1) Es sei $a \in \mathbb{R}$ mit $a > 0$. Für jedes $n \in \mathbb{Z}$ gilt ${}^a\exp(n) = \exp(n \cdot \ln a) = \exp(\ln a^n) = a^n$, und daher paßt die übliche Definition der Potenzen a^n mit $n \in \mathbb{Z}$ in die Definition (3.7) der allgemeinen Potenzen a^x mit $x \in \mathbb{R}$ hinein. Für jedes $n \in \mathbb{N}$ gilt $a^{1/n} = \exp(\frac{1}{n} \cdot \ln a) = \exp(\ln(\sqrt[n]{a})) = \sqrt[n]{a}$. Damit ist die übliche Schreibweise $a^{1/n}$ für die n-te Wurzel aus a gerechtfertigt.
(2) (3.7) liefert insbesondere für jedes $x \in \mathbb{R}$

$$\exp(x) \;=\; \exp(x \ln e) \;=\; e^x\,.$$

(3) Es seien a, $b \in \mathbb{R}$ positiv, und es seien x, $y \in \mathbb{R}$. Dann gelten

$$\ln a^x \;=\; \ln\bigl(\exp(x \ln a)\bigr) \;=\; x \ln a,$$

$$a^x a^y \;=\; \exp(x \ln a)\exp(y \ln a) \;=\; \exp\bigl((x+y)\ln a\bigr) \;=\; a^{x+y},$$

$$(a^x)^y \;=\; \exp\bigl(y \ln(a^x)\bigr) \;=\; \exp\bigl((xy)\ln a\bigr) \;=\; a^{xy},$$

$$a^x b^x \;=\; \exp(x \ln a)\exp(x \ln b) \;=\; \exp\bigl(x(\ln a + \ln b)\bigr) \;=\; \exp(x \ln ab) \;=\; (ab)^x\,.$$

Für die in (3.7) definierten allgemeinen Potenzen gelten also die für Potenzen mit ganzzahligen Exponenten vertrauten Rechenregeln.

(3.9) Es sei $a \in \mathbb{R}$ mit $a > 1$. Die Funktion

$$\begin{cases} \log_a: & (0, \infty) \to \mathbb{R} \\ \text{mit} & \log_a x := \dfrac{\ln x}{\ln a} \quad \text{für jedes } x \in (0, \infty) \end{cases}$$

heißt der Logarithmus zur Basis a .
(1) Aus (3.5) folgt: $\log_a$ ist auf $(0, \infty)$ stetig und streng monoton wachsend, und es ist $\log_a((0, \infty)) = \mathbb{R}$.
(2) Für alle x', $x'' \in (0, \infty)$ gilt $\log_a(x'x'') = \log_a x' + \log_a x''$.
(3) Für jedes $x \in (0, \infty)$ gilt $a^{\log_a x} = \exp(\log_a x \cdot \ln a) = \exp(\ln x) = x$, und für jedes $x \in \mathbb{R}$ gilt $\log_a(a^x) = \ln(a^x)/\ln a = x$. Also ist $\log_a: (0, \infty) \to \mathbb{R}$ die Umkehrfunktion der Funktion $x \mapsto a^x : \mathbb{R} \to \mathbb{R}$.
(4) Es gilt $\ln = \log_e$.

(3.10) Es sei $\alpha \in \mathbb{R}$. Die Funktion

$$\begin{cases} p_\alpha: & (0,\infty) \to \mathbb{R} \\ \text{mit} & p_\alpha(x) := x^\alpha = \exp(\alpha \ln x) \quad \text{für jedes } x \in (0,\infty) \end{cases}$$

ist auf $(0,\infty)$ stetig, denn ln ist auf $(0,\infty)$ stetig und exp auf $\mathbb{R}$ [vgl. (2.10)]. Ist $\alpha > 0$, so ist p_α streng monoton wachsend, ist $\alpha < 0$, so ist p_α streng monoton fallend, und für jedes $x \in (0,\infty)$ ist $p_0(x) = 1$.
Ist $\alpha \neq 0$, so gilt $p_\alpha((0,\infty)) = (0,\infty)$, und die Umkehrfunktion von p_α ist die Funktion $p_{1/\alpha}$.

(3.11) Nach der Definition der allgemeinen Potenzen in (3.7) ist $\exp(x) = e^x$ für jedes $x \in \mathbb{R}$. In Analogie dazu setzt man auch

$$e^z := \exp(z) \quad \text{für jedes } z \in \mathbb{C}.$$

(3.12) Die beiden folgen Aussagen werden häufig benutzt:
(1) Es sei $\alpha \in \mathbb{R}$, und es sei $\alpha > 0$. Dann gilt $x^\alpha = o(e^x)$ für $x \to \infty$, also

$$\lim_{x\to\infty} \frac{x^\alpha}{e^x} = 0.$$

Man sagt: "Die Exponentialfunktion wächst stärker als jede Potenz von x".
(2) Es sei $p \in \mathbb{R}[T]$ ein Polynom. Dann gilt $p(x) = o(e^x)$ für $x \to \infty$, also

$$\lim_{x\to\infty} \frac{p(x)}{e^x} = 0.$$

Man sagt: "Die Exponentialfunktion wächst stärker als jede Polynomfunktion."
Beweis: (1) Es wird $n \in \mathbb{N}$ mit $n > \alpha$ gewählt. Für jedes $x \in \mathbb{R}$ mit $x > 1$ gilt

$$\frac{x^\alpha}{e^x} < \frac{x^n}{1 + x + \cdots + \dfrac{x^{n+1}}{(n+1)!}},$$

und die rechte Seite hat für $x \to \infty$ den Grenzwert 0 [vgl. (1.15)(1)].
(2) Es sei $p \in \mathbb{R}[T]$ mit $p \neq 0$, und es sei $n := \operatorname{grad}(p)$; es sei a_n der höchste Koeffizient von p. Nach (1.7) gibt es $r > 0$ mit $|p(x)| \leq 2|a_n|x^n$ für jedes $x \in \mathbb{R}$ mit $x > r$. Somit folgt (2) aus (1).

(3.13) (1) Die Funktion

$$\begin{cases} \cosh: & \mathbb{C} \to \mathbb{C} \\ \text{mit} & \cosh(z) := \dfrac{e^z + e^{-z}}{2} \quad \text{für jedes } z \in \mathbb{C}, \end{cases}$$

heißt die hyperbolische Cosinus-Funktion, und die Funktion

$$\begin{cases} \sinh: & \mathbb{C} \to \mathbb{C} \\ \text{mit} & \sinh(z) := \dfrac{e^z - e^{-z}}{2} \quad \text{für jedes } z \in \mathbb{C} \end{cases}$$

heißt die hyperbolische Sinus-Funktion. Diese Funktionen sind auf $\mathbb{C}$ stetig [vgl. (3.1)], und für jedes $z \in \mathbb{C}$ gilt $\cosh(z) = \cosh(-z)$ und $\sinh(z) = -\sinh(-z)$.
(2) Für jedes $z \in \mathbb{C}$ ist

$$\cosh^2(z) - \sinh^2(z) = 1,$$

und es gelten die sogenannten Additionstheoreme: Für alle $z, w \in \mathbb{C}$ gelten

$$\begin{aligned} \cosh(z+w) &= \cosh(z)\cdot\cosh(w) + \sinh(z)\cdot\sinh(w), \\ \sinh(z+w) &= \sinh(z)\cdot\cosh(w) + \cosh(z)\cdot\sinh(w). \end{aligned}$$

(3) Für jedes $x \in \mathbb{R}$ gilt $\cosh(x) \in \mathbb{R}$ und $\sinh(x) \in \mathbb{R}$, und nach (1) sind die Funktionen $\cosh\colon \mathbb{R} \to \mathbb{R}$ und $\sinh\colon \mathbb{R} \to \mathbb{R}$ stetig auf $\mathbb{R}$. Es ist $\cosh(x) \geq 1$ für jedes $x \in \mathbb{R}$; es ist $\sinh(x) < 0$ für jedes $x \in \mathbb{R}$ mit $x < 0$ und $\sinh(x) > 0$ für jedes $x \in \mathbb{R}$ mit $x > 0$; es ist $\sinh(0) = 0$.
(4) Die Funktion

$$\begin{cases} \tanh: & \mathbb{R} \to \mathbb{R} \\ \text{mit} & \tanh(x) := \dfrac{\sinh(x)}{\cosh(x)} = \dfrac{e^x - e^{-x}}{e^x + e^{-x}} \quad \text{für jedes } x \in \mathbb{R}, \end{cases}$$

heißt die hyperbolische Tangens-Funktion und die Funktion

$$\begin{cases} \coth: & \mathbb{R} \setminus \{0\} \to \mathbb{R} \\ \text{mit} & \coth(x) := \dfrac{\cosh(x)}{\sinh(x)} = \dfrac{e^x + e^{-x}}{e^x - e^{-x}} \quad \text{für jedes } x \in \mathbb{R} \setminus \{0\} \end{cases}$$

heißt die hyperbolische Cotangens-Funktion. Diese Funktionen sind auf ihren Definitionsbereichen stetig.
(5) Eine genauere Diskussion der in (3) und (4) eingeführten Funktionen erfolgt in V(1.23)(8)–(1.23)(10).

§4 Die trigonometrischen Funktionen

(4.1) (1) Die Cosinus-Funktion

$$\begin{cases} \cos: & \mathbb{C} \to \mathbb{C} \\ \text{mit} & \cos z := \displaystyle\sum_{\nu=0}^{\infty} (-1)^\nu \frac{1}{(2\nu)!} z^{2\nu} \qquad \text{für jedes } z \in \mathbb{C} \end{cases}$$

und die Sinus-Funktion

$$\begin{cases} \sin: & \mathbb{C} \to \mathbb{C} \\ \text{mit} & \sin z := \displaystyle\sum_{\nu=0}^{\infty} (-1)^\nu \frac{1}{(2\nu+1)!} z^{2\nu+1} \quad \text{für jedes } z \in \mathbb{C} \end{cases}$$

sind auf $\mathbb{C}$ stetig [vgl. (2.9)].

(2) Nach III(3.9)(2) und nach (3.13) gilt für jedes $z \in \mathbb{C}$

$$\begin{aligned} \cos(-z) = \cos z \quad &\text{und} \quad \sin(-z) = -\sin z\,, \\ \cos z = \frac{1}{2}(\exp(iz) + \exp(-iz)) \quad &\text{und} \quad \sin z = \frac{1}{2i}(\exp(iz) - \exp(-iz))\,, \\ \cos(z) = \cosh(iz) \quad &\text{und} \quad \sin(z) = -i \sinh(iz) \\ \cosh(z) = \cos(iz) \quad &\text{und} \quad \sinh(z) = -i \sin(iz), \\ \exp(iz) = \cos z + i \sin z \quad &\text{und} \quad \cos^2 z + \sin^2 z = 1\,. \end{aligned}$$

(3) Außerdem gelten die sogenannten Additionstheoreme [vgl. III(3.9)(2)]: Für alle $z, w \in \mathbb{C}$ gelten

$$\begin{aligned} \cos(z+w) &= \cos z \cdot \cos w - \sin z \cdot \sin w\,, \\ \sin(z+w) &= \sin z \cdot \cos w + \cos z \cdot \sin w\,. \end{aligned}$$

Hieraus folgt für jedes $z \in \mathbb{C}$:

$$\begin{aligned} \cos(2z) &= \cos^2 z - \sin^2 z = 1 - 2\sin^2 z\,, \\ \sin(2z) &= 2 \sin z \cos z\,. \end{aligned}$$

(4) Für jedes $x \in \mathbb{R}$ gilt $\cos x \in \mathbb{R}$ und $\sin x \in \mathbb{R}$, und nach (1) sind die Funktionen $\cos\colon \mathbb{R} \to \mathbb{R}$ und $\sin\colon \mathbb{R} \to \mathbb{R}$ auf $\mathbb{R}$ stetig. Für jedes $x \in \mathbb{R}$ gilt $\cos^2 x + \sin^2 x = 1$ und daher $|\cos x| \le 1$ und $|\sin x| \le 1$.

(5) Es sei $z = x + iy \in \mathbb{C}$ mit $x, y \in \mathbb{R}$. Dann gelten

$$\exp(z) = \exp(x)\exp(iy) = \exp(x) \cdot (\cos y + i \sin y)\,,$$

$$|\exp(z)| = \exp(x) \cdot |\cos y + i \sin y| = \exp(x) \cdot \sqrt{\cos^2 y + \sin^2 y} = \exp(x)\,.$$

(4.2) (1) Für jedes $x \in [-\sqrt{2}, \sqrt{2}]$ gilt: $\left(x^{2\nu}/(2\nu!)\right)_{\nu \ge 0}$ ist eine monoton fallende Nullfolge, und daher folgt aus III(2.12)

$$0 \le 1 - \frac{x^2}{2} \le \cos x = \sum_{\nu=0}^{\infty} (-1)^\nu \frac{1}{(2\nu)!} x^{2\nu} \le 1 - \frac{x^2}{2} + \frac{x^4}{24}\,.$$

(2) Für jedes $x \in [0, \sqrt{6}]$ gilt: $\left(x^{2\nu+1}/(2\nu+1)!\right)_{\nu \ge 0}$ ist eine monoton fallende Nullfolge, und daher folgt aus III(2.12)

$$0 \le x - \frac{x^3}{6} \le \sin x = \sum_{\nu=0}^{\infty} (-1)^\nu \frac{1}{(2\nu+1)!} x^{2\nu+1} \le x\,.$$

(4.3) (1) Es ist $1/\sqrt{2} < 4/5 < \sqrt{2}$, und nach (4.2)(2) gilt $\sin(1/\sqrt{2}) \le 1/\sqrt{2}$ und $\sin(4/5) \ge 4/5 - (4/5)^3/6 = 0.714... > 0.707... = 1/\sqrt{2}$. Weil die Sinus-Funktion stetig ist, gibt es daher nach dem Zwischenwertsatz [vgl. (2.16)(2)] ein

$x_0 \in [1/\sqrt{2}, 4/5] \subset [-\sqrt{2}, \sqrt{2}]$ mit $\sin x_0 = 1/\sqrt{2}$. Nach (4.2)(1) gilt $\cos x_0 \geq 1 - x_0^2/2 \geq 1 - (\sqrt{2})^2/2 = 0$ und daher $\cos x_0 = \sqrt{1 - \sin^2 x_0} = 1/\sqrt{2}$.

Nach (4.1)(3) ist $\cos 2x_0 = \cos^2 x_0 - \sin^2 x_0 = 0$, und es ist $1.4 < \sqrt{2} = 2/\sqrt{2} \leq 2x_0 < 8/5 = 1.6$.

(2) Nach (1) ist die Menge $A := \{x \in \mathbb{R} \,|\, x > 0 \text{ und } \cos x = 0\}$ nicht leer. Es ist A durch 0 nach unten beschränkt, und daher existiert $\alpha := \inf(A) \in \mathbb{R}$ [vgl. III(1.30)(2)]. Wegen $2x_0 \in A$ gilt hierfür $0 \leq \alpha \leq 2x_0 < 1.6$. Für jedes $n \in \mathbb{N}$ gilt: $\alpha + 1/n$ ist keine untere Schranke von A, und daher gibt es ein $v_n \in A$ mit $\alpha \leq v_n < \alpha + 1/n$. Weil die Folge $(v_n)_{n\geq 1}$ offensichtlich gegen α konvergiert und weil cos in α stetig ist, konvergiert die Folge $(\cos v_n)_{n\geq 1}$ gegen $\cos\alpha$. Für jedes $n \in \mathbb{N}$ ist $v_n \in A$, also $\cos v_n = 0$, und daher ist $\cos\alpha = \lim_{n\to\infty}(\cos v_n) = 0$. Wegen $\cos 0 = 1$ ist $\alpha > 0$, und für jedes $x \in [0, \alpha)$ ist $x \notin A$ und daher $\cos x \neq 0$. Also ist α die kleinste positive Nullstelle von cos. Für jedes $x \in [0, \sqrt{2})$ ist $\cos x \geq 1 - x^2/2 > 0$ [vgl. (4.2)(1)], und daher ist $\alpha > \sqrt{2}$. Für jedes $x \in [0, \alpha)$ ist $\cos x > 0$, denn sonst gäbe es wegen $\cos 0 = 1$ nach dem Zwischenwertsatz eine positive Nullstelle von cos, die kleiner als α ist.

(3) Man definiert

$$\pi := 2\alpha .$$

Dann ist $\pi/2$ die kleinste positive Nullstelle von cos, für jedes $x \in [0, \pi/2)$ ist $\cos x > 0$, und es gilt $2.8 < 2\sqrt{2} < \pi < 3.2$. Es wird sich herausstellen, daß dieses π gerade die "allen seit jeher vertraute Zahl π" ist [vgl. VI(4.7)(2))].

(4) Es ist $\sin\pi/2 = 1$ und $\sin\pi = 0$, und für jedes $x \in (0, \pi)$ ist $\sin x > 0$, und somit ist π die kleinste positive Nullstelle von sin.

Beweis: Für jedes $x \in (0, \pi/2]$ gilt $0 < x \leq \pi/2 < 1.6 < \sqrt{6}$, und daher ist $\sin x \geq x - x^3/6 > 0$ [vgl. (4.2)(2)]. Also ist $\sin\pi/2 > 0$, und wegen $\sin^2\pi/2 = 1 - \cos^2\pi/2 = 1$ folgt $\sin\pi/2 = 1$. Für jedes $x \in [\pi/2, \pi)$ gilt $x - \pi/2 \in [0, \pi/2)$ und daher

$$\begin{aligned} \sin x &= \sin(\pi/2 + (x - \pi/2)) \\ &= \sin\pi/2 \cdot \cos(x - \pi/2) + \cos(\pi/2) \cdot \sin(x - \pi/2) \\ &= \cos(x - \pi/2) > 0 . \end{aligned}$$

Damit ist gezeigt: Für jedes $x \in (0, \pi)$ ist $\sin x > 0$. Schließlich gilt noch $\sin\pi = 2\sin\pi/2 \cdot \cos\pi/2 = 0$.

(5) Es gilt

$$\begin{array}{lclcrlclcl} \cos\pi/2 & = & & & 0 & \text{und} & \sin\pi/2 & = & & 1, \\ \cos\pi & = & 1 - 2\sin^2\pi/2 & = & -1 & \text{und} & \sin\pi & = & & 0, \\ \cos 2\pi & = & 1 - 2\sin^2\pi & = & 1 & \text{und} & \sin 2\pi & = & 2\sin\pi\cdot\cos\pi \;=& 0. \end{array}$$

(6) Es gilt $0 = \cos\pi/2 = 1 - 2\sin^2\pi/4$ und $\sin\pi/4 > 0$, und daher ist $\sin\pi/4 = 1/\sqrt{2}$. Wegen $1 = \sin\pi/2 = 2\sin(\pi/4)\cos(\pi/4)$ folgt $\cos\pi/4 = 1/\sqrt{2}$.

(7) Für jedes $x \in \mathbb{R}$ gilt

$$\begin{aligned}\cos(x+\pi/2) &= \cos x\cdot\cos\pi/2-\sin x\cdot\sin\pi/2 &&= -\sin x\,,\\ \sin(x+\pi/2) &= \sin x\cdot\cos\pi/2+\cos x\cdot\sin\pi/2 &&= \cos x\,,\end{aligned}$$

$$\begin{aligned}\cos(x+\pi) &= -\sin(x+\pi/2) &&= -\cos x\,,\\ \sin(x+\pi) &= \cos(x+\pi/2) &&= -\sin x\,.\end{aligned}$$

(4.4) DEFINITION: Es sei p eine positive reelle Zahl. Eine Funktion $f\colon \mathbb{R}\to\mathbb{R}$ oder $f\colon\mathbb{R}\to\mathbb{C}$ heißt periodisch mit der Periode p, wenn $f(x+p)=f(x)$ für jedes $x\in\mathbb{R}$ ist.

(4.5) Satz: *Die Funktionen*

$$\cos\colon\mathbb{R}\to\mathbb{R}\,,\ \sin\colon\mathbb{R}\to\mathbb{R}\quad\textit{und}\quad x\mapsto\exp(ix):\mathbb{R}\to\mathbb{C}$$

sind periodisch mit der Periode 2π, und 2π ist die kleinste positive Periode jeder dieser Funktionen.

Beweis: (a) Für jedes $x\in\mathbb{R}$ gilt nach (4.3)(7) $\cos(x+2\pi)=-\cos(x+\pi)=\cos x$ und $\sin(x+2\pi)=-\sin(x+\pi)=\sin x$, und daher gilt auch $\exp(i(x+2\pi))=\cos(x+2\pi)+i\cdot\sin(x+2\pi)=\cos x+i\cdot\sin x=\exp(ix)$.

(b) Es sei $p>0$ eine Periode von cos. Dann gilt insbesondere $\cos p=\cos 0=1$ und daher $\sin p=\pm\sqrt{1-\cos^2 p}=0$, und es folgt $\sin p/2=\sin(-p/2+p)=\sin(-p/2)\cdot\cos p+\cos(-p/2)\cdot\sin p=\sin(-p/2)=-\sin p/2$, also $\sin p/2=0$. Weil π nach (4.3)(4) die kleinste positive Nullstelle von sin ist, gilt also $p/2\ge\pi$ und daher $p\ge 2\pi$.

(c) Es sei $p>0$ eine Periode von sin. Dann gilt $\cos(x+p)=\sin(x+p+\pi/2)=\sin(x+\pi/2)=\cos x$ für jedes $x\in\mathbb{R}$. Also ist p auch eine Periode von cos, und aus (b) folgt $p\ge 2\pi$.

(d) Es sei $p>0$ eine Periode von $x\mapsto\exp(ix):\mathbb{R}\to\mathbb{C}$. Für jedes $x\in\mathbb{R}$ gilt dann $\cos(x+p)=\operatorname{Re}\big(\exp(i(x+p))\big)=\operatorname{Re}\big(\exp(ix)\big)=\cos x$. Also ist p auch eine Periode von cos, und daher folgt $p\ge 2\pi$ aus (b).

(4.6) Satz: *Es gilt*

$$\begin{aligned}\{\,x\in\mathbb{R}\mid \cos x=0\,\} &= \left\{\frac{\pi}{2}+m\pi\mid m\in\mathbb{Z}\right\}\quad\textit{und}\\ \{\,x\in\mathbb{R}\mid \sin x=0\,\} &= \{\,m\pi\mid m\in\mathbb{Z}\,\}\,.\end{aligned}$$

Beweis: (a) Für jedes $m\in\mathbb{Z}$ gilt $\cos(\pi/2+m\pi)=(-1)^m\cdot\cos(\pi/2)=0$ und $\sin(m\pi)=(-1)^m\cdot\sin 0=0$ [vgl. (4.3)(7)] .

(b) Es sei $x_0\in\mathbb{R}$ eine Nullstelle von sin. Für $m:=\lfloor x_0/\pi\rfloor$ gilt $m\in\mathbb{Z}$ und $m\pi\le x_0<(m+1)\pi$, und es folgt $\sin(x_0-m\pi)=(-1)^m\cdot\sin x_0=0$. Wegen $0\le x_0-m\pi<\pi$ folgt aus (4.3)(4): Es ist $x_0=m\pi$.

(c) Es sei $x_1\in\mathbb{R}$ eine Nullstelle der Cosinus-Funktion. Dann ist $\sin(x_1-\pi/2)=\sin x_1\cdot\cos\pi/2-\cos x_1\cdot\sin\pi/2=0$, und daher gibt es nach (b) ein $m\in\mathbb{Z}$ mit $x_1-\pi/2=m\pi$, also mit $x_1=\pi/2+m\pi$.

(4.7) Es seien $A := \mathbb{R} \setminus \{\pi/2 + m\pi \mid m \in \mathbb{Z}\}$ und $B := \mathbb{R} \setminus \{m\pi \mid m \in \mathbb{Z}\}$. Jede dieser Mengen ist eine Vereinigung von Intervallen in $\mathbb{R}$.
Die Tangens-Funktion

$$\begin{cases} \tan: & A \to \mathbb{R} \\ \text{mit} & \tan x := \dfrac{\sin x}{\cos x} \quad \text{für jedes } x \in A \end{cases}$$

ist in A stetig [vgl. (4.1) und (2.6)(2)], und nach (4.3)(7) gilt $\tan(x + \pi) = \tan x$ für jedes $x \in A$.
Die Cotangens-Funktion

$$\begin{cases} \cot: & B \to \mathbb{R} \\ \text{mit} & \cot x := \dfrac{\cos x}{\sin x} \quad \text{für jedes } x \in B \end{cases}$$

ist in B stetig [vgl. (4.1) und (2.6)(2)], und nach (4.3)(7) gilt $\cot(x + \pi) = \cot x$ für jedes $x \in B$.

(4.8) (1) Es sei $S_1 := \{z \in \mathbb{C} \mid |z| = 1\}$. Für jedes $t \in \mathbb{R}$ gilt $\exp(it) = \cos t + i \sin t \in S_1$, denn es ist $|\exp(it)| = \sqrt{\cos^2 t + \sin^2 t} = 1$.
(2) Die Abbildung

$$\begin{cases} \varphi: & [0, 2\pi) \to S_1 \\ \text{mit} & \varphi(t) := \exp(it) \quad \text{für jedes } x \in [0, 2\pi) \end{cases}$$

ist bijektiv.
Beweis: (a) φ ist injektiv: Es seien $t, t' \in [0, 2\pi)$ mit $t \leq t'$ und mit $\exp(it) = \exp(it')$. Für jedes $x \in \mathbb{R}$ gilt $\exp\big(i(x + (t' - t))\big) = \exp(ix) \cdot \exp(it')/\exp(it) = \exp(ix)$, und wegen $0 \leq t' - t < 2\pi$ folgt aus (4.5): Es ist $t = t'$.
(b) φ ist surjektiv: Es sei $z \in S_1$, es seien $a := \mathrm{Re}(z)$ und $b := \mathrm{Im}(z)$. Dann gilt $z = a + ib$ und $a^2 + b^2 = |z|^2 = 1$, und daher gilt $-1 \leq a \leq 1$ und $-1 \leq b \leq 1$. Wegen $\cos 0 = 1$ und $\cos \pi = -1$ gibt es nach dem Zwischenwertsatz [vgl. (2.16)] ein $t_0 \in [0, \pi]$ mit $\cos t_0 = a$. Nach (4.3)(4) gilt dann $\sin t_0 \geq 0$ und daher $\sin t_0 = \sqrt{1 - \cos^2 t_0} = \sqrt{1 - a^2} = |b|$.

Ist $b \geq 0$, so gilt $\varphi(t_0) = \cos t_0 + i \cdot \sin t_0 = a + ib = z$. Ist $b < 0$, so ist $t_0 \in (0, \pi)$ und $2\pi - t_0 \in (\pi, 2\pi) \subset [0, 2\pi)$ und $\varphi(2\pi - t_0) = \exp\big(i(2\pi - t_0)\big) = \exp(-it_0) = \cos(-t_0) + i \cdot \sin(-t_0) = \cos t_0 - i \cdot \sin t_0 = a + ib = z$. Also gibt es in jedem Fall ein $t \in [0, 2\pi)$ mit $\varphi(t) = z$.
(3) Für jedes $z \in \mathbb{C}^\times = \mathbb{C} \setminus \{0\}$ gilt $z/|z| \in S_1$, und daher gibt es nach (2) ein eindeutig bestimmtes $\arg z \in [0, 2\pi)$ mit $z/|z| = \varphi(\arg z) = \exp(i \arg z)$ [$\arg z$ heißt das Argument von z]. Man erhält so eine Abbildung $\arg : \mathbb{C}^\times \to \mathbb{R}$ mit $z = |z| \cdot \exp(i \arg z)$ für jedes $z \in \mathbb{C}^\times$.
(4) Ist $z \in \mathbb{C}^\times$, so heißen $r := |z|$ und $t := \arg z$ die Polarkoordinaten von z. Es gilt dann $z = |z| \exp(it) = r(\cos t + i \sin t)$, und somit ist z durch seine Polarkoordinaten r und t eindeutig bestimmt.

(5) Sind $z, w \in \mathbb{C}^\times$, so gilt $|zw| = |z| \cdot |w|$, und aus (3.1)(2) folgt

$$\arg(zw) = \begin{cases} \arg z + \arg w, & \text{falls } \arg z + \arg w < 2\pi \text{ ist,} \\ \arg z + \arg w - 2\pi, & \text{falls } \arg z + \arg w \geq 2\pi \text{ ist.} \end{cases}$$

Kapitel V Differentialrechnung

§1 Die Ableitung

(1.1) (1) In diesem Kapitel sei stets I ein Intervall in $\mathbb{R}$. Ist $f: I \to \mathbb{R}$ eine Funktion, so nennt man $\{(x, f(x)) \mid x \in I\} \subset \mathbb{R}^2$ den Graphen von f.
(2) Es sei $f: I \to \mathbb{R}$ eine Funktion, und es sei $x_0 \in I$. Es sei $m \in \mathbb{R}$, und es sei $l: \mathbb{R} \to \mathbb{R}$ die Funktion mit $l(x) = m \cdot (x - x_0) + f(x_0)$ für jedes $x \in \mathbb{R}$. Der Graph $\{(x, l(x)) \mid x \in \mathbb{R}\}$ von l ist eine Gerade in $\mathbb{R}^2$ durch den Punkt $(x_0, f(x_0))$; m heißt dabei die Steigung dieser Geraden. Existiert der Grenzwert

$$\lim_{x \to x_0} \frac{f(x) - f(x_0)}{x - x_0} =: f'(x_0) \quad \text{für } x \in I \setminus \{x_0\}, \tag{$*$}$$

so ist

$$\lim_{x \to x_0} \frac{f(x) - l(x)}{x - x_0} = f'(x_0) - m \quad \text{für } x \in I \setminus \{x_0\};$$

es gilt also [mit der Bezeichnung aus IV(1.16)] $f(x) - l(x) = o(x - x_0)$ für $x \to x_0$ in $I \setminus \{x_0\}$ genau, wenn $f'(x_0) = m$ ist. Man sagt: "Die Gerade durch $(x_0, f(x_0))$ mit der Steigung m berührt den Graphen der Funktion f in x_0 möglichst stark, wenn $m = f'(x_0)$ ist."

(1.2) DEFINITION: Es sei $f: I \to \mathbb{R}$ eine Funktion, und es sei $x_0 \in I$. Es heißt f differenzierbar in x_0, wenn der Grenzwert in $(*)$ existiert; dann heißt $f'(x_0)$ die Ableitung von f in x_0 , und die Gerade $\{(x, f'(x_0)(x - x_0) + f(x_0)) \mid x \in \mathbb{R}\}$ wird die Tangente an den Graphen von f im Punkt $(x_0, f(x_0))$ genannt.

(1.3) BEMERKUNG: Es sei $f: I \to \mathbb{R}$ eine Funktion, und es sei $x_0 \in I$.
(1) Ist f in x_0 differenzierbar, so gibt es eine Funktion $r: I \to \mathbb{R}$, für die gilt: Es ist $f(x) = f(x_0) + f'(x_0)(x - x_0) + r(x)(x - x_0)$ für jedes $x \in I$, r ist stetig in x_0, und es ist $r(x_0) = 0$. Man setzt dazu

$$r(x) := \begin{cases} \dfrac{f(x) - f(x_0)}{x - x_0} - f'(x_0) & \text{für jedes } x \in I \text{ mit } x \neq x_0, \\ 0 & \text{für } x = x_0. \end{cases}$$

(2) Gibt es ein $m \in \mathbb{R}$ und eine in x_0 stetige Funktion $r: I \to \mathbb{R}$ mit $r(x_0) = 0$ und mit $f(x) = f(x_0) + m \cdot (x - x_0) + r(x)(x - x_0)$ für jedes $x \in I$, so ist f differenzierbar in x_0, und es ist $f'(x_0) = m$.
(3) Aus (1) folgt: Ist f differenzierbar in x_0, so ist f stetig in x_0.

(1.4) BEISPIELE: (1) Die Funktion $\exp: \mathbb{R} \to \mathbb{R}$ ist in 0 differenzierbar, und es ist $\exp'(0) = 1$ [vgl. III(3.9)(1) und IV(1.15)(3)(b)].
(2) Die Funktion $\sin: \mathbb{R} \to \mathbb{R}$ ist in 0 differenzierbar, und es ist $\sin'(0) = 1$ [vgl. III(3.9)(2) und IV(1.15)(3)(b)].
(3) Die Funktion $\cos: \mathbb{R} \to \mathbb{R}$ ist in 0 differenzierbar, und es ist $\cos'(0) = 0$ [vgl. III(3.9)(2) und IV(1.15)(3)(b)].

(4) Die Funktion $\mathrm{id}_{\mathbb{R}}: \mathbb{R} \to \mathbb{R}$ ist in jedem Punkt $x_0 \in \mathbb{R}$ differenzierbar mit der Ableitung 1.
(5) Für jedes $\alpha \in \mathbb{R}$ ist die konstante Funktion $x \mapsto \alpha : \mathbb{R} \to \mathbb{R}$ in jedem $x_0 \in \mathbb{R}$ differenzierbar mit der Ableitung 0.

(1.5) RECHENREGELN: Es seien f, $g: I \to \mathbb{R}$ Funktionen, und es sei $x_0 \in I$; es seien f und g in x_0 differenzierbar. Dann gelten:
(1) (Summenregel) Die Funktion $f + g: I \to \mathbb{R}$ ist in x_0 differenzierbar, und es ist

$$(f+g)'(x_0) = f'(x_0) + g'(x_0).$$

(2) (Produktregel) Die Funktion $fg: I \to \mathbb{R}$ ist in x_0 differenzierbar, und es ist

$$(fg)'(x_0) = f'(x_0)g(x_0) + f(x_0)g'(x_0).$$

Beweis: Für jedes $x \in I$ mit $x \neq x_0$ ist

$$\frac{fg(x) - fg(x_0)}{x - x_0} = \frac{f(x) - f(x_0)}{x - x_0} g(x) + f(x_0) \frac{g(x) - g(x_0)}{x - x_0},$$

und nach (1.3)(3) ist g in x_0 stetig.
(3) (Quotientenregel) Es sei $g(x) \neq 0$ für jedes $x \in I$. Dann ist f/g in x_0 differenzierbar, und es gilt

$$\left(\frac{f}{g}\right)'(x_0) = \frac{f'(x_0)g(x_0) - f(x_0)g'(x_0)}{g(x_0)^2}.$$

Beweis: Für jedes $x \in I$ mit $x \neq x_0$ gilt

$$\frac{\dfrac{1}{g(x)} - \dfrac{1}{g(x_0)}}{x - x_0} = -\frac{g(x) - g(x_0)}{x - x_0} \frac{1}{g(x)g(x_0)}.$$

Weil g nach (1.3)(3) in x_0 stetig ist, folgt daraus, daß $1/g$ in x_0 differenzierbar ist, und zwar mit der Ableitung $(1/g)'(x_0) = -g'(x_0)/g(x_0)^2$. Nach (2) ist daher $fg = f \cdot (1/g)$ in x_0 differenzierbar mit der angegebenen Ableitung.

(1.6) (Kettenregel) Es seien I, J Intervalle, es seien $f: I \to \mathbb{R}$, $g: J \to \mathbb{R}$ Funktionen, es sei $f(I) \subset J$, und es sei $x_0 \in I$ und $y_0 := f(x_0)$. Sind f in x_0 und g in y_0 differenzierbar, so ist $g \circ f: I \to \mathbb{R}$ in x_0 differenzierbar, und es gilt

$$(g \circ f)'(x_0) = g'(f(x_0)) \cdot f'(x_0).$$

Beweis: Nach (1.3)(1) gibt es eine in y_0 stetige Funktion $s: J \to \mathbb{R}$ mit $s(y_0) = 0$ und mit $g(y) = g(y_0) + g'(y_0)(y - y_0) + s(y)(y - y_0)$ für jedes $y \in J$. Für jedes $x \in I$ mit $x \neq x_0$ gilt $f(x) \in J$ und

$$\frac{g(f(x)) - g(f(x_0))}{x - x_0} = \frac{f(x) - f(x_0)}{x - x_0} g'(y_0) + \frac{f(x) - f(x_0)}{x - x_0} s(f(x)).$$

Nach IV(2.10) ist $s \circ f$ in x_0 stetig, und es gilt $s \circ f(x_0) = s(y_0) = 0$.

(1.7) DEFINITION: Es sei $f: I \to \mathbb{R}$ eine Funktion. Ist $J \subset I$ ein Intervall und ist f in jedem $x_0 \in J$ differenzierbar, so heißt f auf J differenzierbar. Wenn f sogar in jedem $x_0 \in I$ differenzierbar ist, so heißt f differenzierbar, und die Funktion $x \mapsto f'(x) : I \to \mathbb{R}$ heißt die Ableitung von f und wird mit f' bezeichnet.

(1.8) BEMERKUNG: (1) Ist $f: I \to \mathbb{R}$ eine differenzierbare Funktion, so ist f stetig auf I [vgl. (1.3)(3)].
(2) Für jedes $\alpha \in \mathbb{R}$ gilt: Die konstante Funktion $x \mapsto \alpha : I \to \mathbb{R}$ ist differenzierbar mit der Ableitung $x \mapsto 0 : I \to \mathbb{R}$. Die Funktion $x \mapsto x : I \to \mathbb{R}$ ist differenzierbar; ihre Ableitung ist die Funktion $x \mapsto 1 : I \to \mathbb{R}$.
(3) Jede Polynomfunktion $f: I \to \mathbb{R}$ ist differenzierbar; ihre Ableitung $f': I \to \mathbb{R}$ ist ebenfalls eine Polynomfunktion. Das folgt aus (2) und aus (1.5)(1) und (2). Durch Induktion ergibt sich mit Hilfe der Produktregel für jedes $n \in \mathbb{N}$: Die Funktion $x \mapsto x^n : I \to \mathbb{R}$ hat die Ableitung $x \mapsto nx^{n-1} : I \to \mathbb{R}$.
(4) Es seien p, $q: I \to \mathbb{R}$ Polynomfunktionen, und es sei $q(x) \neq 0$ für jedes $x \in I$. Dann ist die rationale Funktion $f := p/q$ nach (1.5)(3) differenzierbar, und ihre Ableitung ist die rationale Funktion $f' = (p'q - pq')/q^2$.
(5) Nach (1.5) ist die Menge der differenzierbaren Funktionen $f: I \to \mathbb{R}$ ein kommutativer Ring, der die konstanten Funktionen und die Polynomfunktionen enthält; dieser Ring wird mit $\mathcal{E}^{(1)}(I)$ bezeichnet.

(1.9) Satz: *Es sei $f = \sum_{\nu=0}^{\infty} a_\nu T^\nu \in \mathbb{C}[[T]]$ eine formale Potenzreihe mit positivem Konvergenzradius $\rho(f)$; es sei $z_0 \in K_{\rho(f)}(0)$. Dann gilt*

$$\lim_{z \to z_0} \frac{f(z) - f(z_0)}{z - z_0} = \sum_{\nu=1}^{\infty} \nu a_\nu z_0^{\nu-1} = \sum_{\nu=0}^{\infty} (\nu + 1) a_{\nu+1} z_0^\nu .$$

Beweis: z_0 ist ein Häufungspunkt von $M := \{z \in \mathbb{C} \mid 0 < |z - z_0| < \rho(f) - |z_0|\}$, und nach III(3.16) gilt mit den dort eingeführten Bezeichnungen: In M ist

$$\lim_{z \to z_0} \frac{f(z) - f(z_0)}{z - z_0} = \lim_{z \to z_0} \frac{g(z - z_0) - g(0)}{z - z_0} = f_1(z_0) = \sum_{\nu=1}^{\infty} \nu a_\nu z_0^{\nu-1}.$$

(1.10) Folgerung: *Es sei $f = \sum_{\nu=0}^{\infty} a_\nu T^\nu \in \mathbb{R}[[T]]$ eine formale Potenzreihe mit positivem Konvergenzradius $\rho(f)$, es sei $I := (-\rho(f), \rho(f))$, und es sei $f: I \to \mathbb{R}$ die dadurch definierte Funktion [vgl. III(3.8)]. Dann gilt für jedes $x \in I$: f ist in x differenzierbar, und es ist*

$$f'(x) = \sum_{\nu=1}^{\infty} \nu a_\nu x^{\nu-1} = \sum_{\nu=0}^{\infty} (\nu + 1) a_{\nu+1} x^\nu .$$

Beweis: Die formale Ableitung $D(f) = \sum_{\nu=0}^{\infty} (\nu + 1) a_{\nu+1} T^\nu$ [vgl. I(7.13)(3)] von f hat den Konvergenzradius $\rho(f)$ [vgl. III(3.16)]; die restlichen Aussagen folgen unmittelbar aus (1.9).

(1.11) Bemerkung: Die Aussage in (1.10) kann so interpretiert werden: Man erhält die Ableitung der Funktion f durch "Differenzieren unter dem Summenzeichen"; insbesondere ist $f': I \to \mathbb{R}$ die durch die formale Potenzreihe $D(f)$ definierte Funktion.

(1.12) Folgerung: *Die Funktionen* $\exp: \mathbb{R} \to \mathbb{R}$, $\sin: \mathbb{R} \to \mathbb{R}$, $\cos: \mathbb{R} \to \mathbb{R}$ *sind differenzierbar, und es gilt*

$$\exp' = \exp, \quad \sin' = \cos, \quad \cos' = -\sin .$$

(1.13) Satz: *Es sei $I \subset \mathbb{R}$ ein offenes oder ein abgeschlossenes Intervall; es sei $f: I \to \mathbb{R}$ differenzierbar und streng monoton, und es sei $g: f(I) \to \mathbb{R}$ die Umkehrfunktion von f. Für jedes $y_0 \in f(I)$ mit $f'(g(y_0)) \neq 0$ gilt: g ist in y_0 differenzierbar, und es ist*

$$g'(y_0) = \frac{1}{f'(g(y_0))}.$$

Beweis: Es sei $y_0 \in f(I)$ mit $g(y_0) \neq 0$, es sei $x_0 := g(y_0)$. Nach (1.3)(1) gibt es eine in x_0 stetige Funktion $r: I \to \mathbb{R}$ mit $r(x_0) = 0$ und mit

$$f(x) = f(x_0) + f'(x_0)(x - x_0) + r(x)(x - x_0) \quad \text{für jedes } x \in I.$$

Für jedes $y \in f(I)$ gilt

$$y - y_0 = f(g(y)) - f(x_0) = \big(g(y) - g(y_0)\big) \cdot \big(r(g(y)) + f'(g(y_0))\big).$$

Nach (1.8)(1) ist f auf I stetig, und daher ist nach IV(2.21) bzw. nach IV(2.22) g auf $f(I)$ stetig. Also gilt $\lim_{y \to y_0} r(g(y)) = r(g(y_0)) = r(x_0) = 0$ und daher

$$\lim_{y \to y_0} \frac{g(y) - g(y_0)}{y - y_0} = \lim_{y \to y_0} \frac{1}{r(g(y)) + f'(g(y_0))} = \frac{1}{f'(g(y_0))}.$$

(1.14) Beispiele: (1) Die Funktion $\ln: (0, \infty) \to \mathbb{R}$ ist die Umkehrfunktion der Exponentialfunktion $\exp: \mathbb{R} \to \mathbb{R}$ [vgl. IV(3.5)], und für jedes $t \in \mathbb{R}$ ist $\exp'(t) = \exp(t) \neq 0$. Also ist $\ln$ differenzierbar, und für jedes $x \in (0, \infty)$ gilt

$$\ln'(x) = \frac{1}{\exp'(\ln x)} = \frac{1}{\exp(\ln x)} = \frac{1}{x}.$$

(2) Es sei $\alpha \in \mathbb{R}$. Die durch $x \mapsto x^\alpha : (0, \infty) \to \mathbb{R}$ definierte Funktion p_α ist differenzierbar, und es ist $p'_\alpha(x) = \alpha x^{\alpha - 1} = \alpha p_{\alpha - 1}(x)$ für jedes $x \in (0, \infty)$.
Beweis: Für jedes $x \in (0, \infty)$ ist $x^\alpha = \exp(\alpha \ln x)$ [vgl. IV(3.10)]; aus der Kettenregel [vgl. (1.6)] und aus (1) folgt die Behauptung.
(3) Die durch $x \mapsto x^x : (0, \infty) \to \mathbb{R}$ definierte Funktion f ist differenzierbar: Für jedes $x \in (0, \infty)$ ist $f(x) = e^{x \ln x}$ und $f'(x) = (1 + \ln x)e^{x \ln x} = (1 + \ln x)f(x)$.

(1.15) DEFINITION: Es sei $f: I \to \mathbb{R}$ eine Funktion, es sei $x_0 \in I$ kein Endpunkt von I. (1) f hat in x_0 ein relatives Maximum, wenn es ein $\delta > 0$ gibt mit $f(x) \leq f(x_0)$ für jedes $x \in I$ mit $|x - x_0| < \delta$.
(2) f hat in x_0 ein relatives Minimum, wenn es ein $\delta > 0$ gibt mit $f(x) \geq f(x_0)$ für jedes $x \in I$ mit $|x - x_0| < \delta$.
(3) f hat in x_0 ein relatives Extremum, wenn f in x_0 ein relatives Maximum oder ein relatives Minimum hat.

(1.16) Satz: *Es sei $f: I \to \mathbb{R}$ eine Funktion, es sei $x_0 \in I$ kein Endpunkt von I, und es sei f in x_0 differenzierbar. Hat f in x_0 ein relatives Extremum, so ist $f'(x_0) = 0$.*
Beweis: Es gelte $f'(x_0) \neq 0$. Es gibt eine in x_0 stetige Funktion $r: I \to \mathbb{R}$ mit $r(x_0) = 0$ und mit $f(x) = f(x_0) + f'(x_0)(x - x_0) + r(x)(x - x_0)$ für jedes $x \in I$ [vgl. (1.3)(1)].
(a) Es gelte $f'(x_0) > 0$. Zu $\varepsilon := f'(x_0)/2$ gibt es ein $\delta > 0$ mit: Für jedes $x \in I$ mit $|x - x_0| < \delta$ ist $|r(x)| < f'(x_0)/2$ und daher $f'(x_0) + r(x) > 0$. Also gilt $f(x) - f(x_0) < 0$ für jedes $x \in I$ mit $x_0 - \delta < x < x_0$ und $f(x) - f(x_0) > 0$ für jedes $x \in I$ mit $x_0 < x < x_0 + \delta$, und daher hat f in x_0 kein relatives Extremum.
(b) Ist $f'(x_0) < 0$, so wendet man (a) auf die Funktion $-f$ an und erhält, daß $-f$ und daher auch f in x_0 kein relatives Extremum besitzt.

(1.17) Satz: [M. Rolle, 1652–1719] *Es sei $f: [a,b] \to \mathbb{R}$ auf $[a,b]$ stetig und auf (a,b) differenzierbar, und es gelte $f(a) = f(b)$. Dann gibt es ein $x_0 \in (a,b)$ mit $f'(x_0) = 0$.*
Beweis: Es seien $m := \min\{f(x) \mid x \in [a,b]\}$ und $M := \max\{f(x) \mid x \in [a,b]\}$ [vgl. IV(2.13)]. Ist $m = M$, so ist f konstant, also $f'(x) = 0$ für jedes $x \in [a,b]$. Ist $m < M$, so ist $m < f(a)$ oder $f(a) < M$.
(a) Es gelte $m < f(a)$. Es gibt ein $x_0 \in [a,b]$ mit $f(x_0) = m$. Hierfür gilt $x_0 \in (a,b)$, und f hat in x_0 ein relatives Minimum. Nach (1.16) ist $f'(x_0) = 0$.
(b) Es gelte $f(a) < M$. Es gibt ein $x_0 \in [a,b]$ mit $f(x_0) = M$. Hierfür gilt $x_0 \in (a,b)$, und f hat in x_0 ein relatives Maximum. Nach (1.16) ist $f'(x_0) = 0$.

(1.18) Satz: (Verallgemeinerter Mittelwertsatz) *Es seien $f, g: [a,b] \to \mathbb{R}$ auf $[a,b]$ stetig und auf (a,b) differenzierbar; es gelte $g'(x) \neq 0$ für jedes $x \in (a,b)$. Dann gibt es ein $\xi \in (a,b)$ mit*

$$\frac{f(b) - f(a)}{g(b) - g(a)} = \frac{f'(\xi)}{g'(\xi)}.$$

Beweis: Es sei $h: [a,b] \to \mathbb{R}$ die Funktion mit

$$h(x) := \big(g(b) - g(a)\big)f(x) - \big(f(b) - f(a)\big)g(x) \quad \text{für jedes } x \in [a,b].$$

Nach dem Satz von Rolle [vgl. (1.17)] ist $g(b) \neq g(a)$, denn sonst wäre $g'(x) = 0$ für ein $x \in (a,b)$. Die Funktion h ist auf $[a,b]$ stetig und auf (a,b) differenzierbar, und es ist $h(a) = h(b)$. Also gibt es nach dem Satz von Rolle ein $\xi \in (a,b)$ mit $0 = h'(\xi) = (g(b) - g(a))f'(\xi) - (f(b) - f(a))g'(\xi)$.

(1.19) Satz: (Mittelwertsatz) *Es sei* $f: [a, b] \to \mathbb{R}$ *auf* $[a, b]$ *stetig und auf* (a, b) *differenzierbar. Dann gibt es ein* $\xi \in (a, b)$ *mit*

$$\frac{f(b) - f(a)}{b - a} = f'(\xi).$$

Beweis: Man wendet (1.18) auf f und auf die Funktion $g: [a, b] \to \mathbb{R}$ mit $g(x) = x$ für jedes $x \in [a, b]$ an.

(1.20) Folgerung: *Es sei* $I \subset \mathbb{R}$ *ein Intervall, und es sei* $f: I \to \mathbb{R}$ *differenzierbar.*
(1) *Gibt es ein* $M > 0$ *mit* $|f'(x)| \leq M$ *für jedes* $x \in I$, *so gilt* $|f(x_2) - f(x_1)| \leq M|x_2 - x_1|$ *für alle* $x_1, x_2 \in I$.
(2) *Ist* $f'(x) = 0$ *für jedes* $x \in I$, *so ist* f *eine konstante Funktion.*
Beweis: Es seien x', $x'' \in I$ mit $x' < x''$. Die Funktion $x \mapsto f(x) : [x', x''] \to \mathbb{R}$ ist auf dem abgeschlossenen Intervall $[x', x''] \subset I$ differenzierbar und daher nach (1.3) auch stetig. Also gibt es nach (1.19) ein $\xi \in (x', x'') \subset I$ mit $f(x'') - f(x') = f'(\xi)(x'' - x')$. Gilt $|f'(x)| \leq M$ für jedes $x \in I$, so folgt $|f(x'') - f(x')| \leq M|x'' - x'|$; gilt $f'(x) = 0$ für jedes $x \in I$, so folgt $f(x') = f(x'')$.

(1.21) Satz: *Es sei* $f: [a, b] \to \mathbb{R}$ *auf* $[a, b]$ *stetig und auf* (a, b) *differenzierbar. Dann gelten:*
(1) f *ist genau dann monoton wachsend, wenn* $f'(x) \geq 0$ *für jedes* $x \in (a, b)$ *gilt.*
(2) *Ist* $f'(x) > 0$ *für jedes* $x \in (a, b)$, *so ist* f *streng monoton wachsend.*
(3) f *ist genau dann monoton fallend, wenn* $f'(x) \leq 0$ *für jedes* $x \in (a, b)$ *gilt.*
(4) *Ist* $f'(x) < 0$ *für jedes* $x \in (a, b)$, *so ist* f *streng monoton fallend.*
Beweis: (a) Es sei f monoton wachsend, und es sei $x_0 \in (a, b)$. Man sieht, daß dann $(f(x) - f(x_0))/(x - x_0) \geq 0$ für jedes $x \in [a, b]$ mit $x \neq x_0$ ist. Also ist $f'(x_0) \geq 0$.
(b) Es seien x_1, $x_2 \in [a, b]$ mit $x_1 < x_2$. Nach dem Mittelwertsatz [vgl. (1.19)], angewandt auf die Funktion $x \mapsto f(x) : [x_1, x_2] \to \mathbb{R}$, gibt es ein $\xi \in (x_1, x_2) \subset [a, b]$ mit $f(x_2) - f(x_1) = (x_2 - x_1)f'(\xi)$. Ist $f'(\xi) \geq 0$, so folgt $f(x_1) \leq f(x_2)$; ist $f'(\xi) > 0$, so folgt $f(x_1) < f(x_2)$.
(c) Aus (a) und (b) folgen (1) und (2), und hieraus erhält man (3) und (4), indem man $-f$ statt f betrachtet.

(1.22) Folgerung: *Es sei* $f: I \to \mathbb{R}$ *differenzierbar. Gilt* $f'(x) > 0$ *für jedes* $x \in I$, *so ist* f *streng monoton wachsend; gilt* $f'(x) < 0$ *für jedes* $x \in I$, *so ist* f *streng monoton fallend.*
Beweis: Es seien x_1, $x_2 \in I$ mit $x_1 < x_2$. Man wendet (1.21)(2) bzw. (4) auf die Funktion $f| [x_1, x_2]$ an und erhält $f(x_1) < f(x_2)$ bzw. $f(x_1) > f(x_2)$.

(1.23) BEISPIELE: (1) Für jedes $k \in \mathbb{Z}$ gilt: Die Funktion $\sin: \mathbb{R} \to \mathbb{R}$ hat ein relatives Maximum bei $(4k + 1)\pi/2$ und ein relatives Minimum bei $(4k + 3)\pi/2$; sie ist auf dem Intervall $[(4k - 1)\pi/2, (4k + 1)\pi/2]$ streng monoton wachsend und auf dem Intervall $[(4k + 1)\pi/2, (4k + 3)\pi/2]$ streng monoton fallend. Für jedes $x \in [(4k - 1)\pi/2, (4k + 1)\pi/2]$ ist nämlich $x - 2k\pi \in [-\pi/2, \pi/2]$ und daher $\sin' x =$

$\cos x = \cos(x - 2k\pi) > 0$, und für jedes $x \in [(4k+1)\pi/2, (4k+3)\pi/2]$ ist $\sin' x = \cos x = -\cos(x - \pi) < 0$ [vgl. IV(4.3) und IV(4.6)].

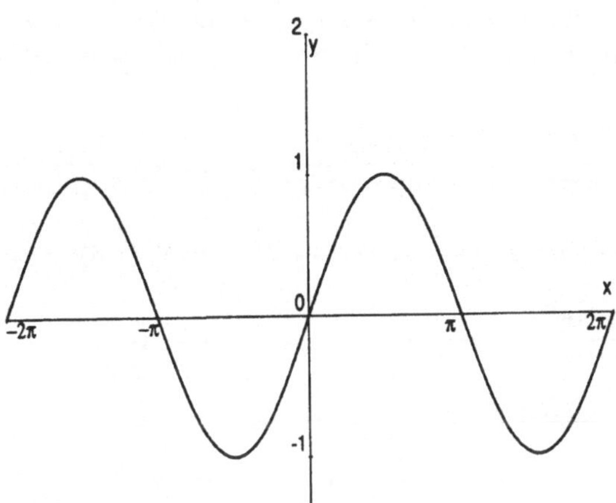

Sinus-Funktion

(2) Die Funktion $x \mapsto \sin x : [-\pi/2, \pi/2] \to \mathbb{R}$ ist auf $[-\pi/2, \pi/2]$ stetig und streng monoton wachsend mit dem Wertebereich $[-1, 1]$. Ihre Umkehrfunktion ist die Arcus-Sinus-Funktion

$$\arcsin\colon [-1, 1] \to \mathbb{R}.$$

Diese Funktion ist auf $[-1, 1]$ stetig und streng monoton wachsend, und es gilt $\arcsin(-1) = -\pi/2$ und $\arcsin(1) = \pi/2$; ihr Wertebereich ist $[-\pi/2, \pi/2]$ [vgl. dazu IV(2.22)]. Nach (1.13) ist arcsin in jedem $x \in (-1, 1)$ differenzierbar mit

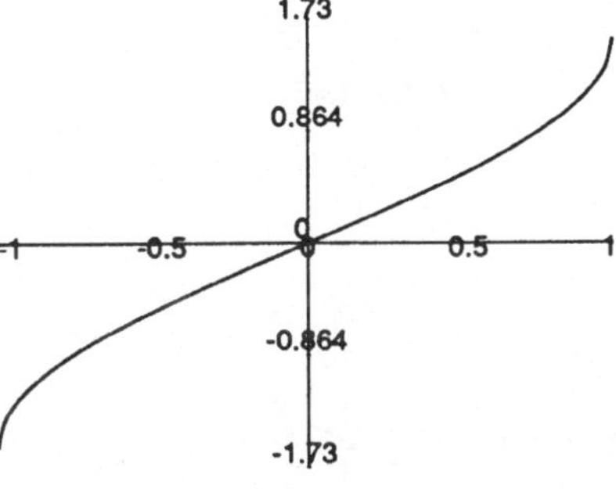

arcsin-Funktion

$$\arcsin'(x) = \frac{1}{\sin'(\arcsin x)} = \frac{1}{\cos(\arcsin x)} = \frac{1}{\sqrt{1 - \sin^2(\arcsin x)}} = \frac{1}{\sqrt{1 - x^2}},$$

denn für jedes $t \in [-\pi/2, \pi/2]$ ist $\cos t = \sqrt{1 - \sin^2 t}$.

(3) Für jedes $k \in \mathbb{Z}$ gilt wegen $\cos x = \sin(x + \pi/2)$ für jedes $x \in \mathbb{R}$: Die Cosinus-Funktion hat bei $2k\pi$ ein relatives Maximum und bei $(2k+1)\pi$ ein relatives Minimum; sie ist auf $[2k\pi, (2k+1)\pi]$ streng monoton fallend und auf $[(2k+1)\pi, (2k+2)\pi]$ streng monoton wachsend.

(4) Die Funktion $x \mapsto \cos x : [0,\pi] \to \mathbb{R}$ ist auf $[0,\pi]$ stetig und streng monoton fallend mit dem Wertebereich $[-1,1]$. Ihre Umkehrfunktion ist die Arcus-Cosinus-Funktion $\arccos\colon [-1,1] \to \mathbb{R}$. Diese Funktion ist auf $[-1,1]$ stetig und streng monoton fallend, es gilt $\arccos(-1) = \pi$ und $\arccos(1) = 0$, und ihr Wertebereich ist $[0,\pi]$. [Man vgl. dazu IV(2.22).] Nach (1.13) ist arccos in jedem $x \in (-1,1)$ differenzierbar mit

$$\arccos'(x) = \frac{1}{\cos'(\arccos x)} = \frac{-1}{\sin(\arccos x)} = \frac{-1}{\sqrt{1-\cos^2(\arccos x)}} = \frac{-1}{\sqrt{1-x^2}}.$$

(5) Die Funktion $x \mapsto \tan x : (-\pi/2, \pi/2) \to \mathbb{R}$ ist nach (1.5)(3) differenzierbar mit

$$\tan'(x) = \frac{\sin^2 x + \cos^2 x}{\cos^2 x} = \frac{1}{\cos^2 x} = 1 + \tan^2 x > 0 \quad \text{für jedes } x \in (-\pi/2, \pi/2);$$

sie ist daher streng monoton wachsend. Es gilt

$$\lim_{x \to -\frac{\pi}{2}+} \tan x = -\infty \quad \text{und} \quad \lim_{x \to \frac{\pi}{2}-} \tan x = \infty,$$

und daher ist ihr Wertebereich ganz $\mathbb{R}$ [vgl. IV(2.21)]. Ihre Umkehrfunktion ist die Arcus-Tangens-Funktion $\arctan\colon \mathbb{R} \to \mathbb{R}$. Diese Funktion ist streng monoton wachsend mit dem Wertebereich $(-\pi/2, \pi/2)$; sie ist nach (1.13) differenzierbar, und es ist

$$\arctan'(x) = \frac{1}{1+\tan^2(\arctan x)} = \frac{1}{1+x^2} \quad \text{für jedes } x \in \mathbb{R}.$$

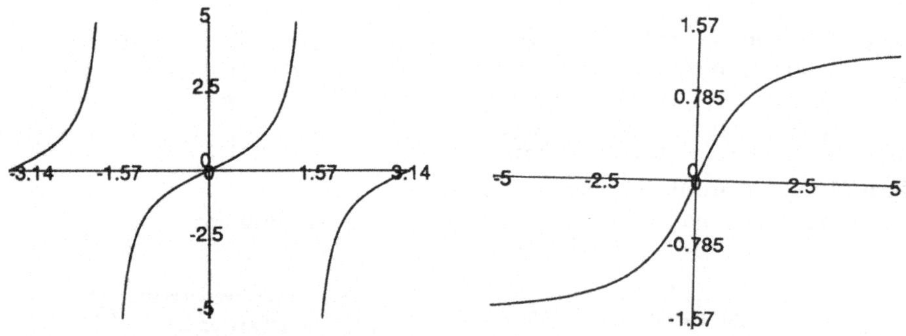

Tangens-Funktion

arctan-Funktion

(6) Die Funktion $x \mapsto \cot x : (0,\pi) \to \mathbb{R}$ ist differenzierbar mit

$$\cot'(x) = -\frac{\sin^2 x + \cos^2 x}{\sin^2 x} = -\frac{1}{\sin^2 x} = -(1+\cot^2 x) < 0 \quad \text{für jedes } x \in (0,\pi);$$

sie ist daher streng monoton fallend. Wegen $\lim_{x\to 0^+} \cot x = \infty$ und $\lim_{x\to\pi^-} \cot x = -\infty$ ist ihr Wertebereich ganz $\mathbb{R}$. Ihre Umkehrfunktion ist die Arcus-Cotangens-Funktion $\operatorname{arccot}\colon \mathbb{R} \to \mathbb{R}$. Diese Funktion ist streng monoton fallend und besitzt den Wertebereich $(0, \pi)$; sie ist differenzierbar, und es ist

$$\operatorname{arccot}'(x) = -\frac{1}{1+x^2} \quad \text{für jedes } x \in \mathbb{R}.$$

(7) Die Funktionen $\exp\colon \mathbb{R} \to \mathbb{R}$ und $\ln\colon (0,\infty) \to \mathbb{R}$ sind streng monoton wachsend und haben keine Extrema. Ihren Graphen verlaufen so:

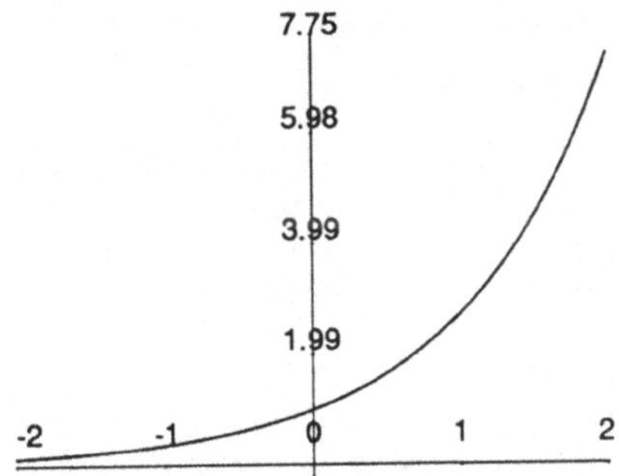

Exponentialfunktion

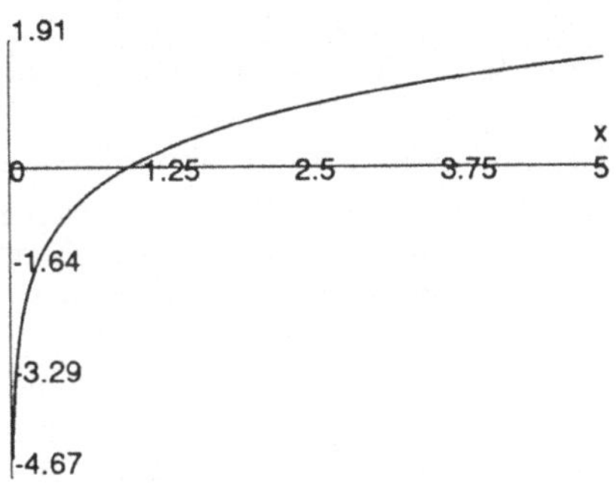

Logarithmusfunktion

(8) Die Funktion $\sinh\colon \mathbb{R} \to \mathbb{R}$ ist differenzierbar mit der Ableitung cosh [vgl. dazu IV(3.13)]. Für jedes $x \in (-\infty, 0)$ ist $\cosh(x) > 0$, und daher ist sinh streng monoton wachsend; wegen $\lim_{x\to\infty} \sinh(x) = \infty$ und wegen $\lim_{x\to-\infty} \sinh(x) = -\infty$ hat die Funktion sinh den Wertebereich $\mathbb{R}$. Ihre Umkehrfunktion ist die Funktion Area-Sinus-hyperbolicus $\operatorname{arsinh}\colon \mathbb{R} \to \mathbb{R}$. Für jedes $x \in \mathbb{R}$ gilt

$$\begin{aligned} \operatorname{arsinh}(x) &= \ln(x + \sqrt{1+x^2}), \\ \operatorname{arsinh}'(x) &= \frac{1}{\sqrt{1+x^2}}. \end{aligned}$$

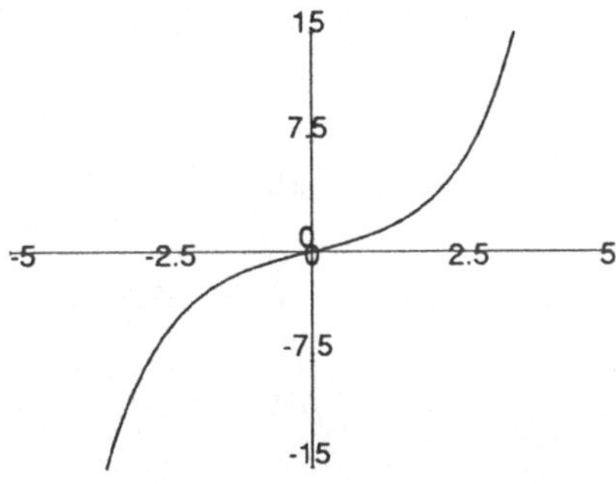

sinh-Funktion

(9) Die Funktion $\cosh\colon \mathbb{R} \to \mathbb{R}$ hat die Ableitung sinh [vgl. IV(3.13)]. Für jedes $x \in (-\infty, 0)$ ist $\sinh(x) < 0$, für jedes $x \in (0, \infty)$ ist $\sinh(x) > 0$, und daher ist cosh nach (1.21) auf $(-\infty, 0]$ streng monoton fallend und auf $[0, \infty)$ streng monoton wachsend. Nach (2.5) ist cosh eine konvexe Funktion [vgl. (2.4)].

Die Funktion $x \mapsto \cosh x : (-\infty, 0] \to \mathbb{R}$ ist streng monoton fallend und besitzt den Wertebereich $[1, \infty)$; ihre Umkehrfunktion ist die Funktion

$$x \mapsto \ln\left(x - \sqrt{x^2 - 1}\right) : (1, \infty) \to \mathbb{R}.$$

Die Funktion $x \mapsto \cosh x : [0, \infty) \to \mathbb{R}$ ist streng monoton wachsend und besitzt ebenfalls den Wertebereich $[1, \infty)$; ihre Umkehrfunktion ist die Funktion

$$x \mapsto \ln\left(x + \sqrt{x^2 - 1}\right) : (1, \infty) \to \mathbb{R}.$$

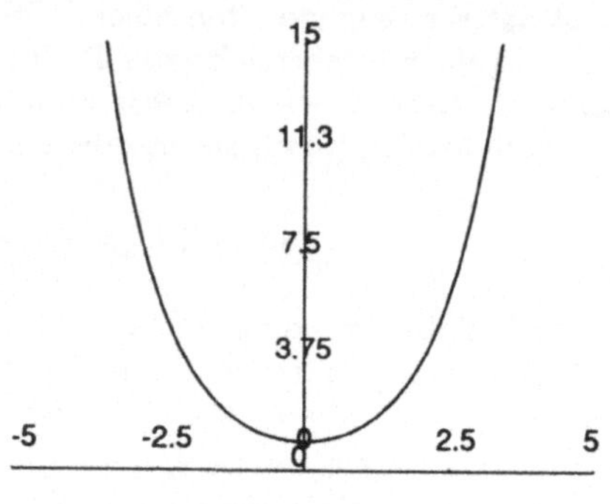

cosh-Funktion

(10) Für jedes $x \in \mathbb{R}$ ist $\tanh'(x) = 1/\cosh^2 x = 1 - \tanh^2 x > 0$, und daher ist $\tanh\colon \mathbb{R} \to \mathbb{R}$ streng monoton wachsend. Wegen $\lim_{x\to-\infty} \tanh x = -1$ und $\lim_{x\to\infty} \tanh x = 1$ ist der Wertebereich von tanh das Intervall $(-1, 1)$. Die Umkehrfunktion von tanh ist die Funktion Area-Tangens-hyperbolicus

$$\operatorname{artanh}\colon (-1, 1) \to \mathbb{R}.$$

Sie ist streng monoton wachsend, besitzt den Wertebereich $\mathbb{R}$ und ist differenzierbar. Es gilt

$$\operatorname{artanh}(x) = \ln\left(\frac{1+x}{1-x}\right), \quad \operatorname{artanh}'(x) = \frac{1}{1-x^2} \quad \text{für jedes } x \in (-1, 1).$$

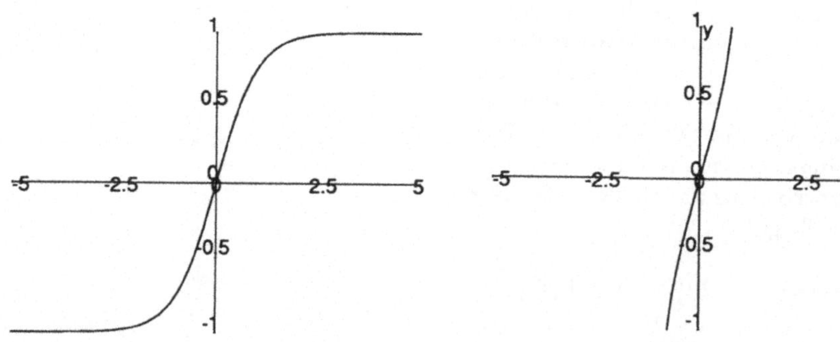

Hyperbolischer Tangens

artanh-Funktion

(11) Es bleibe dem Leser überlassen, die Funktion coth zu diskutieren.

(1.24) Satz: (L'Hospitalsche Regel) [G. F. A. L'Hospital, 1661–1704] *Es seien f, $g\colon (a, b) \to \mathbb{R}$ auf (a, b) differenzierbar, und es gelte $g(x) \neq 0$ und $g'(x) \neq 0$ für* *jedes $x \in (a,b)$. Es sei $\lim_{x\to b} f(x) = \lim_{x\to b} g(x) = 0$ (oder ∞), und es existiere*

$$\lim_{x\to b} \frac{f'(x)}{g'(x)} =: \alpha \quad (\textit{mit } \alpha \in \mathbb{R} \cup \{-\infty\} \cup \{\infty\}).$$

Dann ist

$$\lim_{x\to b} \frac{f(x)}{g(x)} = \lim_{x\to b} \frac{f'(x)}{g'(x)} = \alpha.$$

Beweis (für den Fall $b \in \mathbb{R}$, $\lim_{x\to b} f(x) = \lim_{x\to b} g(x) = 0$, $\alpha \in \mathbb{R}$): Es sei $\varepsilon > 0$. Es gibt ein $\delta > 0$ mit $(b-\delta, b) \subset (a,b)$ und mit

$$\left| \frac{f'(\xi)}{g'(\xi)} - \alpha \right| < \frac{\varepsilon}{2} \quad \text{für jedes } \xi \in (b-\delta, b).$$

Es sei $x \in (b-\delta, b)$. Für jedes $t \in (b-\delta, b)$ mit $t \neq x$ gilt: Nach (1.18) gibt es ein $\xi_0 \in (b-\delta, b)$, das zwischen x und t liegt und für das

$$\frac{f(x)-f(t)}{g(x)-g(t)} = \frac{f'(\xi_0)}{g'(\xi_0)}$$

gilt. Dann ist

$$\left| \frac{f(x)-f(t)}{g(x)-g(t)} - \alpha \right| = \left| \frac{f'(\xi_0)}{g'(\xi_0)} - \alpha \right| < \frac{\varepsilon}{2}$$

und daher

$$\left| \frac{f(x)}{g(x)} - \alpha \right| = \lim_{t\to b} \left| \frac{f(x)-f(t)}{g(x)-g(t)} - \alpha \right| \leq \frac{\varepsilon}{2} < \varepsilon.$$

Es folgt, daß f/g in b den Grenzwert α besitzt.

(1.25) BEMERKUNG: Es seien f, $g\colon (a,b) \to \mathbb{R}$ auf (a,b) differenzierbar, und es gelte $g(x) \neq 0$ und $g'(x) \neq 0$ für jedes $x \in (a,b)$. Es sei $\lim_{x\to a} f(x) = \lim_{x\to a} g(x) = 0$ (oder ∞), und es existiere der Grenzwert $\lim_{x\to a} f'(x)/g'(x) =: \alpha$ (mit $\alpha \in \mathbb{R} \cup \{-\infty\} \cup \{\infty\}$). Dann ist

$$\lim_{x\to a} \frac{f(x)}{g(x)} = \lim_{x\to a} \frac{f'(x)}{g'(x)} = \alpha.$$

Das beweist man entsprechend.

(1.26) BEISPIELE: (1) Es sei $\alpha > 0$. Nach (1.25) gilt

$$\lim_{x\to 0} \frac{\ln(1+x)}{x^\alpha} = \begin{cases} 0, & \text{falls } \alpha < 1 \text{ ist,} \\ \infty, & \text{falls } \alpha > 1 \text{ ist,} \\ 1, & \text{falls } \alpha = 1 \text{ ist.} \end{cases}$$

Insbesondere ist also $\ln(1+x) = O(x)$ für $x \to 0$ in $(0,\infty)$.

(2) Es sei $\alpha \in \mathbb{R}$ positiv. Nach (1.24) gilt

$$\lim_{x\to\infty} \frac{\ln x}{x^\alpha} = \lim_{x\to\infty} \frac{1/x}{\alpha x^{\alpha-1}} = \frac{1}{\alpha} \lim_{x\to\infty} x^{-\alpha} = \frac{1}{\alpha} \lim_{x\to\infty} \exp(-\alpha \ln x) = 0.$$

Insbesondere ergibt sich daraus: Die Logarithmus-Funktion wächst für $x \to \infty$ schwächer als jede Polynomfunktion.
(3) Es sei $\alpha \in \mathbb{R}$ positiv. Aus (1.25) folgt: Es ist

$$\lim_{x\to 0+} x^\alpha \ln x = \lim_{x\to 0+} \frac{\ln x}{x^{-\alpha}} = \lim_{x\to 0+} \frac{1/x}{-\alpha x^{-\alpha-1}} = \lim_{x\to 0+} \left(-\frac{x^\alpha}{\alpha}\right) = 0.$$

(4) (a) Es sei $f\colon (0,\infty) \to \mathbb{R}$ die Funktion mit

$$f(x) := \left(1+\frac{1}{x}\right)^x \quad \text{für jedes } x \in (0,\infty).$$

Mit Hilfe von (1.24) ergibt sich

$$\begin{aligned} \lim_{x\to\infty} x \ln\left(1+\frac{1}{x}\right) &= \lim_{x\to\infty} \frac{\ln(1+1/x)}{1/x} &= \lim_{x\to\infty} \frac{\left(\dfrac{-1/x^2}{1+1/x}\right)}{-1/x^2} \\ &= \lim_{x\to\infty} \frac{1}{1+1/x} &= 1, \end{aligned}$$

und daher gilt

$$\lim_{x\to\infty} f(x) = \lim_{x\to\infty} \exp\left(x \ln\left(1+\frac{1}{x}\right)\right) = e.$$

(b) Es sei $g\colon (0,\infty) \to \mathbb{R}$ die Funktion mit

$$g(x) := \ln\left(1+\frac{1}{x}\right) - \frac{1}{1+x} \quad \text{für jedes } x \in (0,\infty).$$

Mit Hilfe von (1.24) ergibt sich

$$\lim_{x\to\infty} x^2 g(x) = \lim_{x\to\infty} \frac{g(x)}{1/x^2} = \lim_{x\to\infty} \frac{\dfrac{-1/x^2}{1+1/x} + \dfrac{1}{(1+x)^2}}{-2/x^3} = \lim_{x\to\infty} \frac{1}{2} \frac{x^3}{x(1+x)^2} = \frac{1}{2}.$$

(c) Für jedes $x \in (0,\infty)$ gilt $f'(x) = f(x)g(x)$, und mit Hilfe von (1.24) erhält man daher: Es ist

$$\begin{aligned} \lim_{x\to\infty} x\left(e - \left(1+\frac{1}{x}\right)^x\right) &= \lim_{x\to\infty} \frac{e-f(x)}{1/x} = \lim_{x\to\infty} \frac{-f'(x)}{-1/x^2} = \lim_{x\to\infty} f(x)\frac{g(x)}{1/x^2} \\ &= \left(\lim_{x\to\infty} f(x)\right) \cdot \left(\lim_{x\to\infty} x^2 g(x)\right) = \frac{e}{2}. \end{aligned}$$

Nach IV(1.10)(2) ist damit der in III(1.22)(1) benötigte Grenzwert ausgerechnet: Es ist

$$\lim_{n\to\infty} \left(n\left(e - \left(1+\frac{1}{n}\right)^n\right)\right) = \frac{e}{2}.$$

§2 Höhere Ableitungen und Taylor-Reihen

(2.1) DEFINITION: Es sei $I \subset \mathbb{R}$ [wie stets in diesem Paragraphen] ein Intervall, es sei $f: I \to \mathbb{R}$ eine Funktion. Es wird $f^{(0)} := f$ gesetzt.
(1) Ist f differenzierbar, so heißt f einmal differenzierbar; man nennt dann $f^{(1)} := f': I \to \mathbb{R}$ die erste Ableitung von f.
(2) Ist f differenzierbar und ist auch $f': I \to \mathbb{R}$ differenzierbar, so heißt f zweimal differenzierbar; man nennt dann $f^{(2)} = f'' := (f')': I \to \mathbb{R}$ die zweite Ableitung von f.
(3) Es sei $n \in \mathbb{N}$, und es sei $f^{(n-1)}: I \to \mathbb{R}$ definiert. Ist $f^{(n-1)}$ differenzierbar, so heißt f n-mal differenzierbar; man nennt dann $f^{(n)} := (f^{(n-1)})'$ die n-te Ableitung von f.
(4) f heißt beliebig oft differenzierbar, wenn $f^{(n)}$ für jedes $n \in \mathbb{N}_0$ definiert ist.
(5) Für $n \in \mathbb{N}$ wird die Menge der auf I definierten und n-mal differenzierbaren Funktionen mit $\mathcal{E}^{(n)}(I)$ bezeichnet. Die Menge der auf I definierten und beliebig oft differenzierbaren Funktionen wird mit $\mathcal{E}^{(\infty)}(I)$ bezeichnet. Alle diese Mengen sind kommutative Ringe, die die konstanten Funktionen und die Polynomfunktionen enthalten [vgl. (2.3) und (2.2)(1)].

(2.2) BEISPIELE: (1) Polynomfunktionen sind beliebig oft differenzierbar.
(2) Die Funktion $\sin: \mathbb{R} \to \mathbb{R}$ ist beliebig oft differenzierbar; es gilt

$$\sin^{(n)} = \begin{cases} (-1)^{n/2} \sin & \text{für jedes gerade } n \in \mathbb{N}_0, \\ (-1)^{(n+1)/2+1} \cos & \text{für jedes ungerade } n \in \mathbb{N}_0. \end{cases}$$

(3) Die Funktion $\cos: \mathbb{R} \to \mathbb{R}$ ist beliebig oft differenzierbar; es gilt

$$\cos^{(n)} = \begin{cases} (-1)^{n/2} \cos & \text{für jedes gerade } n \in \mathbb{N}_0, \\ (-1)^{(n+1)/2} \sin & \text{für jedes ungerade } n \in \mathbb{N}_0. \end{cases}$$

(4) Die Funktion $\exp: \mathbb{R} \to \mathbb{R}$ ist beliebig oft differenzierbar; es ist $\exp^{(n)} = \exp$ für jedes $n \in \mathbb{N}_0$.
(5) Die durch $x \mapsto 1/(1-x) : (0,1) \to \mathbb{R}$ definierte Funktion f gehört zu $\mathcal{E}^{(\infty)}(0,1)$; es ist für jedes $n \in \mathbb{N}_0$

$$f^{(n)}(x) = \frac{n!}{(1-x)^{n+1}} \quad \text{für jedes } x \in (0,1).$$

Es gilt also $f^{(n)} = n!\, f^{n+1}$ für jedes $n \in \mathbb{N}_0$ [vgl. I(7.13)(4)].

(2.3) Satz: (Leibnizsche Regel) *Es sei $n \in \mathbb{N}$, und es seien $f, g \in \mathcal{E}^{(n)}(I)$. Dann ist $fg \in \mathcal{E}^{(n)}(I)$, und es gilt*

$$(fg)^{(n)} = \sum_{\nu=0}^{n} \binom{n}{\nu} f^{(\nu)} g^{(n-\nu)}. \qquad (*)$$

Beweis: Für $n = 0$ ist nichts zu zeigen. Es sei $n \in \mathbb{N}_0$, es seien $f, g \in \mathcal{E}^{(n+1)}(I)$, und es sei bereits bewiesen, daß fg n-mal differenzierbar ist und daß $(*)$ gilt. Wegen $f, g \in \mathcal{E}^{(n+1)}(I)$ ist nach der Produktregel (1.5)(2) jeder Summand der Summe in $(*)$ differenzierbar, und es ist

$$\begin{aligned}(fg)^{(n+1)} &= \sum_{\nu=0}^{n} \binom{n}{\nu} \left(f^{(\nu+1)} g^{(n-\nu)} + f^{(\nu)} g^{(n-\nu+1)}\right) \\ &= \sum_{\nu=0}^{n+1} \binom{n+1}{\nu} f^{(\nu)} g^{(n+1-\nu)}\end{aligned}$$

[man vergleiche die Rechnung beim Beweis der binomischen Formel in I(4.26)].

(2.4) DEFINITION: (1) Eine Funktion $f: I \to \mathbb{R}$ heißt konvex, wenn gilt: Für alle $x_1, x_2, x_3 \in I$ mit $x_1 < x_2 < x_3$ ist

$$f(x_2) < \frac{x_3 - x_2}{x_3 - x_1} f(x_1) + \frac{x_2 - x_1}{x_3 - x_1} f(x_3),$$

d.h. der Punkt $(x_2, f(x_2))$ liegt unterhalb der Geraden durch die beiden Punkte $(x_1, f(x_1))$ und $(x_3, f(x_3))$.
(2) Eine Funktion $f: I \to \mathbb{R}$ heißt konkav, wenn $-f$ konvex ist, wenn also für alle $x_1, x_2, x_3 \in I$ mit $x_1 < x_2 < x_3$ gilt: Es ist

$$f(x_2) > \frac{x_3 - x_2}{x_3 - x_1} f(x_1) + \frac{x_2 - x_1}{x_3 - x_1} f(x_3).$$

(2.5) Satz: *Es sei $f: I \to \mathbb{R}$ zweimal differenzierbar. Dann gilt:*
(1) Ist $f''(x) > 0$ für jedes $x \in I$, so ist f konvex; ist $f''(x) < 0$ für jedes $x \in I$, so ist f konkav.
(2) Es sei $x_0 \in I$ kein Endpunkt von I. Gilt $f'(x_0) = 0$ und $f''(x_0) < 0$, so hat f in x_0 ein relatives Maximum; gilt $f'(x_0) = 0$ und $f''(x_0) > 0$, so hat f in x_0 ein relatives Minimum.
Beweis: (1)(a) Es gelte $f''(x) > 0$ für jedes $x \in I$, und es seien $x_1, x_2, x_3 \in I$ mit $x_1 < x_2 < x_3$. Nach dem Mittelwertsatz (1.19) gibt es $\xi_1 \in (x_1, x_2)$ und $\xi_2 \in (x_2, x_3)$ mit

$$\frac{f(x_2) - f(x_1)}{x_2 - x_1} = f'(\xi_1) \quad \text{und} \quad \frac{f(x_3) - f(x_2)}{x_3 - x_2} = f'(\xi_2).$$

Es ist $\xi_1 < \xi_2$, und f' ist nach (1.21)(2) streng monoton wachsend, und daher gilt $f'(\xi_1) < f'(\xi_2)$. Hieraus folgt sogleich

$$f(x_2) < \frac{x_3 - x_2}{x_3 - x_1} f(x_1) + \frac{x_2 - x_1}{x_3 - x_1} f(x_3).$$

(b) Gilt $f''(x) < 0$ für jedes $x \in I$, so ergibt sich analog, daß f konkav ist.

(2)(a) Es gelte $f'(x_0) = 0$ und $f''(x_0) < 0$. Wegen $\lim_{x \to x_0} f'(x)/(x - x_0) = \lim_{x \to x_0}(f'(x) - f'(x_0))/(x - x_0) = f''(x_0) < 0$ gibt es ein positives $\delta \in \mathbb{R}$ mit $(x_0 - \delta, x_0 + \delta) \subset I$ und mit: Für jedes $x \in (x_0 - \delta, x_0 + \delta)$ ist $f'(x)/(x - x_0) < 0$ [vgl. IV(1.12)(1)]. Dann gilt: Für jedes $x \in (x_0 - \delta, x_0]$ ist $f'(x) \geq 0$, und für jedes $x \in [x_0, x_0 + \delta)$ ist $f'(x) \leq 0$. Nach (1.22) ist daher die Funktion $x \mapsto f(x) : (x_0 - \delta, x_0] \to \mathbb{R}$ monoton wachsend, und $x \mapsto f(x) : [x_0, x_0 + \delta) \to \mathbb{R}$ ist monoton fallend. Also hat f in x_0 ein relatives Maximum.
(b) Gilt $f'(x_0) = 0$ und $f''(x_0) < 0$, so wendet man (a) auf die Funktion $-f$ an.

(2.6) Satz: *Es sei $n \in \mathbb{N}_0$, und es sei $f \in \mathcal{E}^{(n+1)}(I)$; es seien x_0, $x \in I$. Für das n-te Restglied*

$$R_n(x_0, x) := f(x) - \sum_{\nu=0}^{n} \frac{f^{(\nu)}(x_0)}{\nu!}(x - x_0)^\nu$$

gilt:
(1) [Schlömilch 1847] [O. Schlömilch, 1823–1911] *Zu jedem $k \in \{0, 1, \ldots, n\}$ gibt es ein von [von f, n, k, x_0 und x abhängiges] $\theta \in \mathbb{R}$ mit $0 < \theta < 1$ und mit*

$$R_n(x_0, x) = \frac{(x - x_0)^{n+1}(1 - \theta)^k}{n!\,(n + 1 - k)} f^{(n+1)}(x_0 + \theta(x - x_0)).$$

(2) [Lagrange 1797] [J. L. Lagrange, 1736–1813] *Es gibt ein [von f, n, x_0 und x abhängiges] $\theta \in \mathbb{R}$ mit $0 < \theta < 1$ und mit*

$$R_n(x_0, x) = \frac{(x - x_0)^{n+1}}{(n + 1)!} f^{(n+1)}(x_0 + \theta(x - x_0)).$$

(3) [A. L. Cauchy 1823] *Es gibt ein [von f, n, x_0 und x abhängiges] $\theta \in \mathbb{R}$ mit $0 < \theta < 1$ und mit*

$$R_n(x_0, x) = \frac{(x - x_0)^{n+1}(1 - \theta)^n}{n!} f^{(n+1)}(x_0 + \theta(x - x_0)).$$

Beweis: Es sei $k \in \{0, 1, \ldots, n\}$. Es gelte $x \neq x_0$. Dann ist $a := \min\{x_0, x\} < \max\{x_0, x\} =: b$, und es gilt $[a, b] \subset I$. Es sei $g: [a, b] \to \mathbb{R}$ die Funktion mit: Für jedes $t \in [a, b]$ ist

$$g(t) := (x - x_0)^{n+1-k} \sum_{\nu=0}^{n} \frac{f^{(\nu)}(t)}{\nu!}(x - t)^\nu + (x - t)^{n+1-k} R_n(x_0, x).$$

g ist differenzierbar, und für jedes $t \in [a, b]$ ist

$$\begin{aligned} g'(t) &= (x - x_0)^{n+1-k}\Big(\sum_{\nu=0}^{n} \frac{f^{(\nu+1)}(t)}{\nu!}(x - t)^\nu - \sum_{\nu=1}^{n} \frac{f^{(\nu)}(t)}{(\nu - 1)!}(x - t)^{\nu-1}\Big) \\ &\qquad - (n + 1 - k)(x - t)^{n-k} R_n(x_0, x) \\ &= (x - x_0)^{n+1-k} \frac{f^{(n+1)}(t)}{n!}(x - t)^n - (n + 1 - k)(x - t)^{n-k} R_n(x_0, x). \end{aligned}$$

Wegen $g(x_0) = (x - x_0)^{n+1-k} f(x) = g(x)$ gilt $g(a) = g(b)$, und daher gibt es nach (1.17) ein $\xi \in (a, b) \subset I$ mit $g'(\xi) = 0$, also mit

$$R_n(x_0, x) = \frac{(x - x_0)^{n+1-k}(x - \xi)^k}{n!\,(n + 1 - k)} f^{(n+1)}(\xi).$$

Es gilt $0 < \theta := (\xi - x_0)/(x - x_0) < 1$ und $x - \xi = (1 - \theta)(x - x_0)$, und daher ist

$$R_n(x_0, x) = \frac{(x - x_0)^{n+1}(1 - \theta)^k}{n!\,(n + 1 - k)} f^{(n+1)}(x_0 + \theta(x - x_0)).$$

Im Fall $x = x_0$ gilt dies trivialerweise für jedes $\theta \in (0, 1)$.

Damit ist (1) bewiesen. Für $k = 0$ ergibt sich daraus (2), und für $k = n$ erhält man (3).

(2.7) Folgerung: *Es sei $n \in \mathbb{N}_0$, es sei $f \in \mathcal{E}^{(n+1)}(I)$, und es sei $f^{(n+1)}: I \to \mathbb{R}$ auf I stetig; es sei $x_0 \in I$ kein Endpunkt von I. Dann gilt*

$$f(x) = \sum_{\nu=0}^{n} \frac{f^{(\nu)}(x_0)}{\nu!}(x - x_0)^\nu + o\big((x - x_0)^n\big) \quad \text{für } x \to x_0 \text{ in } I.$$

Beweis: Es gibt ein $\delta > 0$ mit $I_0 := [x_0 - \delta, x_0 + \delta] \subset I$. Weil die Funktion $x \mapsto f^{(n+1)}(x) : I_0 \to \mathbb{R}$ auf I_0 stetig ist, gibt es nach IV(2.13) ein $M > 0$ mit $|f^{(n+1)}(x)| \le M$ für jedes $x \in I_0$. Für jedes $x \in I_0$ gilt nach (2.6)(2): Es gibt ein $\theta \in \mathbb{R}$ mit $0 < \theta < 1$ und mit

$$f(x) - \sum_{\nu=0}^{n} \frac{f^{(\nu)}(x_0)}{\nu!}(x - x_0)^\nu = \frac{(x - x_0)^{n+1}}{(n + 1)!} f^{(n+1)}(x_0 + \theta(x - x_0)),$$

und daher ist

$$\left| f(x) - \sum_{\nu=0}^{n} \frac{f^{(\nu)}(x_0)}{\nu!}(x - x_0)^\nu \right| \le \frac{M\,(x - x_0)^{n+1}}{(n + 1)!}.$$

(2.8) Satz: [B. Taylor, 1685–1731] *Es sei $I \subset \mathbb{R}$ ein Intervall, und es sei $f \in \mathcal{E}^{(\infty)}(I)$; es sei $x_0 \in I$ kein Endpunkt von I, und es gelte: Es gibt ein $M > 0$ mit $|f^{(n)}(x)| \le M$ für jedes $n \in \mathbb{N}_0$ und jedes $x \in I$. Dann gilt*

$$f(x) = \sum_{\nu=0}^{\infty} \frac{f^{(\nu)}(x_0)}{\nu!}(x - x_0)^\nu.$$

Beweis: Für jedes $x \in I$ gilt nach (2.6)(2): Zu jedem $n \in \mathbb{N}_0$ gibt es ein $\theta \in \mathbb{R}$ mit $0 < \theta < 1$ und mit

$$R_n(x_0, x) := f(x) - \sum_{\nu=0}^{n} \frac{f^{(\nu)}(x_0)}{\nu!}(x - x_0)^\nu = \frac{(x - x_0)^{n+1}}{(n + 1)!} f^{(n+1)}(x_0 + \theta(x - x_0)),$$

und daher gilt für jedes $n \in \mathbb{N}_0$

$$|R_n(x_0, x)| \leq \frac{M\,(x - x_0)^{n+1}}{(n+1)!}.$$

Da die Reihe $\sum_{n=1}^{\infty}(x - x_0)^{n+1}/(n+1)!$ konvergiert, ist $\left(R_n(x_0, x)\right)_{n \geq 0}$ eine Nullfolge.

(2.9) BEMERKUNG: Es sei $I \subset \mathbb{R}$ ein Intervall, es sei $f \in \mathcal{E}^{(\infty)}(I)$, und es sei $x_0 \in I$ kein Endpunkt von I. Dann heißt die formale Potenzreihe

$$\sum_{\nu=0}^{\infty} \frac{f^{(\nu)}(x_0)}{\nu!} T^n \in \mathbb{R}[[T]]$$

die Taylor-Reihe von f um den Punkt x_0. Im Fall $x_0 = 0$ nennt man diese Reihe die Maclaurinsche Reihe von f [C. Maclaurin, 1698–1746].

Im nächsten Paragraphen werden Taylor-Reihen einiger wichtiger Funktionen berechnet und auf Konvergenz untersucht. Es wird sich dabei zeigen, daß die in (2.6) hergeleiteten verschiedenen Beschreibungen der Restglieder sehr nützlich sind.

(2.10) Satz: *Es sei* $f = \sum_{\nu=0}^{\infty} a_\nu T^\nu \in \mathbb{R}[[T]]$ *eine formale Potenzreihe mit positivem Konvergenzradius* $\rho(f)$, *es sei* $I := (-\rho(f), \rho(f))$. *Dann gilt:*
(1) *Die Funktion* $f\colon I \to \mathbb{R}$ *ist beliebig oft differenzierbar. Für jedes* $n \in \mathbb{N}_0$ *gilt*

$$f^{(n)}(x) = \sum_{\nu=n}^{\infty} [\nu]_n a_\nu x^{\nu-n} \quad \text{für jedes } x \in I,$$

d. h. $f^{(n)}\colon I \to \mathbb{R}$ *ist die durch die formale Potenzreihe* $D^n(f)$ *definierte Funktion.*
(2) *Es gilt*

$$a_\nu = \frac{f^{(\nu)}(0)}{\nu!} \quad \text{für jedes } \nu \in \mathbb{N}_0,$$

d. h. die Maclaurinsche Reihe für f *ist gerade die formale Potenzreihe, durch die* f *definiert ist.*
Beweis: Das ergibt sich sofort aus (1.10) durch Induktion nach n.

(2.11) BEMERKUNG: Es sei $r > 0$, es sei $I := (-r, r)$, und es sei $f \in \mathcal{E}^{(\infty)}(I)$. Dann kann man die Maclaurinsche Reihe für f bilden, also die formale Potenzreihe

$$g := \sum_{\nu=0}^{\infty} a_\nu T^\nu \in \mathbb{R}[[T]] \quad \text{mit } a_\nu := \frac{f^{(\nu)}(0)}{\nu!} \quad \text{für jedes } \nu \in \mathbb{N}_0.$$

(1) In (2.8) wurde gezeigt: Gibt es ein $M > 0$ mit $|f^{(\nu)}(x)| \leq M$ für jedes $x \in I$ und jedes $\nu \in \mathbb{N}_0$, so hat die formale Potenzreihe g mindestens den Konvergenzradius r, und es ist $f(x) = g(x)$ für jedes $x \in I$.

(2) Die formale Potenzreihe g braucht keinen positiven Konvergenzradius zu haben. Selbst wenn sie einen positiven Konvergenzradius σ besitzt, so braucht nicht $f(x) = g(x)$ für jedes $x \in \mathbb{R}$ mit $|x| < \min\{r, \sigma\}$ zu gelten.

Beispiel: Es sei $f: \mathbb{R} \to \mathbb{R}$ definiert durch

$$f(x) = \begin{cases} e^{-1/x^2} & \text{für jedes } x \in \mathbb{R} \setminus \{0\}, \\ 0 & \text{für } x = 0. \end{cases}$$

Man kann zeigen, daß f beliebig oft differenzierbar ist und daß $f^{(\nu)}(0) = 0$ für jedes $\nu \in \mathbb{N}_0$ gilt. Die Maclaurinsche Reihe für f ist also die formale Potenzreihe 0, sie hat demnach den Konvergenzradius ∞ und definiert die konstante Funktion $x \mapsto 0 : \mathbb{R} \to \mathbb{R}$. Aber für jedes $x \in \mathbb{R}$ mit $x \neq 0$ gilt $f(x) \neq 0$.

(2.12) Die nächsten drei Abschnitte zeigen, daß man die Ergebnisse aus (2.6) und (2.8) auch zur genaueren Untersuchung des Graphen einer mehrfach differenzierbaren Funktion verwenden kann. In (2.13) und (2.14) werden insbesondere die Ergebnisse aus (2.5) verbessert.

(2.13) BEMERKUNG: Es sei $n \in \mathbb{N}$ mit $n \geq 2$, es sei $f \in \mathcal{E}^{(n)}(I)$, und es sei $f^{(n)}$ auf I stetig; es sei $x_0 \in I$ kein Endpunkt von I. Es gelte $f^{(i)}(x_0) = 0$ für jedes $i \in \{1, 2, \ldots, n-1\}$ und $f^{(n)}(x_0) \neq 0$. Dann gilt:
(1) Ist n gerade und ist $f^{(n)}(x_0) < 0$, so hat f in x_0 ein relatives Maximum.
(2) Ist n gerade und ist $f^{(n)}(x_0) > 0$, so hat f in x_0 ein relatives Minimum.
(3) Ist n ungerade, so hat f in x_0 kein relatives Extremum.
Beweis: (a) Es gelte $f^{(n)}(x_0) > 0$. Da $f^{(n)}$ in x_0 stetig ist, gibt es ein $\delta > 0$ mit $I_0 := (x_0 - \delta, x_0 + \delta) \subset I$ und mit $f^{(n)}(x) > 0$ für jedes $x \in I_0$. Nach (2.6)(2) gilt für jedes $x \in I$: Es gibt ein $\theta_x \in \mathbb{R}$ mit $0 < \theta_x < 1$ und mit

$$f(x) = f(x_0) + \frac{(x - x_0)^n}{n!} f^{(n)}(x_0 + \theta_x(x - x_0)),$$

und dabei ist $x_0 + \theta_x(x - x_0) \in I_0$. Ist n gerade, so ist daher $f(x) > f(x_0)$ für jedes $x \in I_0$, und f hat somit in x_0 ein relatives Minimum; ist n ungerade, so folgt $f(x) < f(x_0)$ für jedes $x \in (x_0 - \delta, x_0)$ und $f(x) > f(x_0)$ für jedes $x \in (x_0, x_0 + \delta)$, und daher hat in diesem Fall f in x_0 kein relatives Extremum.
(b) Ist $f^{(n)}(x_0) < 0$, so ergibt sich auf dieselbe Weise: f besitzt in x_0 ein relatives Maximum, falls n gerade ist, und kein relatives Extremum, falls n ungerade ist.

(2.14) BEMERKUNG: Es sei $n \in \mathbb{N}$ ungerade mit $n \geq 3$, es sei $f \in \mathcal{E}^{(n)}(I)$, und es sei $f^{(n)}$ auf I stetig; es sei $x_0 \in I$ kein Endpunkt von I. Es gelte $f^{(i)}(x_0) = 0$ für jedes $i \in \{2, 3, \ldots, n-1\}$ und $f^{(n)}(x_0) \neq 0$. Dann gibt es ein positives $\delta \in \mathbb{R}$ mit $(x_0 - \delta, x_0 + \delta) \subset I$ und mit: Ist $f^{(n)}(x_0) > 0$, so ist $f|(x_0 - \delta, x_0)$ konkav und $f|(x_0, x_0 + \delta)$ konvex; ist $f^{(n)}(x_0) < 0$, so ist $f|(x_0 - \delta, x_0)$ konvex und $f|(x_0, x_0 + \delta)$ konkav. Im Punkt $(x_0, f(x_0))$ ändert der Graph von f also sein Krümmungsverhalten – von konvex zu konkav bzw. von konkav zu konvex. Ein solcher Punkt heißt ein Wendepunkt von f.

Beweis: Es gelte $f^{(n)}(x_0) > 0$. Da $f^{(n)}$ in x_0 stetig ist, gibt es ein $\delta > 0$ mit $I_0 := (x_0 - \delta, x_0 + \delta) \subset I$ und mit $f^{(n)}(x) > 0$ für jedes $x \in I_0$. Nach (2.6)(2), angewandt auf die Funktion $f'' \in \mathcal{E}^{(n-2)}(I)$, gilt für jedes $x \in I$: Es gibt ein $\theta_x \in \mathbb{R}$ mit $0 < \theta_x < 1$ und mit

$$f''(x) = \frac{(x - x_0)^{n-2}}{(n-2)!} f^{(n)}(x_0 + \theta_x(x - x_0)).$$

Für jedes $x \in (x_0 - \delta, x_0)$ ist $x_0 + \theta_x(x - x_0) \in I_0$, also $f^{(n)}(x_0 + \theta_x(x - x_0)) > 0$ und daher $f''(x) < 0$, und für jedes $x \in (x_0, x_0 + \delta)$ ist $f''(x) > 0$. Nach (2.5)(1) ist also $f|(x_0 - \delta, x_0)$ konkav, und $f|(x_0, x_0 + \delta)$ ist konvex. – Auf dieselbe Weise behandelt man den Fall $f^{(n)}(x_0) < 0$.

(2.15) BEISPIEL: (1) Es sei $f: I \to \mathbb{R}$ dreimal differenzierbar, es sei $f^{(3)}$ auf I stetig, und es sei $x_0 \in I$ kein Endpunkt von I.
(a) Es gelte $f''(x_0) > 0$. Es sei $(x_1, y_1) \in \mathbb{R}^2$, es sei $r > 0$, und es sei $k(x) = y_1 - \sqrt{r^2 - (x - x_1)^2}$ für jedes $x \in (x_1 - r, x_1 + r)$. Der Graph der Funktion $k: (x_1 - r, x_1 + r) \to \mathbb{R}$ ist ein Bogen des Kreises

$$K := \left\{(x, y) \in \mathbb{R}^2 \mid (x - x_1)^2 + (y - y_1)^2 = r^2\right\},$$

also des Kreises mit dem Mittelpunkt (x_1, y_1) und dem Radius r. Es werden jetzt (x_1, y_1) und r so bestimmt, daß der Graph von k den Graphen von f in der Nähe des Punktes $(x_0, f(x_0))$ möglichst gut annähert, nämlich so, daß

$$f(x) = k(x) + o((x - x_0)^2) \quad \text{für } x \to x_0 \tag{$*$}$$

gilt. Nach (2.7) gilt für $x \to x_0$

$$f(x) = f(x_0) + \frac{f'(x_0)}{1!}(x - x_0) + \frac{f''(x_0)}{2!}(x - x_0)^2 + o(x - x_0)^2,$$

$$k(x) = k(x_0) + \frac{k'(x_0)}{1!}(x - x_0) + \frac{k''(x_0)}{2!}(x - x_0)^2 + o(x - x_0)^2,$$

und daher gilt $(*)$ genau dann, wenn $k(x_0) = f(x_0)$, $k'(x_0) = f'(x_0)$ und $k''(x_0) = f''(x_0)$ gelten. Für jedes $x \in (x_1 - r, x_1 + r)$ gilt

$$k'(x) = \frac{x - x_1}{\sqrt{r^2 - (x - x_1)^2}}, \quad k''(x) = \frac{r^2}{(r^2 - (x - x_1)^2)^{3/2}}.$$

Es gilt also $(*)$ genau für

$$x_1 = x_0 - \frac{1 + f'(x_0)^2}{f''(x_0)} f'(x_0), \quad y_1 = y_0 + \frac{1 + f'(x_0)^2}{f''(x_0)},$$

$$r = \frac{\left(\sqrt{1 + f'(x_0)^2}\,\right)^3}{f''(x_0)}.$$

Der Kreis mit dem so bestimmten Mittelpunkt (x_1, y_1) und dem so bestimmten Radius r heißt der Krümmungskreis an den Graphen von f im Punkt $(x_0, f(x_0))$.
(b) Gilt $f''(x_0) < 0$, so führt man dieselbe Überlegung wie in (a) mit der Funktion $k: (x_1 - r, x_1 + r) \to \mathbb{R}$ mit $k(x) = y_1 + \sqrt{r^2 - (x - x_1)^2}$ für jedes $x \in (x_1 - r, x_1 + r)$ durch. Man erhält dabei

$$x_1 = x_0 + \frac{1 + f'(x_0)^2}{f''(x_0)} f'(x_0), \quad y_1 = y_0 - \frac{1 + f'(x_0)^2}{f''(x_0)},$$

$$r = \frac{\left(\sqrt{1 + f'(x_0)^2}\,\right)^3}{|f''(x_0)|}$$

für den Mittelpunkt (x_1, y_1) und den Radius r des Krümmungskreises an den Graphen von f im Punkt $(x_0, f(x_0))$.
(2) Die angegebenen Formeln sind auch sinnvoll, wenn f nur zweimal differenzierbar und $f''(x_0) \neq 0$ ist; auch dann heißt der Kreis mit dem Mittelpunkt (x_1, y_1) und dem Radius r der Krümmungskreis an den Graphen von f im Punkt x_0.

(2.16) Satz: (Regel von L'Hospital) *Es sei $I = (a, b)$ ein offenes Intervall, es seien $f, g \in \mathcal{E}^{(\infty)}(I)$, es sei $k \in \mathbb{N}$, und es gelte $g^{(\nu)}(x) \neq 0$ für jedes $\nu \in \{0, \ldots, k\}$ und jedes $x \in I$, sowie*

$$\lim_{x \to b} f^{(\nu)}(x) = \lim_{x \to b} g^{(\nu)}(x) = 0 \text{ (oder } \infty) \quad \text{für jedes } \nu \in \{0, \ldots, k-1\}.$$

Existiert $\lim_{x \to b} f^{(k)}(x)/g^{(k)}(x) =: \alpha$ (mit $\alpha \in \mathbb{R} \cup \{\infty\} \cup \{-\infty\}$), so gilt

$$\lim_{x \to b} \frac{f^{(\nu)}(x)}{g^{(\nu)}(x)} = \alpha \quad \text{für jedes } \nu \in \{0, \ldots, k-1\}.$$

Das beweist man durch Induktion unter Zuhilfenahme der in (1.24) formulierten Regel von l'Hospital.

(2.17) Beispiel: Es sei $n \in \mathbb{N}$, und es sei

$$G := \frac{1}{n} T + \frac{1}{n} T^2 + \cdots + \frac{1}{n} T^n \in \mathbb{R}[T].$$

Für jedes $x \in (-\infty, 1)$ gilt

$$G(x) = \frac{1}{n} \frac{x^{n+1} - x}{x - 1}, \quad G'(x) = \frac{n x^{n+1} - (n+1) x^n + 1}{n(x-1)^2}.$$

Da G' als Polynomfunktion auf $\mathbb{R}$ stetig ist, gilt

$$G'(1) = \lim_{x \to 1-} G'(x) = \lim_{x \to 1-} \frac{n x^{n+1} - (n+1) x^n + 1}{n(x-1)^2}.$$

Zur Berechnung dieses Grenzwertes wendet man (2.16) mit $k = 2$ an und erhält $G'(1) = (n+1)/2$. Ebenso gilt

$$\begin{aligned} G''(1) &= \lim_{x\to 1^-} G''(x) \\ &= \lim_{x\to 1^-} \frac{n(n-1)x^{n+1} - 2(n+1)(n-1)x^n + n(n+1)x^{n-1} - 2}{n(x-1)^3}, \end{aligned}$$

und die Anwendung von (2.16) mit $k = 3$ liefert

$$G''(1) = \frac{2}{3}(n-1)n(n+1) = 4\binom{n+1}{3}.$$

Selbstverständlich kann man $G'(1)$ und $G''(1)$ auch direkt durch Differenzieren des Polynoms G und Einsetzen von 1 berechnen.

(2.18) BEZEICHNUNG: Es ist nützlich, die folgende Sprechweise einzuführen: Es sei $m \in \mathbb{N}$, und es seien $t_0, \ldots, t_m \in \mathbb{R}$ paarweise verschieden. Das kleinste abgeschlossene Intervall, das $t_0, t_1, \ldots, t_m$ enthält, wird mit $I(t_0, t_1, \ldots, t_m)$ bezeichnet; es ist

$$I(t_0, t_1, \ldots, t_m) = [\min\{t_0, t_1, \ldots, t_m\}, \max\{t_0, t_1, \ldots, t_m\}].$$

Das folgende Resultat wird in §4 benötigt.

(2.19) Satz: *Es sei $n \in \mathbb{N}$. Es sei $f \in \mathcal{E}^{(n+1)}(I)$, es seien $x_0, \ldots, x_n \in I$ paarweise verschieden, und es sei $P \in \mathbb{R}[T]$ das Interpolationspolynom zu den Daten $x_0, \ldots, x_n$, $f(x_0), \ldots, f(x_n)$ [vgl. II(8.30)(2)]. Dann gibt es zu jedem $\overline{x} \in I$ ein $\xi \in I(x_0, \ldots, x_n, \overline{x})$ mit*

$$f(\overline{x}) = P(\overline{x}) + \frac{f^{(n+1)}(\xi)}{(n+1)!} \prod_{i=0}^{n} (\overline{x} - x_i).$$

Beweis: Ist $\overline{x} \in \{x_0, \ldots, x_n\}$, so kann $\xi \in I(x_0, \ldots, x_n, \overline{x}) = I(x_0, \ldots, x_n)$ beliebig gewählt werden.

Es gelte $\overline{x} \notin \{x_0, \ldots, x_n\}$. Für die Funktion

$$g: I \to \mathbb{R} \quad \text{mit } g(x) = (x - x_0)(x - x_1)\cdots(x - x_n) \quad \text{für jedes } x \in I$$

gilt dann: Es ist $g(\overline{x}) \neq 0$. Es sei $c := \big(P(\overline{x}) - f(\overline{x})\big)/g(\overline{x})$. Die Funktion $F := P - f - cg: I \to \mathbb{R}$ ist $(n+1)$-mal differenzierbar und hat in dem abgeschlossenen Intervall $I_0 := I(x_0, .., x_n, \overline{x}) \subset I$ die $n+2$ paarweise verschiedenen Nullstellen $x_0, \ldots, x_n$, $\overline{x}$. Aus dem Satz von Rolle [vgl. (1.17)] folgt: F' hat $n+1$ paarweise verschiedene Nullstellen in I_0, F'' hat n paarweise verschiedene Nullstellen in I_0, und so fort. Schließlich ergibt sich: $F^{(n+1)}$ hat in I_0 eine Nullstelle ξ. Wegen $P^{(n+1)} = 0$ und $g^{(n+1)}(x) = (n+1)!$ für jedes $x \in I$ gilt: Es ist $0 = F^{(n+1)}(\xi) = -f^{(n+1)}(\xi) - c \cdot (n+1)!$ und daher $c = -f^{(n+1)}(\xi)/(n+1)!$ und

$$f(\overline{x}) = P(\overline{x}) + \frac{f^{(n+1)}(\xi)}{(n+1)!} g(\overline{x}) = P(\overline{x}) + \frac{f^{(n+1)}(\xi)}{(n+1)!} \prod_{i=0}^{n} (\overline{x} - x_i).$$

(2.20) BEMERKUNG: Es sei $f: I \to \mathbb{R}$ zweimal differenzierbar, und es seien x_0, $x_1 \in I$ mit $x_0 \neq x_1$. Dann ist

$$P := f(x_0) + \frac{f(x_1) - f(x_0)}{x_1 - x_0}(T - x_0)$$

das Interpolationspolynom zu den Daten x_0, x_1, $f(x_0)$, $f(x_1)$. Nach (2.19) gibt es zu jedem $\overline{x} \in I$ ein $\xi \in I(x_0, x_1, \overline{x})$ mit

$$f(\overline{x}) = f(x_0) + \frac{f(x_1) - f(x_0)}{x_1 - x_0}(\overline{x} - x_0) + \frac{1}{2}f''(\xi)(\overline{x} - x_0)(\overline{x} - x_1).$$

§3 Taylor-Reihen für elementare Funktionen

(3.1) Für die Exponentialfunktion exp und die trigonometrischen Funktionen sin und cos sind die in Kapitel IV zu ihrer Definition benutzten Potenzreihen gerade ihre Maclaurinschen Reihen. Diese Reihen konvergieren zumindest dann sehr gut, wenn $|x|$ klein ist, und können deshalb zur numerischen Berechnung von Funktionswerten herangezogen werden. Die Berechnung von Funktionswerten, falls $|x|$ groß ist, kann durch Verwenden der Additionstheoreme für sin und cos und durch Verwenden der Formel $\exp(x + y) = \exp(x)\exp(y)$ auf die Berechnung von Funktionswerten für kleine $|x|$ zurückgeführt werden.

(3.2) DIE LOGARITHMUS-REIHE: (1) Für die in I(7.11)(2) definierten formalen Potenzreihen

$$E = \sum_{\nu=0}^{\infty} \frac{T^\nu}{\nu!}, \quad L = \sum_{\nu=1}^{\infty} \frac{(-1)^{\nu-1}}{\nu} T^\nu \in \mathbb{R}[[T]]$$

gilt: E hat den Konvergenzradius ∞, L hat den Konvergenzradius 1, und es ist $(E - 1) \circ L = T$. Nach III(3.14) gibt es daher ein $\sigma \in \mathbb{R}$ mit $0 < \sigma \leq 1$ und mit $\exp(L(x)) = E(L(x)) = 1 + x$ für jedes $x \in (-\sigma, \sigma)$. Nach IV(3.5) gilt andererseits $\exp(\ln(1 + x)) = 1 + x$ für jedes $x \in (-1, \infty)$, und weil $\exp: \mathbb{R} \to \mathbb{R}$ injektiv ist, folgt: Für jedes $x \in (-\sigma, \sigma)$ ist

$$\ln(1 + x) = L(x) = \sum_{\nu=1}^{\infty} \frac{(-1)^{\nu-1}}{\nu} x^\nu.$$

Dieses Resultat gilt für jedes $x \in (-1, 1]$.
Beweis: Die Funktion $x \mapsto \ln(1 + x) : (-1, \infty) \to \mathbb{R}$ ist beliebig oft differenzierbar, und für jedes $\nu \in \mathbb{N}$ ist

$$x \mapsto (-1)^{\nu-1} \frac{(\nu - 1)!}{(1 + x)^\nu} \; : \; (-1, \infty) \to \mathbb{R}$$

ihre ν-te Ableitung. Es sei $n \in \mathbb{N}_0$, es sei $x \in (-1, \infty)$, und es sei

$$R_n(x) := \ln(1+x) - \sum_{\nu=0}^{n} \frac{(-1)^{\nu-1}}{\nu} x^\nu.$$

Ist $x \in [0,1]$, so gilt nach (2.6)(2): Es gibt ein $\theta \in \mathbb{R}$ mit $0 < \theta < 1$ und mit

$$R_n(x) = (-1)^n \frac{1}{n+1} \left(\frac{x}{1+\theta x} \right)^{n+1},$$

und wegen $1 + \theta x \geq 1$ folgt

$$|R_n(x)| \leq \frac{|x|^{n+1}}{n+1}.$$

Ist $x \in (-1, 0)$, so gilt nach (2.6)(3): Es gibt ein $\theta' \in \mathbb{R}$ mit $0 < \theta' < 1$ und mit

$$R_n(x) = (-1)^n (1-\theta')^n \left(\frac{x}{1+\theta' x} \right)^{n+1},$$

und wegen $0 < 1 - \theta' < 1 + \theta' x$ und $1 + x < 1 + \theta' x$ folgt

$$|R_n(x)| \leq \frac{|x|^{n+1}}{1+x} = \frac{|x|^{n+1}}{1-|x|}.$$

Es folgt, daß für jedes $x \in (-1, 1]$ die Folge $\big(R_n(x)\big)_{n \geq 0}$ gegen Null konvergiert, und das war zu zeigen.
(2) Nach (1) gilt

$$\ln(1+x) = \sum_{\nu=1}^{\infty} \frac{(-1)^{\nu-1}}{\nu} x^\nu \quad \text{für jedes } x \in (-1, 1],$$

und daher gilt

$$\ln \frac{1}{1-x} = -\ln\big(1 + (-x)\big) = \sum_{\nu=1}^{\infty} \frac{x^\nu}{\nu} \quad \text{für jedes } x \in [-1, 1).$$

Hieraus ergibt sich: Für jedes $x \in (-1, 1)$ gilt

$$\begin{aligned} \ln \frac{1+x}{1-x} &= \ln(1+x) + \ln \frac{1}{1-x} = \sum_{\nu=1}^{\infty} \frac{(-1)^{\nu-1}}{\nu} x^\nu + \sum_{\nu=1}^{\infty} \frac{x^\nu}{\nu} \\ &= 2 \sum_{\nu=1}^{\infty} \frac{x^{2\nu-1}}{2\nu-1}. \end{aligned}$$

Aus (1) erhält man: Für jedes $n \in \mathbb{N}$ und jedes $x \in (-1, 1)$ ist

$$\left| \ln \frac{1+x}{1-x} - 2 \sum_{\nu=1}^{n} \frac{x^{2\nu-1}}{2\nu-1} \right| \leq |R_{2n}(x)| + |R_{2n}(-x)| \leq |x|^{2n+1} \left(\frac{1}{2n+1} + \frac{1}{1-|x|} \right).$$

(3) Aus (2) und III(2.12) erhält man

$$0 \le x - \ln(1+x) \le \frac{x^2}{2} \qquad \text{für jedes } x \in [0,1]$$

$$0 \le \ln(1-x) + x \le \frac{x^2}{2} \qquad \text{für jedes } x \in (-1,0].$$

(4) Nach (1) gilt

$$\ln 2 = \sum_{\nu=1}^{\infty} \frac{(-1)^{\nu-1}}{\nu}.$$

Diese Reihe ist wegen ihrer langsamen Konvergenz zur näherungsweisen Berechnung von $\ln 2$ nicht geeignet. Nach (2) gilt für jedes $n \in \mathbb{N}$

$$\ln 2 = \ln \frac{1+1/3}{1-1/3} = 2\sum_{\nu=1}^{\infty} \frac{1}{2\nu-1}\left(\frac{1}{3}\right)^{2\nu-1} = 2\sum_{\nu=1}^{n} \frac{1}{2\nu-1}\left(\frac{1}{3}\right)^{2\nu-1} + r_n,$$

und dabei gilt

$$|r_n| = \left| \ln 2 - 2\sum_{\nu=1}^{n} \frac{1}{2\nu-1}\left(\frac{1}{3}\right)^{2\nu-1} \right| \le \left(\frac{1}{3}\right)^{2n+1} \left(\frac{1}{2n+1} + \frac{3}{2}\right).$$

Für $n = 9$ erhält man: Es ist $|r_9| < 1.4 \cdot 10^{-9}$. Berechnet man für $\nu = 1, \dots, 9$ die Zahlen $2(1/3)^{2\nu-1}/(2\nu-1)$ auf 10 Nachkommastellen gerundet, so erhält man für ihre Summe den Wert $s = 0.693\,147\,180\,5$, und dieser Wert ist mit einem Rundungsfehler behaftet, dessen Betrag höchstens $4.5 \cdot 10^{-10}$ ist. Also ist $|\ln 2 - s| < 2 \cdot 10^{-9}$, und daher gilt $\ln 2 = 0.693\,147\,18\dots$.

(3.3) Bemerkung: Es sei $\alpha \in \mathbb{R}$, es sei $x \in \mathbb{R}$ mit $|x| < 1$, und für jedes $n \in \mathbb{N}_0$ seien $a_n := \binom{\alpha}{n}x^n$ und $b_n := n\binom{\alpha}{n}x^n$. Die Folgen $(a_n)_{n\ge 0}$ und $(b_n)_{n\ge 0}$ konvergieren gegen 0.

Beweis: Gilt $\alpha \in \mathbb{N}_0$ oder $x = 0$, so ist nichts zu beweisen. – Es gelte $\alpha \notin \mathbb{N}_0$ und $x \ne 0$, und es sei $q \in \mathbb{R}$ mit $|x| < q < 1$. Für jedes $n \in \mathbb{N}$ gilt $b_n \ne 0$ und $b_{n+1}/b_n = (\alpha - n)x/n$, und daher konvergiert die Folge $(b_{n+1}/b_n)_{n\ge 1}$ gegen $-x$. Wegen $q > |x|$ gibt es somit ein $n_0 \in \mathbb{N}_0$ mit $|b_{n+1}/b_n| < q$ für jedes $n \in \mathbb{N}_0$ mit $n \ge n_0$. Nach dem Quotientenkriterium III(2.10)(2) konvergiert daher die Reihe $\sum_{n=0}^{\infty} b_n$, und nach III(2.5) folgt daraus, daß $(b_n)_{n\ge 0}$ eine Nullfolge ist. Für jedes $n \in \mathbb{N}$ gilt $|a_n| \le |na_n| = |b_n|$, und daher ist auch $(a_n)_{n\ge 0}$ eine Nullfolge.

(3.4) Die binomische Reihe: (1) Es sei $\alpha \in \mathbb{R}$, und es sei $f: (-1,1) \to \mathbb{R}$ die Funktion mit $f(x) = (1+x)^\alpha$ für jedes $x \in (-1,1)$. Die Funktion f ist beliebig oft differenzierbar, und zwar ist für jedes $\nu \in \mathbb{N}_0$ und jedes $x \in (-1,1)$ $f^{(\nu)}(x) = [\alpha]_\nu (1+x)^{\alpha-\nu}$. Es gilt

$$(1+x)^\alpha = \sum_{\nu=0}^{\infty} \binom{\alpha}{\nu} x^\nu \qquad \text{für jedes } x \in (-1,1).$$

Beweis: Es seien $n \in \mathbb{N}_0$ und $x \in (-1,1)$, und es sei

$$R_n(x) := f(x) - \sum_{\nu=0}^{n} \frac{f^{(\nu)}(0)}{\nu!} x^\nu = (1+x)^\alpha - \sum_{\nu=0}^{n} \binom{\alpha}{\nu} x^\nu.$$

(a) Es gelte $x \in [0,1)$. Nach (2.6)(2) gibt es ein $\theta \in \mathbb{R}$ mit $0 < \theta < 1$ und mit

$$R_n(x) = \frac{1}{(n+1)!} x^{n+1} f^{(n+1)}(\theta x) = \binom{\alpha}{n+1} x^{n+1} (1+\theta x)^{\alpha-n-1}.$$

Ist dabei $n > \alpha - 1$, so gilt $0 < (1+\theta x)^{\alpha-n-1} < 1$ und daher

$$|R_n(x)| \le \left| \binom{\alpha}{n+1} \right| x^{n+1}.$$

(b) Es sei $x \in (-1,0)$. Nach (2.6)(3) gibt es ein $\theta' \in \mathbb{R}$ mit

$$\begin{aligned} R_n(x) &= \frac{x^{n+1}(1-\theta')^n}{n!} f^{(n+1)}(\theta' x) \\ &= (n+1)\binom{\alpha}{n+1} x^{n+1} (1-\theta')^n (1+\theta' x)^{\alpha-n-1}. \end{aligned}$$

Es gilt $0 < 1 + x < 1 + \theta' x < 1$, und daher gilt

$$(1+\theta' x)^{\alpha-1} \le \begin{cases} 1, & \text{falls } \alpha \ge 1 \text{ ist,} \\ (1+x)^{\alpha-1}, & \text{falls } \alpha < 1 \text{ ist.} \end{cases}$$

Also gilt

$$|R_n(x)| \le \begin{cases} \left|(n+1)\binom{\alpha}{n+1} x^{n+1}\right|, & \text{falls } \alpha \ge 1 \text{ ist,} \\ \left|(n+1)\binom{\alpha}{n+1} x^{n+1}\right| (1+x)^{\alpha-1}, & \text{falls } \alpha < 1 \text{ ist.} \end{cases}$$

(c) Aus den Abschätzungen in (a) und (b) folgt mit Hilfe von (3.3): Für jedes $x \in (-1,1)$ ist $\big(R_n(x)\big)_{n \ge 0}$ eine Nullfolge, und das war zu zeigen.
(2) Es seien $\alpha, \beta \in \mathbb{R}$. Für jedes $x \in (-1,1)$ gilt

$$\begin{aligned} \sum_{\nu=0}^{\infty} \binom{\alpha+\beta}{\nu} x^\nu &= (1+x)^{\alpha+\beta} = (1+x)^\alpha (1+x)^\beta \\ &= \left(\sum_{\nu=0}^{\infty} \binom{\alpha}{\nu} x^\nu\right) \left(\sum_{\nu=0}^{\infty} \binom{\beta}{\nu} x^\nu\right) \\ &= \sum_{\nu=0}^{\infty} \left(\sum_{\lambda=0}^{\nu} \binom{\alpha}{\lambda} \binom{\beta}{\nu-\lambda} \right) x^\nu. \end{aligned}$$

Hieraus und aus dem Identitätssatz für Potenzreihen [vgl. IV(1.15)(4)] folgt: Für jedes $\nu \in \mathbb{N}_0$ gilt

$$\sum_{\lambda=0}^{\nu} \binom{\alpha}{\lambda}\binom{\beta}{\nu-\lambda} = \binom{\alpha+\beta}{\nu}.$$

Dies ist das Additionstheorem für Binomialkoeffizienten, das in I(8.16)(d) auf anderem Weg hergeleitet wurde.

(3.5) Die Arcus-Tangens-Reihe: Die Funktion $\arctan: \mathbb{R} \to \mathbb{R}$ ist beliebig oft differenzierbar [vgl. (1.23)(5)].
(1) Es sei $n \in \mathbb{N}$. Für jedes $x \in \mathbb{R}$ gilt

$$\arctan'(x) = \frac{1}{1+x^2} = \sum_{\nu=0}^{n}(-1)^\nu x^{2\nu} + (-1)^{n+1}\frac{x^{2n+2}}{1+x^2}.$$

Es seien $g_n: \mathbb{R} \to \mathbb{R}$, $h_n: \mathbb{R} \to \mathbb{R}$ die Funktionen mit

$$g_n(x) := \arctan(x) - \sum_{\nu=0}^{n}(-1)^\nu \frac{x^{2\nu+1}}{2\nu+1}, \quad h_n(x) = \frac{x^{2n+3}}{2n+3} \quad \text{für jedes } x \in \mathbb{R}.$$

Diese Funktionen sind differenzierbar, es gilt $g_n(0) = 0$ und $h_n(0) = 0$, und für jedes $x \in \mathbb{R}$ gilt

$$g_n'(x) = \frac{1}{1+x^2} - \sum_{\nu=0}^{n}(-1)^\nu x^{2\nu} = (-1)^{n+1}\frac{x^{2n+2}}{1+x^2}, \quad h_n'(x) = x^{2n+2}.$$

Es sei $x \in \mathbb{R}$ mit $x \neq 0$. Aus dem verallgemeinerten Mittelwertsatz (1.18) folgt: Es gibt ein $\xi \in \mathbb{R}$, das zwischen 0 und x liegt, mit

$$\frac{g_n(x)}{h_n(x)} = \frac{g_n(x) - g_n(0)}{h_n(x) - h_n(0)} = \frac{g_n'(\xi)}{h_n'(\xi)} = (-1)^{n+1}\frac{1}{1+\xi^2}.$$

Wegen $1 + \xi^2 > 1$ folgt daraus

$$|g_n(x)| \le |h_n(x)| = \frac{|x|^{2n+3}}{2n+3}.$$

Für $x = 0$ ist dies wegen $g_n(0) = 0$ trivialerweise richtig.
(2) Aus (1) folgt: Für jedes $x \in [-1, 1]$ ist

$$\arctan x = \sum_{\nu=0}^{\infty} \frac{(-1)^\nu}{2\nu+1} x^{2\nu+1},$$

und für jedes $n \in \mathbb{N}_0$ gilt

$$\left| \arctan(x) - \sum_{\nu=0}^{n}(-1)^\nu \frac{x^{2\nu+1}}{2\nu+1} \right| \le \frac{|x|^{2n+3}}{2n+3}.$$

(3) Die formale Potenzreihe

$$\sum_{\nu=0}^{\infty} \frac{(-1)^\nu}{2\nu+1} T^{2\nu+1} \in \mathbb{R}[[T]]$$

ist, wie man leicht nachrechnet, die Maclaurinsche Reihe für die Funktion arctan. Sie hat übrigens den Konvergenzradius 1, was sich mit Hilfe von III(1.22)(2) direkt aus III(3.6) ergibt.
(4) Wegen $\tan \frac{\pi}{4} = \sin \frac{\pi}{4} / \cos \frac{\pi}{4} = 1$ [vgl. IV(4.3)(6)] folgt aus (2) insbesondere

$$\frac{\pi}{4} = \sum_{\nu=0}^{\infty} \frac{(-1)^\nu}{2\nu+1}.$$

Diese Formel stammt von G. W. Leibniz. Sie ist wegen der schlechten Konvergenz der Reihe zur näherungsweisen Berechnung von π nicht geeignet.

(3.6) In diesem Abschnitt wird ein leicht programmierbares Verfahren zur näherungsweisen Berechnung von π behandelt.
(1) Es seien t, $T \in \mathbb{R}$, und es gelte $tT > -1$. Dann ist

$$\arctan \frac{T-t}{1+tT} = \arctan T - \arctan t.$$

Beweis: Für $x := \arctan T$ und $y := \arctan t$ gilt $x, y \in (-\frac{\pi}{2}, \frac{\pi}{2})$ und $x - y \in (-\pi, \pi)$, und es ist $\tan x = T$ und $\tan y = t$. Wegen $\cos x > 0$, $\cos y > 0$ und $1 + tT > 0$ folgt

$$\begin{aligned} \cos(x-y) &= \cos x \cos y + \sin x \sin y \\ &= (1 + \tan x \tan y) \cos x \cos y \;=\; (1+tT) \cos x \cos y \;>\; 0. \end{aligned}$$

Also ist $x - y \in (-\frac{\pi}{2}, \frac{\pi}{2})$. Aus

$$\tan(x-y) = \frac{\tan x - \tan y}{1 + \tan x \tan y} = \frac{T-t}{1+tT}$$

folgt somit die Behauptung.
(2) Es sei $t \in (-1, 1]$, es sei $N \in \mathbb{N}$, und es gelte für die durch $T_0 := 1$ und

$$T_i := \frac{T_{i-1} - t}{1 + tT_{i-1}} \quad \text{für } i = 1, \ldots, N$$

rekursiv definierten Zahlen $T_1, \ldots, T_N$: Für jedes $i \in \{1, \ldots, N-1\}$ ist $tT_i > -1$, und es ist $|T_N| \leq 1$. Für jedes $i \in \{0, 1, \ldots, N\}$ gilt dann nach (1)

$$\arctan T_i = \arctan\left(\frac{T_{i-1} - t}{1 + tT_{i-1}}\right) = \arctan T_{i-1} - \arctan t,$$

und daher ist

$$\begin{aligned}\arctan T_N - \frac{\pi}{4} &= \arctan T_N - \arctan T_0 = \sum_{i=1}^{N}(\arctan T_i - \arctan T_{i-1}) \\ &= -N\arctan t.\end{aligned}$$

Also gilt

$$\pi = 4N\arctan t + 4\arctan T_N.$$

Es seien p, $q \in \mathbb{N}_0$; es sei

$$\alpha := 4N\sum_{\nu=0}^{p}(-1)^\nu\frac{t^{2\nu+1}}{2\nu+1} + 4\sum_{\nu=0}^{q}(-1)^\nu\frac{T_N^{2\nu+1}}{2\nu+1}.$$

Die Abschätzung in (3.5)(2) zeigt: Wegen $|t| \leq 1$ und $|T_N| \leq 1$ gilt

$$\begin{aligned}|\pi-\alpha| &\leq 4N\left|\arctan t - \sum_{\nu=0}^{p}(-1)^\nu\frac{t^{2\nu+1}}{2\nu+1}\right| + 4\left|\arctan T_N - \sum_{\nu=0}^{q}(-1)^\nu\frac{T_N^{2\nu+1}}{2\nu+1}\right| \\ &\leq 4N\frac{|t|^{2p+3}}{2p+3} + 4\frac{|T_N|^{2q+3}}{2q+3}.\end{aligned}$$

(3) Das Tripel $(t, N, T_N) = (0, 0, 1)$ führt auf die in (3.5)(4) angegebene Formel von Leibniz; das Tripel $(t, N, T_N) = (1/5, 4, -1/239)$ führt auf die Formel

$$\pi = 16\arctan\frac{1}{5} - 4\arctan\frac{1}{239},$$

die 1706 von Machin [J. Machin, 1680–1752] zur Berechnung von π benutzt wurde. Benutzt man diese Formel und wählt man $p = 5$ und $q = 1$, so erhält man für den gemäß (2) berechneten Näherungswert α: Es ist $|\pi - \alpha| < 2\cdot 10^{-9}$. Wenn man jeden der 8 Summanden in α auf 9 Nachkommastellen rundet, so erhält man für α den Wert 3.141 592 654, der mit einem Rundungsfehler behaftet ist, dessen Betrag höchstens gleich $4\cdot 10^{-9}$ ist. Es gilt also $\pi = 3.141\,592\,6\ldots$.

Die Formel von Machin wurde 1959 benutzt, um auf einer IBM 704 die Zahl π auf 16 000 Dezimalstellen zu berechnen. Eine andere Methode zur näherungsweisen Berechnung von π wird in Kapitel VI, §6 vorgestellt werden.

(3.7) Die Arcus-Sinus-Reihe: Mit einem ähnlichen Verfahren wie in (3.5) erhält man

$$\arcsin x = \sum_{\nu=0}^{\infty}\frac{(-1)^\nu}{2\nu+1}\binom{-\frac{1}{2}}{\nu}x^{2\nu+1} \quad \text{für jedes } x \in (-1,1).$$

Ein anderer Beweis dafür wird in VI(4.12)(2) gegeben werden.

§4 Berechnung von Nullstellen

(4.1) Es sei I ein Intervall, und es sei $\zeta \in I$. Es sei $f: I \to \mathbb{R}$ auf I stetig, und es gelte $f(\zeta) = 0$; ζ heißt dann eine Nullstelle von f. Es sei ζ kein Endpunkt von I. Es werden drei Verfahren angegeben, um ζ zu "berechnen", d.h. Folgen zu konstruieren, die gegen ζ konvergieren.

(4.2) DAS NEWTON-VERFAHREN: [Isaac Newton, 1642–1727] Es sei $f: I \to \mathbb{R}$ differenzierbar, es sei f' auf I stetig, und es sei $f'(\zeta) \neq 0$. Es sei $x_0 \in I$. Wird x_0 "nahe" bei ζ gewählt, so ist $f'(x_0) \neq 0$ [vgl. IV(2.3)(4)]; der Graph der Funktion $x \mapsto f(x_0) + f'(x_0)(x - x_0) : \mathbb{R} \to \mathbb{R}$ ist die Tangente an den Graphen von f im Punkt $(x_0, f(x_0))$ [vgl. (1.1)], und ihr Schnittpunkt mit der x-Achse ist der Punkt $(x_1, 0)$ mit

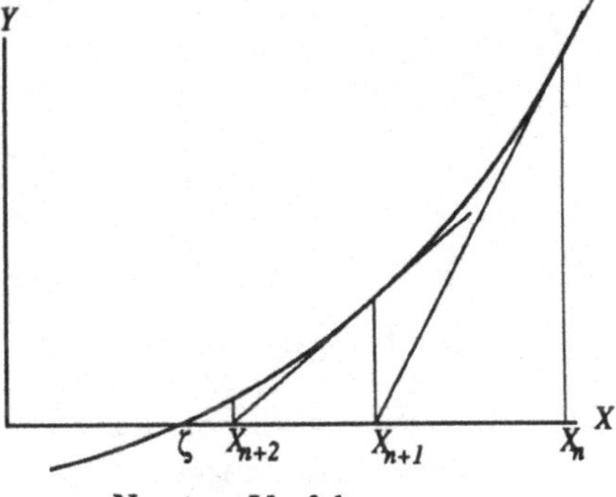

Newton-Verfahren

$$x_1 = x_0 - \frac{f(x_0)}{f'(x_0)}.$$

Im allgemeinen wird x_1 näher an ζ liegen als x_0 [vgl. Figur], und die Wiederholung des Verfahrens wird eine Folge $(x_n)_{n \geq 0}$ ergeben, die gegen ζ konvergiert. Es werden hinreichende Bedingungen angegeben, unter denen die so konstruierte Folge wirklich gegen ζ konvergiert.

(4.3) BEMERKUNG: Es sei $\zeta \in \mathbb{R}$, es sei $\delta > 0$. Es sei $f: (\zeta - \delta, \zeta + \delta) \to \mathbb{R}$ zweimal differenzierbar, und es sei f'' auf $(\zeta - \delta, \zeta + \delta)$ stetig. Es gelte $f(\zeta) = 0$ und $f'(\zeta) \neq 0$.
(1) Es gibt ein $\delta' \in \mathbb{R}$ mit $0 < \delta' < \delta$ und mit $f'(x) \neq 0$ für jedes $x \in [\zeta - \delta', \zeta + \delta']$ [vgl. IV(2.3)(4)]. Nach IV(2.13) gibt es ein $M > 0$ mit

$$\frac{1}{2}\left|\frac{f''(x'')}{f'(x')}\right| \leq M \quad \text{für alle } x', x'' \in [\zeta - \delta', \zeta + \delta'].$$

(2) Zu jedem $t \in [\zeta - \delta', \zeta + \delta']$ mit $M|\zeta - t| < 1$ gibt es ein $\xi \in I(\zeta, t)$ [zur Bezeichnung vgl. (2.18)] mit

$$\zeta - \left(t - \frac{f(t)}{f'(t)}\right) = -\frac{1}{2}\frac{f''(\xi)}{f'(t)}(\zeta - t)^2, \tag{4.3.1}$$

und es gilt

$$\left|\zeta - \left(t - \frac{f(t)}{f'(t)}\right)\right| < \min\left\{|\zeta - t|, \frac{1}{M}\right\}. \tag{4.3.2}$$

Insbesondere ist $t - f(t)/f'(t) \in [\zeta - \delta', \zeta + \delta']$.
Beweis: Nach (2.6)(2) gibt es ein $\xi \in I(\zeta, t)$ mit

$$0 = f(\zeta) = f(t) + (\zeta - t)f'(t) + \frac{f''(\xi)}{2}(\zeta - t)^2;$$

hieraus folgt (4.3.1), und daraus folgt unmittelbar (4.3.2).
(3) Es sei $x_0 \in [\zeta - \delta', \zeta + \delta']$, und es gelte $M|\zeta - x_0| < 1$. Dann ist nach (2) die Folge $(x_n)_{n \geq 0}$ mit

$$x_{n+1} = x_n - \frac{f(x_n)}{f'(x_n)} \quad \text{für jedes } n \in \mathbb{N}_0$$

definiert [denn für jedes $n \in \mathbb{N}_0$ gilt $x_n \in [\zeta - \delta', \zeta + \delta']$ und $M|x_n - \zeta| < 1$].

(4.4) Satz: *Es seien die in (4.3)(1) genannten Voraussetzungen erfüllt. Es sei $x_0 \in [\zeta - \delta', \zeta + \delta']$ mit $M|\zeta - x_0| < 1$, und es sei $(x_n)_{n \geq 0}$ die in (4.3)(3) definierte Folge. Für jedes $n \in \mathbb{N}_0$ wird $r_n := |\zeta - x_n|$ gesetzt. Dann gelten folgende Aussagen:*
(1) Die Folge $(x_n)_{n \geq 0}$ konvergiert gegen ζ.
(2) Es gelte zusätzlich $f''(\zeta) \neq 0$ und [es sei δ' so gewählt, daß] $f''(x) \neq 0$ für jedes $x \in [\zeta - \delta', \zeta + \delta']$. Ist $r_0 \neq 0$, so ist $r_n \neq 0$ für jedes $n \in \mathbb{N}_0$, und es gilt

$$\lim_{n \to \infty} \frac{r_{n+1}}{r_n^2} = \frac{1}{2}\left|\frac{f''(\zeta)}{f'(\zeta)}\right|.$$

Beweis: (a) Nach (4.3)(2) gibt es ein $\xi_0 \in I(\zeta, x_0)$ mit

$$r_1 = \frac{1}{2}\left|\frac{f''(\xi_0)}{f'(x_0)}\right| r_0^2,$$

und daher ist

$$r_1 \leq M r_0^2 = \frac{1}{M}(M r_0)^2.$$

Es sei $n \in \mathbb{N}$, und es sei bereits gezeigt: Es gibt ein $\xi_{n-1} \in I(\zeta, x_{n-1})$ mit

$$r_n = \frac{1}{2}\left|\frac{f''(\xi_{n-1})}{f'(x_{n-1})}\right| r_{n-1}^2, \tag{4.4.1}$$

und es gilt

$$r_n \leq \frac{1}{M}(M r_0)^{2^n}.$$

Es gibt nach (4.3)(2) ein $\xi_n \in I(\zeta, x_n)$ mit

$$r_{n+1} = \frac{1}{2}\left|\frac{f''(\xi_n)}{f'(x_n)}\right| r_n^2,$$

und daher ist (4.4.1) mit $n+1$ statt n richtig, und es gilt

$$r_{n+1} \leq M r_n^2 \leq \frac{1}{M}(M r_0)^{2^{n+1}}.$$

(b) Die Folge $\left((Mr_0)^{2^{n+1}}\right)_{n\geq 0}$ ist eine Nullfolge [vgl. III(1.8)(4)]. Daher ist nach III(1.6)(3) auch $(r_n)_{n\geq 0}$ eine Nullfolge, und die Folge $(x_n)_{n\geq 0}$ konvergiert gegen ζ. Wegen $\xi_n \in I(\zeta, x_n)$ für jedes $n \in \mathbb{N}_0$ konvergiert die Folge $(\xi_n)_{n\geq 0}$ ebenfalls gegen ζ [vgl. III(1.15)]. Da f' und f'' in ζ stetig sind, gilt $\lim_{n\to\infty}(f'(\xi_n)) = f'(\zeta)$ und $\lim_{n\to\infty}(f''(\xi_n)) = f''(\zeta)$ [vgl. IV(2.3)(1)].
(c) Es seien die in (2) genannten Bedingungen erfüllt. Nach (b) ist $r_n \neq 0$ für jedes $n \in \mathbb{N}_0$ [vgl. (4.4.1)], und es gilt

$$\lim_{n\to\infty} \frac{r_{n+1}}{r_n^2} = \frac{1}{2}\left|\frac{f''(\zeta)}{f'(\zeta)}\right|.$$

(4.5) BEISPIEL: Es sei $b \in \mathbb{R}$ mit $b > 1$, und es sei $p \in \mathbb{N}$ mit $p \geq 2$. Es sei f die Funktion $x \mapsto x^p - b : \mathbb{R}_{\geq 0} \to \mathbb{R}$. Das Newton-Verfahren für f mit einem Startwert x_0, für den $x_0^p > b$ gilt, liefert die Folge $(x_n)_{n\geq 0}$ mit

$$x_{n+1} = x_n - \frac{x_n^p - b}{p x_n^{p-1}} = x_n\left(1 - \frac{1}{p}\left(1 - \frac{b}{x_n^p}\right)\right) \quad \text{für jedes } n \in \mathbb{N}_0,$$

also die in III(1.18) betrachtete Folge. Dort wurde gezeigt, daß die Folge $(x_n)_{n\geq 0}$ für jeden solchen Startwert gegen $\sqrt[p]{b}$ konvergiert.

(4.6) DAS SEKANTENVERFAHREN: (1) Es sei wie in (4.2) $f: I \to \mathbb{R}$ differenzierbar, es sei f' auf I stetig, und es sei $f'(\zeta) \neq 0$. Es werden zwei verschiedene Punkte x_0, $x_1 \in I$ "nahe" bei ζ gewählt; der Schnittpunkt der Geraden durch die Punkte $(x_0, f(x_0))$ und $(x_1, f(x_1))$, der Sekante durch diese Punkte, mit der x-Achse ist, falls $f(x_0) \neq f(x_1)$ ist, der Punkt $(x_2, 0)$ mit

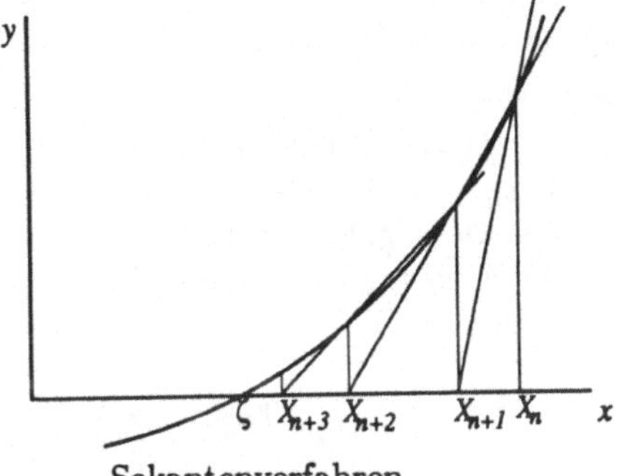

Sekantenverfahren

$$x_2 = x_1 - f(x_1)\frac{x_1 - x_0}{f(x_1) - f(x_0)}.$$

Im allgemeinen wird x_2 näher an ζ liegen als x_0 und x_1 [vgl. Figur], und die Wiederholung des Verfahrens wird eine Folge $(x_n)_{n\geq 0}$ ergeben, die gegen ζ konvergiert.

(4.7) BEMERKUNG: (1) Es seien für f die Voraussetzungen in (4.3)(1) erfüllt. Es gelte $f''(\zeta) \neq 0$ und [es sei δ' so gewählt, daß] $f''(x) \neq 0$ für jedes $x \in [\zeta-\delta', \zeta+\delta']$.
(2) Es seien $s, t \in [\zeta-\delta', \zeta+\delta']$. Es gelte $s \neq t$ und $M|\zeta - s| < 1$ und $M|\zeta - t| < 1$. Dann ist $f(s) \neq f(t)$, es gibt ξ', $\xi'' \in I(s, t, \zeta)$ mit

$$\zeta - \left(t - f(t)\frac{t - s}{f(t) - f(s)}\right) = -\frac{1}{2}\frac{f''(\xi'')}{f'(\xi')}(\zeta - s)(\zeta - t), \tag{4.7.1}$$

und es gilt

$$\left|\zeta - \left(t - f(t)\frac{t-s}{f(t)-f(s)}\right)\right| < \min\{|\zeta - t|, |\zeta - s|, \frac{1}{M}\}. \qquad (4.7.2)$$

Beweis: Nach (2.20) gibt es ein $\xi'' \in I(s,t,\zeta)$ mit

$$0 = f(\zeta) = f(t) + \frac{f(t)-f(s)}{t-s}(\zeta - t) + \frac{1}{2}(\zeta - t)(\zeta - s)f''(\xi'');$$

nach dem Mittelwertsatz (1.19) gibt es ein $\xi' \in I(s,t) \subset I(s,t,\zeta)$ mit

$$\frac{f(t)-f(s)}{t-s} = f'(\xi').$$

Hieraus folgt (4.7.1), und daraus folgt unmittelbar (4.7.2).
(3) Es seien $x_0,\ x_1 \in [\,\zeta - \delta', \zeta + \delta'\,]$ mit $x_0 \neq x_1$, und es gelte $M|\zeta - x_0| < 1$, $M|\zeta - x_1| < 1$. Dann ist nach (2) die Folge $(x_n)_{n\geq 0}$ mit

$$x_{n+1} = x_n - f(x_n)\frac{x_n - x_{n-1}}{f(x_n) - f(x_{n-1})} \quad \text{für jedes } n \in \mathbb{N}$$

definiert, denn für jedes $n \in \mathbb{N}_0$ gilt $x_n \in [\,\zeta - \delta',\ \zeta + \delta'\,]$, $x_n \neq x_{n+1}$, $M|\zeta - x_n| < 1$.

(4.8) Satz: *Es seien die in (4.7)(1) genannten Voraussetzungen erfüllt. Es seien $x_0, x_1 \in [\,\zeta - \delta', \zeta + \delta'\,]$ mit $x_0 \neq x_1$ und mit $M|\zeta - x_0| < 1$ und $M|\zeta - x_1| < 1$, und es sei $(x_n)_{n\geq 0}$ die in (4.7)(3) definierte Folge. Für jedes $n \in \mathbb{N}_0$ wird $r_n := |\zeta - x_n|$ gesetzt. Dann gelten folgende Aussagen.*
(1) Die Folge $(x_n)_{n\geq 0}$ konvergiert gegen ζ.
(2) Es gelte $r_0 \neq 0$ und $r_1 \neq 0$. Dann ist $r_n \neq 0$ für jedes $n \in \mathbb{N}_0$, und es ist

$$\lim_{n\to\infty} \frac{r_{n+1}}{r_n^\alpha} = \left(\frac{1}{2}\left|\frac{f''(\zeta)}{f'(\zeta)}\right|\right)^{1/\alpha} \quad \textit{mit } \alpha = \frac{1+\sqrt{5}}{2}.$$

Beweis: (a) Nach (4.7)(2) gibt es $\xi_1', \xi_1'' \in I(x_1, x_0, \zeta)$ mit

$$r_2 = \frac{1}{2}\left|\frac{f''(\xi_1'')}{f'(\xi_1')}\right| r_1 r_0,$$

[vgl. (4.7.1)] und daher ist

$$r_2 \leq M r_1 r_0.$$

Es sei $n \geq 2$, und es sei bereits gezeigt: Es gibt $\xi_{n-1}', \xi_{n-1}'' \in I(x_{n-1}, x_{n-2}, \zeta)$ mit

$$r_n = \frac{1}{2}\left|\frac{f''(\xi_{n-1}'')}{f'(\xi_{n-1}')}\right| r_{n-1} r_{n-2}, \qquad (4.8.1)$$

und es gilt

$$r_n \leq \frac{1}{M}(Mr_1)^{F_n}(Mr_0)^{F_{n-1}};$$

hier ist F_k für $k \in \mathbb{N}_0$ die k-te Fibonacci-Zahl [vgl. I(5.14)]. Nach (4.7)(2) gibt es $\xi'_n, \xi''_n \in I(x_n, x_{n-1}, \zeta)$ mit

$$r_{n+1} = \frac{1}{2}\left|\frac{f''(\xi''_n)}{f'(\xi'_n)}\right| r_n r_{n-1},$$

und daher ist (4.8.1) mit $n+1$ statt n richtig, und es gilt

$$\begin{aligned} r_{n+1} &\leq Mr_n r_{n-1} \\ &\leq M\frac{1}{M}(Mr_1)^{F_n}(Mr_0)^{F_{n-1}} \cdot \frac{1}{M}(Mr_1)^{F_{n-1}}(Mr_0)^{F_{n-2}} \\ &= \frac{1}{M}(Mr_1)^{F_{n+1}}(Mr_0)^{F_n}. \end{aligned}$$

(b) Die Folgen $\left((Mr_1)^{F_n}\right)_{n\geq 0}$ und $\left((Mr_0)^{F_n}\right)_{n\geq 0}$ sind Nullfolgen [vgl. III(1.8)(4) und III(1.6)(5)], da die Folge $(F_n)_{n\geq 0}$ der Fibonacci-Zahlen nicht beschränkt ist [vgl. I(5.14)]. Daher ist $(r_n)_{n\geq 0}$ eine Nullfolge, und die Folge $(x_n)_{n\geq 0}$ konvergiert gegen ζ. Wegen $\xi'_n, \xi''_n \in I(x_n, x_{n-1}, \zeta)$ für jedes $n \in \mathbb{N}_0$ konvergieren die Folgen $(\xi'_n)_{n\geq 0}$ und $(\xi''_n)_{n\geq 0}$ gegen ζ [vgl. III(1.15)]. Da f' und f'' in ζ stetig sind, folgt $\lim_{n\to\infty}\left(f'(\xi'_n)\right) = f'(\zeta)$ und $\lim_{n\to\infty}\left(f''(\xi''_n)\right) = f''(\zeta)$ [vgl. IV(2.3)(1)].
(c) Es gelte $r_0 \neq 0$ und $r_1 \neq 0$. Aus (a) [vgl. (4.8.1)] folgt $r_n \neq 0$ für jedes $n \in \mathbb{N}_0$. Es wird

$$\rho_n := \ln r_n, \quad \mu_n := \ln\left(\frac{1}{2}\left|\frac{f''(\xi''_{n+1})}{f'(\xi'_{n+1})}\right|\right) \quad \text{für jedes } n \in \mathbb{N}_0$$

gesetzt. Dann gilt $\rho_0 = \ln r_0$, $\rho_1 = \ln r_1$ und

$$\rho_{n+2} - \rho_{n+1} - \rho_n = \mu_n \quad \text{für jedes } n \in \mathbb{N}_0. \tag{4.8.2}$$

Da die Logarithmus-Funktion auf $(0, \infty)$ stetig ist [vgl. IV(3.5)(1)], existiert nach IV(2.3)(1) der Grenzwert

$$\mu := \lim_{n\to\infty} \mu_n = \ln\left(\frac{1}{2}\left|\frac{f''(\zeta)}{f'(\zeta)}\right|\right).$$

Es sei $\alpha := (1+\sqrt{5})/2$, $\beta := 1-\alpha$ [vgl. I(7.7)], $\mu_{-1} := \rho_1 - \rho_0$, $\mu_{-2} := \rho_0$. Es gilt

$$\rho_n = \frac{1}{\beta-\alpha}\sum_{i=-2}^{n-2}(\beta^{n-i-1} - \alpha^{n-i-1})\mu_i \quad \text{für jedes } n \in \mathbb{N}_0.$$

wie man mit Hilfe von (4.8.2) leicht durch Induktion beweist [vgl. auch I(7.7); Methoden zur Lösung von Differenzengleichungen der Form (4.8.2) werden später in Kapitel IX behandelt werden]. Es folgt

$$\rho_{n+1} - \alpha\rho_n = \sum_{i=-2}^{n-1} \beta^{n-i-1}\mu_i.$$

Nach III(2.11)(5) ist

$$\lim_{n\to\infty}\Big(\sum_{i=-2}^{n-1} \beta^{n-i-1}\mu_i\Big) = \lim_{n\to\infty}\Big(\sum_{i=0}^{n-1} \beta^{i}\mu_{n-1-i}\frac{\mu}{1-\beta}\Big) = \frac{\mu}{\alpha},$$

und daher gilt, da die Funktion exp auf $\mathbb{R}$ stetig ist [vgl. IV(3.4)], nach IV(2.3)(1)

$$\lim_{n\to\infty}\frac{r_{n+1}}{r_n^\alpha} = \exp\Big(\frac{\mu}{\alpha}\Big) = \Big(\frac{1}{2}\Big|\frac{f''(\zeta)}{f'(\zeta)}\Big|\Big)^{1/\alpha}.$$

(4.9) BEISPIEL: Es sei f die Funktion $x \mapsto x^2 - 3x - 2\ln(x) - 4 : (0,\infty) \to \mathbb{R}$. Es soll die Nullstelle von f in dem offenen Intervall $(4,5)$ [vgl. Figur] mit dem Newton-Verfahren und dem Sekantenverfahren bestimmt werden. Es wird mit 9 Nachkommastellen gerechnet.

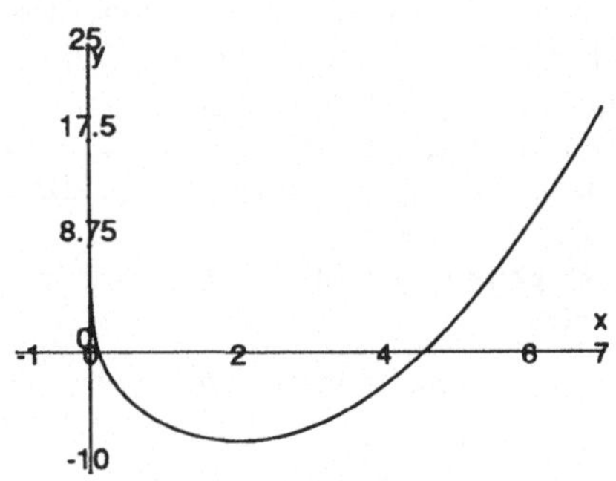

Newton-Verfahren

n	x_n
0	4.000 000 000
1	4.616 130 827
2	4.546 953 779
3	4.546 067 280
4	4.546 067 135
5	4.546 067 134
6	4.546 067 133

Sekantenverfahren

n	x_n
0	4.000 000 000
1	5.000 000 000
2	4.499 231 554
3	4.542 409 232
4	4.546 099 224
5	4.546 067 113
6	4.546 067 134

In beiden Fällen wurde $\delta = 0.05$ gewählt [vgl (4.10)(2)], es wurden maximal 6 Schritte gerechnet.

(4.10) BEMERKUNG: (1) Das Newton-Verfahren und das Sekantenverfahren sind iterative Verfahren; bei solchen Verfahren gibt es $m \in \mathbb{N}$, Startwerte $x_0, \ldots, x_{m-1}$

und eine Abbildung $\varphi: \mathbb{R}^m \to \mathbb{R}$ mit $x_{n+1} = \varphi(x_n, \ldots, x_{n-m+1})$ für jedes $n \in \mathbb{N}$ mit $n \geq m$. Das Newton-Verfahren ist ein iteratives Verfahren mit $m = 1$, das Sekantenverfahren ist ein iteratives Verfahren mit $m = 2$.
(2) Als Abbruchbedingung für iterative Verfahren hat sich die folgende Regel bewährt: Man breche das Verfahren mit dem Näherungswert x_n ab, wenn

$$|x_{n+1} - x_n| \geq |x_n - x_{n-1}| \quad \text{und} \quad |x_n - x_{n-1}| < \delta$$

gelten; hier ist δ eine nicht zu kleine Schranke, die verhindern soll, daß das Verfahren abbricht, bevor x_n auch nur in die Nähe der zu berechenden Zahl ζ gelangt. Auf jeden Fall sollte man in die Abbruchbedingung auch eine obere Schranke für die Anzahl der durchzuführenden Iterationsschritte aufnehmen.
(3) Die beiden vorgestellten Verfahren konvergieren, falls der Startwert x_0 beim Newton-Verfahren, bzw. falls die Startwerte x_0, x_1 beim Sekantenverfahren sehr nahe an der Nullstelle ζ liegen. Ist $f''(\zeta) \neq 0$, so hat das Newton-Verfahren die Ordnung 2, und das Sekantenverfahren hat die Ordnung $\alpha < 2$.
(4) Es gelte $f''(\zeta) \neq 0$. Das Newton-Verfahren konvergiert dann quadratisch, während das Sekantenverfahren mit einer kleineren Ordnung konvergiert. Trotzdem wählt man oft das Sekantenverfahren, da dabei keine Ableitung von f zu berechnen ist.
(5) Das in (4.11) zu behandelnde Bisektionsverfahren, auch Intervallhalbierungsmethode genannt, setzt von f nur die Stetigkeit voraus und konvergiert immer.

(4.11) DAS BISEKTIONSVERFAHREN: Es sei $f: [a, b] \to \mathbb{R}$ auf $[a, b]$ stetig, und es gelte $f(a)f(b) < 0$. Dann hat f nach dem Zwischenwertsatz [vgl. IV(2.15)] Nullstellen in (a, b). Es wird vorausgesetzt: f hat in (a, b) nur eine Nullstelle ζ.
(1) Der Algorithmus: Es werden $a_1 := a$, $b_1 := b$, $x_1 := (a + b)/2$ gesetzt. Es sei $n \in \mathbb{N}$, und es seien a_n, b_n und x_n in $[a, b]$ so bestimmt, daß $a_n < x_n < b_n$ und $f(a_n)f(b_n) < 0$ gelten und daher $\zeta \in (a_n, b_n)$.
(i) Gilt $f(x_n) = 0$, so wird der Algorithmus beendet.
(ii) Gilt $f(a_n)f(x_n) < 0$, so setzt man:

$$x_{n+1} := \frac{a_n + x_n}{2}, \quad a_{n+1} := a_n, \quad b_{n+1} := x_n.$$

(iii) Gilt $f(a_n)f(x_n) > 0$, so setzt man:

$$x_{n+1} := \frac{x_n + b_n}{2}, \quad a_{n+1} := x_n, \quad b_{n+1} := b_n.$$

In den Fällen (ii) und (iii) ist $f(a_{n+1})f(b_{n+1}) < 0$, und daher liegt die Nullstelle ζ in (a_{n+1}, b_{n+1}).

Es gelten für jedes $i \in \{1, \ldots, n\}$:

$$b_i - a_i = \frac{b - a}{2^{i-1}}, \quad x_i - a_i = b_i - x_i = \frac{b - a}{2^i};$$

für jedes $i \in \{2,\ldots,n\}$ gilt

$$x_i = x_{i-1} + \operatorname{sign}\bigl(f(a_{i-1})f(x_{i-1})\bigr)\frac{b-a}{2^i},$$

und es ist

$$x_n = a + (b-a)\Bigl(\frac{1}{2} + \sum_{i=2}^{n}\frac{u_i}{2^i}\Bigr) \quad \text{mit } u_i \in \{-1,1\} \text{ für jedes } i \in \{2,\ldots,n\}.$$

(2) Der Algorithmus breche ab. Dann ist $x_n = \zeta$ die gesuchte Nullstelle, und $(\zeta - a)/(b-a)$ ist eine dyadische rationale Zahl [vgl. III(2.3)(4)].
(3) Der Algorithmus breche nicht ab. Dann ist $(a_n)_{n\geq 0}$ eine monoton wachsende Folge, $(b_n)_{n\geq 0}$ eine monoton fallende Folge, und es gilt $\lim_{n\to\infty}(a_n) = \lim_{n\to\infty}(b_n) = \lim_{n\to\infty}(x_n) = \zeta$. Es ist $(\zeta - a)/(b-a)$ keine dyadische rationale Zahl. Für jedes $n \in \mathbb{N}$ wird $r_n := \zeta - a_n$, $s_n := b_n - \zeta$ und $t_n := \zeta - x_n$ gesetzt.
(a) Es sei $n \in \mathbb{N}$. Ist $a_n = a_{n+1}$, so ist $r_{n+1}/r_n = 1$. Ist $a_n \neq a_{n+1}$, so gilt

$$\frac{r_{n+1}}{r_n} = \frac{\zeta - a_{n+1}}{\zeta - a_n} \leq \frac{b_{n+1} - a_{n+1}}{a_{n+1} - a_n} = 1.$$

Zu jedem $m \in \mathbb{N}$ gibt es ein $k \in \mathbb{N}$ mit $k \geq m$ und mit $b_{k+1} \neq b_k$, also mit $a_k = a_{k+1}$, da der Algorithmus nicht abbricht. Es kann also die Abschätzung nicht verbessert werden.
(b) Genau so zeigt man $s_{n+1}/s_n \leq 1$ für jedes $n \in \mathbb{N}$, und diese Abschätzung kann nicht verbessert werden.
(4) Es sei $\zeta \in (a,b)$. Dann gibt es eine auf $[a,b]$ stetige Funktion $f\colon [a,b] \to \mathbb{R}$, für die das Bisektionsverfahren, angewandt auf die Funktion f, ζ als Nullstelle liefert. Man wähle dazu als f die Funktion, deren Graph die Gerade durch die Punkte $(a,-1)$ und $(\zeta,0)$ ist.
(5) Der Algorithmus breche nicht ab, und es gebe ein $k \in \mathbb{N}$ mit $k \geq 2$ und mit $u_n = (-1)^n$ für jedes $n \in \mathbb{N}$ mit $n \geq k$. Dann gilt $|t_{n+1}/t_n| = 1/2$ für jedes $n \in \mathbb{N}$ mit $n \geq k$, denn es ist

$$\frac{|x_{n+1} - \zeta|}{b-a} = \Bigl|\sum_{i=n+2}^{\infty}\frac{u_i}{2^i}\Bigr| = \frac{1}{2}\Bigl|\sum_{i=n+1}^{\infty}\frac{u_i}{2^i}\Bigr| = \frac{1}{2}\frac{|x_n - \zeta|}{b-a}.$$

Weiter gilt

$$\frac{\zeta - a}{b-a} = \frac{1}{2} + \sum_{i=2}^{k-1}\frac{u_i}{2^i} + \sum_{i=k}^{\infty}\frac{(-1)^i}{2^i} = \frac{m}{2^{k-1}} + \frac{(-1)^k}{2^k}\frac{2}{3} = \frac{q}{3\cdot 2^l}$$

mit $m \in \mathbb{Z}$, $l \in \mathbb{N}_0$ und mit einem zu $3\cdot 2^l$ teilerfremden $q \in \mathbb{N}$ mit $q < 3\cdot 2^l$.

Es habe umgekehrt $(\zeta - a)/(b-a)$ die eben angegebene Form. Es ist $q = 1 + 3v$ oder $q = 2 + 3v$ mit $v \in \mathbb{N}_0$; im ersten Fall ist $2q = 3(1+2v) - 1$, im zweiten Fall ist $2q = 3(1+2v)+1$, und daher ist in jedem Fall $2q = 3w + e$ mit $e \in \{-1, 1\}$ und einem ungeraden $w \in \mathbb{N}$ mit $w < 2^{l+1}$. Es gilt dann

$$\frac{\zeta - a}{b-a} = \frac{w}{2^{l+1}} + \frac{e}{2^{l+2}}\frac{2}{3} = \sum_{i=1}^{l+1} \frac{u_i}{2^i} + e(-1)^{l+2} \sum_{i=l+2}^{\infty} \frac{(-1)^i}{2^i}$$

mit $u_1 = 1$ und $u_i \in \{-1, 1\}$ für jedes $i \in \{2, \ldots, l+1\}$, und daher gibt es ein $k \in \mathbb{N}$ mit $u_n = (-1)^n$ für jedes $n \in \mathbb{N}$ mit $n > k$.

(6) Nach (5) gilt: Wenn das Bisektionsverfahren eine Konvergenzordnung besitzt, so ist diese 1. Es wird an einem Beispiel gezeigt, daß dies nicht der Fall ist, daß also das Bisektionsverfahren keine Ordnung hat. Es seien $a := 0$ und $b := 1$. Für jedes $i \in \mathbb{N}$ sei $n_i := 1 + i(i-1)/2$. Für jedes $j \in \mathbb{N}$ sei

$$u_j := \begin{cases} 1, & \text{falls es } i \in \mathbb{N} \text{ gibt mit } j = n_i, \\ -1 & \text{sonst,} \end{cases}$$

und für jedes $n \in \mathbb{N}$ sei

$$x_n := \sum_{i=1}^{n} \frac{u_i}{2^i}, \quad t_n := \sum_{i=n+1}^{\infty} \frac{u_i}{2^i};$$

schließlich sei $\zeta := x_n + t_n$. Dann gilt für jedes $i \in \mathbb{N}$ mit $i \geq 3$

$$\begin{aligned} t_{n_i-1} &= \sum_{j=n_i}^{\infty} \frac{u_j}{2^j} = \sum_{j=i}^{\infty}\left(\frac{1}{2^{n_j}} - \sum_{k=n_j+1}^{n_{j+1}-1} \frac{u_k}{2^k}\right) = \sum_{j=i}^{\infty} \frac{1}{2^{n_{j+1}-1}} \\ &< \frac{1}{2^{n_{i+1}-1}} \sum_{k=0}^{\infty} \frac{1}{2^k} = \frac{1}{2^{n_{i+1}-2}}, \end{aligned}$$

und wegen $t_{n_i-1} = t_{n_i} + 1/2^{n_i}$ und $t_{n_i-1} > 0$, $t_{n_i} < 0$ gilt

$$\left|\frac{t_{n_i}}{t_{n_i-1}}\right| = -\frac{t_{n_i}}{t_{n_i-1}} = -1 + \frac{1}{2^{n_i} \cdot t_{n_i-1}} > -1 + 2^{i-2}.$$

Also ist die Folge (t_{n+1}/t_n) nicht beschränkt.

Für jedes $i \in \mathbb{N}$ gilt: Es ist $t_{n_i-2} = t_{n_i-1} - 1/2^{n_i-1}$, und daher gilt wegen $2^{n_i-1} \cdot t_{n_i-1} < 1/2^{i-1}$

$$\begin{aligned} \left|\frac{t_{n_i-1}}{t_{n_i-2}}\right| &= -\frac{t_{n_i-1}}{t_{n_i-2}} = -1 - \frac{1}{2^{n_i-1} \cdot t_{n_i-2}} = -1 + \frac{1}{1 - 2^{n_i-1} \cdot t_{n_i-1}} \\ &< -1 + \frac{2^{i-1}}{2^{i-1}-1} = \frac{1}{2^{i-1}-1}. \end{aligned}$$

Es gibt also kein positives δ mit $|t_{n+1}/t_n| \geq \delta$ für jedes $n \in \mathbb{N}$. Man macht sich leicht klar: Es gibt kein positives δ mit $r_{n+1}/r_n \geq \delta$ und $s_{n+1}/s_n \geq \delta$ für jedes $n \in \mathbb{N}$.

(7) Der Algorithmus breche nicht ab, und es sei die zu Beginn von (5) genannte Bedingung nicht erfüllt. Es sei $k \in \mathbb{N}$. Dann gibt es ein $n \in \mathbb{N}$ mit $n > k$ und $u_{n+1} \neq u_{n+2} = u_{n+3}$. Es sei zunächst $u_{n+1} = 1$, $u_{n+2} = u_{n+3} = -1$. Dann gilt $a_{n+3} = x_n$, $b_{n+3} = x_{n+2}$ und daher $\zeta \in (x_n, x_{n+2})$, und es gilt

$$x_{n+1} - \zeta = x_{n+2} - \zeta + \frac{b-a}{2^{n+2}} > \frac{b-a}{2^{n+2}} > \zeta - x_{n+1} + \frac{b-a}{2^{n+1}} = \zeta - x_n > 0,$$

und folglich $x_{n+1} - \zeta > \zeta - x_n > 0$. Ist $u_{n+1} = -1$, $u_{n+2} = u_{n+3} = 1$, so erhält man $a_{n+3} = x_{n+2}$, $b_{n+3} = x_n$ und $0 < x_n - \zeta < \zeta - x_{n+1}$. Es gilt also in jedem Fall $|t_{n+1}| > |t_n|$.

(8) Die Fehlerabschätzung des Bisektionsverfahrens: (a) Für jedes $n \in \mathbb{N}$ gilt $|\zeta - x_n| \leq (b-a)/2^n$; ist also für ein positives $\varepsilon \in \mathbb{R}$ $n := \lceil |\log_2(b-a)/\varepsilon| \rceil$, so ist $|\zeta - x_n| \leq \varepsilon$. Dies ist die in eine Programmierung des Algorithmus aufzunehmende Abbruchbedingung. Die angegebene Genauigkeit berücksichtigt keine Rundungsfehler.

(b) Wegen $10^{-1} \approx 2^{-3.3}$ erhält man jeweils nach etwa 10 Iterationsschritten eine Verbesserung des Ergebnisses um drei Dezimalstellen.

(c) Die Genauigkeit, mit der ζ berechnet werden kann, hängt nur von der Genauigkeit ab, mit der für jedes $x \in [a,b]$ der Funktionswert $f(x)$ berechnet werden kann.

(9) Verbesserungen des Bisektionsverfahren werden in [5] behandelt.

(4.12) (1) Die Duchführung des Bisektionsverfahren ist in folgendem Programm beschrieben.

Eingabe: a, $b \in \mathbb{R}$ mit $a < b$ und eine Funktion $f\colon [a,b] \to \mathbb{R}$, die auf $[a,b]$ stetig ist und genau eine Nullstelle $\zeta \in (a,b)$ hat;

Ausgabe: Näherungswert für ζ.

```
x := (a + b)/2; i := 0;
while f(x) ≠ 0 and i ≤ m do
  if f(x) * f(a) < 0 then
    begin b := x; x := (a + x)/2; end;
  else
   begin a := x; x := (b + x)/2; end;
  i := i + 1;
return(x).
```

(2) Die nachstehende Tabelle zeigt die für das Beispiel in (4.9) durch das Bisektionsverfahren mit $a = 4$, $b = 5$ erhaltenen Werte x_n.

n	x_n	n	x_n
1	4.500 000 000	2	4.750 000 000
3	4.625 000 000	4	4.562 500 000
5	4.531 250 000	6	4.546 875 000
7	4.539 062 500	8	4.542 968 750
9	4.544 921 875	10	4.545 898 438

Kapitel VI Integralrechnung

§1 Stammfunktionen

(1.0) Die in diesem Paragraphen einzuführende Operation des Integrierens kann als Umkehrung der Operation "Differenzieren" betrachtet werden.

Wenn nichts anderes gesagt wird, ist I im folgenden stets ein Intervall in $\mathbb{R}$.

(1.1) DEFINITION: Es sei $f: I \to \mathbb{R}$ eine Funktion. Eine Funktion $F: I \to \mathbb{R}$ heißt eine Stammfunktion von f [oder auch ein unbestimmtes Integral von f], wenn F differenzierbar ist und wenn $F' = f$ gilt.

(1.2) Satz: *Es sei $f: I \to \mathbb{R}$ eine Funktion, und es seien F, G Stammfunktionen von f. Dann ist $F - G$ konstant.*

Beweis: Die Funktion $F - G: I \to \mathbb{R}$ ist differenzierbar, und es ist $(F - G)' = F' - G' = f - f = 0$. Also ist nach V(1.20)(2) $F - G$ konstant.

(1.3) BEZEICHNUNG: Es sei $f: I \to \mathbb{R}$ eine Funktion.

(1) Hat f eine Stammfunktion, so wird

$$\int f(x)\,dx := \{F \in \mathcal{E}^{(1)}(I) \mid F \text{ ist eine Stammfunktion von } f\}$$

gesetzt.

(2) Ist $F \in \mathcal{E}^{(1)}(I)$ eine Stammfunktion von f, so ist nach (1.2)

$$\int f(x)\,dx = \{F + c \mid c \in \mathbb{R}\}.$$

Man schreibt zur Abkürzung

$$\int f(x)\,dx = F + c, \qquad c \in \mathbb{R},$$

oder auch etwas ungenau

$$\int f(x)\,dx = F(x) + c, \qquad c \in \mathbb{R}.$$

(3) Ist auch $g: I \to \mathbb{R}$ eine Funktion und haben $f + g$ und fg Stammfunktionen, so schreibt man häufig

$$\int (f(x) + g(x))\,dx \text{ statt } \int (f+g)(x)dx, \quad \int f(x)g(x)\,dx \text{ statt } \int fg(x)\,dx.$$

(1.4) BEISPIELE: (1) Auf $I := (0, \infty)$ ist für jedes $\alpha \in \mathbb{R}$, $\alpha \neq -1$, nach V(1.14)(2)

$$\int x^\alpha\,dx = \frac{x^{\alpha+1}}{\alpha+1} + c, \qquad c \in \mathbb{R}.$$

(2) Auf $I := (0, \infty)$ ist nach V(1.14)(1)

$$\int \frac{1}{x}\,dx = \ln x + c, \qquad c \in \mathbb{R},$$

und auf $I := (-\infty, 0)$ ist

$$\int \frac{1}{x}\,dx = \ln(-x) + c, \qquad c \in \mathbb{R}.$$

(3) Auf $I := (-\infty, \infty)$ gilt nach V(1.12)

$$\int e^x\,dx = e^x + c, \qquad c \in \mathbb{R},$$

$$\int \cos x\,dx = \sin x + c, \qquad c \in \mathbb{R},$$

$$\int \sin x\,dx = -\cos x + c, \qquad c \in \mathbb{R}.$$

(4) Auf $I := (-\infty, \infty)$ ist nach V(1.23)(5)

$$\int \frac{dx}{1+x^2} = \arctan x + c, \qquad c \in \mathbb{R}.$$

(5) Auf $I := (-1, 1)$ ist nach V(1.23)(2)

$$\int \frac{1}{\sqrt{1-x^2}}\,dx = \arcsin x + c, \qquad c \in \mathbb{R}.$$

(6) Auf $I := (-\infty, \infty)$ ist nach V(1.23)(8)

$$\int \frac{1}{\sqrt{x^2+1}}\,dx = \operatorname{arsinh} x + c = \ln\bigl(x + \sqrt{x^2+1}\,\bigr) + c, \qquad c \in \mathbb{R}.$$

(7) Auf $I := (1, \infty)$ ist

$$\int \frac{1}{\sqrt{x^2-1}}\,dx = \ln\bigl(x + \sqrt{x^2-1}\,\bigr) + c, \qquad c \in \mathbb{R}.$$

(8) Auf $I := (1, \infty)$ ist

$$\int \frac{1}{\sqrt{x-1}}\,dx = 2\sqrt{x-1} + c, \qquad c \in \mathbb{R}.$$

(9) Auf $I := (-1, \infty)$ ist

$$\int \frac{1}{\sqrt{x+1}}\,dx = 2\sqrt{x+1} + c, \qquad c \in \mathbb{R}.$$

(10) Auf $I := (-1, 0)$ und auf $I := (0, 1)$ ist

$$\int \frac{dx}{x\sqrt{1-x^2}} = -\ln\left(\frac{1+\sqrt{1-x^2}}{x}\right) + c, \qquad c \in \mathbb{R}.$$

(11) Es sei $f \in \mathcal{E}^{(1)}(I)$, und es gelte $f(x) > 0$ für jedes $x \in I$. Dann ist auf I

$$\int \frac{f'(x)}{f(x)}\,dx = \ln f(x) + c, \qquad c \in \mathbb{R}.$$

(1.5) BEMERKUNG: Es sei I ein Intervall, es seien M, N Mengen auf I definierter Funktionen, und es sei $\lambda \in \mathbb{R}$. Man setzt

$$M + N := \{F + G \mid F \in M, G \in N\}, \quad \lambda M := \{\lambda F \mid F \in M\}.$$

Ist h eine auf I definierte Funktion, so setzt man

$$h + M := \{h + F \mid F \in M\}, \quad h - M := \{h - F \mid F \in M\}.$$

Mit diesen Bezeichnungen gilt: Haben f, $g: I \to \mathbb{R}$ Stammfunktionen und ist $\lambda \in \mathbb{R}$, so besitzen auch $f + g$ und λf Stammfunktionen, und zwar ist

$$\int f(x)\,dx + \int g(x)\,dx = \int (f(x) + g(x))\,dx, \quad \lambda \int f(x)\,dx = \int \lambda f(x)\,dx.$$

Das folgt unmittelbar aus den Definitionen.

(1.6) Satz: (Partielle Integration) *Es seien $f, g \in \mathcal{E}^{(1)}(I)$. Besitzt $f'g$ eine Stammfunktion, so besitzt auch fg' eine Stammfunktion, und es gilt*

$$\int f(x)g'(x)\,dx = fg - \int f'(x)g(x)\,dx. \tag{$*$}$$

Beweis: Es sei G eine Stammfunktion von $f'g$. Dann gilt $fg - G \in \mathcal{E}^{(1)}(I)$ und $(fg - G)' = f'g + fg' - G' = fg'$, und daher ist $fg - G$ eine Stammfunktion von fg'. Damit ist gezeigt, daß fg' eine Stammfunktion besitzt und daß jedes Element der rechten Seite von $(*)$ ein Element der linken Seite von $(*)$ ist. Genauso zeigt man, daß jedes Element der linken Seite von $(*)$ auch ein Element der rechten Seite von $(*)$ ist.

(1.7) BEISPIELE: (1) Auf $I := (0, \infty)$ gilt

$$\int (\ln x) \cdot 1\,dx = (\ln x) \cdot x - \int \frac{1}{x} \cdot x\,dx = x(\ln x - 1) + c, \quad c \in \mathbb{R}.$$

(2) Es sei $n \in \mathbb{N}$. Auf $I := (-\infty, \infty)$ ist

$$\int x^n e^x\,dx = x^n e^x - n \int x^{n-1} e^x\,dx.$$

(3) Es sei $n \in \mathbb{N}$. Auf $I := (-\infty, \infty)$ ist

$$\begin{aligned} \int x^n \sin x\,dx &= -x^n \cos x + n \int x^{n-1} \cos x\,dx, \\ \int x^n \cos x\,dx &= x^n \sin x - n \int x^{n-1} \sin x\,dx. \end{aligned}$$

(4) Aus (2) und (3) erhält man durch Induktion: Für jedes $n \in \mathbb{N}_0$ gelten

$$\int x^n e^x\,dx = e^x \sum_{\nu=0}^{n} (-1)^\nu [n]_\nu\, x^{n-\nu} + c, \qquad c \in \mathbb{R},$$

$$\int x^n \sin x\,dx = -\sum_{\nu=0}^{n} [n]_\nu\, x^{n-\nu} \cos(x + \frac{\nu\pi}{2}) + c, \qquad c \in \mathbb{R},$$

$$\int x^n \cos x\,dx = \sum_{\nu=0}^{n} [n]_\nu\, x^{n-\nu} \sin(x + \frac{\nu\pi}{2}) + c, \qquad c \in \mathbb{R}.$$

Beweis: Es werden nur die letzten beiden Formeln bewiesen. Für $n = 0$ sind sie richtig. Es sei $n \in \mathbb{N}_0$, und sie seien für n bereits bewiesen. Dann ist

$$\begin{aligned}\int x^{n+1} \sin x\,dx &= -x^{n+1}\cos x + (n+1)\int x^n \cos x\,dx \\ &= -x^{n+1}\cos x - (n+1)\sum_{\nu=1}^{n+1} [n]_{\nu-1}\, x^{n+1-\nu} \cos\big(x + \frac{\nu\pi}{2}\big) + c \\ &= -\sum_{\nu=0}^{n+1} [n+1]_\nu\, x^{n+1-\nu} \cos\big(x + \frac{\nu\pi}{2}\big) + c, \quad c \in \mathbb{R},\end{aligned}$$

und ebenso ergibt sich, daß auch die dritte Formel für $n + 1$ richtig ist.

(1.8) Satz: (Integration durch Substitution I) *Es seien I und J Intervalle, es sei $\varphi: I \to \mathbb{R}$ differenzierbar, und es gelte $\varphi(I) \subset J$. Ist $F: J \to \mathbb{R}$ differenzierbar und ist $f := F'$, so ist $F \circ \varphi: I \to \mathbb{R}$ eine Stammfunktion der Funktion $(f \circ \varphi) \cdot \varphi': I \to \mathbb{R}$, d.h. es gilt auf I*

$$\int f(\varphi(x))\varphi'(x)\,dx = F \circ \varphi + c =: \Big(\int f(u)\,du\Big)_{u=\varphi(x)}, \quad c \in \mathbb{R}.$$

Beweis: Nach V(1.6) ist $F \circ \varphi$ differenzierbar, und es gilt $(F \circ \varphi)' = (F' \circ \varphi) \cdot \varphi' = (f \circ \varphi) \cdot \varphi'$.

(1.9) BEISPIELE: (1) Auf $I := (-\infty, \infty)$ ist für jedes $n \in \mathbb{N}_0$

$$\int \sin^n x \cos x\,dx = \Big(\int u^n\,du\Big)_{u=\sin x} = \frac{\sin^{n+1} x}{n+1} + c, \quad c \in \mathbb{R}.$$

(2) Auf $I := (-\infty, \infty)$ ist

$$\int x e^{x^2}\,dx = \frac{1}{2}\int e^{x^2} \cdot 2x\,dx = \frac{1}{2}\Big(\int e^u\,du\Big)_{u=x^2} = \frac{1}{2}e^{x^2} + c, \quad c \in \mathbb{R}.$$

(3) Auf $I := (-\infty, \infty)$ ist

$$\int \frac{e^x - 1}{e^x + 1}\,dx = \Big(\int \frac{u-1}{u+1} \cdot \frac{1}{u}\,du\Big)_{u=e^x} = 2\ln(1 + e^x) - x + c, \quad c \in \mathbb{R},$$

denn für jedes $x \in \mathbb{R}$ ist $e^x > 0$, und auf $(0, \infty)$ ist

$$\int \frac{u-1}{u+1} \cdot \frac{1}{u}\, du = \int \left(\frac{2}{u+1} - \frac{1}{u} \right) du = 2\ln(1+u) - \ln u + c, \quad c \in \mathbb{R}.$$

(4) Es sei $a > 0$. Auf $(-a, a)$ ist

$$\int x \cdot \sqrt{a^2 - x^2}\, dx = \left(-\frac{1}{2} \int \sqrt{u}\, du \right)_{u=a^2-x^2} = -\frac{1}{3}\left(\sqrt{a^2 - x^2}\right)^3 + c, \quad c \in \mathbb{R},$$

denn für jedes $x \in (-a, a)$ ist $a^2 - x^2 > 0$.

(1.10) Satz: (Integration durch Substitution II) *Es sei* $\varphi: (a, b) \to \mathbb{R}$ *streng monoton wachsend und differenzierbar mit* $\varphi'(x) \neq 0$ *für jedes* $x \in (a, b)$; *es seien* $c := \inf(\varphi((a, b)))$ *und* $d := \sup(\varphi((a, b)))$. [Nach IV(2.21) ist dann $\varphi((a, b)) = (c, d)$, und nach V(1.13) ist die Umkehrfunktion $\psi: (c, d) \to \mathbb{R}$ von φ differenzierbar.] *Es sei* $f: (c, d) \to \mathbb{R}$ *eine Funktion. Hat* $(f \circ \varphi) \cdot \varphi'$ *auf* (a, b) *eine Stammfunktion, so hat* f *auf* (c, d) *eine Stammfunktion, und es gilt auf* (c, d)

$$\int f(x)\, dx = \left(\int f(\varphi(t))\varphi'(t)\, dt \right)_{t=\psi(u)}.$$

Beweis: Ist $G: (a, b) \to \mathbb{R}$ eine Stammfunktion von $(f \circ \varphi) \cdot \varphi'$, so ist $G \circ \psi: (c, d) \to \mathbb{R}$ differenzierbar, und es ist

$$(G \circ \psi)' = (G' \circ \psi) \cdot \psi' = (f \circ \varphi \circ \psi) \cdot (\varphi' \circ \psi) \cdot \psi' = f,$$

denn für jedes $x \in (c, d)$ ist $\varphi \circ \psi(x) = x$ und $\big((\varphi' \circ \psi) \cdot \psi'\big)(x) = (\varphi \circ \psi)'(x) = 1$.

(1.11) BEMERKUNG: Die Aussage in (1.10) gilt sinngemäß auch für alle anderen Typen von Intervallen.

(1.12) BEISPIEL: Es seien α, β, $\gamma \in \mathbb{R}$, es sei $\alpha > 0$, und es sei $p: \mathbb{R} \to \mathbb{R}$ die Polynomfunktion mit

$$p(x) = \alpha x^2 + \beta x + \gamma = \frac{1}{4\alpha}[(2\alpha x + \beta)^2 + 4\alpha\gamma - \beta^2] \quad \text{für jedes } x \in \mathbb{R}.$$

(1) Es sei zunächst $4\alpha\gamma - \beta^2 > 0$. Dann ist $p(x) > 0$ für jedes $x \in \mathbb{R}$. Die durch

$$\psi(x) = x - \sqrt{\frac{p(x)}{\alpha}} \quad \text{für jedes } x \in \mathbb{R}$$

definierte Funktion $\psi: \mathbb{R} \to \mathbb{R}$ ist differenzierbar, und es ist

$$\psi'(x) = 1 - \frac{2\alpha x + \beta}{2\sqrt{\alpha}\sqrt{\alpha x^2 + \beta x + \gamma}} > 0 \quad \text{für jedes } x \in \mathbb{R}.$$

Also ist ψ streng monoton wachsend. Die Regel von l'Hospital [vgl. V(1.24)] liefert

$$\begin{aligned}\lim_{x\to\infty}\psi(x) &= \lim_{x\to\infty}\frac{1-\sqrt{p(x)/(\alpha x^2)}}{1/x}\\ &= \lim_{x\to\infty}\frac{1}{2\sqrt{p(x)/(\alpha x^2)}}\,\frac{p'(x)\alpha x^2-2\alpha x p(x)}{\alpha^2x^2} = -\frac{\beta}{2\alpha}.\end{aligned}$$

Wegen $\lim_{x\to-\infty}\psi(x)=-\infty$ ist daher $\psi(\mathbb{R})=(-\infty,-\beta/2\alpha)=:I$. Die Umkehrfunktion von ψ ist die Funktion

$$\varphi\colon I\to\mathbb{R}\quad\text{mit } \varphi(t)=\frac{\alpha t^2-\gamma}{2\alpha t+\beta}\text{ für jedes } t\in I,$$

und für jedes $t\in I$ ist $\varphi'(t)=2\alpha(\alpha t^2+\beta t+\gamma)/(2\alpha t+\beta)^2$. Für jedes $t\in I$ ist $2\alpha t+\beta<0$ und

$$\sqrt{p(\varphi(t))}=-\sqrt{\alpha}\,\frac{\alpha t^2+\beta t+\gamma}{2\alpha t+\beta}.$$

Somit folgt aus (1.10): Es ist auf $\mathbb{R}$

$$\int\sqrt{\alpha x^2+\beta x+\gamma}\,dx=-2\alpha^{3/2}\Big(\int\frac{(\alpha t^2+\beta t+\gamma)^2}{(2\alpha t+\beta)^3}\,dt\Big)_{t=\psi(x)}.$$

(2) Es gelte jetzt $4\alpha\gamma-\beta^2<0$. Es wird

$$\delta:=\sqrt{\beta^2-4\alpha\gamma},\quad J_1:=(-\infty,-\frac{\delta+\beta}{2\alpha}),\quad J_2:=(\frac{\delta-\beta}{2\alpha},\infty)$$

gesetzt. Es gilt $p(-(\delta+\beta)/2\alpha)=p((\delta-\beta)/2\alpha)=0$ und $p(x)>0$ für jedes $x\in J_1\cup J_2$.
(a) Die Funktion $x\mapsto x-\sqrt{p(x)/\alpha}:J_1\to\mathbb{R}$ ist streng monoton wachsend, es gilt $\psi_1(J_1)=J_1$, und ihre Umkehrfunktion ist die Funktion

$$\varphi\colon J_1\to\mathbb{R}\quad\text{mit } \varphi(t)=\frac{\alpha t^2-\gamma}{2\alpha t+\beta}\text{ für jedes } t\in J_1.$$

Man erhält aus (1.10): Auf J_1 gilt

$$\int\sqrt{\alpha x^2+\beta x+\gamma}\,dx=-2\alpha^{3/2}\Big(\int\frac{(\alpha t^2+\beta t+\gamma)^2}{(2\alpha t+\beta)^3}\,dt\Big)_{t=\psi(x)}.$$

(b) Ganz entsprechend ergibt sich: Auf J_2 gilt

$$\int\sqrt{\alpha x^2+\beta x+\gamma}\,dx=+2\alpha^{3/2}\Big(\int\frac{(\alpha t^2+\beta t+\gamma)^2}{(2\alpha t+\beta)^3}\,dt\Big)_{t=\psi(x)}.$$

(3) Wie die in (1) und (2) erhaltenen Integrale berechnet werden, wird im nächsten Paragraphen behandelt.

(1.13) BEMERKUNG: In der Differentialrechnung kann man für jede differenzierbare Funktion die Ableitung angeben. Jede stetige Funktion hat eine Stammfunktion [vgl. (3.10)], doch kann man im allgemeinen eine Stammfunktion nicht durch "elementare" Funktionen wie sin, ln, exp beschreiben. So gibt es keine "elementare" Funktion, deren Ableitung die Funktion $x \mapsto \exp(-x^2) : \mathbb{R} \to \mathbb{R}$ ist.

§2 Die Stammfunktionen rationaler Funktionen

(2.1) Satz: *Es sei K ein Körper, und es sei $H \in K[T]$ ein Polynom $\neq 0$ von positivem Grad h. Dann hat jedes $G \in K[T]$ genau eine Darstellung $G = \sum_{i\geq 0} A_i H^i$, in der für jedes $i \in \mathbb{N}_0$ $A_i \in K[T]$ ein Polynom mit $A_i = 0$ oder $\operatorname{grad}(A_i) < h$ ist; ist dabei $G \neq 0$ und $n := \operatorname{grad}(G)$, so ist $A_i = 0$ für jedes $i > \lceil (n-h+1)/h \rceil$.*
Beweis [Existenz]: Es sei $G \in K[T]$. Ist $G = 0$, so setzt man $A_i := 0$ für jedes $i \in \mathbb{N}_0$. Es gelte $G \neq 0$, es sei $n := \operatorname{grad}(G)$, und es sei $l := \lceil (n-h+1)/h \rceil$. Man setzt $G_0 := G$ und bestimmt gemäß I(8.6) für jedes $i \in \{1, \ldots, l\}$ Polynome G_i, $A_{l+1-i} \in K[T]$ mit $G_i = 0$ oder $\operatorname{grad}(G_i) < \operatorname{grad}(H^{l+1-i}) = h(l+1-i)$ und mit $G_{i-1} = A_{l+1-i}H^{l+1-i} + G_i$. Dann gilt $A_{l+1-i} = 0$ oder $\operatorname{grad}(A_{l+1-i}) < h$ für jedes $i \in \{1, \ldots, l\}$, und für $A_0 := G_l$, $A_1, \ldots, A_l$ und $A_i := 0$ für jedes $i > l$ gilt $G = \sum_{i\geq 0} A_i H^i$.
[Einzigkeit]: Es gelte auch $G = \sum_{i\geq 0} B_i H^i$ mit Polynomen $B_i \in K[T]$ mit $B_i = 0$ oder $\operatorname{grad}(B_i) < h$ für jedes $i \in \mathbb{N}_0$. Angenommen, es gibt ein $i \in \mathbb{N}_0$ mit $A_i \neq B_i$. Dann gilt für $i_0 := \min\{i \in \mathbb{N}_0 \mid A_i \neq B_i\}$: Es ist $-(A_{i_0} - B_{i_0}) = \sum_{i>i_0} (A_i - B_i) H^{i-i_0}$ durch H teilbar. Aber dies ist wegen $\operatorname{grad}(A_{i_0} - B_{i_0}) < h$ nicht möglich.

(2.2) BEMERKUNG: Ist g eine natürliche Zahl mit $g \geq 2$, so besitzt jedes $a \in \mathbb{Z}$ eine eindeutig bestimmte g-adische Darstellung [vgl. I(3.24)]. Satz (2.1) zeigt, daß im Polynomring $K[T]$ über einem Körper K ein analoges Ergebnis gilt: Ist $H \in K[T] \setminus K$, so besitzt jedes $G \in K[T]$ eine eindeutig bestimmte "H-adische Darstellung" $G = \sum_{i\geq 0} A_i H^i$ mit den in (2.1) angegebenen Eigenschaften.

(2.3) Satz: *Es sei K ein Körper, es sei $l \in \mathbb{N}$, und es seien $P_1, \ldots, P_l$ paarweise teilerfremde Polynome in $K[T] \setminus K$; für jedes $i \in \{1, \ldots, l\}$ sei*

$$Q_i := \prod_{\substack{j=1 \\ j\neq i}}^{l} P_j.$$

Dann hat jedes $F \in K[T]$ mit $F = 0$ oder $\operatorname{grad}(F) < \sum_{i=1}^{l} \operatorname{grad}(P_i)$ genau eine Darstellung $F = \sum_{i=1}^{l} G_i Q_i$ mit Polynomen $G_0, G_1, \ldots, G_l \in K[T]$, für die gilt: Es ist $G_i = 0$ oder $\operatorname{grad}(G_i) < \operatorname{grad}(P_i)$ für jedes $i \in \{1, \ldots, l\}$.
Beweis: Ist $l = 1$, so ist $Q_1 := 1$ zu setzen [vgl. I(3.19)(2)], und für jedes $F \in K[T]$ mit $F = 0$ oder $\operatorname{grad}(F) < \operatorname{grad}(P_1)$ ist $F = FQ_1$ eine Darstellung der gewünschten Art.

Es sei $l > 1$, und es sei bereits bewiesen, daß die Aussage des Satzes für $l-1$ paarweise teilerfremde Polynome aus $K[T] \setminus K$ richtig ist. Es sei $F \in K[T]$ mit $F \neq 0$ und mit $\text{grad}(F) < \sum_{i=1}^{l} \text{grad}(P_i)$. Weil P_l und Q_l teilerfremd sind, gibt es nach I(8.25)(4) eindeutig bestimmte Polynome $G, G_l \in K[T]$ mit $F = GP_l + G_lQ_l$ und mit $G = 0$ oder $\text{grad}(G) < \text{grad}(Q_l) = \sum_{i=1}^{l-1} \text{grad}(P_i)$ und mit $G_l = 0$ oder $\text{grad}(G_l) < \text{grad}(P_l)$. Nach Induktionsvoraussetzung existieren eindeutig bestimmte $G_1, \ldots, G_{l-1} \in K[T]$ mit

$$G = \sum_{i=1}^{l-1} G_i \prod_{\substack{j=1 \\ j \neq i}}^{l-1} P_j$$

und mit $G_i = 0$ oder $\text{grad}(G_i) < \text{grad}(P_i)$ für jedes $i \in \{1, \ldots, l-1\}$. Dann gilt $F = GP_l + G_lQ_l = \sum_{i=1}^{l} G_iQ_i$, und dies ist eine Darstellung der gewünschten Art. Sind auch $\tilde{G}_1, \ldots, \tilde{G}_l \in K[T]$ mit $F = \sum_{i=1}^{l} \tilde{G}_iQ_i$ und mit $\tilde{G}_i = 0$ oder $\text{grad}(\tilde{G}_i) < \text{grad}(P_i)$ für jedes $i \in \{1, \ldots, l\}$, so gilt

$$F = \tilde{G}P_l + \tilde{G}_lQ_l \quad \text{mit } \tilde{G} = \sum_{i=1}^{l-1} \tilde{G}_i \prod_{\substack{j=1 \\ j \neq i}}^{l-1} P_j$$

und $\tilde{G} = 0$ oder $\text{grad}(\tilde{G}) < \sum_{i=1}^{l-1} \text{grad}(P_i)$, und aus der Einzigkeitsaussage in I(8.25)(4) folgt $\tilde{G} = G$ und $\tilde{G}_l = G_l$. Aus der Einzigkeitsaussage in der Induktionsvoraussetzung, angewandt auf $\tilde{G} = G$, folgt dann auch $\tilde{G}_i = G_i$ für jedes $i \in \{1, \ldots, l-1\}$.

(2.4) Satz: *Es sei K ein Körper, es sei $G \in K[T] \setminus K$ normiert, und es sei*

$$G = \prod_{i=1}^{l} P_i^{n_i} \quad \textit{mit } n_i \in \mathbb{N} \textit{ für jedes } i \in \{1, \ldots, l\}$$

die Zerlegung von G in ein Produkt von Potenzen paarweise verschiedener normierter irreduzibler Polynome $P_1, \ldots, P_l \in K[T]$ [vgl. I(8.25)(3)]; es sei

$$Q_i := \prod_{\substack{k=1 \\ k \neq i}}^{l} P_k^{n_k} \quad \textit{für jedes } i \in \{1, \ldots, l\}.$$

Dann hat jedes $F \in K[T]$ genau eine Darstellung

$$F = F_0G + \sum_{i=1}^{l} \sum_{j=0}^{n_i-1} F_{i,n_i-j} P_i^j Q_i$$

mit einem Polynom $F_0 \in K[T]$ und mit Polynomen $F_{ik} \in K[T]$, für die gilt: Es ist $F_{ik} = 0$ oder $\mathrm{grad}(F_{ik}) < \mathrm{grad}(P_i)$ für jedes $i \in \{1,\ldots,l\}$ und jedes $k \in \{1,\ldots,n_i\}$.

Beweis: Der Divisionsalgorithmus [vgl. I(8.6)] liefert Polynome F_0, $H \in K[T]$ mit $F = F_0G + H$ und mit $H = 0$ oder $\mathrm{grad}(H) < \mathrm{grad}(G)$.

Da $P_1^{n_1}, \ldots, P_l^{n_l}$ paarweise teilerfremd sind, gibt es nach (2.3) zu H Polynome $H_1, \ldots, H_l \in K[T]$ mit $H = \sum_{i=1}^{l} H_iQ_i$ und mit $H_i = 0$ oder $\mathrm{grad}(H_i) < \mathrm{grad}(P_i^{n_i})$ für jedes $i \in \{1,\ldots,l\}$. Nach (2.1) gibt es zu jedem $i \in \{1,\ldots,l\}$ Polynome $F_{i1}, \ldots, F_{i,n_i} \in K[T]$ mit $H_i = \sum_{j=0}^{n_i-1} F_{i,n_i-j}P_i^j$ und mit $F_{ik} = 0$ oder $\mathrm{grad}(F_{ik}) < \mathrm{grad}(P_i)$ für jedes $k \in \{1,\ldots,n_i\}$.

Die Einzigkeitsaussage ergibt sich aus den Einzigkeitsaussagen in (2.1) und (2.3).

(2.5) BEMERKUNG: Es sei K ein Körper. Man kann einen Körper $K(T)$ konstruieren, der den Polynomring $K[T]$ als einen Teilring enthält und dessen Elemente Quotienten von Polynomen aus $K[T]$ sind. Die Konstruktion dieses Körpers, des sogenannten Quotientenkörpers von $K[T]$, wird in Kapitel XIII, §3 durchgeführt. In diesem Körper $K(T)$ liefert (2.4) [mit den dort verwendeten Bezeichnungen] die sogenannte Partialbruchzerlegung von F/G:

$$\frac{F}{G} = F_0 + \sum_{i=1}^{l}\sum_{k=1}^{n_i} \frac{F_{ik}}{P_i^k}.$$

(2.6) BEMERKUNG: Es sei $G := \sum_{i=0}^{n} a_iT^i \in \mathbb{R}[T]$ ein normiertes Polynom vom Grad $n \geq 1$.

(1) Ist $z \in \mathbb{C} \setminus \mathbb{R}$ und gilt $G(z) = 0$, so ist

$$G(\overline{z}) = \sum_{i=0}^{n} a_i\overline{z}^i = \sum_{i=0}^{n} \overline{a_i} \cdot \overline{z}^i = \overline{\sum_{i=0}^{n} a_iz^i} = \overline{G(z)} = \overline{0} = 0,$$

die beiden Nullstellen z und $\overline{z}$ von G haben dieselbe Vielfachheit, und es ist das Produkt $(T-z)(T-\overline{z}) = T^2 - 2\mathrm{Re}(z)T + |z|^2 \in \mathbb{R}[T]$.

Das Polynom G besitzt also eine Zerlegung

$$G = \prod_{i=1}^{r}(T-x_i)^{m_i} \prod_{j=1}^{s} H_j^{n_j} \qquad (*)$$

mit den folgenden Eigenschaften: Es gilt $r, s \in \mathbb{N}_0$; $x_1, \ldots, x_r$ sind die paarweise verschiedenen reellen Nullstellen von G, und $m_1, \ldots, m_r$ sind ihre Vielfachheiten; $H_1, \ldots, H_s \in \mathbb{R}[T]$ sind paarweise verschiedene normierte Polynome vom Grad 2 ohne reelle Nullstellen, und $n_1, \ldots, n_s$ sind natürliche Zahlen. Die $r+s$ Polynome $T-x_1, \ldots, T-x_r, H_1, \ldots, H_s$ sind paarweise teilerfremd, und $(*)$ ist die Darstellung von G als ein Produkt von Potenzen paarweise verschiedener normierter irreduzibler Polynome im Ring $\mathbb{R}[T]$ [vgl. I(8.25)(3)].

(2) Es sei $F \in \mathbb{R}[T]$. Aus (2.4) [und (2.5)] folgt: Es gibt ein $F_0 \in \mathbb{R}[T]$, es gibt zu jedem $i \in \{1,\ldots,r\}$ und jedem $k \in \{1,\ldots,m_i\}$ eine Zahl $\alpha_{ik} \in \mathbb{R}$, und es gibt

zu jedem $j \in \{1,\ldots,s\}$ und jedem $l \in \{1,\ldots,n_j\}$ Zahlen β_{jl}, $\gamma_{jl} \in \mathbb{R}$ mit der folgenden Eigenschaft: Für jedes $x \in A := \mathbb{R} \setminus \{x_1,\ldots,x_r\}$ gilt

$$\frac{F(x)}{G(x)} = F_0(x) + \sum_{i=1}^{r}\sum_{k=1}^{m_i} \frac{\alpha_{ik}}{(x-x_i)^k} + \sum_{j=1}^{s}\sum_{l=1}^{n_j} \frac{\beta_{jl}x + \gamma_{jl}}{H_j(x)^l}.$$

Hierin sind das Polynom F_0 und die Zahlen α_{ik}, β_{jl}, γ_{jl} durch F und G eindeutig bestimmt. Man nennt diese Darstellung die Partialbruchzerlegung der rationalen Funktion $F/G: A \to \mathbb{R}$.

(2.7) BEMERKUNG: Die rechnerische Herstellung der Darstellung in (2.4) [bzw. der Partialbruchzerlegung in (2.5)] ergibt sich aus dem Beweis von (2.4); dabei sind der Divisionsalgorithmus aus I(8.6) und der erweiterte euklidische Algorithmus in $\mathbb{R}[T]$ aus I(8.25)(2) zu verwenden [vgl. die Beweise von (2.1) und (2.3)]. Man kann auch folgendermaßen vorgehen: Man bestimmt mit dem Divisionsalgorithmus F_0, $H \in \mathbb{R}[T]$ mit $F = F_0G + H$ und mit $H = 0$ oder $\mathrm{grad}(H) < \mathrm{grad}(G)$ und setzt die $n_1 + \cdots + n_l$ Polynome F_{ik} aus (2.4) mit unbestimmten Koeffizienten an. Koeffizientenvergleich liefert dann ein lineares Gleichungssystem mit $\mathrm{grad}(G)$ Gleichungen für die $\sum_{i=0}^{l} n_i \,\mathrm{grad}(P_i) = \mathrm{grad}(G)$ unbekannten Koeffizienten, das nach (2.4) eine eindeutig bestimmte Lösung besitzt.

Entsprechend verfährt man in dem einfacheren Fall (2.6).

(2.8) DIE STAMMFUNKTIONEN RATIONALER FUNKTIONEN: Man kann zu jeder rationalen Funktion eine Stammfunktion ermitteln, wenn man die Stammfunktionen der rationalen Funktionen kennt, die in der in (2.6) angegebenen Partialbruchzerlegung einer rationalen Funktion vorkommen.

(1) Es sei $n \in \mathbb{N}$, und es sei $a \in \mathbb{R}$. Ist $I \subset \mathbb{R}$ ein Intervall mit $a \notin I$, so hat die Funktion

$$x \mapsto \frac{1}{(x-a)^n} : I \to \mathbb{R}$$

im Fall $n = 1$ die Stammfunktion

$$x \mapsto \ln|x-a| : I \to \mathbb{R}$$

und im Fall $n \geq 2$ die Stammfunktion

$$x \mapsto -\frac{1}{n-1}\frac{1}{(x-a)^{n-1}} : I \to \mathbb{R}.$$

(2) Es sei $n \in \mathbb{N}$, und es seien b, $c \in \mathbb{R}$ mit $\delta := 4c - b^2 > 0$.

(a) Die Funktion

$$x \mapsto \frac{2x+b}{(x^2+bx+c)^n} : \mathbb{R} \to \mathbb{R}$$

hat im Fall $n = 1$ die Stammfunktion

$$x \mapsto \ln(x^2+bx+c) : \mathbb{R} \to \mathbb{R}$$

und im Fall $n \geq 2$ die Stammfunktion

$$x \mapsto -\frac{1}{n-1}\frac{1}{(x^2+bx+c)^{n-1}} : \mathbb{R} \to \mathbb{R}.$$

(b) Um eine Stammfunktion der Funktion

$$x \mapsto \frac{1}{(x^2+bx+c)^n} : \mathbb{R} \to \mathbb{R} \qquad (*)$$

zu finden, definiert man rekursiv für jedes $i \in \mathbb{N}$ eine Funktion $f_i: \mathbb{R} \to \mathbb{R}$ durch

$$\begin{aligned} f_1(x) &:= \frac{2}{\sqrt{\delta}} \arctan \frac{2x+b}{\sqrt{\delta}} \quad \text{für jedes } x \in \mathbb{R}, \\ f_{i+1}(x) &:= -\frac{1}{i\delta}\left(\frac{2x+b}{(x^2+bx+c)^i} + 2(2i-1)f_i(x)\right) \quad \text{für jedes } x \in \mathbb{R} \end{aligned}$$

und stellt durch Differenzieren fest, daß f_n eine Stammfunktion der in $(*)$ angegebenen Funktion ist.
(c) Es seien α, $\beta \in \mathbb{R}$, und es sei $f: \mathbb{R} \to \mathbb{R}$ die Funktion mit

$$f(x) := \frac{\alpha x + \beta}{(x^2+bx+c)^n} \quad \text{für jedes } x \in \mathbb{R}.$$

Dann gilt für jedes $x \in \mathbb{R}$

$$f(x) = \frac{\alpha}{2}\frac{2x+b}{(x^2+bx+c)^n} + \left(\beta - \frac{\alpha b}{2}\right)\frac{1}{(x^2+bx+c)^n},$$

und somit erhält man aus (a) und (b) sogleich eine Stammfunktion von f.

§3 Das bestimmte Integral

(3.1) DEFINITION: Es sei $I \subset \mathbb{R}$ ein Intervall. Eine Funktion $f: I \to \mathbb{R}$ heißt beschränkt, wenn $f(I)$ eine beschränkte Teilmenge von $\mathbb{R}$ ist, also wenn es ein $M > 0$ gibt mit $|f(x)| \leq M$ für jedes $x \in I$.

(3.2) BEZEICHNUNG: Es sei $I := [a, b]$ ein abgeschlossenes Intervall.
(1) Es sei $n \in \mathbb{N}$, und es seien $a =: x_0 < x_1 < \cdots < x_n := b$ Elemente aus I. Dann heißt $\mathcal{Z} := \{x_0, \ldots, x_n\}$ eine Zerlegung von I.
(2) Es sei $f: I \to \mathbb{R}$ eine beschränkte Funktion, es sei $\mathcal{Z} = \{x_0, \ldots, x_n\}$ eine Zerlegung von I, und für jedes $j \in \{1, \ldots, n\}$ sei

$$\begin{aligned} m_j(f, \mathcal{Z}) &:= \inf\{f(x) \mid x \in [x_{j-1}, x_j]\}, \\ M_j(f, \mathcal{Z}) &:= \sup\{f(x) \mid x \in [x_{j-1}, x_j]\}. \end{aligned}$$

Man setzt

$$\underline{S}(f,\mathcal{Z}) := \sum_{j=1}^{n} m_j(f,\mathcal{Z})(x_j - x_{j-1}),$$

$$\overline{S}(f,\mathcal{Z}) := \sum_{j=1}^{n} M_j(f,\mathcal{Z})(x_j - x_{j-1})$$

und nennt $\underline{S}(f,\mathcal{Z})$ die zur Zerlegung $\mathcal{Z}$ gehörige Untersumme von f und $\overline{S}(f,\mathcal{Z})$ die zur Zerlegung $\mathcal{Z}$ gehörige Obersumme von f.

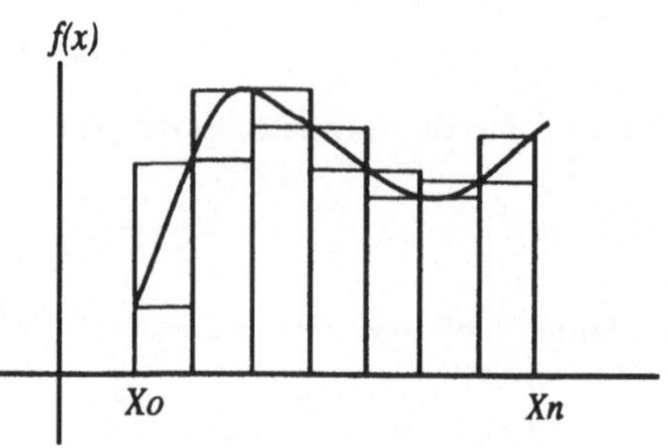

Zerlegung eines Intervalls

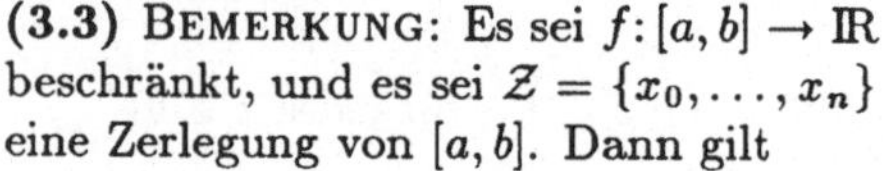
(3.3) BEMERKUNG: Es sei $f\colon [a,b] \to \mathbb{R}$ beschränkt, und es sei $\mathcal{Z} = \{x_0, \ldots, x_n\}$ eine Zerlegung von $[a,b]$. Dann gilt

$$\inf\{f(x) \mid x \in [a,b]\}\,(b-a) \leq \underline{S}(f,\mathcal{Z}) \leq \overline{S}(f,\mathcal{Z}) \leq \sup\{f(x) \mid x \in [a,b]\}\,(b-a).$$

Beweis: Für jedes $j \in \{1, \ldots, n\}$ gilt

$$\inf\{f(x) \mid x \in [a,b]\} \leq m_j(f,\mathcal{Z}) \leq M_j(f,\mathcal{Z}) \leq \sup\{f(x) \mid x \in [a,b]\},$$

und wegen $\sum_{j=1}^{n}(x_j - x_{j-1}) = b - a$ folgt damit die Behauptung.

(3.4) DEFINITION: Es sei I ein abgeschlossenes Intervall. Eine Zerlegung $\mathcal{Z}_1$ von I heißt eine Verfeinerung einer Zerlegung $\mathcal{Z}$ von I, wenn $\mathcal{Z} \subset \mathcal{Z}_1$ ist.

(3.5) Satz: *Es sei $f\colon [a,b] \to \mathbb{R}$ beschränkt, und es seien $\mathcal{Z}$ und $\mathcal{Z}_1$ Zerlegungen von $[a,b]$. Ist $\mathcal{Z}_1$ eine Verfeinerung von $\mathcal{Z}$, so gilt*

$$\underline{S}(f,\mathcal{Z}) \leq \underline{S}(f,\mathcal{Z}_1), \qquad \overline{S}(f,\mathcal{Z}_1) \leq \overline{S}(f,\mathcal{Z}).$$

Beweis: Ist $\mathcal{Z} = \mathcal{Z}_1$, so ist nichts zu beweisen. Es sei $\mathcal{Z} = \{x_0, \ldots, x_n\} \subsetneqq \mathcal{Z}_1$, und zwar sei zunächst $\mathcal{Z}_1 = \mathcal{Z} \cup \{y\}$ mit einem $y \notin \mathcal{Z}$. Dann gibt es ein $k \in \{1, \ldots, n\}$ mit $x_{k-1} < y < x_k$, und wegen $M' := \sup\{f(x) \mid x \in [x_{k-1}, y]\} \leq M_k(f,\mathcal{Z})$ und $M'' := \sup\{f(x) \mid x \in [y, x_k]\} \leq M_k(f,\mathcal{Z})$ folgt

$$\begin{aligned}
\overline{S}(f,\mathcal{Z}_1) &= \sum_{\substack{j=1\\ j\neq k}}^{n} M_j(f,\mathcal{Z})(x_j - x_{j-1}) + M'(y - x_{k-1}) + M''(x_k - y)\\
&\leq \sum_{\substack{j=1\\ j\neq k}}^{n} M_j(f,\mathcal{Z})(x_j - x_{j-1}) + M_k(f,\mathcal{Z})(y - x_{k-1}) + M_k(f,\mathcal{Z})(x_k - y)\\
&= \overline{S}(f,\mathcal{Z}).
\end{aligned}$$

Ist $\mathrm{Card}(\mathcal{Z}_1 \setminus \mathcal{Z}) = p \geq 2$, so wendet man den eben vorgeführten Schluß p-mal an.

In ähnlicher Weise ergibt sich $\underline{S}(f,\mathcal{Z}_1) \geq \underline{S}(f,\mathcal{Z})$.

(3.6) Folgerung: *Es sei $f: [a,b] \to \mathbb{R}$ beschränkt, und es seien $\mathcal{Z}_1$ und $\mathcal{Z}_2$ Zerlegungen von $[a,b]$. Dann ist $\underline{S}(f,\mathcal{Z}_1) \leq \overline{S}(f,\mathcal{Z}_2)$.*
Beweis: $\mathcal{Z} := \mathcal{Z}_1 \cup \mathcal{Z}_2$ ist eine Verfeinerung von $\mathcal{Z}_1$ und von $\mathcal{Z}_2$, und nach (3.3) und (3.5) folgt

$$\underline{S}(f,\mathcal{Z}_1) \leq \underline{S}(f,\mathcal{Z}) \leq \overline{S}(f,\mathcal{Z}) \leq \overline{S}(f,\mathcal{Z}_2).$$

(3.7) BEZEICHNUNG: Es sei $f: [a,b] \to \mathbb{R}$ eine beschränkte Funktion. Nach (3.6) existieren die reellen Zahlen

$$\underline{\int_a^b} f(x)\,dx \quad := \quad \sup\left\{\underline{S}(f,\mathcal{Z}) \mid \mathcal{Z} \text{ Zerlegung von } I\right\},$$

$$\overline{\int_a^b} f(x)\,dx \quad := \quad \inf\left\{\overline{S}(f,\mathcal{Z}) \mid \mathcal{Z} \text{ Zerlegung von } I\right\}.$$

Man nennt die erste Zahl das untere, die zweite Zahl das obere Riemann-Integral von f über I [nach B. Riemann, 1826–1866].

(3.8) Satz: *Es sei $f: [a,b] \to \mathbb{R}$ eine beschränkte Funktion. Dann ist*

$$\underline{\int_a^b} f(x)\,dx \leq \overline{\int_a^b} f(x)\,dx.$$

Beweis: Es sei $\mathcal{Z}$ eine Zerlegung von $[a,b]$. Für jede Zerlegung $\mathcal{Z}_1$ von $[a,b]$ ist $\underline{S}(f,\mathcal{Z}) \leq \overline{S}(f,\mathcal{Z}_1)$, und daher gilt

$$\underline{S}(f,\mathcal{Z}) \leq \overline{\int_a^b} f(x)\,dx.$$

Da dies für jede Zerlegung $\mathcal{Z}$ von I gilt, folgt die Behauptung.

(3.9) DEFINITION: Es sei $f: [a,b] \to \mathbb{R}$ eine Funktion. Ist f beschränkt und gilt

$$\underline{\int_a^b} f(x)\,dx = \overline{\int_a^b} f(x)\,dx,$$

so heißt f integrierbar (oder auch Riemann-integrierbar) auf $[a,b]$, und der gemeinsame Wert des oberen und des unteren Riemann-Integrals von f über $[a,b]$ wird mit dem Symbol

$$\int_a^b f(x)\,dx$$

bezeichnet und das bestimmte Integral oder das Riemann-Integral von f über $[a,b]$ genannt.

(3.10) BEISPIEL: Es sei $\gamma \in \mathbb{R}$, und es sei $f: [a, b] \to \mathbb{R}$ die konstante Funktion mit $f(x) = \gamma$ für jedes $x \in [a, b]$. Für jede Zerlegung $\mathcal{Z}$ von $[a, b]$ gilt offensichtlich $\underline{S}(f, \mathcal{Z}) = \gamma(b - a) = \overline{S}(f, \mathcal{Z})$, und daher ist f über $[a, b]$ integrierbar, und es gilt

$$\int_a^b f(x)dx = \gamma(b - a).$$

(3.11) BEMERKUNG: Es sei $f: [a, b] \to \mathbb{R}$ integrierbar. Ist $\mathcal{Z} = \{x_0, \ldots, x_n\}$ eine Zerlegung von $[a, b]$, so wird $\Delta(\mathcal{Z}) := \max\{x_j - x_{j-1} \mid j = 1, \ldots, n\}$ gesetzt. Das folgende Ergebnis, das hier nicht bewiesen werden soll, zeigt, daß die Unter- und die Obersummen von f das bestimmte Integral $\int_a^b f(x)\,dx$ um so besser approximieren, je feiner die verwendeten Zerlegungen des Intervalls $[a, b]$ sind. Es gilt:

Zu jedem positiven $\varepsilon \in \mathbb{R}$ gibt es ein positives $\delta \in \mathbb{R}$ mit der folgenden Eigenschaft: Für jede Zerlegung $\mathcal{Z}$ von $[a, b]$ mit $\Delta(\mathcal{Z}) < \delta$ gilt

$$\underline{S}(f, \mathcal{Z}) \le \int_a^b f(x)\,dx < \underline{S}(f, \mathcal{Z}) + \varepsilon, \quad \overline{S}(f, \mathcal{Z}) - \varepsilon < \int_a^b f(x)\,dx \le \overline{S}(f, \mathcal{Z}).$$

Wie man das Integral $\int_a^b f(x)\,dx$ wirklich ausrechnet, wenn eine Stammfunktion von f bekannt ist, wird in (4.4) angegeben. Wie man dieses Integral im anderen Fall wenigstens näherungsweise berechnet, wird in Kapitel VII vorgeführt werden.

(3.12) BEMERKUNG: Es sei $f: [a, b] \to \mathbb{R}$ integrierbar, und es gelte $f(x) \ge 0$ für jedes $x \in [a, b]$; es sei

$$\mathcal{M}(f) := \{(x, y) \in \mathbb{R}^2 \mid a \le x \le b, 0 \le y \le f(x)\}.$$

Es sei $\mathcal{Z} = \{x_0, \ldots, x_n\}$ eine Zerlegung von $[a, b]$. Die Mengen

$$\begin{aligned} \underline{\mathcal{M}}(f, \mathcal{Z}) &:= \bigcup_{i=1}^{n} \{(x, y) \in \mathbb{R}^2 \mid x_{i-1} \le x \le x_i, 0 \le y \le m_i(f, \mathcal{Z})\}, \\ \overline{\mathcal{M}}(f, \mathcal{Z}) &:= \bigcup_{i=1}^{n} \{(x, y) \in \mathbb{R}^2 \mid x_{i-1} \le x \le x_i, 0 \le y \le M_i(f, \mathcal{Z})\} \end{aligned}$$

sind Vereinigungen von jeweils endlich vielen Rechtecken, es gilt $\underline{\mathcal{M}}(f, \mathcal{Z}) \subset \mathcal{M}(f)$ und $\mathcal{M}(f) \subset \overline{\mathcal{M}}(f, \mathcal{Z})$, und die elementare Geometrie liefert, daß $\underline{\mathcal{M}}(f, \mathcal{Z})$ den Inhalt $\underline{S}(f, \mathcal{Z})$ und $\overline{\mathcal{M}}(f, \mathcal{Z})$ den Inhalt $\overline{S}(f, \mathcal{Z})$ besitzt. Je feiner dabei $\mathcal{Z}$ ist, d.h. je kleiner $\Delta(\mathcal{Z})$ ist, desto weniger werden sich $\underline{\mathcal{M}}(f, \mathcal{Z})$ und $\overline{\mathcal{M}}(f, \mathcal{Z})$ von $\mathcal{M}(f)$ unterscheiden, und daher ist es vernünftig, als Flächeninhalt der Menge $\mathcal{M}(f)$ die Zahl $\int_a^b f(x)\,dx$ zu definieren. [Man vgl. dazu die Figur in (3.2).]

Beispiel: Ist $\gamma \in \mathbb{R}$ positiv und ist $f(x) = \gamma$ für jedes $x \in [a, b]$, so ist nach (3.10) $\int_a^b f(x)\,dx = \gamma(b - a)$. Diesen Wert liefert auch die elementare Geometrie für den Inhalt des Rechtecks $\mathcal{M}(f)$, dessen Seiten die Längen $b - a$ und γ besitzen. [Man vergleiche dazu auch die Beispiele in (4.7).]

(3.13) BEMERKUNG: Der folgende wichtige Satz wird hier nicht bewiesen. Zu seinem Beweis benötigt man einige tieferliegende Ergebnisse der Analysis. Aus ihm wird sich im nächsten Paragraphen ergeben, daß jede auf einem Intervall I stetige Funktion $f: I \to \mathbb{R}$ eine Stammfunktion besitzt.

(3.14) Satz: *Es sei $f: [a,b] \to \mathbb{R}$ eine beschränkte Funktion. Ist f auf $[a,b]$ stetig oder monoton, so ist f auf $[a,b]$ integrierbar.*

(3.15) Satz: *Es sei $I := [a,b]$, und es seien $f, g: I \to \mathbb{R}$ integrierbar.*
(1) *Für jedes $\gamma \in \mathbb{R}$ ist auch $\gamma f: I \to \mathbb{R}$ integrierbar, und es gilt*

$$\int_a^b \gamma f(x)dx = \gamma \int_a^b f(x)\,dx.$$

(2) *Es ist $f + g: I \to \mathbb{R}$ integrierbar, und es gilt*

$$\int_a^b (f+g)(x)dx = \int_a^b f(x)\,dx + \int_a^b g(x)\,dx.$$

(3) *Ist $f \leq g$, so gilt*

$$\int_a^b f(x)\,dx \leq \int_a^b g(x)\,dx.$$

(4) *Es ist $|f|: I \to \mathbb{R}$ integrierbar, und es gilt*

$$\left| \int_a^b f(x)\,dx \right| \leq \int_a^b |f|(x)dx.$$

(5) *Ist $J \subset I$ ein abgeschlossenes Teilintervall, so ist $f|J: J \to \mathbb{R}$ integrierbar.*
(6) *Ist $\mathcal{Z} = \{x_0, \ldots, x_n\}$ eine Zerlegung von I, so ist*

$$\int_a^b f(x)\,dx = \sum_{j=1}^{n} \int_{x_{j-1}}^{x_j} f(x)\,dx.$$

(7) *Ist $h: I \to \mathbb{R}$ eine Funktion, die bis auf höchstens endlich viele Punkte aus I mit f übereinstimmt, so ist auch h integrierbar, und es gilt*

$$\int_a^b h(x)\,dx = \int_a^b f(x)\,dx.$$

Beweis: (1), (2) und (3) ergeben sich unmittelbar aus den Definitionen. Die Beweise der übrigen Aussagen erfordern mehr Aufwand und sollen hier nicht vorgeführt werden.

(3.16) BEZEICHNUNG: (1) Es sei $f: [a,b] \to \mathbb{R}$ integrierbar. Dann setzt man

$$\int_b^a f(x)\,dx := -\int_a^b f(x)\,dx.$$

(2) Es sei I ein Intervall, und es sei $f: I \to \mathbb{R}$ eine Funktion. Man setzt für jedes $a \in I$

$$\int_a^a f(x)\,dx := 0.$$

(3.17) BEMERKUNG: Es sei $f: [a,b] \to \mathbb{R}$ integrierbar, und es seien $x_1, x_2, x_3 \in I$. Dann gilt

$$\int_{x_1}^{x_3} f(x)\,dx = \int_{x_1}^{x_2} f(x)\,dx + \int_{x_2}^{x_3} f(x)\,dx.$$

Beweis: Gilt $x_1 < x_2 < x_3$, so folgt die Behauptung direkt aus (3.15)(5) und (6). Gilt $x_1 < x_3 < x_2$, so folgt aus (3.15)(5) und (6) und aus (3.16): Es ist

$$\int_{x_1}^{x_2} f(x)\,dx \;=\; \int_{x_1}^{x_3} f(x)\,dx + \int_{x_3}^{x_2} f(x)\,dx \;=\; \int_{x_1}^{x_3} f(x)\,dx - \int_{x_2}^{x_3} f(x)\,dx.$$

Die übrigen Fälle ergeben sich ebenso unter Berücksichtigung der in (3.16) getroffenen Festsetzungen.

(3.18) Satz: (Erster Mittelwertsatz der Integralrechnung) *Es sei $f: [a,b] \to \mathbb{R}$ integrierbar, und es seien $m(f) := \inf(f([a,b]))$ und $M(f) := \sup(f([a,b]))$; es sei $g: [a,b] \to \mathbb{R}$ integrierbar, und es gelte $g \geq 0$ oder $g \leq 0$. Dann gibt es ein $\mu \in [m(f), M(f)]$ mit*

$$\int_a^b f(x)g(x)\,dx = \mu \int_a^b g(x)\,dx.$$

Ist dabei f auf $[a,b]$ stetig, so gibt es ein $\xi \in [a,b]$ mit $\mu = f(\xi)$.
Beweis: Es gelte $g \geq 0$. Für jedes $x \in [a,b]$ gilt $m(f) \leq f(x) \leq M(f)$ und daher $m(f)g(x) \leq f(x)g(x) \leq M(f)g(x)$. Nach (3.15)(1) und (3) folgt daraus

$$m(f)\int_a^b g(x)\,dx \leq \int_a^b f(x)g(x)\,dx \leq M(f)\int_a^b g(x)\,dx,$$

und hieraus ergibt sich die erste Behauptung. Die zweite folgt dann aus dem Zwischenwertsatz IV(2.16). Ist $g \leq 0$, wendet man die eben durchgeführte Überlegung auf die Funktion $-g$ an.

(3.19) Folgerung: *Es sei $f: [a,b] \to \mathbb{R}$ integrierbar, und es seien $m(f) := \inf(f([a,b]))$ und $M(f) := \sup(f([a,b]))$.*
(1) *Es gibt ein $\mu \in [m(f), M(f)]$ mit*

$$\int_a^b f(x)\,dx = \mu(b-a).$$

(2) *Es sei $M \in \mathbb{R}$ mit $|f(x)| \leq M$ für jedes $x \in [a,b]$. Dann gilt*

$$\left| \int_a^b f(x)\,dx \right| \leq M(b-a).$$

(3) *Es sei f stetig auf $[a,b]$ mit $f \geq 0$ und mit $f \neq 0$. Dann ist $\int_a^b f(x)\,dx > 0$.*

Beweis: Setzt man in (3.18) $g := 1$, so ergibt sich (1), und hieraus folgt (2).
(3) Es gibt ein $x_0 \in [a,b]$ mit $f(x_0) > 0$. Weil f in x_0 stetig ist, gibt es nach IV(2.3)(6) ein $m > 0$ und ein $\delta > 0$ mit $f(x) \geq m$ für jedes $x \in [a,b]$ mit $|x-x_0| < \delta$. Man wählt $x_1, x_2 \in (a,b)$ mit $a < x_1 < x_2 < b$ und mit $|x_1 - x_0| < \delta$ und $|x_2 - x_0| < \delta$. Dann gilt $[x_1, x_2] \subset [a,b]$, und für jedes $x \in [x_1, x_2]$ ist $f(x) \geq m$. Nach (3.15)(6) gilt

$$\int_a^b f(x)\,dx = \int_a^{x_1} f(x)\,dx + \int_{x_1}^{x_2} f(x)\,dx + \int_{x_2}^b f(x)\,dx.$$

Man wendet (1) auf jeden der drei Summanden rechts vom Gleichheitszeichen an und erhält: Der erste und der letzte Summand sind nichtnegativ, und der mittlere Summand ist positiv. Damit ist (3) bewiesen.

§4 Der Hauptsatz der Differential- und Integralrechnung

(4.1) BEZEICHNUNG: Es sei $f\colon [a,b] \to \mathbb{R}$ integrierbar. Nach (3.15)(5) und nach (3.16)(2) ist für jedes $x \in [a,b]$

$$F(x) := \int_a^x f(t)\,dt$$

definiert. Die Funktion $F\colon [a,b] \to \mathbb{R}$ heißt die Flächenfunktion zu f.

(4.2) Satz: *Es sei $f\colon [a,b] \to \mathbb{R}$ integrierbar, und es sei $F\colon [a,b] \to \mathbb{R}$ die Flächenfunktion zu f.*
(1) *Für alle $x, x' \in [a,b]$ gilt*

$$F(x) - F(x') = \int_{x'}^x f(t)\,dt.$$

(2) *F ist auf $[a,b]$ stetig.*
Beweis: (1) folgt sogleich aus (3.17).
(2) Da f beschränkt ist, gibt es ein $M > 0$ mit $|f(x)| \leq M$ für jedes $x \in [a,b]$. Es sei $x_0 \in [a,b]$. Für jedes $x \in [a,b]$ ist nach (1) und nach (3.19)(2)

$$|F(x) - F(x_0)| = \left| \int_{x_0}^x f(t)\,dt \right| \leq M\,|x - x_0|.$$

(4.3) Satz: (Hauptsatz der Differential- und Integralrechnung) *Die Funktion $f: [a,b] \to \mathbb{R}$ sei integrierbar, und es sei $F: [a,b] \to \mathbb{R}$ die Flächenfunktion zu f. Es sei $x \in [a,b]$, und es sei f in x stetig. Dann ist F in x differenzierbar, und es gilt $F'(x) = f(x)$.*

Beweis: Es sei $\varepsilon > 0$. Da f in x stetig ist, gibt es ein $\delta > 0$ mit $|f(u) - f(x)| < \varepsilon/2$ für jedes $u \in [a,b]$ mit $|u - x| < \delta$. Für jedes solche u mit $u \neq x$ folgt [mit Hilfe von (4.2)(1)]: Es ist

$$\begin{aligned} \left|\frac{F(u)-F(x)}{u-x} - f(x)\right| &= \frac{1}{|u-x|}\left|\int_x^u f(t)\,dt - \int_x^u f(x)\,dt\right| \\ &= \frac{1}{|u-x|}\left|\int_x^u \big(f(t) - f(x)\big)\,dt\right| \\ &\leq \frac{1}{|u-x|}|u-x| \cdot \frac{\varepsilon}{2} < \varepsilon. \end{aligned}$$

(4.4) Folgerung: *Es sei $f: [a,b] \to \mathbb{R}$ stetig. Dann besitzt f eine Stammfunktion, und ist F eine Stammfunktion von f, so ist*

$$\int_a^b f(x)\,dx = F(b) - F(a) =: F\Big|_a^b = F(x)\Big|_a^b.$$

Beweis: Nach (3.14) ist f integrierbar, und nach (4.2)(1) ist die Flächenfunktion $F_1: [a,b] \to \mathbb{R}$ zu f eine Stammfunktion von f. Ist F eine Stammfunktion von f, so gibt es nach (1.2) ein $c \in \mathbb{R}$ mit $F_1 = F + c$, und daher gilt

$$\int_a^b f(t)\,dt = F_1(b) - F_1(a) = \big(F(b) + c\big) - \big(F(a) + c\big) = F(b) - F(a).$$

(4.5) INTEGRATION DURCH SUBSTITUTION: Es sei $f: [c,d] \to \mathbb{R}$ stetig, es sei $\varphi: [a,b] \to \mathbb{R}$ differenzierbar, und es sei φ' auf $[a,b]$ stetig; es gelte $\varphi([a,b]) \subset [c,d]$. Dann ist

$$\int_{\varphi(a)}^{\varphi(b)} f(x)\,dx = \int_a^b f(\varphi(t))\varphi'(t)\,dt.$$

Beweis: Es sei F eine Stammfunktion von f. Es ist $F \circ \varphi: [a,b] \to \mathbb{R}$ differenzierbar, und nach der Kettenregel V(1.6) ist $(F \circ \varphi)' = (f \circ \varphi)\varphi'$, d.h. $F \circ \varphi$ ist eine Stammfunktion von $(f \circ \varphi)\varphi'$. Nach (4.4) gilt daher

$$\int_{\varphi(a)}^{\varphi(b)} f(x)\,dx = F(\varphi(b)) - F(\varphi(a)) = F \circ \varphi(b) - F \circ \varphi(a) = \int_a^b (f \circ \varphi)(t)\varphi'(t)\,dt.$$

(4.6) PARTIELLE INTEGRATION: (1) Es seien $f, g \in \mathcal{E}^{(1)}([a,b])$, und es seien f' und g' auf $[a,b]$ stetig. Dann ist

$$\int_a^b f(x)g'(x)\,dx = fg\Big|_a^b - \int_a^b f'(x)g(x)\,dx.$$

Beweis: Die Funktion $x \mapsto f(x)g(x) - \int_a^x f'(t)g(t)\,dt : [a,b] \to \mathbb{R}$ ist eine Stammfunktion von fg', und daher folgt die Behauptung aus (4.4).
(2) Es seien $f, g \in \mathcal{E}^{(\infty)}([a,b])$. Dann gilt für jedes $n \in \mathbb{N}_0$

$$\int_a^b f(x)g^{(n+1)}(x)\,dx = \sum_{\nu=0}^{n}(-1)^\nu f^{(\nu)}g^{(n-\nu)}\Big|_a^b + (-1)^{n+1}\int_a^b f^{(n+1)}(x)g(x)\,dx.$$

Beweis (durch Induktion nach n): Für $n = 0$ ist (2) gerade die Aussage in (1). Es sei $n \in \mathbb{N}_0$, und es sei (2) für dieses n bereits bewiesen. Dann ist nach (1)

$$\begin{aligned}\int_a^b f(x)g^{(n+2)}(x)\,dx &= fg^{(n+1)}\Big|_a^b - \int_a^b f'(x)g^{(n+1)}(x)\,dx \\ &= fg^{(n+1)}\Big|_a^b - \Big(\sum_{\nu=0}^{n}(-1)^\nu f^{(\nu+1)}g^{(n-\nu)}\Big|_a^b \\ &\qquad + (-1)^{n+1}\int_a^b f^{(n+2)}(x)g(x)\,dx\Big) \\ &= \sum_{\nu=0}^{n+1}(-1)^\nu f^{(\nu)}g^{(n+1-\nu)}\Big|_a^b + (-1)^{n+2}\int_a^b f^{(n+2)}(x)g(x)\,dx.\end{aligned}$$

(4.7) BEISPIELE: (1) Es seien g und h positive reelle Zahlen, es sei $x_0 \in (0,g)$, und es sei $f\colon [0,g] \to \mathbb{R}$ die Funktion mit

$$f(x) := \begin{cases} \dfrac{h}{x_0}\,x & \text{für jedes } x \in [0,x_0], \\ \dfrac{h}{x_0 - g}(x-g) & \text{für jedes } x \in (x_0,g]. \end{cases}$$

f ist in $[0,g]$ stetig, und die Menge

$$\mathcal{M}(f) = \{(x,y) \in \mathbb{R}^2 \mid 0 \le x \le g, 0 \le y \le f(x)\}$$

ist ein Dreieck mit den Ecken $(0,0)$, $(g,0)$ und (x_0,h). Für den Flächeninhalt von $\mathcal{M}(f)$ ergibt sich gemäß (3.12)

$$\int_0^g f(x)\,dx = \frac{h}{x_0}\int_0^{x_0} x\,dx + \frac{h}{x_0 - g}\int_{x_0}^g (x-g)\,dx = \frac{gh}{2},$$

und das ist auch das Ergebnis, das die elementare Geometrie für den Inhalt eines Dreiecks mit der Grundlinie g und der Höhe h liefert.
(2) Es sei $r > 0$. Die Menge

$$\{(x,y) \in \mathbb{R}^2 \mid 0 \le x \le r, 0 \le y \le \sqrt{r^2 - x^2}\}$$

ist ein Viertel der Kreisscheibe um $(0,0)$ mit dem Radius r. Der gemäß (3.12) erklärte Flächeninhalt dieser Menge ist

$$\int_0^r \sqrt{r^2-x^2}\,dx = r^2\int_0^1 \sqrt{1-t^2}\,dt = r^2 \arcsin t\,\Big|_0^1 = r^2\frac{\pi}{2}.$$

Der Flächeninhalt der Kreisscheibe $\{(x,y)\in \mathbb{R}^2 \mid x^2+y^2 \le r^2\}$ ist dann $4\cdot r^2\pi/2 = r^2\,\pi$; es ist also die in IV(4.3)(3) definierte Zahl π tatsächlich die "allen vertraute Zahl π".

(4.8) BEISPIELE: (1) Für jedes $n\in\mathbb{N}$ sei

$$c_n := \frac{1\cdot 3\cdots(2n-1)}{2\cdot 4\cdots 2n} = \frac{(2n)!}{(n!)^2 4^n} = \binom{2n}{n}\frac{1}{2^{2n}}.$$

(a) Für jedes $n\in\mathbb{N}$ ist

$$\int_0^{\pi/2} \sin^{2n} x\,dx = c_n\cdot\frac{\pi}{2}, \qquad \int_0^{\pi/2} \sin^{2n+1} x\,dx = \frac{1}{c_n\cdot(2n+1)}.$$

Beweis: Für jedes $m\in\mathbb{N}_0$ sei

$$a_m := \int_0^{\pi/2} \sin^m x\,dx.$$

Es sei $m\in\mathbb{N}$, und es sei $F_m := \sin^m\cdot\cos$. Es ist

$$F_m' = m\sin^{m-1}\cdot\cos^2 - \sin^{m+1} = m\sin^{m-1} - (m+1)\sin^{m+1},$$

und daher ist

$$ma_{m-1}-(m+1)a_{m+1} = \int_0^{\pi/2} F_m'(x)\,dx = F_m(\frac{\pi}{2}) - F_m(0) = 0.$$

Also gilt $a_{m+1} = ma_{m-1}/(m+1)$.

Es ist $a_0=\pi/2$ und $a_1 = 1$, und daher folgt: Für jedes $n\in\mathbb{N}$ ist

$$a_{2n} = a_0\prod_{\nu=1}^{n}\frac{2\nu-1}{2\nu} = c_n\cdot\frac{\pi}{2}, \qquad a_{2n+1} = a_1\prod_{\nu=1}^{n}\frac{2\nu}{2\nu+1} = \frac{1}{c_n\cdot(2n+1)}.$$

(b) Es sei $n\in\mathbb{N}$. Für jedes $x\in[0,\pi/2]$ gilt $\sin^{2n}x \ge \sin^{2n+1}x \ge \sin^{2n+2}x$ und daher nach (3.15)(3)

$$\frac{\pi}{2}c_n \ \ge\ \frac{1}{c_n(2n+1)} \ \ge\ \frac{\pi}{2}c_{n+1} \ =\ \frac{\pi}{2}c_n\,\frac{2n+1}{2n+2},$$

also

$$\frac{2n}{2n+1} \ \le\ \pi n c_n^2 \ \le\ \frac{2n}{2n+1}\,\frac{2n+2}{2n+1}. \qquad (*)$$

Hieraus ergibt sich: Es gilt

$$\frac{1}{\sqrt{\pi}} = \lim_{n\to\infty} \binom{2n}{n} \frac{\sqrt{n}}{2^{2n}}.$$

Dies besagt, daß die Folge $\left(\binom{2n}{n}\right)_{n\geq 1}$ wie die Folge $(2^{2n}/\sqrt{\pi n})_{n\geq 1}$ wächst. Eine genauere Aussage über das Wachstum der Folge der Binomialkoeffizienten $\binom{2n}{n}$ wurde ohne Beweis in I(4.22) angegeben.

(c) Aus $(*)$ ergibt sich noch: Es ist

$$\begin{aligned}
\frac{2}{\pi} &= \lim_{n\to\infty} \left(\frac{1\cdot 3}{2\cdot 2}\cdot\frac{3\cdot 5}{4\cdot 4}\cdots\frac{(2n-1)\cdot(2n+1)}{2n\cdot 2n}\right) \\
&= \lim_{n\to\infty} \left(\left(1-\frac{1}{2^2}\right)\left(1-\frac{1}{4^2}\right)\cdots\left(1-\frac{1}{(2n)^2}\right)\right) \\
&= \lim_{n\to\infty} \prod_{\nu=1}^{n} \left(1-\frac{1}{(2\nu)^2}\right).
\end{aligned}$$

Es gilt also in der Schreibweise aus III(2.21)(1)

$$\frac{2}{\pi} = \prod_{\nu=1}^{\infty} \left(1-\frac{1}{(2\nu)^2}\right).$$

Dies ist das Wallissche Produkt [nach J. Wallis, 1616–1703]. Man sieht übrigens sofort, daß dieses Ergebnis keine Möglichkeit liefert, π effektiv zu berechnen.

(2) Es sei $a > 0$, und es sei $n \in \mathbb{N}$; es sei $\varphi\colon [0,\pi/2] \to \mathbb{R}$ die Funktion mit $\varphi(t) = a\sin t$ für jedes $t \in [0,\pi/2]$. Zur Berechnung von

$$\int_0^a x^{2n}\sqrt{a^2-x^2}\,dx$$

verwendet man (4.5) mit dieser Funktion φ und erhält [mit Hilfe von (1)(a)]: Es ist

$$\begin{aligned}
\int_0^a x^{2n}\sqrt{a^2-x^2}\,dx &= a^{2n+2}\int_0^{\pi/2} \sin^{2n} t\,\cos^2 t\,dt \\
&= a^{2n+2}\left(\int_0^{\pi/2} \sin^{2n} t\,dt - \int_0^{\pi/2} \sin^{2n+2} t\,dt\right) \\
&= \frac{1\cdot 3\cdots(2n-1)}{2\cdot 4\cdots(2n+2)}\cdot\frac{\pi}{2}\cdot a^{2n+2}.
\end{aligned}$$

(3)(a) Es sei $n \in \mathbb{N}$, es seien $r, s \in \mathbb{Z}$, und es gelte $s \neq 0$. Für das Polynom

$$P_n := \frac{1}{n!}T^n(sT-r)^n = \frac{1}{n!}\sum_{\nu=0}^{n}(-1)^{n-\nu}\binom{n}{\nu}s^\nu r^{n-\nu}T^{n+\nu} \in \mathbb{R}[T]$$

gilt: Es ist

$$P_n^{(k)}(0) = \begin{cases} 0 & \text{für jedes } k \in \{0,\dots,n-1\}, \\ \frac{k!}{n!}(-1)^{2n-k}\binom{n}{k-n} s^{k-n} r^{2n-k} & \text{für jedes } k \in \{n,\dots,2n\}. \end{cases}$$

Insbesondere ist also $P_n^{(k)}(0) \in \mathbb{Z}$ für jedes $k \in \{0,\dots,2n\}$. Für das Polynom

$$Q_n := P_n\Big(T + \frac{r}{s}\Big) = \frac{1}{n!}\Big(T + \frac{r}{s}\Big)^n (sT)^n = \frac{1}{n!}(sT+r)^n T^n$$

ergibt sich wie eben für P_n: Für jedes $k \in \{0,\dots,2n\}$ ist $Q_n^{(k)}(0) \in \mathbb{Z}$. Andererseits gilt $P_n^{(k)}(r/s) = Q_n^{(k)}(0)$ und daher $P_n^{(k)}(r/s) \in \mathbb{Z}$ für jedes $k \in \{0,\dots,2n\}$.
(b) π ist keine rationale Zahl.
Beweis: Es gelte im Gegenteil $\pi = r/s \in \mathbb{Q}$ mit ganzen Zahlen r und s.

Es sei $n \in \mathbb{N}$. Mit den Zahlen r und s wird wie in (a) das Polynom P_n definiert. Aus (4.6)(2) mit $f := P_n$ und $g := (-1)^{n+1}\cos$ folgt [man vergleiche dazu V(2.2)(3)]

$$\begin{aligned} J_n &:= \int_0^\pi P_n(x)\sin x\,dx = \int_0^\pi f(x)g^{(2n+1)}(x)\,dx \\ &= \sum_{\nu=0}^{2n}(-1)^\nu f^{(\nu)}g^{(2n-\nu)}\Big|_0^\pi + (-1)^{2n+1}\int_0^\pi f^{(2n+1)}(x)g(x)\,dx \\ &= \big(-P_n(x)\cos x + P_n'(x)\sin x + \cdots + (-1)^{n+1}P_n^{(2n)}(x)\cos x\big)\Big|_0^\pi \in \mathbb{Z} \end{aligned}$$

[vgl. (a)]. Aus der Definition von P_n folgt: Für jedes $x \in (0,\pi)$ ist $P_n(x)\sin x > 0$, falls n gerade ist, und $P_n(x)\sin x < 0$, falls n ungerade ist. Nach (3.19)(3) ist also $J_n \neq 0$. Mit $M := \sup(\{\, x \cdot |sx - r| \mid x \in [0,\pi]\,\})$ gilt

$$|J_n| \le \int_0^\pi \frac{M^n}{n!}\,dx = \frac{M^n}{n!}\pi.$$

Die Reihe $\sum_{n=0}^\infty M^n/n!$ konvergiert [mit der Summe $\exp(M)$], und daher konvergiert nach III(2.5) die Folge $(M^n/n!)$ gegen Null. Also ist (J_n) eine Nullfolge, im Widerspruch dazu, daß J_n für jedes $n \in \mathbb{N}$ eine ganze Zahl $\neq 0$ ist.

(4.9) Satz: (Zweiter Mittelwertsatz der Integralrechnung) *Es sei* $f\colon [a,b] \to \mathbb{R}$ *auf* $[a,b]$ *stetig, es sei* $g\colon [a,b] \to \mathbb{R}$ *monoton und differenzierbar, und es sei* g' *auf* $[a,b]$ *stetig. Dann gibt es ein* $\xi \in [a,b]$ *mit*

$$\int_a^b f(x)g(x)\,dx = g(a)\int_a^\xi f(x)\,dx + g(b)\int_\xi^b f(x)\,dx.$$

Beweis: Es sei F eine Stammfunktion von f [vgl. (4.4)]. Nach V(1.21) gilt $g' \geq 0$ oder $g' \leq 0$, und daher gibt es nach (3.18) ein $\xi \in [a,b]$ mit

$$\int_a^b F(x)g'(x)\,dx = F(\xi)\int_a^b g'(x)\,dx = F(\xi)\big(g(b)-g(a)\big).$$

Durch partielle Integration [vgl. (4.6)] ergibt sich

$$\begin{aligned}\int_a^b f(x)g(x)\,dx &= F\,g\Big|_a^b - \int_a^b F(x)g'(x)\,dx\\ &= \big(F(b)g(b)-F(a)g(a)\big) - F(\xi)\big(g(b)-g(a)\big)\\ &= g(a)\big(F(\xi)-F(a)\big) + g(b)\big(F(b)-F(\xi)\big)\\ &= g(a)\int_a^\xi f(x)\,dx + g(b)\int_\xi^b f(x)\,dx.\end{aligned}$$

(4.10) BEMERKUNG: Die Aussage in (4.9) bleibt auch richtig, wenn man f als integrierbar und g als monoton voraussetzt, doch ist dann der Beweis sehr viel mühsamer. Nach (3.15)(7) kann man dabei g in den Punkten a und b beliebig abändern, sofern nur die so definierte neue Funktion wieder monoton ist. Gilt etwa $g \geq 0$, so kann man $g(a)$ durch 0 ersetzen, falls g monoton wächst, und man kann $g(b)$ durch 0 ersetzen, falls g monoton fällt.

(4.11) Satz: *Es sei $f = \sum_{\nu=0}^{\infty} a_\nu T^\nu \in \mathbb{R}[[T]]$ eine formale Potenzreihe mit positivem Konvergenzradius $\rho(f)$; es sei $I := (-\rho(f), \rho(f))$. Dann hat die formale Potenzreihe*

$$F := \sum_{\nu=1}^{\infty} \frac{a_{\nu-1}}{\nu} T^\nu$$

den Konvergenzradius $\rho(f)$, und die dadurch definierte Funktion $F\colon I \to \mathbb{R}$ ist eine Stammfunktion der Funktion $f\colon I \to \mathbb{R}$. Insbesondere gilt für jedes $x \in I$: Es ist

$$\int_0^x f(t)\,dt = F(x) = \sum_{\nu=1}^{\infty} \frac{a_{\nu-1}}{\nu} x^\nu = \sum_{\nu=0}^{\infty} \frac{a_\nu}{\nu+1} x^{\nu+1}.$$

Beweis: Für jedes $z \in \mathbb{C}$ mit $|z| < \rho(f)$ ist $\sum_{\nu=1}^{\infty} |a_{\nu-1}|\,|z|^\nu$ eine konvergente Majorante von $\sum_{\nu=1}^{\infty}(a_{\nu-1}/\nu)z^\nu$, und daher ist der Konvergenzradius von F mindestens gleich $\rho(f)$, und weil f die formale Ableitung von F ist, sogar gleich $\rho(f)$ [vgl. III(3.16)(2)]. Die Funktion $F\colon I \to \mathbb{R}$ ist nach V(2.10) differenzierbar, und es ist $F' = f$, d.h. F ist eine Stammfunktion von f. Nach (4.4) folgt: Für jedes $x \in I$ ist $\int_0^x f(t)\,dt = F(x) - F(0) = F(x)$.

(4.12) BEISPIELE: (1) Für jedes $x \in (-1,1)$ gilt

$$\frac{1}{1+x^2} = \sum_{\nu=0}^{\infty} (-1)^\nu x^{2\nu}$$

und daher nach (4.11)

$$\arctan x = \int_0^x \frac{1}{1+t^2}\,dt = \sum_{\nu=0}^{\infty} \frac{(-1)^\nu}{2\nu+1} x^{2\nu+1}.$$

Dieses Resultat wurde bereits in V(3.5) hergeleitet.
(2) Für jedes $x \in (-1,1)$ gilt [vgl. V(3.4)]

$$\frac{1}{\sqrt{1-x^2}} = \sum_{\nu=0}^{\infty} (-1)^\nu \binom{-\frac{1}{2}}{\nu} x^{2\nu}$$

und daher nach (4.11)

$$\arcsin x = \int_0^x \frac{1}{\sqrt{1-t^2}}\,dt = \sum_{\nu=0}^{\infty} \frac{(-1)^\nu}{2\nu+1} \binom{-\frac{1}{2}}{\nu} x^{2\nu+1}.$$

§5 Uneigentliche Integrale

(5.1) Es sei I ein Intervall, es sei $f: I \to \mathbb{R}$ auf I stetig.
(1) Es sei zunächst $I = [a,b)$ mit $b \in \mathbb{R} \cup \{\infty\}$. Existiert

$$\lim_{x \to b} \int_a^x f(t)\,dt =: \int_a^b f(t)\,dt \tag{5.1.1}$$

als endlicher Grenzwert, so sagt man: Das uneigentliche Integral $\int_a^b f(t)\,dt$ konvergiert und hat den in (5.1.1) definierten Wert.

Entsprechend wird im Fall $I = (a,b]$ mit $a \in \mathbb{R} \cup \{-\infty\}$ die Konvergenz und der Wert des uneigentlichen Integrals $\int_a^b f(t)\,dt$ erklärt.
(2) Nun sei $I = (a,b)$. Konvergieren für ein $c \in I$ beide uneigentlichen Integrale $\int_a^c f(t)\,dt$ und $\int_c^b f(t)\,dt$, so setzt man

$$\int_a^b f(t)\,dt := \int_a^c f(t)\,dt + \int_c^b f(t)\,dt$$

und sagt: Das uneigentliche Integral $\int_a^b f(t)\,dt$ konvergiert. [Diese Festsetzung ist offensichtlich unabhängig von der Wahl von $c \in I$.]

(5.2) BEISPIELE: (1) Es ist

$$\int_0^\infty e^{-t}\,dt = \lim_{x\to\infty} \int_0^x e^{-t}\,dt = \lim_{x\to\infty} (1 - e^{-x}) = 1.$$

(2) Es ist

$$\int_0^\infty \frac{dt}{1+t^2} = \lim_{x\to\infty} \int_0^x \frac{dt}{1+t^2} = \lim_{x\to\infty} \arctan x = \frac{\pi}{2}.$$

(3) Es sei $\alpha \in \mathbb{R}$ mit $\alpha > -1$. Dann ist

$$\int_0^1 t^\alpha \, dt = \lim_{x \to 0} \int_x^1 t^\alpha \, dt = \lim_{x \to 0} \frac{1}{\alpha + 1}\left(1 - x^{\alpha+1}\right) = \frac{1}{\alpha + 1}.$$

(5.3) Satz: *Es sei $I = [a, \infty)$, und es sei $f: I \to \mathbb{R}$ auf I stetig.*
(1) *Das uneigentliche Integral $\int_a^\infty f(t)\,dt$ konvergiert genau dann, wenn es zu jedem $\varepsilon > 0$ ein $x_\varepsilon \in I$ gibt mit*

$$\left| \int_x^{x'} f(t)\,dt \right| < \varepsilon \quad \text{für alle } x,\ x' \in [x_\varepsilon, \infty).$$

(2) *Konvergiert $\int_a^\infty |f(t)|\,dt$, so konvergiert auch $\int_a^\infty f(t)\,dt$, und es gilt*

$$\left| \int_a^\infty f(t)\,dt \right| \leq \int_a^\infty |f(t)|\,dt.$$

[Man sagt: Das Integral $\int_a^\infty f(t)\,dt$ konvergiert absolut.]
(3) *Majorantenkriterium: Ist $g: I \to \mathbb{R}$ auf I stetig, gilt $|f| \leq g$ und konvergiert das uneigentliche Integral $\int_a^\infty g(t)\,dt$, so konvergiert $\int_a^\infty f(t)\,dt$ absolut.*
(4) *Es sei $a' := \max\{a, 1\}$. Gibt es ein $\alpha \in \mathbb{R}$ mit $\alpha > 1$, für das die Funktion $x \mapsto x^\alpha f(x) : [a', \infty) \to \mathbb{R}$ beschränkt ist, so konvergiert $\int_a^\infty f(t)\,dt$ absolut.*
Beweis: Die Aussage in (1) ist gerade das Cauchy-Kriterium für die Existenz eines endlichen Grenzwerts einer reellwertigen Funktion in ∞ [vgl. IV(1.9)(10)]. Die Aussage in (2) folgt aus

$$\left| \int_x^{x'} f(t)\,dt \right| \leq \int_x^{x'} |f(t)|\,dt \quad \text{für alle } x,\ x' \text{ mit } a \leq x < x'$$

[vgl. (3.15)(4)]. Die Aussage in (3) folgt sofort aus (2), und (4) ergibt sich folgendermaßen aus (3): Es gibt ein $M > 0$ mit $|f(x)| \leq M x^{-\alpha}$ für jedes $x \in [a', \infty)$, und $\int_{a'}^\infty t^{-\alpha}\,dt$ konvergiert.

(5.4) Satz: *Es seien $a, b \in \mathbb{R}$ mit $a < b$, es sei $I = (a, b]$, und es sei $f: I \to \mathbb{R}$ auf I stetig.*
(1) *Das Integral $\int_a^b f(t)\,dt$ konvergiert, wenn es zu jedem $\varepsilon > 0$ ein $a_\varepsilon \in I$ gibt mit*

$$\left| \int_x^{x'} f(t)\,dt \right| < \varepsilon \quad \text{für alle } x,\ x' \in (a, a_\varepsilon].$$

(2) *Konvergiert $\int_a^b |f(t)|\,dt$, so konvergiert auch $\int_a^b f(t)\,dt$, und es gilt*

$$\left| \int_a^b f(t)\,dt \right| \leq \int_a^b |f(t)|\,dt.$$

[Man sagt: $\int_a^b f(t)\,dt$ konvergiert absolut.]

(3) *Majorantenkriterium: Ist $g\colon I \to \mathbb{R}$ auf I stetig, gilt $|f| \le g$ und konvergiert das uneigentliche Integral $\int_a^b g(t)\,dt$, so konvergiert $\int_a^b f(t)\,dt$ absolut.*

(4) *Gibt es ein $\alpha \in \mathbb{R}$ mit $\alpha < 1$, für das die Funktion $x \mapsto (x-a)^\alpha f(x) : I \to \mathbb{R}$ beschränkt ist, so konvergiert $\int_a^b f(t)\,dt$ absolut.*

Beweis: Man verfahre ähnlich wie beim Beweis von (5.3).

(5.5) BEMERKUNG: (1) Ein zu (5.3) analoger Satz gilt auch für ein Intervall $I = (-\infty, a]$ und eine Funktion $f\colon I \to \mathbb{R}$, die auf I stetig ist.

(2) Ein (5.4) entsprechender Satz gilt auch für ein Intervall $I = [a, b) \subset \mathbb{R}$ und für eine Funktion $f\colon I \to \mathbb{R}$, die auf I stetig ist. In der zu (5.4)(4) analogen Aussage hat man dann vorauszusetzen, daß für ein reelles $\alpha < 1$ die Funktion $x \mapsto (b-x)^\alpha f(x) : I \to \mathbb{R}$ beschränkt ist.

(5.6) BEMERKUNG: (1) Es sei $f\colon (a,b) \to \mathbb{R}$ auf (a,b) stetig, es sei $F\colon (a,b) \to \mathbb{R}$ eine Stammfunktion von f [vgl.7 (4.4)]. Dann gilt offensichtlich: Das uneigentliche Integral $\int_a^b f(t)\,dt$ konvergiert dann und nur dann, wenn die beiden Grenzwerte $\lim_{x\to a^+} F(x)$ und $\lim_{x\to b^-} F(x)$ existieren und endlich sind, und ist dies der Fall, so gilt

$$\int_a^b f(t)\,dt = \lim_{x\to b^-} F(x) - \lim_{x\to a^+} F(x).$$

(2) Es sei jetzt $f\colon [a,b] \to \mathbb{R}$ auf $[a,b]$ stetig, und es sei $F\colon [a,b] \to \mathbb{R}$ eine Stammfunktion von f. Da F in a und in b stetig ist, gilt

$$\int_a^b f(t)\,dt = F(b) - F(a) = \lim_{x\to b^-} F(x) - \lim_{x\to a^+} F(x).$$

Man sieht daran, daß die in den folgenden Abschnitten für zweiseitig uneigentliche Integrale formulierten Aussagen auch dann gültig sind, wenn unter den beteiligten Integralen auch solche vorkommen, die nur einseitig uneigentlich oder überhaupt nicht uneigentlich sind.

(5.7) BEMERKUNG: Es sei $f\colon (a,b) \to \mathbb{R}$ auf (a,b) stetig; es sei $\varphi\colon (c,d) \to \mathbb{R}$ differenzierbar und streng monoton mit $\varphi((a,b)) = (c,d)$, und es gelte, daß die uneigentlichen Integrale $\int_c^d f(x)\,dx$ und $\int_a^b f(\varphi(t))\varphi'(t)\,dt$ konvergieren. Dann gilt: *Ist φ streng monoton wachsend, so ist*

$$\int_c^d f(x)\,dx = \int_a^b f(\varphi(t))\varphi'(t)\,dt,$$

und ist φ streng monoton fallend, so ist

$$\int_c^d f(x)\,dx = -\int_a^b f(\varphi(t))\varphi'(t)\,dt.$$

Beweis: Es sei $t_0 \in (a,b)$. Dann ist $x_0 := \varphi(t_0) \in (c,d)$. Für jedes $\alpha \in (a,t_0]$ gilt nach (4.5)

$$\int_{\varphi(\alpha)}^{x_0} f(x)\,dx = \int_{\alpha}^{t_0} f(\varphi(t))\varphi'(t)\,dt.$$

Ist φ streng monoton wachsend, so gilt $c = \lim_{\alpha\to a+}\varphi(\alpha)$ und $d = \lim_{\beta\to b-}\varphi(\beta)$, und es folgt

$$\begin{aligned}\int_c^{x_0} f(x)\,dx &= \lim_{\alpha\to a+}\int_{\varphi(\alpha)}^{x_0} f(x)\,dx = \lim_{\alpha\to a+}\int_{\alpha}^{t_0} f(\varphi(t))\varphi'(t)\,dt\\ &= \int_a^{t_0} f(\varphi(t))\varphi'(t)\,dt.\end{aligned}$$

Analog ergibt sich $\int_{x_0}^d f(x)\,dx = \int_{t_0}^b f(\varphi(t))\varphi'(t)dt$, und durch Addieren der beiden Ergebnisse folgt die Behauptung. Ist φ streng monoton fallend, so schließt man entsprechend.

[Dieses Ergebnis wird der Kürze halber im folgenden, insbesondere in Beispielen, so formuliert: Die Substitution $x = \varphi(t)$ für $t \in (a,b)$ liefert $\int_c^d f(x)\,dx = \int_a^b f(\varphi(t))\varphi'(t)\,dt$ bzw. $\int_c^d f(x)\,dx = -\int_a^b f(\varphi(t))\varphi'(t)\,dt$, je nachdem welcher Fall vorliegt.]

(5.8) BEMERKUNG: Es seien f, $g:(a,b) \to \mathbb{R}$ differenzierbar, es seien f' und g' auf (a,b) stetig, und es gelte, daß fg in a und in b jeweils einen endlichen Grenzwert besitzt. Dann gilt: *Konvergiert eines der Integrale $\int_a^b f(x)g'(x)\,dx$ und $\int_a^b f'(x)g(x)\,dx$, so konvergiert auch das andere, und es gilt*

$$\int_a^b f(x)g'(x)\,dx = \lim_{x\to b-} f(x)g(x) - \lim_{x\to a+} f(x)g(x) - \int_a^b f'(x)g(x)\,dx.$$

Beweis: Man schließt wie in (5.7), und verwendet dabei (4.6).

(5.9) DIE GAMMA-FUNKTION: (1) Für jedes $x \in (0,\infty)$ konvergiert

$$\Gamma(x) := \int_0^\infty e^{-t}t^{x-1}\,dt. \tag{5.9.1}$$

Das uneigentliche Integral $\int_0^1 e^{-t}t^{x-1}\,dt$ konvergiert nämlich nach (5.4)(4) und das uneigentliche Integral $\int_1^\infty e^{-t}t^{x-1}\,dt$ nach (5.3)(4) und IV(3.12)(1). Das Integral in (5.9.1) wird als Eulersches Integral zweiter Gattung bezeichnet. Die dadurch definierte Funktion $\Gamma:(0,\infty) \to \mathbb{R}$ heißt die (Eulersche) Gamma-Funktion; dieser Name stammt von A. M. Legendre [1751–1832].

Man kann zeigen, daß die Gamma-Funktion beliebig oft differenzierbar ist und für jedes $k \in \mathbb{N}$

$$\Gamma^{(k)}(x) = \int_0^\infty (\ln t)^k e^{-t}t^{x-1}\,dt \quad \text{für jedes } x \in (0,\infty)$$

gilt, doch wird dies im folgenden nicht benötigt.
(2) Ist $x \in (0,\infty)$ und sind $a, b \in \mathbb{R}$ mit $a < b$, so gilt

$$\int_a^b e^{-t}t^x\,dt = -e^{-t}t^x\Big|_a^b + x\int_a^b e^{-t}t^{x-1}\,dt.$$

Der Grenzübergang $a \to 0$, $b \to \infty$ liefert die Funktionalgleichung der Gamma-Funktion: Es gilt

$$\Gamma(x+1) = x\,\Gamma(x) \quad \text{für jedes } x \in (0,\infty). \tag{5.9.2}$$

Wegen $\Gamma(1) = 1$ erhält man daraus durch Induktion: Es ist

$$\Gamma(n+1) = n! \quad \text{für jedes } n \in \mathbb{N}_0. \tag{5.9.3}$$

Die Funktion $x \mapsto \Gamma(x+1) : (0,\infty) \to \mathbb{R}$ ist also eine Fortsetzung der Fakultät $n \mapsto n! : \mathbb{N}_0 \to \mathbb{R}$ auf $(0,\infty)$.
(3) *Für jedes* $x \in (0,\infty)$ *ist*

$$\Gamma(x) = \lim_{n\to\infty} \frac{n!\,n^x}{x(x+1)(x+2)\cdots(x+n)} = \lim_{n\to\infty} \frac{n!\,n^x}{[x+n]_{n+1}}. \tag{5.9.4}$$

Diese Darstellung der Gamma-Funktion stammt von Euler.
Beweis: Es sei $x \in (0,\infty)$.
(a) Es sei $n \in \mathbb{N}$, und es sei

$$\Gamma_n(x) := \int_0^n \left(1-\frac{t}{n}\right)^n t^{x-1}\,dt. \tag{5.9.5}$$

Wenn man n-mal partiell integriert, erhält man

$$\begin{aligned} \Gamma_n(x) &= \frac{1}{x}\cdot\frac{n-1}{(x+1)n}\cdot\frac{n-2}{(x+2)n}\cdots\frac{1}{(x+n-1)n}\int_0^n t^{x+n-1}\,dt \\ &= \frac{n!\,n^x}{x(x+1)\cdots(x+n)}. \end{aligned} \tag{5.9.6}$$

Es ist

$$\Gamma(x) - \Gamma_n(x) = a_n + b_n + c_n$$

mit

$$a_n := \int_n^\infty e^{-t}t^{x-1}\,dt, \quad b_n := \int_0^{n/2}\left\{e^{-t} - \left(1-\frac{t}{n}\right)^n\right\}t^{x-1}\,dt,$$

$$c_n := \int_{n/2}^n \left\{e^{-t} - \left(1-\frac{t}{n}\right)^n\right\}t^{x-1}\,dt.$$

Für jedes $t \in [0, n)$ ist nach V(3.2)(2)

$$\ln\left\{\left(1-\frac{t}{n}\right)^n - e^{-t}\right\} = n\ln\left(1-\frac{t}{n}\right) = -t - T_n$$

mit

$$T_n := \sum_{\nu=2}^{\infty} \frac{t^\nu}{\nu n^\nu}.$$

Wegen $T_n \geq 0$ gilt $(1 - t/n) \leq e^{-t-T_n} \leq e^{-t}$, und daher ist

$$|c_n| \leq \int_{n/2}^{n} e^{-t} t^{x-1}\, dt.$$

Für jedes $t \in [n/2, n)$ gilt $0 \leq T_n \leq \alpha t^2/n$ mit

$$\alpha := \sum_{\nu=2}^{\infty} \frac{1}{\nu 2^{\nu-1}}$$

und daher [vgl. III(2.12)]

$$0 \leq e^{-t} - \left(1-\frac{t}{n}\right)^n = e^{-t}(1-e^{-T_n}) \leq e^{-t}\, T_n \leq e^{-t}\,\frac{\alpha t^2}{n};$$

folglich ist

$$|b_n| \leq \frac{\alpha}{n}\int_0^{n/2} e^{-t} t^{x+1}\, dt \leq \frac{\alpha}{n}\Gamma(x+2).$$

(b) Damit ist gezeigt, daß die Folgen (b_n) und (c_n) gegen Null konvergieren. Da die Folge (a_n) ebenfalls gegen Null konvergiert, konvergiert also $(\Gamma_n(x))$ in der Tat gegen $\Gamma(x)$.

(4) *Es gilt* $\Gamma(1/2) = \sqrt{\pi}$.

Beweis: Mit der Bezeichnung aus (3) gilt für jedes $n \in \mathbb{N}$: Es ist

$$\Gamma_n(1/2) = \frac{n!\sqrt{n}}{\prod_{\nu=0}^{n}(\nu+1/2)} = \frac{n!\sqrt{n}}{\prod_{\nu=1}^{n+1}(\nu-1/2)},$$

und Multiplikation dieser beiden Darstellungen von $\Gamma_n(1/2)$ liefert

$$\begin{aligned}\Gamma_n(1/2)^2 &= \frac{n\cdot(n!)^2}{(1/2)(n+1/2)\prod_{\nu=1}^{n}(\nu^2-1/4)} = \frac{4n}{2n+1}\prod_{\nu=1}^{n}\frac{\nu^2}{\nu^2-1/4}\\ &= \frac{4n}{2n+1}\left[\prod_{\nu=1}^{n}\left(1-\frac{1}{(2\nu)^2}\right)\right]^{-1}.\end{aligned}$$

Es gilt nach (3) und nach (4.9)(1)(c)

$$\begin{aligned}\Gamma(1/2)^2 &= \lim_{n\to\infty}(\Gamma_n(1/2)^2)\\ &= \left[\lim_{n\to\infty}\left(\frac{4n}{2n+1}\right)\right]\cdot\left[\lim_{n\to\infty}\left(\prod_{\nu=1}^{n}\left(1-\frac{1}{(2\nu)^2}\right)\right)\right]^{-1} = \pi.\end{aligned}$$

(5) Die Eulersche Konstante: Es sei wie in III(2.3)(3) $H_n := \sum_{\nu=1}^{n} 1/\nu$ für jedes $n \in \mathbb{N}$. *Es existiert der Grenzwert*

$$C := \lim_{n\to\infty}(H_n - \ln n).$$

Die hierdurch definierte Zahl C heißt die Eulersche Konstante; es gilt, wie in Kapitel VII, §3 gezeigt wird,

$$C = 0.577\,215\,664\,9\ldots.$$

Beweis: Die Funktion $t \mapsto 1/t : [1,\infty) \to \mathbb{R}$ ist monoton fallend, und daher gilt für jedes $n \in \mathbb{N}$ mit $n \geq 2$

$$H_n - 1 = \sum_{\nu=1}^{n-1}\frac{1}{\nu+1} \leq \sum_{\nu=1}^{n-1}\int_\nu^{\nu+1}\frac{1}{t}\,dt = \int_1^n \frac{1}{t}\,dt = \ln n \leq \sum_{\nu=1}^{n-1}\frac{1}{\nu} = H_{n-1} < H_n,$$

also $0 \leq H_n - \ln n \leq 1$; dies ist auch für $n = 1$ richtig. Für jedes $n \in \mathbb{N}$ gilt [vgl. V(3.2)(3)]

$$(H_{n+1} - \ln(n+1)) - (H_n - \ln n) = \ln\left(1 - \frac{1}{n+1}\right) + \frac{1}{n+1} \leq 0.$$

Die Folge $(H_n - \ln n)$ ist also beschränkt und monoton fallend und konvergiert daher nach III(1.17).

(6) *Für jedes $x \in (0,\infty)$ gilt*

$$\frac{1}{\Gamma(x)} = xe^{Cx}\prod_{i=1}^{\infty}\left(1+\frac{x}{i}\right)e^{-x/i}; \tag{5.9.7}$$

hier ist C die eben erklärte Eulersche Konstante.

Beweis: Aus (5.9.6) erhält man für jedes $x \in (0,\infty)$ und jedes $n \in \mathbb{N}$

$$\frac{1}{\Gamma_n(x)} = x\exp(x(H_n - \ln n))\prod_{i=1}^{n}\left(1+\frac{x}{i}\right)e^{-x/i};$$

der Grenzübergang $n \to \infty$ liefert die Behauptung.

(5.10) Die Beta-Funktion: (1) Für alle $x, y \in (0,\infty)$ wird

$$B(x,y) := \int_0^1 t^{x-1}(1-t)^{y-1}\,dt \tag{5.10.1}$$

gesetzt. Das Integral in (5.10.1) heißt das Eulersches Integral erster Gattung; es ist uneigentlich bei 0, wenn $x < 1$ ist, und uneigentlich bei 1, wenn $y < 1$ ist; es konvergiert aber in jedem Fall [vgl. (5.4)(4) und (5.5)(2)]. Die Funktion $B: (0,\infty) \to \mathbb{R}$ heißt die Beta-Funktion. [Wie man sieht, gibt es auch Funktionen von "zwei Veränderlichen".] Es gelten

$$B(x,1) = B(1,x) = \frac{1}{x} \quad \text{für jedes } x \in (0,\infty), \tag{5.10.2}$$

$$B(x+1,y) + B(x,y+1) = B(x,y) \quad \text{für alle } x,\ y \in (0,\infty), \tag{5.10.3}$$

$$B(x,y) = \frac{x+y}{y} B(x,y+1) \quad \text{für alle } x,\ y \in (0,\infty). \tag{5.10.4}$$

Beweis: (5.10.2) und (5.10.3) sind klar. Mittels partieller Integration [vgl. (5.8)] erhält man $B(x+1,y) = (x/y)B(x,y+1)$ für alle x, $y \in (0,\infty)$, und hieraus und aus (5.10.3) ergibt sich (5.10.4).
(2) Aus (5.9.5) ergibt sich für jedes $n \in \mathbb{N}$ und jedes $x \in (0,\infty)$

$$\Gamma_n(x) = n^x \int_0^1 (1-t)^n t^{x-1}\, dt = n^x B(x,n+1).$$

(3) Man kann beweisen [vgl. [4], Kapitel VII]: Es gilt für alle x, $y \in (0,\infty)$

$$B(x,y) = \frac{\Gamma(x)\Gamma(y)}{\Gamma(x+y)}. \tag{5.10.5}$$

(5.11) ELLIPTISCHE INTEGRALE: Die in diesem Abschnitt behandelten Integrale werden in §6 benötigt, wo mit ihrer Hilfe eine effektive Methode zur näherungsweisen Berechnung der Zahl π formuliert wird. Eine andere Anwendung, die den Namen dieser Integrale erklärt, wird in (5.15)(1) gebracht.
(1) Ist k eine reelle Zahl mit $0 < k < 1$, so heißen die Integrale

$$K(k) := \int_0^{\pi/2} \frac{1}{\sqrt{1-k^2\sin^2 t}}\, dt, \qquad E(k) := \int_0^{\pi/2} \sqrt{1-k^2\sin^2 t}\, dt \tag{5.11.1}$$

die elliptische Integrale erster bzw. zweiter Art zum Modul k; sie sind nicht elementar auswertbar.
(2) Es sei $k \in (0,1)$. Man nennt $k' := \sqrt{1-k^2}$ den komplementären Modul zu k und setzt

$$K'(k) := K(k'), \qquad E'(k) := E(k'). \tag{5.11.2}$$

[Der Strich an K und E hat hier nichts mit Differentiation zu tun.] Für $k_1 := (1-k')/(1+k')$ gilt ebenfalls $0 < k_1 < 1$. *Es gelten*

$$K(k_1) = \frac{1+k'}{2}K(k), \qquad E(k_1) = \frac{1}{1+k'}\big(E(k) + k'K(k)\big). \tag{5.11.3}$$

Beweis: (a) Für jedes $v \in [0, \pi/2]$ setzt man

$$\Delta(v) := \sqrt{1-k^2\sin^2 v}, \qquad \Phi(v) := \frac{1+k'}{2}\frac{\sin 2v}{\Delta(v)}.$$

Wegen $k^2 + k'^2 = 1$ gilt für jedes $v \in [0, \pi/2]$

$$\begin{aligned}
\Phi'(v) &= \frac{1+k'}{\Delta(v)^3}\left(\Delta(v)^2\cos 2v + k^2\sin^2 v\cos^2 v\right)\\
&= \frac{1+k'}{\Delta(v)^3}\left(1-2\sin^2 v + k^2\sin^4 v\right)\\
&= \frac{1+k'}{\Delta(v)^3}\left((1-\sin^2 v)^2 - k'^2\sin^4 v\right).
\end{aligned}$$

Für $v_0 := \arcsin(1/\sqrt{1+k'})$ gilt $\Phi'(v_0) = 0$, und es ist $\Phi'(v) > 0$ für jedes $v \in [0, v_0)$ und $\Phi'(v) < 0$ für jedes $v \in (v_0, \pi/2]$. In $[0,\pi/2]$ hat Φ genau ein relatives Maximum, nämlich bei v_0, und es ist $\Phi(v_0) = 1$. Weiter gilt für jedes $v \in [0, \pi/2]$

$$\begin{aligned}
\sqrt{1-\Phi(v)^2} &= \frac{1}{\Delta(v)}\left(1-(1+k')\sin^2 v\right),\\
\sqrt{1-k_1^2\Phi(v)^2} &= \frac{1}{\Delta(v)}\left(1-(1-k')\sin^2 v\right).
\end{aligned}$$

Die Substitution $t = \arcsin\Phi(v)$ für $v \in [0, v_0)$ liefert nach (5.7)

$$K(k_1) = \int_0^{\pi/2} \frac{1}{\sqrt{1-k_1^2\sin^2 t}}\,dt = \int_0^{v_0} \frac{1+k'}{\sqrt{1-k^2\sin^2 v}}\,dv. \tag{5.11.4}$$

Die Substitution $t = -\arcsin\Phi(v)$ für $v \in (v_0, \pi/2]$ liefert nach (5.7)

$$K(k_1) = \int_0^{\pi/2} \frac{1}{\sqrt{1-k_1^2\sin^2 t}}\,dt = \int_{v_0}^{\pi/2} \frac{1+k'}{\sqrt{1-k^2\sin^2 v}}\,dv. \tag{5.11.5}$$

Addition von (5.11.4) und (5.11.5) liefert die erste Gleichung in (5.11.3).
(b) Um die zweite Gleichung in (5.11.3) zu beweisen, führt man dieselben Substitutionen wie eben durch und erhält

$$E(k_1) = \frac{1+k'}{2}\int_0^{\pi/2} \frac{\left(1+(k'-1)\sin^2 v\right)^2}{\Delta(v)^3}\,dv. \tag{5.11.6}$$

Im Polynomring $\mathbb{R}[T]$ liefert Division mit Rest [vgl. I(8.6)]

$$k^4\left(1+(k'-1)T\right)^2 = (k'-1)^2\left((1-k^2T)(2k'+1-k^2T)+k'^2\right),$$

und daher gilt für jedes $v \in [0, \pi/2]$

$$\left(1+(k'-1)\sin^2 v\right)^2 = \frac{(k'-1)^2}{k^4}\left((1-k^2\sin v)(2k'+1-k^2\sin v)+k'^2\right). \quad (5.11.7)$$

Ferner ist für jedes $v \in [0, \pi/2]$

$$\Delta(v) - \frac{k^2}{1+k'}\,\Phi'(v) = \Delta(v) - \frac{k^2}{\Delta(v)^3}\left((1-\sin^2 v)^2 - k'^2\sin^4 v\right) = \frac{1-k^2}{\Delta(v)^3},$$

und daher ist

$$\int_0^{\pi/2} \frac{1}{\Delta(v)^3}\,dv = \frac{1}{1-k^2}\left(\int_0^{\pi/2} \Delta(v)\,dv - \frac{k^2}{1+k'}\,\Phi\Big|_0^{\pi/2}\right) = \frac{1}{1-k^2}\,E(k).$$

Aus (5.11.6) folgt hiermit und mit (5.11.7): Es ist

$$\begin{aligned} E(k_1) &= \frac{1+k'}{2}\frac{(1-k')^2}{k^4}\left((2k'+1)K(k)+E(k)-K(k)+E(k)\right) \\ &= \frac{1}{1+k'}\left(E(k)+k'K(k)\right), \end{aligned}$$

und damit ist auch die zweite Gleichung in (5.11.3) bewiesen.

(3) Es sei $k \in (0,1)$, und es seien wieder $k' = \sqrt{1-k^2}$ und $k_1 = (1-k')/(1+k')$. *Dann gilt für* $k_1' = \sqrt{1-k_1^2}$: *Es ist*

$$K'(k_1) = K(k_1') = (1+k')K(k') = (1+k')K'(k). \quad (5.11.8)$$

Beweis: Die Substitution $t = \arcsin(\tanh u)$ für $u \in [0, \infty)$ liefert gemäß (5.7)

$$\begin{aligned} K'(k) &= \int_0^{\pi/2} \frac{1}{\sqrt{1-(1-k^2)\sin^2 t}}\,dt = \int_0^{\infty} \frac{1}{\sqrt{1+k^2\sinh^2 u}}\,du, \\ K'(k_1) &= \int_0^{\pi/2} \frac{1}{\sqrt{1-(1-k_1^2)\sin^2 t}}\,dt = \int_0^{\infty} \frac{1}{\sqrt{1+k_1^2\sinh^2 u}}\,du. \end{aligned}$$

Für jedes $v \in [0, \infty)$ setzt man

$$\Delta(v) := \sqrt{1+k^2\sinh^2 v}, \qquad \Phi(v) := \frac{1+k'}{2}\,\frac{\sinh 2v}{\Delta(v)}.$$

Für jedes $v \in [0, \infty)$ gilt dann

$$\begin{aligned} \Phi'(v) &= \frac{1+k'}{\Delta(v)^3}(1 + 2\sinh^2 v + k^2 \sinh^4 v) > 0, \\ \sqrt{1 + k_1^2 \Phi(v)^2} &= \frac{1}{\Delta(v)}(1 + (1-k')\sinh^2 v), \\ \sqrt{1 + \Phi(v)^2} &= \frac{1}{\Delta(v)}(1 + (1+k')\sinh^2 v). \end{aligned}$$

Die Substitution $u = \operatorname{arsinh} \Phi(v)$ für $v \in [0, \infty)$ liefert nach (5.7)

$$K'(k_1) = \int_0^\infty \frac{1}{\sqrt{1 + k_1^2 \sinh^2 u}}\, du = (1+k') \int_0^\infty \frac{1}{\sqrt{1 + k^2 \sinh^2 v}}\, dv.$$

Damit ist die Behauptung bewiesen.
(4) Für jedes $k \in (0,1)$ ist mit $k' = \sqrt{1-k^2}$ [vgl. (5.11.1) und (5.11.2)]

$$K'(k) = K(k') = \int_0^{\pi/2} \frac{1}{\sqrt{1 - k'^2 \sin^2 t}}\, dt.$$

Es gilt

$$\lim_{k \to 0} \left(K'(k) - \ln \frac{4}{k} \right) = 0. \tag{5.11.9}$$

Beweis: Die Substitutionen $t = \arcsin u$ für $u \in [0,1)$, $u = (\sqrt{v^2-1})/(k'v)$ für $v \in (1, 1/k]$ und $v = 1/z$ für $z \in [k, 1]$ liefern der Reihe nach

$$\begin{aligned} K'(k) &= \int_0^{\pi/2} \frac{1}{\sqrt{1 - k'^2 \sin^2 t}}\, dt &&= \int_0^1 \frac{1}{\sqrt{(1-u^2)(1-k'^2 u^2)}}\, du \\ &= \int_1^{1/k} \frac{1}{\sqrt{(v^2-1)(1-k^2 v^2)}}\, dv &&= \int_k^1 \frac{1}{\sqrt{(1-z^2)(z^2-k^2)}}\, dz. \end{aligned}$$

Für jedes $z \in [k, \sqrt{k}]$ gilt $1 - k \le 1 - z^2 \le 1 - k^2$, und da die Funktion $z \mapsto (z^2 - k^2)/z^2 : [\sqrt{k}, 1] \to \mathbb{R}$ monoton wächst, ist

$$1 - k \le (z^2 - k^2)/z^2 \le 1 - k^2 = k'^2 \quad \text{für jedes } z \in [\sqrt{k}, 1].$$

Man setzt zur Abkürzung

$$F(k) := \int_k^{\sqrt{k}} \frac{1}{\sqrt{z^2 - k^2}}\, dz + \int_{\sqrt{k}}^1 \frac{1}{z\sqrt{1-z^2}}\, dz$$

und erhält damit

$$F(k) \le \frac{1}{k'} F(k) \le K'(k) \le \frac{1}{\sqrt{1-k}} F(k). \tag{5.11.10}$$

Nun ist [vgl. (1.4)(7) und (1.4)(10)]

$$\begin{aligned} F(k) &= \ln\left(w+\sqrt{w^2-1}\right)\Big|_1^{1/\sqrt{k}} - \ln\left(\frac{1+\sqrt{1-z^2}}{z}\right)\Big|_{\sqrt{k}}^1 \\ &= \ln\left(\frac{1+\sqrt{1-k}}{\sqrt{k}}\right) + \ln\left(\frac{1+\sqrt{1-k}}{\sqrt{k}}\right) \\ &= 2\ln(1+\sqrt{1-k}\,) - \ln k. \end{aligned}$$

Es ist $\lim_{k\to 0}\left(F(k)-\ln(4/k)\right)=0$; es ist $\sqrt{1-k}-1=-k/2+o(k)$ für $k\to 0$ [vgl. V(3.4)] und folglich $\lim_{k\to 0}\left((\sqrt{1-k}-1)\ln k\right)=0$ [vgl. (1.26)(5)], und somit gilt

$$\begin{aligned} &\lim_{k\to 0}\left(\frac{F(k)}{\sqrt{1-k}} - \ln\frac{4}{k}\right) \\ = \ &\lim_{k\to 0}\left(\frac{2\ln(1+\sqrt{1-k}\,) - \sqrt{1-k}\ln 4 + (\sqrt{1-k}\, - 1)\ln k}{\sqrt{1-k}}\right) = 0. \end{aligned}$$

Wegen (5.11.10) folgt hieraus die Behauptung.

(5) Jetzt werden mit Hilfe der Beta-Funktion zwei spezielle elliptische Integrale ausgerechnet: *Es gilt*

$$K\left(\frac{1}{\sqrt{2}}\right) = \frac{\sqrt{2}}{4}B\left(\frac{1}{4},\frac{1}{2}\right), \tag{5.11.11}$$

$$E\left(\frac{1}{\sqrt{2}}\right) = \frac{1}{4\sqrt{2}}\left(B\left(\frac{1}{4},\frac{1}{2}\right)+B\left(\frac{3}{4},\frac{1}{2}\right)\right). \tag{5.11.12}$$

Beweis: Die Substitutionen $t=\arcsin u$ für $u\in[0,1)$, $u=\sqrt{2}v/\sqrt{1+v^2}$ für $v\in[0,1]$ und $v=z^{1/4}$ für $z\in(0,1]$ liefern

$$\begin{aligned} K(1/\sqrt{2}) &= \int_0^{\pi/2}\frac{1}{\sqrt{1-(1/2)\sin^2 t}}\,dt = \sqrt{2}\int_0^1\frac{1}{\sqrt{(1-u^2)(2-u^2)}}\,du \\ &= \sqrt{2}\int_0^1\frac{1}{\sqrt{1-v^2}}\,dv = \frac{\sqrt{2}}{4}\int_0^1 z^{1/4-1}(1-z)^{1/2-1}\,dz \\ &= \frac{\sqrt{2}}{4}B(1/4,1/2). \end{aligned}$$

Durch die Substitutionen $t=\arcsin u$ für $v\in[0,1)$, $u=\sqrt{1-v^2}$ für $v\in[0,1)$ und schließlich $v=z^{1/4}$ für $z\in(0,1]$ ergibt sich

$$E(1/\sqrt{2}) = \int_0^{\pi/2}\sqrt{1-(1/2)\sin^2 t}\,dt = \frac{1}{\sqrt{2}}\int_0^1\frac{\sqrt{2-u^2}}{\sqrt{1-u^2}}\,du$$

$$\begin{aligned}
&= \frac{1}{\sqrt{2}}\int_0^1 \frac{1}{\sqrt{1-v^4}}\,dv + \frac{1}{\sqrt{2}}\int_0^1 \frac{v^2}{\sqrt{1-v^4}}\,dv \\
&= \frac{1}{4\sqrt{2}}\int_0^1 z^{1/4-1}(1-z)^{1/2-1}\,dz + \frac{1}{4\sqrt{2}}\int_0^1 z^{3/4-1}(1-z)^{1/2-1}\,dz \\
&= \frac{1}{4\sqrt{2}}\big(B(1/4,1/2)+B(3/4,1/2)\big).
\end{aligned}$$

(6) Für jedes $k \in (0,1)$ gilt die sogenannte Legendresche Relation

$$K(k)(2E(k)-K(k)) = \frac{\pi}{2}.$$

Sie wird nur für den Fall $k = 1/\sqrt{2}$ benötigt und auch nur für diesen Fall bewiesen: Es gilt nach (5) und nach (5.10)(3), (5.9)(4) und (5.9.2)

$$\begin{aligned}
K(1/\sqrt{2})(2E(1/\sqrt{2})-K(1/\sqrt{2})) &= \frac{1}{8}B(1/4,1/2)\,B(3/4,1/2) \\
&= \frac{1}{8}\,\frac{\Gamma(1/4)\Gamma(1/2)}{\Gamma(3/4)} \\
&= \frac{1}{2}\,\Gamma(1/2)^2 \;=\; \frac{\pi}{2}.
\end{aligned} \tag{5.11.13}$$

(7) Jetzt werden schließlich die in (1) eingeführten elliptischen Integrale mit dem arithmetisch-geometrischen Mittel zweier Zahlen in Verbindung gebracht.

Es seien $a, b \in \mathbb{R}$ mit $0 < a < b$. Man setzt

$$I(a,b) := \int_0^{\pi/2} \frac{1}{\sqrt{b^2\cos^2 t + a^2\sin^2 t}}\,dt, \tag{5.11.14}$$

$$J(a,b) := \int_0^{\pi/2} \sqrt{b^2\cos^2 t + a^2\sin^2 t}\,dt. \tag{5.11.15}$$

Dann gelten

$$I(a,b) = \frac{1}{b}K(k), \quad J(a,b) = bE(k) \quad \text{mit } k := \sqrt{1-a^2/b^2}. \tag{5.11.16}$$

Es seien wie in III(1.24) $(a_n)_{n\geq 0}$ und $(b_n)_{n\geq 0}$ die Folgen mit

$$a_0 := a, \; b_0 := b \quad \text{und} \quad a_{n+1} := \sqrt{a_n b_n}, \; b_{n+1} := \frac{a_n + b_n}{2} \quad \text{für jedes } n \in \mathbb{N}_0,$$

und es sei $M(a,b) = \lim_{n\to\infty}(a_n) = \lim_{n\to\infty}(b_n)$ das arithmetisch-geometrische Mittel von a und b [vgl. III(1.24)]. Setzt man

$$k_n := \sqrt{1-\frac{a_n^2}{b_n^2}}, \quad k_n' := \sqrt{1-k_n^2} = \frac{a_n}{b_n} \quad \text{für jedes } n \in \mathbb{N}_0,$$

so gilt für jedes $n \in \mathbb{N}_0$

$$\frac{1-k'_n}{1+k'_n} = \frac{b_n - a_n}{b_n + a_n} = \sqrt{1 - \frac{a_{n+1}^2}{b_{n+1}^2}} = k_{n+1}$$

und daher nach (5.11.3)

$$\begin{aligned} I(a_{n+1}, b_{n+1}) &= \frac{1}{b_{n+1}} K(k_{n+1}) = \frac{1}{b_{n+1}} \frac{1+k'_n}{2} K(k_n) = \frac{1}{b_n} K(k_n) \\ &= I(a_n, b_n), \qquad (5.11.17) \\ J(a_{n+1}, b_{n+1}) &= b_{n+1} E(k_{n+1}) = b_{n+1} E\left(\frac{1-k'_n}{1+k'_n}\right) \\ &= b_{n+1} \frac{1}{1+k'_n} \big(E(k_n) + k'_n K(k_n)\big) \\ &= \frac{1}{2}\big(J(a_n, b_n) + a_n b_n I(a_n, b_n)\big). \qquad (5.11.18) \end{aligned}$$

Für jedes $n \in \mathbb{N}_0$ gilt: Es ist

$$\frac{1}{b_n} \le \frac{1}{\sqrt{b_n^2 \cos^2 t + a_n^2 \sin^2 t}} \le \frac{1}{a_n} \quad \text{für jedes } t \in [0, \frac{\pi}{2}],$$

und daher folgt mit Hilfe von (3.15)(3)

$$\frac{\pi}{2b_n} = \int_0^{\pi/2} \frac{1}{b_n}\, dt \le I(a,b) \le \int_0^{\pi/2} \frac{1}{a_n}\, dt = \frac{\pi}{2a_n}.$$

Hieraus folgt [vgl. III(1.15)]: Es ist

$$\frac{1}{b} K(k) = I(a,b) = \frac{\pi}{2} \frac{1}{M(a,b)}. \qquad (5.11.19)$$

(5.12) BOGENLÄNGE: Es sei $f\colon [a,b] \to \mathbb{R}$ eine Funktion.
(1) Es sei $\mathcal{Z} := \{x_0, \ldots, x_n\}$ eine Zerlegung von $[a,b]$ [vgl. (3.2)]. Der Graph der Funktion

$$\begin{cases} p(f,\mathcal{Z})\colon [a,b] \to \mathbb{R} \\ \text{mit} \quad p(f,\mathcal{Z})(x) := f(x_{i-1}) + (x - x_{i-1}) \dfrac{f(x_i) - f(x_{i-1})}{x_i - x_{i-1}} \\ \qquad \text{für jedes } i \in \{1, \ldots, n\} \text{ und jedes } x \in [x_{i-1}, x_i] \end{cases}$$

ist ein dem Graphen von f einbeschriebener Streckenzug. Dieser Streckenzug besitzt die Länge

$$\ell(p(f,\mathcal{Z})) = \sum_{i=1}^{n} \big\| \big((x_i, f(x_i)) - (x_{i-1}, f(x_{i-1}))\big) \big\|$$

$$= \sum_{i=1}^{n} \sqrt{(x_i - x_{i-1})^2 + (f(x_i) - f(x_{i-1}))^2}$$

$$= \sum_{i=1}^{n} \sqrt{1 + \left(\frac{f(x_i) - f(x_{i-1})}{x_i - x_{i-1}}\right)^2}\,(x_i - x_{i-1}).$$

(2) Es seien $\mathcal{Z}$ und $\mathcal{Z}'$ Zerlegungen von $[a,b]$, und es sei $\mathcal{Z}'$ eine Verfeinerung von $\mathcal{Z}$ [vgl. (3.4)]. Dann gilt $\ell(p(f,\mathcal{Z})) \le \ell(p(f,\mathcal{Z}'))$, denn für jedes $i \in \{1,\ldots,n\}$ und jedes $x' \in (x_{i-1}, x_i)$ ist auf Grund der Dreicksungleichung

$$\begin{aligned}&\big\|\big((x_i, f(x_i)) - (x_{i-1}, f(x_{i-1}))\big)\big\| \le \\ &\quad \le \big\|\big((x_i, f(x_i)) - (x', f(x'))\big)\big\| + \big\|\big((x', f(x')) - (x_{i-1}, f(x_{i-1}))\big)\big\|.\end{aligned}$$

(3) Ist die Menge $\{\ell(p(f,\mathcal{Z})) \mid \mathcal{Z} \text{ Zerlegung von } [a,b]\}$ beschränkt, so sagt man: Der Graph von f hat endliche Länge. Man nennt dann

$$\ell(f) := \sup\{\ell(p(f,\mathcal{Z})) \mid \mathcal{Z} \text{ Zerlegung von } [a,b]\}$$

die Länge des Graphen von f.

(5.13) BEMERKUNG: Es sei $f\colon [a,b] \to \mathbb{R}$ differenzierbar, und es sei f' auf $[a,b]$ stetig.

(1) Es sei $\mathcal{Z} = \{x_0,\ldots,x_n\}$ eine Zerlegung von $[a,b]$. Nach dem Mittelwertsatz [vgl. V(1.19)] gibt es zu jedem $i \in \{1,\ldots,n\}$ ein $\xi_i \in (x_{i-1}, x_i)$, für das

$$\big(f(x_i) - f(x_{i-1})\big)/(x_i - x_{i-1}) = f'(\xi_i)$$

gilt. Dann ist

$$\ell(p(f,\mathcal{Z})) = \sum_{i=1}^{n} \sqrt{1 + f'(\xi_i)^2}\,(x_i - x_{i-1}).$$

Für die Untersumme und die Obersumme der Funktion $\sqrt{1+f'^2}\colon [a,b] \to \mathbb{R}$ zur Zerlegung $\mathcal{Z}$ gilt daher: Es ist

$$\underline{S}(\sqrt{1+f'^2}, \mathcal{Z}) \le \ell(p(f,\mathcal{Z})) \le \overline{S}(\sqrt{1+f'^2}, \mathcal{Z}).$$

(2) Da die Funktion $\sqrt{1+f'^2}$ auf $[a,b]$ stetig ist, existiert nach (3.14) das bestimmte Integral

$$\begin{aligned}\int_a^b \sqrt{1+f'(x)^2}\,dx &= \sup\{\underline{S}(\sqrt{1+f'^2}, \mathcal{Z}) \mid \mathcal{Z} \text{ Zerlegung von } [a,b]\} \\ &= \inf\{\overline{S}(\sqrt{1+f'^2}, \mathcal{Z}) \mid \mathcal{Z} \text{ Zerlegung von } [a,b]\}.\end{aligned}$$

Hieraus und aus (1) ergibt sich: Der Graph von f hat endliche Länge, und es gilt

$$\ell(f) = \int_a^b \sqrt{1+f'(x)^2}\,dx.$$

(5.14) Bemerkung: Man kann auch zeigen: Ist $f\colon [a,b] \to \mathbb{R}$ auf $[a,b]$ stetig und auf (a,b) differenzierbar, ist f' auf (a,b) stetig und konvergiert das uneigentliche Integral $\int_a^b \sqrt{1+f'(x)^2}\,dx$, so hat der Graph von f ebenfalls endliche Länge, und es gilt

$$\ell(f) = \int_a^b \sqrt{1+f'(x)^2}\,dx.$$

(5.15) Beispiele: (1) Es seien a und b positive reelle Zahlen mit $a < b$. Die Ellipse mit dem Mittelpunkt im Punkt $(0,0)$ und Halbachsen der Länge a und b ist die Punktmenge $\{(x,y) \in \mathbb{R}^2 \mid b^2x^2 + a^2y^2 = a^2b^2\}$. Der im oberen rechten Quadranten $\{(x,y) \in \mathbb{R}^2 \mid x \geq 0, y \geq 0\}$ gelegene Ellipsenbogen ist der Graph der Funktion

$$\begin{cases} \eta: & [0,a] \to \mathbb{R} \\ \text{mit} & \eta(x) = b\sqrt{1-x^2/a^2} \quad \text{für jedes } x \in [0,a] \end{cases}.$$

Es ist η auf $[0,a]$ stetig und auf $[0,a)$ differenzierbar; es gilt

$$\eta'(x) = -\frac{b}{a^2}\frac{x}{\sqrt{1-x^2/a^2}} \qquad \text{für jedes } x \in [0,a),$$

und daher ist η' auf $[0,a)$ stetig. Es gilt

$$\sqrt{1+\eta'(x)^2} = \sqrt{1+\frac{b^2}{a^2}\cdot\frac{x^2}{a^2-x^2}} \qquad \text{für jedes } x \in [0,a).$$

Das Integral $\int_0^a \sqrt{1+\eta'(x)^2}\,dx$ ist konvergent; die Substitution $x = a\cos t$ für jedes $t \in (0,\pi/2]$ ergibt

$$\ell(\eta) = \int_0^{\pi/2} \sqrt{b^2\cos^2 t + a^2\sin^2 t}\;dt = J(a,b) = bE(k) \quad \text{mit } k := \sqrt{1-a^2/b^2}$$

[vgl. (5.11.1)]; die Länge des Viertelbogens der Ellipse wird also durch ein elliptisches Integral zweiter Art ausgedrückt.

(2) Es sei r eine positive reelle Zahl. Der Graph der Funktion

$$\begin{cases} f: & [0,r] \to \mathbb{R} \\ \text{mit} & f(x) := \sqrt{r^2-x^2} \quad \text{für jedes } x \in [0,r] \end{cases}$$

ist der im rechten oberen Quadranten gelegene Bogen des Kreises mit dem Mittelpunkt $(0,0)$ und dem Radius r. Für jedes $x \in [0,r)$ ist $f'(x) = -x/\sqrt{r^2-x^2}$, und mit Hilfe von (4.13)(6) ergibt sich als Länge dieses Kreisbogens

$$\ell(f) = \int_0^r \sqrt{1+f'(x)^2}\,dx = \int_0^{\pi/2} \sqrt{r^2\cos^2 t + r^2\sin^2 t}\;dt = r\frac{\pi}{2}.$$

§6 Berechnung von π

(6.1) Es seien $0 < a < b$ reelle Zahlen; es werden die Bezeichnungen aus (5.11) beibehalten [vgl. insbesondere (5.11)(1), (5.11)(2) und (5.11)(7)].
(1) Für jedes $n \in \mathbb{N}_0$ wird

$$c_n := \sqrt{b_n^2 - a_n^2} \tag{6.1.1}$$

gesetzt; es gilt dann für jedes $n \in \mathbb{N}_0$

$$c_{n+1} = \frac{b_n - a_n}{2} = b_n - b_{n+1}, \quad c_n^2 = 4b_{n+1}c_{n+1}. \tag{6.1.2}$$

(2) Aus (6.1.2) und III(1.24)(a) ergibt sich

$$c_{n+1}^2 = \frac{(b_n - a_n)^2}{4} \le \frac{(b_0 - a_0)^2}{2^{2n+2}} \quad \text{für jedes } n \in \mathbb{N}_0. \tag{6.1.3}$$

(6.2) Die Reihe $\sum_{n=0}^{\infty} 2^{n-1} c_n^2$ konvergiert, und es gilt

$$J(a,b) = J(a_0, b_0) = \left(b_0^2 - \sum_{n=0}^{\infty} 2^{n-1} c_n^2\right) I(a_0, b_0). \tag{6.2.1}$$

Beweis: Für jedes $n \in \mathbb{N}_0$ gilt $a_n b_n - 2b_{n+1}^2 + b_n^2 = c_n^2/2$ und daher

$$\begin{aligned} 2^{n+1}\left[J(a_{n+1}, b_{n+1}) - b_{n+1}^2 I(a_0, b_0)\right] &- 2^n\left[J(a_n, b_n) - b_n^2 I(a_0, b_0)\right] \\ &= 2^{n-1} c_n^2 I(a_0, b_0). \end{aligned} \tag{6.2.2}$$

Es wird für jedes $n \in \mathbb{N}_0$

$$\Delta_n := 2^n\left(b_n^2 I(a_n, b_n) - J(a_n, b_n)\right) = 2^n\left(b_n^2 I(a_0, b_0) - J(a_n, b_n)\right)$$

gesetzt [vgl. (5.11.17)]. Es gilt für jedes $n \in \mathbb{N}_0$ [vgl. (5.11.14) und (5.11.15)]

$$\Delta_n = 2^n c_n^2 \int_0^{\pi/2} \frac{\sin^2 t}{\sqrt{b_n^2 \cos^2 t + a_n^2 \sin^2 t}}\, dt$$

und daher nach (3.15)(3) und (5.11.17) $0 \le \Delta_n \le 2^n c_n^2 I(a_0, b_0)$. Nach (6.1.3) folgt $\lim_{n\to\infty}(\Delta_n) = 0$. Es sei $N \in \mathbb{N}_0$; aus (6.2.2) folgt

$$\sum_{n=0}^{N} 2^{n-1} c_n^2 I(a_0, b_0) = \Delta_{N+1} - \left(J(a_0, b_0) - b_0^2 I(a_0, b_0)\right);$$

der Grenzübergang $N \to \infty$ liefert die Behauptung.

(6.3) Es sei wie in (5.11.7) $k = \sqrt{1 - a^2/b^2}$.
(1) Für jedes $n \in \mathbb{N}_0$ gelten

$$k_n = \frac{c_n}{b_n}, \quad k_n' = \frac{a_n}{b_n}.$$

(2) Aus (5.11.8) erhält man durch Induktion: Für jedes $n \in \mathbb{N}_0$ gilt $K'(k_n) = 2^n K'(k_0) b_n / b_0$.
(3) Es gelten

$$\lim_{n\to\infty} \frac{1}{2^n} \ln c_n = -\frac{\pi}{2} \frac{K'(k)}{K(k)}, \quad \sum_{\nu=1}^{\infty} \frac{1}{2^{\nu-1}} \ln \frac{b_\nu}{b_{\nu+1}} = \ln \frac{4b_1}{c_1} - \pi \frac{K'(k)}{K(k)}. \tag{6.3.1}$$

Beweis: Nach (6.1.3) gilt gilt $\lim_{n\to\infty}(c_n) = 0$; nach (2) und (5.11.9) gilt

$$\lim_{n\to\infty} \left(2^n K'(k_0) \frac{b_n}{b_0} - \ln 4 + \ln c_n - \ln b_n \right) = 0.$$

Hieraus folgt mittels (5.11.19)

$$\lim_{n\to\infty} \frac{1}{2^n} \ln c_n = -\frac{K'(k_0)}{b_0} M(a,b) = -\frac{\pi}{2} \frac{K'(k_0)}{K(k_0)}.$$

Das ergibt die erste Gleichung in (6.3.1). Es sei $n \in \mathbb{N}$. Dann ist nach (6.1.2)

$$\begin{aligned}
\sum_{\nu=1}^{n} \frac{1}{2^{\nu-1}} \ln \frac{b_\nu}{b_{\nu+1}} &= \ln b_1 - \sum_{\nu=2}^{n} \frac{1}{2^{\nu-1}} \ln b_\nu - \frac{1}{2^{n-1}} \ln b_{n+1} \\
&= \ln b_1 + \sum_{\nu=2}^{n} \frac{1}{2^{\nu-1}} (\ln 4 - 2\ln c_{\nu-1} + \ln c_\nu) - \frac{1}{2^{n-1}} \ln b_{n+1} \\
&= \ln \frac{b_1}{c_1} + \ln 4 \sum_{\nu=2}^{n} \frac{1}{2^{\nu-1}} + \frac{1}{2^{n-1}} \ln c_n - \frac{1}{2^{n-1}} \ln b_{n+1}.
\end{aligned}$$

Der Grenzübergang $n \to \infty$ liefert mittels der bereits bewiesenen ersten Gleichung in (6.3.1) die zweite Gleichung in (6.3.1).

(6.4) Satz: *Es seien* $a_0 := 1/\sqrt{2}$, $b_0 := 1$, $\mu := M(1/\sqrt{2}, 1)$. *Es gilt*

$$\pi = \frac{4\mu^2}{1 - 2\sum_{n=1}^{\infty} 2^n c_n^2}.$$

Beweis: Nach (5.11.16) gelten

$$K(1/\sqrt{2}) = I(1/\sqrt{2}, 1) = \frac{\pi}{2\mu}, \quad E(1/\sqrt{2}) = J(1/\sqrt{2}, 1).$$

Aus der Legendreschen Relation (5.11.13) folgt dann

$$E(1/\sqrt{2}) = \frac{1}{2}\Big(K(1/\sqrt{2}) + \frac{\pi}{2K(1/\sqrt{2})}\Big) = \frac{1}{2}\Big(\frac{\pi}{2\mu} + \mu\Big).$$

Aus (6.2.1) ergibt sich

$$\frac{1}{2}\Big(\frac{\pi}{2\mu} + \mu\Big) = \Big(1 - \sum_{n=0}^{\infty} 2^{n-1} c_n^2\Big)\frac{\pi}{2\mu}.$$

Diese Gleichung wird mit 8μ multipliziert; das ergibt wegen $c_0^2 = b_0^2 - a_0^2 = 1/2$

$$4\mu^2 = \pi\Big(2 - 2\sum_{n=0}^{\infty} 2^n c_n^2\Big) = \pi\Big(1 - 2\sum_{n=1}^{\infty} 2^n c_n^2\Big).$$

(6.5) Für den Rest dieses Paragraphen seien $a_0 := 1/\sqrt{2}$, $b_0 := 1$, $\mu := M(1/\sqrt{2}, 1)$. Es wird für jedes $n \in \mathbb{N}$ gesetzt:

$$\pi_n := \frac{4b_{n+1}^2}{1 - 2\sum_{j=1}^{n} 2^j c_j^2}, \qquad \pi'_n := \frac{4\mu^2}{1 - 2\sum_{j=1}^{n} 2^j c_j^2}$$

$$e_n := \frac{\pi^2}{\mu^2} \sum_{j=n+2}^{\infty} 2^j b_j c_j, \qquad e'_n := 3\frac{\pi}{\mu^2} \sum_{j=n+2}^{\infty} c_j.$$

Mit diesen Bezeichnungen gilt

(6.6) Satz: (1) *Die Folgen* $(\pi_n)_{n\ge1}$ *und* $(\pi'_n)_{n\ge1}$ *konvergieren gegen* π.
(2) *Für jedes* $n \in \mathbb{N}$ *gilt*

$$0 < \pi - \pi'_n < e_n, \quad 0 < \pi_n - \pi'_n < e'_n, \quad e'_n < e_n.$$

(3) *Für jedes* $n \in \mathbb{N}$ *gilt*

$$|\pi - \pi_n| < \frac{\pi^2 2^{n+4}}{\mu^2} \exp(-\pi 2^{n+1}).$$

Beweis: (1) Die erste Aussage folgt aus (6.4).
(2) Es sei $n \in \mathbb{N}$.
(a) Für positive x, y gilt

$$0 < \frac{1}{x} - \frac{1}{x+y} < \frac{y}{x^2}; \tag{*}$$

aus

$$\frac{1}{\pi'_n} = \frac{1}{4\mu^2}\Big(1 - 2\sum_{j=1}^{n} 2^j c_j^2\Big) = \frac{1}{4\mu^2}\Big(1 - 2\sum_{j=1}^{\infty} 2^j c_j^2 + 2\sum_{j=n+1}^{\infty} 2^j c_j^2\Big)$$

$$= \frac{1}{\pi} + \frac{1}{2\mu^2}\sum_{j=n+1}^{\infty} 2^j c_j^2$$

[vgl. (6.4)] erhält man, wenn man in (*) $x := 1/\pi$, $y := -x + 1/\pi'_n$ setzt und (6.1.2) verwendet,

$$0 < \pi - \pi'_n < \pi^2\Big(-\frac{1}{\pi} + \frac{1}{\pi'_n}\Big) = \frac{\pi^2}{2\mu^2}\sum_{j=n+1}^{\infty} 2^j c_j^2 = \frac{\pi^2}{\mu^2}\sum_{j=n+2}^{\infty} 2^j b_j c_j = e_n.$$

Das ist die erste Aussage in (2).
(b) Es konvergiert die Folge $\big(1 - 2\sum_{j=1}^{m} 2^j c_j^2\big)_{m\ge 1}$ monoton fallend gegen $4\mu^2/\pi$ [vgl. (6.4)], also gilt

$$0 < \pi_n - \pi'_n = \frac{4(b_{n+1}^2 - \mu^2)}{1 - 2\sum\limits_{j=1}^{n} 2^j c_j^2} < \frac{\pi}{\mu^2}(b_{n+1}^2 - \mu^2). \tag{6.6.1}$$

Nach (6.1.3) ist $c_j \le (1 - 1/\sqrt{2})2^{-j}$ für jedes $j \in \mathbb{N}$, und daher ist die Reihe $\sum_{j=n+2}^{\infty} c_j$ nach dem Majorantenkriterium [vgl. III(2.9)] konvergent. Für ihre Summe s_n gilt $s_n \le (1 - 1/\sqrt{2})(1/2)^{n+1} < 1$. Aus (6.1.2) erhält man durch Induktion für jedes $N \in \mathbb{N}$ mit $N > n+1$

$$b_{n+1} - \sum_{j=n+2}^{N} c_j = b_N;$$

der Grenzübergang $N \to \infty$ liefert $b_{n+1} = \mu + s_n$. Trägt man dieses Resultat in (6.6.1) ein und beachtet $\mu < 1$ sowie $s_n^2 < s_n$ [wegen $s_n < 1$], so ergibt sich

$$0 < \pi_n - \pi'_n < \frac{\pi}{\mu^2}(s_n^2 + 2s_n) < 3\frac{\pi}{\mu^2}s_n.$$

Das ist die zweite Abschätzung in (2).
(c) Man erhält die dritte Abschätzung in (2) so: Durch Induktion zeigt man $2^j b_j > 1$ für jedes $j \in \mathbb{N}$ und beachtet $\pi 2^j b_j > 3$ für jedes $j \in \mathbb{N}$.
(3) Es sei $n \in \mathbb{N}$.
(a) Es wird e_n abgeschätzt. Für jedes $j \in \mathbb{N}$ gelten $b_j < b_j + a_j = 2b_{j+1}$ und $2b_j c_{j+1} < 4b_{j+1}c_{j+1} = c_j^2 = (b_{j-1} - b_j)c_j$ und daher

$$b_j(c_j + 2c_{j+1}) < b_{j-1}c_j \quad \text{für jedes } j \in \mathbb{N}. \tag{6.6.2}$$

Es wird gezeigt: Für jedes $N \in \mathbb{N}$ mit $N \ge n+2$ und jedes $p = N-1, \dots, n+2$ gilt

$$\sum_{j=n+2}^{N-1} 2^j b_j c_j + 2^N b_{N-1} c_N \le \sum_{j=n+2}^{p} 2^j b_j c_j + 2^{p+1} b_p c_{p+1}. \tag{6.6.3}$$

Für $p = N - 1$ ist das richtig. Es sei $p \in \{N-1, \dots, n+3\}$ und (6.6.3) richtig. Dann ist nach (6.6.1)

$$\begin{aligned}\sum_{j=n+2}^{p} 2^j b_j c_j + 2^{p+1} b_p c_{p+1} &= \sum_{j=n+2}^{p-1} 2^j b_j c_j + 2^p b_p (b_p + 2c_p) \\ &< \sum_{j=n+2}^{p-1} 2^j b_j c_j + 2^p b_{p-1} c_p,\end{aligned}$$

und damit ist (6.6.3) bewiesen. Hieraus folgt wegen $b_N < b_{N-1}$ nach (6.6.1) und (6.6.2) mit $p = n+2$

$$\begin{aligned}\sum_{j=n+2}^{N} 2^j b_j c_j &< \sum_{j=n+2}^{N-1} 2^j b_j c_j + 2^N b_{N-1} c_N \le 2^{n+2} b_{n+2} c_{n+2} + 2^{n+3} b_{n+2} c_{n+3} \\ &< 2^{n+2} b_{n+1} c_{n+2} < 2^{n+2} c_{n+2}.\end{aligned}$$

Der Grenzübergang $N \to \infty$ liefert folglich die Abschätzung

$$e_n < \frac{4\pi^2}{\mu^2} 2^n c_{n+2}.$$

(b) Nun wird c_n abgeschätzt. Es werden die Abkürzungen $x_j := \ln c_j$, $y_j := \ln(4b_j)$ für jedes $j \in \mathbb{N}_0$ benützt. Die zweite Gleichung in (6.1.2) besagt dann: Es ist $x_{j+1} = 2x_j - y_{j+1}$ für jedes $j \in \mathbb{N}_0$. Durch Induktion zeigt man: Für jedes $m \in \mathbb{N}$ gilt

$$x_m = 2^j \left(x_0 - \sum_{j=1}^{m} 2^{-j} y_j \right) = 2^m \left(x_0 - y_1 + \sum_{j=1}^{m-1} 2^{-j} (y_j - y_{j+1}) \right) + y_m.$$

Benutzt man $y_j - y_{j+1} > 0$ und $y_j < \ln 4$ für jedes $j \in \mathbb{N}$ sowie $x_0 - y_1 = (1/2)\ln(c_1/4b_1)$, so erhält man

$$x_n < 2^{n-1} \left\{ \sum_{j=1}^{\infty} 2^{-j+1} \ln \frac{b_j}{b_{j+1}} - \ln \frac{4b_1}{c_1} \right\} + \ln 4.$$

Wegen $K(1/\sqrt{2}) = K'(1/\sqrt{2})$ ist der Ausdruck in der geschweiften Klammer nach der zweiten Gleichung in (6.3) gleich $-\pi$ und daher ist $c_n < 4\exp(-2^{n-1}\pi)$.
(c) Nach (2) gilt $|\pi - \pi_n| \le |\pi - \pi_n'| + |\pi_n' - \pi_n| < e_n + e_n' < 2e_n$, und das liefert nach (a) die Aussage (3).

(6.7) Folgerung: *Es sei* $k \in \mathbb{N}$. *Für jedes* $n \in \mathbb{N}$ *mit*

$$\frac{1}{\ln 10}\left(-n \ln 2 + 2^{n+1} \frac{\pi}{\ln 10} - 2 \ln \frac{4\pi}{\mu} \right) > k$$

gilt

$$|\pi - \pi_n| < 10^{-k}.$$

Literaturverzeichnis

Auf folgende Bücher wird im Text hingewiesen:

[1] Abramowitz, M., Stegun, I. A., Handbook of Mathematical Functions. Dover Publications, New York 1972
[2] Henrici, P., Applied and Computational Complex Analysis, vol. I. Wiley & Sons, New York 1974
[3] Knuth, D. E., The Art of Computer Programming, vol. I. Addison-Wesley, Reading, 2nd edition 1982
[4] Koecher, M., Klassische elementare Analysis. Birkhäuser, Basel-Boston 1987
[5] Kronsjö, L. I., Algorithms. Wiley & Sons, New York 1979

Ergänzende und weiterführende Literatur:

Barner, M., Flohr, F., Analysis I. W. de Gruyter, Berlin-New York, 2. Auflage 1983
Blatter, C., Analysis I, II, III. Springer, Berlin 1974
Fischer, G., Lineare Algebra. Vieweg, Braunschweig-Wiesbaden, 9. Auflage 1986
Lamprecht, E., Einführung in die Algebra. Birkhäuser, Basel-Stuttgart 1978
Lamprecht, E., Lineare Algebra I, II. Birkhäuser, Basel-Stuttgart 1978
Pólya, G., Tarjan, R. E., Woods, D. R., Notes on Introductory Combinatorics. Birkhäuser, Boston-Basel-Stuttgart 1983
Williamson, S. G., Combinatorics for Computer Science. Computer Science Press, Rockfield 1985.

Namen- und Sachverzeichnis

Leitfäden der angewandten Informatik

Bauknecht/Zehnder: **Grundzüge der Datenverarbeitung**
4. Aufl. 297 Seiten. Kart. DM 38,–

Beth / Heß / Wirl: **Kryptographie**
205 Seiten. Kart. DM 28,80

Brüggemann-Klein: **Einführung in die Dokumentenverarbeitung**
200 Seiten. Kart. DM 34,–

Bunke: **Modellgesteuerte Bildanalyse**
309 Seiten. Geb. DM 49,80

Craemer: **Mathematisches Modellieren dynamischer Vorgänge**
288 Seiten. Kart. DM 42,–

Curth/Giebel: **Management der Software-Wartung**
184 Seiten. Kart. DM 34,–

Frevert: **Echtzeit-Praxis mit PEARL**
2. Aufl. 216 Seiten. Kart. DM 36,–

Frühauf/Ludewig/Sandmayr: **Software-Projektmanagement und -Qualitätssicherung.** 136 Seiten. Kart. DM 28,–

Gloor: **Synchronisation in verteilten Systemen**
239 Seiten. Kart. DM 42,–

Gorny/Viereck: **Interaktive grafische Datenverarbeitung**
256 Seiten. Geb. DM 52,–

Hofmann: **Betriebssysteme: Grundkonzepte und Modellvorstellungen**
253 Seiten. Kart. DM 38,–

Holtkamp: **Angepaßte Rechnerarchitektur**
233 Seiten. DM 38,–

Hultzsch: **Prozeßdatenverarbeitung**
216 Seiten. Kart. DM 28,80

Kästner: **Architektur und Organisation digitaler Rechenanlagen**
224 Seiten. Kart. DM 28,80

Kleine Büning/Schmitgen: **PROLOG**
2. Aufl. 311 Seiten. DM 38,–

Meier: **Methoden der grafischen und geometrischen Datenverarbeitung**
224 Seiten. Kart. DM 38,–

Meyer-Wegener: **Transaktionssysteme**
242 Seiten. DM 38,–

Mresse: **Information Retrieval – Eine Einführung**
280 Seiten. Kart. DM 42,–

Müller: **Entscheidungsunterstützende Endbenutzersysteme**
253 Seiten. Kart. DM 34,–

Mußtopf / Winter: **Mikroprozessor-Systeme**
302 Seiten. Kart. DM 38,–

Nebel: **CAD-Entwurfskontrolle in der Mikroelektronik**
211 Seiten. Kart. DM 38,–

Retti et al.: **Artificial Intelligence – Eine Einführung**
2. Aufl. X, 228 Seiten. Kart. DM 38,–

Schicker: **Datenübertragung und Rechnernetze**
3. Aufl. 299 Seiten. Kart. DM 42,–

Leitfäden der angewandten Informatik

Fortsetzung

Schmidt et al.: **Digitalschaltungen mit Mikroprozessoren**
2. Aufl. 208 Seiten. Kart. DM 32,–

Schmidt et al.: **Mikroprogrammierbare Schnittstellen**
223 Seiten. Kart. DM 36,–

Schneider: **Problemorientierte Programmiersprachen**
226 Seiten. Kart. DM 32,–

Schreiner: **Systemprogrammierung in UNIX**
Teil 1: Werkzeuge. 315 Seiten. Kart. DM 52,–
Teil 2: Techniken. 408 Seiten. Kart. DM 58,–

Singer: **Programmieren in der Praxis**
2. Aufl. 176 Seiten. Kart. DM 34,–

Specht: **APL-Praxis**
192 Seiten. Kart. DM 28,80

Vetter: **Aufbau betrieblicher Informationssysteme mittels konzeptioneller Datenmodellierung**
5. Aufl. 455 Seiten. Kart. DM 58,–

Vetter: **Strategie der Anwendungssoftware-Entwicklung**
400 Seiten. Kart. DM 56,–

Weck: **Datensicherheit**
326 Seiten. Geb. DM 48,–

Wingert: **Medizinische Informatik**
272 Seiten. Kart. DM 29,80

Wißkirchen et al.: **Informationstechnik und Bürosysteme**
255 Seiten. Kart. DM 34,–

Wolf/Unkelbach: **Informationsmanagement in Chemie und Pharma**
244 Seiten. Kart. DM 38,–

Zehnder: **Informatik-Projektentwicklung**
223 Seiten. Kart. DM 38,–

Zehnder: **Informationssysteme und Datenbanken**
5. Aufl. 276 Seiten. Kart. DM 42,–

Zöbel/Hogenkamp: **Konzepte der parallelen Programmierung**
235 Seiten. Kart. DM 38,–

Preisänderungen vorbehalten

B. G. Teubner Stuttgart